《中国环境规划与政策》（第十一卷）编委会

中国环境规划与政策

Chinese Environmental Planning and Policy Research

（第十一卷）

环 境 保 护 部 环 境 规 划 院

王金南　陆　军　吴舜泽　　主编

中国环境出版社・北京

图书在版编目（CIP）数据

中国环境规划与政策. 第 11 卷/王金南，陆军，吴舜泽主编. —北京：中国环境出版社，2015.2

ISBN 978-7-5111-2248-3

Ⅰ. ①中… Ⅱ. ①王… ②陆… ③吴… Ⅲ. ①环境规划—研究—中国②环境政策—研究—中国 Ⅳ. ①X32 ②X-012

中国版本图书馆 CIP 数据核字（2015）第 023969 号

出 版 人 王新程
责任编辑 陈金华 刘 杨
责任校对 尹 芳
封面设计 陈 莹

出版发行 中国环境出版社
（100062 北京市东城区广渠门内大街 16 号）
网 址：http://www.cesp.com.cn
电子邮箱：bjgl@cesp.com.cn
联系电话：010-67112765（编辑管理部）
010-67113412（教材图书出版中心）
发行热线：010-67125803，010-67113405（传真）

印 刷 北京中科印刷有限公司
经 销 各地新华书店
版 次 2015 年 5 月第 1 版
印 次 2015 年 5 月第 1 次印刷
开 本 787×1092 1/16
印 张 32.75
字 数 750 千字
定 价 95.00 元

序

环境保护部环境规划院是中国政府环境保护规划与政策的主要研究机构和决策智库。环境规划院的主要任务是根据国家社会经济发展战略，专门从事环境战略、环境规划、环境政策、环境经济、环境管理、环境项目等方面的研究，为国家环境规划编制、环境政策制定和重大环境工程决策提供科学技术支持。在过去的十多年期间，环境保护部环境规划院完成了一大批国家环境规划任务和环境政策研究课题，同时承担完成了一批世界银行、联合国环境署、亚洲开发银行以及经济合作与发展组织等国际合作项目，取得了丰硕的研究成果。

根据美国宾夕法尼亚大学“智库和公民社会研究项目”发布的《2014 年全球智库报告》，环境保护部环境规划院在全球环境事务类顶级智库中排第 34 名。另外根据零点国际发展研究院与中国网联合发布的《2014 中国智库影响力报告》，环境保护部环境规划院位列综合影响力排名第 7 名。为了让研究成果发挥更大的作用，环境保护部环境规划院将这些课题研究的成果编写成《环境规划与政策》专题研究报告和《重要环境决策参考》，供全国人大、全国政协、国务院有关部门、地方政府以及公共政策研究机构等参阅。十几年来，环境保护部环境规划院已经出版了 200 多期《环境规划与政策》专题研究报告和《重要环境决策参考》。这些研究报告得到了国务院政策研究部门和国家有关部委的高度评价和重视，而且许多建议和政策方案已被相关政府部门所采纳。这也是我们继续做好这项工作的欣慰和动力所在。

为了加强对国家环境政策、重要环境规划和重大环境工程决策的技术支持，让更多的政府公共决策官员、环境决策者、环境管理人员、环境科技工作者分享这些研究成果，环境保护部环境规划院对这些专题研究报告进行了分类整理，编辑成《中国环境政策》一书，分十卷已经陆续公开出版。从本卷开始，书名更改为《中国环境规划与政策》，相信《中国环境规划与政策》的出版对有关政府和部门研究制定环境规划与环境政策具有较好的参考价值。在此，感谢社会各界对环境保护部环境规划院的支持，同时也热忱欢迎大家发表不同的观点，共同探索新常态下的中国环境保护，推动中国环境保护事业的发展。

目 录

环境规划与环境战略

环境政策与环境绩效

环境污染防治与控制

环境规划与环境战略

- 中国环境保护规划 40 年发展：回顾与展望
- 关于建立环境红线管理制度的若干思考
- 中国基于 10 km 网格的二氧化碳排放空间特征及其政策意义分析
- 关于城市环境总体规划编制实践与规划技术的思考
- 从全国环境案件看我国环境法律制度的完善和改革
- 全国“十二五”NO_x总量减排评估与展望
- 关于建立中国最严格环境保护制度的思考

中国环境保护规划 40 年发展：回顾与展望

Environmental Planning in China over last Four Decade – Review and Outlook

王金南[1] 蒋洪强 石广明 吴舜泽 万军 孙荣庆

摘 要 我国环境保护规划随着我国环保事业同步发展。在回顾分析近 40 年中国环境保护规划经历起步、探索、发展、提高、创新 5 个阶段历程的基础上，总结了中国环保规划的发展体系，不同发展阶段国家环保规划的特点。认为中国环境保护规划 40 年发展历程中取得了很大的发展，“环境保护规划先行”的机制已经形成，特别是“十二五”期间形成了“削减排放总量、改善环境质量、防范环境风险、提高环境服务”的国家环境保护规划体系。评估了中国环境规划情景预测、方案模拟和优化决策等技术方法及其应用，分析了高校环境规划专业学科和专业人才培养、环境规划机构科研能力的发展历程和状况，认为环境规划专业已经成为中国环境科学与工程学科的重要专业，学科发展基本上适应了环境保护规划的需求。指出了中国环境保护规划存在制度不完善、规划技术与标准缺失、规划执行力度不足、规划衔接力度不够等问题。最后，结合环境保护的发展需求，提出了加快规划战略思路转变、规划技术方法创新、规划实施机制改革 3 个方面 16 条建议。

关键词 环境保护规划 发展历程 经验借鉴 发展建议

Abstract The environmental planning has been developing in tandem with the progress of the environmental protection undertaking in China. Based on the review and analysis of the five development phases – starting，exploring，developing，improving，and innovating of China's environmental planning in the past 40 years，the development of China's environmental planning system and the characteristics of environmental planning in different development stages are summarized. It is presented that the environmental planning has got significant development in China in the past 40 years，establishing the mechanism of "planning leads environmental protection". Particularly in the "12 th Five-year Plan" period，a national environmental protection planning system aiming at "reducing total emission，improving environmental quality，preventing environmental risks，and enhancing environmental services" was formed. Such technical methods as scenario forecast，solution simulation，and optimization of decision-making and their application are assessed. The development and status of the establishment of

① 本书凡不标注作者联系方式：环境保护部环境规划院，北京，100012。

environmental planning curricula in universities，the training of environmental planning professionals，and the capacity of environmental planning institutions are analyzed. It is considered that the environmental planning has become an important subject in the field of environmental sciences and engineering and its development has basically met the requirements of environmental protection planning. There are still some problems in the environmental planning，including the inadequacy of system，technologies and standards，lack of effective implementation and good interface between plans. 16 recommendations are suggested in accordance with the needs of environmental protection，regarding accelerating the change of strategic thinking of environmental planning，innovation of environmental planning technical methodologies，and implementation mechanism of environmental planning.

Key words Environmental planning，development process，experience，recommendations

规划是指对国家、地区、部门和机构通过确定发展目标、安排实现目标的任务和措施，并付诸实践和评估的过程。规划通常可分为综合性规划和专项性规划。环境保护规划或环境规划是指为了使人类社会经济与环境协调发展，将社会—经济—环境这一巨大系统作为研究对象，根据自然环境规律和以人为本的要求，对人类社会经济活动所做出的合理安排和干预[1]。其目的是指导人们在生产活动中，保护生态环境，防止环境污染，节约利用资源，实现社会经济与环境协调和可持续发展。从现阶段来看，中国在工业化、城市化进程中，仍然未能摆脱高能耗、高物耗、高污染的发展模式。在这样一种发展模式下，未来一段时期内，中国对资源能源的需求仍将呈现增长趋势，生态环境保护的任务依然严峻，这就对环境保护工作带来了更多的挑战。随着科学发展观的提出和实施，环境保护在国民经济与社会发展中的战略地位日益凸显，环境保护规划已经成为中国环境保护的一项核心的、引领性的管理制度。回顾分析中国环境保护规划的发展历程，总结中国环境保护规划的体系与规划方法发展历程，有利于完善中国环境保护规划制度，对于未来中国环境保护规划的发展具有十分重要的意义。

1 中国环境保护规划的发展实践评述

自从 1973 年全国第一次环境保护工作会议以来，中国的环境保护已经历近 40 年的发展历程。40 年来，中国的环境保护规划经历了从无到有，从专项到综合，从局部到全面，从复杂到实用，从墨守成规到不断创新的发展过程，形成了具有中国特色的环境保护规划编制和实施体系。自第一个全国环境保护规划以来，中国现已编制并实施了 8 个五年国家环境保护规划，数百个区域、地方及专项环境保护规划。总体上看，中国的环境规划发展是一个以国家环境规划为主体的规划体系，发展的脉络主要体现在国家环境规划上。

1.1 国家环境保护规划的发展历程

按照不同时期规划编制的特点、主要目标及类型，中国环境保护规划的发展历程分为

5 个时期：起步阶段、探索阶段、发展阶段、提高阶段及创新阶段[47]。由于受计划经济体制的影响，2000 年以前的环境保护规划一般称为“环境保护计划”。

1.1.1 起步阶段（1973—1985 年）

1973 年 8 月，国务院召开了第一次全国环境保护工作会议，审议通过了“全面规划、合理布局、综合利用、化害为利、依靠群众、大家动手、保护环境、造福人民”的环境保护 32 字方针和第一个国家环境保护文件《关于保护和改善环境的若干决定》。32 字方针第一个方针就是“全面规划”，说明从中国环境保护工作开始起步就对规划工作十分重视。按照原国家计委《关于拟定国家十年规划的通知》，国务院环境保护领导小组于 1975 年 5 月编制了中国第一个环境保护 10 年规划（1976—1985 年）。该规划的总体目标是“5 年内控制、10 年内基本解决环境污染问题”。这一时期的规划目标反映了当时国家对环境污染进行控制及治理的决心，但由于对环境保护问题的复杂性、控制环境污染的长期性及治理环境污染的艰巨性认识不足，致使这一时期的环境保护目标未能完成。总体来看，这一时期环境保护规划属于污染治理型计划。

（1）“五五”（1976—1980 年）计划：起步编制国家第一个环境保护规划。在中国第一个环保规划的前期第一个五年（1976—1980 年），对环境规划的内涵、意义、方法论以及规划的实施与管理都没有充分的认识，环境保护规划的编制仍处于想做而不知如何去做的起步阶段。

第一个五年（1976—1980 年）的具体环境保护目标是：大中型工矿企业和污染危害严重的企业，都要搞好“三废”的治理，按照国家规定的环保标准排放。在第一次环境保护工作大会上确定的 18 个环境保护重点城市的工业和生活废水得到处理，并且按照国家规定的标准排放；黄河、淮河、松花江、漓江、白洋淀、官厅水库、渤海等水系和主要港口的污染得到控制，水质有所改善。

这一时期，作为代表的、较早出现的流域环境保护规划是《官厅水库水源保护 1976—1985 年规划要点》。考虑到官厅水库是北京的主要水源，搞好官厅水库水源保护“对保卫党中央、保卫毛主席、保卫首都和全流域人民用水安全”具有重大政治意义，根据国家第一个环境保护规划要求，提出了官厅水库水源保护十年规划的总奋斗目标和总体任务。官厅水库规划充分体现了当时的环境保护时代特征，如规划中提出“保护和改善环境是个路线问题”，“要坚持毛主席的革命路线，树雄心、立壮志、鼓足干劲、力争上游地制定好本地区、本部门的环境和水源保护规划及实施规划的有力措施，以夺取环境和水源保护的新胜利”等保障措施，都是在“批林批孔”运动的推动下全国环境保护工作的缩影，在今天看来，许多目标是不切实际的。

（2）“六五”（1981—1985 年）计划：首次纳入国民经济和社会发展计划。国家环境保护规划作为独立的篇章纳入国民经济和社会发展规划（第二个五年，1981—1985 年），并提出了规划要求达到的具体指标，可以说是环保规划的正式开始。在一些地区和部门，把环境保护规划的理论和方法作为科研课题进行研究，取得了一些有价值的成果。此外，作为环境保护规划的重要基础工作，环境影响评价和环境容量研究在全国普遍展开。

这一时期环境保护措施和目标是：建设项目必须提出环境影响报告书，经过环保部门及其他有关部门审查批准后才能进行设计；新建工程防止污染的设施，必须与主体工程同时设计、同时施工、同时投产使用；分期分批的抓好老企业污染的治理问题，“三废”排放要符合国家相关规定的标准；控制长江、黄河、松花江、淮河、渤海、黄海等主要江（河）段、主要港湾水质恶化趋势，保护好各城市的主要饮用水源和漓江、滇池、西湖、太湖等风景游览区水域的水质。“六五”期间，全国工业污染治理成绩显著，城市环境恶化的趋势有所控制。但是，国家“六五”环保计划未形成正式的独立文本。

1.1.2 探索阶段（1986—1990 年）

（3）“七五”（1986—1990 年）计划：环境保护计划编制工作全面展开。“七五”（1986—1990 年）期间，全国广泛开展环境调查、环境评价和环境预测工作，环境保护规划工作结合国民经济和社会发展第七个五年规划开展，并作为独立文件颁布实施。环境保护规划的技术方法、普及有了很大发展。这一时期，突出城市环境综合整治和工业污染防治工作，强调不同地区和行业要有针对性地提出各自的环保目标。注意经济区、城市群和乡镇企业出现的一系列新的环境问题，注重环境管理制度在环保计划中的重要作用。国家确定 51 个环境保护重点城市，并提出 19 项城市污染控制和生态保护及相关计划指标。国家“七五”环保计划的主要目标、基本任务和一些可量化的指标作为一个独立的篇章纳入了《国民经济和社会发展第七个五年计划（1986—1990 年）》。

国家“七五”环保计划的实施基本完成了计划确定的主要目标和基本任务，污染控制取得显著的成绩。这一时期，全国各地广泛开展环境预测和环保规划工作，国家完成了《全国 2000 年环境污染预测与对策研究》，环保规划的编制程序和技术方法的研究也有一定的进展。但是，这一时期的环保规划工作还处于发展阶段，规划的编制还缺乏统一的规划编制大纲和规划编制技术指南，大多数环保规划还停留在宏观目标规划层次上。

1.1.3 发展阶段（1991—1995 年）

（4）“八五”（1991—1995 年）计划：注重环境保护与经济和社会协调发展。从 1989 年起，编制环境保护“八五”（1991—1995 年）计划的准备工作全面展开，从国情分析为出发点，以总量控制为技术路线，以纳入国民经济和社会发展规划为支持保证手段，“八五”环境保护计划无论在科学性和可操作性都有一定的发展：①规划的编制有了全国统一的技术大纲；②规划内容中不仅涉及了宏观的环境污染物总量控制规划，还涉及了环境质量保护的污染物控制规划；③环境保护指标纳入了国民经济和社会发展规划之中，这在环境保护五年规划中，还属首次；④国家环境保护规划，在地域分布上，除有国家规划之外，主要指标还分解到省、自治区、直辖市。这一时期的环境保护规划已经从单一的污染治理型规划转向了污染防治型规划。

“八五”期间，国家环境保护计划实施取得了一些成绩，工业污染防治和城市环境综合整治成效显著，自然保护区建设取得较大进展。这一时期，环境保护规划编制方法和技术规范进一步完善，一些研究单位开发了环境污染治理规划的复杂模型和方法，计算机等信息技术手段开始得到应用。首次制订全国统一的环保规划编制大纲，规划编制的科学性有较大提高，为进一步真正全面纳入国民经济和社会发展计划创造了有利条件。

1.1.4 提高阶段（1996—2005 年）

（5）“九五”（1996—2000 年）计划：首次经国务院批准实施。“九五”（1996—2000 年）期间，环境保护规划目标在国民经济和社会发展规划中开始单列可持续发展。同时，国家重申必须落实“经济建设、城乡建设、环境建设同步规划、同步实施、同步发展”的战略方针，各级人民政府和有关部门在制定和实施发展战略时，要编制环境保护规划，从此环境保护规划进入了一个新阶段。1996 年 7 月在北京召开了第四次全国环境保护会议，通过了《国家环境保护“九五”规划和 2010 年远景目标》，并于同年 9 月经国务院批复。这也是国家环境保护五年规划中首个经国务院批准实施的规划。国家环境保护“九五”规划要求实现“一控双达标”①，突破重点流域区域污染防治。“九五”规划推出两项重大举措，即《“九五”期间全国主要污染物排放总量控制规划》和《中国跨世纪绿色工程规划》。“九五”开始，国家确定“三河三湖”和“两控区”②为污染防治重点，第一次颁布了“三河三湖”流域水污染防治规划和“两控区”二氧化硫污染防治规划。这些都是对“七五”“八五”环保规划的重大创新和突破。

（6）“十五”（2001—2005 年）计划：污染防治与生态保护并重。随着在“十五”（2001—2005 年）国民经济和社会发展规划指导下，国家环境保护“十五”规划坚持环境保护基本国策和可持续发展战略，坚持污染防治与生态保护并重的原则，以改善环境质量为目标，保障国家环境安全，保护人民身体健康，以流域、区域环境区划为基础，突出分类指导。同时，“十五”期间编制并实施了《“十五”期间全国主要污染物排放总量控制分解规划》，确定了 6 项主要污染物排放总量控制指标，并分解总量控制目标到各省、自治区、直辖市和规划单列城市。并且，国家“十五”环境保护的主要指标、重点任务和政策措施等也都纳入到《国民经济和社会发展第十个五年规划纲要》中。“十五”期间，中国环境保护虽然取得积极进展，但是计划确定的指标没有全部实现。尽管国家环境保护“十五”规划实施效果不够理想，但规划编制为“十一五”环境保护规划制定，特别是为规划目标指标的确定提供了有益的探索。

“十五”期间，在全国各地区开展了 14 年的水环境功能区划工作基础上，国家环保总局初步完成了全国水环境功能区划的汇总编制工作，这是国家首次对全国（不含香港、澳门和台湾地区）10 大流域、51 个二级流域、600 个水系、57 374 条总计 298 386 km 河流、980 个总计 52 442 km^2 湖库进行了系统的水环境功能区划，共划分了 12 876 个功能区，并相应设置了 9 000 多个监测断面。该功能区划的初步完成，也标志着我国水环境管理初步

---

① “一控双达标”是 1996 年《国务院关于环境保护若干问题的决定》中确定的 2000 年要实现的环保目标。“一控”也叫作污染物总量控制，指的是到 2000 年年底，各省、自治区、直辖市要使本辖区主要污染物的排放量控制在国家规定的排放总量指标内。总量控制并非对所有的污染物都控制，而是对二氧化硫、工业粉尘、化学需氧量、汞、镉等 12 种主要工业污染物进行控制。“双达标”指的是：一是到 2000 年年底，全国所有的工业污染源要达到国家或地方规定的污染物排放标准；二是到 2000 年年底，47 个环保重点城市的空气和地面水按功能区达到国家规定的环境质量标准。这 47 个环保重点城市包括所有的直辖市、省会城市、经济特区城市以及大部分沿海开放城市和重点旅游城市。

② “三河三湖”是指淮河、海河、辽河、太湖、滇池和巢湖，“两控区”是指酸雨控制区和城市二氧化硫污染控制区。“三河三湖”重点流域一直延伸到“十二五”，同时，增加了黄河中上游、松花江、三峡库区及其上游、南水北调中线水源区等流域。“两控区”重点区域延伸到“十五”。

实现从定性管理向定量化管理的转变。

同时，为贯彻落实党中央、国务院编制全国生态功能区划的有关要求，加强对生态环境的保护。“十五”期间，原国家环境保护总局会同有关部门组织开展了全国生态环境现状调查工作，在此基础上，初步完成了我国 31 个省、市、自治区的生态功能区划编制工作。“十五”期间，随着区域经济发展战略和规划的推进，重点区域的环境保护规划取得了重大进展。《珠江三角洲区域环境保护规划》和《广东省环境保护综合规划》经广东省人大批准实施。随后，长江三角洲、京津冀区域环境保护规划编制工作也相继展开。

另外，水利部也于 2002 年发布了关于印发中国水功能区划（试行）的通知，该功能区划在全国选择了 1 407 条河流、248 个湖泊水库进行区划，共划分保护区、缓冲区、开发利用区、保留区等水功能一级区 3 122 个，区划总计河长 209 881.7 km。在水功能一级区划的基础上，根据二级区划分类与指标体系，在开发利用区进一步划分饮用水水源区、工业用水区、农业用水区、渔业用水区、景观娱乐用水区、过渡区和排污控制区共七类水功能二级区。在全国 1 333 个开发利用区中，总共划分水功能二级区 2 813 个，河流总长度 74 113.4 km。

1.1.5 深化阶段（2006 年至今）

（7）“十一五”（2006—2010 年）规划：推进环境保护历史性转变。“十一五”（2006—2010 年）期间，中国的国家国民经济与社会发展规划发生了一些重大的转变，从传统的 GDP 增长和总量平衡规划，转向更加注重区域协调发展和空间布局、发展质量的规划。中央政府高度重视环境保护工作，将环境保护作为贯彻落实科学发展观的重要内容，作为转变经济发展方式的重要手段，作为推进生态文明建设的根本措施。最突出表现为，污染物总量控制指标（COD 和 SO_2 排放总量减少 10%）作为国民经济和社会发展的约束性指标，污染减排成为环境保护的主要任务和全社会共同关注点。中共中央政治局常委和国务院常务会专题听取了关于环境保护“十一五”规划思路的汇报，这在中国环境保护历史上还是第一次。“十一五”环保规划所需的中央政府环境保护投资在规划报批过程中基本落实，环境保护规划实施评估和考核提上日程，环境保护相关内容和要求越来越成为各级政府的中心工作。这些特点充分表明党中央、国务院高度重视环境保护工作。

国家“十一五”环保规划以落实科学发展观和加快推进历史性转变为统领，坚持全面推进、重点突破的战略方针，着重解决危害人民群众健康和影响经济社会可持续发展的突出环境问题，把污染防治作为环保工作的重中之重。国家“十一五”环保规划主要指标由国家分解到地方政府和相关部门进行量化考核，保障了规划的可操作性，并明确重点工程项目和规划实施的资金渠道，强化环境监管能力建设。国家“十一五”环保规划的主要目标、主要指标、重点任务、政策措施和重点工程项目等，都纳入了《国民经济和社会发展第十一个五年规划纲要》。特别是二氧化硫和化学需氧量两项主要污染物总量控制指标首次作为约束性指标纳入国民经济和社会发展五年规划。国家环境保护“十一五”规划也是迄今为止实施最好的一个国家五年环境保护规划，“十一五”环境保护目标和重点任务全面完成①。

“十一五”期间，全国生态环境功能区划编制完成并颁布实施。在“十五”期间形成初稿的全国生态环境功能区划的基础上，在“十一五”期间经过 10 余次专家论证后，于 2008 年由环境保护部和中国科学院联合颁布并实施。并在国家“十一五”规划纲要中明确要求要对 22 个重要生态功能区实行优先保护，适度开发。

（8）“十二五”（2011—2015 年）规划：积极探索环境保护新路子。与以往的环境保护五年计划相比，国家“十二五”环保规划的编制，体现了坚持“在保护中发展，在发展中保护”的战略思想，体现了以环境保护优化经济发展的历史定位，体现了国家对环境保护重大战略任务的统筹安排。在规划指导思想上，紧扣科学发展这个主题和加快转变经济发展方式这条主线，努力提高生态文明水平，切实解决影响科学发展和损害人民群众健康的突出环境问题。全面推进环境保护历史性转变，积极探索代价小、效益好、排放低、可持续的环境保护新道路，加快建设资源节约型、环境友好型社会。在规划编制机制上，更加注重”开门编制规划”，加强基础研究，公开选聘前期研究承担单位；开展网络征集意见和问卷调查，开展各地规划编制调研和座谈，广泛听取各行业各领域专家学者有关意见和建议。在规划内容上，提出“深化主要污染物总量减排、努力改善环境质量、防范环境风险和保障城乡环境保护基本公共服务均等化”四大战略任务，环境保护规划体系基本覆盖了全环保领域。在规划的约束性方面，主要规划目标和指标、重点任务和政策措施纳入了《国民经济和社会发展第十二个五年规划纲要》。在规划体系组成方面，《国家环境保护“十二五”规划》《全国节能减排“十二五”规划》《重点流域水污染防治“十二五”规划》《重点区域大气污染防治“十二五”规划》《重金属污染防治“十二五”规划》《全国土壤污染防治“十二五”规划》和《青藏高原生态环境保护综合规划》《全国环境监管能力建设“十二五”规划》等构成了“十二五”一个环境保护规划有机整体。

国家“十二五”环境保护规划目标指标是根据“十一五”规划指标完成情况、现有环境质量以及未来经济社会发展和人民群众对环境保护的要求来确定的，坚持了精简性和约束性原则，并突出了指标的区域和行业差别。在污染物总量减排指标方面，除了化学需氧量、二氧化硫排放总量两项约束性指标外，增加了氨氮和氮氧化物排放总量两项指标，并在削减幅度方面适当提高。在环境质量指标方面，沿用了“十一五”的地表水环境质量指标和城市空气环境质量指标，但指标范围和评价方法做了进一步改进。应该说，“十二五”环保规划目标指标在追求绩效与健康方面下了较大功夫。

为了深入贯彻落实科学发展观，实现中国经济又好又快的发展。根据不同区域的资源环境承载能力、现有开发密度和发展潜力，统筹谋划未来人口分布、经济布局、国土利用和城镇化格局，国务院于 2010 年 12 月发布了全国主体功能区划。该区划将国土空间划分为优化开发、重点开发、限制开发和禁止开发四类。该功能区划的出台也为“十二五”国民经济和社会发展总体规划、区域规划、城市规划等规划的编制与实施，提供

① “十一五”期间，国家将主要污染物排放总量显著减少作为经济社会发展的约束性指标，着力解决突出环境问题，在认识、政策、体制和能力等方面取得重要进展。化学需氧量、二氧化硫排放总量比 2005 年分别下降 12.45%、14.29%，超额完成减排任务。污染治理设施快速发展，设市城市污水处理率由 2005 年的 52%提高到 72%，火电脱硫装机比重由 12%提高到 82.6%。让江河湖泊休养生息全面推进，重点流域、区域污染防治不断深化，环境质量有所改善，全国地表水国控断面水质优于III类的比重提高到 51.9%，全国城市空气二氧化硫平均浓度下降 26.3%。

了基本依据。

同时，环境保护部为了配合国家主体功能区划的实施，进一步按照分区管理、科学规划的原则，组织开展了编制全国环境功能区划的工作。国家环境功能区划工作计划分前期研究（2009—2010 年）和编制应用（2011—2013 年）两个阶段开展。前期研究共设置了包括水、大气、生态功能分区在内的 9 个研究课题，目前前期研究已经结束。自 2011 年开始，环境保护部选择了浙江、吉林和新疆 3 个省区开展环境功能区划试点。目前，已经提出了基于自然生态保育、生态功能保留、食物环境安全保障、宜居环境维护和资源开发保护 5 个类型区的全国环境功能区划初步方案。

此外，为了合理开发利用海洋资源，保护和改善海洋生态环境，提高海洋综合管控能力，推进海洋区域经济的统筹发展，国家海洋局在 2002 年国务院批准的基础上，制定并发布了《全国海洋功能区划（2011—2020）》，对中国管辖海域未来十年的开发利用和环境保护做出了全面部署和具体安排。该区划划分了农渔业、港口航运、工业与城镇用海、矿产与能源、旅游休闲娱乐、海洋保护、特殊利用、保留八类海洋功能区，确定了渤海、黄海、东海、南海及台湾以东海域的主要功能和开发保护方向，并据此制定保障《区划》实施的政策措施。

1.2 国家环境保护规划体系及其特点

1.2.1 基本完善的国家环境规划体系

环境保护规划体系是指包含环境保护规划的分类体系、内容体系、法规体系、方法体系、能力保障体系、实施评估体系等在内的总称。经过 40 多年的发展，中国环境保护规划体系逐步完善，已经形成了一套具有中国特色环境规划体系，环境保护规划的地位和作用也日益提升，为环境质量改善和生态保护做出了重要贡献。中国的环境规划体系层次可以分为国家环境规划、省（区）市环境规划、部门环境规划（工业部门、农业部门、交通运输部门及环境规划等部门规划）、县区环境规划、农村环境规划、企业环境规划等。各个层次的环境规划又可以分为污染防治规划与生态保护规划；并且按照专项规划与综合规划，污染防治规划与生态保护规划又可以分为不同的类别。因此，不同行政级别的规划形成纵向规划层次，而不同环境要素的规划形成横向规划层次，则目前中国的环境规划体系呈现了“纵向+横向”的二维结构。其中国家环境保护规划是整个环境规划体系的核心部分。

“十二五”是中国国家环境规划体系发展最好的时期，图 1 描述了“十二五”国家环境保护规划体系情况。在分类体系上，国家“十二五”环境保护规划体系基本覆盖了全环保领域。在内容体系上，国家“十二五”环境保护规划体系以“削减排放总量—改善环境质量—防范环境风险—环境公共服务”四大战略任务内容统御全局。主要体现在 5 个方面：①以总量控制为主线，编制基础条件具备、保障措施可行、全面可达的“十二五”总量控制规划；②以改善民生为出发点，统筹考虑重点流域规划、重点区域大气污染防治规划、近岸海域规划、饮用水水源地和地下水污染防治规划，兼顾重点区域、重点城市群规划，在各专项规划中体现削减总量、改善质量与防范风险的集成；③以防范环境风险为方向，编制实施重金属污染综合防治、主要行业持久性有机污染物污染防治、化学品环境风险防控、危险废物污染防治、核与辐射等规划，确保环境安全；④编制生态保护、农村环境整治、土壤和国际履约等规划，力争重点领域有所突破；⑤体现环境基本公共服务发展要求，强化人才保障、科技支撑，完善国家环境保护法规政策和标准体系，谋划环境经济体制改革，促进环境监测事业发展，全面提升国家环境监管和应急能力，体现规划对环境保护工作的先导性和引领作用。

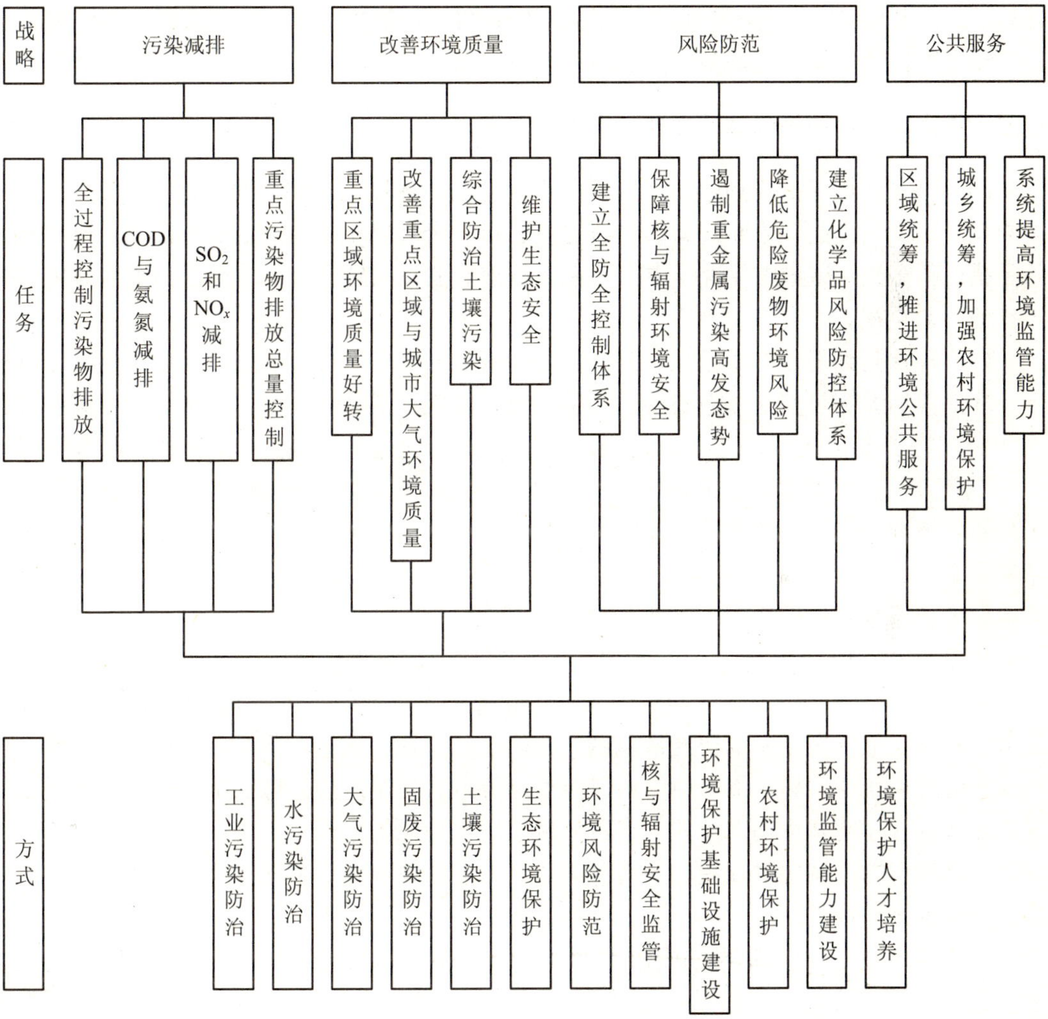

图 1　国家“十二五”环境保护规划结构体系

国家“十二五”环保规划的基本目标是：坚持以人为本，将喝上干净的水、呼吸清洁的空气、吃上放心的食物等民生问题摆上更加突出的战略位置，逐步实现环境基本公共服务体系均等化，切实维护人民群众环境权益，增进人民福祉。到 2015 年，主要污染物排放总量显著减少；城乡饮用水水源地环境安全得到有效保障，水质大幅提高；重金属污染得到有效控制，持久性有机污染物、危险化学品、危险废物等污染防治成效明显；城镇环境基础设施建设和运行水平得到提升；生态环境恶化趋势得到扭转；核与辐射安全监管能力明显增强，核与辐射安全水平进一步提高；环境监管体系得到健全。到 2020 年，主要污染物排放量得到有效控制，生态环境质量明显改善，实现全面建设小康社会的环境目标。

国家“十二五”时期环境保护主要指标确定为：①主要污染物排放总量显著减少。全国化学需氧量、二氧化硫排放总量比 2010 年分别减少 8%，全国氨氮、氮氧化物排放总量比 2010 年分别减少 10%；②环境质量明显改善。地表水国控断面劣Ⅴ类水质的比例小于 15%，七大水系国控断面好于Ⅲ类的比例大于 60%。地级以上城市空气质量年均浓度值达到二级标准以上的城市比例为 80%。

1.2.2 国家环境保护规划体系发展特点

回顾国家环境保护规划的发展历程，可以看出，环境保护规划编制是一个不断探索、不断发展、不断提高、不断创新的实践过程。每一个环境保护规划都有新思路、新进展、新举措、新突破，这集中体现了中国环境保护战略的重大转变，也体现了国家对环境保护工作的日益重视。

（1）环保规划地位有了很大提升。特别是近 10 年来，在党中央、国务院的高度重视下，环保规划编制与实施工作取得了一系列重要成果，国家环境保护五年规划由国务院印发实施。许多专项规划，如《重金属污染防治“十二五”规划》《全国地下水污染防治“十二五”规划》《青藏高原生态环境保护综合规划》等也由国务院批复实施。环保规划对于促进环境与经济社会协调发展起到了十分重要的作用，环保规划的作用和地位得到了真正提升。

（2）环保规划的理念不断创新。“十五”之前，环保规划注重环境保护自身发展要求，主要以可持续发展为基本指导思想；“十一五”环保规划提出以生态文明建设为指导，推进环境保护历史性转变，让江河湖泊休养生息等一系列新的战略思想；“十二五”环保规划紧扣科学发展的主题和加快经济发展方式转变的主线，着力体现提高生态文明水平、环境保护是重大民生问题、探索中国环保新道路等重大战略思想，特别是将提高环境民生质量和水平摆在了更加突出的位置，真正体现了环保为民的思想。实践证明，有效维护广大群众的环境权益，解决群众关心的切身问题，才能使环境保护工作有群众基础，才能有效解决突出的环境问题。

（3）环保规划的范围逐步拓宽。“十一五”之前，中国环保规划的范围主要是传统的水、大气、固体废物、生态保护等要素，“十一五”环保规划开始向环境风险、有毒有害物质等非传统领域延伸，规划的层级开始向乡镇、农村延伸，并逐步拓展到园区和企业等微观层次。“十二五”环保规划体系基本覆盖了全环保业务领域，包括农村、地下水、重金属等，各专项规划达到了 20 个以上，充分体现了当前和未来一段时期环境保护工作的要求。

（4）环境规划的目标更加符合实际。以前环保规划目标指标定得比较宏观和笼统，指标也比较多，约束性不强。从“十一五”开始，环保规划目标指标突出重点，逐步精简，向可分解、可操作、可考核的约束性目标指标转变。特别是“十二五”4 项主要污染物减排和两项环境质量指标，经过了自上而下、自下而上反复测算界定下来，充分考虑了各地域的经济社会发展和环境差异性，分解方法更加科学，也更加接地气，有力地提高了规划的可操作性。

（5）环保规划的内容更加全面深入。“九五”“十五”环保规划，重点体现工业、城市、水、大气、固体废物等污染防治内容，“十一五”国民经济从传统的 GDP 增长转向更加注重发展质量，环保规划将总量控制指标作为国民经济和社会发展的约束性指标，污染减排成为各级政府环境保护的主要任务和全社会共同关注点。“十二五”国家环保规划以“削减总量—改善质量—防范风险—环境基本公共服务均等化”为四大战略任务内容统揽全局，规划内容更加全面、更加深入，也更加符合经济社会发展对环境保护的要求。

（6）环保资金投入得到更好保障。“九五”期间，中国环境保护投入资金累计达 3 600 亿元，约占全国GDP的0.93%。“十五”规划提出环保投资需求7 000亿元，实际投资为8 400 亿元，约占 GDP 的 1.18%；“十一五”规划提出环保投资约需 1.53 万亿元，实际投资 2.16 万亿元，约占同期 GDP 的 1.44%；“十二五”规划提出环保投资需求约为 3.4 万亿元，约占同期全国 GDP 的 1.5%。10 年来，无论是环保规划投入保障还是实际的环保投入资金，都呈数倍增长，充分体现了国力的增强和国家对环境保护的高度重视。

（7）环保规划实施考核更加严格。“十一五”之前，中国环保规划在规划的实施和评估考核方面，还显得比较薄弱，多项指标未能如期实现。从“十一五”开始，环保规划逐步从重编制、轻实施、缺评估的规划向注重实施过程的中期评估和终期考核的规划转变。国务院印发的规划通知和规划文本中都明确提出了规划实施评估和考核要求。通过考评评估机制的建立，充分调动和发挥了各级地方政府和全社会在环保工作中的主观能动性，通过对目标任务的层层分解落实，有效改变了规划编制和实施脱节的问题，有力保障了规划目标的完成。

（8）环保规划编制过程更加民主。环境保护跨部门、多行业、涉及面广，在环境保护机制体制尚未完全理顺的现阶段，我们通过开门编制规划，广泛征求各部门、各地方、各专家以及广大社会群众的意见和建议，充分重视规划的部门协调、实施可达性和民众的意见，使得规划编制有广泛的群众基础，实施起来也更容易，有效改变了以前规划编制程序不规范、不民主，衔接协调不力的局面。

2 中国环境保护规划方法与学科进展

2.1 环境规划技术方法研究与应用

总体上看，早期的环境规划都比较重视规划技术和模型方法的应用。从环境保护规划技术方法发展角度看，“八五”前期的规划主要以运用水质、大气模拟模型方法为主。1979—1981 年，洋河水质规划的编制过程中便利用了水质模型，对不同污染物排放情况下的洋河水质进行了模拟，并且该规划在编制过程中全面参考了美国流域、区域及设施规划。

该规划也成为我国第一个引入水质模型的规划。随后，1982—1985 年，编制的沱江水质规划及湘江水质规划中，对水质模型进行了创新，建立了环境容量理论，并首次开发了投入产出水质线性优化模型及离散优化模型。在 1986—1990 年，全国许多城市开展了城市水气综合整治规划、河段水环境规划及海外水质规划，这一时期的规划，初步开展了水环境功能区划，并且将浓度控制、容量总量控制技术方法纳入到环境规划中，并且对规划方案进行了系统的经济优化分析。1991—1995 年，开展了规划中要求确定 12 个年限制排放标准达标规划方法、污染物排放总量的分配技术、大系统非线性环境综合整治规划模型方法等研究。1995—2000 年，这一时期的环境规划技术方法主要表现在划分污染控制单元，将总量控制纳入到国家方案。“十五”及以后的规划，以“工程学”为主，列出各项工程项目及其投资。同时引入情景分析，通过预测模型预测不同经济发展速度污染物排放及环境质量，体现了环境管理纲领性技术文件的趋势。表 1 列出了 1979—2000 年以来我国环境规划中技术方法的使用历程。

表 1　1979—2000 年我国环境规划中使用的主要技术方法

时间	规划或技术	特点
1979—1981	北京官厅水库洋河水质规划	全国第一个引入水质模型的水质规划，全面照搬美国流域、区域、设施 3 个层次的规划
1982—1985	沱江水质规划（有机污染物）、湘江水质规划（重金属污染）	以创新水质模型、原型示踪试验、建立环境容量理论、首次开发投入产出水质线性优化模型及离散优化模型、提供政府决策方案为标志
1986—1990	城市水气综合整治规划、城市水环境规划、河段水环境规划、海湾水质规划	以水环境功能区划、优先确定设计条件、浓度控制与容量总量控制并举、分类管理分级控制、推广优化技术为标志
1991—1995	12 个年限制排放标准、污水海洋处置理论与方法、企业排污总量分配城市环境综合整治规划（辉县市、呼和浩特市，常州市等）	以污染源有效控制技术、总量交易分配、合理利用环境容量为标志 大系统、非线性、多介质、多约束、多目标城市环境综合整治规划优化方法，涉及 2 000 多个变量和 50 多个规划方案，应用计算机计算求解
1995—2000	污染物排放总量控制“九五”国家方案、淮河流域水污染防治规划和“九五”计划、南水北调东线治污规划	以科学规划实现政府目标提供路线图、流域治污划分控制区、控制单元、制定宏观导向治污方略（清水廊道、截污导流）、落实治污项目、实施关停禁改转、推进结构调整

在环境规划的“编制—实施—评估—反馈”体系（图 2）中，常用的技术步骤通常包括：规划目标与指标体系建立、环境趋势预测、方案优选、环境与经济协调分析等；在此过程中，如下的技术方法起到了关键的规划支撑作用：环境扩散与容量总量模型（水、大气）、线性规划法、复合不确定性单/多目标环境系统优化调控技术、灰色系统目标规划法、动态规划法、多属性决策、情景分析法、时间序列分析、投入产出规划法和模糊数学规划法等，此外还有辅助性的技术方法，如 GIS 技术[3]。

“十一五”以来，随着环境规划体系的拓展以及对定量环境规划决策支撑的需求，在技术方法的研究中，逐步完善了在环境规划的“评价—模拟—优化—集成”技术框架，通过自主研发、引进后再开发以及技术集成等开展关键规划技术研究，并得到通过应用（图 2）。

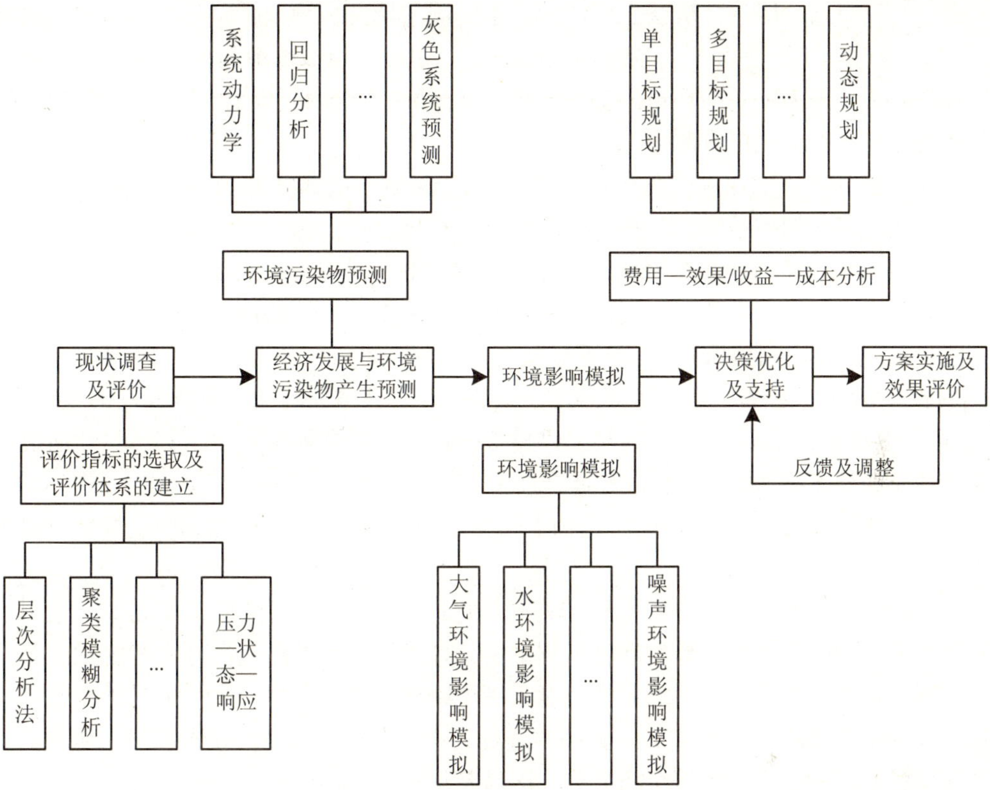

图 2　环境规划技术与方法体系

2.2　环境规划评价指标与方法

环境现状分析与评价指标体系的建立是环境规划的基础，压力—状态—响应（PSR）模型、层次分析法、德尔斐法、模糊聚类分析以及情景分析方法等在“十一五”以来被广泛应用于环境的现状评价与分析的确定[4]；并结合基于环境承载力分析、生态适宜度评价等方法，应用于环境规划的方案筛选、规划预测及生态、土壤等专项规划等方面[5]。并且主成分分析法、模糊评价法、灰色评价法及人工神经网络法等一系列评价方法在大气、水环境质量评价方面均得到了综合的运用[6-9]。

2.3　环境规划预测与模拟方法

在环境规划的模拟预测方面，“系统动力学—情景分析法”在“十一五”以来被延伸应用于区域（流域）社会经济与环境的趋势预测、规划方案选择和污染控制。系统动力学能全面、系统地描述了社会—经济—环境系统的多重反馈回路、复杂时变、非线性等特征，能动态地展现系统发展过程中关注因子的变化，提高环境规划的质量[10]；而情景分析法充分考虑了未来可能发生的态势及其相互影响，相对于模型预测等传统方法更加客观、公正[11]。目前，情景分析法已广泛应用于中国的能源预测分析[12-14]、污染物排放与控制[15,16]、水污染控制规划[17]、生态环境规划[18]、水资源承载力分析[19]等领域。中国环境规划院开发了《国家中长期环境经济预测模拟系统》，为全国“十五”“十一五”和“十二五”环境保护规划提供了预测方法。

在环境规划方案的决策优化中，“十一五”以来逐步完善了复合不确定性单目标、多目标环境系统优化调控技术，包括区间模糊多目标规划、强化区间线性规划和基于显性风险区间线性规划等技术，并在流域、区域环境规划的实践中得到具体应用[20]。

随着“十一五”以来环境规划内容的延伸与环境规划方法的改进，在环境规划的研究与实践中，越来越多地遇到一些需要综合集成规划技术方法来分析和生成规划方案的问题，由此，将评估、模拟、优化等规划方法集成应用，就成为环境规划学发展的新的方向。“十一五”以来开发了多个 3 类间接式“模拟—优化”耦合模型，包括基于贝叶斯统计的不确定性非线性系统“模拟—优化”耦合技术、基于非线性区间映射算法的“模拟—优化”耦合技术、流域环境规划的“模拟—评估—优化”集成技术，并在流域环境规划中得到实际应用[21]。

在环境容量的分配中，“十一五”以来，在重点流域的水污染防治规划中，采用了环境基尼系数法。环境基尼系数在环境规划中用于各类自然和能源资源分布和配置的公平性和差异性，有研究者用环境基尼系数法对水污染物排放总量进行分配[22]，另外有研究者将基尼系数密度指数引入环境基尼系数法并进行改进，发现改进后的基尼系数法更加有效。还有应用时间序列、面板数据分析省际、区域及城市环境与经济等指标间关系、环境污染总量变化情况，取得一定进展。

2.4 环境保护规划决策支持方法

“十一五”以来规划体系完善的另一大突破在于建立了不同层次的规划实施评估机制，为适应国家环境规划实施的评估需求，开发了逻辑框架法（LFA），为规划实施评估提供了一种层次分明、结构清晰、逻辑合理的分析框架，尤其适宜区域大尺度宏观规划的评估。

决策支持体系为环境规划实现现代化操作提供了技术手段，它可以用来辅助解决半结构化和非结构化的决策问题。“十一五”以来，中国建立了多个适用于城市区域、经济开发区等不同范围环境规划的决策支持系统。此外，由于环境规划涉及环境、社会、经济等因素的空间分布信息和时间演变信息，对于时空信息和属性信息需要信息管理技术和虚拟现实技术的支持。3S（GIS、GPS、RS）和 VR 技术等现代技术广泛的应用，提高了环境信息的真实性、可靠性、广泛性[23]；Matlab、Surfer、Access 数据库等技术在环境规划中的应用使规划数据分析更加全面和准确。

回顾中国环境规划研究方法的进展，可以发现，随着计算机技术、数学统计与机理模型、遥感和地理信息技术、系统工程技术等技术方法的发展，中国环境规划方面的技术方法，也从最初的探索到现在的逐渐成熟，也是中国环境规划及其方法逐渐成熟的过程。经过 40 多年的不断探索与完善，中国已经形成一套适合中国国情的从宏观到微观、从理论到实践、从编制到实施的环境规划方法体系。特别是“十一五”以来，随着环境规划体系的拓展以及对定量环境规划决策支撑的需求，在技术方法的研究中，逐步完善了在环境规划的“评价—模拟—优化—集成”技术框架。环境规划方法的成熟主要体现在以下几个方面：

（1）规划方法从传统单一要素逐步转向综合环境要素的预测模拟。“九五”之前，由于对环境保护问题的认识不足，加上技术方法体系的不成熟，环境保护规划在制定过程中主要还是对水、气等单一环境要素的未来污染情况进行模拟分析，并未从环境—经济这一综合系统未来的发展情况进行分析模拟。随着计算机技术、数理统计技术的发展与完善，从“十一五”以后，大量综合考虑各种要素之间相互影响的环境规划方法在环境保护规划中不断得到应用，如能源—环境经济系统、水资源—环境经济系统。

（2）规划方法逐步转向情景化、可视化的模拟分析。由于国内 GIS 技术与情景模拟方法的不断发展与完善，“十一五”期间，大量的集成 GIS 与不同情景方案的环境保护规划不断涌现，为环境保护规划提供了“视觉平台”，使得环境保护规划不再是“纸上谈兵”，而是对不同情景方案下环境保护效果以“可视化”的方式呈现。

（3）环境规划方法在费用—效果模拟分析方面得到了进一步提升。“九五”以前的环境保护规划，在规划方案的费用—效果分析方面，主要是针对未来削减污染物的工程措施进行了一些简单的工程经济分析。随着“九五”以后国内外运筹学、博弈理论等技术方法的不断完善，使得国内环境规划方案可以利用博弈理论等新技术模拟未来环境保护的费用—效果，进一步增强了规划方案的科学性，为未来提出费用有效环境保护方案提供了有利的技术保障。如在进行区域大气污染联防联控规划的编制过程中，便可以利用博弈理论方法对不同区域，在不同合作方式下污染物治理的费用效果进行分析，从而得出费用有效的规划方案。

3 环境保护规划专业学科和科研发展

3.1 环境规划专业学设置情况

据调查，截止到 2010 年，全国拥有环境规划研究方向的博士生授权点 27 个，研究方向主要是环境规划与管理，环境规划与评价等。拥有环境规划研究方向的硕士授权单位 102 个，研究方向主要是环境规划与管理。学士点建设情况主要以全国高考的招生简章为依据，分为一本、二本、三本 3 个级别。

据统计，中国有环境规划方向的高校有 314 所，且全部设有环境规划相关课程，其中一本高校 127 所，二本高校 169 所，三本高校 18 所。学士学位授予点的环境规划方向主要包含在环境科学等专业中，绝大多数的环境类专业都有环境规划的相关课程设置，因此本科生教育的环境规划学科在环境相关领域里已经非常普及。同时，出版了一批环境规划专业教科书，如郭怀成等著的《环境规划学》（2009）、海热提等著的《环境规划与管理》（2007），支撑了环境规划学科专业人才的培养。

3.2 环境规划专业人才培养情况

经过对中国国内环境规划学科的硕士、博士论文发表情况的时间序列动态分析，所检索的主要关键词范围覆盖了环境规划研究的基础领域和应用领域。总体上看，硕士和博士论文总量呈逐年增加态势，硕士论文从2000年检索到的6篇增加到2009年的253篇，增加了41倍。博士论文从2000年检索到的1篇增加到2009年的30篇，增加了29倍，这表明中国环境规划学科研究与培养教育逐年受到重视。研究发现，近年来土地利用规划、生态规划、环境容量、环境评价、环境影响评价、污染控制等领域的论文数量较多，其他领域的论文产出明显较少。

检索结果还显示，硕士学位论文在2000—2009年平均增长率为58%，总体上呈持续增长趋势，从检索的博士学位论文年度增量率来看（2000—2009年），多年平均增长率为75%，也呈显著增长趋势；这表明中国环境规划学科研究生培养教育逐年受到重视。

3.3 环境规划科研院所发展情况

1999年，中国环境科学研究院设立环境规划研究所。2001年，国家环保总局决定设立中国环境规划院，2003年和2008年相继调整成国家环境保护总局环境规划院和环境保护部环境规划院。2009年，中国环境科学学会批准建立环境规划专业委员会，挂靠环境保护部环境规划院。2012年，环境保护部批准以环境保护部环境规划院为平台，建设国家环境规划与政策模拟重点实验室。总体上看，“十一五”期间是环境规划院所发展的关键时期。据统计，目前在31个省、自治区、直辖市中，设立规划院的有3家，其中，独立法人机构1家，非独立法人机构2家，本省环保系统科研机构内部设立的环境规划所23家，另外还有5省（自治区）在本省（自治区）环保系统内部未设专门环境规划院（所）。

3.4 环境规划科研项目与水平

科学研究是环境规划科学性的重要保障。经调查发现，截至2010年6月30日，评估范围内的环境规划院（所）开展项目747项，其中综合类环保规划120项，专项环保规划214项，规划环评77项，政策研究242项，工程可研类研究23项，其他规划类项目71项。从项目类别上来看，以环境规划类和环境政策类项目占77.11%，其他类型项目占不到30%。从项目层次上而言，国家（含部）层面的有79项，省级层面476项，县（区）级113项。省级占63.72%，市级占25.70%，国家级（含部）所占比例较小。调查显示，截至2010年6月30日，评估范围内的环境规划院（所）在环境规划等项目方面开展合作172次，参加各类会议交流259人次，其中国内合作141次，国际合作31次，参加国内会议223人次，参加国际会议36人次。

通过对环境规划院（所）项目开展情况的调查研究，就项目类别而言，主要以环境规划、政策研究类为主，层次上以省级为主，合作交流以国内为主。在项目层次上，以各省、自治区、直辖市的环境规划院（所）发展状况为基础，由于受到地缘等方面的限制，评估范围内的环境规划院（所）在承担跨省项目上并不十分明显。在项目的合作交流方面，在省级层面上的环境规划院（所）更多地参与国内的项目合作交流，除了个别省（市）以外，其他各省在国际层面的合作交流相对较少，除受到地缘因素的限制外，还存在技术力量等方面因素的制约。因此强化国内国际项目的合作交流方面是未来环境规划院（所）建设的一个重要内容。

最近10年，环境规划科研水平有了显著的提高。以环境保护部环境规划院、北京大学、清华大学等单位牵头的10多项环境规划与政策研究项目获得了国家和部级科技进步奖。

表2　近10年获得部级科技进步奖的环境规划研究项目

项目和奖项	项目主要承担单位	项目主要研究人员
南水北调东线治污规划研究，2003年，国家环保总局环境科学技术奖三等奖	国家环保总局环境规划院	夏青、张悦、程绪水、王东、周信泉
珠江三角洲区域环境保护规划研究，2005年国家环保总局环境科技奖一等奖	国家环保总局环境规划院、中国环境科学研究院、环境保护部华南环境科学研究所等8个单位	王金南、吴舜泽、高吉喜、张远航、许振成、夏光、杜平、张庆杰、韩永伟、彭晓春、裴晓菲、曹东、万军、严刚、侯贵光
能源基地建设及电力中长期发展规划深化研究，2007年度国家电网公司科学技术奖特等奖	国家电网公司电力技术经济研究院，国家环保总局环境规划院等	陈罕立、杨金田、王金南、曹东、薛文博等
内蒙古自治区国民经济和社会发展第十一个五年规划纲要战略环境影响评价，2007年国家环保总局科学技术奖二等奖	中国环境科学研究院，内蒙古环境科学研究院，中国科学院地理科学与资源研究所	高吉喜、张树礼、吕世海、香宝、鲁春霞、付泽强、高庆先、于长水
全国城镇污水处理及再生利用设施建设规划，2007年中国国际咨询工程公司优秀咨询成果一等奖	国家环保总局环境规划院	吴舜泽、王东等
全国生态功能区划，2009年环境保护部科学技术奖一等奖，2010年国家科技进步奖二等奖	中国科学院生态环境研究中心、中国环境科学研究院	欧阳志云、傅伯杰、高吉喜、王效科、郑华、赵同谦、肖荣波、赵景柱、肖燚、徐卫华、王文杰、苗鸿、刘国华、贾良清、李振新
工业园区物质集成与优化调控技术开发及应用，2009年教育部科学技术奖二等奖	南京大学	毕军、袁增伟、赵玉明、钱瑜、张炳、姜伟立、黄和平
国家环境监管能力建设“十一五”规划，2009年中国国际咨询工程公司优秀咨询成果三等奖	环境保护部环境规划院	吴舜泽、张治忠、逯元堂、房志、张华平

项目和奖项	项目主要承担单位	项目主要研究人员
国家中长期环境经济预测模拟系统开发研究，2010 年环境保护部科学技术奖一等奖	环境保护部环境规划院，国家信息中心，四川大学、四川省环境保护科学研究院、山东省环境保护科学研究设计院	王金南、蒋洪强、曹东、於方、祝宝良、高树婷、严刚、祁京梅、周颖、牛坤玉、张战胜、徐玖平、王丽娟、彭岩波
城市发展规划环境影响评价方法及其应用，2010 年山西省科技进步奖三等奖	山西省环境规划院	成钢、李巍、刘四龙、任贵平、冠艳萍、谢卧龙
环境规划的若干关键技术研究与应用研究，2011 年教育部科学技术奖一等奖	北京大学、清华大学、环境保护部环境规划院	郭怀成、张天柱、吴舜泽、刘永、周丰、周劲松、黄国和、邹锐、万军、曾思育、蒋洪强、陈冰
中国典型脆弱区——生态交错带特征评估与保护规划研究，2011 年环境保护部科学技术奖一等奖	环境保护部南京环境科学研究所、中国环境科学研究院、中日友好环境保护中心、北京大学建筑与景观设计学院、北京林业大学、大连民族学院、河北师范大学	高吉喜、吕世海、刘军会、乔青、王艳萍、田美荣、冯朝阳、鲍雅静、陈艳梅、郑志荣、王铁梅、李政海、陈雅琳、沈渭寿、李岱青
国家环境保护"十一五"规划研究，2011 年环境保护部科学技术奖二等奖	环境保护部环境规划院、中国环境科学研究院、清华大学、中国环境监测总站等	王金南、吴舜泽、杨金田、王东、王夏晖、徐毅、陈罕立、吴悦颖、孙宁
电力行业二氧化硫排污交易技术和实施研究，2012 年环境保护部科学技术奖一等奖	环境保护部环境规划院、清华大学、南京大学、北京思路创新科技有限公司	王金南、杨金田、严刚、金勤献、张炳、陈潇君、燕丽、薛文博、许艳玲、毕军、陈罕立、宁淼、蒋春来、陆晨、田海瑞
区域生态承载力与生态安全评估预警技术研究，2012 年环境保护部科学技术奖一等奖	环境保护部南京环境科学研究所、中国环境科学研究院	沈渭寿、张慧、高吉喜、邹长新、赵卫、燕守广、蒋明康、沈发云、潘英姿、李海东、刘庄、胡孟春、孙燕、周慧平、方颖
青藏高原生态环境评估与综合保护规划研究，2012 年环境保护部科学技术奖二等奖	环境保护部环境规划院、北京师范大学、中国环境科学研究院、中国科学院地理科学与资源研究所、环境保护部环境与经济政策研究中心	张惠远、王金南、饶胜、王夏晖、李晓兵、高吉喜、夏光、张镱锂、万军
基于区域规划环境评价的环境保护优化经济发展战略与对策研究，2012 年环境保护部科学技术奖三等奖	中国环境科学研究院、包头市环境科学研究院、中国科学院地理科学与资源研究所	傅泽强、高吉喜、姚卫华、张保生、刘景洋

4 中国环境保护规划发展趋势展望

4.1 中国环境保护规划的主要经验

4.1.1 环境保护规划理念不断创新

环境保护既是经济问题、社会问题，又是政治问题，环境保护工作的成败取决于国家对环境保护的重视程度、对环境保护与社会经济发展规律的认识程度以及对处理环境保护与社会经济发展关系的战略部署。回顾中国环境保护规划事业发展的历程，也可以看做是国家对环境保护工作重视程度不断提高的过程。从确立环境保护是一项基本国策，到逐步推进可持续发展战略、科学发展观、建设生态文明，从新型工业化、人与自然和谐、建设环境友好型社会，可以看出国家关于环境保护的理念和政治意愿明显加强。

4.1.2 环境保护规划体制改革不断推进

经过近 40 年的探索和实践，中国已逐步建立起比较完善的环境管理体制。40 年来，正是因为始终坚持解放思想、实事求是，不断推进环境管理体制改革创新，转变政府环保职能，才使中国环境保护各项事业蓬勃发展，不断推进。环境管理体制改革推动了环保规划编制与实施体制的改革。规划是政府职能和行政手段，规划编制过程、规划文本和规划实施三位一体。环境保护跨部门、多行业、涉及面广，在环境保护机制体制尚未完全理顺的现阶段，通过“十二五”开门编制规划和实施超前谋划、统筹推进，充分重视规划的部门协调、实施可达等，实现通过环境规划编制实施达到统一管理的目的。

4.1.3 强调从宏观决策源头解决环境问题

环境问题是一个“世界问题复合体”，不仅涉及科学技术，而且涉及经济发展、社会进步、政治文明，甚至关系伦理道德。单纯依靠技术办法治理环境污染，必然是“头痛医头、脚痛医脚”，无法摆脱“先污染后治理”的道路。近 40 年环境规划实践表明，只有从宏观决策源头，从社会经济发展方式上寻根源、找办法、求出路，才能解决好环境问题。近 40 年来，由于将保护环境作为推动经济社会科学发展的内在要求，把调整产业结构作为实现污染减排目标和解决结构性污染的重要手段，积极配合有关部门淘汰落后产能，既大幅度减少了污染，又有力地促进了经济质量的提升。因此，必须将环境保护政策渗透到生产、流通、分配、消费的各个领域，加强环境保护参与综合决策的力度，努力将环境保护与经济建设融为一体，在保护环境中促进科学发展。

4.1.4 坚持统筹兼顾、重点突破的环保规划思路

环保规划工作是一项系统工程，一方面必须统筹兼顾，加强总体协调。另一方面，必

须坚持重点突破的思路，这是对环保力量的重新调配，是对环保资源的整合重组。近 40 年来，特别是在“十一五”规划以来，环境保护规划以污染物减排约束性指标为抓手，取缔关闭了一批长期危及饮用水水源地安全的污染企业；通过实施最严格的环境保护措施，让不堪重负的江河湖海休养生息；通过加强脱硫设施建设，推进大气污染防治工作等工作重点。推动了经济结构调整，促进了环境质量改善，带动了全面工作。

4.1.5 坚持以人为本，提高人民群众健康绩效作为规划出发点

环境污染危害群众健康，必须集中力量重点突破。环境问题是“世界问题复合体”，中国的环境问题更加呈现出压缩型、复合型、结构型特点，发达国家上百年工业化过程中产生的环境问题，在中国改革开放 30 多年来的快速发展中集中出现。如不及时整治，就会错失良机。这些年来，中国坚持把环境保护同改善民生紧密结合起来，着力解决环境不公平问题，维护群众环境权益，积极推进和谐社会建设。实践证明，由于有效维护了广大群众的环境权益，解决了群众关心的切身问题，使环境保护工作有了群众基础，有效地解决了一些突出的环境问题。

4.1.6 不断加强环境保护基础能力建设

环境保护基础能力建设是环保工作“注重实施”以来的有力支撑。近 40 年来，中国不断重视环境保护基础能力建设，国家对环境保护基础建设的投入也逐年增大，尤其是“十一五”以后，是中国环保投入增幅最大的时期，有力地促进了各地环境保护工作的开展。特别是近几年来，针对中国环境保护工作一直存在“重规划、轻实施”的问题，以建设先进的环境监测预警体系和完备的环境执法监督体系为重点，同时加强对环境监测、环境监察、核与辐射、环境科研、环境信息与统计、环境宣教等各个领域的基础能力建设，为实现国家节能减排目标和环境保护 3 个转变提供了强大的保障支撑。

4.2 中国环境保护规划存在的主要问题

经过 40 年的环境保护发展，中国已经形成了一个较为完善的环境保护规划体系。但整体来看，中国的环境规划体系尚存在以下几个方面的问题：

4.2.1 环境保护规划法律制度不完善

（1）环境规划法律基础不扎实。虽然《中华人民共和国环境保护法》中规定了国家制定的环境保护规划必然纳入国民经济和社会发展规划，并且要求县级以上人民政府环境保护行政主管部门应当拟定环境保护规划，但没有明确定位地方环境保护规划的位置[24]。从而造成地方环境保护规划在很大程度上仅仅成为一个规划“文本”，难以付诸实施，虽然一些专项规划如城市规划中也要求做环境保护专项规划，但多是作为城市规划的附属品，受关注的程度和可执行性远远不够。同时，也为环境规划的任意更改和随便变动提供了法律漏洞。

（2）环境规划相关法规条款“法律”性不强。中国与环境规划相关的法律条款中虽然

规定了责任，但缺乏对不执行法规主体法律责任的界定，这虽然与中国普遍环境意识不强，开展强制的环境督促的社会基础不够等现实情况有关，但这也无疑成为中国环境法规一直难以得到很好实施的最重要方面之一。

4.2.2 环境保护规划中涉及的资源—环境统计指标不完善

由于中国的部门分工不同，导致环境保护中所需要用到的一些社会—经济—环境发展数据散落到各个部门的统计报表及统计年鉴中。如环境保护部门的统计数据中大多仅涉及工业企业污染物排放，而资源、能源消耗统计数据又由国家发改委、水利部和国土资源部等部门负责统计。在这样一种统计方式下，便会产生各统计指标的统计口径不同的问题，从而使得在环境保护规划编制过程中存在一些统计数据无法使用或者数据缺失的问题。

4.2.3 环境保护规划编制技术与标准缺失

相对于国土和城市规划，环境规划是一个发展历史相对较短的领域。①迄今为止中国环境规划尚缺乏统一的编制技术指南，没有对各类环境规划编制的依据和内容等做出明确界定，从而导致各种环境规划内容差别较大。②由于缺乏环境规划技术，使得现有的环境规划的科学性受到严重质疑，这在很大程度上造成了中国各类环境规划缺乏针对性、科学性和可操作性。有学者认为，最近 10 年的环境规划在规划技术、模型和方法方面有“没落”的趋势。③由于各类环境规划范畴界定不清晰，并且缺乏统一的标准和技术指南，从而造成各类环境规划项目冲突，执行难度较大。

4.2.4 环境保护规划编制队伍参差不齐，规划公众参与力度不足

环境规划具有很强的探索性和规范性特点，特别是政府主导性的环境规划需要具有环境规划专业资格的单位承担。从中国环境保护规划发展至今，中国环境规划编制单位尚没有统一的资质要求，从而呈现出“谁都可以做环境规划”的混乱局面，难以保证环境规划的编制质量，这种格局严重削弱了环境规划的权威性、科学性和规范性。

在公众参与方面，环境保护规划在编制、公布、审批到实施过程中都严重缺乏公众参与，这一点主要是中国缺乏相关法律对公众参与的内容形式进行规定。此外，也与中国公民的缺乏相关环境规划知识、环境保护意识不足有关。现阶段环境规划的公众参与大多停留在一般的民意调查上，很难从本质上形成公民对环境规划的全过程参与。

4.2.5 环境保护规划权威性不够，执行力度仍然有待提升

目前的环境规划除了环境保护行政主管部门制定的专项规划外，城市规划、城镇体系规划、交通规划、区域发展规划等专项规划中均有环境保护的相关章节，但多是形式主义，并且多是单独设置，缺乏与环境保护行政主管部门制定的环境保护专项规划的一致性与协调性，同时，由于这类环境保护规划的“附属品”位势明显，极大地影响了该类规划的权威性，削弱了其执行力度。另外，即使是环境保护行政主管部门的环境保护专项规划，也由于环保部门的“位势”较低而影响到其权威性和可执行性。从“六五”开始，我国已经发布了 6 个五年国家环境保护规划，就其规划主要目标指标来说，只有“十一五”国家环

境规划的核心目标和指标全部实现，而同期的国民经济发展几乎都是超过规定的目标指标，形成了经济与环境严重“脱钩”的状态。

4.2.6 不同层级的环境规划内容和界限不清晰，衔接力度不够

不同层次规划的编制范围和内容的界定上，还存在着相当大的差距和混乱；同时，环境规划与其他各部门的规划多还停留在本部门内部范围，多在规划编制完成后公开向相关部门征求意见，较少在规划制定前召开联席会议对规划内容进行协商，导致各部门之间的规划从目标、指标、方案设计到规划实施保障都存在一定程度的冲突，这也突出反映出中国规划编制与管理的无序状态；此外，国家与地方在规划目标指标、重点工作任务方面存在着一定的差异，国家考核的部分指标，往往在各省规划中找不到直接对应的指标项，在这种情况下，即使各省完成本省的规划指标，也难以保障国家规划目标的实现，体现不了国家规划的导向性，不利于国家规划目标任务的分解、考核、评估。

4.3 中国环境保护规划的发展展望

4.3.1 加快战略思路转变

充分考虑未来中国实现全面小康社会的环境保护的形势和挑战，为了加快实现环境保护工作的“历史性转变”，建设资源节约型和环境友好型社会，“十二五”及未来相当一段时期，中国环境保护规划应逐步实现以下 5 个方面的战略思路转变：

4.3.1.1 从目标规划向过程规划转变

中国目前的环境保护规划最直接特征是目标规划，有时甚至是僵化、机械化的目标管理，轻视过程控制，这是规划编制与实施脱节、环境规划流于表面的一个重要原因。

（1）要改变把规划目标局限于一个孤立的指标值的做法，应该实施目标的动态管理。在规划编制过程中进一步协调统一思想，在规划实施过程中推进环境保护的综合管理，强化规划的公众参与、决策、动态调控、规划实施、监督考核，建立规划目标实施过程与社会经济发展的联动关系，有条件的，还可以对规划目标进行评估调整、定期修订。

（2）着重强调过程管理。对环境规划实施进行过程控制管理，对目标执行和实施过程进行规划，从目标制定到目标实施的全过程管理，对规划决策与实施过程的范式管理，公众参与和利益相关方参与管理，对规划执行与实施政策的制定和调整。

（3）加强环境规划管理，建立环境规划的行政体系。目前中国环境规划从编制到实施各环节职权内容和范围不清楚、监管难以到位。应明确规划制定和实施等环节的职责，改变不平衡的管理体制，加强跨部门的统一规划与管理，责权利分解落实。

4.3.1.2 从软性规划向约束型规划转变

（1）适应规划目标约束性要求，加强规划编制的技术研究分析工作，充分考虑社会经济发展不可控等因素，按照可达性原则合理确定规划目标指标。

（2）目前中国环境保护规划一方面从计划转向规划，淡化行政计划和命令色彩，同时提出了约束性指标要求，应该从法律角度为其约束性和效力寻求依据，力争目标从行政约

束力向法律约束力转变，从近期污染减排目标向中远期环境质量约束目标转变，从环境质量目标向公众健康和人与自然和谐目标深化。

（3）应建立约束性目标规划要求约束性预算和约束性保障措施的要求，加强规划内容和任务对预算的导向作用。

（4）强调规划目标的分解考核和责任机制，完善规划实施评估机制，逐步建立约束性规划编制和实施的技术方法体系。

4.3.1.3 从重规划编制向重编制和实施转变

中国环境保护规划执行力差的重要原因是编制和规划脱节，重编制而轻实施。从目前的经验来看，在规划实施过程中，由于缺乏相应的实施评估机制、监督管理机制等，国家环境保护规划及地方环境保护规划执行情况不一，且缺乏考核，导致环境保护规划难以按照预期思路得以贯彻执行，未来规划需要切实改变规划编制和规划实施脱节的局面。

应建立规划投入保障落实下的规划编制技术路线。环境保护规划投资的不落实是规划目标难以落实的最重要原因。“十二五”期间，应逐步改变这种不与投资保障挂钩的规划编制方法，借鉴国际经验，结合部门预算体制和公共财政体系改革，进行预算投资规划编制的试点，逐步建立预算投资保障前提下的环境保护实施计划编制技术方法。应大幅度提前环境保护规划编制的时间要求，环境保护规划应在规划期初得到批复，以利于预算资金的落实和安排。

加大力度做好规划执行和督察工作，做到规划编制实施的“谋、断、行、督”4 个环节并举、不断线。国家环境保护行政主管部门应逐步树立规划实施情况督察定位，明确各级政府规划实施的主体地位，将规划目标任务的分解、实施评估、考核作为手段，着力强化规划的实施环节，中立、客观地评价规划实施状况，适宜进行规划目标任务的动态调整，向社会公开规划实施进展情况。

4.3.1.4 从污染防治规划向基础性、空间型、经济导向性规划转变

中国目前推行的规划主要是强调污染防治规划的特征，但在优化配置资源、预防环境污染发生、促进经济协调发展方面所起的作用还不明显，环境规划的编制理念仍停留在“就环境论环境”的阶段。“十二五”期间，应逐步开展基础性、空间型和经济导向性规划的试点。

（1）试点建立基础性的环境保护规划。应以区划为基本出发点，以大区域环境功能定位确定微观单元保护目标，进行承载能力或环境容量分析，提出中长期战略目标，提出基于环境约束的社会经济发展布局和总量约束条件，形成具有法律约束性的、基础性的环境规划，作为社会经济发展规划的前提条件，而不是由环境被动地适应经济社会发展。

（2）以环境与经济布局关系为突破口，解决格局性污染问题。环境保护问题往往是一个布局调控的问题。从“十一五”规划来看，省级规划普遍缺乏明确的空间布局要求，规划空间落地较少，无法实现对区域分类指导、优化经济布局的作用，对经济发展、产业布局等指导性不强。各省规划在目标、指标、任务、措施上统一讲得多，分区推进、分类指导的内容较少，空间调控的明确禁止要求就更少了。“十二五”规划编制和实施过程中，要强化区域发展的环境要求，对大、中、小城市，农村、城乡结合部提出不同的要求，妥善解决跨区域、跨流域的重大环境问题，促进经济布局的合理有序。

（3）要将引导经济发展作为规划的目的之一，提出可操作性的引导调控手段。环境保护深层次问题是经济发展模式，环境保护与经济的融合是发展趋势，是解决环境问题的最根本途径，环境保护规划不能脱离这一认识而局限于污染治理层次。要明确以环境要求调控经济发展的方针，体现污染治理和经济导引的双重特征，强化向国民经济规划、产业规划和城市规划的渗透，实现约束性措施和引导性措施并重，加强多元化经济调控手段的应用。

4.3.1.5 从环境保护向注重绩效和保护群众健康理念的规划转变

环境保护直接关系人民生活质量，关系群众身体健康，关系社会和谐稳定。未来，环境规划的编制要坚持环保惠民，从公众对环境的基本需求出发，将喝上干净水、呼吸清洁空气、吃上放心食物等关系民生的环境问题摆上更加突出的战略位置。在制定规划目标的时候应该把绩效的理念、健康这些问题切切实实地提出来。要坚持以科学发展观为指导，坚持环境优先方针，以削减污染物总量、改善环境质量、防范环境风险为主线，以解决危害群众健康和影响可持续发展的突出环境问题为重点，加快构建资源节约型和环境友好型社会，全面提升生态文明水平，最终使污染物减排取得更大进展，使重点地区和城乡环境质量得以改善，生态环境总体恶化趋势得到基本遏制，环境安全得到基本保障。

（1）规划切实解决关系群众健康的突出环境问题。要坚持以人为本，民生优先，围绕呼吸清洁的空气、喝上干净的水、吃上放心的食品等重点，着力解决群众饮水安全、水体黑臭、细颗粒物超标、土壤污染等突出环境问题，提高生态环境质量，维护人体健康和环境权益，增进人民福祉。

（2）规划要不断提升环境基本公共服务水平。中国总体上已进入以城带乡、以工促农、以东带西的新阶段，未来应把环境监测与评估服务、环境监管服务、污水及垃圾等环境治理服务、环境应急服务、环境信息知情服务等纳入环境基本公共服务范围。坚持分区分类指导，加快实施生态补偿，积极推进益贫型环境保护政策，加大对边疆少数民族地区的环境保护资金、人才、项目、政策等的扶持力度，努力推进区域间环境公共服务均等化。

4.3.2 加强重点方向研究

根据中国环境保护规划的现状和需求，预计今后 5～10 年环境规划学科的发展将呈现四大发展趋势：

（1）环境规划学科基础性、导向性作用进一步加强，加深了环境规划学理论研究深度。环境规划学科经过近些年的发展，其理论发展不断强化，对经济发展规划、环境保护规划的基础性、指导性作用进一步加强。体现在环境规划学的学科体系建设不断完善，微观要素层、中观空间层、宏观战略层 3 个层级的环境规划理论研究及应用。未来 5～10 年，环境保护规划对区域规划、城市规划、产业规划、土地规划等基础性作用将进一步凸显。

（2）区域性规划、分区分类指导等领域发展，拓宽了环境规划学科的研究广度。区域性环境规划是实现国家主体功能区规划和环境功能区域的重要途径，随着环境污染的区域性、复合性等特征的凸显及区域环境保护的科学有效性，未来对区域性的环保一体化规划研究将被更加关注。

（3）环境规划从编制型向过程型、政策型方向转变，提高了环境规划学的科学性与适用性。未来，环境规划将从编制型向过程型转变，环境规划学的研究将更加关注环境与经济关系，更加注重宏观环境政策的研究。

（4）新模型、新技术等方法应用，丰富了环境规划学的研究成果。环境规划学科发展积极探索环境规划与环境保护的新技术模式，提高环境规划绩效。

根据环境规划学科发展和环境规划实践应用，未来环境规划研究方向应主要集中在以下 5 个方面：①适应新时期对环境保护与环境规划新的要求，加强基础理论与技术方法体系的研究，完善环境规划理论方法与技术体系；②加强社会经济发展紧密结合的环境影响、环境效应、环境经济形势分析、定量评估预测等技术方法的研究；③与区域和空间相结合，加强环境规划空间控制、分区分类、污染减排与环境质量改善机理、效益等技术方法的研究；④加强环境风险控制、环境安全管理、环境基本公共服务等领域的研究；⑤加强环境专业建设、技术支撑等能力建设，加大对环境规划基础性和应用性科研课题的支持等。

4.3.3 完善规划制度机制

基于以上对中国近 40 年来中国环境保护规划与规划技术方法发展的回顾，从未来环境保护工作重点，与目前环境规划存在的问题来看，未来中国环境规划制度机制应从以下几方面进行完善：

（1）完善环境规划制度，加强环境规划法律支撑。针对中国环境规划面临的制度缺陷，从提高环境规划的权威性角度完善现有的法律法规，确保相关环境规划的可执行性。如修订《环境保护法》，进一步明确环境保护规划的法律地位。

（2）制定环境规划编制技术与标准，提高环境规划的科学性。制定统一的环境规划编制技术指南，对各类环境规划的内容、标准、依据、编制方法等做出明确的规定，确保环境规划的科学性。在国家层面尽快出台《环境保护规划编制办法》，进一步规范化环境保护规划的内容。

（3）建立环境规划编制资质管理体系与资源—环境保护统计制度，提高环境规划编制水平和扩大环境保护统计的范围。建立环境规划编制资质管理制度，对从事环境规划编制单位的技术条件、业务能力、人员素质、业务范围等进行统一管理，并建立抽查考核制度，确保环境规划编制队伍水平。

（4）建立环境规划实施后的评估、反馈及问责机制。制定规划实施的评估机制，从法律、制度上保证规划实施评估的地位，强化独立第三方机构对规划实施的监督和评估；推行实施不力的环保行政问责和惩罚制度；强调社会经济发展情况和资金投入等条件与环境目标之间的反馈调整、动态修正，制定合理可行的目标和措施，增强环境规划的调控性与操作性。

（5）加强国家规划与地方环境保护规划的衔接。省级环境保护规划应兼顾政策性和具体性，强化区域指导性，突出本省重点，尤其是直辖市规划具体性和针对性应更强。区县级以下的环境规划，要结合当地实际情况尽可能详细地编制，并给出具体的实施方案，强调可操作性和实施性；在规划编制过程中应加强国家与地方、总体与专项、环境规划与其他规划之间的统一、协调。总体规划内容按照要素展开，其规划指标和内容须与要素规划建立直接对应关系；在保证国家规划按时编制和公布的前提下，在协调体系中融入更多自下而上的国家与省级政府间的磋商环节；环境保护涉及水、气、生态等方方面面，往往多部门、跨地区，在明确各部门的权责前提下，通过建立部门协作机制来加强部门之间的纵向协调。

（6）进一步加强环境规划的公众参与。在未来环境规划过程中，应不断加强公众参与制度，把公众参与规划作为一项不可缺少的程序来对待；拓宽公众参与渠道，加强对规划的多种宣传。通过宣传教育，加强公众的环境意识，提高专业水平；此外，除了鼓励环境规划实施评估中的公众参与之外，政府应当对公众的意见进行有效地反馈，对意见和建议的采纳或不采纳均要做出说明。

参考文献

[1] 傅国伟. 当代环境规划的定义、作用与特征分析[J]. 中国环境科学，1999，19（1）：72-76.

[2] 孙荣庆. 环保五年规划发展历程[N]. 中国环境报，2012，8-9.

[3] 吴舜泽，徐毅，王倩，等. 环境规划：回顾与展望[M]. 北京：中国环境科学出版社，2009.

[4] 李崧，邱微，赵庆良，等. 层次分析法应用于黑龙江省生态环境质量评价研究[J]. 2006，27（5）.

[5] 吴舜泽. 国家“十一五”环境保护规划中期考核研究[M]. 北京：中国环境科学出版社，2009.

[6] 丁春，盛周君. 基于主成分分析法的南淝河水质综合评价[J]. 安徽农业科学，2007，35（35）：11583-11584，11586.

[7] 李祖伟. 徐州市区地表水环境质量评价与污染防治对策[J]. 淮阴师范学院学报：自然科学版，2005，4（2）：168-172.

[8] 赵光影，华德尊. 灰色聚类法在地表水环境质量评价中的应用[J]. 北方环境，2005，30（2）：84-86.

[9] 曹艳龙，汪西莉，周兆永. 基于BP网络的渭河水质评价方法[J]. 计算机工程与设计，2008，29（22）：5910-5916.

[10] 臧鸿晓. 系统仿真方法在环境规划预测中的应用[J]. 污染防治技术，2006，19（4）：29-31.

[11] 刘永，郭怀成，王丽. 环境规划中情景分析方法及应用研究[J]. 环境科学研究，2005，18（3）：82-87.

[12] 朱跃中. 中长期能源发展情景分析方法对我国未来节能规划的启示[J]. 中国能源，2000，22（5）：5-6.

[13] 朱跃中. 未来中国交通运输部门能源发展与碳排放情景分析[J]. 中国工业经济，2001（12）：30 - 35.

[14] 曹斌，林剑艺，崔胜辉，等. 基于 leap 的厦门市节能与温室气体减排潜力情景分析[J]. 生态学报，2010，30（12）：3358-3367.

[15] 申威，张阿玲. 用排放情景分析系统研究北京市机动车污染问题[J]. 城市环境与城市生态，2001，14（4）：31-46.

[16] 易征，李蜀庆，周丹丹. 情景分析法在长江上游环境污染治理中的应用[J]. 环境科学与管理，2009，34（2）：90-92，136.

[17] 欧志丹，程声通，贾海峰. 情景分析法在赣江流域水污染控制规划中的应用[J]. 上海环境科学，2003，22（8）：568-572.

[18] 张振兴，郭怀成，陈冰，等. 干旱地区经济—生态环境系统规划方法与应用[J]. 生态学报，2002，22（7）：1018-1027.

[19] 袁鹰. 情景分析下的水资源承载能力计算方法研究[J]. 水利规划与设计，2009（2）：27-30.

[20] Liu，Y.，Guo，H.C.，Zhang，Z.X.，Wang，L.J.，Dai，Y.L. and Fan，Y.Y.（2007） An optimization method based on scenario analysis for watershed management under uncertainty[J]. Environmental Management 39（5），678-690.

[21] 刘永，郭怀成. 湖泊—流域生态系统管理研究[M]. 北京：科学出版社，2008.

[22] 吴悦颖. 基尼系数法在水污染物排放总量分配中的应用[M]//王金南，邹首民，田仁生，等. 中国环境政策（第5卷）. 北京：中国环境科学出版社，2006.

[23] 高志宏，梁勇，林祥国. 基于 3S 技术的现代城市规划应用研究[J]. 测绘科学. 2007，32（6）：193-195，211.

[24] 董伟，张勇，张令，等. 我国环境保护规划的分析与展望[J]. 环境科学研究. 2010，23（6）：782-788.

[25] 郭怀成，尚金城，张天柱.环境规划学[M]. 北京：高等教育出版社，2009.

[26] 王金南，邹首民，吴舜泽，等. 珠江三角洲区域环境保护战略研究[M]. 北京：中国环境科学出版社，2006.

[27] 张惠远，邹首民，王金南，等. 广东省环境保护战略研究 [M]. 北京：中国环境科学出版社，2007.

[28] 王金南，武雪芳，曹东，等. 中国“十五”期间二氧化硫总量控制方案研究[J]. 环境科学研究. 2005，17（2）.

[29] 王金南. 关于国家“十一五”环境保护规划的基本思路[N]. 中国环境报. 2005.4.21.

[30] 王金南，曹东，陈潇君.关于国家绿色发展战略规划的构想[J].环境保护. 2006，345（B）.

[31] 王金南，潘向忠. 线性规划方法在环境容量资源分配中的应用[J]. 环境科学. 2005，26（6）.

[32] 王金南，王东，李云生，等. 国家“十一五”重点流域水污染防治战略规划[J].水利水电技术. 2008，38（1）.

[33] 王金南，张惠远，蒋洪强. 关于我国环境区划体系的探讨[J]. 环境保护. 2010，444.

[34] 王金南，吴悦颖，李云生.中国重点湖泊“十二五”水污染防治战略思考[M]//王金南，陆军，吴舜泽. 中国环境政策（第7卷）. 北京：中国环境科学出版社，2010.

[35] 王金南，贾杰林，万军. 我国“十一五”污染减排进展与“十二五”展望[M]//环境经济与政策（第二辑）. 北京：科学出版社，2010.

[36] 国家环境保护局计划司《环境规划指南》编写组. 环境规划指南[M]. 北京：清华大学出版社，1994.

[37] 过孝民，张慧勤，等. 全国 2000 年环境污染预测与对策研究[M].北京：清华大学出版社，1996.

[38] 国家环境保护局. 国家环境保护“七五”计划[M].北京：中国环境科学出版社，1990.

[39] 国家环境保护局. 国家环境保护“八五”计划[M].北京：中国环境科学出版社，1996.

[40] 国家环境保护总局. 国家环境保护“九五”计划[M].北京：中国环境科学出版社，2001.

[41] 国家环境保护总局规划财务司. 国家环境保护“十五”计划读本[M]. 北京：中国环境科学出版社，2002.

[42] 国家环境保护总局. 国家环境保护“十一五”规划读本[M]. 北京：中国环境科学出版社，2006.

[43] 邹首民，王金南，洪亚雄，等. 国家“十一五”环境保护规划研究 [M]. 北京：中国环境科学出版社，2007.

[44] 王金南，蒋洪强. 国家“十二五”环境保护规划体系与重点任务[J]. 环境保护，2012，484.

[45] 张惠远，王金南，饶胜，等. 青藏高原区域生态环境保护战略研究[M]. 北京：中国环境科学出版社，2012.

[46] 中国环境科学学会. “十一五”中国环境学科发展报告[M].北京：中国环境科学出版社，2012.

[47] 吴舜泽，周劲松，余向勇，等. 新形势下国家“十二五”环境保护规划的思考[M]//王金南，陆军，杨金田，等. 中国环境政策（第6卷）. 北京：中国环境科学出版社，2009.

[48] 段宁、马建勋，等. 城市环境综合整治规划最优方法[M] 北京：中国环境科学出版社，1991.

[49] 程声通. 水污染防治规划原理与方法[M]. 北京：化学工业出版社，2010.

[50] 环境保护部环境规划院. 全国环境功能区划研究报告[R]. 北京：环境保护部环境规划院，2012.

关于建立环境红线管理制度的若干思考

Several Considerations in Establishing Naitonal Red Lines Management System of Environment

王金南　吴文俊　蒋洪强　张伟　许开鹏　曹国志

摘　要　解决中国的环境危机和建设中国生态文明，必须建立底线思维和环境红线体系。本文阐述了实施国家环境红线管理体系的现实意义，介绍了目前在人口—资源—环境三大领域红线管理的现状。从顶层设计出发，建立了“质量—总量—风险—生态”的“四维”环境红线体系，并详细阐明了环境红线的内涵、定位、特征及分类，最后提出了加快推进国家环境红线管理的若干建议。

关键词　红线管理　环境红线　生态红线　总量控制红线

Abstract　To solve environmental crisis of China and construct ecological civilization, it is inevitable to establish red line system of environment.The paperrepresents the practical significance of implementing the national environmental red line management system, also introduces the present situation of red line management in “Population-Resource-Environment” fields. We establish four dimensional “quality-emission-risk-ecology” red lines system ofenvironment, elaborate the connotation, orientation, characteristics and classification of environmental red line.Six suggestions for promoting national red lines management of environment are finally proposed.

Key words　red lines management, red lines of environment, red lines of ecology, red line of total emission control

“十二五”乃至今后较长一段时期，中国经济社会发展进入战略机遇期，同时也是资源环境矛盾问题的凸显期，环境管理面临新的重大转型，如何转型？走向何方？这些问题迫在眉睫，亟待解决。党的十八大报告指出面对资源约束趋紧、环境污染严重、生态系统退化的严峻形势，必须树立尊重自然、顺应自然、保护自然的生态文明理念，把生态文明建设放在突出地位。党的十八大报告提出了“美丽中国”宏伟目标，并提出了 2020 年全面小康的生态文明建设目标，要求到 2020 年资源节约型、环境友好型社会建设取得重大进展，主体功能区布局基本形成，资源循环利用体系初步建立；单位国内生产总值能源消耗和二氧化碳排放大幅度下降，主要污染物排放总量显著减少；森林覆盖率提高，生态系统稳定性增强，人居环境明显改善。因此，我们应以生态文明和建设美丽中国作为实施环境管理转型的重要目标，彻底根治和解决过去“重经济增长，轻环境保护”的现状。党的十八大报告指出了要加强生态文明制度建设，完善最严格的环境保护制度。完善最严格环境保护制度的首要任务就是界定保护的边界，把握好适度的环境底线、设置严格的环境红线。本文以系统总结和分析中国最严峻环境保护形势及原因为入手点，梳理红线的原始含义和资源环境领域红线的形成过程，重点阐述了环境红线的内涵、定位、特征和分类体系，并从环境红线划分技术支撑体系、环境红线管理制度体系和环境红线管理的实施保障等方面提出了建立环境红线管理的若干建议。

1 最严格环境保护制度应以环境红线管理为重要抓手

1.1 严峻的环境保护形势呼唤环境红线管理

改革开放30多年来，中国的社会生产力得到了极大的解放和发展，全国GDP从1978年的3 645亿元增加到2010年的39.8万亿元，年均保持了9.6%的快速增长，中国在经济领域所取得的惊人增长主要是依靠大量资源要素投入和牺牲环境推动的，粗放型经济增长方式带来经济指标上升的同时，也带来了严重的环境问题。中国用了30年的时间取得了发达国家100多年的经济增长成就，同时发达国家100多年（甚至200多年）的环境问题在中国30年都已经集中爆发。30年的生态环境判断是：生态环境总体恶化，环境质量局部改善，环境污染相当于美国和欧洲六七十年代的水平。中国已经是主要污染物排放最大国，中国也必然是未来环境压力最大国，同时中国也是实际上的环境污染的最大受害国。分析表明，中国的环境问题已经严重影响经济的可持续发展以及公众健康和社会稳定。

1.1.1 主要污染物减排压力巨大

（1）水污染物排放量仍然较大。从总量来看，全国化学需氧量（COD）排放总量（工业及生活源）2001—2010年基本呈先升后降的“倒U形”趋势（图1），在2006年达到最高排放量后逐年减少。2011年COD排放总量为2 499.9万t（包括农业面源），中国目前仍然是世界上COD排放最多的国家，远超过环境容量。

（2）大气污染排放压力依然严峻。我国SO_2排放量2006年达到峰值2 588.8万t，是美国的两倍，2011年全国二氧化硫总量为2 217.9万t。与发达国家相比，我国SO_2排放强度仍然处于高位（图2），分别是美国、英国、日本等发达国家的5～10倍，在我国以煤为主的能源消费结构难以改变、排放强度降低空间逐步减小的情况下，SO_2的治理任重而道远。

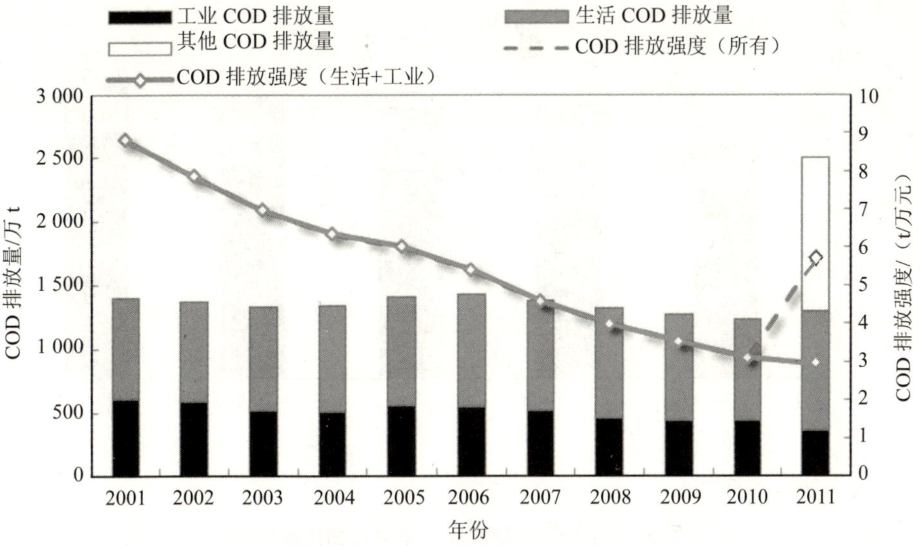

数据来源：污染物数据来源于《中国环境统计年报 2011》；GDP 数据来源于《中国统计年鉴 2012》，采用 2010 年不变价。其他 COD 排放量包括农业源和集中式，自 2011 年起环境统计中增加农业源的污染排放统计。

图 1　2001—2011 年全国 COD 排放量及排放强度

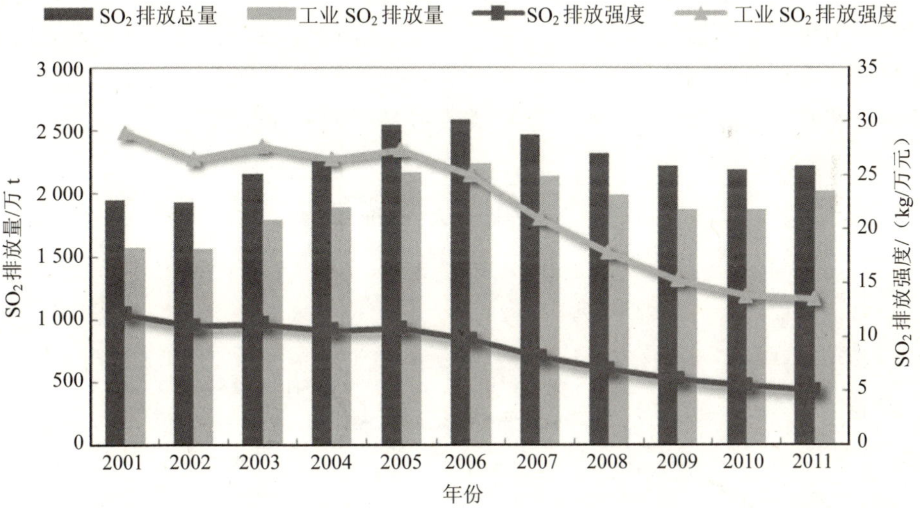

数据来源：污染物数据来源于《中国环境统计年报 2011》；GDP 数据来源于《中国统计年鉴 2012》，采用 2010 年不变价。

图 2　2001—2011 年我国 SO_2 排放量及排放强度

作为主要大气污染物，全国 NO_x 排放量呈不断增长的趋势（图 3），2010 年，NO_x 排放量为 1 852.4 万 t，较上年增加 9.4%，较 2006 年增加 21.6%。

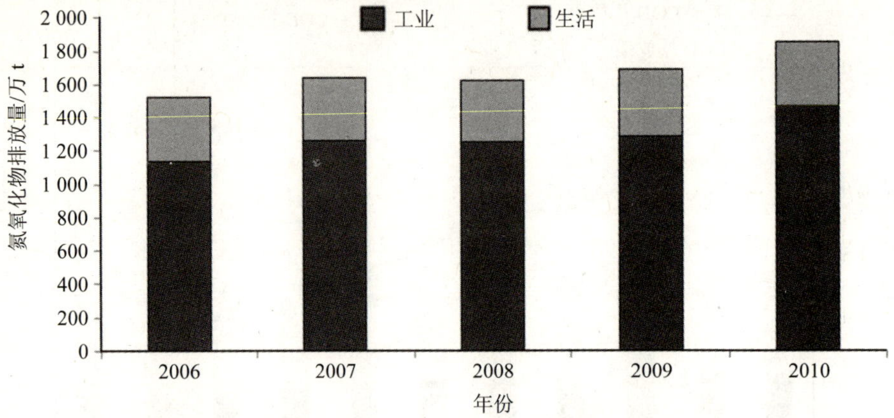

数据来源：《中国环境统计年报 2010》。

图 3 “十一五”期间我国氮氧化物排放情况

1.1.2 环境质量恶化趋势加剧

（1）水环境质量状况堪忧。我国地表水环境质量总体呈恶化趋势（图 4），结构型、复合型和区域（流域）性污染集中体现和暴发，尽管近年来局地水质有所改善，但总体形势不容乐观。2010 年全国流经城市的河流中，70%的江河水系受到污染；七大水系监测断面中，劣 V 类水质比例仍高达 20.8%；28 个国控重点湖库中，75%以上的湖库水体已普遍出现富营养化和水生态退化问题，水质为 V 类或劣 V 类的占 50%以上。

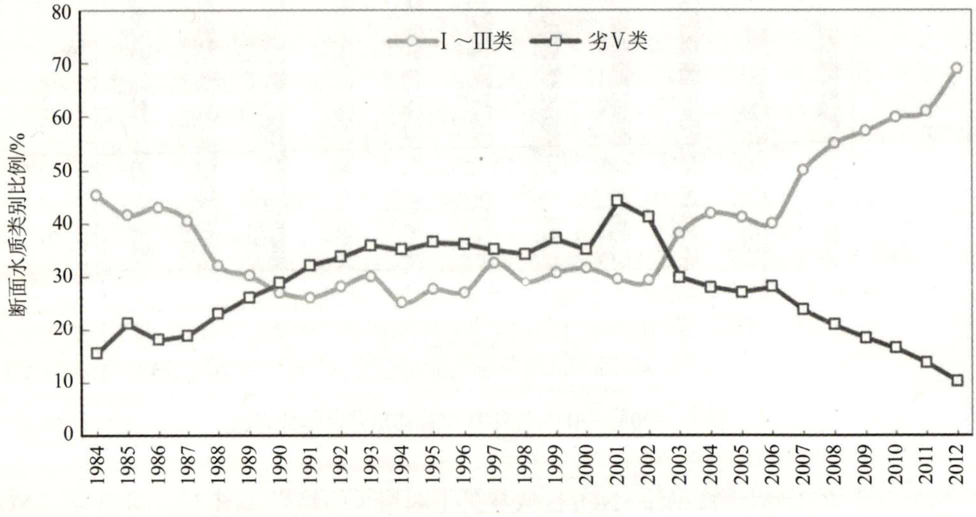

数据来源：1991—2012 年的《中国环境状况公报》。

图 4 1984—2012 年我国地表水水质变化趋势

（2）区域空气质量出现恶化。2011 年，325 个地级及以上城市（含部分地、州、盟所在地和省辖市）中，环境空气质量达标城市比例为 89.0%（图 5），以常规污染物指标衡量的城市空气质量有所改善，但部分城市臭氧、颗粒物等复合污染物日益严重，城市群集中区域出现了多种污染共存的复合型污染地区。根据中国环境监测总站 2009 年对天津、上海等 9 个试点城市 $PM_{2.5}$ 的监测数据可知，试点城市的 $PM_{2.5}$ 超标状况严重，以世界卫生组织提出的 $PM_{2.5}$ 第一阶段（最低的）标准进行评价，各试点城市 $PM_{2.5}$ 超标天数占全部监测天数的比例在 1.9%～48.9%；另外，2010 年各试点城市发生灰霾天数占全年天数的比例介于 20.5%～52.3%，城市灰霾天气出现频率较高。

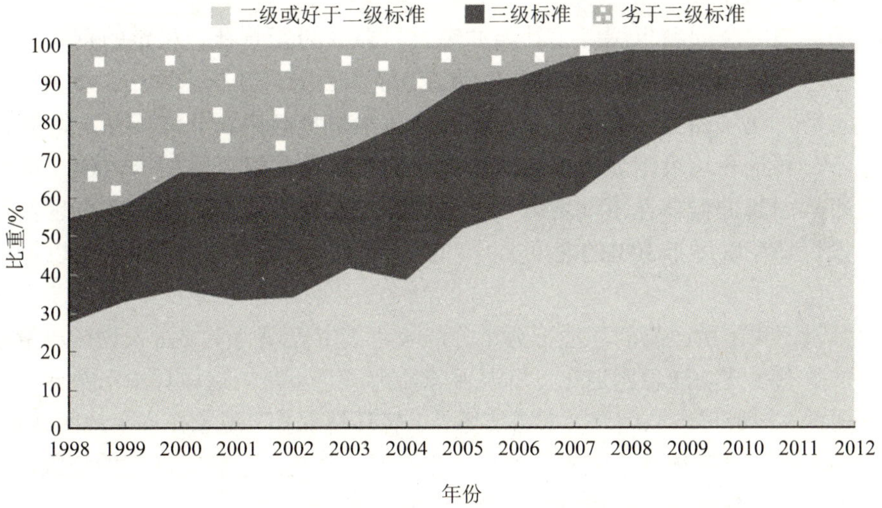

数据来源：1998—2012 年的《中国环境状况公报》。

图 5　1998—2012 年不同级别空气质量城市的比例变化情况

（3）生态退化未有明显改善。经济和城市化的快速发展对生态环境的破坏十分严重，其中以水土流失、土地荒漠化、耕地减少、生物多样性减少等为主。全国水土流失面积已从解放初期的 116 万 km^2 增加到现在的约 160 万 km^2，增长了 38%，占国土面积的 1/6。我国北方地区沙漠、戈壁、荒漠化土地总面积为 153.3 万 km^2，占全国陆地国土面积的 16%，其中土地沙质荒漠化面积已达 20 万 km^2，且沙质荒漠化土地蔓延速度不断加快。人均耕地从 1952 年的 2.82 亩下降到 2010 年的 1.36 亩。森林面积为 19 545 万 hm^2，覆盖率 20.36%，只有全球平均水平的 2/3；人均森林面积 0.145 hm^2，不足世界人均占有量的 1/4；人均森林蓄积 10.151 m^3，只有世界人均占有量的 1/7。全国草原退化、沙化、盐碱化是发展趋势，草原严重退化面积 9 000 多万 hm^2，占可利用草场面积的 1/3，且以每年 130 万 hm^2 的速度退化；据估计，我国的植物物种中 15%～20%处于濒危状态，高于世界 10%～15%的平均水平。

1.1.3　公众健康和社会稳定面临严重威胁

严重的环境问题已经危及人民群众健康和公共安全。根据 2009 年中国绿色国民经济核算研究成果①，2009 年中国只有 1.47%的城市人口生活在低于世界卫生组织推荐的颗粒物阈值（PM_{10} 20 μg/m^3）以下的环境中，由于大气污染造成约 39.9 万城市人口过早死亡，占总病因死亡人数的 5.0%，同时还造成约 56.7 万人因病住院，新发 22.7 万慢性支气管炎患者。另据测算研究②，2009 年 PM_{10} 没有达到新二级标准的城市，因大气污染而导致的过早死亡人数为 29.8 万人，导致的呼吸系统和循环系统的住院人数约为 46.3 万人，造成约 2 754.3 亿元的人体健康损失。中国城乡居民的癌症（恶性肿瘤）死亡率在过去 30 年中增长了 8 成以上，尤以肺癌和乳腺癌上升幅度最大，分别上升了 465%和 96%；我国城市居民的肺癌死亡率有明显升高，2007 年比 1970 年代初期增长了 2.8 倍，恶性肿瘤死亡率比 1970 年代初期增长了 0.9 倍。

严重的环境安全问题也爆发了社会冲突，日益成为影响社会稳定的重要因素。2005 年松花江水污染和 2007 年太湖蓝藻事件都造成了上百万群众饮水困难。重金属等污染事件呈高发态势，化学品生产企业布局存在环境风险，危险废物非法堆存、运输和不规范处置现象十分普遍，垃圾围城现象愈演愈烈，防范核与辐射风险的压力进一步增加，因环境污染事故引起的群体性事件增多。一些地方广大群众改善环境的呼声越来越高，近年来环境投诉都在以每年 30%的速度上升。而环境问题导致的群体性事件也以每年 29%的速度递增。

综上分析，我国所面临的环境形势十分严峻，集中表现为主要污染物排放量超过环境承载能力，生态系统功能急剧退化，资源保障能力严重不足。造成环境形势异常严峻的原因是多方面的，但最根本原因是“重经济增长，轻环境保护”现象在许多地区却仍然突出，最严格的环境保护制度体系不完善，经济社会发展已经逼近了资源环境的极限，甚至到了危机的程度，严重危害到公众健康、社会稳定和政府公信力。

1.2 生态文明与美丽中国建设要求环境红线管理

（1）落实环境保护基本国策迫切需要实施环境红线管理。我国的基本国策中，计划生育、节约资源两大国策已相继设立了人口红线、耕地红线和水资源红线，用以约束经济社会高速发展和快速城镇化所面临的突出问题，如人口快速增长压力，以及由此引发的资源能源消耗过快、粮食保障安全问题，同样地，要使环境保护基本国策发挥应有的效力，迫切需要实施环境红线管理，并且要使环境红线像人口红线、资源红线一样，作为硬道理和硬任务来抓。

（2）面对当前主要污染物排放总量超过环境承载能力、环境质量恶化日趋加剧、生态系统功能急剧退化等极其严峻的环境形势，必须树立尊重自然、顺应自然、保护自然的生态文明理念。党的十八大指出，中国将坚持以人为本，全面推进经济建设、政治建设、文化建设、社会建设、生态文明建设，促进现代化建设各个方面、各个环节相协调，建设美

① 王金南，马国霞，於方，等.（2012）.“实施空气质量 PM_{10} 新标准的人体健康效益分析”.重要环境信息参考（环境规划院内刊）. 第 8 卷第 3 期。

② 王金南，於方，马国霞，等.（2012）.“中国环境经济核算研究报告 2010”.重要环境信息参考（环境规划院内刊）. 第 8 卷第 19 期。

丽中国；党的十八大指明建设生态文明的现实路径是依靠转变经济发展方式、优化国土空间开发格局、全面促进资源节约、加大自然生态系统和环境保护力度、加强生态文明制度建设。党的十八大报告首次单篇论述生态文明，首次把“美丽中国”作为未来生态文明建设的宏伟目标，把生态文明建设摆在总体布局的高度来论述，表明中国共产党对中国特色社会主义总体布局认识的深化，把生态文明建设摆在五位一体的高度来论述，也彰显出中华民族对子孙后代、对世界负责的精神。

（3）环境保护是生态文明建设的主阵地和根本措施，新的形势要求红线管理优化经济发展。提高生态文明水平，关键是在环境保护上取得突破性进展。环境保护取得的任何成效，都是对生态文明建设的积极贡献。着力推进绿色发展、循环发展、低碳发展。这不仅是当今世界的主流观念，也越来越受到我们党的重视。绿色发展、循环发展、低碳发展，首次被写入党代会报告，就是向世界宣告：我们要发展环境友好型产业，降低能耗和物耗，保护和修复生态环境；我们要发展循环经济和低碳技术，使经济社会发展与自然相协调，由此可见，环境保护事业摆在了更加突出的位置，新的形势也对环境保护工作提出了新的要求，我们要正确处理好经济发展同生态环境保护的关系，牢固树立保护生态环境就是保护生产力、改善生态环境就是发展生产力的理念，更加自觉地推动绿色发展、循环发展、低碳发展，绝不以牺牲环境为代价去换取一时的经济增长。

（4）习近平总书记在中共中央政治局第六次集体学习上的讲话，更加树立了在生态环境保护上设置环境红线、实施环境功能区划的紧迫需要。习近平总书记指出，国土是生态文明建设的空间载体。要按照人口资源环境相均衡、经济社会生态效益相统一的原则，整体谋划国土空间开发，科学布局生产空间、生活空间、生态空间，给自然留下更多修复空间。要坚定不移加快实施主体功能区战略，严格按照优化开发、重点开发、限制开发、禁止开发的主体功能定位，划定并严守生态红线，构建科学合理的城镇化推进格局、农业发展格局、生态安全格局，保障国家和区域生态安全，提高生态服务功能。要牢固树立生态红线的观念，严格实施环境功能区划。在生态环境保护问题上，就是要不能越雷池一步，否则就应该受到惩罚。习近平总书记强调，只有实行最严格的制度、最严密的法治，才能为生态文明建设提供可靠保障。最重要的是要完善经济社会发展考核评价体系，把资源消耗、环境损害、生态效益等体现生态文明建设状况的指标纳入经济社会发展评价体系，使之成为推进生态文明建设的重要导向和约束。要建立责任追究制度，对那些不顾生态环境盲目决策、造成严重后果的人，必须追究其责任，而且应该终身追究。

1.3 落实最严格环境保护制度需要环境红线管理

温家宝总理曾指出：“要使环保政策和执行力像钢铁一样坚硬，而不是像豆腐一样软弱”。未来一段时间是经济社会发展的重要机遇期，也是资源环境矛盾的凸显期。如果不能处理好环境与发展的关系，国家环境安全将受到威胁。在我国全面建设小康社会，实现现代化奋斗目标历史进程中，环境保护已经成为最重要的环节。为了推进历史性转变，必须实行最严格的环境保护制度。中国面临的环境压力比其他任何国家都大，应当像控制人口、保护耕地一样实行最严格的环境保护制度，建立健全严格的法律法规，环境标准，训练有素的执法队伍和行之有效的执法手段。凡是污染严重的落后工艺、技术、装备、生产能力或产品一律淘汰，凡是不符合环保要求的建设项目一律不允许兴建，凡是超标或者超过总量质量指标排污的工业企业一律停产治理，凡是未完成主要污染物排放总量控制任务的地区，实行区域限批，凡是破坏环境的违法犯罪行为一律要受到严惩，核心要求是杜绝一切环境违法行为，让任何对环境造成危害的个人或单位补偿环境损失，绝不允许“少数人发财，人民群众受害，全社会埋单”的情况一再出现[2]。这充分体现了政府对最严格环境保护工作的高度重视。

实行最严格的环境保护制度是现阶段我国环境管理的需要，环境红线管理是最严格环境保护制度的重要表现和根本抓手，针对目前存在的突出环境污染问题，如要根本改善则需要用“重典”，如何用“重典”，用哪些“重典”，则应在红线管理方式中进行顶层设计。面对日益复杂的环境保护形势和社会经济快速发展给环保工作带来的巨大压力，强化环境保护管制，提升环境治理水平，严格环境执法力度是环境保护工作面临的迫在眉睫的挑战，迫切需要在严格环境保护政策、制度、标准、规范上下大力气，这首先需要在国家层面明确界定最严格环境保护的边界和范围，也即环境红线管理，在环境红线内实施最严格的环境保护法律法规、政策、标准和制度。

2 资源环境领域红线管理的形成与发展

2.1 红线的原始含义

（1）红线的原始含义是指不可逾越的边界或者禁止进入的范围。红线的概念最初起源于城市规划，规划部门批准建设单位的地块，一般用红笔圈在图纸上，因此被称为红线。

（2）城市规划红线是规划用地范围的标志线的边界线，主要包括建筑红线和道路红线。1998 年发布的《城市规划基本术语标准》（GB/T 50280—1998）中明确定义了道路红线和建筑红线的含义[3]。所谓建筑红线（也称建筑控制线），是指城市规划中控制城市道路两侧沿街建筑物或构筑物（如外墙、台阶等）靠临街面的界线。所谓道路红线，是指城市道路（含居住区级道路）用地的规划控制线，包括规划和已建成的城市主、次干道、国道、省道、高速公路、供水、排水、燃气、电力、电讯、管沟、消防疏散通道、防洪堤等内容，在红线内不允许建任何永久性建筑。红线具有法律强制效力，建筑红线是建设人员应遵守的“法”，也是城市建设管理的依据。一旦规划确定红线，从设计、审查、施工到工程验收，皆以红线为准，绝不可越雷池一步。

（3）城市规划蓝、绿、紫线的作用对象有所不同，城市规划中“四线管制”均具有不容触碰、不可逾越的约束性。国家建设部依据法律规定的城市规划“四线管制”中另外“三线”分别指城市规划蓝线、城市规划绿线和城市规划紫线。在此，城市规划中“四线管制”的作用对象有所不同。城市规划红线主要是针对城市建筑和城市道路而言，城市规划红、蓝、绿、紫四线均具有不容触碰、不可逾越的约束性。城市规划蓝线是指城市规划区内依法规划、建设或保护的现有城市水体规划水期边界控制线，包括规划和已建成的自然的江、河、湖泊、溪流、沼泽地、自然湿地、水塘、水库、景观水系等内容；城市规划绿线是指城市规划区内依法规划、建设的城市绿地范围的边界控制线，包括公园绿地、生产绿地、防护绿地、附属绿地等五大类别；城市规划紫线是指城市规划区内依法规划、保护的历史文化建设的边界控制线，包括国家、省、市公布的历史文化街区、历史建筑和文物保护等内容。

2.2 资源领域红线管理的形成过程

（1）红线的内涵由空间约束向数量约束拓展，由空间规划向管理制度延伸。目前，红线的概念已被广泛应用于资源环境领域，已经形成了如耕地红线、水资源红线、能源消费红线、排放总量红线、生态红线等红线管理制度。红线的内涵也从空间约束向数量约束拓展，由空间规划向管理制度延伸。

（2）红线往往具有约束性的含义，表示各种约束的“边界”、“控制线”或具有底线意义的“数字”。国家主体功能规划中“四线管制”（优化开发区、重点开发区、限制开发区和禁止开发区）；国家建设系统中“四区管制”（已建区、适建区、限建区、禁建区）与“四线管制”（红线、蓝线、绿线、紫线）[4]；《国民经济和社会发展第十一个五年规划纲要》和《全国土地利用总体规划纲要（2006—2020 年）》将 18 亿亩耕地确立为我国一个具有法律效力的约束性指标，是不可逾越的一道红线[5,6]；2011 年“中央一号文件”及《关于实行最严格水资源管理制度的意见》为最严格水资源管理制度定义了“三条红线”，即水资源管理三条红线，且纳入各级政府评估考核体系[7,8]。2004 年环境保护部环境规划院完成的《珠江三角洲环境保护规划（2003—2020 年）》中，在环保规划领域首次尝试将生态环境保护要求引导城市经济社会发展的“逆向思维”，首次提出“红线调控、绿线提升、蓝线建设”的空间控制体系，根据生态功能区划方案、重要和敏感生态功能区保护、区域自然生态结构体系建设的要求，将珠江三角洲划分为严格保护区、控制性保护利用区、引导性开发建设区；此后《国务院关于加强环境保护重点工作的意见》和《国家环境保护“十二五”规划》均提出，“编制环境功能区划，在重要（点）生态功能区、陆地和海洋生态环境敏感区、脆弱区等区域划定生态红线”，要“制定不同区域的环境目标、政策和环境标准；2012 年环境保护部环境规划院承担的《福州城市环境总体规划（2011—2020 年）》，又进一步提出了分类分级的红线技术体系，其中根据管理要求分为了红线区（禁止区）、黄线区（限制区）、蓝线区（警戒区）和绿线区（引导区）4 个级别。由此可见，红线通常具有约束性的含义，表示各种约束的边界、控制线或具有底线意义的数字。

2.2.1 耕地红线

伴随着我国工业化、城镇化进程的发展，面对日益增长的人口对粮食需求的急剧增高，人们对耕地重要性及对耕地保护的认识也不断加强。对全球粮食安全的清醒认识成为我国提出 18 亿亩耕地红线的关键。2006 年，十届全国人大四次会议通过的《国民经济和社会发展第十一个五年规划纲要》就明确提出“18 亿亩耕地是未来五年一个具有法律效力的约束性指标，是不可逾越的一道红线”。2008 年，国务院印发的《全国土地利用总体规划纲要（2006—2020 年）》中，对土地利用的目标和任务提出 6 项约束性指标和 9 大预期性指标，确立了到 2010 年和 2020 年全国耕地保有量为 18.18 亿亩和 18.05 亿亩的目标，并将这一指标作为土地利用的约束性调控指标，其核心是确保 18 亿亩耕地红线[5]。2009 年，广西壮族自治区国土资源系统在“保障科学发展，坚守广西 6 320 万亩耕地红线”方面取得了明显成效：①初步建立了耕地保护共同责任机制。广西国土资源厅等 5 个厅局联合制定了《广西壮族自治区耕地保护责任目标考核实施暂行办法》，明确了各级政府主要负责人在耕地保护工作中需承担的责任，并进行量化考核评分，把考核结果作为干部选拔任用、激励奖惩重要依据；同时，自治区党委办公厅和自治区人民政府办公厅制定下发了《关于印发〈广西壮族自治区机关绩效考评办法〉的通知》，把耕地保护和土地利用计划执行情况列入机关绩效考评指标体系，作为地级市机关绩效考评的重要指标，以督促各级党委、政府机关落实耕地保护责任。②自治区纪委、监察厅还结合全区实际，共同制订了《耕地保护和节约集约用地保卫战实施方案》，突出抓好对耕地保护和节约集约用地政策、规定执行情况的监督检查，根据对全区 2008 年各市耕地保护责任目标履行情况考核的结果显示，广西土地违法案件涉及耕地面积大幅下降，2007 年较 2006 年下降了 82%，2008 年较 2007 年下降了 55%。

18 亿亩耕地红线是我国积极应对未来人口增长、城镇化发展和耕地减少、粮食短缺之间尖锐矛盾的理性发展思路，是一个具有底线含义的数字约束。其基本思想内含科学发展、理性发展、有序发展的理念。严格保护 18 亿亩耕地红线内的基本耕地，并不意味着现有耕地都不能占用，而是强调各项建设都要节约集约用地，能不占用耕地就应尽量不占，能用劣地就尽量不用好地。我国在加快经济发展的同时采取了更加积极有效的政策措施，通过节约集约用地较好地兼顾了保障城镇化发展和保护耕地的双重要求。对于符合城镇化发展方向、符合产业政策和节约集约用地要求的非农建设，我国在土地利用总体规划中进行了统筹考虑和合理安排，在用地政策上是有保障的。这主要体现在了“开源与节流并举”，建立“建设占补动态平衡”和“城乡建设用地增减挂钩”的节约用地机制，也就是说，耕地红线保护上不仅要做好“减法”，也要做好“加法”，即在合理控制建设占用耕地的同时，要通过整理、复垦废弃土地有效补充部分耕地。根据耕地占补平衡等动态因素，《全国土地利用总体规划纲要（2006—2020 年）》规划期内城镇可增加的用地规模实际达到了 338 万 hm^2，完全可以保障到 2020 年我国总人口将达到 14.5 亿、城镇化水平达到 58% 的发展需求，在实践上解决了耕地保护与城镇化发展之间的矛盾。

目前我国除了面临耕地数量的递减，更重要的是面临着耕地生态的困扰，其主要表现在“占一补一”政策执行的不对等等方面。当前，为了坚守 18 亿亩耕地红线，我国实施了耕地占补平衡政策和基本农田保护政策，很多地区和基层政府大多采用了“占一补一”政策，这在很大程度上缓解了耕地消失速度，是耕地在数量上取得补偿的一种机制和措施。但是，在“占一补一”指导下的耕地数量补偿机制并非获得了对等的耕地，而是用一些在质量上有较大差异的、需要进一步整理、改造的土地来补充，这种不对等的“耕地补充”方式在一定程度上损害了耕地质量和产能的提高，使耕地在保持数量的同时，却在质量上给粮食安全带来了风险。应坚持走保量与保质双管齐下的道路，理顺“耕地数量保有”与

“耕地质量提高”之间的关系，不仅仅从耕地数量上做文章，更应加强对耕地质量的提高，在工业化、城镇化进程中，进行科学测量、准确评估、正确调研，制订出合理的、有序的、有效的方案。

2.2.2 水资源红线

2011 年“中央一号文件”《关于加快水利改革发展的决定》第十九条到第二十二条都是关于实施最严格的水资源管理制度的内容，其核心内容是建立三条控制红线：第一条红线是建立水资源开发利用控制红线，严格实行用水总量控制，到 2020 年全国年用水总量要力争控制在 6 700 亿 m^3 以内，目前全国用水总量 5 960 亿 m^3，要控制在 6 700 亿 m^3，也就是 10 年年均 0.5%的增长速度，1980—2009 年年均增长率是 1%，今后全国年均用水量的增速要减一半，这是一个约束性指标；第二条红线是建立用水效率控制红线，坚决遏制用水浪费，到 2020 年农田灌溉水的有效利用系数要提高到 0.55 以上，目前大约是在 0.5，到 2020 年万元国内生产总值和万元工业增加值用水量要明显降低，2009 年这个数量分别是 217 m^3 和 117 m^3，到 2015 年要降到 140 m^3 和 80 m^3 的水平，到 2020 年要降到 124 m^3 和 60 m^3 的水平；第三条红线是建立水功能区限制纳污红线，严格控制入河排污总量，水功能限制纳污红线指标，确定为全国主要江河、湖泊水功能区达标率要提高到 60%以上，文件要求各地区要按照水功能区水质目标要求，从严核定水域纳污能力，严格控制入河湖限制排污总量，水功能区水质目标要作为各级政府水污染防治和污染减排工作的重要依据，对排污量已经超过水功能区限排总量的地区要限制审批新增取水和入河排污口。2012 年 1 月国务院发布《关于实行最严格水资源管理制度的意见》，明确提出四项制度、三条红线管理作为在全国范围内实施最严格水资源管理制度的基本指导意见。

水资源管理三条红线是按照水资源利用的底线，制订的水资源开发、利用、排放标准，它是以水循环规律为基础，面向水循环全过程、全要素进行管理的科学红线，其最终目标是实现有限水资源的可持续利用。三条红线首先是一个标准的概念，分别控制取水、用水和排水环节。水资源三条红线从全国水资源统一管理的高度，着眼于水资源的可持续利用和经济社会与资源环境的协调发展，统筹考虑全国各地水资源管理的差异，起到转变用水管理模式、推动节水型社会建设、改善水生态环境的作用。从管理层次上，用水总量控制可以用来对流域或者较大区域进行水资源的宏观管理，用水效率可以用来对特定行业或者用水户进行微观用水管理，限制纳污可以对水体质量进行管理，三者是互相承接的关系，一起构成一个完整的水资源管理体系。在北方资源性缺水地区，需水量远大于可供水量，总量控制指标不仅十分必要，而且很容易取得实效，如黄河水量分配方案，将黄河多年平均 580 亿 m^3 的地表水量中 370 亿 m^3 水量分配给流域内九省（自治区）及相邻缺水的河北省、天津市，并留给河道内输沙等生态用水 210 亿 m^3，通过严格的总量控制管理，保证了黄河 10 多年没有再出现断流现象，并逐渐改善了河口三角洲地区的生态环境。而在长江等南方河流，现有用水量和未来需水量小于可供水量，水资源控制的重点不在于水量，而在于过程和水质，特别是枯水年、枯水期和工程性缺水地区，在一些河流和水域总量控制的目的不一定是水量问题，而是确保水域具有足够的纳污能力，保证水功能区达标率[9]。

实践发现，水资源红线管理体系还有待完善。主要是：①对于资源性缺水的北方河流，仅通过红线管理并不能完全解决未来经济发展需要的用水问题，需要新增加一些水源工程；由于农业灌溉水损失大，迫切需要提高渠系和田间水利用系数，改善农田水利工程；需要建设包括南水北调等跨流域引调水工程、增加水库的调节库容、中水回用工程和海水淡化工程等。在南方山丘区，要解决工程性缺水问题，也需要新修一些水库及供水灌溉等配套设施；而平原河网地区主要是水质性缺水，需要建设污水处理、水域水环境和生态修复工程。②水资源管理体系包括制度体系和技术支持体系，在制度体系方面，水权制度还没有进入法律体系，水权分配、使用、转让和管理缺乏法律依据，涉水事务各部门协调机制也不完善；在技术体系方面，水资源监测，取水、用水和废污水排放的计量体系还十分薄弱，水资源管理缺乏基础数据和动态数据，使评价和考核制度难以推动，此外虽然各行业均制定了用水定额，但由于分属于各个部门，缺乏统一的核算、监督和考核部门，从而使水资源管理显得乏力[10]。

2.2.3 能源消费红线

能源消费红线是一个新的概念。2013 年 1 月，国务院召开常务会议，研究部署控制能源消费总量工作，加快形成能源消费强度和消费总量双控制的新机制，随后，由国务院办公厅发布的《能源发展“十二五”规划》中规定，到 2015 年，能源消费总量控制在 40 亿 t 标煤，用电量 6.15 万亿 kW·h 时，这被称为了“能源消费红线”，用以实施对不断增长能源消费态势的硬性控制，要实现这一目标未来五年能源消费增长率应控制在 4.3%左右。在能源消费总量控制体系下，环境保护部环境规划院等单位研究提出了区域煤炭消费总量控制制度，实际上就是特定时期、特定区域的煤炭消费红线。特别是即将发布的《大气污染防治行动计划》，对污染严重的北京、天津、河北和山东明确提出了煤炭消费总量红线指标。

2.3 环境领域的红线管理

在环境保护领域，目前红线管理主要是两种：一是污染物排放总量控制红线；二是生态保护领域的生态红线。

2.3.1 污染物排放总量控制红线

污染物排放总量控制红线是指为满足某区域的环境质量要求，采取措施将该区域的污染物排放总量控制在一定目标之内的数量约束。20 世纪 70 年代美国、日本等发达国家开始实行污染物总量控制管理方法。我国的污染物总量控制经历了“九五”引入阶段、“十五”发展阶段以及“十一五”全面推进的阶段。目前已经形成较为完善的污染物总量控制制度，尤其是“十一五”时期取得了显著成效，在 2010 年二氧化硫和化学需氧量排放总量分别下降 14.3%和 12.5%，全国首次实现五年环境保护规划目标。

我国的污染物排放总量控制重要性在不断地加强。在国家层面出台了一系列污染物排放总量控制相关规划及管理办法，从早期的国家环境保护计划和国民经济与社会发展计划中提到污染物排放总量控制的内容，到“十一五”期间还颁布了《“十一五”期间全国主要污染物排放总量控制计划》《“十一五”主要污染物总量减排考核办法》《“十一五”主要污染物总量减排统计办法》《“十一五”主要污染物总量减排监测办法》等。《“十一五”期间全国主要污染物排放总量控制计划》中强调，“十一五”期间全国主要污染物排放总量减少10%是《国民经济和社会发展第十一个五年规划纲要》确定的约束性指标，其中化学需氧量应由2005年的1 414万t减少到1 273万t，二氧化硫由2005年的2 549万t减少到2 294万t，各省（区、市）人民政府必须严格执行，分省排放总量控制指标均不得突破。省、自治区、直辖市人民政府应当按照国务院的规定削减和控制本行政区域的主要污染物排放总量，并将污染物排放总量控制指标分解落实到市、县人民政府。市、县人民政府根据本行政区域主要污染物排放总量控制指标的要求，将污染物排放总量控制指标分解落实到排污单位。

保障污染物总量控制红线的各项手段越发严厉。“十一五”时期我国开始运用综合手段保障总量控制制度的实施，如签订目标总量控制责任书，对未按期完成《污染物总量削减目标责任书》确定的削减目标的地区实行“区域限批”；因超过总量控制方案确定的污染物总量控制指标致使环境质量达不到要求的工业开发区，暂停审批该开发区新增排放总量的建设项目；对因不能稳定达标或者超总量被责令限期治理的排污企业，暂停审批该企业新增排放总量的项目。2007年1月10日，河北省唐山市、山西省吕梁市、贵州省六盘水市、山东省莱芜市4个行政区域和大唐国际、华能、华电、国电四大电力集团的除循环经济类项目外的所有建设项目被国家环保总局停止审批，这是环保总局及其前身成立近30年来首次启用“区域限批”这一行政惩罚手段。此外2008年修订的《中华人民共和国水污染防治法》中也以法律法规的形式增加了“暂停审批制度”“公布制度”“超标限期治理并处罚款制度”等严厉措施以保证总量控制红线的实现。

目前由于污染物总量控制制度中目标制定不科学、法律制度不健全、利益相关者间存在博弈、监控手段不能适应总量控制需要，未来需要进一步完善污染物总量控制立法，强化政府责任加强政府主导作用，加强环境监管等，具体包括：①完善污染物排放总量控制政策立法；②完善区域限批、行业限批等相关制度立法；③组建统一高效的组织机构体系，运用经济手段促进总量控制；④严格环境准入，积极推进清洁生产；⑤建立工业污染源信息库，严格执行污染物排放总量控制制度；⑥加强对重点工业污染源的监管。

2.3.2 生态红线

生态红线是指为了维护国家或区域生态安全和可持续发展，根据自然生态系统完整性和连通性的保护需求，划定需实施特殊保护的区域。生态红线首先是一个区域的概念。需要注意的是，生态红线区是产业发展的禁止区，这是一切项目开发不能越过的边界。

在区域层面，2003年由环境保护部环境规划院承担完成、广东省人大批准颁布和政府组织实施的《珠江三角洲环境保护规划纲要（2004—2020年）》，在环保规划领域首次探索尝试将生态环境保护要求引导城市经济社会发展的“逆向思维”，提出“红线调控、绿线提升、蓝线建设”的空间控制体系，将珠江三角洲划分为严格保护区、控制性保护利用区、引导性开发建设区，红线调控战略是优化珠三角空间形态的重要途径，珠三角生态红线总面积约5 058 km^2，占区域总面积的12.13%。而且，这个红线指标分解落实到每个市、区和乡镇，对严重污染项目和敏感区项目准入起到了“红线”的作用。在随后的很多区域（如长三角、京津冀、青藏高原等）和城市（如江门、惠州、绍兴、珠海等）环境保护规划中，也采用了这一生态红线的概念。而且，这些生态红线的实践对制定国家主体功能区规划产生了积极的影响。

在国家层面，环境保护部和中国科学院于 2008 年 7 月发布了《全国生态功能区划》，以水源涵养、土壤保持、防风固沙、生物多样性保护和洪水调蓄为基础，确定了 50 个重要生态服务功能区域作为我国生态保护的核心区域；2010 年 12 月，国务院印发了《全国主体功能区规划》，确定了 25 个重点生态服务功能区（属限制开发区），列出了国家禁止开发区域共 1 443 处，总面积约 120 万 km^2，占全国陆地国土面积的 12.5%；2011 年，《国务院关于加强环境保护重点工作的意见》（国发〔2011〕35 号）和《国家环境保护“十二五”规划》均提出，“编制环境功能区划，在重要（点）生态功能区、陆地和海洋生态环境敏感区、脆弱区等区域划定生态红线，对各类主体功能区分别制定相应的环境标准和环境政策”。《意见》更是首次以规范性文件的形式提出生态红线的概念，这标志着生态红线正式从区域战略上升为国家战略，是我国生态环境保护的重大突破，体现了国家以强制性手段强化生态保护的政策导向与决心。为此，2013 年环境保护部《全国环境功能区划纲要》（送审稿）建议划出占国土面积 23.8%、227.2 万 km^2 作为自然生态保留区，国土面积 29.4%、280.7 万 km^2 作为生态功能保育区。这些表述是目前生态红线的主要做法。

生态红线是我国生态保护的制度创新，是个综合管理体系，可以由空间红线、面积红线和管理红线三条红线共同构成，这三条红线反映出生态系统从格局到结构再到功能保护的全过程管理。生态红线的提出，本质上是分类管理和分级控制的差异化管理思路，其主要目的是解决保护和发展中的资源环境冲突，通过合理的布局和最小面积约束，协调生态环境和经济社会发展的关系。生态红线具有客观性、尺度性、强制性和长期性特征。①客观性，生态红线是依据生态系统结构、过程、功能的相互联系和相互作用而划分的，属于区域的自然属性和客观存在，这也决定了生态红线不能与耕地红线政策类似，实施占补平衡；②尺度性，在国家尺度上更关注经济社会与资源开发的大格局对区域的影响，在地方层面更需关注水源保护、水土流失、本地物种保护、城市生态稳定性等具体生态环境问题；③强制性，生态绒线一旦划定，禁止在生态红线范围内进行城镇化和工业化建设；④长期性，生态红线的划分、范围和管理政策需要在我国生态环境保护领域长期执行[11]。

关于生态红线，存在的问题主要是：①目前生态红线的概念还没有统一，划分的技术和方法还存在很多争议。这些争议很大程度上来自于对生态保护、生态建设、生态环境保护、环境保护定义和内涵的不一致理解。②生态红线的设定会牵涉到多方利益，生态红线划定后落地很难，不同地方政府对生态红线的认识会不同，有些地方认识到重要性，实施起来就会很快，如果有些地方只顾当前利益，实施会较慢；生态红线的划定肯定会影响到地方当前的经济发展，这对地方政府来说，是很大的挑战，很多地方政府难以给予理解和支持，如何提高地方政府的认识高度，处理好长期与短期发展的矛盾，这是非常困难的一点。③国家划定的保护面积和经济发展肯定会产生矛盾，划定得小则达不到保护效果，而划定得大则会影响国土开发。④生态红线还亟须上升到一定的法律高度，保证其执行的法律效力[12]。

3 环境红线的内涵、定位、特征及分类体系

3.1 环境红线的内涵

根据资源环境领域红线管理的发展历程和实践经验，环境红线是指为了维护国家环境安全，按照环境承载力和环境质量约束所设置的环境保护底线和环境保护范围。长期的经济发展已使我国面临着越来越严重的环境保护问题，对于环境保护而言划红线就是底线，不能再降低门槛。

环境红线是一个综合集成体系，可以由“点集”体系、“线集”体系和“面集”体系共同构成，这三大体系整体反映了从污染物总量控制、环境质量管理到生态保护的全过程。“点集”体系是基于企业层面污染源管理方式的红线体系，涵盖了污染源项目准入、排放总量及风险管理等污染源控制中的环境保护底线；“线集”体系是基于行业层面管理方式的红线体系，涵盖了行业污染物排放达标和行业排放总量等行业污染控制中的环境保护底线，“点集”体系和“线集”体系均是数量控制体系；“面集”体系是基于区域或流域层面管理方式的红线体系，它是空间格局管理的红线体系，涵盖了区域或流域环境容量管理、目标总量管理、环境功能区达标管理以及区域生态红线管理等政府机构管理中的环境保护底线，“面集”体系是功能保护体系。

3.2 环境红线的定位

（1）环境红线是环境保护优化经济增长的基准线。我国经济发展总体上是资源环境消耗型的。粗放和落后的经济发展方式，不但带来包括环境问题在内的各种社会矛盾，而且阻碍提升我国经济的国际竞争力，我国学者曾经做过增长核算，结果表明：在经济增长中，资本（包括资源环境投入）贡献率为60%左右，劳动贡献率为10%左右，全要素生产率提高（技术进步）贡献率为30%左右。可以看出，相对于国际上比较先进的经济发展方式而言（发达国家的经济增长 60%以上依靠科学创新和技术进步的贡献），我国经济发展方式需要逐步降低资源环境消耗而增加技术进步含量。我国经济发展方式粗放、落后固然有很多原因，但追根溯源，与过去偏于软弱的环境保护约束有关系。我国人口众多，有效国土少，环境条件比较脆弱，在这样一个人均资源并不丰富的国家发展经济，应该采取严格的环境保护政策，以利于形成一个产业结构与资源特点相适应、资源利用效率比较高、对环境冲击比较小的经济体系。但实际上，我国环境保护的政策力度和实施能力长期以来一直相对较弱，各级干部任用制度中缺乏环保要求，使各级政府对环境质量负责制长期得不到落实，环境法律规定偏于软弱，环境标准偏低；公众参与发展不足，没有发挥有效的监督和制衡作用。软弱的环境保护政策未能有效约束粗放的经济发展方式，结果带来了严重的环境问题。反思历史明理启智，在加快转变经济发展方式的新形势下应以保护环境优化经

济发展，就是从环境保护的角度对经济发展提出基础性要求，通过设置环境红线，加强环境保护法律、法规、标准等，促使经济发展提高资源利用效率、转变发展方式，并严格要求红线区域禁止开发和发展，实现经济发展与环境保护的双重目标。在这个意义上，环境保护与经济发展实现了统一和融合。

（2）环境红线是实施环境管理战略转型的路径线。经济社会与环境问题都在发生转变，各种矛盾加剧。要做到精准有效地解决环境问题，环境管理必然要提早开展战略储备，主动转型，建立与正在或可能出现的环境问题相适应的环境管理机制。我国的经济发展已遭遇人口、资源与环境瓶颈，经济社会对环境需求的转型要求环境管理转型提前谋划。环境管理转型的核心是对总量控制、质量改善、风险防范三者目标导向关系的把握。“十一五”时期，我国环境管理的核心是总量控制和污染减排。“十二五”时期，处于向环境质量与风险方法目标管理模式过渡时期。$PM_{2.5}$环境质量标准出台反映了这种趋势。“十三五”时期，将是我国实施总量控制与质量改善双重约束目标控制期。在工业化、城镇化的压力未完全解决阶段，治污减排仍是环境保护的重点，短期内不能弱化，与风险防范一并作为环保两大抓手。环境质量作为目标指向，有可能建立总量与质量双重约束的考核机制。在上述环境管理转型过程中，环境管理应该管哪些内容、管到什么程度，存在一个优先排序的问题，只有设置适当的目标才能事半功倍。目前“十二五”时期是实现小康社会建设和向高等收入国家行列迈进的加速期。社会对环境质量改善和人体健康的需求意愿更加强烈，对环境质量改善速度的期待迅速提高，同时社会对环境污染、环境违法的“零容忍”态度，决定群体性环境事件也将在这一时期明显增多，环境管理亟须寻找重要抓手和突破点，环境管理设置哪些红线，如何设置红线就成为有效实施管理转型过渡的重要途径。

（3）环境红线是保护人民群众健康和国家环境安全的生命线。坚守环境红线不仅仅是环境问题，而且是关系重大的政治问题，事关国家长远利益和人民生命财产安全。中国是世界上人口最多的国家，资源已经极度匮乏，环境问题恶劣。近年来，太湖、巢湖、滇池暴发蓝藻危机，广西龙江河暴发镉污染事故，广东北江暴发镉污染事故，全国范围内出现持续大规模的灰霾天气。这些频发且触目惊心的环境污染事故都在表明，我国的环境保护已经触碰到了底线。事实上环境友好是民生幸福的“基准线”，人民群众希望喝上干净的水、呼吸上清新的空气，在良好的环境中生产生活。环境红线的意义在于止步或提高门槛，保护环境底线，坚守住这条红线不动摇。在红线面前，所有新建活动必须止步或提高门槛，已有活动必须升级或实施改造，这是保证国家生态和环境的安全底线，也是为子孙后代保留生态环境资源、实现厚积薄发的基本储备；否则，如果一味地为了满足当代人的需求而肆无忌惮破坏禁区、破坏生态环境，以牺牲环境的代价来生存和发展，来换取一代人的富足，则是得不偿失。

3.3 环境红线的特征

环境红线具有客观性、强制性、动态性和多尺度、多要素、精细化的特征。

（1）客观性。环境红线中如环境容量、生态保护区域等属于区域或流域的自然属性和客观存在，环境红线划分必须尊重自然生态环境客观规律。

（2）强制性。环境红线一旦划定应当具有法律效力和行政约束力，必须严格遵守。

（3）动态性。外部环境由于受经济社会、自然地理变化的影响而时刻在发生变化，环境红线的边界和阈值也可能发生变化。

（4）多尺度。环境红线可从区域（或流域、城市）层面、污染源（行业）、污染源（企业）等层面进行划分，不同层面的环境红线的范围和作用等亦有所不同。

（5）多要素。环境红线具体可分为水、大气、土壤、生态等红线，在不同尺度上的环境红线，都存在若干针对环境要素的红线管理方案。

（6）精细化。环境红线，无论是数量的确定，还是范围边界的划分应是经过精心测算的，环境红线管理反映了环境保护从粗放型到精细化的转变。

3.4 环境红线与功能区划

（1）环境红线是环境功能区划的根本控制点。环境功能区划均是依据区域社会经济发展情况、资源环境承载能力和使用功能等，将国土空间划分为不同环境功能区的过程，实行分区分类控制。如何实现分区分类控制，根本是设置分区分片环境红线目标和相应的环境指导政策，如Ⅰ类自然生态保护区要实现污染物零排放；Ⅱ类生态功能调节区要实现污染物排放总量的持续下降；Ⅲ类食物安全保障区要依据容量限制污染物排放总量等。此外，如要素环境功能区划中的大气环境功能区划方案划定了环境空气质量两类功能区，分别与《环境空气质量标准》一级、二级标准相对应，不同的大气环境功能区按照两级环境质量达标红线实行控制。

（2）环境功能区划是环境红线的重要载体。环境红线的实施和管理，尤其是区域（流域）环境功能区达标红线以及区域（流域）环境容量红线等的实施和管理，必须依托于功能区划，如主体功能区划和环境功能区划结合社会经济发展需要、不同地区在环境结构、环境状态和使用功能上的差异，将哪些地区设置为禁止开发区，将哪些区域设置为Ⅰ类自然生态保留区、Ⅱ类生态功能调节区、Ⅲ类食物安全保障区、Ⅳ类聚居发展维护区和Ⅴ类资源开发引导区，这些不同功能区的要求同时也体现了环境红线管理的意志和要求，是环境红线的重要载体。

3.5 环境红线的分类体系

按照环境红线的概念、内涵和实际应用，构建了我国环境红线“三位一体”的总体框架体系，如图 6 及表 1 所示。该框架体系由环境红线的“三位”，即环境要素红线、环保控制对象红线、生态系统红线构成，其中按环境保护控制对象又分为了污染源（建设项目/已有项目）环境红线、行业环境红线、区域（流域）环境红线，“一体”也即环境红线的理论分类“点”“线”“面”体系。

按照环境红线的概念和内涵，环境红线的理论分类可划分为“点”“线”“面”三大子体系，分别对应于基于企业层面污染源管理方式的红线体系、基于行业层面管理方式的红线体系、基于区域或流域层面管理方式的红线体系、基于空间格局管理的红线体系。

环境红线在实际管理应用中又可以按照环境要素不同、按照控制对象不同、按照生态系统类型不同来进行分类，按控制对象又可以划分为污染源（建设项目/已有项目）环境红线、污染源（行业）环境红线和区域（流域）环境红线。

从环境要素上，可分为水环境红线、大气环境红线、土壤环境红线、生态红线等。其中，水、大气、土壤、生态红线等是根据各环境要素所面临的突出问题，对本要素建立具体的控制目标和措施，不同要素环境红线的划分方法、功能类型、空间范围等可能有较大差异。

（1）水环境红线是指按照水环境承载力和水环境质量约束设置的水环境保护底线和范围，具体包括了污染源（建设项目/已有项目）水资源消耗红线、污染源（建设项目/已有项目）水污染物目标总量红线、污染源（建设项目/已有项目）水污染物排放达标红线、污染源（行业）水污染物目标总量红线、区域（流域）水环境功能区达标红线、区域（流域）水环境容量红线、区域水污染物目标总量红线。

（2）大气环境红线是指按照大气环境承载力和水环境质量约束设置的大气环境保护底线和范围，具体包括了污染源（建设项目/已有项目）能源消耗红线、污染源（建设项目/已有项目）大气污染物目标总量红线、污染源（建设项目/已有项目）大气污染物排放达标红线、污染源（行业）大气污染物目标总量红线、区域大气环境功能区达标红线、区域大气环境容量红线、区域大气污染物目标总量红线。

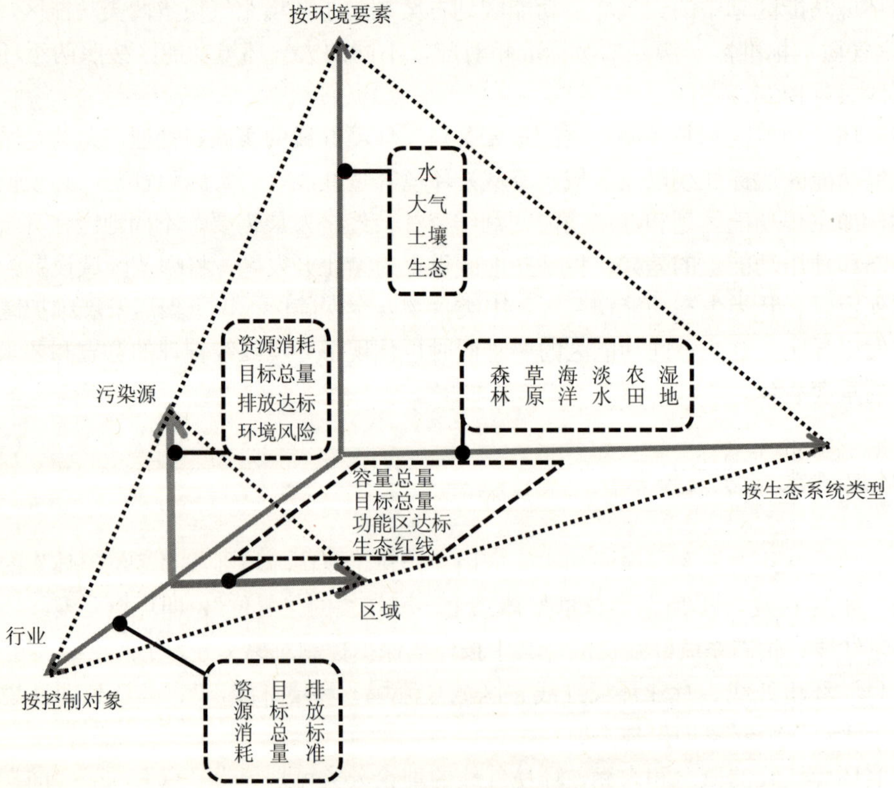

图6　环境红线分类体系

表 1　环境红线管理应用分类与理论分类体系的对应关系

分类			理论分类		
			点集	线集	面集
按环境要素	水环境红线	污染源（项目）水资源消耗红线	●	○	○
		污染源（项目）水污染物目标总量红线	●	○	●
		污染源（项目）水污染物排放达标红线	●	○	○
		污染源（行业）水污染物目标总量红线	○	●	○
		区域（流域）水环境功能区达标红线	○	○	●
		区域（流域）水环境容量红线	○	○	●
		区域水污染物目标总量红线	○	○	●
	大气环境红线	污染源（项目）能源消耗红线	●	○	○
		污染源（项目）大气污染物目标总量红线	●	○	○
		污染源（项目）大气污染物排放达标红线	●	○	○
		污染源（行业）大气污染物目标总量红线	○	●	○
		区域大气环境功能区达标红线	○	○	●
		区域大气环境容量红线	○	○	●
		区域大气污染物目标总量红线	○	○	●
	土壤环境红线	区域土壤环境功能区达标红线	○	○	●
		区域土壤环境容量红线	○	○	●
	生态红线	区域生态红线	○	○	●
控制对象	污染源（项目）控制对象	污染源（项目）资源消耗红线	●	○	○
		污染源（项目）目标总量红线	●	○	○
		污染源（项目）排放达标红线	●	○	○
		污染源（项目）环境风险红线	●	○	○
	污染源（行业）控制对象	污染源（行业）资源消耗红线	○	●	○
		污染源（行业）目标总量红线	○	●	○
		污染源（行业）排放达标红线	○	●	○
	区域（流域）控制对象	区域（流域）环境容量红线	○	○	●
		区域目标总量红线	○	○	●
		区域（流域）环境功能区达标红线	○	○	●
		区域生态红线	○	○	●
生态系统类型	生态系统类型	森林红线	○	○	●
		草原红线	○	○	●
		海洋生态红线	○	○	●
		淡水红线	○	○	●
		农田红线	○	○	●
		湿地红线	○	○	●

注：●表示有对应关系；○表示没有对应关系。

（3）土壤环境红线是指按照国土资源环境承载力和土壤环境质量约束设置的土壤环境保护底线和范围，具体包括了区域土壤环境功能区达标红线、区域土壤环境容量红线等；①区域土壤环境功能区达标红线是指为防治土壤污染保护生态环境，维护人体健康所实施的最严格的土壤环境质量标准，依据土壤应用功能具体又分为农业用地土壤环境区达标红线、居住用地土壤环境功能区达标红线、商业用地土壤环境功能区达标红线、工业用地土壤环境功能区达标红线；②区域土壤环境容量红线是指区域内一定土壤环境单元在一定时限内遵循土壤环境质量达标红线，既维持土壤生态系统的正常结构与功能，保证农产品的生物学产量与质量，又不使环境系统污染超过土壤环境所能容纳污染物的最大负荷量，不同土壤其环境容量是不同的，同一土壤对不同污染物的容量也是不同的，这涉及土壤的净化能力。

（4）生态红线是指根据生态系统完整性和连通性的保护需求，划定的需实施特殊保护的区域，生态红线包括了区域生态红线，具体有：①重要生态服务功能保护区红线，重要生态服务功能主要包括涵养水源、保持水土、防风固沙、调蓄洪水等，它是国家生态安全的底线；②生态脆弱区或敏感区生态红线，生态脆弱区或敏感区具有防护、缓冲、过滤、阻隔等功能，它是人居环境与经济社会发展的基本生态保障线；③生物多样性保育区红线，生物多样性资源是维护国土生态安全的物质基础，生物多样性保育区红线是关键物种与生态资源的基本生存线。

从污染源（建设项目/已有项目）控制对象上，可分为污染源（建设项目/已有项目）资源消耗红线、污染源（建设项目/已有项目）目标总量红线、污染源（建设项目/已有项目）排放达标红线、污染源（建设项目/已有项目）环境风险红线。

（1）资源消耗红线是指基于最严格项目准入的清洁生产标准和淘汰落后产能水平等，确定的水资源、能源、土地资源等最低消耗强度。

（2）污染物排放目标总量红线是指基于最严格项目准入的清洁生产标准确定的主要污染物排放目标总量限值。

（3）排放达标红线是指基于最严格污染源排放控制的国家综合排放标准或（特定）行业排放控制标准，污染源（建设项目/已有项目）排放达标率。

（4）环境风险红线是指基于最严格环境风险管理的污染源环境风险防范距离、污染事故发生次数等。

从行业控制对象上，可分为行业资源消耗红线、行业目标总量红线和行业排放达标红线。

（1）行业资源消耗红线是指基于最严格行业准入的清洁生产标准（资源节约）和淘汰落后产能水平等确定的行业能源、水资源等最低消耗水平。

（2）行业目标总量红线是指基于行业排放达标红线所设置的行业主要污染物排放目标总量或产排污系数。

（3）行业排放达标红线是指基于最严格环境管理的国家综合排放控制标准或特定行业排放控制标准确定的行业排放达标率。

从区域（流域）控制对象上，可分为区域（流域）环境容量红线、区域目标总量红线、区域（流域）环境功能区达标红线、区域生态红线。

（1）区域（流域）环境容量红线是指基于区域或流域环境功能目标下的环境容量约束，如区域主要大气污染物环境容量约束和流域主要水污染物环境容量约束。容量总量控制是借鉴美国、欧盟等发达国家经验，使污染物排放满足环境质量要求的一种管理模式。目前在我国国内的一些流域和地区采用了容量总量管理模式。

（2）区域目标总量红线是指基于区域经济社会发展情况以及环境承载能力下的区域目标总量约束。目前在我国国家层面以目标总量控制为主，污染物总量减排目标完成情况已经成为地方政府政绩考核的关键约束指标。

（3）区域（流域）环境功能区（水、大气、土壤）达标红线主要指最严格的环境质量标准。不同的功能区执行不同的环境质量标准，如区域层面，一类区一般执行大气环境质量一级标准，二类区一般执行二类标准；在流域层面，国家自然保护区和源头水保护区执行Ⅰ类地表水标准，集中式生活饮用水地表水源地一级保护区、珍稀水生生物栖息地、鱼虾类产卵场、仔稚幼鱼的索饵场等执行Ⅱ类地表水标准，集中式生活饮用水地表水源地二级保护区、鱼虾类越冬场、洄游通道、水产养殖区等渔业水域及游泳区执行Ⅲ类地表水标准，一般工业用水区及人体非直接接触的娱乐用水区执行Ⅳ类地表水标准，农业用水区及一般景观要求水域执行Ⅴ类地表水标准。结合土壤功能，划分Ⅰ～Ⅳ类土壤环境功能区，Ⅰ类土壤环境功能区执行《土壤环境质量标准（2008修订草案）》的一级标准，Ⅱ类土壤环境功能区执行二级标准中农业用地标准值，Ⅲ类土壤环境功能区执行二级标准中居住用地标准值，Ⅳ类土壤环境功能区执行二级标准中工业用地标准值。

（4）区域生态红线是指根据区域生态系统完整性和连通性的保护需求，划定的需实施特殊保护的区域，具体包括重要生态服务功能保护区红线、生态脆弱区或敏感区生态红线和生物多样性保育区红线。

从生态系统类型上，可分为森林生态红线、草原生态红线、海洋生态红线、淡水生态红线、农田生态红线和湿地生态红线等。

（1）森林生态红线是指为维护森林生态功能，遏制林地过多过快流失的态势所划定的林地保护区域或划定的林地覆盖面积。

（2）草原生态红线是指为维护草原生态功能，保护草原资源和生态环境所划定的草原植被覆盖面积。

（3）海洋生态红线是指为维护海洋生态安全，划定的实施严格分类管控的重要海洋生态功能区、生态敏感区和生态脆弱区。

（4）淡水生态红线即为保障水质安全和维护淡水生态系统健康，划定的需要特殊保护的水生态区域。

（5）农田生态红线是指为维护农田生态健康与食品安全，基于农田土壤环境质量标准，所划定的需特殊保护的农田数量和范围。

（6）湿地生态红线是指维持湿地涵养水源、净化水质、调蓄洪水、控制土壤侵蚀等生态功能所划定的需特殊保护的湿地范围。

3.6 环境红线管理制度框架

环境红线管理的对象涵盖了污染源（企业、行业）和区域（流域），其核心是设置红线，实施最严格的环境管理制度，红线管理制度的实施除了环境影响评价制度、评估考核制度的支持外，还需要其他配套政策的支持，包括环境准入制度、目标总量控制制度、排污交易制度、生态补偿制度以及定期环境执法监督检查制度等。

（1）产业环境准入制度。在加快发展、引进项目的同时，坚持不把降低环保和安全门槛作为招商引资的优惠条件，严格各类规划环评审查和项目环评审批，从决策源头防止环境污染和生态破坏，通过严格的项目环评、环境准入和有效的奖惩激励，倒逼和引导企业不断加快科技创新与升级，推动园区产业升级改造和生态化改造。加快发展低资源消耗、高附加值的第三产业，重点发展劳动密集型服务业和现代服务业，提高第三产业在国民经济中的比重。鼓励发展资源能源利用水平较高的高新技术企业，鼓励运用高新技术和先进适用技术改造和提升传统产业，促进产业结构优化和升级。鼓励和加快发展节能环保低碳产业，积极发展生态旅游和生态健康产业。加强对高耗能行业企业的准入管理，如国家对落后的耗能过高的用能产品、设备实行淘汰制度，节能主管部门要定期公布淘汰的耗能过高的用能产品、设备的目录，并加大监督检查的力度。

（2）目标总量控制制度。严格控制新上项目的污染物排放，对没有获得污染物排放总量的项目，坚决不予审批；对未按期完成污染物总量削减目标的地区，暂停审批该地区新增排放总量的建设项目；对生态破坏严重或者尚未完成生态恢复任务的地区，暂停审批对生态有较大影响的建设项目；对未能按期完成年度淘汰落后产能目标任务的地区，暂停对项目的环评、核准和审批；在重点区域如京津冀、长三角、珠三角等区域内严格限制火电、钢铁、水泥、石化等高污染项目，在重点控制区域内的火电、钢铁、石化、水泥、有色、化工六大行业以及燃煤锅炉项目执行污染物特别排放限值，在重点控制区域新建项目实施“倍减替代”，也即实施区域内现役源两倍削减量替代。

（3）排污权有偿使用和交易制度。排污权有偿取得和交易制度通过排放许可制度实现，排污许可证制度是以污染物排放总量控制为基础，通过排污权的有偿取得，促进企业减少排污，提高环境污染治理效果、优化产业结构；鼓励实施区域（流域）内排污权交易制度，通过排污交易利用区域（流域）内污染物处理技术条件好的企业，污染物排放总量达到目标总量控制要求，同时实现经济效益最大化。

（4）基于主体功能区和环境功能区的生态补偿机制。对禁止开发区域的生态补偿政策包括：建立对禁止开发区域人群直接补偿机制，禁止开发区域的人们因土地等生存空间纳入禁止开发区域，其经济损失和搬迁费用应得到补偿；对因设立禁止开发区域而财政收入受损的地方政府给予一定的补偿；对禁止开发区域的生态保护与恢复项目建设给予一定的补偿；对禁止开发区域的生态环境监管能力建设给予补偿；对禁止开发区域公共服务能力建设提供补偿等；对限制开发区域生态补偿政策包括：对限制开发区域生态保护与建设项目给予直接补偿；对项目区政府与人民群众因生态保护所受损失进行补偿，包括限制开发区域资源环境污染治理与生态恢复成本等；从提供基本平等的公共服务水平角度，加强对限制开发区域资源环境管理能力、环境基础设施的建设运营的补偿；建立对限制开发区域人口向外转移的补偿政策等；对优化开发区域和重点开发区域应通过物质、资金、项目、技术等投入和接纳禁止开发区域、限制开发区域人口转移以及开展区域产业合作。

（5）分区分类差异化的环境管理。根据《全国环境功能区划》和《全国生态功能区划》方案，落实环境质量要求，环境管理要求和产业准入环境要求，建立以环境功能区划为基础的环境红线管理体系。细化落实主体环境功能区规划的要求，完善保障全国生态安全和人民生活生产健康的空间格局，指导我国社会经济发展与生态环境保护的合理布局。聚居发展维护区要实行更严格的污染物排放标注，逐步增加实行总量控制的污染物种类，推广清洁生产，大幅减少污染物排放，实行严格的产业准入环境标准，注重从源头控制污染，建设项目要加强环境评价和环境风险防范，加强节水的同时限制入河排污；自然生态保育区要依法关闭所有污染排放企业，实现污染物排放总量持续下降和环境质量状况达标。按照强制保护原则设置产业准入环境标准。区域内旅游开发必须同步建立完善的污水垃圾收集处理系统，慎重开发不利于水生态环境保护的水资源开发调水和水电项目；食物安全保障区按照保护及恢复土壤肥力和环境质量的要求设置产业准入环境标准。合理调配水资源，加强水土保持，推进农业结构和种植制度调整，遏制荒漠化，积极发展和消费可再生能源。

（6）实施最严格的环境执法检查与监督，保障环境红线管理得到落实。对涉及环境影响较大的企业进行行政许可和市场准入复查。对不符合要求的限期整顿、整改，合格后重新办理行政许可和市场准入；经整顿、整改仍不符合要求的，采取关、停、并、转措施，规范市场准入秩序。对涉及前置的涉重金属行业和高排放项目等重点行业，进行重点审查，严格检验。严格按照审批核准备案的有关要求和程序依法行政，对已通过审批核准备案的项目加强档案化管理和跟踪、检查。对未按审批核准备案内容建设的项目，同时又影响生态环境、影响民生的部门进行查处。

4 关于建立环境红线管理制度的若干建议

（1）高度重视环境红线管理在优化我国经济发展和实施环境管理战略转型中的重要作用。我国的经济发展已遭遇人口、资源与环境的瓶颈，经济社会对环境需求的转型要求环境管理转型提前谋划，在这样一个人均资源并不丰富的国家发展经济，应该采取比较严格的环境保护政策，以利于形成一个产业结构与资源特点相适应、资源利用效率比较高、对环境冲击比较小的经济体系。抓好转型机遇，实行最严格的环境保护制度是现阶段我国环境管理的需要，环境红线管理是为最严格环境保护制度的重要表现和基础，应进一步重视环境红线管理在优化经济发展和环境管理转型中的重要作用，反思历史明理启智，在环境红线管理方式中进行顶层设计，以满足优化经济发展和环境管理转型对环境保护工作提出的新要求。

（2）进一步建立健全环境红线管理技术支撑体系，建立健全环境红线的划分、测定、统计、计算和评估等技术方法。环境红线的概念从早期的《珠江三角洲环境保护规划

（2003—2020年）》到近期的城市环境总体规划中均有所体现，但目前环境红线的概念界定还比较模糊，作为新生事物，环境红线的概念内涵尚未统一，环境红线划分技术方法还不成熟，如国内目前对于环境红线划分框架还处于探索阶段，没有形成统一认识，有学者将环境红线等同于生态红线，未进一步细分环境红线的分类体系，且没有涵盖环境管理中涉及的资源消耗和环境容量范畴[13]。因此，未来亟须进一步讨论、明确环境红线的概念和内涵，完善和规范环境红线管理技术支撑体系，在环境红线划分关键问题上摸索出一套程序和方法，形成一套相对完善、具可操作性的技术规范，制定统一的导则，继而在全国范围内推广。

（3）确立环境红线管理法律地位，建立健全环境红线管理法律法规体系。环境保护就是经济社会发展的红线，要把环境保护放在经济发展的优先地位，首先要进行的是环境立法，实施最严格的环境保护制度很重要的一点是要进行环境红线管理立法，立法对象包括了环境标准、环境总量目标和生态格局目标等等。2012年全国首个大气污染防治规划获得国务院批复，规划不仅明确了“十二五”大气主要污染物总量、浓度“双下降”目标，还提出了重点行业产能控制、新建项目总量“倍减替代”、实施特别排放限值等一系列强硬措施，堪称史上最严格的环保规划。这些现有环境红线管理制度的背后，必须以法律法规保障环境红线的强制性。环境红线划定后，应根据环境红线的内涵和定位，以现有的生态环境保护法律法规体系为基础，深入研究现有法律法规的缺失，逐步建立完善环境红线管理法律法规体系，切实保护环境红线管理。

（4）完善环境红线管理制度体系，环境红线要跟政府考核制度、环境影响评价制度、环境准入制度、环境总量控制制度、排污权有偿使用和交易制度、生态补偿制度等结合起来，违反环境红线的在建项目在环评中应不予通过或实施区域、流域限批。建立并完善环境红线管理制度，明确环境红线管理的主体、作用的对象以及违反环境红线管理规定相应的惩罚机制，环境红线管理要跟政府考核制度、环境影响评价制度结合起来，对于设置了环境红线的范围或边界，应该实施更加严格的准入制度和总量控制，同时辅以排污权有偿使用和排污交易制度、生态补偿制度进行配套管理，对于违反环境红线管理制度的项目在环境影响评价中应不予通过或实施区域、流域限批。

（5）完善环境红线管理的实施保障，强有力的环境红线管理背后，还需要强有力的环境执法和有效的协调机制进行支撑。建立健全最严厉的环境执法监督体系，从而有力保障环境红线管理的有序进行，加强环境保护日常监管和执法检查，采取挂牌督办、限期治理等手段，严肃查处环境违法行为。推行生产者责任延伸制度，完善企业环境监督员制度。参照环境红线对污染物排放总量及污染物排放标准设定的红线要求，从严执行企业的环保标准，“倒逼”企业对工艺提档升级，实施重典治污，凡是破坏环境的违法犯罪行为一律要受到严惩，核心要求是杜绝一切环境违法行为，让任何对环境造成危害的个人或单位补偿环境损失。

（6）开展环境红线管理试点工作，并对红线管理探索实践进行跟踪评估。环境红线管理在我国还处于初步探索阶段，已经形成如生态红线的概念，并在城市环境总体规划中得到了部分应用。下一步建议：①结合“十三五”规划前期研究，按照国家环境保护对于排放总量、环境质量、风险防范和生态保护的最严格要求，设计“基于全面建成小康社会的环境红线管理体系”；②建设一批环境红线管理改革试点，探索环境红线管理的宝贵经验，丰富环境红线管理的应用实践，主要依据环境红线的内涵和分类体系，从污染源控制、行业控制、区域控制以及生态系统维护的角度分别开展基于目标总量控制、容量总量控制、排放达标、风险管理以及生态维护等多方面环境红线管理试点工作；③总结相关领域的研究成果，进一步深化环境功能区划和城市环境总体规划中以环境红线进行管理的试点应用，如在城市环境总体规划、污染物总量控制规划中纳入目标总量红线、环境排放达标红线等内容，对于开展试点实践的区域开展跟踪评估，总结试点实践经验从而丰富环境红线管理制度；④自上而下，国家层面探索形成统一、标准的环境红线划分技术指南，具体而言可先行以容量总量控制红线、功能区达标红线和生态红线为入手点开展技术指南研究工作，并在此基础上形成环境红线划分、测定与评估方法导则的地方试点应用；⑤自下而上，结合地方实际情况在有条件的地方先行试点应用，如已经确定并开展生态环境红线实施方案的桂林市，摸索环境红线划定和环境红线管理制度方面的经验，在此基础上从国家层面进一步总结提升环境红线管理体系。

参考文献

[1] 周生贤. 全面加强环境政策法制工作，努力推进环境保护历史性转变[J]. 环境保护，2006，12B：8-14.

[2] 周生贤. 维护国家环境安全——周生贤提出实行最严格的环境保护制度[J]. 领导决策信息，2008（12）：12.

[3] GB/T 50280—1998. 城市规划基本术语标准 [S].

[4] 方创琳，方嘉雯. 如何完善城乡环境保护总体规划体系[J]. 环境保护，2012（6）：63-66.

[5] 张晓玲，刘康，蔡玉梅. 坚守 18 亿亩耕地红线不动摇[J]. 求是，2009（21）：43-45.

[6] 李爱华. “18 亿亩耕地红线”的生态困境[J]. 中国国情国力，2013（03）：41-42.

[7] 新华社. 中共中央国务院关于加快水利改革发展的决定 [EB/OL].[2011.1.29]. http://www.gov.cn/jrzg/2011-01/29/content_1795245htm.

[8] 左其亭，李可任. 最严格水资源管理制度理论体系探讨[J]. 南水北调与水利科技，2013（1）：34-38.

[9] 孙宇飞，王建平，王晓娟. 关于 “三条红线” 指标体系的几点思考[J]. 水利发展研究，2010，10（8）：62-65.

[10] 陈进，黄薇. 实施水资源三条红线管理有关问题的探讨[J]. 中国水利，2011，6：118-120.

[11] 饶胜，张强，牟雪洁. 划定生态红线创新生态系统管理[J]. 环境经济，2012（6）：57-60.

[12] 南方周末. [绿色世界观] “划红线是折中妥协的过程” [EB/OL]. [2012-11-23]. http://www.infzm.com/content/83104.

[13] 张令. 环境红线相关问题研究[J]. 现代农业科技，2013（11）：247-249.

中国基于10 km网格的二氧化碳排放空间特征及其政策意义分析

Spatial Characteristics of China Carbon Dioxide Emissions and Its Policy Implication Based on 10 km Grid Dataset

王金南　蔡博峰　曹东　周颖　刘兰翠　薛文博

摘　要　基于全国第一次污染源普查数据中150多万家企业数据等，“自下而上”建立中国2007年10 km×10 km CO_2排放网格数据。结果显示，中国CO_2排放空间格局的特点是基本沿着我国人口胡焕庸线分为东部和西部，东部地区明显高于西部地区。全国CO_2排放明显受城市活动影响，网格排放高值区域都是以北京、上海、广州等大型城市为核心的区域。京津冀、长江三角洲、珠江三角洲地区是我国CO_2排放空间格局的重点地区。全局Moran指数表明，中国CO_2排放空间格局在10 km空间分辨率水平上具有显著的正空间自相关性，即空间上存在显著的集聚效应，而非随机杂散分布。局部Moran指数显示中国CO_2排放在空间上具有显著集聚效应的区域面积并不大，主要集中在北京、上海、广州等重点城市核心区周边。基于这些重点城市采取CO_2减排政策和措施，由于带动效应，其实际减排效果要远大于直接减排效果。

关键词　CO_2排放 10 km　网格空间特征

Abstract　High resolution CO_2 emissions grid data are the important foundation for global CO_2 emissions research，climate change model improvement and formation of low carbon strategies. Based on the exclusively statistics on 1.58 million industrial enterprises in the First China Pollution Source Census，10 km resolution CO_2 emissions grid of China was built bottom-up by point emission sources. Our results showed the spatial pattern of CO_2 emissions of China was distinctly marked by the China's population HuHuanYong line. The CO_2 emissions in the eastern region of this line were obviously higher than that in the western region. Hotspot cities，such Beijing，Shanghai，Guangzhou have decisive effluence on the spatial pattern of emissions of China. The Jing-Jin-Ji region，Yangtze River Delta region and Pearl River Delta region were the key regions of CO_2 emissions. The calculated global Moran's I indicated that there was significant spatial autocorrelation in CO_2 emissions of China. The local Moran's I showed that the spatial autocorrelation concentrated in some hotspot regions centered by hotspot cities，which implied that the CO_2 emissions reduction strategies would receive multiplied effects when implemented on these cities.

Key words CO_2 emission10km，grid dataspatial characteristics

基于高空间分辨率的 CO_2 排放空间分异特征研究是全球和区域 CO_2 排放研究的一个重点和热点问题，尤其是当前中国 CO_2 减排责任区域分解和跨区联合控制成为碳减排的关键时，这一问题更显得重要。建立中国 CO_2 排放网格系统不仅有利于支持中国 CO_2 浓度空间变化及对全球气候变化影响科学模型发展和精准预测，更会极大推动中国 CO_2 减排和低碳发展的精细化管理。当前欧美等国家和区域都已经建立了较为成熟的自下而上的 CO_2/温室气体网格系统，并在科学研究、碳减排实践和政策制定等过程中发挥了重要作用。而我国由于受基础数据缺乏限制，当前尚未有较为全面、准确的基于排放源自下而上的高分辨率 CO_2 排放空间网格，严重制约了我国气候变化—大气科学模型的发展及我国 CO_2 排放的空间化管理。本研究基于全国第一次污染源普查，较为彻底地建立中国 2007 年 10 km×10 km CO_2 排放网格系统，基于此分析中国 CO_2 排放空间特征，并提出政策建议。

1 国内外 CO_2 排放网格研究

国际上研究机构和学者在 20 世纪 90 年代就开始研究和建立不同空间分辨率的 CO_2 排放网格数据。Akimoto 等人建立亚洲地区 1 °×1 ° 的空间数据，研究了 CO_2 及 SO_2 等污染物的区域分布特征和热点地区，并且探讨了 CO_2 和 SO_2 排放的空间相关性[1]；Andres 等人利用行政区划数据和人口数据，建立 1950—1990 年的全球 1°×1°的 CO_2 排放空间网格，分析了全球不同区域的 CO_2 排放增长特征，发现城市地区是增长的热点，同时 CO_2 排放在空间上有南移的趋势，其原因可能是亚洲国家排放的快速增长[2]。Doll 等人利用夜光数据和统计资料，建立全球 1°×1°的 CO_2 排放、地区生产总值（GDP）和人口等空间网格，并且分析了三者之间的空间相关性，发现 CO_2 排放和 GDP 的相关性很强，并且高于 CO_2 排放和人口的相关性[3]。Rayner 等人[4]，Raupach 等人[5]利用经济、人口以及夜光等数据，构建了全球 0.25° CO_2 排放数据，分析了全球 CO_2 排放的分异特征；Oda 等人利用全球点源数据和夜光数据，建立全球 1 km×1 km CO_2 排放网格数据，并且分别在全球、区域和城市尺度上探讨了 CO_2 排放的空间特征[6]。

早期 CO_2 排放网格数据的建立主要是利用人口空间数据来空间化区域水平的 CO_2 排放，是一种以人口或其他辅助数据为代理自上而下的空间网格化方法，CO_2 排放数据主要是基于区域能源统计数据核算。随着大气模型精度需求的不断提高，CO_2 排放源统计、监测能力的加强，以及卫星遥感 CO_2 浓度监测数据对于地面 CO_2 排放网格校正的依赖性增强，基于排放源自下而上建立 CO_2 排放网格数据成为 CO_2 排放空间化研究和应用的重点和焦点。

EDGAR（Emission Database for Global Atmospheric Research）[7]数据是全球最早基于排放源建立的高分辨率 CO_2 排放空间网格数据。EDGAR 数据是欧盟和荷兰环保局联合开发的全球 0.1°×0.1°（中纬度地区约 10 km）温室气体排放空间网格数据库，当前已经更新至 EDGAR version 4.2 版本（2008 年）。EDGAR 数据主要来源于 IEA 的排放点源数据库和全球能源统计数据，并结合全球人口分布、土地利用/覆盖、道路网络等数据完成空间网格化。EDGAR 数据已经在全球、区域和国家 CO_2 排放研究[8-10]，以及城市污染物和 CO_2 排放研究[11,12]中发挥着重要的作用，并且是 IEA 每年全球 CO_2 排放统计公告的重要数据来源[13]。美国国家航空和航天局和美国能源部出资，在北美碳计划（NACP）中实施美国高分辨率 CO_2 排放网格项目（Vulcan），从而支持北美碳平衡、碳源/碳汇、自然社会科学研究和政府决策。当前 Vulcan 已经完成并发布全美国 2002 年 10 km CO_2 排放网格数据（Vulcan Version 2.2）并持续更新[14-16]。

国内 CO_2 排放空间特征研究主要是基于各省的排放数据，基于网格数据开展人为活动 CO_2 排放的研究很少。张雷等人[17]在省级尺度上评价中国 CO_2 排放的空间特征，并从时间尺度上分析了东部、西部和中部的排放趋势。郑林昌等人[18]以 CO_2 排放和 GDP 等建立综合指标体系，评价各省低碳经济发展水平，在空间上得到“东高西低”、“南高北低”、“局部跳跃”的格局特征。肖黎姗等人[19]研究了中国 1990—2007 年各省 CO_2 排放的时空分布格局和聚集程度，认为 CO_2 排放在局部空间上有高值的聚集现象。姚奕等人[20]基于中国各省面板数据，通过 Moran I 指数研究碳排放强度（单位 GDP 的 CO_2 排放）的空间特征，发现各省的碳排放强度存在着显著的空间相关性。赵雲泰等人[21]采用 Moran I 指数研究中国各省碳排放强度，结论也是呈现正相关的空间集聚分布。Zhao 等人[22]建立的中国 0.25°×0.25°（约 25 km×25 km）CO_2 排放网格数据是针对中国较早和较为系统的 CO_2 排放空间化数据，其点源排放源主要是火电厂，其他排放数据都是基于区/县的人口、经济统计数据实现空间化[23,24]。

国内研究由于受数据限制，所以很难进一步开展全国更高分辨率的 CO_2 排放空间特征分析。我国 CO_2 排放受能源利用形式影响很大，而能源利用特征受资源禀赋影响，跨省/区聚集现象非常明显，而国内当前基于省级尺度的空间分析很难探究较为清晰、准确的区域格局特征。所以，研究开发中国高分率 CO_2 排放空间数据对于深入研究中国 CO_2 排放空间特征，从而支持中国 CO_2 排放控制和低碳发展，具有非常重要的意义。

2 CO_2 排放网格研究方法

2.1 CO_2 核算方法

本研究主要基于排放源“自下而上”核算 CO_2 排放。CO_2 排放核算方法主要包括核算体系、核算原则，排放因子和活动水平的获取和选择等。《2006 年 IPCC 国家温室气体清单指南》将 CO_2 排放源分为能源，工业生产过程和产品使用，农业、林业和其他土地利用 3 部分，本次核算不考虑农业、林业和其他土地利用。考虑到全国第一次污染源普查数据中将生活源单独列出，所以本研究也生活源核算与工业源核算分开，但生活源 CO_2 排放也属于能源燃烧 CO_2 排放。

IPCC 清单编制方法包括“自上而下”的参考方法和“自下而上”的部门层次法两类

方法体系。参考方法使用国家的能源数据估算排放量，不作为国家清单编制的推荐方法，可以对自下而上的方法结果进行交叉检验分析。部门层次法能得到部门行业温室气体排放细致且准确的描述。部门层次法又分为 3 个层次，计算精度依次升高，分别为部门层次法 1（T1）：统计数据和缺省排放因子；部门层次法 2（T2）：统计数据和特定国家或地区排放因子；部门层次法 3（T3）：基于详细技术、设备、燃料的排放因子和活动水平，以及单个工厂级数据。3 个层次方法中以 T3 方法精确度和准确度最高，难度也最大。

本次核算的排放因子主要参考《中国温室气体清单研究》的排放因子[25]，部分重点行业排放因子基于研究组实测获取。活动水平数据中，工业源全部来自全国第一次污染源普查，基于 T3 水平核算每个企业直接 CO_2 排放；生活数据全部来自全国第一次污染源普查，基于区/县水平核算直接 CO_2 排放；全国第一次污染源普查数据未包括农业/农村能源消费数据，因而农业/农村能源消费数据源自《中国能源统计年鉴》，基于能源消费核算 CO_2 排放（表 1）。

本次核算中，工业活动水平采用 T3 方法原则，排放因子主要采用 T2 方法原则。因此，本项目是国内第一次基于排放源活动水平采用 T3 方法核算的中国 CO_2 排放水平。

表 1　排放因子和活动水平来源和空间精度

CO_2 排放源	排放部门	排放因子	活动水平	空间分辨率
能源活动	工业	文献和研究实测	全国第一次污染源普查	点源
	城镇生活	文献	全国第一次污染源普查	区/县
	农业生产/农村生活	文献	《中国能源统计年鉴》	省
工业生产过程		文献	全国第一次污染源普查	点源
废弃物处置		文献	全国第一次污染源普查	点源

注：表中文献指文献[25]。

2.2　CO_2 空间网格化方法

本研究利用第一次全国污染源普查数据库中的工业排放点源、生活源和交通排放数据等，基于 GIS 空间分析平台，同时以人口密度空间数据等为辅助，构建模型，实现中国 2007 年 CO_2 排放 10 km 空间网格数据。中国 CO_2 排放 10 km 空间网格数据建立过程如下（图 1）：

（1）构建全国 10 km 空间网格体系。基于 GIS 平台，构建全国 10 km 空间网格系统，根据中国行政边界和地域范围（不包括海域），全国共有 97 191 个网格。

（2）全国工业点源 CO_2 排放数据空间化。整理、核对和分析全国所有工业企业排放源的 CO_2 排放数据（包括能源燃烧和工业过程排放），共 1 575 397 家企业，根据其填报的经纬度数据，建立企业排放点源 GIS 数据，结合企业填报的省、市和县等行政区域归属信息，空间分析、对比和验证其空间数据的精确度和准确度。最后利用 10 km 网格数据和企业排放点源 GIS 数据，构建模型完成空间统计、汇总和数据处理，现实工业源 CO_2 排放的空间网格化。

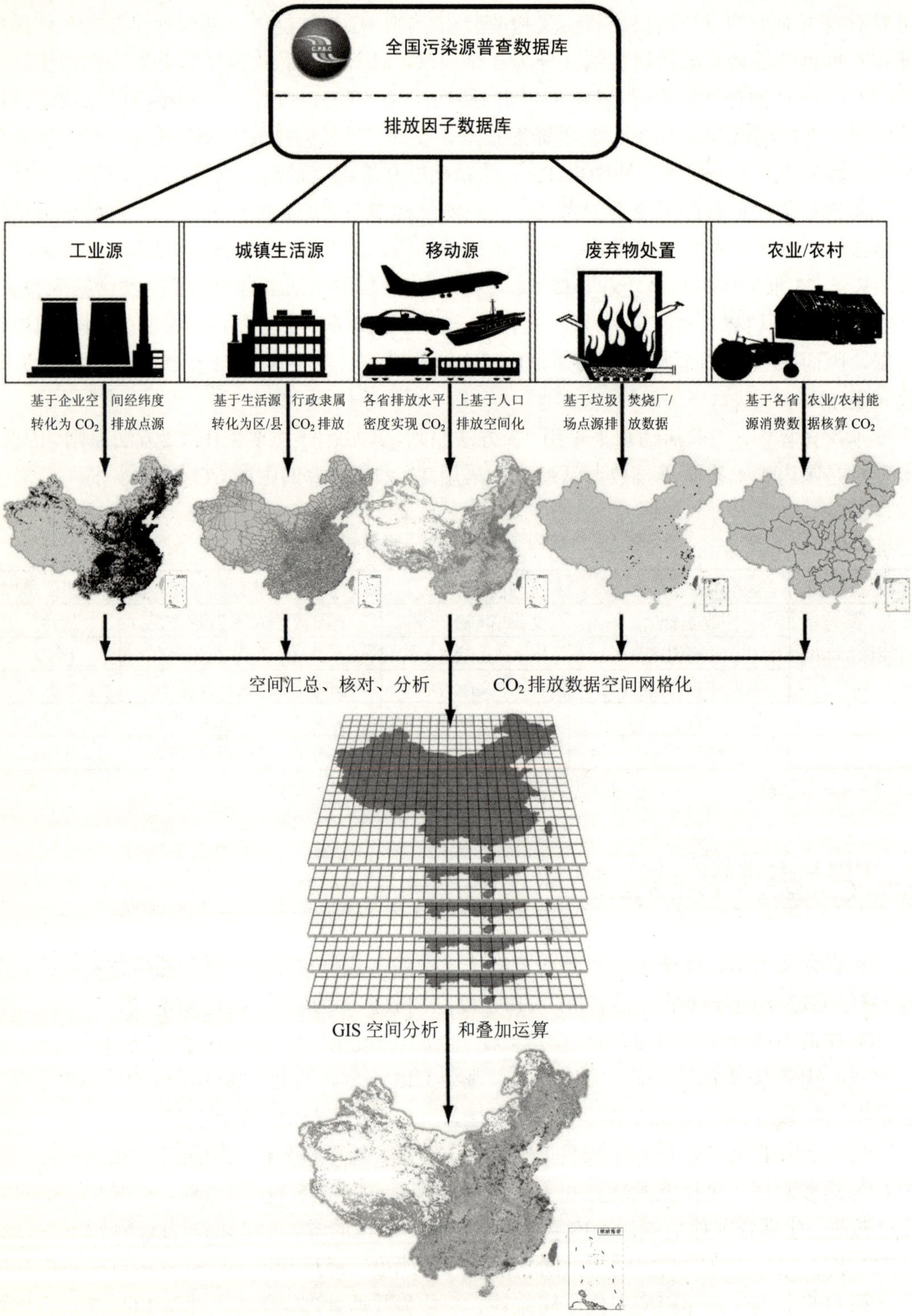

图1　中国CO_2排放10 km网格研究流程图

（3）全国废弃物处理 CO_2 排放数据空间化。本研究仅考虑全国垃圾焚烧处理产生的直接 CO_2 排放。中国 2007 年进行垃圾焚烧的废弃物处理厂（场）共 135 座，基于其焚烧使用的化石燃料（主要是煤炭和燃料油），计算 CO_2 直接排放，并将排放点源数据空间矢量化，并基于 10 km 网格计算网格排放水平。

（4）全国城镇生活源 CO_2 排放数据空间化。分析整理第一次全国污染源普查中的 5 类生活污染源，包括：住宿业和餐饮业、居民服务业和其他服务业、医院、独立燃烧设施、居民生活数据。尽管生活源 CO_2 排放数据除居民生活污染数据外都是基于每个法人单位进行统计的，但普查数据中缺乏每个法人单位的空间坐标信息，同时考虑居民生活污染数据是基于区县进行采样和统计的，所以将 5 类生活源数据全部合并至区县这一行政单元，然后再进行空间矢量化，基于空间分析模型，实现生活源 CO_2 排放的空间网格化。

（5）全国交通 CO_2 排放数据空间化。全国交通 CO_2 排放核算结合了污染源普查中的机动车保有量、行驶里程等数据和各省交通燃油消耗量等数据完成。交通 CO_2 排放包括道路运输、铁路运输、航空运输和水路运输 CO_2 排放，没有计算国际燃料舱排放。交通数据都是在省一级行政区划上完成空间化。具体过程是确定每个省 2007 年交通 CO_2 排放水平，然后利用全国 2007 年各省人口 1 km 空间密度分布 GIS 数据，完成交通 CO_2 排放的 10 km 空间网格。

（6）全国农业/农村 CO_2 排放数据空间化。利用《中国能源统计年鉴》获取中国各省农业/农村能源利用数据，之后核算各省农业/农村 CO_2 排放，在各省内将其平均空间化至 10 km 空间网格。

（7）全国 CO_2 排放 10 km 空间网格。基于全国工业、生活和交通 CO_2 排放空间网格数据，在 GIS 平台进行空间运算和数据处理，实现全国 CO_2 排放 10 km 空间网格，完整过程见图 1。

3 中国 CO_2 排放网格研究数据

中国 CO_2 排放 10 km 空间网格的基础数据除部分交通数据（铁路、航空和水运）和农业/农村能源数据来自相关统计年鉴外，其余数据均来自第一次全国污染源普查数据库。

全国 2007 年工业企业 CO_2 排放源共有 1 575 397 个（包括能源燃烧和工业过程），机动车 142 717 485 辆，各省重点行业企业个数见表 2，城镇生活源个数情况见表 3。全国重点行业企业 CO_2 排放空间分布见图 2。

中国各省农业/农村能源数据源自《中国能源统计年鉴》中的各省能源平衡表[26]；各省交通能源数据及 CO_2 排放核算详见文献[27]。

此外，在进行交通等部门 CO_2 排放空间化过程中，需要人口空间数据辅助，在后面深入分析中国 CO_2 排放空间特征时，也需要 GDP 空间网格数据，中国 1 km 格网人口数据和中国 1 km 网格 GDP 数据都源自中国科学院资源环境科学数据中心地球系统科学数据共享平台，但数据仅更新至 2003 年，本研究基于统计年鉴中各省人口和 GDP 数据将其调整为 2007 年数据，并通过空间分析将 1 km 网格数据转换为全国 10 km 网格数据。

表 2　中国 2007 年 CO_2 网格研究的基础数据所涉及的工业企业数目

单位：个

省份	能源燃烧		工业过程							
	重点源	一般源	火电	钢铁	水泥	石灰	合成氨	电石	玻璃	碳化硅
北京	6 381	12 094	13	35	27	26	1	0	5	0
天津	6 139	10 781	9	253	15	3	2	0	9	0
河北	31 252	48 689	99	1 167	582	819	46	1	216	5
山西	14 776	5 439	128	357	301	250	34	55	166	1
内蒙古	7 771	3 645	74	159	135	262	14	149	14	1
辽宁	22 217	25 726	40	815	248	318	6	7	54	4
吉林	7 604	8 269	25	38	76	80	4	0	18	3
黑龙江	6 636	7 352	54	55	99	37	6	0	25	1
上海	15 881	32 872	18	311	18	8	3	0	30	1
江苏	49 067	136 300	129	2 303	285	273	44	2	245	5
浙江	55 190	258 250	112	1 504	220	330	16	1	96	8
安徽	15 819	26 659	37	221	232	196	26	0	45	0
福建	23 456	44 217	26	157	269	102	17	1	11	2
江西	13 305	15 323	22	91	219	283	4	1	44	5
山东	36 743	58 508	256	514	397	383	50	3	147	13
河南	16 561	28 401	123	338	261	254	45	19	71	3
湖北	10 014	17 518	29	175	201	214	41	11	27	5

省份	能源燃烧		工业过程							
	重点源	一般源	火电	钢铁	水泥	石灰	合成氨	电石	玻璃	碳化硅
湖南	17 367	21 300	24	290	402	438	38	4	62	7
广东	70 622	198 275	121	925	438	265	11	0	156	2
广西	10 123	13 051	14	76	247	263	12	3	11	0
海南	1 411	805	4	6	21	6	1	0	1	0
重庆	16 434	14 094	33	138	172	91	14	2	54	0
四川	23 164	26 002	58	391	382	139	45	24	111	8
贵州	7 546	8 544	22	126	224	100	11	14	13	0
云南	11 466	11 958	21	292	236	199	17	10	10	0
西藏	134	97	0	0	12	0	0	0	0	0
陕西	9 435	6 528	59	69	253	562	23	48	30	2
甘肃	4 853	2 750	18	67	105	68	5	17	7	60
青海	1 041	813	6	9	20	14	0	4	1	18
宁夏	2 493	1 755	13	26	36	30	8	41	3	13
新疆	6 399	8 082	56	70	85	141	4	9	16	6
合计	521 300	1 054 097	1 643	10 978	6 218	6 154	548	426	1 698	173

注：第一次全国污染源普查根据企业规模、排污特点和排污量，将企业划分为重点源和一般源；能源燃烧和工业过程所统计加总的企业有重复，因为有工业过程排放的企业，同时也可能有能源燃烧的 CO_2 排放。

表 3 中国 2007 年 CO_2 网格研究的基础数据所涉及的生活源

单位：个

省份	住宿和餐饮业	居民服务和其他服务业	医院	独立燃烧设施	居民生活	机动车
	住宿：≥30 张床位；餐饮：≥30 个餐位	洗染、理发及美容、洗浴、摄影扩印、机动车维修等	≥20 张床位	居民区≥0.7MW（1 t/h）的供暖锅炉	城镇居民生活燃料消耗采样调查	包括载客汽车、载货汽车、三轮或低速汽车、摩托车
北京	22 061	12 236	488	2 555	45	2 968 203
天津	7 066	4 830	277	602	133	1 178 234
河北	27 441	14 066	1 680	8 406	996	9 416 699
山西	18 584	10 390	1 095	7 608	593	3 014 880
内蒙古	25 411	11 626	502	3 536	496	3 034 712
辽宁	33 380	20 351	1 188	3 943	672	3 479 601
吉林	28 043	13 277	610	3 252	466	2 461 019
黑龙江	28 457	12 759	860	5 406	628	2 146 712
上海	19 178	17 395	517	275	50	1 956 160
江苏	42 893	31 698	2 210	365	1 083	11 755 190
浙江	41 699	37 630	920	347	851	8 542 552
安徽	39 023	21 566	1 517	245	972	4 154 988
福建	25 473	15 170	708	25	660	5 523 167
江西	23 187	11 746	805	174	836	4 284 707
山东	50 562	21 490	2 376	2 738	1 482	15 760 831
河南	31 435	20 602	2 613	854	976	8 250 387

省份	住宿和餐饮业	居民服务和其他服务业	医院	独立燃烧设施	居民生活	机动车
	住宿：≥30 张床位；餐饮：≥30 个餐位	洗染、理发及美容、洗浴、摄影扩印、机动车维修等	≥20 张床位	居民区≥0.7MW（1 t/h）的供暖锅炉	城镇居民生活燃料消耗采样调查	包括载客汽车、载货汽车、三轮或低速汽车、摩托车
湖北	26 936	16 349	1 378	537	881	4 765 715
湖南	27 451	15 163	1 430	563	1 168	4 127 069
广东	82 976	57 100	1 663	58	1 259	16 792 675
广西	18 136	11 535	832	63	741	6 190 492
海南	5 861	2 906	187	1	205	1 271 070
重庆	31 722	16 723	814	228	625	1 285 244
四川	66 805	32 203	2 313	517	1 831	6 774 855
贵州	18 847	9 914	767	111	777	1 627 526
云南	37 487	10 810	1 280	125	604	4 516 984
西藏	2 385	529	86	16	189	246 746
陕西	20 129	11 224	936	3 156	961	2 867 925
甘肃	12 699	6 351	543	3 000	474	1 307 546
青海	4 724	1 852	138	1 587	140	255 603
宁夏	5 671	3 551	175	1 102	109	696 295
新疆	23 913	12 920	1 092	5 257	428	2 063 698
合计	849 635	485 962	32 000	56 652	21 331	142 717 485

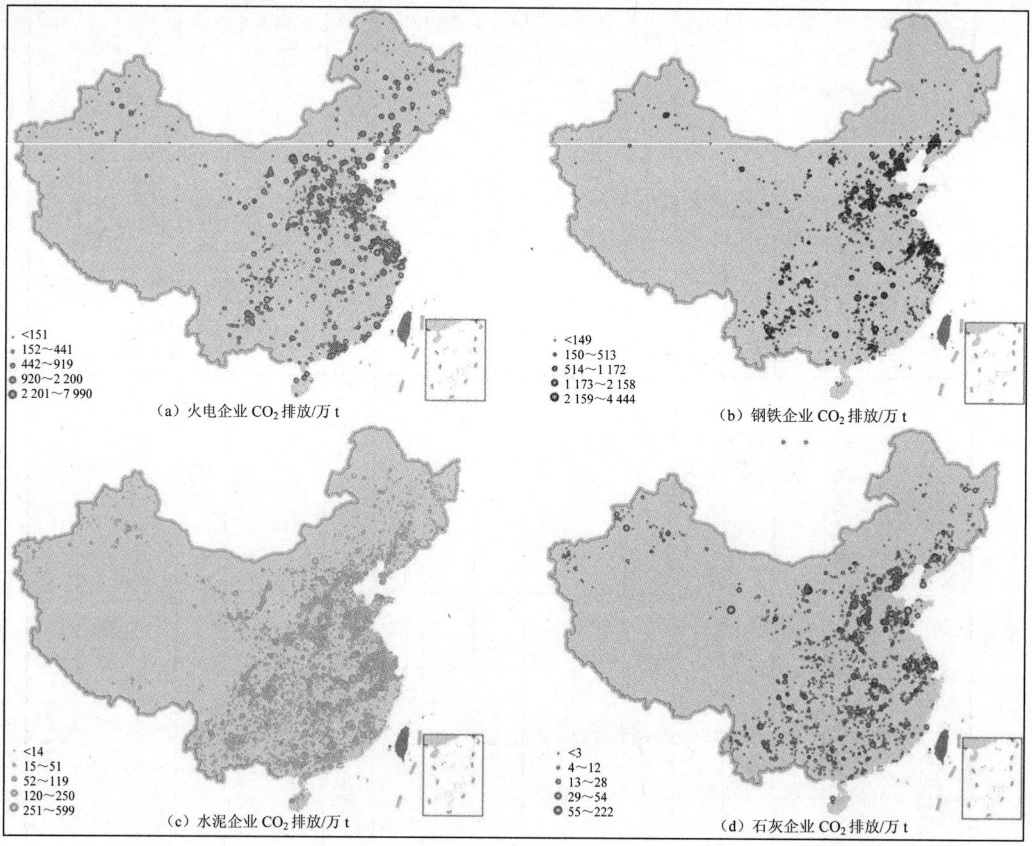

（a）火电企业 CO_2 排放/万 t
（b）钢铁企业 CO_2 排放/万 t
（c）水泥企业 CO_2 排放/万 t
（d）石灰企业 CO_2 排放/万 t

图 2 中国重点行业企业 CO_2 排放

4 中国 CO_2 10 km 网格分析

4.1 中国 CO_2 排放 10 km 网格数据基本特征

中国 CO_2 排放 10 km 空间网格数据见图 3。全国整体 CO_2 排放空间格局的特点是基本沿着我国人口胡焕庸线分为东部和西部，东部地区明显高于西部地区；东部地区内部，北京、上海、广州等周边连接成片，其 CO_2 排放明显高于其他地区。全国 CO_2 排放明显受城市活动影响，网格排放高值区域都是以北京、上海、重庆、成都、武汉、西安、郑州、广州等大型城市为核心的区域。京津冀、长三角、珠三角地区是我国 CO_2 排放空间格局的重点地区。

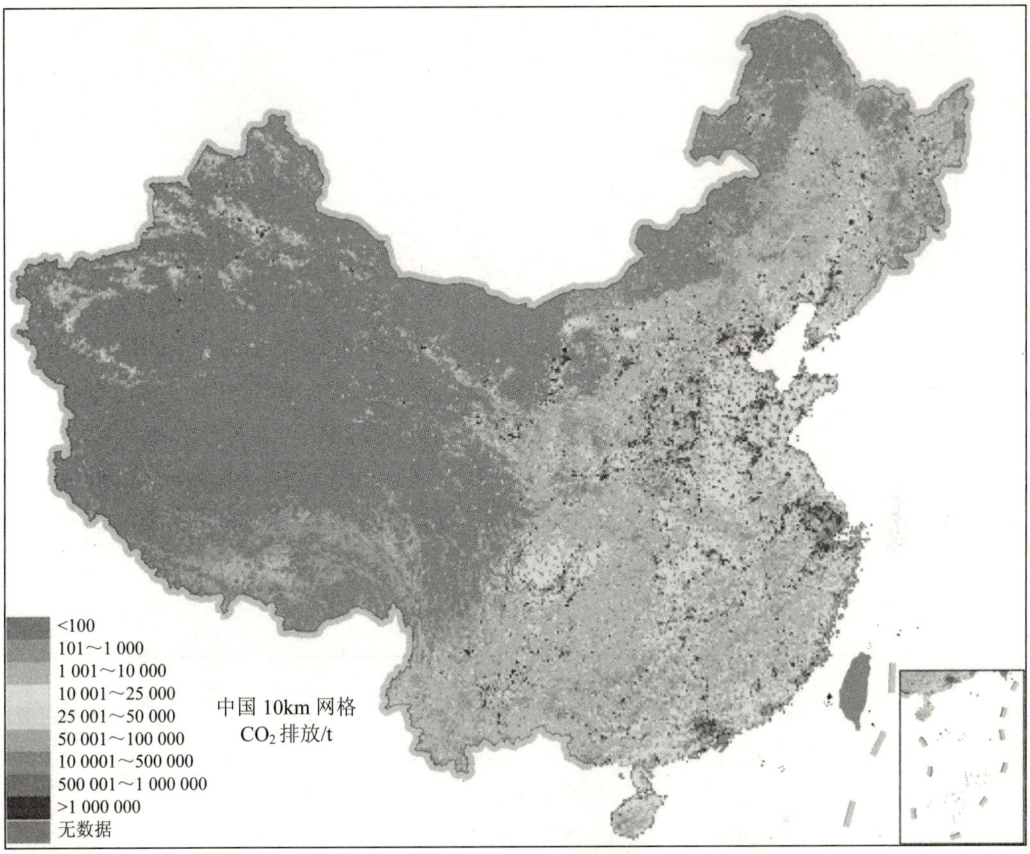

图 3　中国 2007 年 CO_2 排放 10 km 网格

能源燃烧 CO_2 排放占全国 CO_2 总排放 87%，因而能源燃烧 CO_2 排放空间格局直接影响了全国总排放空间格局。中国 2007 年 10 km 网格内重点能源燃烧排放源个数见图 4，从图 4 中可以看出，中国企业能源燃烧 CO_2 排放主要集中在北京、上海、广州等典型城市一带。能源燃烧尤其是重点企业（污染源普查中的重点源）的能源燃烧 CO_2 是全国 CO_2 排放主要部分，一般企业（污染源普查中的一般源）单个企业能源燃烧 CO_2 排放一般都在 10 万 t 以下，而全国所有重点企业能源燃烧 CO_2 排放占全国能源燃烧排放的 82%。中国大部分 10 km 网格内的重点企业个数都在 10 个以下，而诸如北京、天津、上海、广州、成都等城市，其部分地区重点企业的个数都超过了 100 个，全国网格内企业个数最多的是潮州市，其市区南部 10 km 网格内的企业个数达到 2 231 个（图 5）。重点企业密集、能源燃烧 CO_2 排放强度大，是我国重点城市及其周边区域成为全国 CO_2 排放热点地区的主要原因。

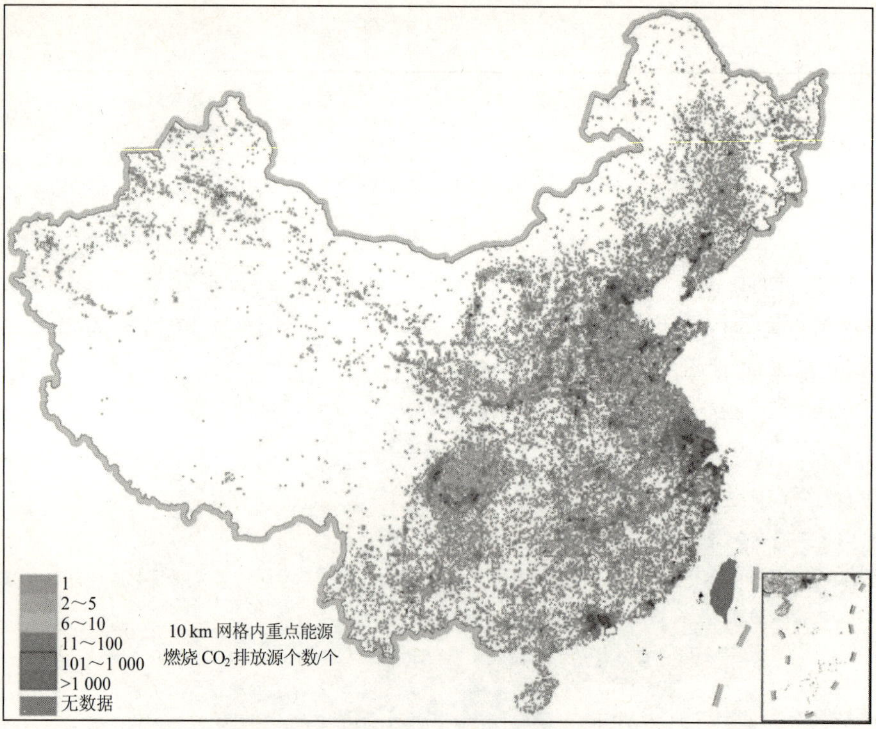

图 4　中国 2007 年 10 km 网格内重点能源燃 CO_2 排放源个数

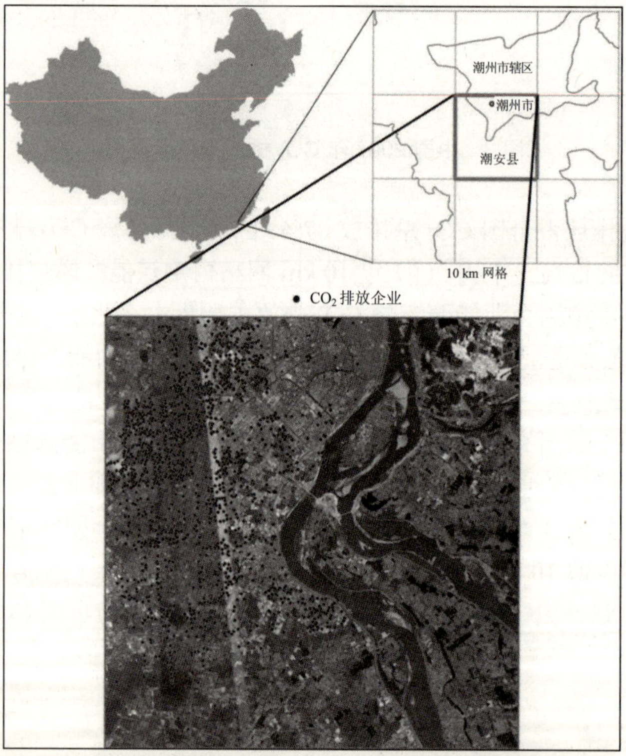

图 5　中国典型区域内 10 km 网格内排放源

4.2 中国 10 km 网格数据与相关数据比较分析

4.2.1 中国 10 km 网格数据与 EDGAR 数据比较分析

将本研究与 EDGAR 数据进行对比分析，分析国内数据和国际数据的差异，借鉴国际数据分析和处理的优势，澄清国际对我国 CO_2 排放空间数据的误解。从图 6 中可以看出，10 km 网格数据和 EDGAR 数据在空间整体趋势有很好的一致性，尽管 EDGAR 数据精度（约 10 km）与本研究接近，但其空间效果明显要低于本研究的结果，并且 CO_2 排放空间连续性很强。EDGAR 数据的这种空间属性并非中国 CO_2 排放的真实空间地理特性，CO_2 排放源（重点企业）等并非地理上离得越近，排放量也越相近。许多情况下恰恰相反，如一个区域有 1 个规模较大的电厂，其附近周边可能完全没有必要再建一些中等规模或者小规模的电厂。因而，基于理论分析和事实调查，中国 CO_2 排放在空间分布上尽管在一些大城市具有聚集效应，但在区域分布上，应该具有较为明显的离散性而非连续性。EDGAR 数据出现这种情况的重要原因是其数据源不完整，其空间网格化的过程主要是依据 IEA 的重点排放点源数据库和全球能源统计数据，并接结合全球人口分布、土地利用/覆盖、道路网络等数据完成空间网格化。而本研究所实现的 10 km 网格数据，是较为彻底得从企业排放源层面自下而上实现空间网格化。EDGAR 数据受限于其原始数据，其原始数据仅能保证重点排放源的精度，而大量区域都采用了插值或借助其他辅助数据估算得到，因而其低值区域的数据精度较差，这也是 EDGAR 数据直观上看起来空间连续性强的主要原因。

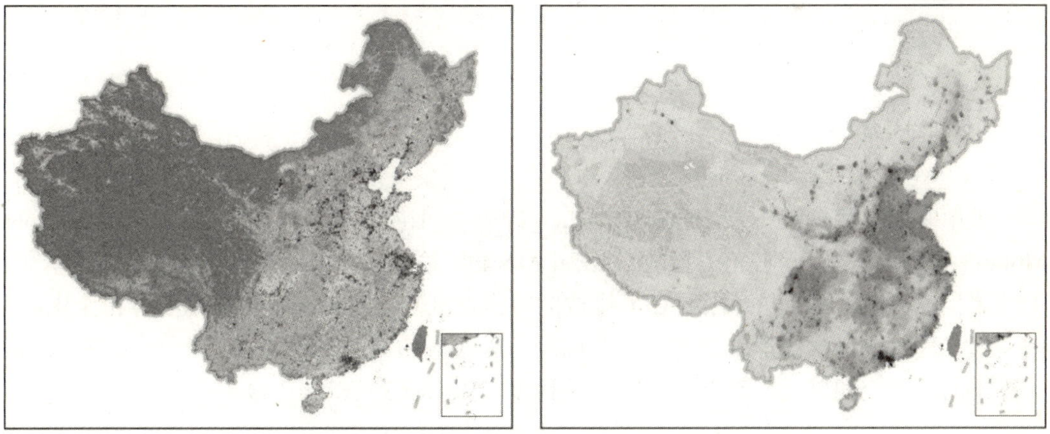

图 6　中国 10 km 网格属于与 EDGAR 数据比较

4.2.2 中国 10 km 网格数据与美国数据比较分析

美国 Vulcan 项目建立的全美 10 km CO_2 排放网格数据也是较为彻底的基于自下而上方法建立的 CO_2 排放空间数据，当前已经更新至 V2.2 版本。该数据对于美国 CO_2 排放空间研究和政府决策产生了重要影响和支持作用。对比中国和美国 10 km CO_2 排放网格数据

（图 7）。可以看出，中国 CO_2 排放空间集聚性比较明显，华北平原和东部沿海地区的 CO_2 排放高度集中，西部地区的 CO_2 排放水平较低。美国城市化程度高，并且产业分布空间相对分散，因而 CO_2 排放空间不像中国出现许多排放高值热点地区。但美国东部和西部沿海地区的大都市区（Metropolitan Area）集中了全国大量的人口和经济活动，其 CO_2 排放强度也达到较高水平。

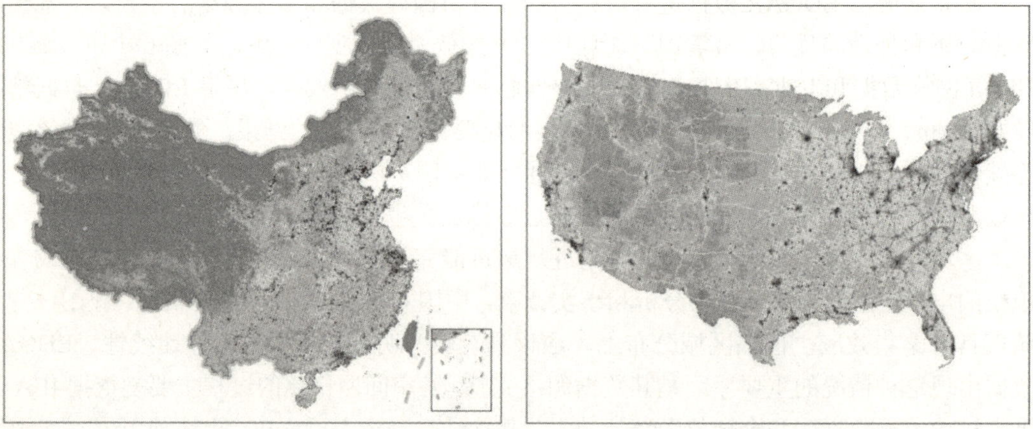

图 7　中国（2007 年）和美国（2002 年）CO_2 排放 10 km 网格

5　中国 CO_2 排放空间特征

5.1　空间特征分析

采用空间自相关分析方法分析中国 CO_2 排放空间特征。以全局空间自相关指数（Global Moran's I）和局部空间自相关指数（Local Moran's I）为测度，分析中国 CO_2 排放在空间上的聚集或分散程度，同时探测 CO_2 排放的热点地区。全局 Moran 指数用于分析全国的空间模式，使用单一数值反映空间自相关程度，见式（1）和式（2）；局部 Moran 指数用于计算不同区域空间单元与邻近单元的相关程度，见式（3）和式（4）。

$$I = \frac{n}{S_0} \cdot \frac{\sum_{i=1}^{n}\sum_{j=1}^{n} w_{i,j} z_i z_j}{\sum_{i=1}^{n} z_i^{\ 2}} \tag{1}$$

式中：I——全局 Moran 指数；

z_i ——网格 i 的排放量与平均值（$x_i-\bar{X}$）的偏差；

x_i ——网格 i 的排放量；

$\bar{X}$ ——属性对应的平均值；

$w_{i,j}$——网格 i 和 j 之间的空间权重；

n——总网格数；

S_0——所有空间权重的聚合。

$$S_0=\sum_{i=1}^{n}\sum_{j=1}^{n}w_{i,j} \tag{2}$$

由于所分析的是大小一样的网格矢量数据，所以采用共同边界的权重矩阵。全局 Moran 指数值为[−1，1]，值越接近 1，表明具有相似属性的空间单元集聚程度越强；值越接近−1 表明具有相异属性的空间单元产生集聚。如果接近或等于 0，表明空间单元属性属于随机分布状态。Moran 指数需要进行显著性检验，以 Z（标准差的倍数）确定，当 $Z<-2.58$ 或 $Z>+2.58$ 时，Moran 指数的置信度会达到 99%。

$$I_i=\frac{x_i-\overline{X}}{S_i^2}\cdot\sum_{j=1,j\neq i}^{n}w_{i,j}(x_j-\overline{X}) \tag{3}$$

$$S_i^2=\frac{\sum_{j=1,j\neq i}^{n}(x_j-\overline{X})^2}{n-1}-\overline{X}^2 \tag{4}$$

式中：I_i——局部 Moran 指数，局部 Moran 指数计算的空间权重、数值特征及显著性检验与全局 Moran 指数相同。

空间自相关分析计算得到全局 Moran 指数为 0.028（$Z=40.28$，$P<0.01$），可以判断，中国 CO_2 排放空间格局在 10 km 空间分辨率水平上，具有显著的正空间自相关性，即空间上存在显著的集聚效应，而非随机杂散分布。这一结论验证前面直观判断的中国 CO_2 排放是以典型城市为聚集的空间分布。但 Moran 指数值较低，也说明集聚现象并非普遍存在，集聚强度也并非很高。

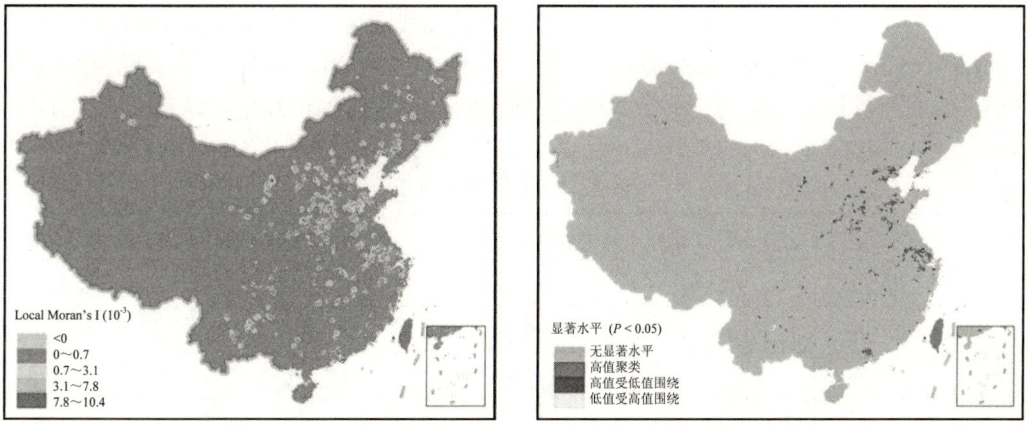

图 8　中国 2007 年 CO_2 排放局部 Moran 指数及显著性检验

局部 Moran 指数计算结果见图 8，可以看出，中国 CO_2 排放在空间上真正具有显著集聚效应的区域面积并不大，主要集中在北京、上海、广州等重点城市核心区周边。这些城市的经济总量、人口数、产业量很大，所以其 CO_2 排放空间影响能力很强。因而基于这些

重点城市采取 CO_2 排放政策和措施，必将产生带动效应和连锁反应，其实际减排效果要远大于直接减排效果。中国区域围绕重点城市存在显著的正向空间相关效应，即一些区域的 CO_2 排放一定程度上受相近地区 CO_2 排放显著影响，地理位置的相邻对地区 CO_2 排放具有显著的正向影响。并且距离重点城市距离越近，Local Moran 指数越高，说明聚集效应和相互影响越强烈。区域正向空间相关效应主要存在于北京、上海、广州、郑州等中国特大城市及其周边，这些城市强烈的经济活动，带动了其周边能源活动强度，从而直接影响区域 CO_2 排放。

从空间分析可以看出，我国 CO_2 排放在空间上受热点城市影响而形成空间集聚格局，一些重点城市直接决定着我国 CO_2 排放空间格局，而省级行政区划并没有明显影响我国 CO_2 排放空间格局，各省内部的 CO_2 排放空间差异性都较大。

5.2 CO_2 排放空间分区

基于区域 CO_2 排放特征和经济发展水平不同进行区域分区，针对不同类型采取不同的政策举措，是 CO_2 排放控制的重要措施之一。国内进行碳排放分区研究基本都是基于省级单位，如张雷等人根据 CO_2 排放规模分区[17]，肖黎姗等人[19]根据 CO_2 排放强度分区，王金南等人[28]根据人均 CO_2 排放和人均 GDP 分区等。但我国各省地域面积很大，各省内部也存在较大差异，根据前面分析，我国 CO_2 排放空间格局更多是受重点城市影响和驱动，而并非省级行政区划，所以基于高空间分辨率的网格进行聚类分区，挖掘我国 CO_2 排放的空间分异特征，其结论要比基于省的结论更具有政策针对性和可操作性。

以 CO_2 排放和 GDP 为指标，对中国 2007 年 10 km CO_2 排放网格进行空间聚类分区，聚类方法采用自组织神经网络模型（Self-Organizing Feature Maps，SOM）。SOM 方法非监督学习能力和非线性求解能力强，可以最大限度满足聚类的内部相似性和彼此差异性原则，并且避免聚类个数的主观设定[9]。分区聚类结果见表 4 和图 9，最优分组为 4 组（初始设定 4～10 组），聚类结果的显著性检验见表 5，可以看出，SOM 方法实现了组内差异最小、组间差异最大的原则，并且聚类结果通过 F 检验（$P<0.01$）。

表 4　中国 10 km 网格聚类分区结果

指标	高经济、高排放	较高排放、较高经济	较低排放、较低经济	低排放、低经济
CO_2 平均值/t	1 268 978	494 470	125 618	15 904
GDP 平均值/万元	810 589	128 534	38 312	2 797
CO_2：GDP/（t/万元）	1.57	3.85	3.28	5.69
面积百分比/%	0.69	6.86	23.59	68.86
CO_2 排放百分比/%	10.47	40.77	35.60	13.16
GDP 百分比%	21.95	34.80	35.65	7.60

表 5　中国 10 km 网格聚类分区结果显著性检验

指标		平方和	df	均方	F	P
CO_2 排放	组间	2 344 635 364 149 370	3	781 545 121 383 124	308	<0.01
	组内	239 288 106 922 523 000	94515	2 531 747 414 934	—	—
GDP	组间	506 091 138 084 960	3	168 697 046 028 320	8 537	<0.01
	组内	1 867 650 101 046 690	94515	19 760 356 568	—	—

中国碳排放 4 组分区中，第一组是“高排放、高经济”区，其特征是网格内 CO_2 排放（平均达到 127 万 t）和 GDP（平均达到 81 亿元）都处于高水平，这组区域主要集中在北京、上海和广州为核心的区域，区域面积较小，仅占全国 0.69%，但总排放占全国的 10.47%，GDP 占全国的 21.95%。也就是说，“高排放、高经济”区以高排放维持高经济发展，经济强度较为集中且体量较大。但同时，单位 GDP 的 CO_2 排放水平较低（1.57 t/万元），说明经济结构和能源结构已经相对中国其他地区较为低碳化；第二组是“较高排放、较高经济”区，其分区内的 CO_2 排放（平均达到 49 万 t）和 GDP（平均达到 13 亿元）处于较高水平，这一分区主要包括华北平原、山东半岛、河南北部、陕西关中、湖北北部、江苏南部和四川中部、重庆盆地，地域面积占全国的 6.86%，但 CO_2 排放占全国 40.77%，GDP 占全国 34.80%，这一分区尚处于高碳发展阶段，其单位 GDP 的 CO_2 排放水平较高，达到 3.85 t/万元，这一分区应该成为中国低碳转型和低碳发展的重点区域；第三组是“较低排放、较低经济”区，其分区内的 CO_2 排放（平均达到 13 万 t）和 GDP（平均达到 4 亿元）处于较低水平，这一分区主要包括大部分华南、华北北部、东北平原等，面积占全国的 23.59%，但 CO_2 排放占全国的 35.60%，GDP 占全国的 35.65%。这一分区属于经济发展相对较为落后，且其碳排放相对较低，单位 GDP 的 CO_2 排放为 3.28 t/万元；第四组是“低排放、低经济”区，这一区域主要我国西部地区，面积广阔，占全国 68.86%，但 CO_2 排放仅占全国的 13.16%，GDP 占全国的比例更低，仅为 7.60%。这一分区内主要是我国西部欠发达地区，尽管单位网格内的 CO_2 排放（小于 2 万 t）和 GDP（小于 0.3 亿元）都较低，但单位 GDP 的 CO_2 排放却是 4 个分区内最高，达到 5.69 t/万元，说明这一区域的经济活动尚处于粗放型高碳发展阶段。

从聚类分析中可以看出，我国有一半以上地区处于低排放、低经济的水平，反映了我国低碳发展在整体上处于起步阶段，但西部如果按照当前高碳式的经济发展形势，则随着经济增长，则有可能走向较高排放、较高经济的模式。

国家发改委先后于 2010 年和 2012 年确定了 6 省 36 市作为国家低碳试点，并于 2012 年确定 7 省市作为碳交易试点。对比中国碳排放分区和中国确定的低碳试点和碳交易试点（图 9），可以看出，试点密度最高的是“高经济、高排放”区，达到 8 个；而“低排放、低经济”区的试点密度最低，仅有 5 个。如果认为低碳发展是向低碳化转型的一个过程，则中国所有区域、城市都有低碳发展的必要和可能。当前试点地区在“高经济、高排放”的集中体现了我国试图从一些经济条件好，并且碳排放强度（单位 GDP 的 CO_2 排放水平）较低地区开始尝试性地开展低碳发展。不足之处是对于“低排放、低经济”区的试点选择相对较少，这类地区占据我国一半以上国土，其低碳发展的成功经验和挫折教训对于我国低碳发展具有重要的借鉴作用。

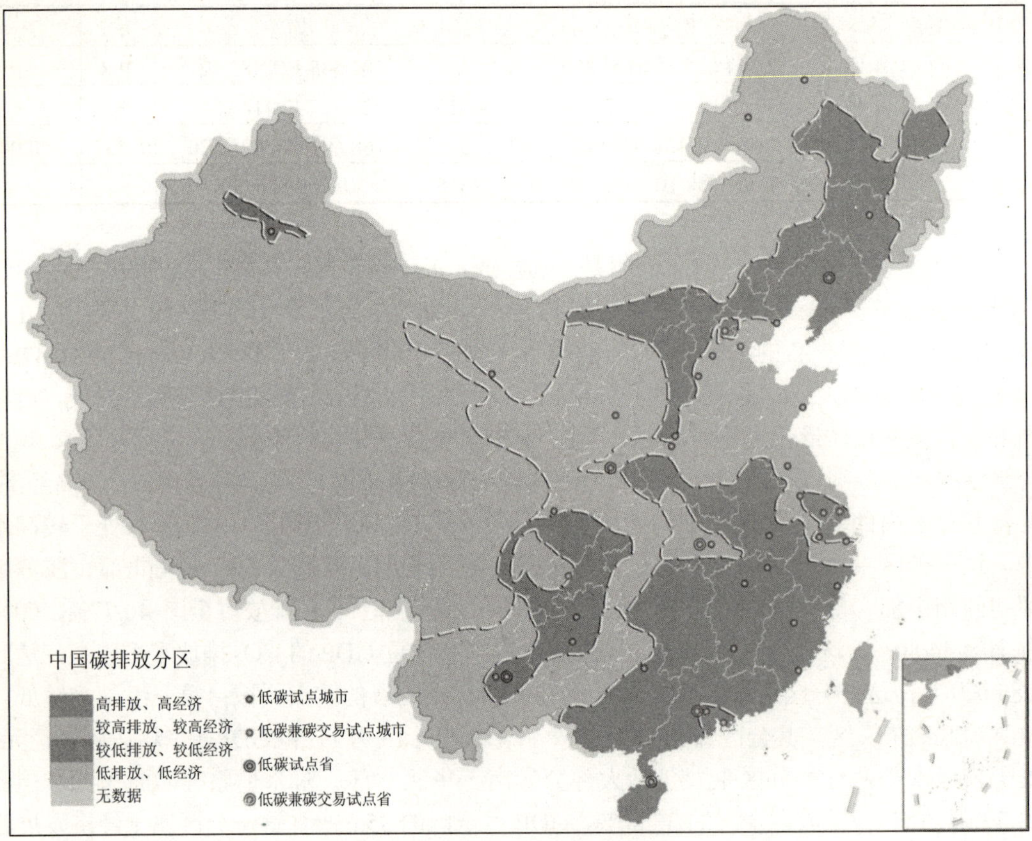

图 9　中国碳排放分区和低碳试点

6　中国二氧化碳排放 10 km 网格的政策意义

6.1　CO_2 排放空间网格化是中国碳排放研究和低碳发展精细化管理的重要基础

基于高空间分辨率的 CO_2 排放空间分异特征研究是全球和区域 CO_2 排放研究的一个重点和热点问题，尤其是当前中国 CO_2 减排责任区域分解和跨区联合控制成为碳减排的关键时，这一问题更显得重要。建立中国 CO_2 排放空间网格将弥补我国在 CO_2 排放空间化领域的严重不足，极大推动中国低碳发展的精细化管理，促进国家的空间规划、功能分区、产业布局中充分考虑碳排放空间格局特征；为各省、地级市乃至区县建立温室气体清单奠定坚实的数据基础，同时有利于全国范围内的省、市和县的排放水平的横向比较和对标工作。空间网格数据还将支持和验证 CO_2 浓度的卫星遥感监测，推动和完善中国温室气体排放的监测、报告和核查能力。当前，环境保护部中国环境监测总站已经建立了全国省会城

市的 CO_2 浓度监测站点并将逐步扩大监测网络，根据国际经验，高空间分辨率的 CO_2 排放网格是支持浓度监测站点选址和设计的重要依据，也是浓度数据反演区域排放量数据关键。同时，CO_2 排放空间网格将为中国基于森林碳汇和工业碳源跨行政区域开展生态补偿提供数据支持。

6.2 基于高分辨率空间分析，城市是我国碳排放管理的重点

从我国 CO_2 排放 10 km 空间格局上可以明显看出，我国 CO_2 排放的热点地区基本都聚集于重点城市，全局和局部 Moran 指数计算结果也表明，以重点城市为核心的区域，其 CO_2 排放在空间上具有显著的正向空间相关效应。这都说明重点城市对于全国 CO_2 排放有着非常重要的影响。我国各省地域面积很大，各省内部也存在较大差异，而根据前面分析，我国 CO_2 排放空间格局更多是受重点城市影响和驱动，而并非省级行政区划。所以，在城市层面开展低碳研究和低碳规划对于我国更有现实意义和操作意义。从中国局部 Moran 指数看，中国 CO_2 排放在空间上真正具有显著集聚效应的区域面积并不大，主要集中在北京、上海、广州等重点城市核心区周边。这些城市的经济、人口、产业的体量很大，所以其 CO_2 排放空间影响能力很强。因而基于这些重点城市采取 CO_2 排放政策和措施，必将产生带动效应和连锁反应，其实际减排效果要远大于直接减排效果。此外，我国不同于欧美发达国家，其低碳发展是继环境质量已经得到了改善之后出现的新问题，而我国当前则需要同时面对环境改善和低碳发展，即有效地实现污染物和温室气体排放控制，因而分析研究污染物和温室气体协同治理非常必要。所以基于城市开展 CO_2 排放和 SO_2 等污染物排放协同治理，要比基于区域和省级水平更具有针对性，其政策措施也更具灵活性和有效性。

6.3 建立中国碳排放分区，实施区域差别化碳减排政策

国际 CO_2 排放减排始终坚持“共同但有区别责任”原则，说明在进行碳减排时要充分考虑不同国家和地区的碳排放和经济发展等。这一原则在我国同样适用，我国地域广阔，区域之间的经济发展水平和 CO_2 排放强度差异很大。因而，如果全国采用统一的碳减排政策，则可能牺牲公平性，并且也达不到理想的成本—效益。由于我国碳排放特征在空间上并不和省界有较好的重合性，因而基于省界的政策措施，会忽略甚至误导区域之间的差异。本研究基于高空间分辨率的 CO_2 排放网格，结合全国 GDP 空间网格，实现中国 CO_2 排放空间分区，结果表明，中国网格 CO_2 排放（单位面积 CO_2 排放）自西向东逐渐升高，但 CO_2 排放强度（单位 GDP 的 CO_2 排放）却自西向东逐渐降低。我国 4 个碳排放分区中，由“高经济、高排放”→“较高排放、较高经济”→“较低排放、较低经济”→“低排放、低经济”，自东向西，面积不断增加，但其在经济和排放中的比重却在降低，同时 CO_2 排放强度却逐步上升。我国这种碳排放空间特征需要在政府决策及各类空间区划中给予足够重视。针对不同分区采用差别化碳减排政策，制订以不同分区碳排放特征为导向的制度安排。

参考文献

[1] Akimoto H.，Narita H.Distribution of SO_2，NO_x and CO_2 emissions from fuel combustion and industrial activities in Asia with 1°×1° resolution[J]. Atmospheric Environment，1994，28（2）：213-225.

[2] Andres R.J.，Marland G.，Fung I.，*et al.*A 1°×1° distribution of carbon dioxide emissions from fossil fuel consumption and cement manufacture，1950—1990[J]. Global Biogeochemical Cycles，1996，10（3）：419-429.

[3] Doll C.N.H.，Muller J.P.，Elvidge C.D.Night-time imagery as a tool for global mapping of socioeconomic parameters and greenhouse gas emissions[J]. AMBIO：a Journal of the Human Environment，2000，29（3）：157-162.

[4] P.J.Rayner，M.R.Raupach，M.Paget，*et al.*A new global gridded data set of CO_2 emissions from fossil fuel combustion：Methodology and evaluation[J]. Journal of geophysical research，2010，115（D19306）：1-11.

[5] Raupach MR，Rayner PJ，Paget M.Regional variations in spatial structure of nightlights，population density and fossil-fuel CO_2 emissions[J]. Energy Policy，2010，38（9）：4756-4764.

[6] Oda T.，Maksyutov S.A very high-resolution global fossil fuel CO_2 emission inventory derived using a point source database and satellite observations of nighttime lights，1980—2007[J]. Atmospheric Chemistry and Physics Discussions，2010（10）：16307-16344.

[7] European Commission Joint Research Centre（JRC），（PBL）Netherlands Environmental Assessment Agency.（2012）. Emission Database for Global Atmospheric Research（EDGAR）.

[8] Marland G.，Brenkert A.，Olivier J.CO_2 from fossil fuel burning：a comparison of ORNL and EDGAR estimates of national emissions[J]. Environmental Science & Policy，1999，2（3）：265-273.

[9] Giraudel JL，Lek S.A comparison of self-organizing map algorithm and some conventional statistical methods for ecological community ordination[J]. Ecological Modelling，2001，146（1）：329-339.

[10] Ohara T.，Akimoto H.，Kurokawa J.，*et al.*An Asian emission inventory of anthropogenic emission sources for the period 1980—2020[J]. Atmospheric Chemistry and Physics Discussions，2007，7（3）：6843-6902.

[11] Parrish D.D.，Kuster W.C.，Shao M.，*et al.*Comparison of air pollutant emissions among mega-cities[J]. Atmospheric Environment，2009，43（40）：6435-6441.

[12] Alonso M.F.，Longo K.M.，Freitas S.R.，*et al.*An urban emissions inventory for South America and its application in numerical modeling of atmospheric chemical composition at local and regional scales[J]. Atmospheric Environment，2010，44（39）：5072-5083.

[13] IEA.CO_2 Emissions from Fuel Combustion 2010[R]，2010.

[14] Gurney Kevin R，Mendoza Daniel L，Zhou Yuyu，*et al.*High resolution fossil fuel combustion CO_2 emission fluxes for the United States[J]. Environmental science & technology，2009，43（14）：5535-5541.

[15] Zhou Yuyu，Gurney Kevin.A new methodology for quantifying on-site residential and commercial fossil fuel CO_2 emissions at the building spatial scale and hourly time scale[J]. Carbon Management，2010，1（1）：45-56.

[16] Gurney Kevin Robert.Vulcan Science Methods Documentation，Version 2.0[R]，2011.

[17] 张雷，黄园淅，李艳梅，等. 中国碳排放区域格局变化与减排途径分析[J]. 资源科学，2011，32（2）：211-217.

[18] 郑林昌，付加锋，李江苏. 中国省域低碳经济发展水平及其空间过程评价[J]. 中国人口·资源与环境，2011，21（7）：80-85.

[19] 肖黎姗，王润，杨德伟，等. 中国省际碳排放极化格局研究[J]. 中国人口·资源与环境，2011，21（11）：21-27.

[20] 姚奕，倪勤. 中国地区碳强度与 FDI 的空间计量分析——基于空间面板模型的实证研究[J]. 经济地理，2011，31（9）：1432-1438.

[21] 赵雲泰，黄贤金，钟太洋，等. 1999—2007 年中国能源消费碳排放强度空间演变特征[J]. 环境科学，2011，32（11）：3145-3152.

[22] Zhao Y.，Nielsen C.P.，McElroy M.B.China's CO_2 emissions estimated from the bottom up：Recent trends，spatial distributions，and quantification of uncertainties[J]. Atmospheric Environment，2012，59：214-223.

[23] Zhao Yu，Wang Shuxiao，Duan Lei，*et al.*Primary air pollutant emissions of coal-fired power plants in China：Current status and future prediction[J]. Atmospheric Environment，2008，42（36）：8442-8452.

[24] Zhao Yu，Nielsen Chris P.，McElroy Michael B.，*et al.*CO emissions in China：Uncertainties and implications of improved energy efficiency and emission control[J]. Atmospheric Environment，2012，49（3）：103-113.

[25] 国家气候变化对策协调小组办公室，国家发展和改革委员会能源研究所. 中国温室气体清单研究[M]. 北京：中国环境科学出版社，2007.

[26] 国家统计局能源统计司，国家能源局综合司. 中国能源统计年鉴 2008[M]. 北京：中国统计出版社，2008.

[27] 蔡博峰，曹东，刘兰翠，等. 中国交通二氧化碳排放研究[J]. 气候变化研究进展，2011，7（3）：197-203.

[28] 王金南，蔡博峰，曹东，等. 中国 CO_2 排放总量控制区域分解方案研究[J]. 环境科学学报，2011，31（4）：680-685.

关于城市环境总体规划编制实践与规划技术的思考

Thinking on the Implementation Practice and Planning Technology of Urban Environment Master Planning

吴舜泽 万军 于雷 吕红迪 姜文锦 王成新 李新 王金南

摘 要 城市环境总体规划是环保部推行的一项重要环保制度。本文分析我国城镇化发展过程中面临的城市环境问题，梳理我国环境保护规划的发展历程与薄弱之处，阐述城市环境总体规划编制的原因与意义；提炼城市环境总体规划的内涵与特征，论述城市环境总体规划编制的主体思路与主要内容，研究突破城市环境总体规划编制的核心技术；构建城市环境总体规划体系，探索建立规划实施保障机制，提出亟须突破的技术、政策与法律障碍。

关键词 城市 环境总体规划 空间规划生态红线

Abstract UrbanEnvironment Master Planning is one important environment protection institution. This paper analyzed the urban environment problems faced during the urbanization process; reviewed the development history and weaknesses of environment protection planning in China; discussed the reasons and significances of the compilation of Urban Environment Master Planning; extracted the meanings and characteristics of Urban Environment Master Planning, discussed the main idea and content, explored the core technology to improve the compilation of Urban Environment Master Planning; established the system of Urban Environment Master Planning, explored the guarantee mechanism establish of planning implementation, proposed the technical, policy and legal obstacles need to break through.

Key words Urban, Environment Master Planning, Spatial planning Ecological red line

协调推进城镇化是我国实现现代化的重大战略选择。城市具有综合性、系统性、区域性等基本属性，是人与自然、社会经济与环境矛盾最集中的区域。城市环境问题是我国环境问题的关键，其问题产生、演进和转变与我国城镇化进程密切相关，已经成为制约城镇化健康发展的短板。如何把握应对城市环境格局性、结构性、关键性问题，提升城镇化质量，是城市环境管理转型的核心任务，需要有通盘的制度考虑，也需要一些重大的技术指引和政策考量。

1 城镇化健康发展面临严峻的格局性环境问题

1.1 城市是我国诸多环境问题的焦点

（1）改革开放以来我国城镇化进程持续快速推进。城镇常住人口快速增长，城镇化率显著提高。2011 年，我国城镇化率达到 51.27%，较 1978 年提高 33.35%；城镇常住人口达到 6.91 亿，较 1978 年增加 5.19 亿人。除印度以外，我国增加的城镇常住人口超过了其他国家，比美国、日本和俄罗斯新增城市人口总和还多。城市数量大量增加，规模大幅扩大。2011 年，我国共有 657 个设市城市，较 1978 年增加 466 个；城市建成区面积达到 4.36 万 km^2，较 1978 年扩大 3.65 万 km^2；地级以上城市中，除少部分城市外，其他城市市区常住人口均超过百万，其中上海、北京、重庆、天津、广州和深圳市区常住人口突破千万。

（2）城市是我国资源能源消耗和主要污染物排放最为集中的区域。我国长期走工业化带动城镇化的发展道路，主要工业或分散或集中布设于城市和城市周边区域。我国城乡居民收入和消费水平差距悬殊，目前我国农村居民人均收入和人均消费只相当于城镇居民的 1/3 左右。相应地城市消耗了我国绝大部分资源能源，排放了我国大部分污染物，集中负荷大、资源环境超载严重。2011 年，我国城市工业和生活二氧化硫、氮氧化物、化学需氧量和氨氮排放总量分别为 2 217.9 万 t、2 404.3 万 t、2 499.9 万 t、260.4 万 t，工业烟粉尘排放量为 1 612.2 万 t，多项指标排放量世界第一。

（3）城市环境质量无法满足社会期待。各级政府积极运用财政和行政手段治理城市环境，也取得了一定效果，但在社会公众对环境质量改善和人体健康的需求意愿更加强烈的背景下，城市环境质量改善速度无法满足社会预期，解决问题领域也较难以覆盖消费升级带来的新型环境问题。目前，我国城市饮用水水源地达标率不高，从水源地到水龙头的全过程水质保障体系不健全，成为公众关注的热点话题；流经城市河段水质仍然较差，不少为Ⅴ类或劣Ⅴ类水体，有机污染严重。近日，城市和农村地下水源污染议题持续发酵。传统的城市大气煤烟型污染尚未得到解决，机动车、重化工业造成的 $PM_{2.5}$、臭氧污染又接踵而至。按照《环境空气质量标准》（GB 3095—2012）发布，全国 330 多个地级及以上城市中，有近 2/3 的城市达不到二级标准要求。2013 年 1 月，中国中东部地区遭遇大范围雾霾天气，全国最大灰霾面积高达 143 万 km^2。

（4）未来城市化持续快速发展，将进一步加剧城市环境问题。我国城镇化潜力巨大，城镇化率将提高至 2030 年的 70%左右，每年城镇化率提高约 1 个百分点，每年新增加城镇人口约 1 200 万。按此情景计，我国新增城市建设用地约 2.9 万 km^2，约占国土面积的 3%，这些新增建设用地，除了靠农村城市用地占补平衡外，将不可避免占用农用地和生态用地，土地资源约束将更加突出。据国务院发展研究中心预测，到 2020 年前后，中国钢材、水泥等消费将进入产能峰值阶段，增速放缓，预计比 2011 年分别增长 4 亿 t 和 9 亿 t。

产能扩张和产业集聚度提升的同时，若减污降耗水平无大的提升，会加剧本已严重的区域污染；受重化工、居民消费水平提升、机动车保有量大幅增加等因素影响，以环境污染为代表的城市病会加剧，同时也使得现代健康危机逐步取代传统公共健康问题，城市环境污染负效应越发突出。

1.2 系统认知我国城市环境问题的深层次和格局性原因

城市环境质量之所以差，根本原因是城市发展定位、空间开发、人口集聚和产业结构等不适应自然生态和环境规律要求。从这个角度出发，对我国城市环境问题的认知应有重大转变。从系统和深层次角度出发，发展格局问题才是大问题，城市环境质量不佳正是在这方面出了问题。

（1）基于自身效益最大化的城市发展定位与区域流域环境功能要求不协调，产业和城镇布局缺乏对环境健康和环境安全的全面考虑，使得布局性环境风险突出。2010 年启动的全国重点行业企业环境风险及化学品检查工作结果显示，在检查的 4.6 万家危险化学品企业中，有 12%的企业距离饮用水水源保护区、重要生态功能区等环境敏感区域不足 1 km，10%的企业距离人口集中居住区不足 1 km。国家环境保护“十二五”规划研究编制课题《环境风险防范制度与对策措施研究》，统计分析了我国 2006 年到 2011 年发生的造成较大人员伤亡、环境影响或者社会影响的 48 起环境污染事故，其中布局问题类为 12 起，仅次于安全事故类（19 起）与违法排污类（16 起）。对于布局不合理的工业企业或园区，整改、搬迁、关闭及产业结构调整等只是被动补救措施，无法从根本上抑制其环境风险。城市环境保护需提前介入宏观综合决策，在规划伊始切实落实功能要求和安全防护距离，在后期也可以避免运动式整治的缺陷。

（2）城乡建设布局与生态安全格局不匹配，破坏区域生态安全格局，威胁城市生态系统健康。我国城市开发强度高，在市区范围内尤其严重。从市区范围内开发强度看，德国斯图加特市区只开发 45%，其他都是森林、农田；东京都市区的 23 个区（不包括周边的市）开发强度是 58%，其他城市一般都只开发了 30%～40%；中国香港至今只开发了 25%，保留了 75%的绿色空间；而我国城市全市域的开发强度已接近于发达国家市区开发强度，市区开发强度远高于全市域。城市开发方式粗放，对生态安全格局考虑不足，使得生态重要区与敏感点（带），如连接城市之间和沟通城市内外的生态廊道、沿山沿海地带、天然河道水系、自然湿地往往处于被动、补救性的保护之中，被挤占破坏现象普遍，完整性破坏，功能性趋于弱化乃至消失。调研发现，杭州市高度重视城市生态保护，在 2007 年提出了 6 条生态控制带的规划要求，但近年来不少生态控制带的区域已经遭到蚕食，城市生态格局趋于破碎化。尽管城市开发强度大小与区域生态安全格局好坏、城市生态系统健康不一定有必然关联，但若不从规划层面主动避免，提前保护和预留生态用地，则不可避免会出现严重的城市生态问题，甚至是不可逆转的。

（3）城市人口集聚与产业发展未充分考虑资源环境承载能力，缺乏基于资源环境的约束、引导和指引，直接导致环境质量不佳。城市资源消耗需求超出正常供给能力，主要污染物排放量超过环境容量，经济和人口密集的城市地区尤其突出，甚至导致区域性环境问题。对比环境规划院 2003 年开展的全国大气和地表水环境容量核定结果，我国城市市域主要污染物排放总量仍远远超出环境承载能力。资源环境承载能力反映的是可供利用的容量资源，一般来说，容量测算范围通常指全市域，容量资源高强度利用的生活、生产集中区只占其中的一部分，这使得城市部分区块内资源环境承载约束的问题更加突出。

2 污染防治型环保规划难以从源头解决城市环境问题

2.1 我国城市环保规划制度滞后于城市环境问题发展

2.1.1 长期以来我国城市环保规划以污染防治为主

以全国环境保护会议的召开年为阶段节点，按照会议确定的阶段任务，结合城市环保规划主要问题导向和政策、措施分析，城市环保规划的发展历程大致分为如下阶段。

（1）1973—1982 年：规划起步探索阶段，以工业三废防治为主。1973 年 8 月国务院委托国家计委组织召开第一次全国环境保护会议，提出了环境保护工作的 32 字方针，要求对环境保护和经济建设实行“全面规划、合理布局”，拉开了我国环保规划的序幕。环保规划从最初一些地方开展环境质量评价和污染防治途径研究起步。这一时期，济南市先后开展了三次环保规划，其中第三次规划成果纳入《济南市城市总体规划（1978—2000年）》，太原市在山西能源重化工基地综合经济规划中开展了环保规划，这些是我国最早的城市环保规划之一。

这一时期规划性质为专项规划，从属于综合规划；技术方法以定性为主，后期开始应用基于污染源、工农业生产和人口变化的污染预测，规划内容也仅限于工业污染防治，具体包括工业污染关停并转迁、工业“三废”治理、综合利用和工艺技术改造等，但为我国城市环保规划开创了良好开端。

（2）1983—1991 年：规划技术发展和框架搭建阶段，以城市环境综合整治为主。1983 年 12 月，第二次全国环境保护大会召开，提出“三同步”方针，表明我国对环境保护与经济建设、城乡建设之间的关系认识有了一个飞跃。1984 年 6 月，全国首次“城市环保规划学术交流会”在太原市召开，多数代表认为城市环保规划是城市总体规划的重要组成部分，两者应以生态理论为指导，有机结合，相互渗透，相互制约，同步制订，这可视作为“三同步”方针在环保规划领域的深化落实。

1985 年 10 月，李鹏副总理主持召开全国城市环境保护工作会议，明确了城市环境综合整治的方针和任务，32 个城市参与整治，并确定吉林市、洛阳市和杭州市作为试点编制综合整治规划，标志着我国的环境管理已进入一个新的时期，也为之后相当长一段时期城市环保规划工作奠定了基调。

1989 年，第三次全国环境保护大会召开，进一步明确了环境与经济协调发展的指导思想；1989 年，国家开始实施城市环境综合整治定量考核制度（以下简称城考），首先对直辖市、省会城市及大连、苏州、桂林等 32 个城市实施定量考核。

这一时期不少城市编制了城市环境综合整治规划，规划性质为城市环境综合整治规划；国家陆续开展了环境容量研究、国家环境管理信息系统研究，推动了规划科技进步，加上计量经济、投入产出、系统动力学等方面科研成果的研究和应用，为规划技术由定性向定量转变、环保规划结合宏观经济预测、环保规划融入城市规划打下了基础。但规划内容方面主要以解决四害（大气、水、固体废物与噪声）为主，多数尚未体现与环境密切相关的市政、公用事业的发展规划及目标。

（3）1992—2001 年：规划铺开和理念提升阶段，提出可持续发展理念。城考制度强调“把工业污染防治与城市基础设施建设有机结合起来，由单纯污染治理向调整产业结构和城市布局转变”，但在这一时期早期，由于受环保投资限制，一些重大环境问题的解决至“八五”期间仍难以列上日程，如 1992 年发布的《国家环境保护十年规划和“八五”计划纲要》对城市基础设施建设提出的目标指标要求相对较低。1993 年，原国家环保局发文要求各城市编制城市环境综合整治规划，并下发了《城市环境综合整治规划编制技术大纲》。

1995 年，国家环境保护总局启动全国生态示范区建设试点，1997 年开始开展创建环境保护模范城市（以下简称创模），同年，北京、上海等 13 个城市开始实施城市空气质量报告制度。城市环保规划体系中增加了争先创优规划。至此，我国已形成了包括环境保护目标责任制、城市空气质量报告制度、城考和创模在内的城市环境管理制度体系。

同期，环保规划理念提升。1992 年，联合国环境与发展大会积极倡导可持续发展战略，会后我国率先编制并于 1994 年颁布《中国 21 世纪议程》，明确宣布“走可持续发展之路是我国未来和下一世纪发展的自身需要和必然选择”，这给了城市环保规划全新的视角和指导思想，技术路线从末端控制转向优化产业结构、生产合理布局、发展清洁生产和污染治理的全过程。

1996 年，第四次全国环境保护会议召开，一是发布《关于环境保护若干问题的决定》，提出保护环境是实施可持续发展战略的关键，开始在国内培育可持续发展理念；二是批准《国家环境保护“九五”计划和 2010 年远景目标》，开始实施污染物排放总量控制，考虑环境治理的轻重缓急，确定“三河”“三湖”“两区”为治理重点，并大力推进项目实施。

规划实践和技术领域同时跟进，1994 年，国家环保总局组织编写了《环保规划指南》，亦开展了总量控制试点。在此背景下，我国广泛开展了环保规划的编制工作，如湄洲湾、秦皇岛市、广州市、南昌市、马鞍山市和济南市环保规划等。这一时期，规划方法学也得到了发展，承载力、冲突论，特别是 GIS 的应用逐步展开。城市环保规划更多突出定量。总体而言，这一阶段，城市环保规划开始体现工业污染和生活污染的共同治理，但规划内容窄、规划约束力弱。

（4）2002 年至今：规划强化落实和体系分化阶段，城市环保规划作为城市发展的专项规划和特定目标（创模、生态创建）规划，规划体系分化。2002 年，第五次全国环境保护会议召开，以学习贯彻《国家环境保护“十五”计划》为重点，提出环境保护是政府的一项重要职能。规划落实于项目、规划责任落实于地方政府，从两方面大大提高了规划的可操作性，也使得环保规划真正成为环境决策和管理的重要环节，成为环境保护工作的主线。2006 年，第六次全国环境保护会议召开，以全面落实科学发展观，加快建设环境友好型社会为主线。环保规划开始涉足社会、经济和环境的各个方面城市环保规划作用范畴不仅限于工业和生活污染治理，开始与产业结构调整、自然生态保护等相结合，城市环保规划的作用开始得到认可。

面对严峻的城市环境污染和生态恶化形势，城市环保规划开始结合经济结构战略性调整，贯彻污染防治和生态保护并重方针，城市环保规划逐渐往工程、政策、机制综合体转变，受主要污染物总量减排强力推进、城市环境争先创优热度高涨等驱动，部分城市实现了主要环境指标好转。

在这一时期，随着城市环境各项管理制度相对固化，在不同城市，城市环保规划涉及的领域及所起的作用呈现分化趋势。一方面，受环保投入增加、城市环境保护目标责任制落实力度加大等因素影响，城市常规的污染防治和生态保护工作更多依赖工作主线自上而下推动，以满足上级工作要求为主要工作方向，如总量控制和重点流域水污染防治规划实施考核、重要生态功能区建设要求，编制自下而上的城市环保规划动力不足，城市环保规划呈现“碎片化”趋势；另一方面，城市政府模范城和生态城创建热度高，优化的城市环保规划实际是通过争先创优实现的。一个基本的特征是，城市环保规划逐渐成为工程、政策、机制的综合体，虽然其很大意义上是出于落实短期工作目标的需要，但却极大丰富了城市环保规划的内涵，也带动了多元规划技术理论的应用。

我国城市环保规划演变历程见图 1。

2.1.2 城市环保规划滞后于我国城镇化发展

在政府决策流程中，因为规划处于最前端，编制实施好城市环保规划是夯实城市资源环境基础支撑的先决先导条件，其科学与否直接决定能否从源头上解决城市环境问题，因此我国和发达国家政府都非常重视环保规划的编制实施工作。作为问题主导型规划，与城规、土规类似，我国城市环保规划也着重应对城镇不同发展阶段的环境问题，起到了不可低估的作用，但总体上是在被动地、局部地、乏力地应对，城市环保规划难以协调应对复合型、交叉型的环境问题：

（1）时限短。城市建设、土地开发、产业发展期限一般都在 10～20 年，实际上是从中长期角度对国土开发、资源利用和经济建设活动做出统筹安排。现行的城市环保规划期限一般只有 5 年，加上前后规划衔接的不确定性，不利于在长远期限内针对性解决环境质量中长期逐步改善的问题。

（2）范畴窄。城市环保规划能够涉及的领域虽有所拓展，提出的任务、工程、政策、机制措施的出发点多是生活和工业污染防治，且作用环节偏后端治理；同时，规划主要针对重点区域，而非全市域，降低了非重点区域的保护力度。综合这两方面，现有的城市环保规划在很大意义上是对城市环境实施被动保护和补救修复，“头痛医头、脚痛医脚”。

（3）约束弱。除法律效力低外，城市环保规划总体思路不是从空间出发决策，同时其成果表达缺乏基于地理信息的图形表达，尤其是在需要严格控制开发的区域规划要求不落地，既不适应全域规划需求，同时在与城乡总体规划、土地利用总体规划等注重“用图说话”的规划进行衔接时，缺乏“共同技术语言”，也无法对国土开发、城市建设活动提出有约束的控制要求。

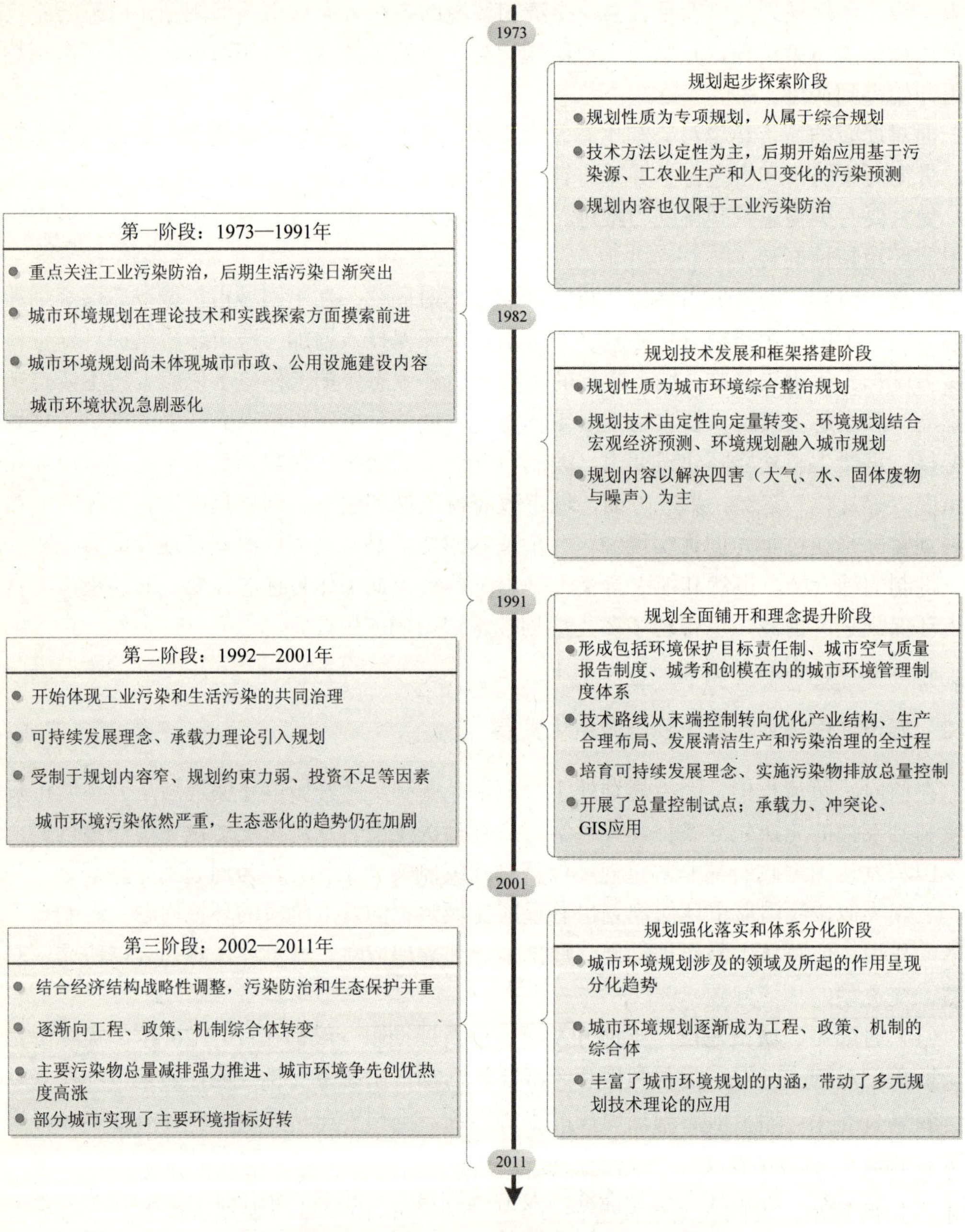

图 1　我国城市环保规划演变历程（1973—2011 年）

（4）引导少。城市环境空间一部分是需要严格控制开发，如生态红线区域，大部分区域存在单一或综合的使用功能，对这些区域的空间开发利用，环保规划不宜采用行政管制“一刀切”的管理方式，更多是根据环境功能或者资源环境承载，给出制约性与引导性并重的要求。城市环保规划实际面临约束弱和引导少的双重困境，不利于在当下我国城镇化快速进程中优化发展。

2.2 城市环保规划法律效力制约了其发挥总体性、基础性作用

我国现行城市环保规划制度已严重滞后于我国城镇化进程，其问题主要体现在决策地位和法律效力低下，外部环境不佳，城市环保规划制度已成为事实上的环保制度短板。

2.2.1 城市环保规划决策地位不利于发挥环保基础性作用

《中国大百科全书·环境卷》中，环保规划被定义为“人类为使环境与经济社会协调发展而对自身活动和环境所做的在时间、空间上的合理安排”。综观国际国内，无论是从促进城市可持续发展还是从促进城镇化健康发展角度，城市环保规划实质是城市发展基础性问题，终极目标是促进城市环境、经济、社会协调发展，保障人与自然和谐共处。城市环保规划需考虑城市环境保护与城市建设、土地利用、经济发展相衔接，已经在政府和社会层面得到广泛认知。当前，驱动城市社会经济发展的规划主要包括城市国民经济与社会发展规划、城市规划、土地规划，对城市环保规划地位的讨论，围绕城市环保规划与三者的关系展开。

《中华人民共和国城乡规划法》第四条明确提到“改善生态环境，促进资源、能源节约和综合利用，保护耕地等自然资源……，防止污染和其他公害”，同时提到“在规划区内进行建设活动，应当遵守土地管理、自然资源和环境保护等法律、法规的规定”，第十七条提到环境保护“应当作为城市总体规划……的强制性内容”。1989 年颁布实施的《中华人民共和国环境保护法》第二十二条规定“制定城市规划，应当确定保护和改善环境的目标和任务”。可以看出，在我国城市规划体系中，环境保护是基本原则和强制性内容，城市环保规划的层次主要是定位于城市总体规划阶段。城市环保规划与城市总体规划本应是平行关系，互为参照和基础，城市环保规划目标是城市总体规划的目标之一，并参与城市总体规划目标的综合平衡和纳入其中，共同谋划城市“发展中保护，保护中发展”的蓝图。

但在实际操作中，从城市环保规划与城市规划体系的关系看，城市环保规划的地位一直较低。城市环保规划是作为城市总体规划中的一个专项规划进行独立编制的，其既是城市总体规划中的主要组成部分之一，又是城市建设中的独立规划。《中华人民共和国城乡规划法》和《中华人民共和国环境保护法》均没有明确规定城市建设和环境保护有了矛盾如何解决，谁的权威更高等问题。长期以来，由于城市规划所覆盖的内容更多，对城市总体发展的指导性更强，规划思路的经济导向性更明确，与政府的主要目标联系更紧密，并且经过多年的发展，相应的机构、制度等组织性的力量较为雄厚。而城市环保规划起步较晚，再加上长期经济发展为主导的思想观念，在实际工作中，两者之间存在事实上的主从关系，城市环保规划只能被动依据城市总体规划编制，难以从根本上建立与区域环境相协调的城市环境保护基础框架，这就是我国目前城市环保规划与管理的最大“空洞”。城市环保规划与城市国民经济与社会发展规划、土地利用总体规划也存在事实上的主从关系。

2.2.2 城市环保规划法律效力难以保障规划权威性和严肃性

按照行政行为效力的一般理论，城市环保规划作为行政行为，应具有公定力、确定力、约束力和执行力 3 个方面的效力。从城市环保规划的实际法律效力看，公定力、确定力、约束力和执行力 3 个方面均没有有效规定，影响了权威性和严肃性。

城市环保规划的公定力来源于环保规划的法定性。《中华人民共和国环境保护法》第十二条规定："县级以上人民政府环境保护行政主管部门，应当会同有关部门对管辖范围内的环境状况进行调查和评价，拟订环境保护规划，经计划部门综合平衡后，报同级人民政府批准实施"，对城市环保规划的法定性做出了原则性规定。城市规划、土地规划都对规划编制原则、内容、程序以及审批等问题进行较为明确的规定，在这方面城市总体规划有专门的《中华人民共和国城乡规划法》，并通过《城市规划编制办法》《城市规划编制办法实施细则》等法规落实具体要求、土地利用总体规划通过《中华人民共和国土地管理法实施条例》《土地利用总体规划编制审查办法》等落实。反观城市环保规划，既无专门的《中华人民共和国城市环保规划法》，也无具体的《城市环保规划管理办法》《城市环保规划编制审查办法》等具体支撑落实，可谓"一穷二白"，这就不难理解城市环保规划的公定力被国家机关、社会组织及公民个人所普遍忽视。

城市环保规划的确定力是指对已经生效的环保规划对有关行政主体和行政相对人所具有的不受任意改变的法律效力。对于环保规划的编制机关而言，它要求有关行政主体不得任意改变自身所做出的环保规划，否则应承担相应的法律责任，因此也称不可变更力，体现了城市环保规划对其编制者的自我限制。目前，城市规划、土地规划乃至各单行的环境立法（如《水污染防治法》《大气污染防治法》）中都对此有所反映，而且基本上都明确规定了各环保规划变更的法定程序，并在罚则中有相应的体现。城市环保规划由于无单独立法和配套法规，同时受规划机关为了完成上级所下达的指标任务或领导为了追求政绩等因素影响，被随意更改的现象较为普遍。

城市环保规划的约束力，是指规划部门做出的城市环保规划，被规划相对人或利害关系人以及其他对该规划不拥有废止、改变权的国家机关（行政主体或法院）所承认并予以尊重。约束力来自于确定力（不可变更力），其差别主要在于适用对象不同，两者源自公定力，同为执行力的基础，在规划法律效力体系中起着承上启下的作用。现实中，其他部门决策与城市环保规划相冲突的现象较为普遍，如城市环保规划做出的空间准入、项目准入要求不被承认，强行突破后严重的甚至成为公共事件导火索。

城市环保规划的执行力，是指已经生效的环保规划要求有关行政主体和行政相对人对其内容予以实现的法律效力。从逻辑关系上来说，执行力是约束力的延伸和保障，是在实施环节保证约束力实现的重要因素。自"十一五"以来，我国城市环保规划的执行力在逐步提高，但不是规划的所有指标和任务的执行力都在提高，突出表现为其中业已由上级行政区分解落实的约束性指标执行力较好，如耕地保有量、主要污染物排放总量控制等指标，执行力较好主要是靠管理目标责任制、领导干部政绩考核等行政方式将指标任务落实于有关部门，未充分考虑过度依赖行政命令易导致规划执行成本过高以及边际效应递减的问题。事实上，由于我国目前实行的司法主导型的行政强制执行体制，我国的环保规划管理部门并不具有行政强制执行力，当发现违反规划的行为时，必须申请法院强制执行，一旦法院决定不执行或拖延审查不做出任何决定，众多的城市环保规划内容就无法得到执行，环保规划执行力弱长期受诟病。在我国市场经济体制逐步完善的过程中，规划实施应该从过去主要依靠行政指令向主要依靠法律转变。

3 亟须试点探索发挥城市环境总体规划的基础性作用

3.1 把城市环境总体规划作为重大制度予以强化实施

与快速的城镇化和工业化进程密切相关，我国城镇化过程先后出现了各种问题。在空间和资源环境领域问题，概括起来主要包括城市建设粗放、土地与空间资源利用无序、环境污染和生态破坏严重等。我国应对城市建设粗放和土地与空间资源利用无序，主要是通过出台重大规划制度，并以之为龙头统筹各类措施实现的。

20 世纪 80 年代，城市数量迅速增多，城市建设无序、规模盲目扩大，布局缺乏整体和长远考虑，为保证城市建设与社会经济的发展方向、步骤、内容相协调，城市总体规划应运而生。为解决乡村规划建设无序、城乡规划分割等方面的问题，2008 年出台《城乡规划法》。90 年代，城市和工业建设大量占用耕地、土地利用方式粗放，为规范土地用途和遏制耕地减少的趋势，加强土地资源的宏观控制和计划管理，土地利用总体规划便纳入国家发展战略。总体来看，城乡总体规划和土地利用总体规划制度虽有所滞后，但由于定位和法律地位明确，注重从源头和整体上解决问题，随着相关制度的不断健全，作用也越来越显著。

进入 21 世纪以来，城镇化快速推进，年均增长率近 1.5%，东中西部均呈现热火朝天的开发局面，经济重化工化的特征也较为明显，为解决开发定位、方向、强度、秩序和政策的问题，统筹谋划未来人口分布、经济布局、国土利用和城镇化格局，国务院于 2010 年印发《全国主体功能区规划》。

梳理对城市总体规划和土地利用总体规划的出台研究历程，可以发现，与快速的城镇化和工业化进程密切相关，每一项重大规划制度的出台和演进，都是为了对城市发展不同阶段的突出问题进行“纠偏”，重大规划制度对促进城镇化健康发展和区域协调发展至关重要，是应对城市问题的首选对策。

在城镇化空间和资源环境领域问题中，无论是城市建设粗放还是土地和空间资源利用无序都会对城市环境和生态产生重大不良影响，反过来城市环境和生态本底又制约了城市建设和土地利用。

从定位和侧重点看，当前的城乡总体规划偏重城市建设发展项目，土地利用总体规划偏重土地用途管制。城市总体规划和土地利用总体规划的出台演进，可作为应对城镇化环境问题的参考。出台重大环境制度，定位于从基础上解决预防城市环境污染和生态破坏，是优选方案。

同时，在当前，根据相关制度要求，城市人民政府主要以城市环保规划为载体进行决策应对城市环境污染和生态破坏的问题。1989 年 12 月 26 日颁布实施的《中华人民共和国环境保护法》明确规定“地方各级人民政府应当对本辖区的环境质量负责，采取措施改善环境质量”，同时规定“县级以上人民政府环境保护行政主管部门，应当会同有关部门对管辖范围内的环境状况进行调查和评价，拟订环境保护规划，经计划部门综合平衡后，报同级人民政府批准实施”。因此城市环保规划是城市人民政府依据有限的环境资源及其承载能力，对城市经济和社会活动进行约束，根据社会经济发展和居民生活的需求，对环境保护和建设活动进行安排和部署。

可以看出，城镇化健康发展需要与之匹配重大环保规划制度。判断重大环保规划制度是否管用和可行，可对照参考城市总体规划和土地利用总体规划，在现行城市环保规划在制度体系是否严格健全、规划内容是否对应城市关键性和基础性环境问题、规划技术路线是否行之有效等几个重要方面展开分析，进而找出问题、原因和对策，是城市环境保护促进城镇化健康发展较为实际可行的路线。

3.2 把握总体规划的核心特征内涵开展试点探索

3.2.1 克服传统环保规划缺陷关键在于把握总体性特征，但城市自发实践探索较难突破

我国规划界普遍认可“总体”是基础性规划区别于一般规划的最重要特性，并在规划冠名中突出“总体”字眼以示区别，如城市总体规划、城市土地利用总体规划、城市环境保护总体规划等。总体性是基础性环保规划区别于其他环保规划的核心特征，对应解决前文提到的“时限短、范畴窄、约束弱、引导少”的问题，主要体现在：

（1）从规划整体导向看，规划定位于环境基础性规划，主要解决影响城市发展的底层的、宏观的、战略性的重大环境问题。城市环境问题不孤立存在，源自经济社会，这要求规划不宜将常规、传统的要素污染防治作为重点，应重点明晰城市环境定位和总体要求。

（2）从规划技术思路看，城市环保规划的综合性和区域化是必然趋势，规划一方面强调从城市“经济—社会—资源—环境”复合系统出发，规划领域不局限于环境领域，从长周期城市环境保护与城镇化、工业化的关系中找答案；另一方面规划范围不局限于市域，“从区域看城市、从城市看区域”，将城市置于区域中分析。

（3）从规划表现手段看，规划更贴近空间规划，规划侧重提出并落实城市发展建设在规模、结构、布局、方式等方面的控制性和引导性要求，这要求规划注重同城市发展规划进行衔接，应注重空间表达，尽可能将规划方案落实于图集，而不是侧重现状表达。

（4）从规划政策机制看，规划政策机制应主次分明，首先应明确规划自身实施路径，明确规划在城市规划体系中的地位，特别是明确规划与其他规划的相互关系及如何对接，其次加入任务措施的配套机制。

为克服传统城市环保规划的缺陷，多年来一些城市自发组织规划研究编制实践，探索发挥城市环保规划引领城市发展的基础作用。但这些规划还需进一步突破关键技术，进一步体现总体性和基础性要求：

（1）规划整体导向局限于传统环保规划的污染治理或者偏向创先争优规划的既定目标指标达标。一些城市环保规划层面如何体现可持续发展内涵尚不清晰；有些规划侧重污染防控层面具体问题，对城市环境本身“源”的问题考虑较少；规划的基础性、宏观性、战略性体现不充分。

（2）规划技术思路局限于环境系统或内部各要素的分割化。不少城市规划未从城市城镇化、工业化与环境的关系出发认知问题，未从“经济—社会—资源—环境”复合系统出发解应对问题，规划目标指标、任务措施只涉及城市资源环境系统，在系统内部也呈现各要素“物理”叠加形式，系统化策略缺失使得规划很难优化整个城市系统。

（3）规划表现手段缺乏保障规划要求有效落地的抓手，同时政策机制无法保障规划实施有效性。大部分城市规划在空间表达上较为缺失，个别城市规划开展了有效探索，但由于规划导向、技术思路和任务措施的关系，使得其图集多偏向表达现状，成果性的执行方案少。很多规划的政策机制更多意义上是规划具体任务措施的配套政策，保障规划自身有效性的措施缺乏，其后果使得一旦编制新的规划，既有规划有效性随即降低乃至失效。

3.2.2 加强国家研究指导和城市试点，是推进城市环境总体规划制度的有效途径

城市环境总体规划（以下简称“环境总规”）是城市人民政府以当地资源环境承载力为基础，以自然规律为准则，以可持续发展为目标，统筹优化城市经济社会发展空间布局，确保实现经济繁荣、生态良好、人民幸福所作出的战略部署。

环境总规定位于创新城市环保规划制度的载体，从中长期和全市域的尺度出发，以空间管控应对城市生态和环境问题，是环境参与城市发展综合决策的平台，是环境保护保障城市可持续发展的基础性规划，是促进我国城镇化健康发展的重要公共政策。

城市层面自发实践取得一定经验，但规划制度、成套技术和机制政策突破有限，其原因主要是单靠城市自身的力量进行朴素的实践，规划基础理论、技术和制度储备不足。在我国，规划理论技术研发和制度构想实施以中央行政主管部门推动为主，基础理论丰富、技术储备充足，但需要典型的城市实践验证。两相结合，才是推进环境总体规划制度的有效途径。

因此，2009 年 8 月，环境规划院开展的国家环境保护“十二五”规划基本思路研究中首提“试点城市环境保护总体规划，构建环境先行的城市规划体系”。国务院印发的国家环境保护“十二五”规划明确要求“开展城市环境总体规划编制试点”。环保部组织规划院等单位开展环境总体规划的技术方法和支撑体系研究，同时组织了第一批 12 个城市开展试点工作，在试点中贯彻环境总体规划的要求，探索完善规划体系、技术方法和政策机制。

4 研究突破空间规划关键成套技术，提出环境强制性基础要求

环境总规最大特征在于空间环境要求，要求遵循自然生态和环境系统运行规律以优化城市发展空间格局，依据环境功能区划体系以分类维护环境质量健康，遵循环境资源承载力以优化产业发展和人口集聚，构建环境基本公共服务体系以确保公平效率共存。这些任务根本立足点分别对应于安全、质量、总量、公平，即明确城镇化、工业化历程中“格局

红线”“风险红线”“资源底线”“排放上限”和“质量基线”。这些要求在以前规划不同层面都有所自发、部分的实践，但需要进行技术突破，以使环境总体规划名副其实。

4.1 从长周期和大尺度入手分析环境演变特征，找准城市环境定位和环境发展目标，由被动规划变主动规划

4.1.1 技术关键

环境总规总体思路是拟订一个总体方案，对城市环境定位、目标指标、任务措施、政策机制进行总体谋划和考量。

从经济和社会的角度看，首先要明确城市环境定位，要从城市所处的流域、区域等大系统要求出发，考虑该城市对大区域、流域生态环境系统的贡献，明确其功能定位，并分析环境发展历程与城市发展历程，从城市人工和自然系统相互作用关系出发，分析城市、环境演变规律，预估未来城市环境功能和定位面临的挑战。

从驱动导向看，环境总规首先是问题主导型而非愿景带动型规划，要求规划首先要客观分析城市环境问题产生背景和演变形势，而后才能针对性地明确城市环境定位和目标指标，落实任务措施和政策机制，并且实现各部分相互关联、前后对应。因此，城市环境问题发展背景和形势分析是规划首要面临的重点任务。

从作用方式看，环境总规总体是主动而非被动型规划，要求在城市发展大背景下进行城市环境问题发展背景和形势分析，这项工作是环境总规编制中首先面临的重大基础工作，只有路线正确才能确保整个规划从源头奠定城市环境保护格局，整体路线可概括为“长周期、大尺度、多城市、多要素、多情景”。

（1）长周期。从自然生态和环境的角度讲，城市发展说到底是脱离了农业生产的人不断聚集和改造自然的过程。在城市的城镇化和工业化历程由低级到高级的过程中，会不断影响自然生态和环境系统，城市自然生态和环境系统系统也会反过来影响城镇化和工业化。可以说城市城镇化、工业化发展历程和环境问题滋生演变过程在阶段特征上有极强的循环因果和匹配关系，不能以现实代替必然。因此，分析两者内在关联，也就厘清环境问题滋生脉络，城市环境问题分析本质上是找准城市人工系统和自然系统相互作用规律。

（2）大尺度。城市在空间地理上总是存在于某个区域、流域中，区域、流域自然特性决定了城市自然基底。城市基底特质决定了一个城市环境定位思索的首要立足点不是自上而下的资源环境保护工作要求，而是明确城市所处的地理区域、自然流域对城市环境系统的要求，即明确城市与区域、城市与流域的环境相互关系，找准自然系统运行规律。

（3）多城市。我国大部分城市的环境问题滋生是在新中国成立以后乃至改革开放以后产生的。如果说长周期原则为城市环境问题研究提供了纵向时间轴上的参照系，多城市原则为城市环境问题研究提供了横截面上的参照系。选择与规划城市在自然地理、行政层级、规模、城镇化水平、产业经济方面有相似性的不同城市，进行城市环境问题和对策的对比研究，有利于从差距入手明确规划城市问题、形势、定位和目标指标。

（4）多要素。说到描述城市环境问题，规划往往陷入“完成时”陷阱，集中描述水、

气、渣、声四要素现状表征，这其实反映的是环境问题的结果，而不是环境问题本身。环境总规认可的环境问题包含了“过去时”“进行时”和“将来时”，主要是看城镇化、工业化各个阶段在空间、总量和结构方面与城市环境系统的协调性，表现在多个领域，包括与自然生态格局、资源能源禀赋、环境质量本底等的协调性分析，这也与目标指标的体系设计相一致。与以往的注重污染减排、环境质量提升等传统环保规划目标体系不同，环境总规侧重于生态空间格局保护、资源环境容量控制等空间性、基础性环境保护要求的表达。

（5）多情景。城市的发展路径受到诸多不确定因素的影响，城市未来的真实发展情景难以预测。基于城市长周期发展历程中的社会经济系统、资源环境系统中规律性的特征，将城市放置于不同的城镇化、工业化发展情景中加以模拟，能有效缩小预测与真实情景之间的差距，降低预测误差，预估城市未来环境形势。

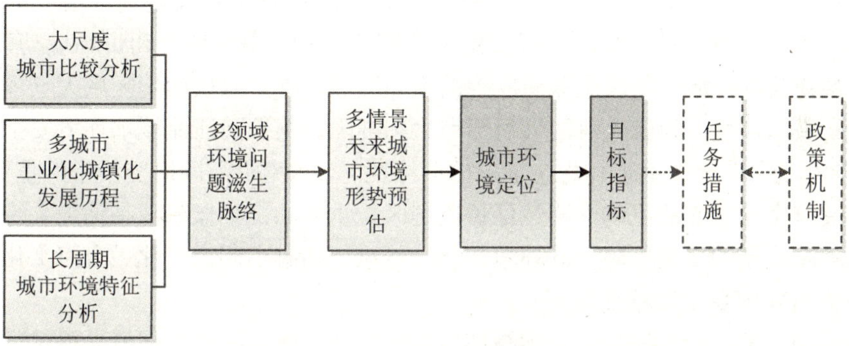

图 2　城市环境定位和目标指标确定技术路线

分析认为，维护一个城市环境功能并持续有所好转应是城市一切环境保护工作的出发点和最终归属。城市环境功能定位与城市定位不同，城市总体定位与城市环境战略定位应该是双轮协动，相互制衡，共同推动城市永续健康发展的关系。一个城市，想要确定发展的基调与特色，需要对自身的资源环境要素禀赋、城市竞争力及发展趋势等进行准确把握，从而明确城市定位。而城市发展是由多项重大的影响因素相互耦合、共同作用实现的。一般而言，城市发展要素由经济、社会和环境三大系统构成，既要有经济系统、社会系统的良性快速运转，以保证城市的活力与潜力；同时，也要有城市生态环境系统的良性循环，维持城市生态环境系统功能，以保障和支撑城市发展的环境容量。因此，需要对城市本身的生态环境本底、功能及承载能力的动态趋势有清晰的把握，确定城市的环境功能定位。可见，城市环境定位不仅是必要的、重要的，而且和城市定位一样，应该是前瞻性的和上位的。明确城市环境定位，对城市维持什么样的环境功能、环境形态、环境安全有了根本方向，才能够建立保障城市良性、可持续发展的目标与方向。明确环境功能定位，依据一个城市及整个区域范围内完整的环境系统运行规律，才能够划分出最有利于城市健康发展的空间格局，拓展城市发展的容量与质量。

4.1.2　案例

环境规划院在宜昌环境总规调研中，经总体分析，将宜昌城市环境功能定位为：①是维持长江全流域水生态和水环境功能的重要节点区；②是秦巴山地向江汉平原过渡带复杂生态环境的典型代表，环境敏感性强，也是三峡库区及鄂西地区生态环境安全的重要保障区；③是保存我国珍稀物种基因库、维护物种丰度的重要地区，对维护国家物种安全具有重要作用。

《福州市环境总体规划（2011—2020）》（以下简称福州规划）中，规划研究认为，近30年来福州城市建设、经济发展和环境保护具有明显的四阶段特征，工业化发展总体滞后于城镇化进程，环境保护基本面良好，但近期能源重化工业加快发展、产业拓展与资源环境保护矛盾明显，环境风险加剧，经济社会发展与环境质量同步提升难度加大，布局性、结构性环境问题日益突出。

从中国东南沿海经济区、海峡西岸、闽江下游河海交汇区域、东南沿海海岸带等多个尺度，依据全国的、区域的、流域的上位规划，考虑福州市相关规划，结合福州市本底自然资源条件、环境特征及福州市城市定位的演变历程，中长期福州市环境功能定位为：①大气环境：我国区域大气污染联防联控的重点区域，维护海峡西岸区域大气环境质量的关键城市；②水环境：闽江入海的最后一道生态屏障，维护闽江流域水环境安全的重要节点城市；③生态：东南山地森林生态屏障的前缘地区，东南沿海陆海交错带的重要维护区；④海洋：具有全球意义的生物多样性保护关键区，重要的国际候鸟迁徙通道，台湾海峡生态平衡与环境安全的重要保障；⑤环境文化：传承开拓融合闽南文化、台海文化的首要基地，海外侨胞守望乡土的精神家园。

明确环境功能定位的基础上，围绕环境功能发挥，确定福州市环境功能定位为建设中国宜居城市的示范区，海峡两岸具有竞争力的优质生活区，确定福州市中长期规划目标为：

☞ 构建安全和谐的环境格局，主要包括生态环境红线保护区域控制、岸线保护控制比例等指标。

☞ 保障环境资源可持续利用，主要包括非建设用地比例、污染物排放总量占环境容量的比例、污染物排放总量控制、能源消耗水平等指标。

☞ 维护健康安全的环境品质，主要包括城市内河水质、优良水质海域面积比例提高程度等指标。

☞ 建立公平共享的环境服务体系，主要包括乡镇以上集中式饮用水水源地水质、基层单位环境保护能力、环境公共参与等指标。

4.2 以空间结构、过程和功能特性为出发点，以空间管制为主要手段，确定“格局红线”和“风险红线”，保障城市可持续发展基底格局不受破坏，由要素领域型规划变空间型规划

4.2.1 技术关键

城市环保规划只有“落地”，一方面建立从空间入手开展规划的思路，另一方面能够将城市环保规划文字要求转化为图件，强化空间环境资源配置和保护，才能从根本上扭转改变规划效果低下的局面。从这个意义上讲，环境总规划最重要的是要从环境保护的角度

提出生态环境空间利用的分级控制要求，关键在于把握构建生态安全格局和风险防范体系的核心工作。

构建生态安全格局的核心工作是界定保障城市自然基础格局安全的“生态红线”空间。基于城市环境系统本身的结构、过程与功能特征，评估其各部分的敏感性、重要性和脆弱性强弱程度，进行分级评估，划定覆盖不同要素、实施分级控制的“红线”体系，制定基于“反规划”思想的“零方案”。

构建风险防范体系的核心工作是界定防止城市遭受布局性环境风险的“风险红线”空间。基于城市环境风险源布局、风险过程及作用机理，辨析污染物传输模式与区域环境影响，评估环境风险区域差异，识别城市建设、产业发展的环境风险高发区及环境风险传输扩散路径，防范区域性环境事件和城市内部突发性环境事件。

可以看出，“生态红线”和“风险红线”的确定，根本出发点都是城市环境系统本身在空间结构、过程和功能方面的特性，最重要的是明确非发展地域的界限，直接目的是确保城市可持续发展基底格局不受破坏。

在我国，受国家资源环境管制体制、规划技术支撑能力等因素影响，城市环保规划往往没有条件划定“生态红线”和“风险红线”。全国、区域、流域层面的空间发展、自然资源利用和环境保护的区划、规划却能够确保在一定程度上反映自然系统运行规律，从中抽取有关技术思路和成果结论在城市环保规划中加以深化细化，就能够从已有规划技术方法实践和新编规划结论校验反馈“一正一反”两方向促进工作。有了环境总规平台，环境空间规划技术由区域、流域环保规划向城市环保规划垂向移植和深化成为可能。环境规划院自 2003 年以来，在珠江三角洲地区环境保护规划、广东省环境保护规划、京津冀、长三角区域、长吉联合都市区环境保护规划等一系列城市区域环保规划中，进行了大量的探索，从理论、方法和实践都取得比较丰富的成果。

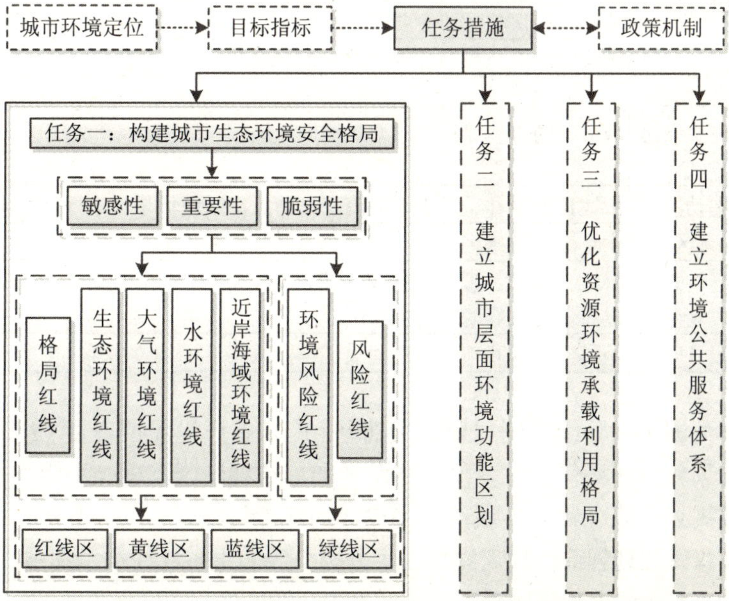

图 3　城市生态安全格局和风险防范格局构建技术路线

4.2.2 案例

2004 年完成的《珠江三角洲环境保护规划（2003—2020 年）》（以下简称珠三角规划）中，在环保规划领域首次探索尝试将生态环境保护要求引导城市经济社会发展的“逆向思维”，提出“红线调控、绿线提升、蓝线建设”的空间控制体系。根据生态功能区划方案、重要和敏感生态功能区保护、区域自然生态结构体系建设的要求，将珠江三角洲划分为严格保护区、控制性保护利用区、引导性开发建设区。其中，严格保护区域占区域土地总面积的 12.13%，对区域内的自然保护区、水源涵养区、海岸带、水土流失极敏感区、原生生态系统、国家级生态公益林等重要和敏感生态功能区实行严格保护和系统恢复。控制性保护利用区占土地总面积的 38.41%，对区域内的重要生态功能控制区、生态保育区、生态缓冲区实行控制性保护利用，控制性保护利用区对于提高区域生态环境质量方面具有极其重要的作用，同时也是区域生态屏障的重要组成部分，在保证开发利用不会导致环境质量下降、生态服务功能能够得以维持的前提下，可进行适度开发。引导性开发建设区主要包括以农业利用为主的引导性资源开发利用区和城市建设开发区，占土地面积的 49.46%，区域内的开发建设要加强环境管控。珠三角环境空间控制体系见表 1。珠江三角洲环境保护分机控制规划的思路，与“十一五”期间国家主体功能区规划的基本思路不谋而合。

表 1　珠江三角洲环境空间分级控制表（2003 年）

<table>
<tr><td rowspan="11">生态红线区域</td><td colspan="2">严格保护区</td><td>自然保护区、区域代表性原生生态系统、国家级生态公益林、重要水源涵养区和水源地、水土流失极敏感区等需要严格保护的区域及其关系密切的周边地区</td></tr>
<tr><td rowspan="8">控制性保护利用区</td><td rowspan="5">重要生态功能控制区</td><td>市县级生态公益林、森林公园等自然生态保护区</td></tr>
<tr><td>小型河流集水区、水土流失敏感区等水源涵养与重要水土保持区</td></tr>
<tr><td>水环境功能区划中的二类水源地保护区、三角洲河网区等二级水源地</td></tr>
<tr><td>基本农田保护区和主要河流沿岸平原农田区等区域</td></tr>
<tr><td>城市间的山地绿岛等重要的城市绿核</td></tr>
<tr><td>城市群城间绿道生态缓冲区</td><td>城市间的山地绿岛等重要的城市绿核</td></tr>
<tr><td rowspan="2">生态功能保育区</td><td>山地丘陵疏林、沿水系支流开垦的农田或缓坡旱作农业区等农林复合生态系统</td></tr>
<tr><td>水土流失敏感区</td></tr>
<tr><td rowspan="2">引导性开发建设区</td><td>引导性资源开发利用区</td><td>耕地、基塘、瓜果种植园、花卉苗圃基地、养殖基地及部分山地水土保持区等以农业为主导的生物生产区</td></tr>
<tr><td>建设开发区</td><td>城镇建设区和工矿道路建设区等区域</td></tr>
</table>

在珠江三角洲生态分级控制规划的基础上，广东省环境保护规划（2005—2020 年）将环境分级控制划分为严格保护区、限制开发区和集约利用区，进一步明确空间分级管制的概念，并通过规划实施分解为各城市严格遵守的环境红线。

福州环境总体规划创造性地研究提出了分类分级的生态红线技术体系。在福州规划中，提出生态红线体系从要素和领域角度，包括生态环境红线、大气环境红线、水环境红线、近岸海域环境红线、环境风险红线五种类型。根据管控要求，分为红线区（禁止区）、黄线区

（限制区）、蓝线区（警戒区）和绿线区（引导区）四个级别。对于生态系统，依据城市生态敏感性、生态服务功能重要性和生态脆弱性，进行分类评价，作为生态环境红线体系划分的基础；对于大气环境系统，根据区域大气环境系统流场特征，按照大气污染扩散敏感性、大气污染集聚敏感性，以及受体污染敏感性，识别污染物排放敏感区、污染物传输脆弱和容易聚集区、人群聚集重要区，以此为基础构建大气环境红线体系；对于水环境系统，对水环境系统进行水系概化和控制分区体系划分，明晰控制单元的传输关系和相互影响，识别水环境重点保护区、水生态脆弱区、水污染物汇集区及水污染物排放负荷重点区等水环境系统维护关键区域，制定水环境红线体系；对于海洋环境系统，按照近岸海域生态环境敏感性与重要性评估，识别近岸海域生态环境较为敏感、较为重要等关键区域，划定近岸海域环境红线体系；对于城市环境安全系统，开展城市环境风险源、风险过程、风险作用机理评估，识别重点风险源及影响区域，按照风险源级别划分风险环境红线体系。规划同时还提出，各要素和领域由于结构、过程和功能不同、传输影响机理也不一样，各类型域的红线体系实施分领域、分要素管理。区域人口聚集、城镇布局、产业发展和项目建设等应综合考虑生态红线体系中不同区域分级管控的相关要求。福州生态红线体系见表2。

表2　福州市生态红线分级体系划分表

要素领域	禁止区（红线区）	严控区（黄线区）	警戒区（蓝线区）	引导区（绿线区）
大气环境红线分区	污染排放对空气质量影响较大的区域；污染排放对人体与经济影响较大的人口集中区	大气污染传输通道敏感区域、人口与经济区外围污染排放敏感区域	人口与经济相对密集区域；具有相对重要生态功能的保护区周围区域	其他区域
水环境红线分区	市、县、乡等各级一级和二级水源保护区	各级水源地二级保护区向上游和陆域沿岸纵深扩展一定范围的饮用水水源较敏感区；水生生物物种多样性保护重点区域；本质较为脆弱或污染扩散时间明显延长的区域	珍稀濒危和重点保护水生生物物种栖息地、繁殖场、索饵场的汇水区域；污染物扩散时间相对较长的汇水区域；主要干流与支流沿岸一定范围内污染物排放负荷较高的陆域范围等区域	其他区域
生态环境红线分区	自然保护区、饮用水水源、森林公园等法律规定禁止开发区域；沿海丘陵、台地等生态极敏感、极脆弱或具有极为重要的生态服务功能的区域	具有水源涵养、水土保持、生物多样性保护等重要生态功能的区域	生态公益林、自然湿地、农田、城市绿地等具有一定生态功能的区域	其他区域
近岸海域红线分区	海洋自然保护区等法律规定的严控开发区域	保持有较好的典型原生生态系统区域、珍稀物种栖息地、重要湿地区、生物迁徙洄游通道与产卵索饵繁殖区、重要渔业品种保护区、重要海岛等区域	渔业、旅游、海洋产业开发区；度假旅游区、风景旅游区、生态廊道保护区等区域	港口航运区、工业和城镇发展毗邻区、近岸海域排污区、海洋倾废区等区域
环境风险红线分区	高风险区域（园区）；涉重、化工、核与辐射企业安全防护距离内区域；危险化学品、危险废物储存区安全防护距离内的区域	高风险源的直接影响区域；主要公路干线、河流干流及海洋运输航道等通道	高风险源间接影响区域；重大环境事故直接影响区域	其他区域

对比以上案例，珠三角、广东省规划作为区域环保规划，空间控制体系划分以区域自然生态系统功能为出发点，“红线调控、绿线提升、蓝线建设”属于宏观环境空间控制体系的范畴；福州规划作为城市环保规划，在珠三角规划技术思路的基础上，在生态红线的基础上加入风险红线以丰富空间控制体系，较好地衔接了环境区划体系，并增加水、大气、近岸海域要素功能作为出发点入手深化空间控制领域，从红线区（禁止区）、黄线区（限制区）、蓝线区（警戒区）和绿线区（引导区）入手进行细化控制级别，较好地实现了技术垂向移植，是生态红线概念提出后的具体系统化（多要素、多级别）的实践。

4.3 依据环境功能的空间分异特征，建立客观反映环境使用功能和价值的环境功能区划体系，划定“质量基线”，由技术改良规划变价值提升规划

4.3.1 技术关键

城市空间具有差异化特征，表现为自然环境空间规律的差异，如地形地貌有所变化，自然资源分布不均等；也表现为单元使用功能的不同，如产业布局、开发建设、人口聚居等的复杂多变。使用不适宜的功能或功能维护不当会形成单元差异性的生态环境问题。

针对环境质量改善需求，任何规划都会从技术角度拟定规划措施、评估和衡量规划成效，如制定措施并评估主要环境质量指标值的改善幅度。技术改良规划的缺陷在于，将质量改善的问题首先拟化为宏观的、抽象的数字目标，使得质量改善转化为一个纯粹技术性的改良问题，完成规划也被理解为政府的纯粹行政行为。但实际上，由于单元生态环境存在差异性，同样的质量改善幅度对不同单元的价值存在较大差异性，规划没有最大化提升各单元环境价值。

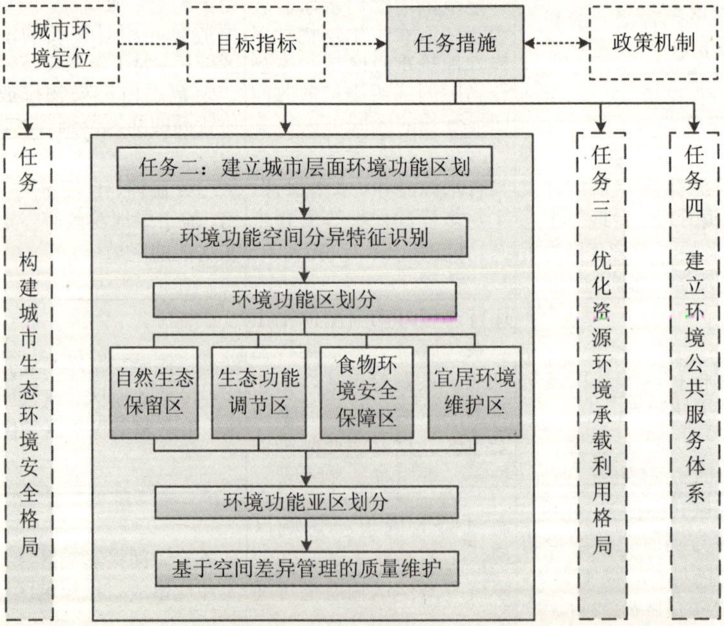

图 4　城市环境功能区划技术路线

针对这一问题，环境总规采用差异化、精细化管理思路，通过城市层面环境功能区划，承认单元环境功能价值的不同，实行分区管理和分类指导，最大化提高各单元环境价值。这不仅仅是规划本身的技术思路创新，在实际操作中由于明确凸显各类环境功能区的核心功能价值，能够加强各区域特征性环境要素的宣扬和渲染，唤起人们的环境理念。规划超越一般的现实或技术层面，有助于以理性反思的姿态吸纳政府以外的，与单元环境功能密切相关的群体参与规划，从而建立公共性的规划实施机制。

城市层面环境功能区划的技术思路是根据环境功能的空间分异特征，结合自然环境空间规律，划定不同类型的环境功能区和环境功能亚区，形成功能区和功能亚区组成的环境功能区划体系。以环境功能区划为基本单元，制定环境质量维护的目标与任务。

4.3.2 案例

在福州环境总规划中，根据国家环境功能区划大纲，建立自然生态保留区、生态功能调节区、食物环境安全保障区、宜居环境维护区 4 个环境功能类型区，以及 8 个环境功能亚类区组成的环境功能区划体系，执行相应的环境管理要求。福州环境功能区划体系见表 3，这是对省级环境功能区划体系的有益探索和拓展。

表 3 福州市环境功能区划体系

环境功能类型区	环境功能亚类区	区域位置
Ⅰ 自然生态保留区	Ⅰ-1 自然资源保护区	自然保护区、森林公园、风景名胜区、饮用水水源保护区
	Ⅰ-2 后备保留区	天然湿地、尚未开发的沿海滩涂
Ⅱ 生态功能调节区	Ⅱ-1 水源涵养区	闽江及其支流大樟溪的水源涵养区、山仔水库水源涵养区
	Ⅱ-2 土壤保持区	丘陵地区
Ⅲ 食物环境安全保障区	Ⅲ-1 农产品环境安全保障区	平原、河谷、丘陵、台地的农业耕作区
Ⅳ 宜居环境维护区	Ⅳ-1 环境优化区	中心城区的核心区
	Ⅳ-2 环境风险防范区	江阴工业区、罗源湾港区、滨海工业区
	Ⅳ-3 环境治理区	中心城区的南台岛新城、马尾新城、荆溪组团、上街南屿南通组团、青口组团以及各县市的主城区

以环境功能区划为基本单元，提出环境分区管理目标与对策决策方向和导向。大气方面，实施空间差异化管理的基础上，针对重点区域、重点大气环境问题，制订城市空气质量限期达标计划，提出维护大气环境质量健康的方案措施。水方面，考虑流域特征，结合区域具体情况，分流域提出包括水资源保护开发、产业结构与布局调整、污水排放、防洪体系建设、湿地保护等保障水环境质量安全的任务措施。

4.4 遵循资源环境承载力优化产业发展和人口集聚，明确“资源底线”和“排放上限”，由专项规划变综合决策规划

4.4.1 技术关键

单从字面上讲，“生态环境保护”和“社会经济发展”是两个概念。基本的规划理念是，经济社会与生态环境尺度必须同时作为衡量最佳规划方案的重要标准。资源环境承载约束是经济社会与生态环境的主要关联领域，需在规划中予以落实。作为基础性环保规划，环境总规涉及的经济社会范畴总体上以城市宏观尺度的人口和产业聚集为主。因此，环境总规中的资源环境承载约束分析主要体现为局部空间人口和产业集聚强度不同给资源和环境容量格局带来的压力以及对应的反馈，主要技术途径是通过明确“资源底线”和“排放上限”，提供人口聚集、空间开发、产业结构等方面的指引。

明确“资源底线”，即分析基于人口、资源承载力的城市发展阈值。基于城市资源条件和规划期内经济社会发展特征，明确资源消耗制约短板，给出城市人口增长、经济发展规模和布局的建议。

确定“排放上限”，即明确与格局挂钩的污染物排放总量控制目标。基于城市环境容量格局和城市空间、产业布局对比评估，提出城市布局和产业调整意见。

城市资源环境承载约束分析技术路线见图 5。

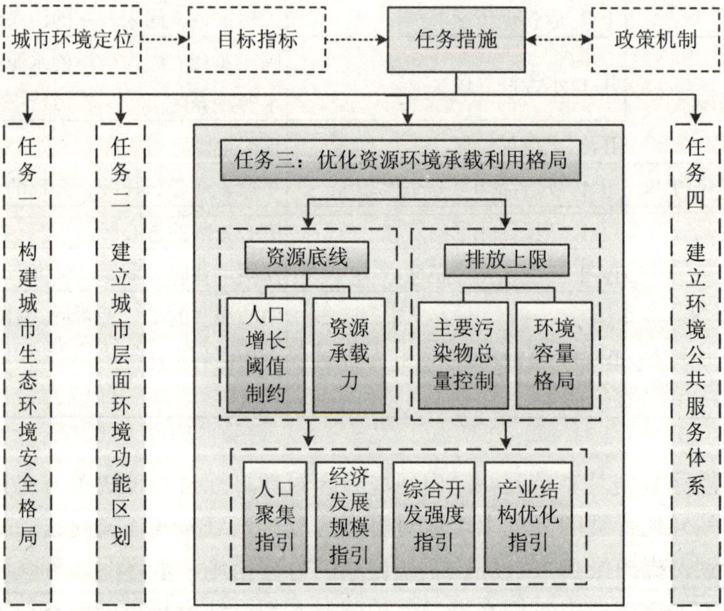

图 5 城市资源环境承载约束分析技术路线

4.4.2 案例

在 2004 年完成的全国地表水环境容量核定中，环境规划院承担核清了全国分行政区、分流域水系容量资源分布和对应的利用格局，并提出了容量核定结果应用于环境保护参与发展综合决策的方向设想。

全国地表水环境容量核定的技术关键是与发达国家惯例接轨，首先从容量核算模型、参数、边界条件等方面进行统一框定，如设计流量取全国近 10 年最枯月平均流量或多年平均（长系列）90%保证率的月平均流量。以控制单元作为最小容量核算单元实现污染源—排污口—水体相互响应，即“水陆响应”的核算方式，体现的是尊重自然水系产汇流规律和承认环境管理行政分割现实两者相结合的技术思想。这一思想直接贯穿到后来的国家重点流域“十一五”和“十二五”污染防治规划中，在数据基础满足的条件下往城市环保规划渗透。

全国地表水环境容量核定提出了容量的应用方向，包括：

（1）以环境容量为约束优化经济增长方式。摸清我国水环境容量的家底后，必须按照总量为底线，制定科学的发展模式，优化经济增长方式，通过盘活存量资源，带动整体技术进步水平的提升。

（2）以容量分布为底线调整社会经济布局。容量资源具有明显的不均匀性。长期以来，人们只注重从经济资源出发考虑产业布局，而忽视了水环境容量的约束作用，致使大部分地区水环境容量资源被超负荷开发利用，限制了经济的进一步发展。以水环境容量资源为依据，按照容量的空间分布特征，进行产业结构的调整和空间布局的优化，合理规划经济、社会发展的规模和布局，引导环境、经济、社会可持续协调发展具有重要的意义。

（3）实施从区划－容量－总量控制－排污许可的水陆系统集成管理。①要逐步实施基于容量的总量控制制度。以环境容量为底线，实施污染物容量总量控制，是解决水体污染的根本途径，也是社会经济发展的必然要求。考虑到目前很多区域超载严重，可以按照不同保证率环境容量值，由 50%、75%向 90%逐步逼近。②总量要有测量和控制，要通过从下到上予以落实。容量是一种资源，只有通过科学的测算和对总量指标合理有效的分配才能促进经济、环境的协调发展。完善污染源监测、统计和考核体系，是实施容量总量控制的基础和前提，如此才能落实总量削减空间方案，将总量控制制度做好、做实、做出成效。

全国环境容量核定工作还开展了城市大气环境容量核定，由于篇幅所限，此次不再赘述。综合总结，全国容量核定工作实践的最大收获，是必须辩证理解容量、总量、排污之间的逻辑关系，容量有数据上的绝对性和不同区域上对比的相对性，容量核算和应用必须坚持遵循自然规律分自然地理单元核算，并将核算结果与社会经济综合决策、具体污染源污染治理相挂钩，发挥资源环境承载约束经济产业增长的作用，避免容量变成“伪概念”。

在 2008 年完成的中国科协重大咨询课题《中国城市环境承载力及其危机管理》中，环境规划院通过环境承载力分析预警技术促成城市社会经济负载与环境基本承载能力的动态响应，基于最小短板理论，结合 90%、75%、50%将水环境、大气环境预警性指标评价结果划分为良好、一般、警戒和危机四种状态，分析了长江三角洲城市群、北京、上海、郑州、重庆和广州承载状况，同时给出了全国分流域、分省级行政区的承载分布状况，提出了危机管理对策建议。同时，《中国城市承载力及其危机管理》总课题拓展了环境承载概念，综合城市土地资源、交通、水资源、粮食资源承载，形成城市综合承载评价体系。该课题技术核心是实现了从环境容量到环境承载的递进，即实现了辩证理解容量、总量、排污之间的逻辑关系，破解了城市环境承载分级往往局限于自身的局限性，往沟通环境容量与社会经济负载转变，既反映自然承载能力，也客观评价区域流域的承载资源利用状况，从而为决策提供参考。该课题的技术思想被借鉴到了不少科研课题和城市环保规划中。

在福州规划中，规划以土地资源和水资源为重点对象开展资源底线分析，以水环境和大气环境容量格局为重点对象开展排放上限分析。其中，土地资源底线分析重点为控制生态用地开发强度，落脚于人口聚集指引；水资源底线分析与水环境容量格局分析相结合，水和大气环境容量排放上限分析落脚点为经济产业指引。

优化利用大气环境容量。明确主要大气污染物环境容量的空间格局与未来福州市各单元的大气环境承载能力，筛选重点超载区块；根据承载力格局和规划压力，明确不同阶段大气环境承载力利用的控制底线，制定主要大气污染物排放上限，提出未来福州市重点废气排放产业布局及产业结构的调控要求。

优化利用水环境容量。以控制单元为单位，确定水环境承载状况的空间差异，根据不同区域的具体情况，针对超标污染物的特征，对不同类别的区域制定相应的产业结构升级与布局调整、污染排放总量与强度控制、水环境综合整治、环境管理水平等政策措施。

控制生态用地开发强度。根据维护生态系统稳定和服务功能持续供给的要求，制定市域、城市规划区、城市中心区生态用地的比例，控制综合开发强度。基于生态用地保护要求、城市规划区土地开发的适宜性评价，分析土地承载力，提出基于环境因素的人口聚集引导指引。

基于环境承载力的产业调控。考虑环境容量的空间差异，引导城市建设和重大产业布局向环境相对不敏感、资源环境承载力较强的区域发展，优化城市建设和产业布局；以保障环境质量为基准，制定分阶段的环境容量使用程度控制指标，作为优化产业结构的基本依据，结合未来主要行业发展趋势及污染物排放和能源、资源消耗压力，制定污染减排的中长期路线图，制定基于环境承载力的产业结构调整指引，优化产业结构（图 6）。

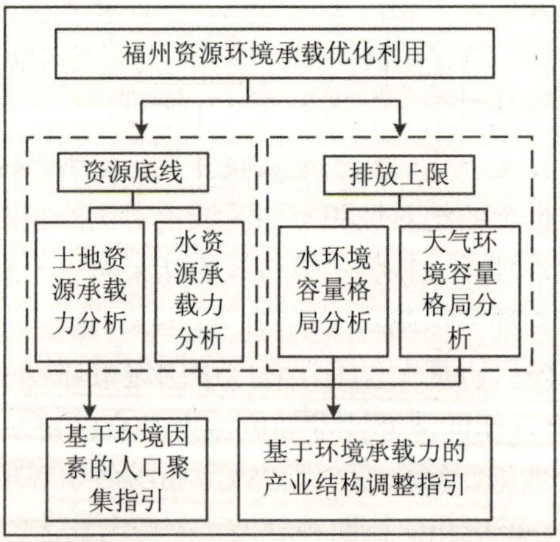

图 6　福州市资源环境承载约束分析技术路线

4.5 公平和效率并重，构建城市层面环境基本公共服务体系保障全民环境权，由物本型规划变人本型规划

4.5.1 技术关键

城镇化、工业化避免城乡二元和城市二元，这要求包括环保规划在内的各领域规划不放弃公平。建设可持续发展城市和建立服务型政府也决定了环境总规要以人为本，因此公平和效率并重是规划的基本原则。在物本型规划的框架下，经技术辩证确定的规划目标指标和任务措施直接进入可达性分析环节。在人本型规划的框架下，还要考虑人作为生而平等的社会个体基本的环境权益需求。在这里我们称之为城市层面的环境基本公共服务，其提出的服务水平要求，会反馈到规划目标指标、其他任务中，如规划之前的目标偏低、任务偏弱，则应补齐。可以说，公平原则是对规划目标和任务的反向审视和提升。

从公众的角度出发，环境总规把城市层面环境基本公共服务作为规划重大任务之一，是对规划期公众环境意识提升的预先响应。从政府的角度讲，这为其基于本地区经济社会发展阶段主动提升规划目标提供了出口，也是对“自上而下”和“自下而上”相结合的规划原则的落实。城市层面环境基本公共服务与其他几项环境总规重大任务之间的关系，是“规定动作”和“自选动作”的关系。

城市层面环境基本公共服务的技术思路是将人居环境健康、环境设施、信息和管理服务统一纳入环境基本公共服务体系，保障城市人民享有公平、健康、安全的环境权这一基本权益（图 7）。

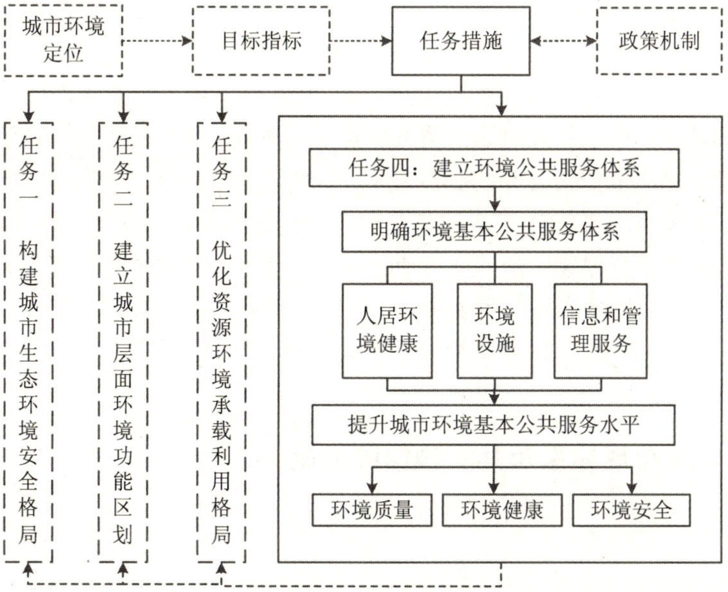

图 7　城市层面环境基本公共服务体系构建技术路线

4.5.2 案例

在 2009 年《大力推进环境基本公共服务均等化进程》重要环境信息参考中，环境规划院首次提出环境基本公共服务的概念、目的、内涵和推进路径。

环境基本公共服务均等化的目标是基本实现环境质量有人监测，环境破坏行为有人制止，环境污染及生态破坏有设施消除和恢复，环境事故有手段预防和处理，环境知情权得到维护。环境基本公共服务不仅仅是指物化的产品或服务，还包括制度安排、法律、宏观经济政策等，这往往是基本公共服务均等化的切入点。环境基本公共服务具有较强烈的再分配功能，其目的依次是缩小区域、城乡、个体差异，实现均衡发展，让老百姓享受发展实惠，落实民生优先。

环境基本公共服务包括：建设污水处理厂、垃圾填埋场等环境基础设施，消除环境污染的环境基础性服务；对环境质量变化进行监测和评估以及对造成水、大气等环境质量变化的污染行为进行境监管，保障公众清洁水权、清洁空气权及宁静权等生存的基本民生性服务；健全环境事故应急机制，防范环境突发事故的环境安全性服务；保障参与国家环境管理的环境信息服务。

福州规划中，规划根据国家城镇化健康发展、政府职能转变等方面的要求，拓展了环境基本公共服务的内涵，最突出的是将基本环境质量纳入基本公共服务范畴。

福州规划提出的环境基本公共服务范围包括：保障人体健康的基本环境质量，覆盖市域的环境监测、监管、应急、信息能力体系，必要的环境基础设施，面向全体市民、企业、社会团体的环境信息等以及环境服务网络体系等。

拟定了提升公共服务水平的重点：将安全的饮用水、基本的环境设施和环境监管能力作为近期环境基本公共服务的重点内容，由政府主导加强环境基本公共服务体系建设，城乡一体化的供给，促进环境基本公共服务均等化。

提出了分阶段推进环境公共服务的设想：到 2020 年，城乡集中式饮用水水源水质、环境空气质量全面达标，环境监管网络体系覆盖到主要乡镇，主要的环境质量信息、环境管理信息、企业环境信息面全社会公开，中心城区、县城、主要乡镇、工业园区建立起完备的污水、垃圾收集处理设施。到 2030 年，建立起覆盖全市域的环境公共服务体系，使城乡居民、企业、社会团体全面享有健康安全的环境质量服务、基本完备的环境设施服务，全覆盖的环境监测、监管、应急、信息服务，环境质量、管理和企业环境信息面向社会公开。建立起政府主导、市场运作的环境公共服务供给模式，建立基于环境基本公共服务的生态补偿政策。

5 探索构建环境总规体系及其实施保障机制

5.1 建立以环境总规为基础的环保规划体系，提升环境总规决策地位

解决好城市环保规划决策地位和法律效力低的问题，才能从根本上提升城市环保规划

实施效果，实施好环境总规要从这两方面找抓手。

在规划外部环境短期难以突破的情况，提升环境总规决策地位应着眼于环保规划体系内部和环境总规内容本身，首先在于确保其在城市环保规划体系中基础性地位不动摇。环境总规在城市环保规划体系中的作用包括衔接上位规划、指引下位规划，近期重点要形成环境总体规划对环境保护规划的基础性支撑作用。

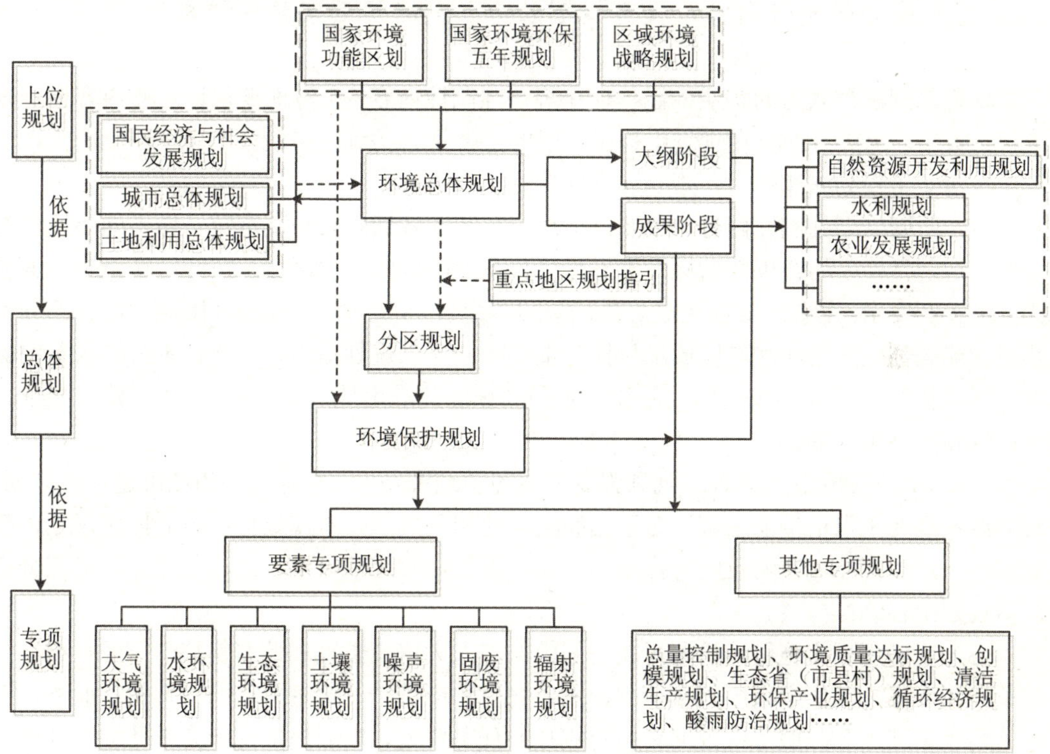

图 8　城市环保规划体系

（1）落实上级环境保护战略要求。城市环境总体规划衔接落实国家区域环境保护战略、国家环境功能区划等上位规划，是落实上一层级国家、区域、流域环境保护战略要求的落脚点。

（2）协调相关领域总体规划。环境总体规划确定的空间基础环境要求，与城市国民经济和社会发展规划、城市总体规划、土地利用总体规划对接，有利于从整个城市规划体系发挥保障城市可持续发展的作用。

（3）指导下级专项、重点区域和县域环保规划。经过批复实施的环境总规，是城市编制环境保护规划、污染防治规划、环境整治规划等专项规划的基础依据。城市环境保护规划、污染防治规划等专项规划是落实环境总规的专项规划。各区县应按照环境总规要求，编制辖区内环境保护规划。其他环境保护专项规划，应与环境总规要求保持衔接。

全域环境总体规划制定重点区域环保规划指引，提出重点区域环保规划要求，制定重点区域环境功能定位、控制性指标、生态红线及环境功能区划控制性要求，重点区域及重大产业发展的环境指引。

城市环境总体规划确定质量基线、格局红线、排放上限、安全防线、资源底线等内容，提出城市环境保护强制性、引导性要求，是城市环境分区规划与重点区域环境控制性详细规划等下位规划的依据和基础。全域环境总体规划批复实施后，各区县应根据环境总体规划的要求，编制区县环境总体规划，重点区域应编制环境控制性规划，落实规划要求。

5.2 落实规划强制性内容以提升规划效力，创新规划实施保障机制

环境总规法律效力的实质内涵体现在规划强制性内容，一方面要保证这些内容在规划中明确提出，另一方面要在规划中提出明确的保障规划实施的机制。实现了以上两点，等于曲线落实了规划法律效力。规划文本应明确以下内容：

（1）明确规划强制性内容。主要包括规划范围、规划时限与基准年，城市的环境功能定位，规划目标中的约束性指标，生态红线体系中明确的红线区域、黄线区域范围、面积比例及管制要求，主要污染物排放总量，基于环境要求的产业发展指引（限制和禁止部分），环境功能区划，大气和水环境质量目标，重点区域环保规划指引，环境基本公共服务的标准与保障措施，重大环境基础设施建设布局（预留建设用地），环境监管体系建设要求，环保规划实施机制等。

（2）明确规划强制性要求。规划强制性内容是经济发展、资源开发和城市建设等规划、政策制定需要重点衔接的内容。对于已经实施的相关规划，本规划将在充分协调规划内容的基础上，加强环境影响及应对措施的研究。正在编制或未来编制的相关规划，应充分衔接本规划中强制性内容。

（3）明确规划实施保障机制。在规划由城市人大审议批准和监督实施，一经批准，任何单位和个人未经法定程序无权变更，需要变更的应符合明确规定可修改情形。此外，考虑落实包括基本公共服务在内的环境总规核心任务需要，规划提出创新完善环境管理政策的主要方向，包括完善环境空间管控政策、总量控制政策、环境质量评估管理政策、环境风险防范政策和生态补偿政策等。

（4）加强规划技术衔接。环境总体规划与经济发展规划、城市总体规划、土地利用总体规划、资源开发保护规划等在环境功能区划、空间布局、分级管制等方面内容进行衔接；与环境保护相关专项规划在功能区划、规划指引等方面衔接；基础数据底图、空间数据库规范与其他规划进行衔接，将规划要求落实到空间单元上，搭建规划协调的技术平台。

（5）完善部门沟通与协作机制。建立环境总体规划与相关规划相互衔接的沟通协作机制。各规划编制与管理部门在规划编制、实施、修编等关键阶段应就规划资料配合、规划任务设置、规划实施等方面充分衔接，实现真正意义上的“多规合一”。

6 攻坚克难夯实环境总规技术基础和法律制度基础

在福州、宜昌、嘉兴、长春等地方调研，与城市、国土等规划部门交流以及环保规划研究编制过程中，地方政府、环保部门及专家多反映环境总体规划具有重大意义，同时也

存在技术基础薄弱和法律依据不足等问题。

（1）环境总规的难度和挑战较大，亟须强化技术方法科学性和规范性。环境规划院在环境定位与目标指标、资源环境承载约束引导、生态红线空间分级控制、环境功能区划质量维护等关键问题上摸索出了一套程序和方法，但这些领域系统的基础理论和技术方法体系还需研讨确立，应形成一套相对完善、可操作性的技术规范，继而大范围推广。

（2）环境总规成果应用渠道尚未建立，亟须加强工作衔接和研究实践。环境总规提出的“环境要求空间落地”理念较为先进，但生态红线、资源环境承载力分区、环境功能区划等规划成果如何转化、放大并落实到城市环境管理行为中，是我国当前的环境管理制度尤其是当前城市环境总体规划亟须探索完善的难点，需开展工作衔接和实践研究。

（3）环境总规的管理、实施机制薄弱，亟须完善配套政策和法律保障。环境总规整体处于试点探索阶段，规划编制、审批、实施、考核机制等配套的管理政策尚需进一步完善。同时，环境总规法律地位不足，缺乏明确的法律规定或部门规章，目前规划通过核心任务优化设计曲线缓解了部分问题，但降低规划编制实施难度最终还有赖于法规保障。

参考文献

[1] 国家环保局计划司. 环境规划指南[M]. 北京：清华大学出版社，1994.

[2] 吴舜泽，王金南，邹首民，等. 珠江三角洲环境保护战略研究[M]. 北京：中国环境科学出版社，2006.

[3] 张惠远，邹首民，等. 广东省环境保护战略研究[M]. 北京：中国环境科学出版社，2006.

[4] 吴舜泽，徐毅，于雷，等，全国地表水环境容量计算与分析[R]. 重要环境信息参考，第2卷，第10期（总第16期），2006.

[5] 福州市环境总体规划编制技术组. 福州市环境总体规划大纲（2011—2020年）[R]. 2013.

[6] 环境保护部环境规划院. 宜昌市环境总体规划编制调研报告[R]. 2013，1.

[7] 嘉兴市环境总体规划编制技术组. 嘉兴市环境总体规划编制调研报告[R]. 2013，1.

[8] 环境保护部环境规划院. 长吉联合都市区环境保护战略研究[R]. 2012，8.

[9] 万军，吴舜泽，于雷，等. 城镇化：要速度更要健康——建立城市生态环境保护总体规划制度探究[J]. 环境保护，2012（11）.

[10] 《中国城市承载力及其危机管理研究》课题组. 中国城市承载力及其危机管理[M]. 北京：中国科学技术出版社，2008.

[11] 中国工程院，环境保护部. 中国环境宏观战略研究（规划投入战略研究）[M]. 北京：中国环境科学出版社，2011.

[12] 王金南，张惠远，蒋洪强. 科学构建环境区划体系，实行环境分区分类管理[R]. 重要环境信息参考，第6卷，第8期（总第80期），2010.

[13] 王红英. 城市环保规划法律效力研究[D]. 北京：中国政法大学，2007.

[14] 王金南，石广明，蒋洪强，等. 中国环境保护规划40年发展：回顾与展望[R]. 北京：环境保护部环境规划院，2013.

从全国环境案件看我国环境法律制度的完善和改革①

Study on the Improvement and Reform of China's Environmental Legal System from the National Environmental Cases

田超 刘倩 於方 曹东 袁春湘② 胡云腾②

摘　要　回顾与分析我国近 10 年来的环境保护司法审理案件。了解我国刑事、行政和民事环境纠纷案件中存在的突出问题，明确环境保护立法与司法亟待解决的矛盾，并针对性地提出完善环境立法和加强环境司法的建议，为我国环境法治建设提供改革思路。

关键词　环境法律　环境案件　改革

Abstract　Review and analysis of the environment of our country judicial protection in nearly 10 years in the trial of a case. To understand the main problems in our country's criminal，administrative and civil environment disputes，clear environmental protection legislation and judicial problems which to be solved，and put forward the perfecting environment legislation and strengthen environmental judicial suggestions，provide the reform ideas for the construction of environmental legal system in our country.

Key words　Environmental Legal，Environmental Cases，Reform

目前，我国因环境损害产生的纠纷与日俱增，环境案件的司法处理也面临诸多问题，环境法律体系没能发挥“定纷止争”的应有作用。究其原因，除了社会发展的特定阶段制约外，环境法律法规不健全、环境司法制度不完善、执法能力不足是主要原因。在环境立法方面，环境保护的刑法、民法与行政法规定还不健全，法律责任规定不细化，法律执行的操作性不强。在环境司法方面，环境矛盾纠纷和问题数量较多，但这些矛盾纠纷真正进入行政或司法解决的机制和渠道却很少。在环境执法中还存在着执法能力不强，行政执法与司法缺乏衔接，执法部门之间缺乏协同合作等问题。本报告从分析全国及部分省区市近 10 年来人民法院审理涉及环境保护案件的情况入手，分析环境立法与司法在

① 本报告是在整理《环境损害鉴定评估》项目相关成果基础上形成的，于 2013 年 7 月 30 日完成。

② 作者单位为最高人民法院研究室，北京：100745。

解决环境纠纷类案件中存在的突出问题，并针对性地提出完善环境立法和加强环境司法的建议。

1 环境案件特点与处理现状

1.1 环境案件特点及审理现状

多年来，人民法院公正高效地审理大量的环境案件，为保障人民群众环境权益和我国生态文明建设发挥了重要作用。从表 1 可以看出，2002—2011 年全国法院受理各类刑事、民事、行政环境一审案件约 11 万件且基本审结。其中环境案件主要集中在刑事案件，且刑事案件主要集中在破坏自然资源案件、危险物品肇事以及环境监管失职三大领域，环境案件中的民事案件则主要集中在水、固体废弃物以及大气等环境污染引起的环境侵权损害赔偿方面，环境行政案件主要集中在环保行政处罚和环保行政强制纠纷方面。

总体来说，环境案件存在着如下特点：

（1）环境案件逐年递升，环境案件数量增长迅速，案件增长趋势明显。随着经济发展环境，人民群众生活水平不断提高，对环境要求越来越重视，另一方面环境污染和破坏问题日益突出，环境侵权事件频频发生，因环境受到侵害的诉讼案件也呈现出激增的态势。

表 1 全国法院审理环境保护案件情况 单位：件

年份	刑事一审		民事一审：环境污染损害赔偿案件结案	行政一审：环保案件结案	合计
	重大环境污染事故罪结案	破坏环境资源保护罪与环境监管失职罪结案			
2002	4	5 605	1 473	1 075	8 157
2003	3	5 983	1 540	619	8 145
2004	6	5 332	4 453	698	10 489
2005	13	6 180	1 545	1 220	8 958
2006	7	7 888	2 146	1 183	11 224
2007	2	8 769	1 085	2 584	12 440
2008	11	10 088	1 509	1 601	13 209
2009	18	9 927	1 783	2 628	14 356
2010	19	10 000	2 033	1 894	13 946
2011	26	11 743	1 883	2 220	15 872

（2）环境纠纷多，诉讼案件少。大量环境污染纠纷没有进入诉讼程序而通过非诉讼途径解决，未反映当前环境纠纷多发的现状。非诉讼途径是环境案件诉讼方式处理的外部支撑与配套机制，但环境诉讼方式相对于非诉讼方式在环境纠纷或案件的处理上尚未充分发挥作用。导致这一现象的原因：①目前我国环境司法与环境行政处理等非诉讼方式衔接机

制尚不健全，如环境行政案件移送制度存在标准不明、程序不细的问题，导致本应在环境行政处罚后交由司法机关处理以诉讼方式追究民事或刑事责任的环境污染纠纷或案件不能进入相应程序；②因为环境案件的诉讼制度本身存在诸多问题，如审判组织、审理机制及环境污染司法鉴定制度等存在不足而导致诉讼途径的作用受到限制。这些问题将会在下文详细阐述。

（3）环境案件中刑事案件比重大，民事、行政案件比例小，资源破坏类案件多，环境污染类案件少，且案件类型呈多样性、地区性分布。从全国范围看，环境刑事案件占环境案件绝大比重（图 1），但在经济发达地区的环境案件主要以民事、行政案件居多。另外，在自然资源丰富的地区破坏自然资源类案件多于环境污染类案件，而在河流或海洋区域环境污染类案件多于资源破坏类案件。

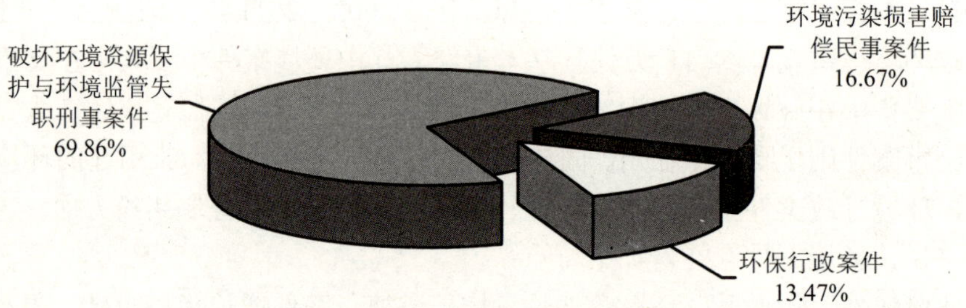

图 1　环境刑事、民事和行政案件比例

（4）民事案件单一诉讼较多，以个体纠纷为主，共同诉讼逐渐增多，公益诉讼不断出现。从统计的情况看，过去民事环境案件大部分为单一诉讼，群体诉讼和公益诉讼较少。但近年来由于公民环境权益意识的逐渐觉醒导致实践中出现越来越多的环境污染集团诉讼和公益诉讼案件。

（5）环境民事侵权案件从当事人来看，存在起诉难、举证难、胜诉难的困境，从法院来看，存在审理难、判决难、执行难的困境。由于环境污染的复杂性、多因性和长期性，环境民事侵权案件涉及多方面的专业问题，无论是原告起诉还是法院审理案件都需要对环境污染导致的人身财产损害结果进行因果关系鉴定与损害数额的评估，目前虽然有这方面的专业机构，但这些机构大多不愿出具确定的因果关系鉴定报告，且不具备相关的损害评估能力。这种情况导致环境民事侵权案件存在受理难、起诉难、审理难、执行难的困境。

（6）审判过程适用法律依据不明阻碍环境民事案件的审理。我国《民法通则》与 1989 年颁布实施的《环境保护法》是有关环境污染损害赔偿纠纷处理的基本法律。但这两项法律对环境污染损害赔偿是否以违法性为条件，以及归责原则的规定存在冲突。根据《民法通则》的规定，污染环境造成他人损害的，需要违反国家保护环境防止污染的规定才能承担民事责任，而 1989 年颁布实施的《环境保护法》并未对污染行为的违法性提出要求，只要造成了损害，不论行为人是否违反法律就应当承担责任。法律规定的不一致，不仅导致了立法体系内部的不协调、不统一，而且还导致实践中法律适用的混乱甚至无所适从，不利于对受害人的救济。

1.2 环境刑事案件的现状

通过 2002—2011 年的环境刑事案件统计（表 2），破坏环境资源刑事案件总计 81 437 件，基本属于侵害资源的犯罪。其中盗伐滥伐林木犯罪情况最为严重，所占比重最大，环境污染犯罪在司法实践中并不多见。

表 2 2002 年至 2011 年破坏环境资源保护刑事案件的构成比例

案件类型	结案	比例/%
污染环境罪	109	0.13
非法处置进口的固体废物罪	0	0.00
擅自进口固体废物罪	1	0.00
非法捕捞水产品罪	187	0.23
非法猎捕、杀害珍贵、濒危野生动物罪	1 187	1.46
非法收购、运输、出售珍贵、濒危野生动物、珍贵、濒危野生动物制品罪	2 215	2.72
非法狩猎罪	1 505	1.85
非法占用耕地罪	0	0.00
非法采矿罪	3 087	3.79
破坏性采矿罪	13	0.02
非法收购、运输、加工、出售国家重点保护植物、国家重点保护植物制品罪	1 705	2.09
盗伐林木罪	31 040	38.12
滥伐林木罪	30 783	37.80
非法收购、运输盗伐、滥伐的林木罪	1 467	1.80
非法占用农用地罪	5 602	6.88
非法采伐、毁坏国家重点保护植物罪	2 536	3.11

环境类的犯罪案件呈现如下特点：

（1）案件相对集中，主要集中在滥伐林木罪、盗伐林木罪、非法占用农用地罪、非法采矿罪等犯罪，而环境污染罪、环境监管失职罪案件较少。盗伐林木罪仅以数量作为定罪量刑标准。

（2）环境污染类犯罪占环境刑事案件比重小，不利于污染行为的预防与制裁。《刑法修正案（八）》通过前重大环境污染事故罪以污染导致公私财产遭受重大损失或者人身伤亡的严重后果作为犯罪构成要件，修正案（八）通过后原重大环境污染事故罪修正为环境污染罪，以严重污染环境为犯罪构成要件。

（3）刑事案件呈区域性特征。自然资源丰富的地区，破坏环境资源的犯罪较多，矿产资源丰富的地区，非法采矿案件较多。工业较为发达的地区，因工业污染非法排放引发的重大环境污染犯罪则较为突出。

（4）处刑轻缓化较为明显，一般是处以短期自由刑或罚金，缺乏生态恢复型处罚。

1.3 环境民事案件的现状

2002—2011 年人民法院受理民事环境污染一审案件 19 744 件，审结 19 450 件。如图 2 所示，我国民事环境污染案件情况表现出如下特点：

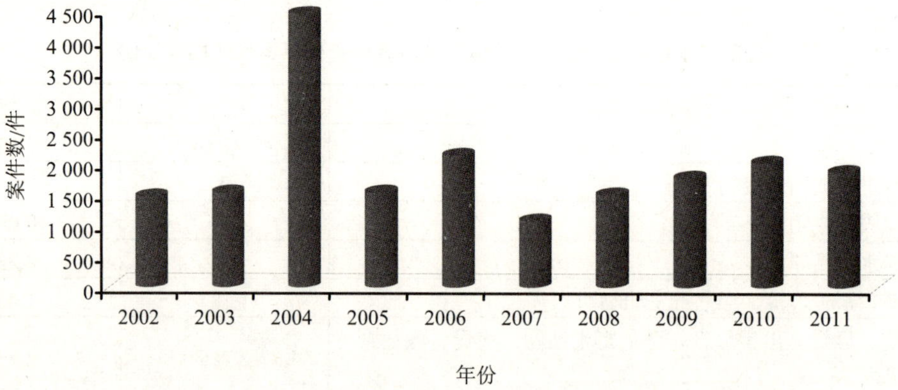

图 2 2002—2011 年人民法院审结一审环境污染损害赔偿民事案件情况

（1）民事案件数量不大。从 2002—2011 年的统计数据来看，全国法院受理环境污染损害赔偿的民事案件仅占全部一审环境案件的 16.67%，除 2004 年外，案件受理数量起伏变化不大，案件数量增长平稳。

（2）案件类型地区差异明显。环境民事案件的污染类型具有很强的地区差异性。在传统的老工业基地，以涉及矿产类的环境污染侵权案件为主，沿海沿江地区以非法捕捞、水污染侵权等案件为主，而经济发达地区，则以生活类环境污染侵权案件为主。

（3）环境民事案件易引发群体性事件。环境污染由于具有涉及范围广的特性，权益受侵害的主体也通常呈现群体性的特征，就被侵权事实和结果而言大体一致，因此，环境民事案件中易爆发群体性的案件。

（4）新类型环境侵权纠纷层出不穷。近年来，随着科学技术与工业的快速发展，环境污染类型除了传统的大气污染、水污染等污染类型外，噪声污染、光污染、油烟污染、室内装修污染、电磁辐射污染等新型环境污染案件类型。

（5）生产性污染源大大多于生活型污染源。从造成污染的来源看，有生产过程产生的污染源和生活过程产生的污染源，生产过程产生的污染源远多于生活过程产生的污染源。农业污染主要是由于农业生产过程产生的农药、化肥等生产材料对土壤、水源等资源的污染，工业污染主要是废水、废气以及其他固体废弃物等对河流、土壤、大气造成的污染以及新兴的噪声污染。

（6）案件调撤率较低。从全国案件统计看，环境民事一审案件的判决率远远高于其他民商事案件，与此相对应，调解率低于普通民商事案件。这是因为，环境案件矛盾激烈、利益主体多元，较难达成共识。

（7）民事诉讼对环境权益救济功能发挥不够充分。由于环境维权的诉讼成本、诉讼风险与诉讼收益不相称，加上起诉难、举证难、鉴定难、诉讼周期持久，败诉风险居高不下等导致公民往往不愿意选择诉讼途径救济受损环境的民事权利。

1.4 环境行政案件的现状

环境行政诉讼是指公民、法人或者其他组织认为环境行政机关或环境行政机关工作人员的具体行政行为侵犯其合法权益，依法向人民法院提起诉讼，由人民法院依法进行审理和判决的诉讼制度。近年来，随着社会经济的发展和公民环境意识的增强，全国的环境行政诉讼从无到有，从少到多，对规范环境行政行为，保护环境行政相对人合法权益起到了重要作用。

2002—2011 年全国法院共受理环境保护行政一审案件 15 749 件，审结 15 722 件。从表 3 中可以看出我国行政一审案件有如下特点：

表 3　2002—2011 年人民法院审结一审环保行政案件裁判结果情况

案件裁判结果			比例/%
判决	维持		6.75
	撤销	全部撤销	1.81
		部分撤销	0.21
		重新作出具体行政行为	0.10
	变更		0.14
	履行法定职责		2.35
	确认合法或有效		0.31
	确认违法或无效		0.38
	驳回诉讼请求		3.12
	赔偿		0.09
	不予赔偿		0.04
	合计		15.3
裁定	驳回起诉		3.17
	撤诉	原告主动撤诉	47.45
		被告改变原具体行政行为，原告撤诉	6.12
	移送		3.55
	终结		2.05
	其他		22.36
	合计		84.7
行政赔偿调解	合计		0.10

（1）环境行政案件相较环境刑事与民事案件数量较少。环境行政案件包括环保行政诉讼案件及非诉执行案件两大类，主要体现在行政处罚、行政许可、行政征收、要求环保行政机关履行法定职责、申请行政强制执行五大方面，其中行政处罚和要求环保行政机关履

行法定职责两类占环境行政案件的多数，说明环保行政机关在环境保护方面的执法水平与环境保护大局的要求还有一定的差距。非诉行政强制执行案件也占有一定比重且这些案件往往标的额较大，这主要是因为环保行政机关无强制执行权，执法力量较为薄弱。

（2）环境行政诉讼范围过窄，法院受理环境行政案件类型有限。①因为我国的行政诉讼制度仅将行政主体作出的具体行政行为纳入人民法院的司法审查范围，而将行政主体作出的具有普遍约束力的抽象行政行为排除在外，公众不可能针对影响范围更广泛的抽象环境行政行为提起行政诉讼；②因为即使是具体的环境行政行为也并非会通过环境行政诉讼解决，涉及公共利益的具体行政行为和不直接涉及行政相对人合法权益的行为不能提起行政诉讼。

（3）原告败诉率较高，行政机关胜诉率高。2002—2011 年环境行政一审案件中，判决结案方式中判决被撤销（全部、部分撤销、重新作出具体行政行为）或变更行政行为、履行法定职责、确认违法或无效、赔偿的比例分别为 2.12%、0.14%、2.35%、0.38%、0.09%。这些判决都是要求环保行政机关合法合理履行其行政职责为结果，这种结果能够反映出原告胜诉或行政机关败诉的比率仅为 5.08%。

1.5 环境案件审判组织与运行机制现状

目前，我国江苏无锡、云南昆明与贵州贵阳、清镇等地已经开始针对环境案件在受理、审理与裁判上不同于一般案件的特性在法院内部成立了专门的环保法庭或环保合议庭，并且针对环境法律责任追究的综合性特征采取了刑事、民事与行政审理三审合一的审判机制，为我国环境案件的审理尤其是集体环境诉讼与环境公益诉讼的审理提供了良好的探索路径。但是目前这种审判组织与审理运行机制仅限于若干省市，从全国总体情况看环境案件审判组织与传统民事、刑事或行政案件审理方式存在的交叉混合等现象，导致了环境法律责任追究不全面的问题，没有体现对环境本身遭受损害的救济，对责任者全面追究责任开展环境损害赔偿与相关污染修复或生态恢复还在探索之中。因此，环境案件的审判组织与审理机制仍需要朝着专业化与综合化的方向尝试。

2 环境案件处理存在的问题

司法机关在处理环境案件时遇到了各种问题，这些问题普遍存在于各类环境案件中，既体现了立法的问题，也体现了司法制度的问题。以下将从环境刑事案件、环境民事案件以及环境行政案件和司法制度等方面来分析。

2.1 环境刑事案件存在的问题

1997 年《刑法》修订，在第六章增加了破坏环境资源保护罪，首次将违反环境保护法律，污染或破坏环境资源，造成或可能造成公私财产重大损失或人身伤亡的严重后果的行为，纳入刑事处罚范畴。但在司法实践中却存在着以下问题：

2.1.1 刑事处罚面窄，量刑标准单一

（1）立法保护范围窄，对资源环境保护不够。环境刑事案件主要集中在滥伐林木罪、盗伐林木罪、非法占用农用地罪、非法采矿罪等方面。环境污染罪、环境监管失职罪案件较少。另外，在现有刑法规定中资源的保护条款不健全，生态环境保护过窄，体现在草原资源保护不力和野生动物保护范围过窄等方面。

（2）损失标准过低，可能导致打击偏向。“两高”关于污染环境犯罪的司法解释，改变了我国刑法将环境污染犯罪确定为结果犯，将污染行为作为犯罪打击。其中关于“公私财产损失”，包括污染环境行为直接造成财产损毁、减少的实际价值，以及为防止污染扩大、消除污染而采取必要合理措施所产生的费用。根据这一解释，大多环境污染事件都要追究刑事责任，可能导致选择性执法。

（3）定罪量刑标准单一，导致处罚力度偏轻。环境刑事犯罪的定罪量刑标准单一，导致罪责刑不相适应的问题，如盗伐林木罪以数量作为定罪量刑标准，大部分情况下，盗伐数量虽未达到法定最低定罪标准，但涉案木材价值已经达到或超过盗窃罪立案标准，司法实践中对此类情况现不能做刑事犯罪立案的问题。

2.1.2 法律界定不明，缺乏可操作性

我国原《刑法》关于环境污染刑事责任的规定主要为第 338 条，重大环境污染事故罪。实践中，该条文很少适用，近 10 年来全国仅有极少数刑事案件按照重大环境污染事故罪定罪处罚，直接原因是法律条文笼统含糊、缺乏可操作性。

2011 年 5 月施行的《刑法修正案（八）》将《刑法》第 338 条修改为“污染环境罪”，将刑法第 338 条规定的“向土地、水体、大气”删除，对污染行为不再做具体指向方面的要求；将“其他危险废物”，改为“其他有害物质”，扩大了污染物的范围；将“造成重大环境污染事故，致使公私财产遭受重大损失或者人身伤亡的严重后果”修改为“严重污染环境”，降低了入罪门槛，加大了打击力度。新司法解释中有关“其他具有毒性，可能污染环境的物质。”、“私设暗管”“其他严重污染环境的情形”都没有明确的界定。虽然在环境污染行政执法方面，环保部门已制订一系列规章制度，但这套标准体系能否为刑事法律所引用，彼此间衔接的界限何在？不甚明确。如何在法律上认定某一行为已经污染了环境，刑事法律尚未形成一套认定标准体系。例如，某违规倾倒工业污泥，根据环保部门检测，污泥倾倒导致 COD_{Cr}、氨氮等化学物质严重超标，然而上述化学物质是否属于《刑法》第 338 条所规定的“有害物质”或者“有毒物质”，不甚明确。所以，虽有制度，但操作困难，这便是目前环境刑事法律尴尬状况的一个缩影。

2.2 环境民事案件存在的问题

环境民事案件的处理过程中，民事法律规定不明确，缺乏可操作性的问题比较突出。保护受害者的责任规定没有发挥出实际作用，在司法实践中往往成为污染受害者的负担和

败诉风险。

2.2.1 公益诉讼规定不明确

2012 年 8 月 31 日第十一届全国人民代表大会常务委员会第二十八次会议《关于修改〈中华人民共和国民事诉讼法〉的决定》第二次修正后，民事诉讼法关于针对环境污染的公益诉讼制度已经确立，改变了原来只有直接利害关系的主体才能提起诉讼的尴尬，对环境公共利益损害的诉讼救助有了法律依据。但是，民事诉讼法第 55 条规定："对污染环境、侵害众多消费者合法权益等损害社会公共利益的行为，法律规定的机关和有关组织可以向人民法院提起诉讼。"由于只是原则性的规定，对公益诉讼起诉主体范围仍不明确，举证原则和私益诉讼是否存在区别，裁判方式、诉讼费用等问题都没有进一步的规定，实践的操作性不强以及诉讼配套机制不完善等问题，还有待进一步的立法解释予以细化和明确，使这一条文不只是停留在纸面上。

（1）原告主体资格不明确。民事诉讼法修正案对环境公益诉讼的主体规定比较原则，具体如何确定原告主体，存在争议。检察院作为国家利益的捍卫者也被看成公益代言人，作为公益诉讼的原告主体比较合适，有利于加大检察机关的法律监督职能，及时发现和制裁环境违法犯罪行为，既能追究国家机关、企事业单位的责任，也能追究公职人员和个人的责任；另一方面也能避免以往环保诉讼中存在的主体难以确定、取证困难等问题，但是问题在于检察机关作为原告的专业化水平是否胜任，取证能力是否具备也是争议颇多的问题。环境保护部门也被当成环境公益诉讼的起诉主体，因为其具有管理和技术上的优势，对环境污染问题最有发言权，作为主体比较适合。同时，有相反观点认为将环保行政部门作为公益诉讼主体不妥。首先，环保部门自身可能成为环保公益行政诉讼的被告，如其怠于履行法定职责被提起行政不作为诉讼；其次，环保案件证据有特殊性，最终作为定案依据的证据多出自环保部门，那么自身出具证据又作为原告起诉，不符合正当程序的要求。同时，环保部门在人员、经费、工作任务等诸多方面已不堪重负，也不适于作为公益诉讼的原告。多数观点和意见认为应将环保行政部门作为环境公益诉讼的主体。不过，对于有特定职能的行政机关主体，由于我国立法并未对环境社会公益受损的赔偿权作出规定，而且每一种环境资源都有着多重管理主体，立法并未明确哪一具体部门作为国有环境资源权益的代表，建议尽快明确。

另外，为弥补国家行政机关、检察机关由于人员、精力等原因的不足导致的执法、司法空白，把以环保为目的的社会公益性质的社会团体引入环保公益诉讼将有利于调动社会各方面力量投入环保事业，对防止地方保护主义也有着十分重要的意义。但这类组织的主体如何确定，哪些属于相关组织，需要进一步厘清。

（2）举证责任未规定。在环境侵权民事诉讼过程中，当事人双方所承担的举证责任决定了双方的败诉风险，因此举证责任成为诉讼过程中的一个关键性问题。环境侵权是一种特殊的民事侵权行为，因此当事人的举证责任在法律上有其特殊的规定。1992 年，最高人民法院《关于适用〈中华人民共和国民事诉讼法〉若干问题的意见》和 2001 年 12 月，最高人民法院颁布的《关于民事诉讼证据的若干规定》（以下简称《证据规定》）对环境侵权民事诉讼的双方当事人所负的举证责任作了详细的规定。在环境公益诉讼中，检察机关代表国家提起环保公益诉讼，因其特殊的身份和职责，是否应当对其主张承担举证责任，如果也适用举证责任倒置原则，是否加重了被告的责任？相关组织作为原告提起环境公益民事诉讼的举证责任又如何承担？

（3）诉讼时效过短。《环境保护法》第 42 条规定：因环境污染损害赔偿提起诉讼时效的期间为 3 年，从当事人知道或应该知道受到污染损害时起计算。这一规定是否适用于环境公益诉讼？环境公益诉讼涉及到对国家和公共整体生态权益的保护。一些累积性的污染事故或重大的环境污染事故，调查取证、准备诉讼可能要花费很长的时间。3 年的诉讼时效期可能过短，不利于环境公益诉讼的提起。但是，环境公益诉讼也不应无限期拖延下去。对于受污染环境的整治越早越好，污染者也希望能尽快从污染事件的诉讼中摆脱出来。

（4）责任承担方式单一。我国传统的民事责任，是指民事违法人依法所必须承担的法律后果。民事权利一旦被他人侵害，可以要求对方承担以下民事责任的一种或几种：停止侵害、排除妨碍、消除危险、返还财产、恢复原状、修理、重作、更换、赔偿损失、消除影响，恢复名誉、赔礼道歉。在环境损害赔偿里这些责任的承担具有新的内涵。环境污染的修复和恢复是否等同于恢复原状等。如何判决被告承担责任存在不同的地方，应当包括哪些承担方式，内涵是否应当有所扩充或修改都是值得思考的问题。

（5）重复起诉难避免与被动执行保障不力。环境公益诉讼不同于普通的私益民事诉讼，主体的多元性导致起诉主体之间存在一定的分别，先期提出诉讼的案件判决后，其他有起诉权的主体提起诉讼如何处理？同理，义务主体缺位的情况下也存在这一问题。

另外，由于环境诉讼涉及受害人数众多，即使裁判生效后被告自愿履行，也往往难以操作，需要对原有执行制度进行一定的修改。

（6）环保公益诉讼的费用门槛太高。环境污染或破坏案件的诉讼标的往往很大，如按照法律的严格规定需要缴纳高额的诉讼费用，这无疑为提起环境公益诉讼设置了一道高高的门槛。为保证公共利益的实现，有必要对环境诉讼的案件受理费作相应的调整。

2.2.2 证据规定原则化，司法实践困难

（1）举证责任制度规定不细致，责任分配导致难以执行。我国《侵权责任法》第 66 条规定：因污染环境发生纠纷，污染者应当就法律规定的不承担责任或者减轻责任的情形及其行为与损害之间不存在因果关系承担举证责任。这表明《侵权责任法》对环境侵权因果关系的认定适用举证责任倒置原则。然而在司法实践中，这样笼统的规定，给法律适用带来了不少困扰。①对原告的举证责任规定不明确。根据现行法律规定，由原告承担存在污染行为及损害事实的举证责任，被告承担不存在因果关系的举证责任。然而司法实践中，是否原告证明了上述两项事实，便完成了举证责任？对于原告是否需要证明初步的因果关系，法律规定并不明确，实践中存在不同的理解。有的法官将损害事实的证明理解为需举证证明因被告的环境污染行为而遭受损失，有的法官认为原告需对污染行为与损害事实间存在初步因果关系承担举证责任。然而大部分的当事人，以及少数法官，认为原告无须承担任何因果关系方面的举证责任。上述理解的不一致，容易导致同案不同判，且一旦法律释明不当，容易引起当事人的误解，从而服判息诉难。②举证责任倒置存在现实困境。按照法律规定，环境污染侵权的受害人不承担因果关系的证明责任，污染者应当就污染行为

与损害结果之间不存在因果关系承担举证责任。污染者如何来证明这种因果关系不存在，显然需主动委托或通过法院委托具有环境污染因果关系鉴定资质的司法鉴定机构，对其行为与原告损害结果之间不存在因果关系进行鉴定。但司法实践中，这种规定往往得不到真正贯彻。因为环境污染因果关系鉴定具有很强的时间要求，如果不在污染发生后及时采样并检测，可能就无法得出“二者是否具有因果关系”的科学、真实的鉴定结论，尤其是大气污染和水污染，对时间的要求非常严格。通过提起诉讼、法庭审查，然后要求被告按照证据分配规则承担举证责任，这个过程往往需要较长的时间，在这段时间过去之后，污染现场可能已经发生变化，某些污染因子可能已经挥发或者漂移，此时再做鉴定，得出的鉴定结论无疑会对被告有利。所以实践中，一般都是原告主动委托鉴定机构就“被告行为与损害结果之间是否具有因果关系”进行鉴定，并承担鉴定费用。否则，很可能会导致败诉。法律设计举证责任倒置规则的初衷是为了保护证明能力处于弱势的一方，为案件的审理争取客观、真实的证据。但在环境污染因果关系举证上，该规则常常没有发挥应有的作用。原告对于举证往往表现得更加主动，甚至是不得不更加主动。稍有不慎，就可能构成妨碍污染者完成因果关系不存在的举证，从而导致败诉。环境污染侵权举证责任分配规则的合理把握，考验着每一个环境案件审判人员。③针对不同类型的案件，举证责任存在“一刀切”的问题。环境污染的种类较多，如水污染、大气污染、噪声污染、放射性污染等，不同种类的污染形式适用同一举证责任标准，有失公允。如放射性、电磁辐射类污染，其损害后果往往存在潜伏性、累积性、不可逆性，如果要求原告预见损害时或者在损害发生的初期即证明存在明确的损害后果，显然对原告不利。

（2）原告证据证明标准过高。即使规定了举证责任倒置制度，原告仍然承担了较重的举证责任。在我国现行的法律体系下，证据的证明标准为客观真实，意即举证必须达到高度盖然性的证明标准。这种不考虑案情差异、审理对象和对当事人的影响程度而不加区分地适用一元制标准的证明立法体例，不科学，不合理。环境侵权诉讼，由于其特殊的专业性以及原告方的弱势地位，如果对原告的举证仍然苛以较为严格的证明标准，必将导致许多环境污染的受害方因证据不足而无法诉讼，或者即使能搜集证据，但仍因证明力不足而败诉。

（3）诉讼证据保全滞后。由于环境民事诉讼相对较强的专业性和技术性，环境污染损害往往是在污染发生后一段时间才开始显现，事后取证时已时过境迁，所采样本、资料都与污染发生时相去甚远。特别是水污染案件，除非受害一方在污水排放过程中及时获取并保全证据，否则在诉讼中就无法获得受害过程中的污水及其他相关证据，其事后提供的证据材料就有可能无法证明其诉讼请求。实际案例中出现原告向环保部门报案后，污染水样采集在 10 日后才进行。原告在发现虾苗死亡后，未将死虾送有关部门检查化验，致使无法查清虾苗死亡的真正原因，法院因此认定原告未能完成对环境污染行为与损害结果之间具有“初步的因果关系”举证责任。原告在诉讼中证据保全的需求与其作为个体的取证能力反差巨大，因此，其通过法院进行诉讼保全的意愿强烈。但就现有案件来看，在环境污染证据方面尚无成功申请并获得法院进行证据保全的案件，凸显出该类案件中诉讼证据保全措施的滞后。

2.2.3 损害赔偿的问题

环境污染侵权纠纷的赔偿范围是指污染者应该对其引起的环境污染事故所造成的损失承担赔偿责任的具体类型和内容。从《民法通则》《环境保护法》《民事诉讼法》以及《侵权责任法》的相关规定来看，侵权损害赔偿范围较为全面和具体，且具有可操作性，但对于环境侵权案件来说，仍存在一定问题。表现在：

（1）因遭到污染的环境损害赔偿，司法实践很少涉及。污染者的行为有时会造成环境要素被污染、破坏而导致环境质量下降或功能丧失，使环境本身遭到损害。实践中，无论是刑事案件还是民事案件，对环境损害的赔偿基本上是不涉及的，环境的生态效益没有量化为经济损失由污染者赔偿。这对于造成重大污染的行为人的惩戒力度显然不够。另外，对于如何实现和保障环境损害的赔偿和修复也需要有可操作性的保障措施。目前，法律已经在环境损害赔偿方面做出了一些规定。比如，《侵权责任法》第六十五条规定，因污染环境造成损害的，污染者应当承担侵权责任；《海洋环境保护法》第九十条规定，造成海洋环境污染损害的责任者，应当排除危害，并赔偿损失。对破坏海洋生态、海洋水产资源、海洋保护区，给国家造成重大损失的，由依照本法规定行使海洋环境监督管理权的部门代表国家对责任者提出损害赔偿要求；《民事诉讼法》第五十五条规定，对污染环境、侵害众多消费者合法权益等损害社会公共利益的行为，法律规定的机关和有关组织可以向人民法院提起诉讼。但这些规定都过于原则，缺乏可操作性，而且各个单行立法只能适于某一具体领域，缺乏适用于环境保护各个方面的环境损害赔偿规定。

（2）直接责任人无法承担巨额的赔偿费用和修复责任。实际案例中，大多污染造成的损害结果往往超过了污染行为人的责任承担能力。另外，对污染责任人的规定也比较狭窄，实际案例中造成污染大多为具备法人资格的有限责任公司，由于股东的有限责任致使其污染行为难以追究到股东个人的财产，污染者往往利用有限责任逃避应有的环境污染责任，因此，这样的制度不利于对环境污染行为的打击。基于此，国外的环境损害赔偿和修复法律规定了连带责任，并扩大了责任人的范围。例如，美国《超级基金法》规定的责任主体包括：污染场址现在的所有人和经营人；污染场址过去的所有人和经营人；危险物质的生产者（无论是废物或产品）；选择该场址的废物运输者。法院在适用该法的过程中，进一步扩大了责任人的范围：包括贷款人、母公司、保险机构等。贷款人通过行使抵押权涉及责任人经营设施的全面管理，成为污染土地的所有人或经营人而成为扩展责任人；母公司积极指导子公司有关污染设施的活动从而成为子公司的经营者，母公司成为扩展责任人；通过该条款扩展责任人的规定，当直接责任人无力负担其依法应偿付的污染清理费用和损害赔偿费用时，让在污染企业发展中的所有曾经获益者承担共同的连带责任和无限责任，有利于贷款人、母公司、投资保险机构在其经营活动中重视环境风险的防范意识和环境保护意识，建立公司、银行及保险公司的绿色投资和保险制度。我们在这一制度上是否可以借鉴，如何建立符合我国需求的责任追究机制。

（3）缺乏损害赔偿基金制度导致赔偿与修复难度大。现实中大量环境案件因为法律不明确、缺乏可操作性，对环境本身的损害判决迟滞不前，大量环境污染得不到修复，造成损害的单位变更、终止或无法确定责任人时的责任承担及资金来源问题。责任人无法确定或破产时，美国的《超级基金法》规定由政府承担修复责任，修复费用由超级基金支付；欧盟《环境责任指令》和《环境责任条例》也规定由政府承担修复责任，由于没有建立类似美国的超级基金，其修复费用由政府承担。目前，欧盟成员国对生态环境损害赔偿和修复，日本《公害健康受害补偿法》建立了公害健康受害者的行政补偿制度。以墨西哥湾漏油事件为例，在美国完善的环境损害赔偿法律体系下得到了全面的处理，对于人身财产以及对生态环境的保护比较到位。我们如何建立环境损害赔偿基金，如何借鉴有关国际经验。

（4）环境保护主管部门难以发挥应有的作用。在环境污染赔偿案件中，环境保护主管部门往往囿于法律限制没有发挥出应有的技术优势和作用，环境公益诉讼往往无法由个人提起，因此只能够由环境保护的职能部门代表国家保护公共利益。美国的《超级基金法》和欧盟的《环境责任指令》及《环境责任条例》都明确了主管机构基于公共信托代表国家要求责任人承担赔偿损失和修复生态环境损害；我国的《海洋环境保护法》规定了主管机构有权要求赔偿损失，通过此规定，明确了环境主管机构代表国家要求责任人承担损害赔偿和修复的责任。美国和欧盟通过行政命令的方式要求责任人采取措施修复，不执行修复责任命令的行为构成犯罪，承担刑事责任。在立法中如何结合中国实际和现行法律中有关规定，发挥主管机构的行政执法作用，对责任人不履行修复责任的，能否代为履行，并由责任人承担全部修复费用都值得深入研究。

2.3 环境行政案件的问题

环境行政案件由于涉及环境主管部门执法行为，行政诉讼法对受案原告起诉资格规定非常严格，被告承担举证责任也比较僵化。行政案件的受理、审判和执行都存在着方方面面的问题和困难。

2.3.1 环境行政案件存在审理难的问题

审理环境行政案件过程中，普遍存在的难点主要表现在以下几个方面：

（1）环境行政诉讼的受案范围过于狭窄。行政诉讼的受案范围决定了什么样的行政争议能够进入司法渠道获得救济。现行环境行政诉讼的受案范围比较狭窄主要体现在两个方面：①我国的行政诉讼制度仅将行政主体作出的具体行政行为纳入人民法院的司法审查范围，而将行政主体作出的具有普遍约束力的抽象行政行为排除在外；②即使行政主体作出了具体行政行为，但根据现有的法律规定，也不是涉及环保领域的所有具体行政行为都可以纳入行政诉讼的受案范围内。环境法律规范规定，公民、法人或其他组织只能对环境行政处罚决定和行政处理决定两类具体行政行为提起行政诉讼，《行政诉讼法》第 11 条对此作了补充，即规定对有关环境行政行为的行政不作为案件可以提起诉讼，而其他涉及环境管理的具体行政行为，如涉及公共利益的具体行政行为和不直接涉及行政相对人合法权益的行为，便不能提起行政诉讼，得不到司法救济。

（2）环境行政诉讼的原告起诉资格过于严格，原告主体资格确定难。根据现行《行政诉讼法》及最高人民法院《若干解释》的相关规定，环境行政诉讼的原告是指认为具体环境行政行为侵犯其合法权益，以自己的名义提起诉讼从而引起诉讼程序发生的公民、法人或其他组织。可见，在环境行政诉讼中，公民、法人或者其他组织要想取得行政诉讼的原告资格，必须同时具备两个条件：①认为具体环境行政行为侵犯了其合法权益；②必须与被诉的具体环境行政行为具有法律上的直接利害关系。而在实践中，大量的环境侵害往往具有隐蔽性和广泛性的特点，一个具体环境行政行为有可能会危及很多人的利益。而如果人民法院严格按照现行法律规定的条件来要求环境行政诉讼的原告，则只有与具体环境行政行为有直接利害关系的行政相对人或相关人有权提起行政诉讼，而与具体行政行为没有法律上直接利害关系的其他人的环境权益受到侵害时，则无权提起行政诉讼，得不到司法救济。

（3）环境行政诉讼中由被告承担举证责任过于僵化，被告举证难。根据《行政诉讼法》第 32 条的规定，被告对作出的具体行政行为负有举证责任，应当提供作出该具体行政行为的证据和所依据的规范性文件。根据这条规定，在环境行政诉讼中，应当由被告环境资源行政管理机关对具体行政行为的合法性承担举证责任。当然，行政诉讼法规定被告承担举证责任，主要是考虑到“先取证、后裁决”的行政原则和被告举证能力较强的客观情况。但在环境行政诉讼中，情况却并不如此。由于环境行政诉讼中的原告多为实施环境污染或者破坏行为的企业，它们拥有雄厚的技术和经济实力，特别是对自己所排放的污染物的属性和技术指标了如指掌，而作为被告的行政机关却往往不具备这种能力。在企业不配合的情况下，环保部门在行政程序阶段很难获取企业的生产工艺、流程、污染物排放情况等基本信息。如在环保行政处罚案件中，环保部门对排污行为与损害结果之间必然性因果关系的举证责任、证明程度在把握上存在一定难度。加上环境行政诉讼中的证据具有较强的专业性和技术性，因而对于作为被告的环境管理行政机关来说，要么是取证困难，要么是很难说明证据与待证事实之间的因果关系，导致完成诉讼中的举证责任比较困难。

（4）法律适用难。环保法律法规中存在大量不确定性的法律概念未予明确界定。如在案件审理过程中，“建设项目”、“建设单位”是仅涉土建工程，还是包括通过土建施工建成新的设施和通过租赁他人的场地从事某种影响环境的经营项目；“畜禽养殖业”是指养殖畜禽的企业，还是包括从事将畜禽粪便加工为有机肥料、有机饲料的生产企业等概念均未有明确界定。需要结合环保行业管理规范予以确定。

2.3.2 环境非诉行政案件执行难问题

近年来，环保非诉行政案件存在“执行难”的问题。一方面，环保部门由于缺乏执法手段，大量行政处罚案件需依法申请法院强制执行；另一方面，在案多人少压力下，法院亦无人力、物力处理数量如此巨大的非诉行政执行案件。虽然，浙江部分法院正在尝试由法院向行政机关“委托执行”的模式，但根据调研情况来看，这一模式由于缺乏法律依据以及环保部门缺乏执法手段，效果并不十分理想。环境非诉行政执行案件中存在的问题是：

（1）工商部门事前审查存在盲点。国务院《建设项目环境保护管理条例》规定了对建设项目影响环境的事前预防制度：根据建设项目对环境的影响程度不同，建设单位应当分别编制环境影响报告书、环境影响报告表，填报环境影响登记表，在可行性研究阶段即应报批上述文件；如不需要进行可行性研究，应当在办理营业执照前报批前述文件。但是，对于办理营业执照时是否应提交报批文件，工商登记部门是否应对此进行审查，现有的工商登记规定未予明确。当未经环评的企业取得了合法的经营资格，并投入大量资金购置生产设备，实际经营后环保部门查究对其处罚，特别是责令其停产停业，往往意味着前期投入“泡汤”。已经取得经营许可的企业对事后的处罚与执行产生较强的抵触、对抗情绪，极大地增加了执行难度与执行成本。

（2）救济途径不完善。设立完善的非诉行政执行的听证程序。目前，法院的审查是依据行政机关的申请，又有行政机关的事实和依据，在强大的行政机关面前，相对人的力量显得很单薄，目前听证程序还不能很好的对行政相对人的合法权益予以充分保障，执行告诫、听证程序，让申请机关和被申请人在法庭上讲事实、举证据，相互质证等环节的规定还不够具体细致，某些环节缺乏可操作性，行政相对人对听证等程序存有疑虑，启动这些程序的积极性不高，对自己的抗辩成功率不够自信，他们往往通过不自觉履行来进行“软抵抗”。这些情形的存在都不利于非诉环保行政执行案件的审理，也不利于当事人合法权益的保障。

（3）被执行人履行能力差、法律意识淡薄。行政相对人多以个体工商户业主、个人独资企业以及公司等为主，其中自然人占比30%左右；从行政相对人的经营范围来看，则以餐饮、养殖、装饰、加工制造等行业为主。这些主体规模不大，利润较少，抗风险能力本来就差，一旦行政机关开出巨额罚单，很容易造成他们资金链断裂难以履行。再者，被处罚人法律意识不强，对环保行政机关的处罚决定及法院裁决不够重视，既不行使复议权、起诉权，也不自觉履行行政处罚决定。有时为了眼前利益，待案件执行完毕后，往往又重新投入生产，污染周边环境。还有一些企业通过采用“游击”或“迂回”战术，开开停停，为逃避处罚，甚至采取手段变更法人主体，以此规避执行，使行政处罚不能有效执行，环境矛盾和违法行为迟迟得不到解决。

（4）法院执行权范围有限。根据现行《环境保护法》，对于环境处罚行为，无论是罚款，还是责令停产、停业，行政机关都无执行权，只能申请法院强制执行。但是，从现实操作的层面，对于罚款的处罚，法院有相应的强制执行措施。但是，对于责令停产的处罚法院执行时有难度。首先，从《民事诉讼法》关于执行措施的规定看，并无与责令停产停业对应的执行措施；其次，责令停产处罚的执行，往往需要采取停水、停电等配套措施，需要相关部门的配合；对于使用危险化学品的企业而言，还要关闭相关设备，需要相关的专业技术；而责令停产处罚的执行因其对生产企业及其员工权益影响较大，现场维稳也需协调相关部门予以配合，这些措施单靠法院一家难以执行到位。

2.4 环境污染损害鉴定评估存在的问题

（1）鉴定机构资质不统一，鉴定程序和规则不规范。当前环境污染监测鉴定机构较杂，各行政部门的鉴定机构多层次设置，资质不统一，有的是只具有环境监测资质，有的是具有渔业资源损害评估鉴定资质。我国现有的环境损害鉴定评估机构主要可以分为三类：①渔业污染事故调查鉴定机构，设在各渔业环境监测站，共有 90 多个；②环境污染司法鉴定机构，在司法部《司法鉴定机构名录》中，是以农业部环境保护研究所为基础建立的；③其他鉴定机构，包括环境监测站对有无污染提供报告，医疗单位、医学研究机构对有无健康损害提供报告等等。由于环境损害的特殊性，这些机构评估环境资源及环境自身损害的能力和经验不足，鉴定程序也不规范。由于不同法院、不同业务部门、不同法官乃至不同类型的案件，都可能会指定不同的机构实施鉴定，而各个机构之间的评估鉴定水平又参差不齐，故难以确保各个案件的评估鉴定结果的科学性、合理性与统一性。

（2）环境保护主管部门作为原告时，由于其与鉴定机构有较为密切的关系，导致鉴定报告的客观性被质疑。作为原告的环境保护主管部门所委托的鉴定机构多为作为事业单位的环境监测中心或者作为科研机构的环境科学研究所，这些单位有些是直接隶属于原告，有些虽然不隶属于原告但亦与行政系统有着千丝万缕的关系。大部分是以事故调查单位的身份参加了事故的调查处理，本身有一定的职责要向环境监督管理机构提供技术依据和技术服务。被告委托的鉴定机构多属外地机构，或者与本地机构关系不密切的机构，说明被告对于本地机构有顾虑。

（3）鉴定费用较高。对于当事人来说负担较重，加上受害者往往对鉴定机构知之甚少，有可能选择不申请评估鉴定，从而导致因证据不足而败诉。

2.5 环境纠纷处理机制存在的问题

（1）环境司法与环境行政执法之间的协调不力。大量环境污染案件存在只是通过行政处罚予以处理，没有污染企业对自身给社会公共利益产生的影响承担责任，而是由政府“埋单”。其行政处罚与其造成的损害完全不成比例，从而降低了守法成本，在一定程度上导致了当前的严峻形势。而且，环境保护执法联动机制存在严重脱节。《国务院关于落实科学发展观加强环境保护的决定》提出“完善环境犯罪案件的移送程序，配合司法机关办理各类环境案件”。实践证明，环境执法和司法是互相联系，互相支持密不可分的两个方面，一方面，环境执法权威有限，需要环境司法的补充。根据我国环境资源法律，环保行政部门执法手段有限，只能采取责令限期改正、罚款等手段，对污染者的威慑力不足，污染者往往宁愿缴纳罚款也不愿意遵守法律规定。对于实践中大量存在的“以罚代刑”和环境执法权威不足现象，应当充分发挥刑法的威慑作用，将涉嫌犯罪行政案件移送司法机关。国务院于 2001 年 7 月颁布了《行政执法机关移送涉嫌犯罪案件的规定》，国家环境保护总局、公安部、最高人民检察院于 2007 年 5 月颁布了《关于环境保护行政主管部门移送涉嫌环境犯罪案件的若干规定》，环境执法和司法机关应严格执行。另一方面，环境司法在环境专业性方面的不足，需要环境执法的支持。环境资源犯罪案件具有专业性和高科技性等特点，由不具备全面专业知识的司法机关来进行侦查、起诉和审理，其审判权威性也会受到质疑。在环境刑事犯罪案件中，很多证据来源于环保行政机关和其下设的监测、监察等机构，司法机关一般缺乏专业和科学的环境保护法律知识，在办理案件时离不开环境行政部门和环境专业人员的支持和指导，这些支持对案件的成功侦破、起诉和审判都有不可忽视的意义。

（2）当前的审理机制难以克服民刑交叉和民行交叉的问题。环境案件中存在不少民刑交叉和民行交叉问题，而当前的审判机制难以克服。最高人民法院《关于执行〈中华人民共和国行政诉讼法〉若干问题的解释》中做了原则性规定，但规定适用范围狭窄，相对笼统，不明确，操作性也不强。

从司法实践的解决途径来看，可以对民行交叉案件采用分别审理和分别裁判的方式，但这种方式可能会致使两类诉讼适用不同的审理原则和制度，导致在判决结果上互相矛盾，效率低下，影响法院的权威性和公信力。而对于民刑交叉案件，法院的通常做法是先刑后民，可能导致案件审理周期长的问题，当事人民事部分的赔偿和救济迟迟不能得到落实；在环境民事案件中，持续发生的环境污染行为也难以得到及时的遏制，而受害人由于环境污染行为遭受的现实经济损失也无法及时得到赔偿。

（3）缺乏专门审判机构处理专业性的环境案件。环境问题的专业性导致法官在依法处理环境案件时难以入手，迫切需要专门从事环境案件处理的环境保护法庭，但目前环境保护审判庭数量少，建设不完备，组织机构上严重滞后于环境案件突飞猛进的发展态势。同时，环境污染案件的情况往往复杂，具有高度的科学性和专业性，其中证据的问题、因果关系的判定问题、污染因子的问题都是困扰法官在环境诉讼案件审理中的问题，如何破解专业性的难题是摆在司法案件面前的一大疑难问题。

（4）司法滞后导致案件难以处理。司法往往具有滞后性，而环境污染案件又具有即时性，污染造成损害后如果不及时介入，污染状况就会发生变化，造成证据流失，最终影响案件的解决，因此如何在司法提前介入的问题上寻找突破就显得尤为重要。司法权对环境资源的保护贯彻三大诉讼法领域，对破坏环境资源的犯罪分子、民事侵权主体及行政执法机关给予相应的处理。与行政执法比较，司法权进入到环保领域具有独有的震慑作用，惩罚力度是显而易见的。然而，司法权的滞后性，致使环境保护在司法实践中存在很多问题。

3 关于完善环境案件处理的立法与司法建议

针对以上环境刑事、民事及行政案件在实践中所出现的相关问题，建议从立法修改和司法制度建设上寻求突破。

3.1 环境刑事立法

3.1.1 完善环境刑事相关法律

（1）增加立法保护条款，扩大保护范围。环境保护的刑事立法还需要进一步完善，加大对环境资源保护的力度，全面覆盖环境保护的多个领域。比如，在刑法中增加破坏草原犯罪的法条。保护草原资源，有效制裁非法开垦草原、非法征用草原、乱采滥挖草原野生植物等违法犯罪行为，改变惩处破坏草原的行为仅在 2002 年修订的《草原法》上有追究刑事责任的原则性规定，而在刑法上却无相应罪名的情况；修改《野生动物保护法》，扩大法律保护的野生动物的范围，在刑法中增加规定伤害、虐待野生动物罪的罪状及其法定刑，以遏制故意伤害野生动物行为。污染生态环境导致的野生动植物死伤或破坏的也应该纳入追究范围，还有一些新罪名也需要根据现实的情况发展而确立。

（2）合理分配环境刑事责任。建议将盗伐林木罪标准降低。现行刑法规定的盗伐林木罪量刑幅度和附加刑的适用都轻于普通盗窃罪，在个案处理中会造成一定的处罚不公。盗伐林木不仅侵犯了林木的所有权，还破坏了国家的资源管理制度和生态环境，其行为不仅有盗而且有伐，故相对而言，盗伐林木的危害性更大。然而，依照现行刑法和司法解释，危害较重的盗伐行为却受到较轻的处罚，危害较轻的盗窃行为却受到较重的处罚，这种现象有违刑法罪刑相适应的基本原则。

（3）建立定罪量刑综合标准。修改涉林案件的定罪量刑标准等规定。①在盗伐林木罪以数量作为定罪量刑标准的基础上，增加数额标准，并参照盗窃罪的数额所对应的量刑幅度提高盗伐林木罪的法定刑。增加数额标准可以解决司法实践中因木材价格上涨，盗伐数量虽未达到法定最低定罪标准，但涉案木材价值已经达到或超过盗窃罪立案标准，司法实践中对此类情况现不能做刑事犯罪立案的问题。并且增加数额标准也有利于避免因林木树种的差异，价格的差异，社会危害性的不同而导致的量刑不公。②建议将“多次非法收购盗伐的林木，未经处罚”作为构成非法收购盗伐的林木罪情节严重的情形之一明确加以规定。司法实践中，在林区，一些木材经营单位或个人长期收购零星偷砍盗伐的林木，客观上刺激了盗伐林木行为的发生，但其收购的林木可能即使累计也不够 20 m^3 或幼树 1 000 株以上（定罪标准）。为有力打击非法收购行为，建议增加情节严重的法定情形。③建议对涉林犯罪司法实践中出现的新情况、新问题进行调研，并出台相应司法解释对出现的问题加以解决。

（4）设定环境犯罪危险犯以预防犯罪。破坏环境资源保护类罪中的绝大多数是以结果犯作为处罚对象，但环境犯罪行为人一旦着手实施行为，即将对生态环境、公民生命健康权益及重大公私财产权产生危险，若等到危害结果发生才对其进行处罚，必将造成自然资源严重破坏和生态系统平衡被打破甚至无法恢复。

将环境犯罪设置为抽象危险犯是一种严厉的立法态度，建议在重大环境污染事故罪、擅自进口固体废物罪中设立“足以造成重大环境污染事故”或“足以致使公私财产遭受重大损失或者严重危害人体健康”的构成要件，将实害结果作为加重处罚情节。

3.1.2 细化环境刑事相关法律

（1）细化法律用语定义和范围。从实践看，对于环境污染行为的刑事处罚不力，是目前环境治理亟须解决的一个问题。为此，在实践中必须落实新的司法解释，对《刑法》第 338 条污染环境罪的规定不明确之处予以细化，并配套操作细则，从而使环境污染的刑事处罚落到实处。①对司法解释中“其他有害物质”予以明确界定，并列举实践中常见的污染性物质。此外，可借鉴已有的《污水综合排放标准》、《固体废物排放标准》等，指明刑法条文与相关行政法规、规章之间的相互关系，或赋予环保行政部门进一步制定规章、明确或更新相关概念的权限。②对何为“其他严重污染环境”及“后果特别严重”给予明确界定，建议与环境行政规章脱钩，由最高院原则规定构成犯罪的数额标准，同时授权各省根据实践状况作出具体数额的规定。

（2）细化追责方式，提高刑罚效果。大胆尝试新的赔偿方式，促进案件法律效果与社会效果的统一。为严厉打击涉林违法犯罪，弥补涉林犯罪给国家森林资源造成的损失，可以在对犯罪分子追究刑事责任的同时，根据被告人对资源的破坏程度，依据相关法律判令被告人植造“赔偿林”或交纳林木赔偿金，以收到良好的社会效果。

3.2 环境民事立法

3.2.1 完善环境公益诉讼制度

（1）进一步明确提起诉讼的主体。按照职责分工和专业技术优势，应明确规定污染行为发生地的政府环保行政部门以及检察机关有责任对侵害国家利益、公共利益的环境污染和生态破坏行为提起公益诉讼。尽管存在检察机关专业上不足和环保部门证据等问题，但是可以通过程序上的严格规定和司法程序予以把关，这两个机关也是最能保护国家利益和社会公共利益的诉讼主体。有关组织可以环境保护为目标的社会团体等组织，可以充分发挥这些组织的专业技术能力，有利于对公共环境利益的保护。

（2）进一步明确公益诉讼原告的举证义务。公益诉讼原则上仍应适用举证责任倒置的规定，即由污染者应当就法律规定的不承担责任或减轻责任的情形及其行为与损害之间不存在因果关系承担举证责任。但公益诉讼提起者应当初步证明生态环境遭到破坏这一事实，并且对于环保行政部门提出的公益诉讼，应适当加重检察院、环保行政部门等有关机关和有关组织的初步举证义务。因为这些部门有权力开展调查取证活动，可通过现场检查、取样监测、证据保全等手段有效地采集证据，并且也拥有搜集证据的技术手段和专业技术人才，可以获得充分确凿的证据。

（3）适当延长公益诉讼时效。环境公益诉讼应当规定一个比普通环境损害赔偿案件稍长但又不应过长的诉讼时效，建议规定“环境公益诉讼应当在环境污染事件发生并确定具体污染者后 5 年内提出。”

（4）设立针对污染者承担法律责任的特别方式。环境公益诉讼中，污染者承担的法律责任主要是停止侵害、排除妨碍、消除危险、恢复原状、赔偿损失。如果单纯裁判赔偿金，在赔偿金的标准确定和今后对赔偿金具体地使用与管理都会有很多问题，也有可能造成因为追逐公益诉讼报偿引发的恶意诉讼和滥诉等现象而违背公益诉讼的初衷。另外，生态环境遭到破坏产生的损失难以量化，因此，建议以停止侵害、排除妨碍、消除危险、恢复原状为主要的责任承担方式，赔偿损失可以规定为污染者应在受污染地区设立环境保护公益基金，帮助修复或恢复环境，这样的法律规定更有利于环境公益诉讼目的的实现。

（5）提高环境公益诉讼的执行力。首先，在实体权利义务主体缺位的情况下，由国家机关等主体提起的环境公益诉讼，法院作出的生效裁判应当可以有条件地扩张到所有未参加诉讼的实体当事人；其次，由于环境诉讼往往有众多潜在当事人，如果后诉当事人以与原诉当事人相同的事实起诉到法院，法院经审查原告起诉符合原诉判决情形的，可以直接适用原判决。

在环境公益诉讼案件中，裁判发生法律效力后，胜诉原告可申请法院强制执行。但基于对国家利益和公共利益的保护考虑，建议配合适用主动执行制度，在原告没有提起执行的情况下，由法院直接交付执行机关执行，以达到快速制止侵权行为、保护社会公共利益的目的。

（6）合理设置诉讼费用。对国家机关为环境公共利益提起的环境公益诉讼，应持支持的立法态度，减免环境公益诉讼费用。对于环保团体提起的公益诉讼可以考虑适当酌情收取诉讼费用，以防止诉权的滥用。同时相关司法机关有必要建立联动机制，做好法律援助工作。对于提起环保公益诉讼前产生的监测、化验、鉴定、评估等实际费用及人民法院在审判中依职权发生的实际费用，如果环境诉讼成立的，可判决由被告承担。

（7）建立环境公益诉讼的激励机制。为了鼓励更多的人提起环境公益诉讼，共同保护人类的生存环境，应当建立环境公益诉讼的激励机制。对于民间环保公益团体提起的环境公益诉讼，如果胜诉，政府环保部门应给予一定奖励，或者在污染者建立的环保公益基金中提取一定比例给予奖励。

3.2.2 强化证据立法和保全措施

（1）细化举证责任制度。根据《侵权责任法》第六十六条规定的举证责任倒置规范，据此环境污染受害者无须首先提出因果关系存在的证据，也无须承担存在该因果关系的说服责任。但在司法实践中，法院常要求受害人承担初步证明因果关系的责任，以防止恶意诉讼。因此，建议受害人先提出因果关系存在的初步证据，并负因果关系存在的说服责任，污染者无法提出有力的反证时，法院即可认定因果关系存在。我国应当进一步细化《侵权责任法》第六十六条的适用方式，明确当事人的举证责任分配制度，以消除立法与司法实践之间的矛盾。

环境污染侵权的种类众多，如水污染、大气污染、噪声污染等，且随着经济及科技的发展，难免会出现新类型的污染。鉴于不同污染形式的不同特点，特别是损害后果的表现形式各异、潜伏期各不相同、案件情况复杂多样，建议最高法院出台司法解释，细化举证责任分配制度，根据不同类型的环境污染，合理分配举证责任，平衡原、被告双方利益，或发布指导性案例，加强指导。

（2）降低原告的证明标准。环境侵权不同于普通民事侵权，其成因具有复杂性、潜伏性、专业性的特点，高度盖然性的证明标准对处于弱势地位的原告十分不利。境外许多国家在环境立法及相关司法实践中采取了特别措施，通过各种方式降低原告的证明程度要求，减轻原告的证明负担。建议借鉴国外法制的经验，为受害人特别设定低于一般民事诉讼的证明标准，即较高程度的盖然性证明标准。

建立符合环境侵权案件特点的鉴定机制，保障证明的科学客观性，辅助原告对污染行为的证明。具体而言：①划分环境污染损害鉴定的执业范围。按人身、财产、环境三大类划分损害事实存在时，环境侵权司法实践可广泛借鉴一般人身损害侵权案件中的伤残鉴定、精神损害鉴定、原因力鉴定等机制。其中，环境侵权案件中当事人的精神损害情况应由精神损害鉴定中心来确定为宜，而不能仅由环境鉴定机构根据噪声、辐射等污染行为是否达到排放标准来确定。②构建环境污染损害鉴定工作体系。鉴定损害范围时，可由相关行业主管部门负责鉴定，如渔业主管部门可对水质污染对渔业养殖户造成的损害进行鉴定等。同时，主管部门作出鉴定的事实依据，应与当事人质证。

（3）加强证据保全措施。环境污染损害往往是在污染发生一段时间后才显现的，等到事后取证时污染当时的相关证据都已时过境迁，所以环境侵权证据保全有其特殊需求。因环境污染证据保全的及时性、技术性、科学性、准确性特征与知识产权证据保全极为相似，因此可以参照知识产权诉讼保全的成功经验，加强环境侵权证据保全的工作。具体地说：①强调保全部署的协同性，即在采取保全措施之前，对内做好法院各相关部门及人员（包括承办部门、执行局、法警队等）的分工协调，对外与相关鉴定部门、技术人员、公正人员妥善沟通，协同合作；②强调保全部署的周全性，即在正式采取措施之前，对保全过程中可能出现的阻碍进行事先预判，做好相应应对准备，避免出现意外阻碍；③强调保全措施的公正性，相关污染物样本应由专门技术人员在公证人员的监督下进行采样，采样完成后即由公证人员贴上标签，带回公证处进行保管，以免因保全程序瑕疵影响证据效力。另外，对于环境保护执法部门应增强环境污染证据保全的工作职责，作为诉讼前期证据保全的有益补充。

3.2.3 加快建立损害赔偿制度

（1）将环境损害纳入赔偿范围。对造成环境污染危害的，应当责任停止侵害、排除危害、赔偿损失、修复受到损害的生态环境。环境污染行为既可能仅产生“危害”，尚未产生损害，也可能已经产生损害，这样规定可以弥补《侵权责任法》规定的“因污染环境造成损害的”范围过窄缺陷。

（2）建立对环境损害的无限终身责任和相关受益者的连带责任制度。造成环境污染危害者无力负担其依法应支付的损害赔偿费用、生态环境修复费用的，为其提供贷款的金融机构、对其控股或者参股的单位和个人、向其提供投资保险的机构，应当对环境损害赔偿和生态环境修复承担连带责任。

（3）建立环境损害赔偿基金制度。结合中国实际，建议政府设立环境损害赔偿基金，基金来源于政府财政拨款、环境行政罚款和排污费，以解决损害补偿和环境修复资金的来源，具体的基金管理办法由国务院制定。

（4）强化行政命令修复环境损害职责。增加环境监督管理机构以行政命令方式要求赔偿公共利益损失和修复生态环境的权力。责任人不履行赔偿责任的，由作出决定的部门向人民法院申请强制执行或由作出决定的部门指定单位代为修复，修复所需费用由责任人承担。

3.3 环境行政立法与执法

3.3.1 立案与审理

（1）明确界定原告主体资格。对于环境行政诉讼中，哪些人与被诉行政行为具有法律上的利害关系问题，应予以明确。鉴于当前环境问题日益受到社会关注以及行政诉讼保护力度不断加强的趋势，建议放宽对原告诉讼主体资格的限制，扩大当事人的诉权保护。

（2）适当分配举证责任。由于环保行政行为涉及企业及受环境影响的相关人多方利益，建议在行政诉讼被告行政机关承担举证责任基本原则基础上，明确企业举证责任，亦与民事上的举证责任倒置原则相衔接。

（3）进一步统一法律适用。对法律适用原则、污染主体认定以及相关的法律适用概念、行政处罚幅度，建议进一步明确细化。

3.3.2 行政案件执行

（1）严格工商事前审查监督，补漏盲点。工商部门可在企业办理登记时，书面告知环评等事宜，由企业自行选择是否办理环评手续，并承担相应风险。在工商注册登记中明确核查环评审批这一环节，就从源头杜绝污染企业进入市场的机会，弥补了环保部门和法院的事后监督查处难以达到的效果，无法消除已造成的社会和环境影响。加强源头治理，是破解环保非诉行政执行难的根本对策。

（2）进一步完善被执行人法律救济途径。法院可以采纳听证会审查制度，维护各方当事人利益的方式。对被申请执行人提出执行异议的案件，一律组成合议庭进行听证，在听证会上充分听取行政相对人的申辩意见，合议庭认真审查后作出是否准予执行的裁定。经书面或听证审查，环境行政处罚明显缺乏事实依据、明显缺乏法律依据或者程序明显违法并损害被申请人合法权益，应当裁定不准予执行。这样，可增强审查案件的透明度，将执行的整个过程置于当事人和社会公众的监督之下，增强法官的责任感和公正性，确保非诉行政执行案件审查质量。

（3）加大抗拒执行及重复污染的处罚力度，突出威慑力。充分运用法律所赋予的各种强制执行措施，加大执行力度。对于缴纳罚款的金钱给付义务，加大财产调查力度，在保证职工就业的前提下执行被执行人的银行存款、投资权益、对第三人的到期债权等。对于责令停止生产、停业关闭等不作为义务，可以通过在相应的机器设备、生产厂房上张贴封条、公告、铅封等方式使得被执行人无从再行生产。对于责令重新安装使用防止污染的设施、限期治理等作为义务，在被执行人拒不履行的情况下可以由第三人代为履行，第三人代为履行而产生的费用则由被执行人承担，被执行人拒不承担的则强制执行。综合运用限制出境、罚款、拘留以至追究刑事责任等措施，对拒不履行义务的被执行人的法定代表人、主要负责人予以制裁，对拒不履行义务的被执行人则通过限制高消费、媒体公示等方式限制其经营活动。

（4）进一步扩大协助执行网络形成执行合力。环保部门应充分发挥其行政主管部门的作用，充分运用现有的行政案件后督察制度、执法案卷抽查制度和执法建议书制度，以确保案件的合法性。在行政程序中明确各类行为罚案件的标的、履行要求，以提高此类案件的可操作性。及时掌握被处罚企业在处罚决定作出后经营场所、工商登记变更等情况，减少司法审查裁定不予执行的风险，提高非诉行政执行案件审执效率。对于可能引发群体性矛盾的停产、停业案件，环保部门申请执行时，应对社会稳定风险作出评估，由法院对案件的可执行性予以审查。此外，行政与司法应相互理解、相互配合。对司法审查中发现的问题，法院应通过司法审查报告或司法建议等形式向环保部门反映。对于环保执法中出现的新问题、新情况，双方可共同组织专题调研，加强沟通，以促共识。

3.4 环境损害鉴定评估

（1）探索建立专门的环境损害鉴定机构。建立独立于环境执法部门的专门环境损害评估鉴定机构，统一评估尺度，确保检测结果的客观公正性，并建立完备的数据资料系统。

（2）规范环境司法鉴定程序，完善鉴定规则和方法。建议尽快制定及完善有关环境污染损害鉴定的程序、规则和方法，规范鉴定机构的行为，以保证鉴定的客观公正。环境保护法等法律法规应明确鉴定机构的资质、鉴定业务范围和鉴定收费制度等。

（3）明确证据鉴定查证制度。从当前情况来看，存在着鉴定同一材料，不同鉴定机构作出相互矛盾的鉴定结论的现象。因此，应当通过立法规定对鉴定结论查证属实，才能作为认定事实的证据。

（4）建立环境损害赔偿案件司法鉴定援助制度。对因经济困难而无力申请司法鉴定的受害人，可启动司法救助，为其解决鉴定费的困难，避免因未申请鉴定而导致的败诉情形。同时，统一证据鉴定收费标准，并规定费用由污染加害者负担。

3.5 建立环境纠纷处理机制

（1）创建环境保护行政与司法联动机制。地方在联动机制上已经开展了有益的探索，如云南昆明在联动机制上具有创新性和突破性发展，建立了法院、检察院和相关行政机关共 19 个部门参加环保执法联动协调机制。建议组建以司法机关为主，各司法、行政机关联动的环境保护执法联动机制。人民法院设置环境保护审判庭、人民检察院成立环境检察机构、公安部门成立环保分局，与环保部门、林业部门、水利部门、国土部门等环境行政执法部门共同组建执法联动机制，规范与加强各机关在环保案件中的沟通、协调、配合、衔接、权责等程序。主要体现在建立定期联络和案件联系等制度，有利于各部门及时发现问题，及时提出意见或建议；建立共同培训、环境执法和司法的案件信息共享等制度。使得环境执法和司法人员的认识逐渐统一，环境专业知识、法律专业知识得到较好衔接，达到提高环境司法、执法的能力和作用。

（2）建立专业化审判机制，解决环境污染案件交叉问题。环境案件审理的专业化审判机制是有效解决当前环境案件现实需求的必然途径。设立专业化的审判机构，将环境民事、行政和刑事案件纳入受理范围实行集中的审理。

人员组织与配备。各地人民法院根据当地环境形势和自身实际，组织与人员配备，建立专业环境保护审判庭或者与其他庭室规格一致的环境保护庭。也可以在现有审判力量范围内，选调素质较高的人员成立环境保护合议庭，并应注意刑事、民事、行政、执行四大职能审判人员的共同参与整合，在人员编制暂时没有增加的情况下，基层法院的环境保护法庭可以考虑刑事、民事、行政 3 个部门抽调审判人员参加。

案件受理范围与管辖。首先，在现有初创阶段，为防止出现混乱，对环保案件概念应作狭义理解，自然资源类案件暂时还不应归入环保法庭的受理案件范围。应将其受案范围限于传统意义的与环境污染相关的环境刑事、民事和行政案件。其中环保公益诉讼案件由中级法院作为一审案件受理。

建立“三审合一”的环境保护审判庭。通过“三审合一”环保审判庭的建立，整合司法资源，更好、更快地审理上述环保案件，以最大限度地发挥上述司法功能。弥补由于现行体制及法律规定的限制，环境污染事件受害者的社会公众和相关环保组织、社会团体难以发挥监督作用的不足和由于地方保护主义或各种其他原因导致行政机关没能正确履行自身职责的缺陷。

通过环境刑事犯罪案件的审判，对造成重大环境污染的企业与个人进行刑事处罚，加强司法对于环境保护的威慑作用；通过受理环保公益诉讼案件，吸引社会各方面加入到环境保护的队伍中来，形成整个社会一起保护环境的社会风气；而通过行政案件、行政非诉案件的审理、执行，人民法院既可以保障政府相关职能部门的行政执法，又可以督促其认真履行监管职责。

（3）建立环境案件专家咨询制度，完善环境案件人民陪审员参审制度。聘请环境行政执法部门的技术专家成立专家咨询委员会。由于环境诉讼涉及专业化、多领域、复合型等问题，为了保证审判的正确性，解决法官审判中专业难题，通过司法与行政执法的联动，由相关单位推荐环境保护领域的技术专家，组建“专家咨询委员会”，向被聘专家颁发聘书，建立“环境技术咨询制度”，探索专家咨询意见纳入环境案件审判，以解决环境诉讼中的技术瓶颈问题。

通过引入部分行政执法机关的工作人员作为人民陪审员，既解决了人民群众参与环境司法的问题，又解决了两个领域的衔接问题。人民陪审员制度是我国的一项重要司法制度，是人民群众行使管理国家司法权的一种重要手段，也是人民群众监督审判工作的有效方法。环境案件的特殊性在于诉讼所保护的根本利益是生态环境和生活环境，特别是环境公益诉讼应当有人民陪审员参加审判。

（4）建立重大环境污染事件司法提前介入机制。根据司法实践来看，应该建立重大环境污染事件的司法提前介入机制。因为环境污染事件往往具有时空变化快的特殊性，如果司法不在事件开始之初积极作为，这类案件进入司法审查阶段往往会出现案件事实认定、证据采集、法律适用等诸多困难与问题。当前我国已经建立了重大环境污染事件紧急预案制度，那么完全可以将司法机关的提前介入作为环境污染预案的一部分，使之制度化，一旦出现案件，司法机关可以马上介入，为案件的妥善处理做好各方面工作。

参考文献

[1] 吕忠梅. 环境法新视野[M]. 北京：中国政法大学出版社，2006（26）.

[2] 胡耘通. 我国环保法庭的分析与完善——兼论环境审判专门化的图景展望[M]. 中国环境法治，2011年卷（上）.

[3] 梁慧星，等. 关于公益诉讼[M]. 私法研究. 北京：中国政法大学出版社，2001.

[4] 鲜铁可. 新刑法中的危险犯[M]. 北京：中国检察出版社，1998（52）.

[5] 王灿发. 论环境纠纷处理与环境损害赔偿专门立法[J]. 2003，21（5）.

[6] 王灿发. 环境损害赔偿立法框架和内容的思考[J]. 法学论坛，2005（5）.

[7] 李艳芳. 美国的公民诉讼制度及其启示——关于建立我国公益诉讼制度的借鉴性思考[J]. 中国人民大学学报，2003（2）.

[8] 吕忠梅. 环境侵权诉讼证明标准初探[J]. 政法论坛，2003（5）.

[9] 蔡守秋. 关于建立环境法院（庭）的构想[J]. 东方法学，2009（5）.

[10] 董玉庭. 盗伐林木相关犯罪的司法认定研究[J]. 人民检察，2008（16）.

全国“十二五”NO_x总量减排评估与展望

Assessment and Projections for Total Emission Control of NO_x in China During the Period of “The Twelfth Five-Year”

蒋春来 许艳玲 杨金田 王金南 宋晓晖 雷宇 薛文博 尹航 陈伟程

摘　要　严峻的大气环境形势导致我国的大气污染防治工作面临前所未有的压力，亟须对当前的主要污染物总量控制政策实施情况展开评估。本文分析了“十二五”前期全国NO_x总量减排现状、对空气质量的影响及存在问题。研究结果表明，我国NO_x排放量在2012年首次出现下降趋势，大部分地区NO_2污染问题减轻。但是，减排工作仍存在多个难题需要破解，包括减排工作的动力不足、粗放型的经济发展模式、减排配套政策不完善以及治污设施尚未完全发挥减排效果等。下一步，我国需要全面升级NO_x减排工作，确定强化减排目标，强化差异化管理，大幅降低行业污染物排放强度。

关键词　NO_x　总量减排　空气质量　对策建议

Abstract　It is desiderated to assess implementations of the total emission control for pollutants，since a work of prevention and cure of air pollution is faced with unprecedented pressure due to severe situation of atmospheric environment. In this paper，the situation，environmental impact and the problems of NO_x emission reduction during the prophase of “The Twelfth Five-Year” were deeply dissected. It was indicated that NO_x emission came to the first drop in China and NO_2 pollution was alleviated. However，there were still several problems to be solved，such as lacking enthusiasm for emission reduction，the traditional extensive economic development mode，the imperfect supporting policies and the poor reduction effect of pollution control facilities，etc.. In our country，next，NO_x emission reduction work should be upgraded，e.g.，determining more strict emission reduction targets，strengthening differentiated management，and significantly reducing the emission intensity of industry pollutants.

Key words　NO_x，emission reduction，air quality，countermeasure and suggestion

当前，我国主要大气污染物排放负荷巨大，区域和城市大气环境污染十分严重。按照我国新修订的《环境空气质量标准》（GB 3095—2012）评价，2012 年地级以上城市中仍有 13%的城市 NO_2 年均浓度和 57%的城市 PM_{10} 年均浓度未达到国家空气质量二级标准，以臭氧、灰霾污染为特征的复合型污染日益凸显，尤其在京津冀、长三角、珠三角等重点区域，大气污染物排放高度集中、城市间大气污染物相互影响、区域污染特征呈现高度的趋同性和一致性。2013 年 1 月我国中东部地区出现了持续大规模灰霾，引发了公众对空气质量造成的健康影响问题的担忧，也使得以细粒子（$PM_{2.5}$）等为重要标志的复合型大气污染进入公众视野，成为公众和媒体关注的焦点，大气污染防治工作面临前所未有的压力。为此，我们结合“十二五”NO_x总量减排核算工作，分析了近两年NO_x减排成效和存在的问题，对我国下一步NO_x减排工作提出了建议。

1 全国“十二五”NO_x总量减排要求

一次颗粒物和二次颗粒物前体物（SO_2、NO_x、VOCs、NH_3）的大量排放是造成我国华北等地$PM_{2.5}$浓度水平总体较高、灰霾重污染频繁发生的主要原因，其中NO_x排放负荷巨大、活性强、具有跨区域的环境影响特征，既是衡量全国环境空气质量的关键因子，也是导致我国细颗粒物、臭氧等区域复合型污染的罪魁祸首。目前，我国北京到上海之间的工业密集区已成为世界上对流层NO_2污染最为严重的地区，全国降水中硝酸根离子平均浓度也较 2005 年增长了 25%以上。NO_x与挥发性有机污染物（VOCs）引起城市臭氧浓度升高，监测试点表明，部分城市臭氧超过国家二级标准的天数达到 20%，有些地区多次出现臭氧最大小时浓度超过欧洲警报水平的重污染现象，且由于其氧化性强，加剧了 SO_2 和NO_x等一次污染物向二次污染物SO_4^{2-}和NO_3^-的转化；7 个城市$PM_{2.5}$监测试点的年均值为 40～90 $\mu g/m^3$，超过新修订环境空气质量标准限值要求的 14%～157%。相关分析表明，NO_x排放对我国城市$PM_{2.5}$浓度的平均贡献率超过 15%，部分省份甚至超过 20%。有鉴于此，“十二五”期间针对我国大气环境污染特征、污染影响关键因子的优先序、污染物排放负荷和实施总量控制的基础条件，在“十一五”SO_2总量控制的基础上，国家对导致我国区域复合型污染的关键因子NO_x进行了总量控制，要求到 2015 年排放总量下降 10%，而根据欧美国家控制大气污染的经验、我国大气环境质量改善需求等来看，我国NO_x排放总量至少需要削减 50%，才能全面改善我国的大气环境质量，NO_x减排工作任重而道远。

1.1 减排基本思路

为落实NO_x减排目标，国务院发布了《节能减排“十二五”规划》，本着“整体控制、总量削减、突出重点、分区要求”的方针，推行了以防治火电行业排放为核心的工业NO_x防治体系和以防治机动车排放为核心的城市NO_x防治体系。强化了总量控制对经济发展方式、经济结构调整和能源结构调整的优化作用，严格控制增量，强化结构减排，细化工程减排，实化监管减排，加大投入、健全法制、完善政策、落实责任，确保实现减排约束性指标目标的完成。

（1）强化源头管理，严格控制污染物新增排放量。推进能源结构持续优化，控制煤炭消费增量，在大气联防联控重点区域开展煤炭总量控制试点，促进经济发展的绿色转型。

遏制高耗能、高污染产业过快发展，把总量指标作为环评审批的前置条件，以总量定项目，以总量定产能。严格控制污染物新增量。新建项目必须按照先进的生产技术和最严格的环保要求进行控制，大幅度降低污染物排放强度。煤电及水泥行业新建项目要求配套建设烟气脱硝设施。机动车提高准入门槛，执行国家第Ⅳ阶段排放标准，部分城市提前执行国家第Ⅴ阶段排放标准，供应配套油品。

（2）加快淘汰落后产能，完善落后产能退出机制。严格执行国家产业政策，全面落实淘汰落后产能要求，在单位面积排放强度大的地区要进一步加严产业结构调整要求。建立高耗能、高污染行业新上项目与地方污染减排完成进度挂钩、与淘汰落户产能相结合的机制。

（3）强化工业行业工程减排，大力推进烟气脱硝设施建设。全面开展电力行业 NO_x 减排。电力行业属于高架源，排放的 NO_x 在大气中发生远距离传输和化学转化，不仅会影响当地的环境质量，而且存在跨界污染的问题，是造成区域性环境问题的主要原因。“十二五”期间，严格控制电力行业产能扩张，狠抓结构调整，推进末端治理设施建设和运行管理水平。除淘汰的小火电机组外，将全面推进现役机组低氮燃烧技术改造及脱硝设施的建设，加强已安装脱硝设施机组的监管力度，提高减排能力。东部地区和其他地区的省会城市单机容量 20 万 kW 及以上的现役燃煤机组实行脱硝改造，其他地区单机容量 30 万 kW 及以上的现役燃煤机组实行脱硝改造。到 2015 年，火电行业 NO_x 排放量要求控制在 750 万 t，新增削减能力 305 万 t。

推进以水泥行业为主的其他行业 NO_x 排放控制。我国水泥行业 NO_x 的排放占总排放量的 10%左右，是我国 NO_x 排放的第三大源。随着水泥行业落后产能淘汰工作的推进，新型干法窑的使用比例将大幅增加，在提高能源使用效率的同时，由于燃烧温度高等原因，NO_x 排放量将显著增加。“十二五”期间大力开展水泥行业新型干法窑降氮脱硝工作，根据水泥窑的现状和特性，推进烟气脱硝工程建设，要求长三角、珠三角、京津冀鲁等重点区域 NO_x 年排放量在 1 000 t 以上或熟料生产规模在 2 000 t/d 以上的现役新型干法窑实行脱硝改造。到 2015 年，水泥行业 NO_x 排放量控制在 150 万 t，新增削减能力 20 万 t。

钢铁、工业锅炉也是 NO_x 的重要排放源，为拓展 NO_x 减排领域，推进 NO_x 的持续减排，“十二五”要求加快冶金行业、工业锅炉等其他行业 NO_x 控制技术的研发和产业化进程，推进烟气脱硝示范工程建设。

（4）采取综合措施，加强机动车 NO_x 排放控制。在一些大城市，机动车排放已经超过工业排放成为重要的大气污染源，NO_x 的分担率一般在 50%左右，由于其排气高度低，对人体的危害非常大，因此机动车 NO_x 的控制对改善城市环境质量具有至关重要的作用。“十二五”期间我国在有条件的重点城市实行机动车新增量总量控制，并严格执行黄标车淘汰政策。按照东、中、西部差别化的政策，加大黄标车的淘汰力度，到“十二五”末，东部地区基本淘汰所有黄标车，即国 0 的汽油车和国Ⅲ以前的柴油车。提高机动车准入门槛，实施油品升级改造工程。“十二五”期间，在全国范围内严格实施国家第Ⅳ阶段机动车排放标准，部分重点区域和城市提前实施国家第Ⅴ阶段排放标准；2011 年在全国范围内供应国Ⅲ标准的车用燃油，2015 年年底前基本实现国Ⅳ水平车用燃油的供应，实现车、油同步升级。

（5）完善政策措施，建立减排长效机制。推进大气污染防治法的修订，建立适于 NO_x 控制目标和要求的标准体系，包括环境质量标准体系和排放标准体系；制定促进电厂脱硝的电力价格政策，增强电力行业削减 NO_x 的积极性；结合电力行业的总量控制推行电力行业 NO_x 的排污交易；强化 NO_x 减排统计、监测、考核三大体系建设，加强减排队伍建设，提升监管能力，严格执法监督。

1.2 全国总量控制目标及指标分解

“十二五” NO_x 总量控制目标及指标的省际分配，是以改善大气环境质量为核心，以降低主要污染物环境浓度、区域酸沉降强度为重点，以减排潜力为基础，采用“自下而上”“自上而下”相结合的模式进行测算，同时综合考虑各地经济发展水平、环境质量状况、产业结构、污染物排放基数、“十一五”减排进展及各污染防治专项规划要求，将减排潜力转化为减排指标，强化了总量减排目标确定与分解的科学性、公平性与可行性，在管理思路上也更加精细化和定量化。“十二五” NO_x 控制目标要求为，全国排放总量控制在 2 046.2 万 t，比 2010 年的 2 273.6 万 t 减少 10%，新增削减能力 794 万 t。其中，淘汰电力、钢铁、建材、有色等落后产能形成 NO_x 削减能力 112 万 t，推动燃煤电厂、水泥等行业脱硝，形成 NO_x 削减能力 358 万 t。目标的省际分解结果为：对环境质量差、环境敏感的长三角、珠三角、京津冀鲁等东部地区提出更加严格的减排要求，要求强化产业结构调整和布局优化对减排的作用，减排目标高于全国平均水平；中部地区与全国平均水平相当，突出地区特征行业的污染减排；对青海、新疆、西藏等西部省份，考虑到环境容量、经济发展水平和国家发展需要，适当放宽减排指标，允许其零增长或少量增长。“十二五”各地区 NO_x 排放总量控制计划见表 1。

表 1 “十二五”各地区 NO_x 排放总量控制计划

省、市、区	2010 年排放量/万 t	2012 年年度减排目标/%	2015 年目标排放量/万 t	“十二五”减排目标/%
北京	19.77	−3.0	17.3	−12.30
天津	34.02	0.0	28.8	−15.20
河北	171.29	−1.5	147.5	−13.90
山西	124.15	0.0	106.9	−13.90
内蒙古	131.41	0.0	123.8	−5.80
辽宁	102.02	0.0	88.0	−13.70
吉林	58.24	3.0	54.2	−6.90
黑龙江	75.27	3.0	72.9	−3.10
上海	44.27	−1.0	36.5	−17.50
江苏	147.19	−2.0	121.4	−17.50
浙江	85.33	−3.0	70.0	−18.00
安徽	90.92	0.0	82.0	−9.80
福建	44.75	0.0	40.9	−8.60
江西	58.22	0.0	54.2	−6.90
山东	174.00	−2.0	146.0	−16.10

省、市、区	2010 年排放量/万 t	2012 年年度减排目标/%	2015 年目标排放量/万 t	“十二五”减排目标/%
河南	158.97	2.6	135.6	–14.70
湖北	63.13	0.0	58.6	–7.20
湖南	60.43	0.0	55.0	–9.00
广东	132.34	–2.0	110.0	–16.90
广西	45.11	3.0	41.1	–8.80
海南	8.03	8.5	9.8	22.30
重庆	38.22	–1.0	35.6	–6.90
四川	62.04	0.0	57.8	–6.90
贵州	49.29	5.0	44.5	–9.80
云南	51.98	0.0	49.0	–5.80
西藏	3.83	7.2	7.6	98.00
陕西	76.58	–1.0	69.0	–9.90
甘肃	42.04	9.0	40.7	–3.10
青海	11.57	6.0	13.3	15.30
宁夏	41.76	9.9	39.7	–4.90
新疆	58.82	7.5	67.9	15.40
兵团	8.77	8.0	10.1	15.40
全国	2 273.60	0.0	2 046.2	–10.00

1.3 行业总量控制目标及指标分解

从发达国家的实践及我国“十一五”电力行业 SO_2 减排的实践经验来看，制定重点行业总量控制制度不仅对完成主要污染物总量控制的全局目标具有重要意义，而且能够推动产业结构战略性调整、促进区域布局优化，是污染减排推动经济发展转型的有效手段。为有效推进 NO_x 重点领域减排，“十二五”期间，我国电力、水泥行业实施 NO_x 排放总量控制，基于行业发展预期及行业减排总体要求确定减排目标。到 2015 年，火电行业 NO_x 排放量要求控制在 750 万 t，比 2010 年的 1 055 万 t 减少 29%，同时根据减排基础，将占电力行业总规模 60%以上的六大电力集团目标单列，采用排放绩效法分配总量控制指标。水泥行业 NO_x 排放量要求控制在 150 万 t，比 2010 年的 1 055 万 t 减少 12%。

表 2 “十二五”六大电力集团 NO_x 排放总量控制计划

电力集团	2010 年排放量/万 t	2015 年排放量/万 t	“十二五”减排目标/%
中国华能集团	146.07	90.56	38.0
中国大唐集团	136.02	82.70	39.2
中国华电集团	101.45	69.49	31.5
中国国电集团	130.13	80.55	38.1
中电投集团	78.61	49.84	36.6
神华集团	73.26*	47.62	35.0

注：*代表 2011 年排放量。

2 全国“十二五”NO_x总量减排进展评估

2.1 总体形势

自《国民经济社会发展“十二五”规划》将NO_x排放总量削减10%作为经济社会发展的约束性指标以来，全国上下掀起了声势浩大的减排行动，形成了各级党委政府直接领导、各部门齐抓共管、环保部门统一监管、群众广泛参与的环境保护工作新局面，工程减排、结构减排和管理减排得到贯彻推行。在此形势下，NO_x减排工作取得初步进展。2012 年为 2 338 万 t，相比 2010 年增长了 2.8%，但相比于 2011 年下降了 2.8%，排放量首次出现“拐点”。“十二五”目标完成比例为–28.2%，后 3 年减排压力巨大。

2.1.1 2012 年排放量首次出现拐点

“十一五”以来，我国能源消费总量持续增长，煤炭占能源消费总量的比例有所下降，“十一五”下降了 2.8 个百分点，到“十二五”占比基本稳定在 68%左右。“十二五”期间以煤炭为主的能源消费格局不会发生根本性改变。据《2012 年国民经济和社会发展统计公报》初步统计，2012 年全国能源消费总量 36.2 亿 t 标煤，比上年增长 3.9%，比 2010 年增长 11.4%。其中，煤炭消费量约为 35.2 亿 t，比上年增长 2.5%，比 2010 年增长 10.4%；原油消费量增至 4.92 亿 t 标煤，较 2010 年增长 11.3%；天然气消费量较 2010 年增长明显，增幅为 28.3%。比较“十一五”和“十二五”各种能源消费量的年均增长速度可以看出，“十一五”期间我国煤炭消费量的年均增速为 5.8%，2011 年较 2010 年的增长幅度较大，为 7.7%，2012 年仅增长 2.5%，“十二五”初期平均年增长速度为 5.1%，与“十一五”相比增速有所放缓。同样地，天然气消费量的增长速度也明显放缓，与“十一五”19.5%的年均增幅相比，降低了近 7 个百分点。原油消费量的年增长速度稳定在 5%左右。

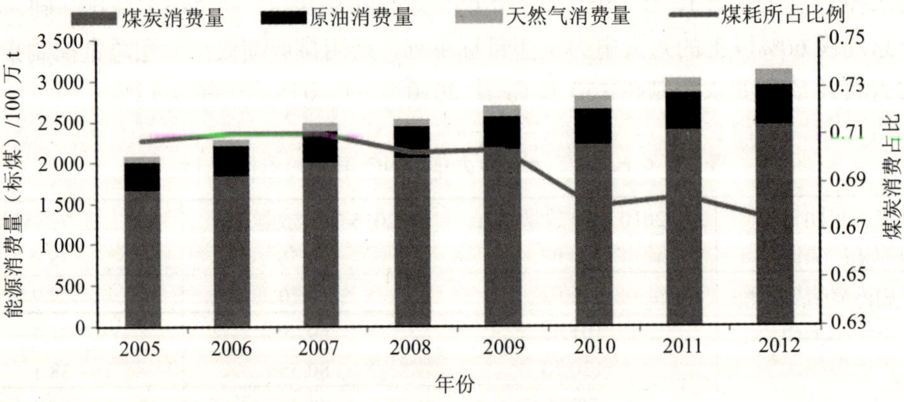

图 1 2005—2012 年我国能源消费情况

随着经济的持续快速增长和能源消费量的迅速上升，NO_x 排放水平也呈现高速增长的趋势。根据相关研究数据，我国 NO_x 排放总量由 2000 年的 1 177 万 t 增至 2005 年的 1 800 万 t，增长了近 53%。自 2007 年 NO_x 排放量纳入第一次全国污染源普查范围，我国逐步摸清了 NO_x 排放量基数。我国 NO_x 排放量在 2012 年以前一直保持高速增长。但随着能源消费量增长速度的趋缓以及减排工程的推进，“十二五”期间我国 NO_x 排放量的增速也明显放缓。2007—2010 年 NO_x 的平均年增长率为 8.2%。“十二五”前两年的年平均增速为 1.3%。

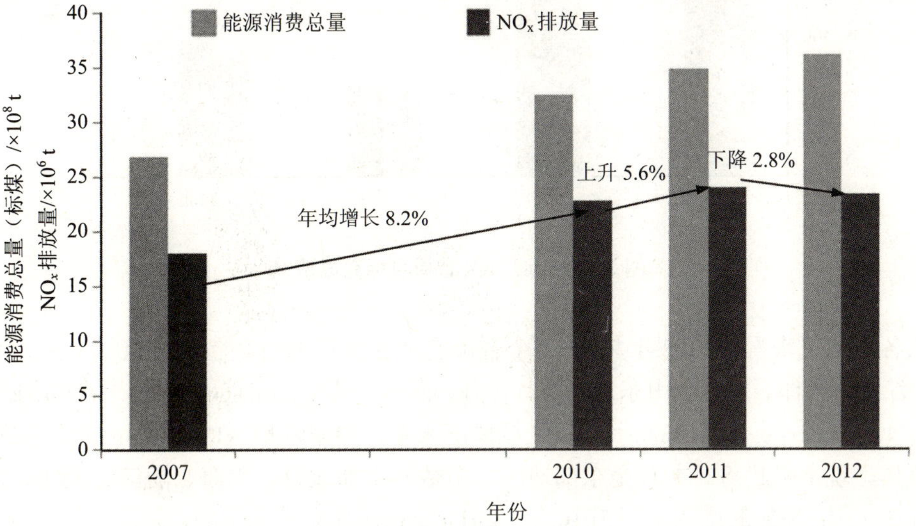

图 2 2007—2012 年我国 NO_x 排放量与能源消费量的变化情况

2.1.2 东部地区 NO_x 排放量呈现小幅下降

我国 NO_x 排放量的地区分布极其不平衡，主要集中在人口密集、工业集中和经济发展较快的中东部地区。中东部地区的面积为 273.67 万 km^2，仅占国土面积的 28%，但 NO_x 的排放量占 70%以上。2010 年中东部地区 NO_x 的排放强度为 6.04 t/km^2，是西部的 6.7 倍。其中，京津冀两市一省、长三角两省一市、广东、山东 8 个省和直辖市的工业活动较为集中，污染物排放强度较大。以全国 8%的国土面积，排放了全国 34%的 NO_x，单位面积的排放强度是全国平均水平的 3.5 倍。上海市由于面积小、工业集中，NO_x 的排放强度在这 8 个省中最高。

从我国 NO_x 减排情况的区域分布来看（图 3），相比 2010 年，2012 年只有东部地区 NO_x 排放量呈现小幅下降，其余各地区仍然呈上升趋势。尤其是西北地区，截至 2012 年年底，NO_x 排放总量上升了 10.1%。完成“十二五”目标的–473%，减排压力巨大。

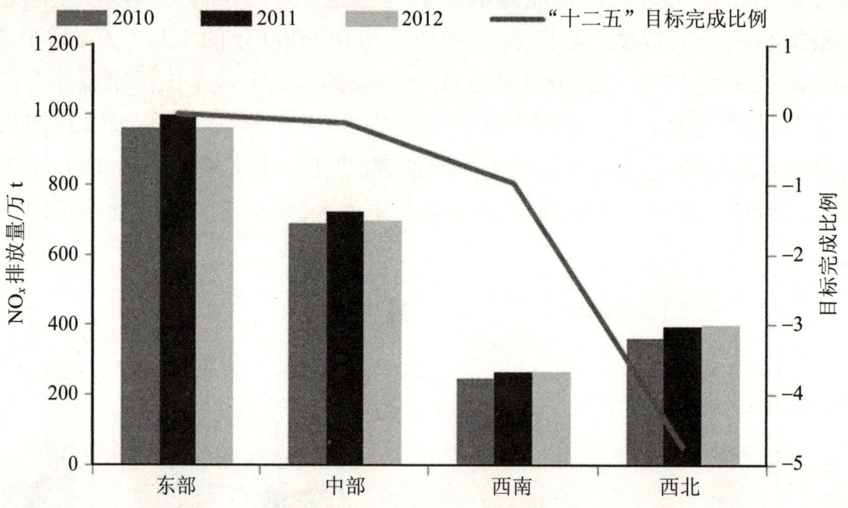

图 3　各区域 NO$_x$减排目标完成情况

从各省情况来看，2012 年共有 11 个省市实现 NO$_x$的减排，包括北京、上海、浙江、吉林、江西、天津、广东、山东、海南、青海、西藏。其中，北京、青海、上海完成了“十二五”NO$_x$减排任务的 50%以上。从区域情况来看，中东部地区的 NO$_x$排放量同 2011 年相比整体呈现下降趋势。尤其是东部地区，多数省市如北京、上海、浙江、天津、广东、山东等 2012 年 NO$_x$的排放量同 2010 年、2011 年相比均有小幅下降，只有辽宁、河北、福建、江苏 4 省不降反升。尤其是河北省，作为全国 NO$_x$第二排放大省，2012 年排放量增至 176.12 万 t，较 2010 年增长了 2.8 个百分点，占整个东部地区 11 个省市排放总量的 18.3%，减排压力巨大。西南和西北地区的排放量则保持持续上升趋势，尤其甘肃、宁夏、贵州、内蒙古、黑龙江、广西等 2012 年的排放量上升趋势明显，未来 3 年减排难度较大。

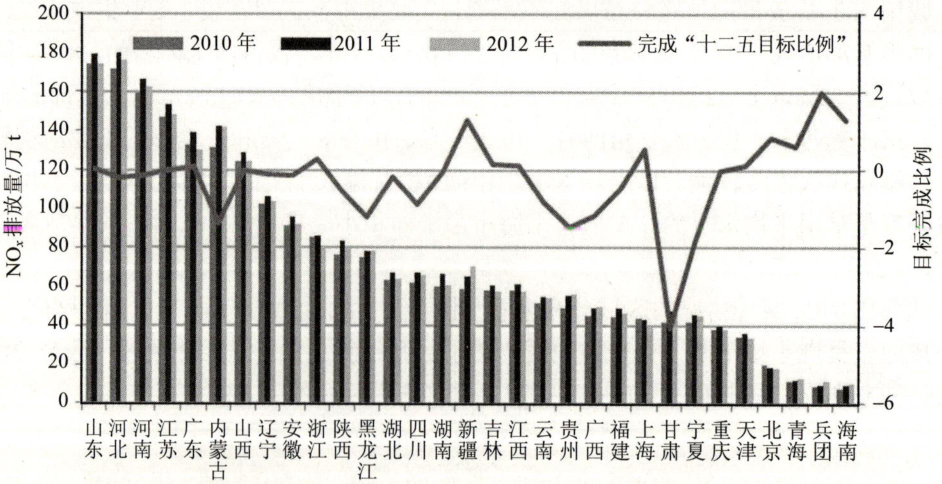

图 4　2010—2012 年各省 NO$_x$减排目标完成情况

东部地区的煤炭消费量占全国总消费量的 40.7%，是造成其 NO_x 排放量大的主要原因之一。“十二五”期间，中西部地区的煤炭消费量的增幅相对较高，尤其是西北地区 2012 年煤炭消费量升高 20%，造成西部部分省份 NO_x 排放量明显上升。比较分析 2012 年较 2010 年各省 NO_x 排放量的变化与煤炭消耗量的变化情况可以看出，除了主要的煤化工基地宁夏外，NO_x 的排放水平波动基本与煤炭消耗量的变化趋势一致，即各省的煤炭消耗是其 NO_x 排放量变化的主要影响因素之一。对于山西、江苏、吉林等省在煤炭消费量增幅较大的情况下，排放量微增或者实现小幅减排，说明其减排工作推行有效。

表 3　各省煤炭消费量的变化情况

地区		2010 年煤炭消费量/100 万 t	2012 年煤炭消费量/100 万 t	“十二五”增量/100 万 t	增幅/%
东部	北京	26.35	23.30	−3.05	10
	天津	48.07	51.62	3.55	
	辽宁	169.08	184.83	15.75	
	河北	274.65	296.04	21.39	
	山东	373.28	402.57	29.29	
	上海	58.76	55.92	−2.83	
	江苏	231.00	283.47	52.46	
	浙江	139.50	144.32	4.83	
	福建	70.26	83.37	13.11	
	广东	159.84	177.35	17.51	
	海南	6.47	9.06	2.59	
	合计	1 557.25	1 711.86	154.61	
中部	黑龙江	122.19	134.44	12.25	15
	吉林	95.83	114.33	18.50	
	山西	298.65	355.38	56.72	
	河南	260.50	290.58	30.08	
	湖北	134.70	153.00	18.30	
	湖南	113.23	128.00	14.77	
	安徽	133.76	156.09	22.33	
	江西	62.46	70.43	7.97	
	合计	1 221.32	1 402.24	180.91	
西南	重庆	63.97	67.50	3.53	8
	四川	115.20	112.90	−2.31	
	贵州	109.08	131.98	22.90	
	云南	93.49	97.92	4.43	
	广西	62.07	69.97	7.90	
	合计	443.82	480.27	36.45	
西北	内蒙古	270.04	341.31	71.27	20
	陕西	116.39	106.00	−10.39	
	甘肃	53.90	62.43	8.54	
	宁夏	57.65	84.20	26.55	
	青海	12.71	17.87	5.16	
	合计	510.68	611.81	101.13	

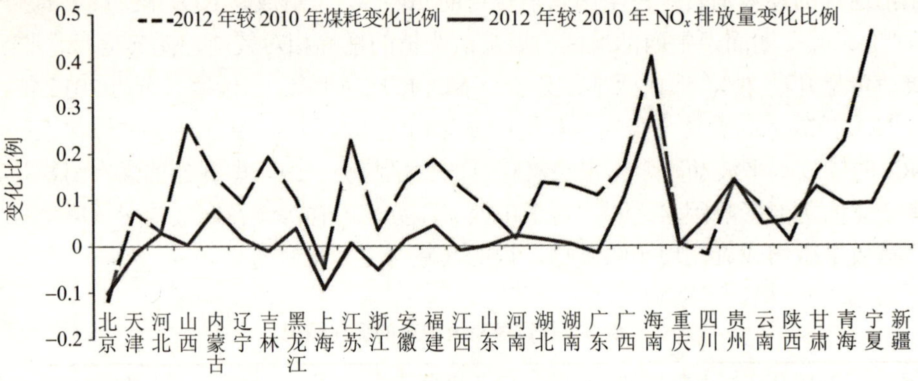

图 5　2012 年较 2010 年我国各省煤炭消耗量与 NO_x 排放量的变化情况

2.1.3　电力行业率先实现减排

电力行业、机动车排放以及水泥行业是我国 NO_x 排放的三大重点源。电力行业是排放第一大户。2010—2012 年电力行业 NO_x 的排放量均占总排放量的 46%以上。其次是机动车，占总排放量的 30%左右。水泥行业是主要的 NO_x 工业排放源，仅次于电力行业和机动车，约占除电力行业外的其他工业源排放量的 35%。

2012 年我国 NO_x 排放量首次出现下降的主要原因是电力行业实现 NO_x 的削减。截至 2012 年年底，全国电力行业排放量为 1 082.35 万 t，呈现出明显的下降趋势，在 2011 年上升 6.1%的情况下实现下降，分别较 2010 年、2011 年下降了 1.5%、7.1%。对全国 NO_x 的减排贡献巨大。

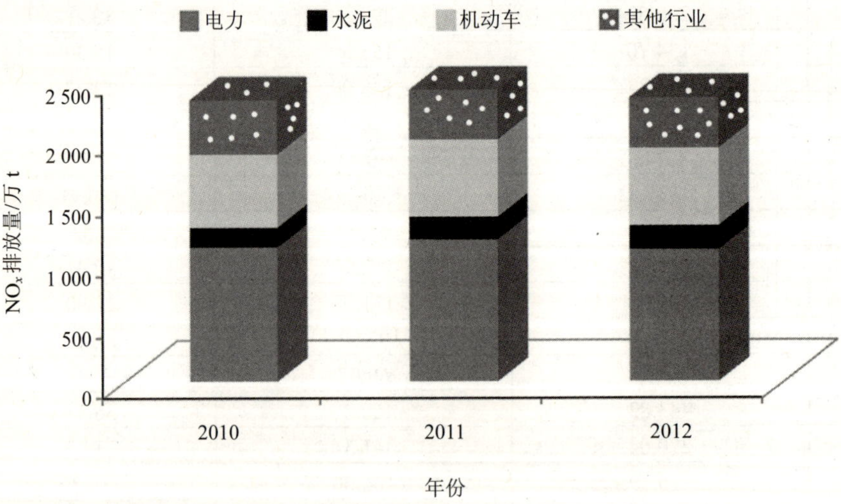

图 6　2010—2012 年我国 NO_x 排放源的分布情况

2.2 电力行业

2.2.1 2012 年减排工作取得突破进展

电力行业是 NO_x 总量减排的重点领域。“十二五”初期，我国电力行业 NO_x 排放量实现削减，排放绩效持续下降，2012 年降至 2.79 g/（kW·h），较 2010 年降低 13.4%。这一方面是因为电力工业技术水平的显著提升，供电煤耗（以标煤计）到 2012 年降至 326 g/（kW·h），相比于 2010 年降低两个百分点。另一方面也说明通过燃煤机组脱硝和关停小火电机组等减排工作初见成效。

同我国 NO_x 总排放量的地域分布特征一致，东部各省也是电力行业 NO_x 的主要排放地区，2010 年共排放 466 万 t，占全国总排放量的 42.4%。从各省电力行业 NO_x 的减排进展来看，相比于 2010 年，多数省份 2012 年的 NO_x 排放量呈下降趋势，但降幅不大。另外，仍有新疆、兵团、贵州、宁夏、甘肃、内蒙古、广西、陕西、河北、青海、黑龙江等省（自治区）NO_x 的排放量有所上升。尤其是新疆、海南、兵团、贵州和宁夏 2012 年 NO_x 的排放量均增加 10%以上。从区域分布来看，2012 年我国东、中部地区电力行业 NO_x 实现减排，平均降幅分别为 5.0%、4.9%。西南地区微增，增幅为 2.1%，西北地区则显著上升，增幅接近 10%。

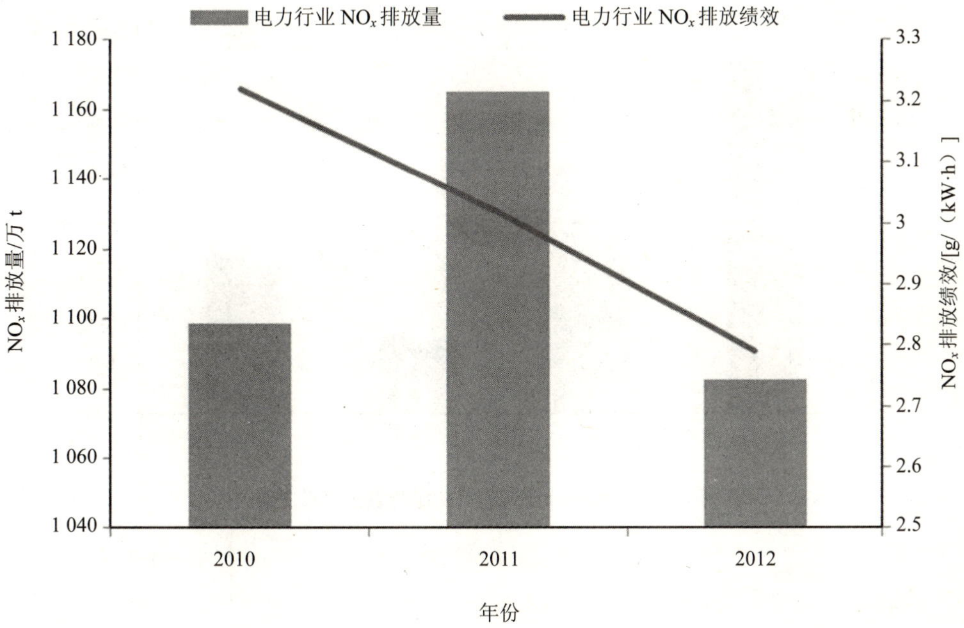

图 7 2010—2012 年电力行业 NO_x 排放量与排放绩效的变化趋势

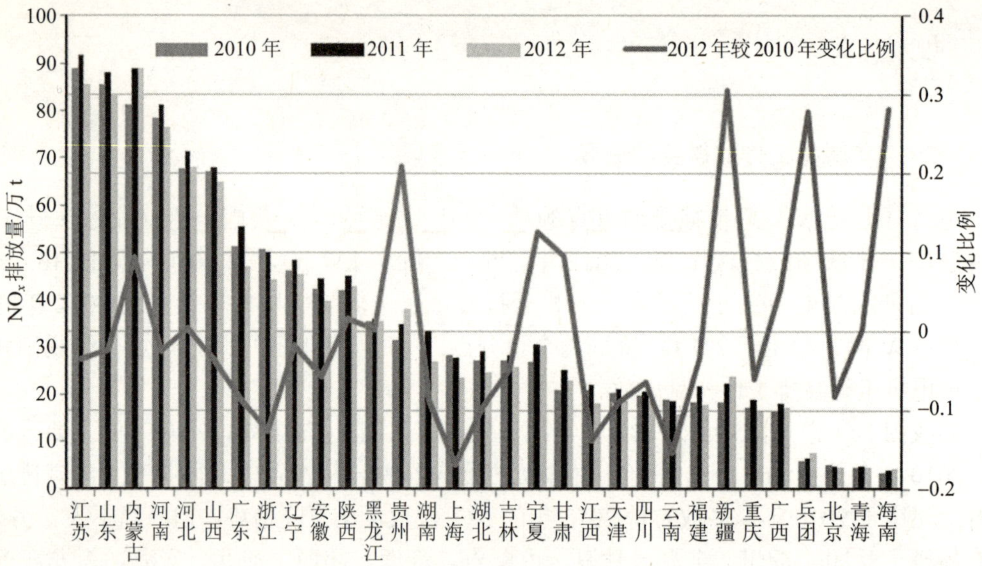

图 8 各省电力行业 NO_x 排放量情况

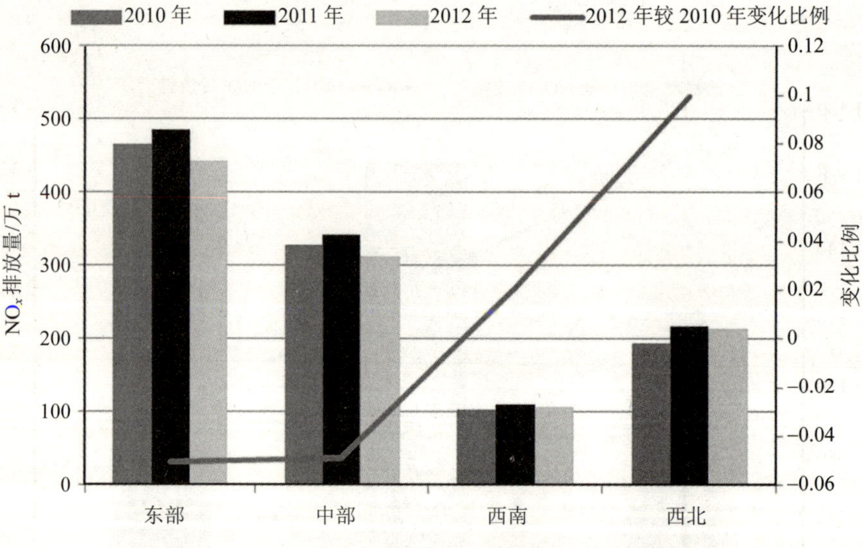

图 9 各区域电力行业 NO_x 排放量的变化趋势

2.2.2 西北地区减排形势严峻

“十一五”我国电力行业呈现快速增长的趋势。2010 年全国火电厂装机容量约为 7 亿 kW，发电量为 3.33 万亿 kW·h，电煤消耗量约为 18.57 亿 t，较 2005 年分别增长了 81.3%、67.2%、59.3%。截至 2012 年年底，火电装机容量约为 7.7 亿 kW，火力发电量升至 3.91 万亿 kW·h，电煤消耗量增至 20.89 亿 t，较 2010 年分别增长 15.4%、14.5%、12.5%，增速明显放缓。

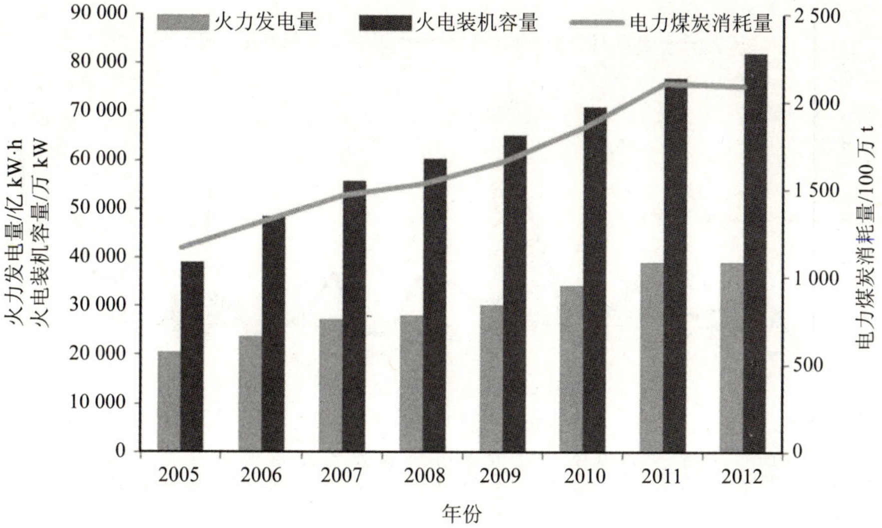

图 10　2005—2012 年火电行业的发展情况

从 2010—2012 年各省电力行业煤炭消耗量的变化情况来看，福建、云南、北京、湖北、四川、湖南以及重庆等省份的电力行业煤炭消耗量小幅下降。其他各省电力煤炭消耗量持续增长，2012 年较 2010 年平均增长 1 倍多，其中尤其以西北地区最为显著，是导致西北地区电力行业 NO_x 显著上升的主要原因。对比各省电力行业 NO_x 排放量和电煤消耗量的变化趋势可以看出，除个别省外，NO_x 排放量的变化趋势与电煤消耗量变化趋势基本一致。

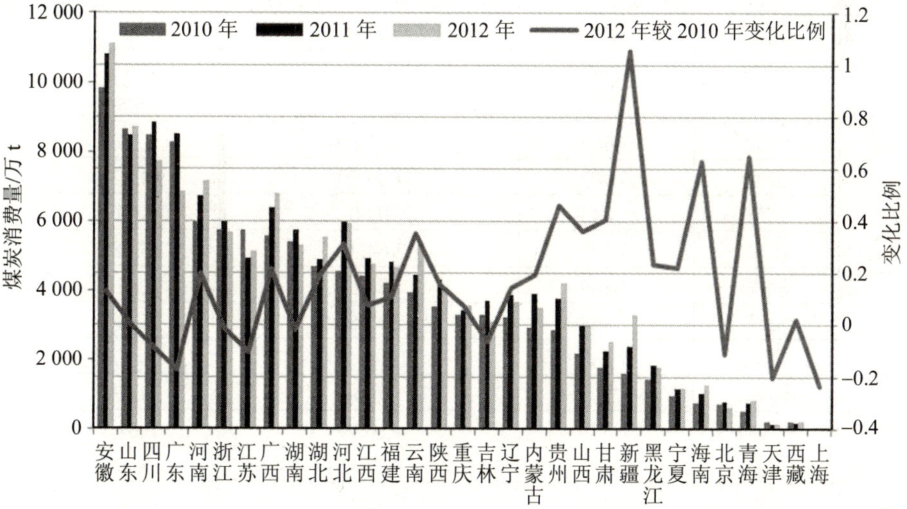

图 11　2010—2012 年我国各省电力行业煤炭消耗量的变化趋势

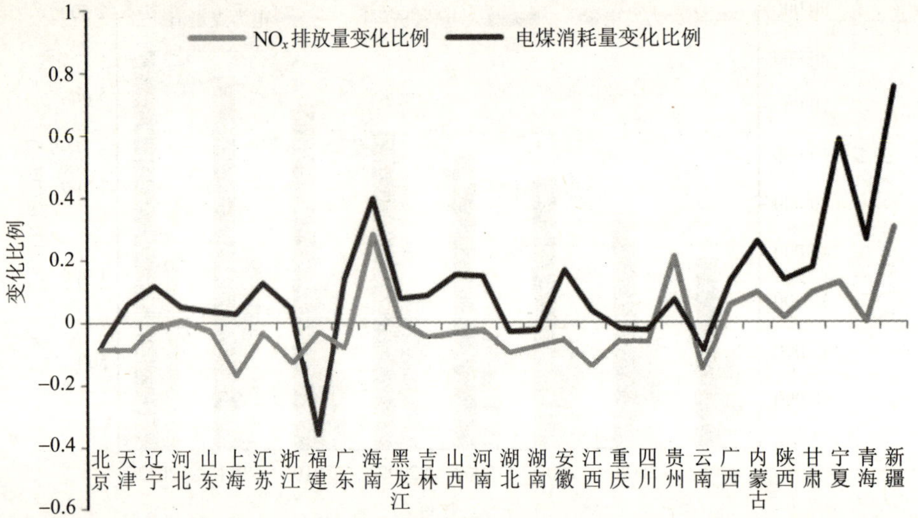

图 12　2010—2012 年各省电力行业 NO$_x$ 排放量与电煤消耗量的变化趋势

从“十二五”前两年各地区火电机组的分布情况来看，目前我国的火电机组仍主要集中在中东部地区，但从各区域新建机组的增长比例来看，“十二五”初期中部地区火电机组建设速度最快，新建火电装机容量占 2010 年装机的 1/4 以上，由此产生的 NO$_x$ 新增量大；其次为西部地区，东部地区压力最小。

表 4　“十二五”初期我国火电装机容量的增长情况

区域	省份	2010 年/万 kW	“十二五”前两年新建/万 kW	新建规模占 2010 年比例/%	
东部	北京	514	92.34	17.97	12.49
	天津	1 091	12.00	1.10	
	辽宁	2 772	273.00	9.85	
	河北	3 664	275.80	7.53	
	山东	6 002	649.50	10.82	
	上海	1 843	0.00	0.00	
	江苏	5 998	964.30	16.08	
	浙江	4 360	386.00	8.85	
	福建	2 307	377.50	16.36	
	广东	5 287	1 145.80	21.67	
	海南	297	88.00	29.63	
中部	黑龙江	1 679	110.99	6.61	25.89
	吉林	1 387	187.45	13.51	
	山西	4 210	732.13	17.39	
	河南	4 687	868.20	18.52	
	湖北	1 815	275.40	15.17	
	湖南	1 609	2 154.77	133.92	
	安徽	2 763	500.00	18.10	
	江西	1 294	205.10	15.85	

区域	省份	2010 年/万 kW	“十二五”前两年新建/万 kW	新建规模占 2010 年比例/%	
西南	重庆	674	12.70	1.88	19.40
	四川	1 258	255.40	20.30	
	贵州	1 753	300.00	17.11	
	云南	1 133	249.32	22.01	
	广西	1 039	318.90	30.69	
西北	内蒙古	5 402	673.60	12.47	16.93
	陕西	2 137	134.50	6.29	
	甘肃	1 324	192.00	14.50	
	宁夏	1 271	376.00	29.58	
	青海	193	37.00	19.17	
	新疆	1 172	533.70	45.54	
合计		70 935	12 381.40	17.45	

2.2.3 燃煤电厂烟气脱硝工作推进缓慢

2.2.3.1 西部地区脱硝工程的推进与运行管理亟须加强

“十二五”要求 2015 年年底共完成电力脱硝机组装机容量达 4 亿 kW。截至 2012 年年底，燃煤机组脱硝装机容量已达到 2.25 亿 kW，脱硝机组装机容量占火电装机容量的比重由 2010 年的 11.2%提高到 27.5%。平均脱硝效率为 48%，同比提高 18 个百分点。2012 年年底计划完成脱硝改造装机容量 7 248.7 万 kW，实际完成规模为 3 614.5 万 kW，完成比例为 49.9%。各省的目标责任书完成情况差距较大。目前仅有内蒙古、河北、山西、陕西、浙江、江苏、福建、天津、安徽、山东、湖南、甘肃完成了目标责任书的 40%以上。辽宁、吉林、江西、广西、重庆、四川、贵州、云南等省份未完成目标责任工程项目。

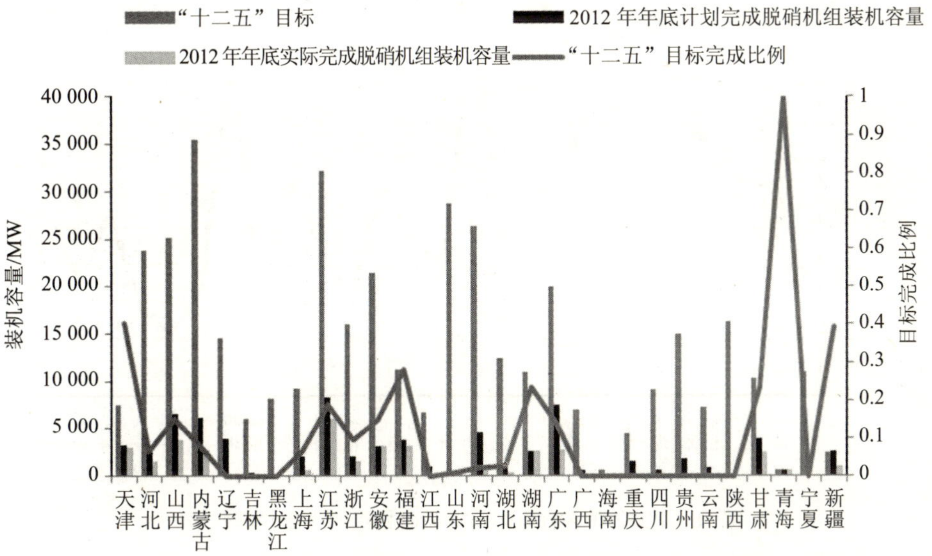

图 13 2012 年各省电力行业 NO_x 减排目标的完成情况

从各省电力脱硝机组装机容量的比例来看（图 14），目前电力脱硝工程进展较快的省市主要集中在东部地区，包括北京、福建、天津、山西、浙江、广东和江苏，其脱硝机组所占比例均为 30%以上，而西部地区脱硝工程的推进及运行管理均较差，亟待加强。从脱硝设施运行情况来看，上海、黑龙江、江苏、四川、浙江、山东等省市，运行效果相对较好，综合脱硝效率均在 40%以上。

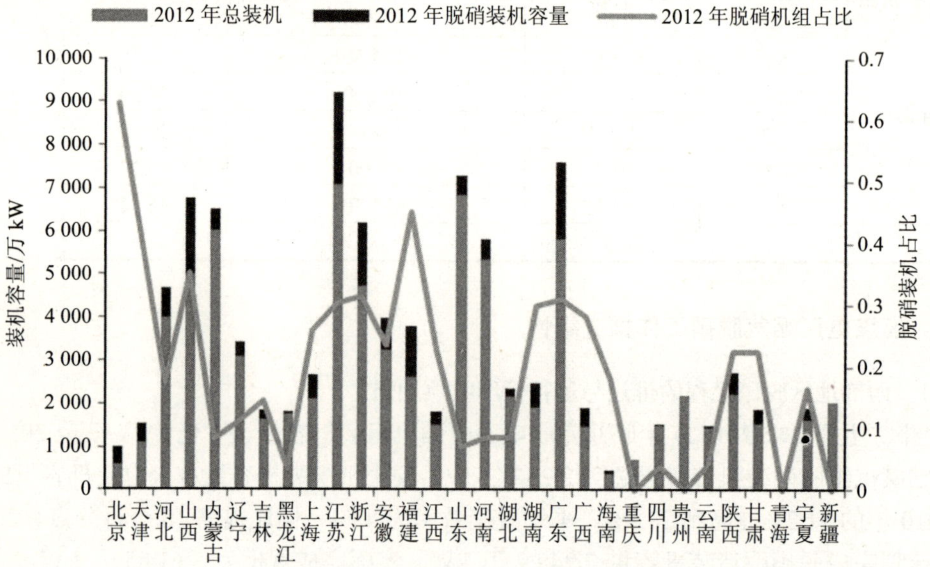

图 14　2012 年电力行业工程减排情况

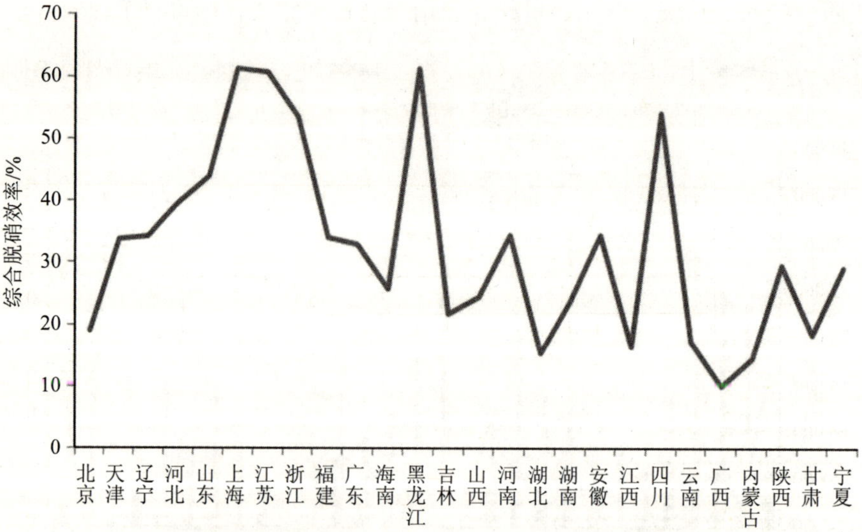

图 15　2012 年各省电力行业脱硝机组的综合脱硝效率

2.2.3.2　东部地区结构减排力度较大

“十二五”前两年我国共淘汰小火电机组 6 969MW。其中东部地区结构减排力度最大，淘汰小火电装机容量达 4 143MW，约占全国淘汰总规模的 60%，是实现东部地区电力行业 NO_x 排放量削减重要原因之一；中部、西南地区的淘汰规模次之；西北地区淘汰小火电规模仅为 344.5MW，占全国淘汰总规模的 5%。

表 5 “十二五”前两年各省淘汰小火电规模一览表

区域	省份	淘汰装机容量/MW	
东部	北京	—	4 143
	天津	200	
	辽宁	648	
	河北	515	
	山东	514	
	上海	275	
	江苏	1 628	
	浙江	300	
	福建	56	
	广东	7	
	海南	—	
中部	黑龙江	69.5	1 475
	吉林	48	
	山西	713.5	
	河南	18	
	湖北	—	
	湖南	24	
	安徽	177	
	江西	425	
西南	重庆	—	1 006
	四川	127	
	贵州	800	
	云南	5	
	广西	74	
西北	内蒙古	200	344.5
	陕西	6	
	甘肃	—	
	宁夏	—	
	青海	4.5	
	新疆	134	

2.2.3.3 六大电力集团 NO_x 减排成效显著

“十二五”期间，六大电力集团全面落实各项环保政策措施，加大脱硝设施建设和淘汰小火电机组，2012 年整体实现减排。六大电力集团 2012 年 NO_x 排放总量为 645.92 万 t，相比于 2011 年的 705.5 万 t 减少了 9.2%，高于全国电力行业 NO_x 排放量的平均下降比例。NO_x 排放绩效也由 2011 年的 3.01 g/（kW·h）降低到了 2012 年的 2.8 g/（kW·h）。

六大电力集团作为大型国有企业，在电力行业脱硝工程建设中发挥了中坚作用，对全国电力行业 NO_x 减排做出了巨大贡献。截至 2012 年年底，六大集团公司燃煤机组脱硝装机容量达到 1.48 亿 kW，占全国火电机组脱硝装机容量的 65.8%。

表 6 六大电力集团公司 NO_x 治理进展

	年度	中国华能集团	中国大唐集团	中国华电集团	中国国电集团	中电投集团	神华集团	合计
火电装机容量/万 kW	2010	9 258	8 387	7 105	7 633	5 168	—	37 551
	2011	10 397	8 665	7 492	8 339	5 697	5 572	46 162
	2012	10 907	8 779	8 103	9 277	5 742	5 882	48 690
火力发电量/亿 kW·h	2010	4 673	4 114	3 245	3 769	2 302	—	18 103
	2011	5 392	4 488	3 753	4 265	2 722	2 868	23 488
	2012	5 243	4 364	3 711	4 332	2 751	3 016	23 417
NO_x 排放量/万 t	2010	146.07	136.02	100.58	130.13	78.61	—	591.41
	2011	155.34	142.75	110.07	139.29	84.79	73.26	705.5
	2012	139.92	128.18	100.23	131.03	77.29	69.27	645.92
目标责任书要求/万 t	—	90.56	82.70	69.49	80.55	49.84	47.62	420.76
累计目标完成率	—	11.08%	14.70%	1.13%	–1.82%	4.59%	15.56%	—
NO_x 排放绩效/[g/（kW·h）]	2010	3.15	3.31	3.2	3.45	3.41	—	3.28
	2011	2.93	3.18	3.03	3.27	3.12	2.54	3.01
	2012	2.73	2.94	2.82	3.03	2.89	2.29	2.8

表 7 六大电力集团公司脱硝工程建设进展

	年度	中国华能集团	中国大唐集团	中国华电集团	中国国电集团	中电投集团	神华集团
脱硝机组总装机容量/万 kW	2010	2 013.0	1 158.0	641.8	605.5	971.0	—
	2011	2 720.0	1 325.0	807.8	1 206.5	1 191.0	40.0
	2012	4 065.9	2 477.0	1 253.8	3 083.5	1 672.0	2 243.5

2.3 机动车

2.3.1 机动车 NO_x 排放增长趋势得到有效控制

近年来我国汽车产销量保持高速增长。2012 年，全年汽车产销量分别达到 1 927.2 万辆和 1 930.6 万辆，产销量连续四年居世界首位。

我国汽车保有量每增长 1 000 万辆所需时间逐渐缩短，由最初 1980 年的 15 年，缩短至 2005—2007 年的两年时间，更在 2008—2012 年 5 年时间内迅速增长了 6 000 万辆。随着机动车保有量的飞速增长，NO_x 排放量也显著上升。2010—2012 年机动车保有量分别为 1.86 亿辆、2.07 亿辆、2.24 亿辆，NO_x 排放量为 599.4 万 t、637.5 万 t、639.7 万 t，2011—2012 年机动车保有量年增长率分别为 10.1%和 10.2%，NO_x 年增长率分别为 6.4%和 0.3%。这说明"十二五"前两年针对机动车的 NO_x 总量减排措施成效有所显现，机动车

NO_x 增长的趋势得到有效控制。在机动车保有量持续快速增长的环境下，2012 年机动车 NO_x 排放量增长了 2.2 万 t，与 2011 年排放量相比微增。

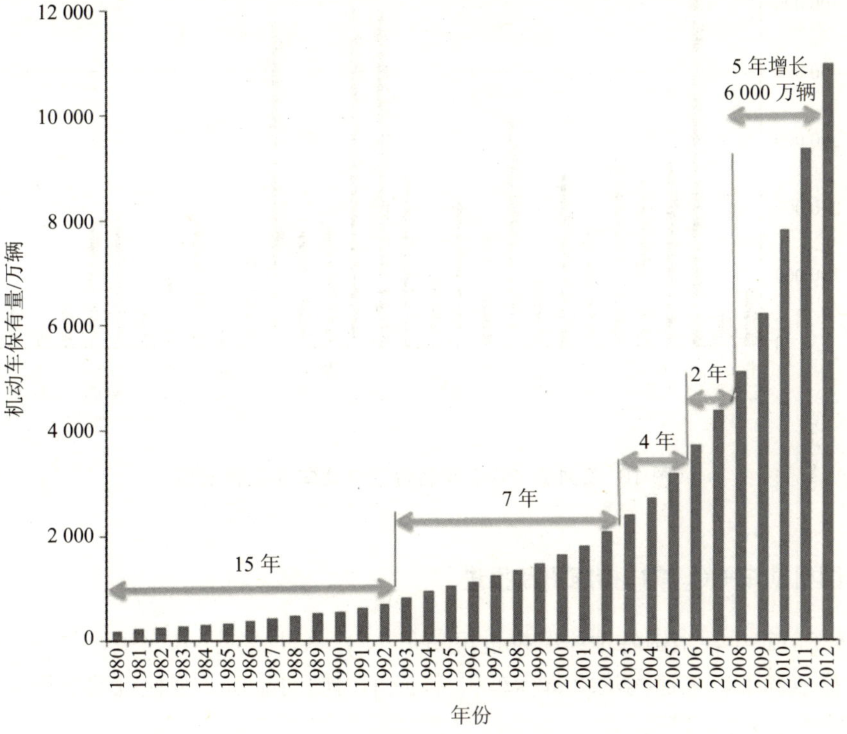

图 16　我国机动车保有量的年变化趋势

从各省情况来看，北京、河北、山西、内蒙古、辽宁、吉林、黑龙江、上海、安徽、山东和陕西 11 省市实现了机动车 NO_x 总量减排，合计减排 6.8 万 t，其余省份共增长 9.0 万 t。

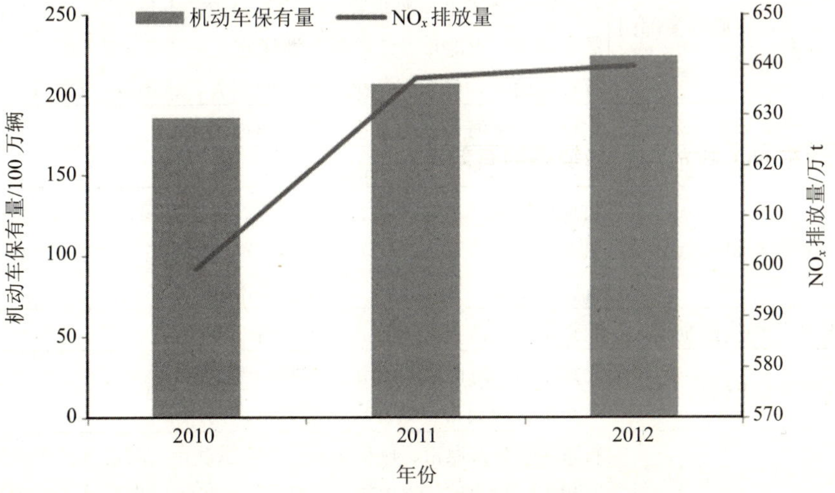

图 17　2010—2012 年机动车保有量及其 NO_x 排放量的变化情况

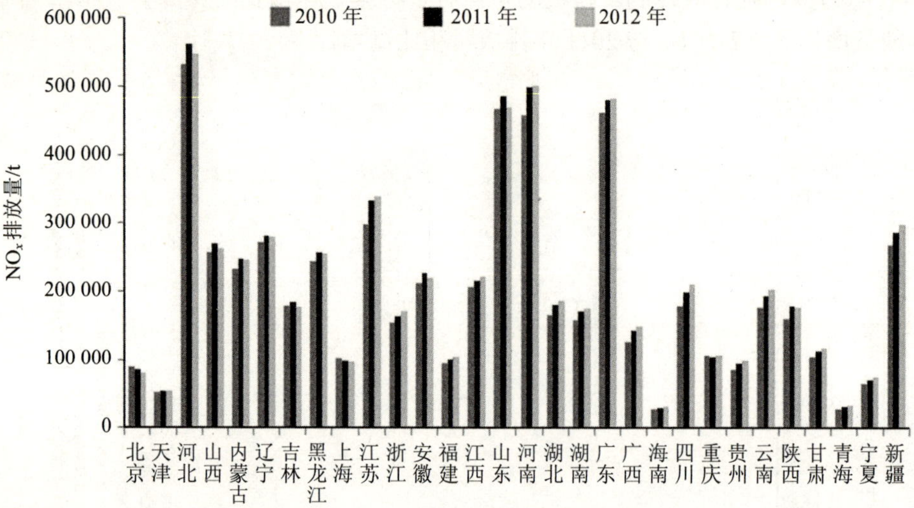

图 18　2010—2012 年各地区机动车 NO_x 排放量

2.3.2　全国机动车 NO_x 减排措施不断推进

2011—2012 年，全国各地纷纷推进机动车 NO_x 总量减排工作，主要包括：实施更严格机动车排放标准、加速淘汰“黄标车”、提升车用燃油品质、强化机动车环保监管、调控城市机动车保有总量等。

2012 年，各省（直辖市、自治区）逐步开展了机动车 NO_x 总量减排工作，详表如下：

表 8　各省机动车 NO_x 减排措施一览表

措施	实施地区
建立环保、公安、交通等多部门协作机制	北京市、天津市、河北省、山西省、内蒙古自治区、辽宁省、吉林省、黑龙江省、上海市、江苏省、浙江省、福建省、江西省、山东省、湖北省、湖南省、广东省、重庆市、四川省、云南省、陕西省
提前实施更严格机动车排放标准	北京市、上海市、南京市、珠三角地区
调控城市机动车保有总量	北京市、上海市、广州市、贵阳市
限制高排放车辆转入	北京市、天津市、河北省、山西省、内蒙古自治区、辽宁省、吉林省、黑龙江省、上海市、江苏省、浙江省、江西省、山东省、湖南省、广东省、重庆市、四川省、云南省、陕西省
出台“黄标车”淘汰鼓励政策	北京市、上海市、江苏省、浙江省
供应国Ⅳ车用油品	北京市、上海市、广州市、深圳市、东莞市、南京市、苏州市、无锡市、常州市、南通市、镇江市、泰州市、扬州市
出台并实施“黄标车”区域限行或车牌尾号限行政策	石家庄市、太原市、呼和浩特市、哈尔滨市、南京市、苏州市、盐城市、泰州市、杭州市、绍兴市、南昌市、青岛市、临沂市、武汉市、广州市、深圳市、佛山市、东莞市、成都市、西安市、兰州市、银川市

通过以上措施，2011—2012 年，全国累计淘汰黄标车 188.7 万辆，减少机动车 NO_x 排放 45.5 万 t；累计核发机动车环保定期检验合格标志 5 123.2 万张，基本建立机动车总量减排台账；北京、上海及江苏、广东的部分城市提前实施国Ⅳ车用燃料，实现油品减排 1.64 万 t；通过区域限行/限号，加强环保标志管理、加强机动车环保定期检验等措施，累计实现减排 1.94 万 t。

从各省 2012 年较 2010 年机动车保有量的增幅和淘汰黄标车数量来看，北京、上海、江苏、海南、广东、吉林等省份对机动车保有量的控制成效明显，相比于 2010 年，2012 年的保有量的增幅均小于 15%。山东、河北、安徽、河南、辽宁、山西等省份淘汰“黄标车”力度较大，2011 年、2012 年均淘汰超过 25 000 辆，6 省淘汰黄标车共产生 NO_x 削减量 21.88 万 t，占全国总削减量的近一半。

2.4 水泥行业

2.4.1 NO_x 减排进度较为滞后

“十二五”规划规定到 2015 年将水泥行业 NO_x 排放量控制在 150 万 t，削减比例 12%。水泥行业实施新型干法窑降氮脱硝，新建、改扩建水泥生产线综合脱硝效率不低于 60%。然而目前来看，水泥行业的减排进展较慢。2012 年全国水泥熟料产量为 12.79 亿 t，较 2010 年增长了近 11%。随着水泥产量的持续增长以及新型干法窑的推进，2011 年、2012 年水泥行业 NO_x 的排放量不降反升，2012 年增至 198.74 万 t，与 2010 年的 170.00 万 t 相比，增长 17.5%。

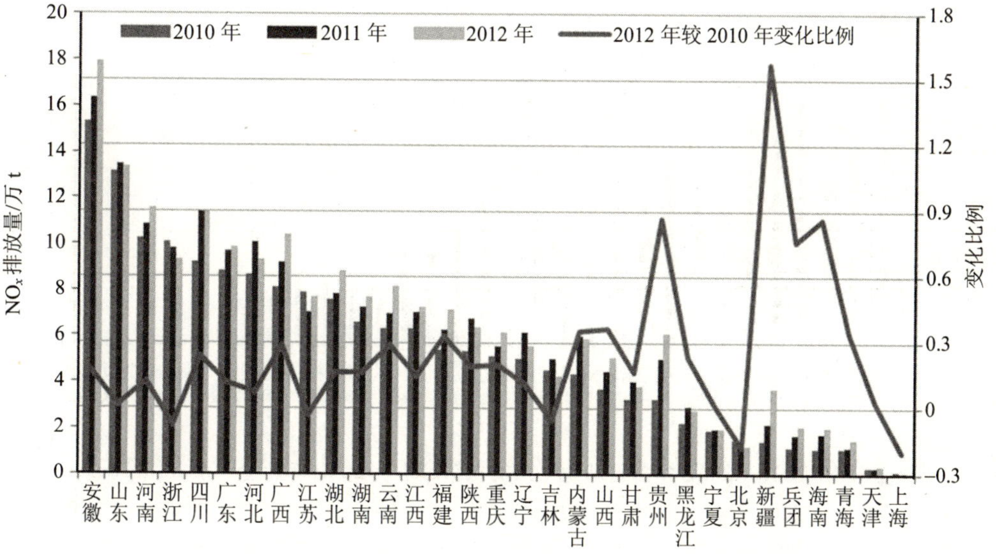

图 19 2010—2012 年各省水泥行业的 NO_x 排放量

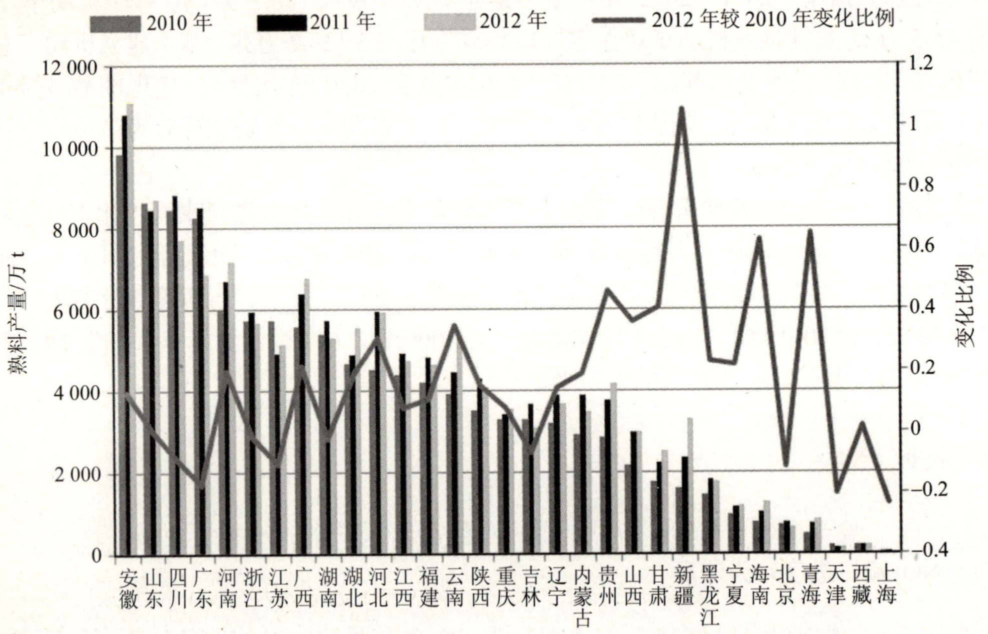

图 20　2010—2012 年各省水泥熟料产量的变化情况

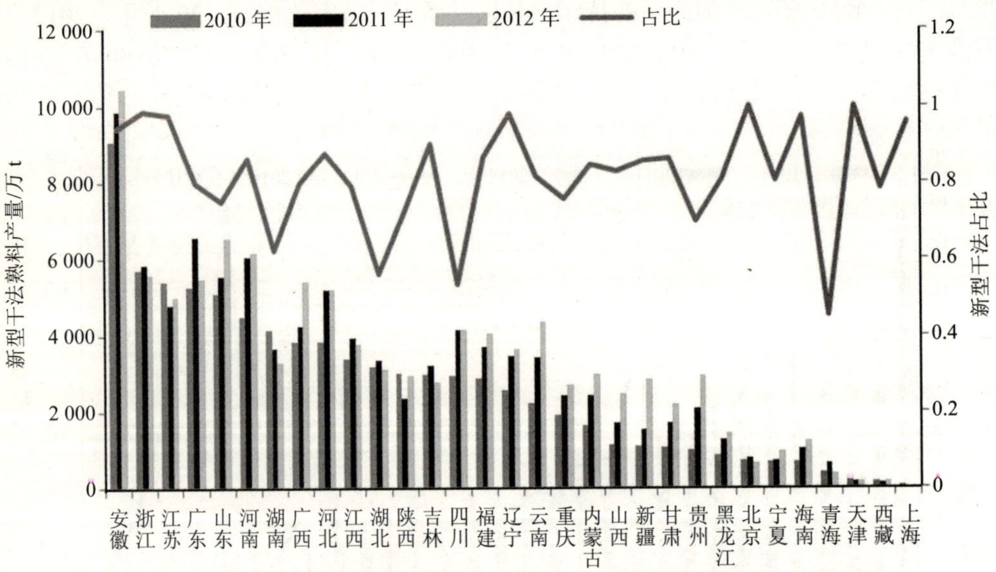

图 21　2010—2012 年各省新型干法的熟料产量及 2012 年新型干法占比情况

安徽、山东、四川、广东、河南、浙江、江苏、广西、湖南等省份是我国的水泥熟料产量大省，尤其是新型干法熟料产量占全国产量的 52.7%。相应地，安徽、山东、河南、浙江、四川、广东、广西也是我国水泥行业 NO_x 排放大省，排放量占总排放量的 44.3%。从各省的减排力度看，除了北京、吉林、上海、江苏、浙江 5 省市 2012 年水泥行业的 NO_x

排放量有小幅下降外，其他各省的水泥行业 NO_x 排放量均呈上升趋势，尤其是福建、青海、内蒙古、山西、兵团、海南、贵州和新疆等省份排放量增幅较大，均在 30%以上，减排压力很大。根据熟料产量以及新型干法产量的变化情况可以看出，2010—2012 年东部地区的上海、天津、北京、江苏、浙江等以及吉林 2012 年的熟料产量明显下降，是其 NO_x 排放量有所下降的主要原因。青海、山西、海南、贵州和新疆等省份熟料产量的迅猛增长也是其 NO_x 排放量显著上升的主要原因。

2.4.2 已建的减排工程尚未发挥实质作用

截至 2012 年年底，我国已完成 117 条水泥熟料生产线的低氮燃烧改造，126 条新型干法水泥生产线完成脱硝工程，规模以熟料计达 43.7 万 t/d。其中有 96 条是目标责任书要求项目，规模以熟料计达 35.63 万 t/d，完成目标责任书的 28.1%。另外，“十二五”前两年共淘汰落后产能企业 1 835 家，淘汰落后产能 3.72 亿 t。

“十二五”规划对 22 个省市提出水泥行业 NO_x 脱硝工程目标，2012 年年底前，要求水泥行业脱硝工程的省份包括辽宁、浙江、安徽、江西、湖南、广东和重庆。其中，浙江、江西、湖南、广东完成或超额完成了前两年脱硝计划，同时分别完成“十二五”目标的 41.6%、19.3%、130%、31.2%。辽宁、重庆和安徽没有完成目标责任书中 2012 年水泥窑脱硝计划，其中辽宁、重庆目前没有一条熟料生产线完成脱硝工程。另外，尽管目前没有对山东省提出脱硝工程计划，但其作为我国水泥熟料及 NO_x 排放的第二大省，水泥行业产能 52 万 t/d，至今尚未开始水泥行业的 SNCR 脱硝工程建设试点，可能造成其后期水泥行业减排压力巨大。对于河北、吉林、黑龙江、江苏、福建、湖北、广西、四川、宁夏 9 个省份，虽在责任书中未安排 2012 年年底前的水泥脱硝计划，仍能积极推进减排工程，分别提前完成了“十二五”水泥行业脱硝计划的 97.4%、191%、107%、5.4%、134%、200%、8.2%、29.6%、17.8%。

但是，目前已建成的水泥脱硝设施，大部分还处于试运行阶段，缺乏有效的评估，未能发挥实质的减排作用。

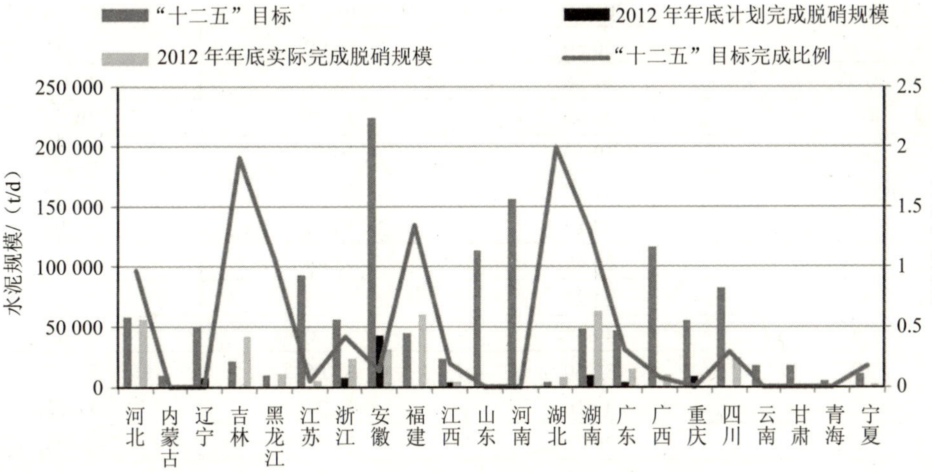

图 22 2012 年各省水泥行业脱硝工程减排目标完成情况

3 NO_x减排对空气质量的影响模拟分析

3.1 NO_2的污染恶化趋势已初步得到控制

2012 年根据全国范围内的环境质量监测数据，虽然 NO_2 污染状况并无大幅改善，但 NO_2 的污染恶化趋势已初步得到控制。

从全国范围来看，NO_2 浓度上升趋势得到有效控制，NO_2 全国平均浓度首次出现拐点。根据 333 个地级城市监测数据，2011 年，我国 NO_2 浓度上升趋势依然明显，NO_2 年均浓度比 2010 年上升了 2.93%，然而这一上升趋势在 2012 年得到有效控制，2012 年 NO_2 年均浓度比 2011 年降低了 1.79%。

从各省（直辖市、自治区）来看，2011 年大部分省（直辖市、自治区）NO_2 浓度仍以上升为主，21 个省（直辖市、自治区）NO_2 浓度上升，10 个省（直辖市、自治区）NO_2 浓度下降。其中，河北、江西、云南、广东、安徽、山西、福建、北京，NO_2 下降省市降幅较小，降幅均不到 5%；仅有重庆、天津两个直辖市降幅超过 10%。2012 年，NO_2 浓度下降的省市范围有所扩大，18 省 NO_2 浓度相比 2011 年有所下降，分别为海南、内蒙古、河南、广西、上海、黑龙江、北京、贵州、湖南、甘肃、吉林、云南、山东、湖北、广东、江西、浙江、辽宁，且降幅相比 2011 年大幅提高，其中海南、内蒙古、河南、广西 4 省（自治区）降幅超过 10%，上海、黑龙江、北京、贵州、湖南、甘肃 6 省市降幅超过 5%，详见表 9 和图 23。

表 9 2010—2012 年“十二五”各省 NO_2 年均质量浓度 单位：$\mu g/m^3$

省（直辖市、自治区）	2010 年	2011 年	2012 年
北京	56.56	56.00	52.00
天津	44.86	38.00	42.00
河北	29.00	27.73	28.18
山西	19.59	20.91	22.00
内蒙古	21.10	26.50	22.33
辽宁	30.12	30.71	30.14
吉林	29.41	33.44	31.89
黑龙江	24.27	25.54	23.23
上海	49.58	51.00	46.00
江苏	32.60	32.85	36.62
浙江	42.16	42.27	41.45
安徽	26.72	26.12	26.94
福建	24.11	23.78	24.56
江西	27.91	26.73	26.09
山东	37.75	38.47	37.06
河南	35.18	37.50	33.59

省（直辖市、自治区）	2010 年	2011 年	2012 年
湖北	24.62	26.85	26.00
湖南	28.46	30.64	28.86
广东	27.47	26.71	25.95
广西	23.46	24.93	22.36
海南	13.49	16.00	13.00
重庆	39.32	31.00	35.00
四川	32.13	32.29	33.24
贵州	19.76	21.11	19.78
云南	17.37	16.81	16.06
西藏	21.21	23.00	24.00
陕西	31.96	31.50	31.60
甘肃	21.96	23.36	22.14
青海	25.88	26.00	26.00
宁夏	22.12	25.20	26.60
新疆	22.48	24.00	27.56
全国平均	27.66	28.47	27.96

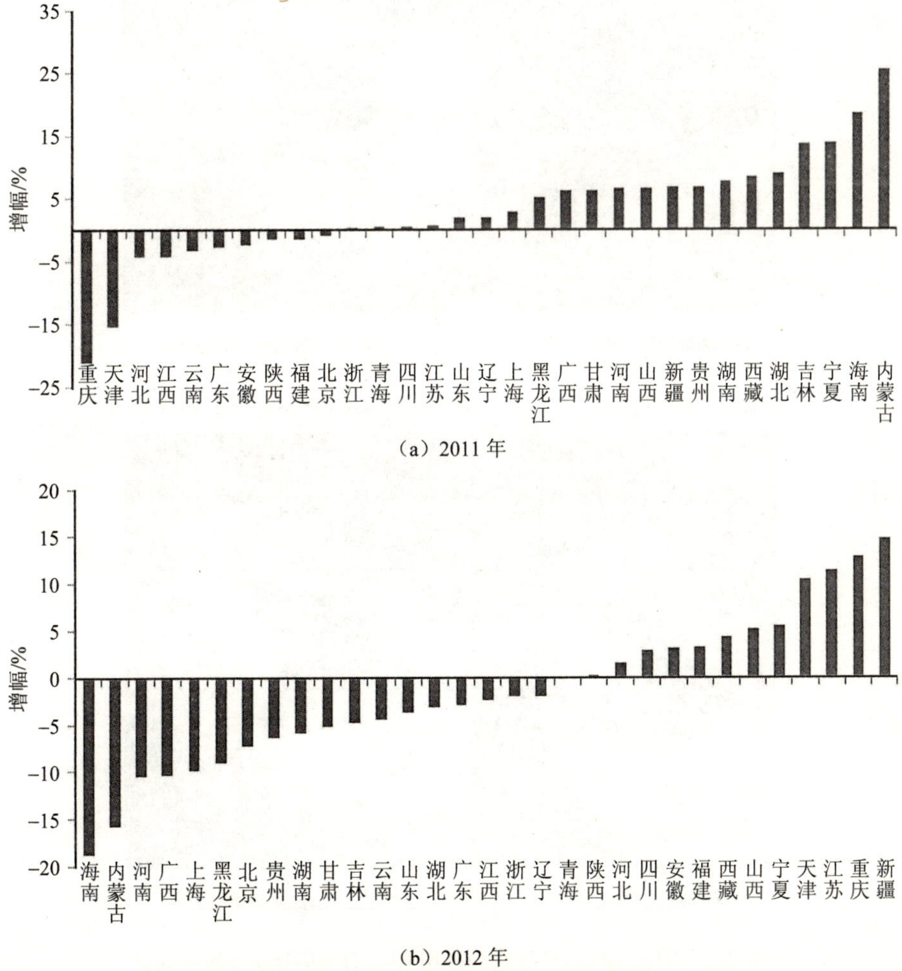

图 23　2011 年和 2012 年全国各省 NO_2 质量浓度变化

卫星遥感数据显示，2012 年，我国大部分地区首次出现 NO_2 浓度下降。2011 年，我国大部分地区 NO_2 浓度仍以上升趋势为主，仅天津、北京、贵州、辽宁、四川、西藏 6 省市 NO_2 浓度出现小幅下降，且降幅均不足 0.5×10^{15} mol/cm^2，其余各省市 NO_2 浓度均呈上升态势，其中山西、江苏、安徽、上海、山东、河南 6 省 NO_2 柱浓度增长均超过 2.5×10^{15} mol/cm^2。2012 年，NO_2 浓度在全国大范围内下降，包括中原地区、山东半岛、华南地区、珠江三角洲和西南地区，除北京、天津、新疆、贵州、辽宁、云南、西藏 7 省市，其余 24 省市 NO_2 浓度均有所下降，且降幅较 2011 年有大幅提高，上海、江苏、河南、山东 4 省市 NO_2 柱浓度下降超过 2×10^{15} mol/cm^2，安徽、浙江、湖北、湖南 4 省 NO_2 柱浓度下降超过 1×10^{15} mol/cm^2。NO_2 柱浓度大范围下降表明，我国“十二五”期间的 NO_x 控制政策已开始发挥作用。

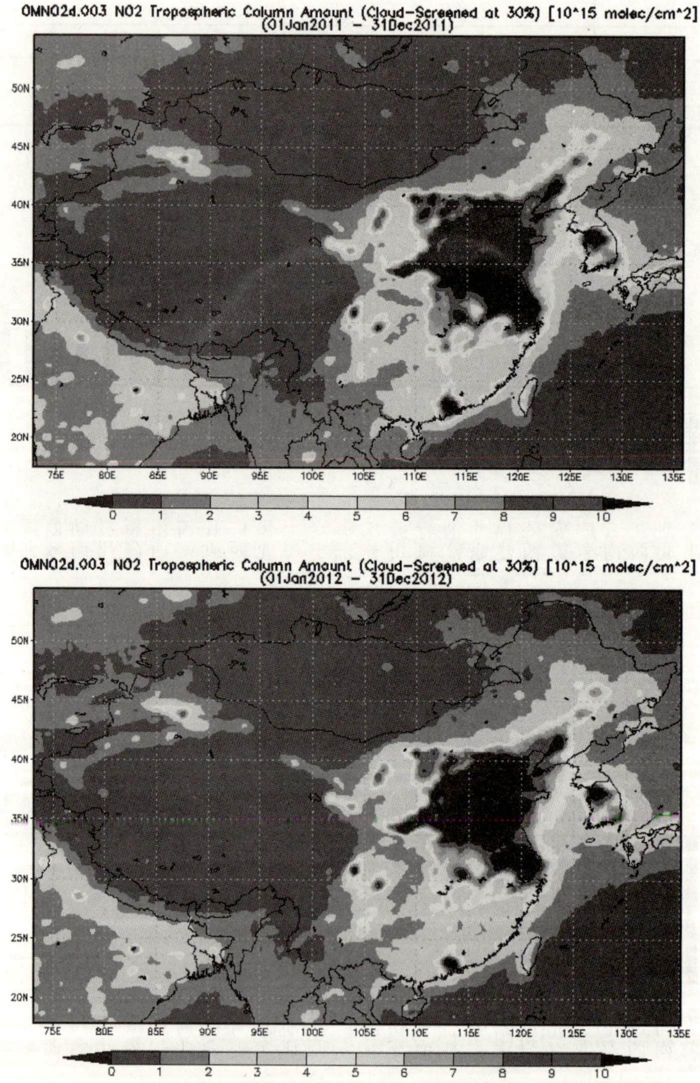

图 24 2010—2012 年全国范围内 NO_2 对流层柱浓度变化情况

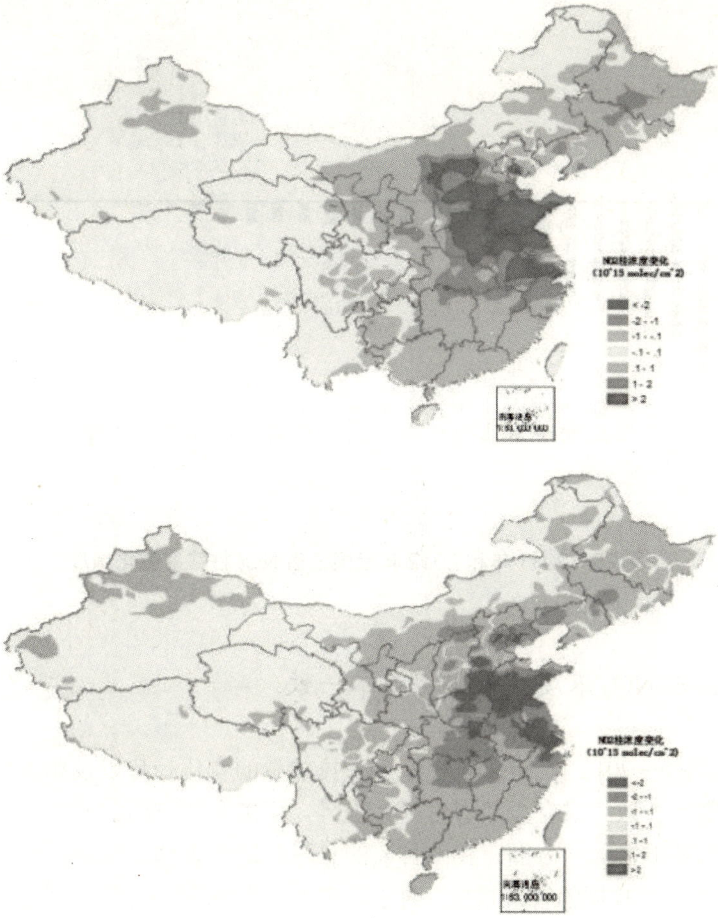

图 25　2010—2012 年各省份 NO_2 柱浓度变化

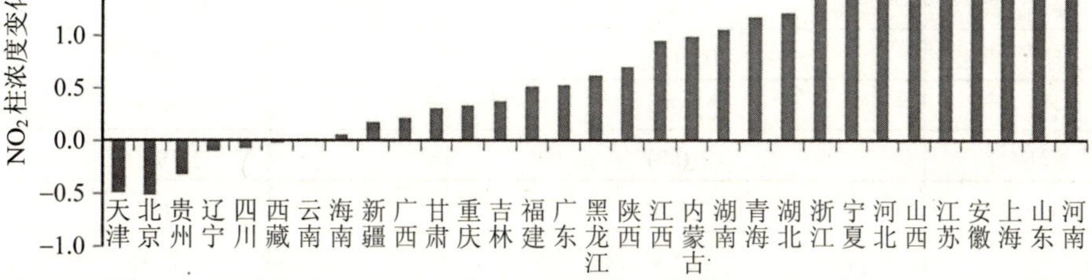

（a）2011 年

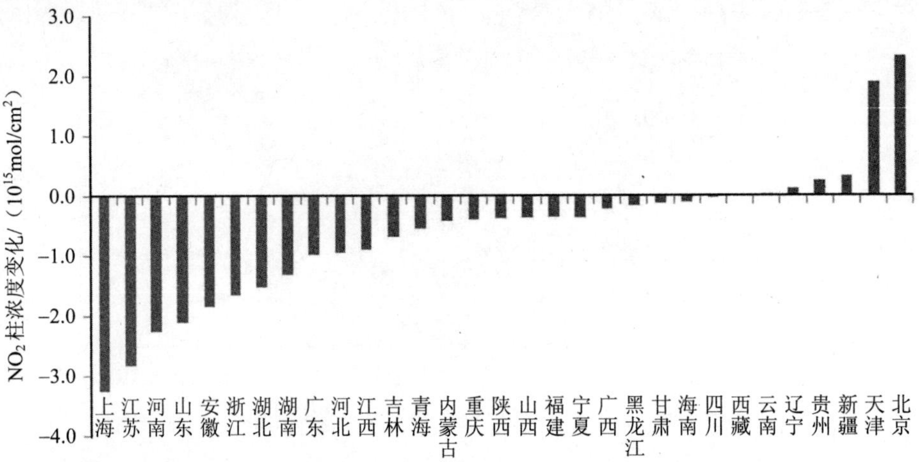

（b）2012 年

图 26　2011 年和 2012 年我国各省 NO_2 柱浓度变化情况

3.2　NO_x 减排与 NO_2 浓度变化趋势基本一致

根据各省 2010—2012 年 NO_2 浓度与 NO_x 排放量的变化趋势以及相关性分析，可以看出二者的变化基本一致。只有少数省份存在差异，可能有两方面的原因。一方面外来源对本地环境质量的影响，另一方面，我国目前的总量控制核查体系比较严格，为了鼓励各地区有效推行 NO_x 总量减排的管理措施，对于各省 NO_x 排放量，尤其是削减量的认定限制条件较多，可能难以及时、全面地体现实际的 NO_x 排放量的变化情况。

表 10　2010—2012 年各省 NO_2 质量浓度与 NO_x 排放量变化情况

省份	NO_2 浓度变化/（μg/m³）	NO_x 排放量变化/万 t
北京	−4.559	−2.023
天津	−2.863	−0.598
河北	−0.822	4.818
山西	2.407	0.252
内蒙古	1.236	10.495
辽宁	0.018	1.608
吉林	2.479	−0.651
黑龙江	−1.040	2.793
上海	−3.578	−4.113
江苏	4.013	0.773
浙江	−0.701	−4.448
安徽	0.213	1.204

省份	NO_2浓度变化/（μg/m³）	NO_x排放量变化/万 t
福建	0.442	1.969
江西	–1.822	–0.513
山东	–0.693	–0.100
河南	–1.589	3.617
湖北	1.385	0.875
湖南	0.401	0.289
广东	–1.520	–1.998
广西	–1.100	4.721
海南	–0.489	2.297
重庆	–4.318	0.042
四川	1.107	3.867
贵州	0.022	7.068
云南	–1.310	2.454
西藏	2.795	0.593
陕西	–0.359	4.244
甘肃	0.180	5.296
青海	0.115	1.039
宁夏	4.476	3.783
新疆	5.087	11.650

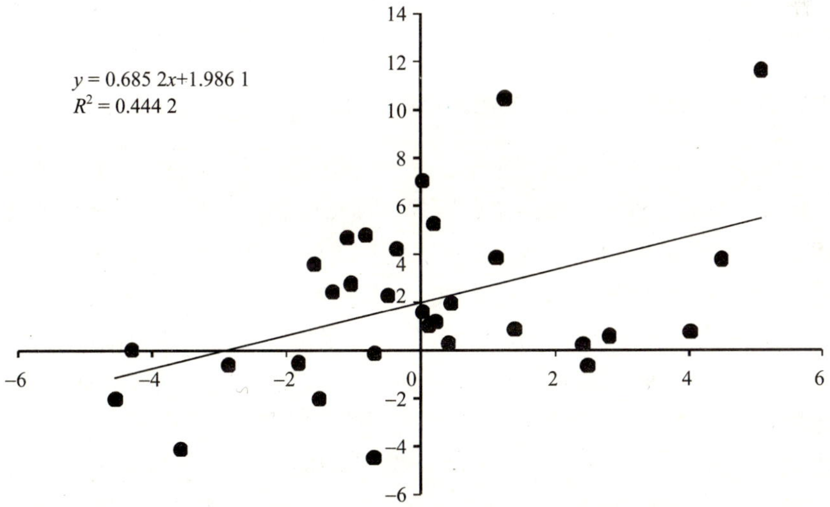

图 27 NO_2浓度变化与NO_x排放量变化相关性

4 “十二五”NO_x减排存在问题及挑战分析

4.1 公众对大气环境质量改善的强烈诉求致 NO_x 减排升级

4.1.1 严重的灰霾天气推高 NO_x 减排压力

今年以来，我国中东部地区持续出现大规模灰霾污染事件，面积覆盖 200 多万 km^2，波及 40 余个重点城市，影响人口近 6 亿。在石家庄等污染中心地区，污染程度为“重度污染”或“严重污染”的时间曾持续 3 周之久。部分城市 $PM_{2.5}$ 日均质量浓度峰值超过了 600 $\mu g/m^3$，接近我国《环境空气质量标准》（GB 3095—2012）二级标准限值的 9 倍。局部地区 $PM_{2.5}$ 小时质量浓度甚至出现了“爆表”现象，超过 1 000 $\mu g/m^3$ 的监测量程。此次以超高 $PM_{2.5}$ 浓度为主要特征的灰霾污染导致了重污染区域内居民的呼吸系统疾病发病率明显升高、能见度大幅下降，引起了政府的高度重视和社会的密切关注。特别是今年两会期间，$PM_{2.5}$ 的污染与防治成为关注的热点话题之一。

随着灰霾污染问题的日益严重，公众对环境保护提出了更高要求，NO_x 总量减排将面临更严峻的形势和考验。NO_x 排放是影响 $PM_{2.5}$ 浓度的重要因素之一，它是 $PM_{2.5}$ 的组成成分硝酸盐的前体物，又是引起臭氧污染进而增强大气氧化性的重要污染物，加速了各种次生细颗粒物的生成。根据中国环境规划院关于《全国“总量—质量”相应系统模拟》的研究结果，我国 $PM_{2.5}$ 中硝酸盐平均约占 17%。因此，严格执行国家 NO_x 总量控制政策，大幅削减 NO_x 排放量对缓解区域灰霾重污染、快速推进空气质量改善具有重要的意义。

4.1.2 国外经验表明我国 NO_x 排放总量须削减 50%以上

欧美等国家在经历了工业化大发展后，大气环境遭受了严重破坏。总量控制是应对光化学烟雾、酸雨、臭氧、细粒子等污染问题的一项重要制度。美国的总量控制制度与排放交易政策相结合，以灵活的市场机制促进大气污染物的有效减排。臭氧传输委员会（OTC）提出的覆盖 12 个州以及哥伦比亚特区的 NO_x 总量控制计划，要求 1999—2003 年将美国东北部的夏季 NO_x 排放量削减超过 50%。NO_x 预算交易项目要求实施范围内 21 个州在 2008 年夏季 NO_x 排放量在 1990 年基础上削减 70%的目标。“清洁空气州际法规”（CAIR）实施后美国东部的 28 个州以及华盛顿特区的 NO_x 的排放将在 2003 年的基础上削减 60%。跨州空气污染法案（CSAPR）实施后，到 2014 年覆盖范围内的 28 个州 NO_x 排放量将在 2005 年的基础上削减 54%，健康效益高达每年 1 200 亿～2 800 亿美元，此外还有 40 亿美元的其他效益。欧盟的总量控制制度实行多污染物协同控制策略。2001 年的欧洲清洁空气计划（即 CAFE 计划）设置的减排目标为：2020 年相比 2000 年，SO_2 排放量减少 82%，NO_x 减少 60%，VOC 减少 51%，NH_3 减少 27%，$PM_{2.5}$ 减少 59%。2012 年联合国欧洲经济委员会修订了哥德堡协议，提出了到 2020 年 5 种空气污染物总量减排目标，相比 2005 年 SO_2 削减 55%、NO_2 减排削减 40%、VOCs 削减 25%、NH_3 削减 5%、$PM_{2.5}$ 削减 20%。

国外发达国家 NO_x 总量控制经验表明，健全和完善政策体系和控制方案是有效降低 NO_x 排放和改善大气环境质量的重要基础，特别是提出了严格的总量控制目标，每个政策的 NO_x 减排要求基本在 50%左右。经过 20 多年的努力，美国和欧盟 NO_x 排放得到了有效控制。美国的 NO_x 排放量在 1990—1998 年保持在 2 200 万 t 左右，21 世纪以来开始大幅降低，2012 年 NO_x 排放量相比 1990 年降低 55%。欧盟 NO_x 排放量下降也很显著，2009 年 NO_x 排放量相比 1990 年降低了 44%。

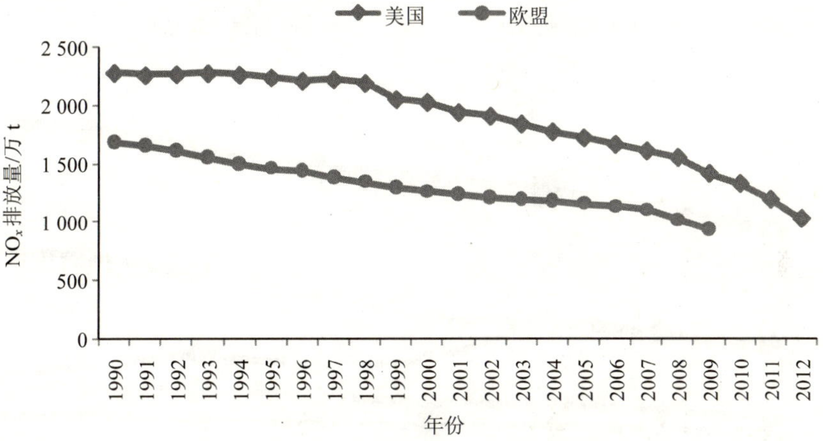

图 28 近 20 年美国和欧盟 NO_x 排放量变化趋势

目前，我国大气环境污染形势十分严峻，光化学烟雾、酸沉降污染、区域性大气灰霾天气、臭氧等污染问题频繁发生。考虑到大气污染的复杂性和未来经济社会快速发展造成新增排放量的巨大压力，实现“建设生态文明、打造美丽中国”目标对大气环境质量的高要求，未来一段时间内 NO_x 排放总量控制将一直是我国环境保护工作的重点任务。为了实现世界卫生组织（WHO）环境空气质量浓度指导值，借鉴欧美等发达国家的经验，预计我国 NO_x 排放量需要在 2010 年的水平上降低 50%左右。随着公众对环境质量的要求越来越高，我国应加大 NO_x 减排力度，加快城市和重点地区大气环境质量改善工作的步伐。

4.2 宏观经济形势是影响 NO_x 排放的关键因素

4.2.1 “十二五”初期经济放缓利好 NO_x 减排

主要大气污染物减排与宏观经济密切相关，国内经济形势变化直接影响工业生产和居民消费水平，进而导致污染物排放量的波动。自 2008 年开始，受到金融危机的影响和我国自身发展方式转变的内在需求，我国经济发展速度在整体上呈现出逐步放缓的态势。特别是“十二五”初期，我国经济发展速度进一步放缓。2012 年我国 GDP 增速为 7.8%，比 2011 年下降了 1.4%，比“十一五”的年均增速下降 3.4%。随之出现了能源和主要耗能产品产量的增速降低。与 2011 年同期相比，能源和煤炭消费量的增速分别下降 3%和 7%，火力发电量基本持平，水泥、粗钢等主要耗能产品产量的增速分别下降 8%和 3%，而机动车保有量的增速基本持平。假设 2012 年经济发展维持在 2011 年 GDP 增速 9.2%的水平，NO_x 新增排放量将额外增长 90 万 t，约占 2011 年排放总量的 3.8%，那么 2012 年 NO_x 排放量甚至会比 2011 年增长 1%。因此，应客观看待 2012 年 NO_x 排放量小幅下降的原因，减排措施的落实是发挥了作用，但是更多的是得益于经济的下行。

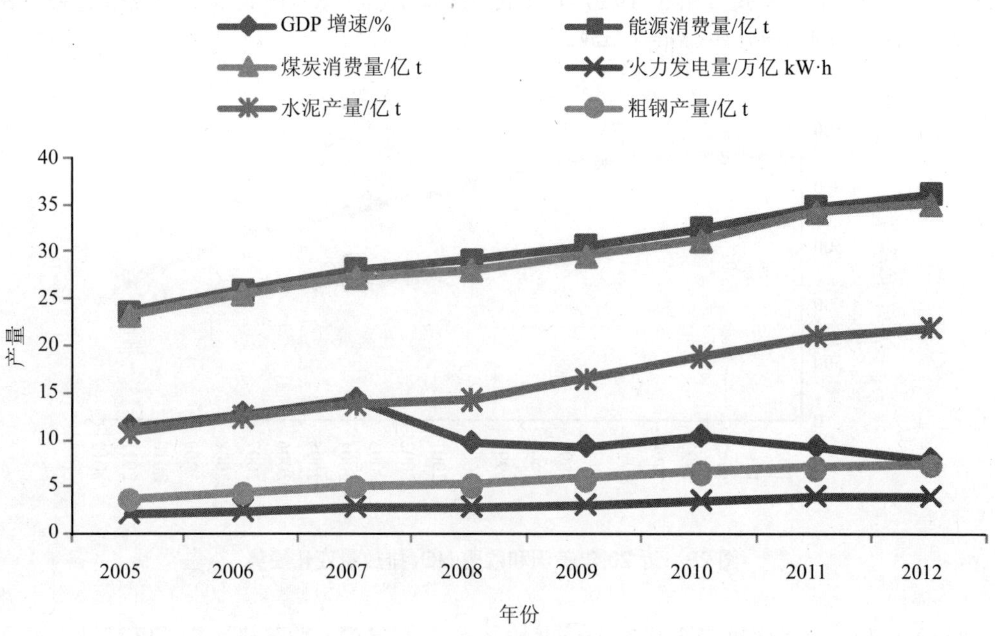

图 29　近年来我国经济、能源、主要耗能产品产量变化趋势

4.2.2　“十二五”后期减排压力较大

未来三年，如果我国经济超预期发展将会导致 NO_x 新增排放压力增大。若不能有效控制新增量，NO_x 排放量很可能出现反弹现象，总量减排目标实现的不确定性增加。本文基于 GDP 增速，设计了 2013—2015 年的 3 个 NO_x 新增排放情景。其中：情景 1 参考《国民经济和社会发展第十二个五年规划纲要》中的经济发展预期，GDP 年均增速 7%；情景 2 根据“十二五”前两年的经济发展速度，GDP 年均增速为 8.5%；情景 3 根据“十一五”经济发展速度，GDP 年均增速为 11.2%。NO_x 新增排放量按照最先进的生产工艺及最严格的环保治理设施进行测算。其中，新建燃煤机组全部采用低氮燃烧技术及尾部加装烟气脱硝装置，按平均绩效 0.5 g/（kW·h）计算；机动车保有量新增 0.7 亿辆，按照国家第四阶段排放标准，燃用第三阶段油品进行测算；水泥行业全部按照新型干法窑配套建设脱硝设施，脱硝效率 60%，排放绩效 0.63 kg/t 熟料进行测算；其他工业行业（除电力、水泥）按照煤炭消费增量与 2012 年单位煤炭 NO_x 排放强度进行测算。研究结果表明，在 GDP 年均增速 7%、8.5%和 11.2%的情景下，NO_x 新增排放量分别为 217.32 万 t、257 万 t、335.61 万 t。

表 11　2013—2015 年 NO_x 新增排放量预测

情景	2012 年 NO_x 排放量/万 t	2013—2015 年						
		GDP/%	煤炭增量/万 t	NO_x 排放增量/万 t				
				电力	水泥	机动车	其他	总计
情景 1	2 338	7	34 753	32.29	25.57	138.68	20.8	217.32
情景 2		8.50	51 227	38.56	25.57	138.68	54.2	257.00
情景 3		11.20	82 049	54.57	25.57	138.68	116.8	335.61

4.3　减排措施推进总体缓慢

4.3.1　稳步开展工程减排，但运行效果不理想

燃煤机组脱硝进展迟缓、脱硝效果差。火电行业是我国 NO_x 排放控制的重点领域，也是当前真正发挥了工程减排效果的唯一行业。但由于各省份燃煤机组的脱硝计划时间多安排在 2014 年和 2015 年，影响了脱硝进度，截至 2012 年年底我国脱硝机组仅为 2.25 亿 kW，占“十二五”目标的 9%。而“十二五”末建设投产的脱硝设施，因设备调试等原因将很难在投运初期就达到高效率，预计“十二五”期间发挥的减排效果十分有限。目前，从已建燃煤机组脱硝机组运行情况来看，平均脱硝效率仅为 48%，远未达到国家要求（综合脱硝效率 70%）。其中，综合脱硝效率在 50%以上的仅占已脱硝机组总装机容量的 31%，脱硝设施未正常运行的机组竟高达 32%。由于一部分省份的脱硝电价暂未到位，为节约成本已建成的脱硝设施长期处于停运状态或投运率较低，甚至仅安装了一层催化剂，综合脱硝效率一般在 30%以下。催化剂是 SCR 脱硝工艺的核心，催化剂生产技术含量高、投资大，对原料品质要求也高，国内催化剂生产还刚刚起步，生产能力有限，无法满足庞大的市场需求。目前，催化剂还主要依靠进口，提高了 NO_x 的减排成本。

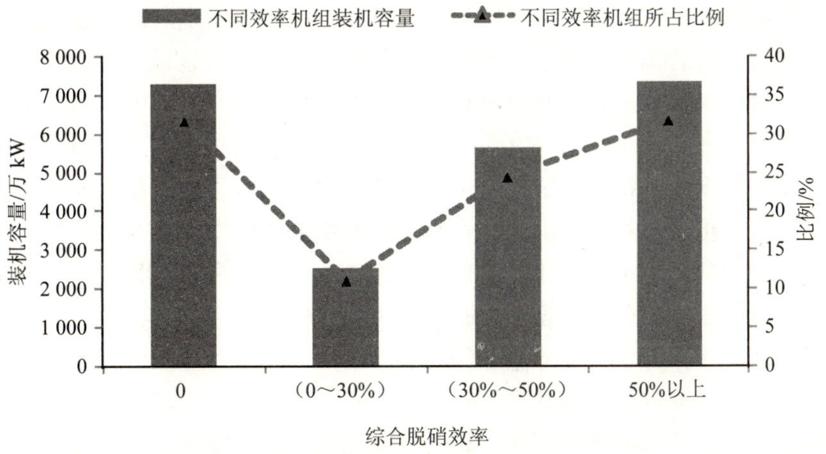

图 30　不同脱硝效率机组装机容量及所占比例

水泥、钢铁等行业 NO_x 治理工程进度缓慢。水泥 NO_x 污染治理还处于起步阶段。已建成脱硝设施的熟料生产线达到 127 条，基本无法稳定运行。存在的问题主要体现在：①水泥脱硝设施建设并不规范。由于脱硝市场鱼龙混杂，一些施工单位缺少工程经验、偷工减料，导致工程设计和施工上的严重不足，脱硝系统故障率高。②有些企业的 DCS 系统过于简单，甚至没有配置 DCS 系统，仅凭技术工人的经验来操作，导致脱硝设施运行效果差。③水泥脱硝工艺仍然存在着技术瓶颈，例如，风阻增大导致熟料产量下降、氨腐蚀和喷射系统难以实现自动化控制、烟气温度降低而影响余热发电效率、因改进燃烧方式而引发煤耗上升和熟料质量下降等。此外，钢铁、燃煤锅炉等领域的烟气脱硝和低氮燃烧技术应用还基本处于空白状态，亟须开展相关研究，并选取典型企业进行试点工作。

4.3.2 淘汰落后产能退出机制不完善

落后产能淘汰是我国 NO_x 总量减排的三大措施之一。“十二五”期间，我国计划淘汰落后小火电、炼钢能力、炼铁能力、水泥产能分别为 2 000 万 kW、4 800 万 t、4 800 万 t 和 37 000 万 t，任务十分艰巨。推进淘汰落后产能工作面临的困难很大，存在的突出问题体现在 4 个方面：①地方和企业对淘汰落后产能的认识还存在偏差，对有关政策措施执行不力。淘汰落后产能涉及地方经济发展和社会稳定，地方政府出于 GDP 指标、税收、就业等方面的考虑而对淘汰落后产能存在畏难情绪，甚至会对落后产能网开一面。②淘汰落后产能工作职责尚未明确落实，部门间协调配合机制和监督检查考核机制尚未形成。③配套政策支持力度不够，财政奖励资金安排与完成淘汰落后产能任务的结合还不紧密，资金申报和安排使用等环节存在漏洞。对这些问题，必须采取有效措施，切实加以解决。④煤化工、石化等企业供热锅炉（自备电厂）、城市供热锅炉等布局分散，且设备规模偏小，因生产工艺需要、热网铺设不足等原因而无法强制关停。

4.3.3 管理水平有待提高

在线监测系统不完善。在 2012 年年底总量核查工作中发现，部分发电企业脱硝设施的在线监测装置不符合国家规定，甚至大型央企也在监测装置管理方面存在着严重问题。主要体现在：企业未按照规定时间开展校准与参比试验，通常表现在标准气体已过期，量程设置不合理（量程过大或者设置上限等），没有定期进行维护、比对和校验，监测数据不准确等。此外，企业还存在弄虚作假现象，通过修改电脑程序、篡改监测数据、采用模拟信号等方式，上传给环保部门虚假的在线监测数据。相比电力企业，水泥企业在线监测系统的安装和管理的问题更加突出，安装率不足 70%，与环保部门联网的仅为 60%左右，在线监测装置疏于维护，监测数据质量很差。

企业环境管理水平低下。部分企业经营理念落后，环境管理只是一种法律强制下的被动行为，在企业发展和规划中处常被弱化。因此，企业在环境管理组织机构设置上的缺位和不足，导致环境管理职能难以落实，相关总量减排管理制度和减排台账不健全。部分环境管理技术人员素质低下，环保专业知识和脱硝设施运行经验比较薄弱。

4.4 配套政策措施滞后

随着 NO_x 总量控制工作的不断推进，国家出台和实施了多个减排配套政策，有力促进了减排工作。但是，整体来看，配套政策体系还不完善。一方面体现在已出台的脱硝电价等经济政策的执行力度不够，另一方面体现在关键性行业的排放标准等还未出台，导致 NO_x 减排缺乏内动力。

脱硝电价政策执行不到位。脱硝电价政策是调动发电企业安装和运行脱硝设施积极性，促进产业结构调整和技术升级改造的重要手段。2011 年 11 月，国家发展改革委出台了燃煤发电机组试行脱硝电价政策，范围为北京、天津、河北等 14 个省（区、市）。到 2012 年底，脱硝电价试点省份的脱硝机组装机容量占全国 2/3，平均脱硝效率 51.6%。但是，脱硝电价政策只在 14 个省份试行，执行范围偏小。非试点省份机组脱硝进展缓慢，脱硝效率低于试点地区 11%。2013 年 1 月，脱硝电价政策的实施范围扩大为全国所有燃煤发电机组。目前，从政策执行情况来看，存在的问题主要包括：脱硝电价额度偏低，不足以激发企业建设和运行脱硝设施的积极性；政策执行力度不足，内蒙古等地区还没有取得实质性进展；地方政府重视程度不一致，惩罚性电价政策执行情况参差不齐；脱硝电价政策加价补贴在部分发电权交易和跨省区交易中未能体现。

财政补贴范围有待扩大。重视末端治理的投入，国家补贴资金 40 多亿元、中央企业 100 多亿元、各省级财政专项资金 80 多亿元，用于补助重点项目建设。但由于国家和各省配套补贴资金有限，仍难以满足治理的资金需求。机动车“以旧换新”政策实施效果与目标相去甚远，由于地方政府补贴方案落实不到位、补贴额度低、回收报废拆解行业经营混乱等原因，政策遭遇执行瓶颈。

环保法律法规标准体系不健全。环境保护法、大气污染防治法等亟须修改，大气污染物排污许可证管理条例迟迟未出台，NO_x 总量控制的依据不足。现行水泥行业污染物排放标准对 NO_x 排放浓度限值的要求相对宽松，与国际先进水平的差距大；广东、福建等省出台了严格的地方排放标准，但尺度不一，国家正在修订《水泥厂大气污染物排放标准》，但是进展缓慢，尚未出台。轻型汽车第五阶段排放标准及第五阶段车用燃油国家标准等尚未出台，影响了机动车 NO_x 的控制效果。

4.5 促进减排的创新机制尚未发挥有效作用

《“十二五”节能减排综合性工作方案》中首次明确提出了“将污染物排放总量作为环评审批的重要依据”和“在大气联防联控重点区域开展煤炭消费总量控制试点”的工作要求。

把总量指标作为环评审批的前置条件是有效控制污染物新增排放量的重要手段。目前北京、江苏、山西、河南、河北、内蒙古等省份出台了建设项目主要污染物排放总量指标管理办法的相关文件，对新建项目总量指标来源、总量指标审核方式、排放量核定方法、指标跨区域调剂原则等方面提出了严格的规定。但是，由于对总量指标管理的理解和政策实施的目的不尽相同，各省提出的管理要求差异很大、执行力度宽严不一。而大部分省份疏于建设项目排放指标的管理，难以控制审批量，无法控制 NO_x 增量。2011 年，个别省份一年内审批项目的污染物新增量即接近五年规划的允许增量总和，其中有 90%以上的项目是在市县一级进行的审批。新建项目审批与总量减排任务完成情况还没有有效挂钩，尤其在市县一级审批的项目对增量控制更加缺乏统筹管理，直接影响减排目标的实现。为有效引导和规范全国对污染物总量指标管理，使环评审批前置管理的理念真正服务于污染减排工作，迫切需要国家出台《建设项目主要污染物排放总量指标管理办法》等统一的规范性政策文件。

煤炭消费总量控制是我国总量减排制度的又一项创新机制，它是优化经济结构和产业结构、调整能源消费结构的重要手段，通过控制煤炭消费快速增长趋势有效控制污染物排放。但是我国在该领域的研究相对薄弱，技术方法和配套政策体系还需要在实践中进一步充实和完善。北京、天津、河北、山东 4 省（市）已经开始试点煤炭消费总量控制，提出了煤炭消费总量目标或者煤炭消费增量目标。但是，由于该制度的实施时间尚短，目前还未取得实质性进展，减排效果还未显现。

4.6 全国各地区减排进度不一

从我国 NO_x 减排情况的区域分布来看，2012 年虽然东部地区 NO_x 排放量呈现小幅下降，但部分排放大省仍未得到有效遏制。西部地区继续呈上升趋势，尤其是西北地区，排放总量上升幅度最大，达 10%，减排压力巨大。

4.6.1 排放大省未得到有效遏制

山东、河北、河南、江苏、广东、内蒙古、山西 7 个省份 NO_x 排放基数大，排放率约为 46%，影响全国 NO_x 总量减排的全局。截至 2012 年年底，这些排放大省的 NO_x 排放量并未得到有效控制。相比 2010 年，河北、河南、江苏、内蒙古和山西五省 NO_x 排放仍呈上涨趋势，且增长量约占全国增长的 32%；山西、广东的排放量仅有小幅下降，削减量均不超过 2 万 t。这些 NO_x 排放大省多为能源消费大省，产业结构偏重，落后产能淘汰任务繁重。其中山东、河北等省份小火电机组众多，但由于这些机组多为供暖锅炉或是企业生产用锅炉，淘汰难度大，且烟气脱硝的经济性差，目前多未采取 NO_x 治理措施，排放强度高。山东、河南、内蒙古的 NO_x 治理进度缓慢，脱硝机组比例均低于 10%，且脱硝效率低，无法保证脱硝设施的长期稳定运行。河南、江苏、山西的机动车减排力度不够，主要体现在法规制度不健全、政府部门间沟通渠道不畅、环保标志发放和环保检验工作滞后等。

表 12 重点省份 NO_x 总量减排工作问题分析

省、区	存在的主要问题
山东	产业结构偏重，落后产能淘汰任务繁重； 火电机组数达到 1 031 台，但平均每台机组仅 61MW，远低于全国平均水平；其中 10 万 kW 以下机组 864 台，占机组数的 83.8%，但仅占装机容量的 23.6%，排放量却占到 NO_x 总量的 50.9%；小机组环保设备简陋，难以监管； 脱硝进度慢，截至 2012 年脱硝机组 27 台共 6304MW，不足燃煤机组总装机的 10%，至今尚未开始水泥行业的 SNCR 脱硝工程建设试点
河北	产业结构偏重，落后产能淘汰任务繁重，部分高耗能行业未批先建、批小建大的情况依然存在。 小机组数量众多，10 万 kW 以下燃煤机组 200 台左右，占机组总数的 50%
河南	脱硝设备建设滞后，电力已建成脱硝设施的机组仅占 8.7%，纳入 2012 年目标责任书的 9 台燃煤机组 NO_x 治理项目仅完成 1 台。 省级层面没有出台任何有关机动车减排的法规文件。由于协调不力，机动车明细数据均为各地市上报，统计错误多。除郑州等城市外，大部分城市环保标志发放和环保检验工作滞后
江苏	GDP 增速快，电力、水泥、钢铁等高耗能产品增量高，导致 NO_x 新增量难以控制； 水泥等非电行业和机动车减排力度不够，NO_x 排放量均呈上升趋势
广东	火电脱硝项目延期完成，2012 年减排效果十分有限；水泥脱硝设施运行不稳定； 燃煤小锅炉众多，缺乏有效控制手段
内蒙古	环保部门单打独斗的被动局面仍然没有扭转，其他政府部门没有有效融入减排工作，各部门通力协作的合力尚未形成； 电力脱硝项目进展实施明显滞后，且运行不稳定，无法发挥减排效益； 在线监测、中控系统、DCS 等设施管理问题较多，部分企业（运营商）维护不及时，长期处于故障状态； 尚未落实脱硝电价
山西	部分火电机组脱硝工程不能稳定运行，不能保障脱硝系统投运率和脱硝效率，能够真正发挥 NO_x 减排效益的还不多；11 条水泥生产线进行了低氮燃烧改造，还没有安排和实施脱硝工程，减排进展缓慢； 注销机动车管理不完善，难以说清被强制注销的机动车真正去向，减排认定及其效果核证需要加强

4.6.2 西北地区 NO_x 排放增长快

西北地区是我国经济社会发展相对落后的地区。受惠于国家政策引导，近年来经济增速较快。作为重要的产煤基地和“西电东送”的电量输出地，宁夏、内蒙古、新疆等地建立了多个煤电基地。“十二五”初期，新建火电装机容量高达 1.9 亿 kW。但是，地方政府存在着“重经济、轻环保”思想，三大减排措施的推行乏力，减排效果不明显。高耗能行业未批先建、批小建大的情况依然存在，造成了部分地区产能盲目扩张和产能过剩。工业发展落后地区的落后产能淘汰工作的难度大，鉴于税收、就业等问题地方政府甚至维护企业利益而使其免予关闭。“十二五”前两年，西北地区共淘汰小火电 344 万 kW，仅占新建火电装机容量的 2%。燃煤机组减排设施运行不规范，新疆的燃煤机组 NO_x 超标现象十分普遍。水泥行业发展迅速，水泥产量增速远高于全国平均水泥，高达22%，且低氮改造和脱硝进展缓慢，NO_x基本处于直排状态。环境监管水平总体低下，主要问题包括火电机组DCS数据未按要求保存，无法及时调阅监测数据，数据储存不足，甚至一些企业在线监测表计长期出现异常，未与环保平台联网。外送电脱硝电价难落实，与受电省份无法达成电价补贴协议，影响了发电企业脱硝工程建设的积极性。机动车环保标志管理水平和环保定期检验管理水平总体较低，同时经济发达地区的老旧车辆向西北地区的大量转入，导致NO_x增量十分可观。

5 主要建议

通过分析“十二五”NO_x总量减排进展、面临的形势与挑战，针对工业、机动车、生活各污染防治领域，考虑NO_x与SO_2、$PM_{2.5}$等各指标之间的联合控制问题，“十二五”后三年NO_x总量控制建议如下：

5.1 强化NO_x减排力度，力争“十二五”末大幅度超额完成减排目标

NO_x既是衡量全国环境空气质量的关键因子，也是导致我国区域复合型污染的重要前体物，尤其是控制$PM_{2.5}$非常关键的一环，削减NO_x排放总量是改善我国空气质量的前提。通过分析，我国若要全面改善空气质量状况，NO_x排放总量需控制在1 100万t左右，若保持目前的削减幅度，我国需经历7个五年计划才能达到环境质量要求，这显然无法满足公众对空气质量改善的诉求，也与建设生态文明、打造美丽中国的战略背道而驰。参考“十一五”二氧化硫减排经验，在环境压力远超“十一五”规划情景、时间超过40%排放总量仍呈上升趋势情况下，二氧化硫仍大幅超额完成“十一五”减排任务。而从我国NO_x减排进展来看，在“十二五”已过去40%的时间里，我国NO_x排放量已开始出现下降。同时从“十二五”减排战略来看，同“十一五”重视末端治理相比，更加突出了源头控制的力度，减排潜力相对较大。因此，我国“十二五”后期在逐步完善NO_x减排机制的基础上，强化NO_x减排力度，着力推进三大减排工程，加快建立有效促进源头控制和中端减排的创新机制，加大各项法规标准的执行、监督力度，力争大幅度超额完成NO_x总量控制目标。

5.2 加快建立促进经济发展方式转变的倒逼机制，为污染物的大幅削减创造条件

从“十一五”二氧化硫减排经验来看，经济的快速发展带来的新增污染是减排面临的最大挑战。虽然“十二五”前两年我国经济发展增速适度放缓，但按照“十二五”前两年的平均经济增速（8.5%）预测，NO_x排放五年增量仍可能会超过“十二五”规划预期的增量360万t（表11）。“十二五”后期应充分利用能源与环境的双约束机制，加快建立促进我国经济发展方式转变的倒逼机制，确保通过转变发展方式在源头增量环节做“减法”，为实现污染物的持续大幅削减创造条件。

（1）强化重点行业污染物排放总量控制，优化区域工业布局。从“十二五”前两年的减排形势来看，中东部地区 NO_x 排放增长趋势得到了初步的遏制，西部地区排放量继续呈现增长趋势，但中东部单位面积污染物排放量仍是西部的6倍，煤炭消费增量中的70%及电力行业中 75%的新建项目均集中在东中部地区，产业布局调整收效甚微。“十二五”后期我国应统筹区域环境承载能力、资源禀赋，结合主体功能区划要求，加快资源、能源消耗区域布局调整，对已实施总量控制的电力、钢铁、水泥3个行业，严格控制产能扩张，京津冀、长三角、珠三角三个地区不再新建项目，坚持新改扩建项目实施跨区域调剂，由超环境容量地区向环境容量富余地区调配原则，逐步降低中东部地区单位面积资源能源消耗强度和单位面积污染物排放负荷。

（2）出台《重点区域煤炭消费总量控制试点工作方案》，大力推进煤炭消费总量控制试点工作。对煤炭实施总量控制已是我国大势所趋，目前我国还处于初步探索阶段，试行省份也停留在文件制定和初步实施阶段，由于所处经济发展阶段不同，控制技术方法及手段不尽相同，控制效果缺乏有效评估。“十二五”后期我国应在对现有试点省份跟踪评估的基础上，对煤炭消费总量控制技术方法和配套政策体系进行系统深入研究，尽快在国家层面出台《重点区域煤炭消费总量控制试点工作方案》，建立合理、具可操作性及差异化的煤炭总量控制方法体系，并根据我国环境的区域影响特征，划定试点工作范围，从改变煤炭消费模式、提高煤炭的清洁利用、并考虑发展可再生能源三方面着手开展区域煤炭消费总量试点工作，指导和规范各地根据区域特点开展煤炭消费总量控制工作。

（3）加快出台《新建项目总量指标管理办法》，将“污染物排放总量指标作为环评审批的前置条件”落到实处。把污染物排放总量指标作为环评审批的前置条件，是严格控制新增污染物排放量，规范建设项目主要污染物排放总量管理工作及实现环境资源有效配置的重要手段。“十二五”后期我国应深入研究总量指标管理与环评审批的衔接机制，尽快出台国家层面的《新建项目总量指标管理办法》，落实《“十二五”节能减排规划》提出的把总量指标作为环评审批的前置条件及《重点区域大气污染防治“十二五”规划》中提出的对重点区域实行1.5倍削减量替代或两倍削减量替代的要求，明确新建项目总量指标审核程序、指标来源、核定方法及监督管理办法。同时分阶段、分地区推行总量预算管理制度，扭转污染物新增量失控状态。

5.3 出台政策“组合拳”，落实“三大”减排工程的同时狠抓减排实效

“十二五”时期我国经济发展方式转变处于攻坚阶段，经济发展与资源、能源消耗仍具有高度的依存度，这是我国经济发展阶段客观决定的，这也决定“十二五”时期我国 NO_x 减排仍以末端治理与结构调整为主，因此推进“三大”减排工程仍将是实现“十二五” NO_x 减排目标的基础。当前，NO_x 减排工作刚刚起步，治污工程建设和环境管理水平的提高尚需时日，亟须完善及出台强有力的减排政策，打“组合拳”加大“两厂一车”治理力度，推动 NO_x 三大减排工程的开展，全面落实目标责任书中各项指标要求，完成项目建设的同时要狠抓减排实效的发挥。

（1）进一步完善有利于污染减排的经济政策。①制定阶梯电价补贴政策，基于不同的排放浓度设立补贴标准，建立强刺激信号，弥补“一刀切”电价补贴政策的不足，促进企业在达标排放的基础上不断提升行业污染控制水平；②从财政资金上重点支持水泥企业的技术创新、技术推广应用，同时制定水泥企业脱硝补贴政策，保证减排企业获得一定经济回报，增强企业新上各种污染治理设施的积极性；③财政部应会同有关部门共同制定“黄标车”淘汰补贴政策，重点针对大型营运性车辆、城市公交和出租车提高补贴标准，鼓励运营“黄标车”提前淘汰报废。

（2）出台关键性减排领域的行业排放行业。强化钢铁、水泥等重点污染源排放标准，限期治理和达标，并建立相应的激励机制，对于提前达到特别排放限值的企业停收或减收排污费，超标企业增收排污费，促进企业实施深度治理；尽快颁布轻型汽车第五阶段排放标准，研究制订轻重型汽车第六阶段排放标准及低速汽车排放标准。

（3）完善落后产能退出机制。①完善落后产能工作协调配合机制，保障在实施“等（减）量置换”和“上大压小”政策的过程中，已经实施落后产能淘汰的地区或企业先进项目能够顺利上马；②对无法淘汰或实现整合的企业生产小锅炉等，加大政策资金支持力度或出台鼓励政策，促进企业锅炉改造或燃用清洁燃料。

（4）建立推进减排工程发挥实效的管理制度。针对燃煤机组、水泥窑已建脱硝设施运行效率低下的问题，建议尽快从国家层面出台脱硝设施运行监督管理规范、考核办法等，推进电力、水泥等行业减排工程的规范化管理。

5.4 做好宏观环境经济形势统筹，建立减排预警监控机制

我国产业结构偏重，经济发展对煤炭资源的依赖度很高，水泥、粗钢等产量已经位居全球首位，虽然“十二五”前两年经济增速适度放缓，从长期因素看，内外环境都没有出现本质变化，经济发展方式没有得到有效的转变，而随着城镇化具体举措等根本措施的出台，中国经济增速可能会在 2013 年后迎来明显反弹，未来经济发展等污染物新增量压力较大。“十一五”末，在摆脱金融危机的不利影响之后，2010 年上半年中国经济形势转好，发电量及其他主要耗能产品产量增长迅速，SO_2 排放量就曾出现了一次反弹，比 2009 年同期增长了 0.22%。因此“十二五”后期，建议进一步完善宏观环境经济形势统筹和减排预警机制，在现有的总量减排措施季度调度制度中，增加对全国及各省经济运行形势特别是耗煤量、发电量、钢铁产量、水泥产量等的宏观统计，尤其是“十二五”前两年排放基数大、减排进度缓慢的东部大省河北、江苏等省以及经济发展带来的煤炭消耗等超过规划预期的内蒙古等省（自治区、直辖市），需要对主要污染物排放总量进行提前预测和预警，重点行业、重点减排项目早安排、早启动，存在问题的及早协调解决，避免“十二五”末出现使用限产、限电、限负荷等极端方式。进一步明确减排责任书项目建设内容，加强调度，避免个别企业责任书项目过分集中等问题，增加结构关停的预见性和产业政策的稳定性。

5.5 构建减排激励机制，增强企业减排内生驱动力

地方政府和企业减排动力不足是我国节能减排进展缓慢的主要原因，必须构建相应的激励机制，带动地方政府和企业发挥减排主体作用。①实现基层政府考核向民意考核转变。美国等发达国家经验表明，在官员绩效考核中引入民意，形成民意决定官意的格局，对推动与民生密切相关的环境保护工作有重要作用，建议我国在地方政府考核机制中引入民意考核权重，让基层政府由对上负责真正转向对下负责，促使地方政府开展减排工作更好地服务于区域内居民。②建立节能减排“以奖代补”机制。对减排成效显著的地区，采取财政奖励资金与节能减排量挂钩的办法，调动地方政府减排的积极性。③构建差异化的经济激励制度。对关系减排成效的关键领域和关键环节，实施差异化的经济补贴制度，刺激企业不断提升控制水平。

5.6 完善减排信息公开制度，强化减排监督机制

当前，大气环境污染已经成为全社会关注的焦点，涉及每个公民的生命健康及居住环境安全问题，公民对环境知情权的诉求也越来越强烈，污染减排作为环保工作的重中之重，更应率先对污染源排放数据和监管信息等全面公开，将排放置于社会监督之下，充分调动公众及媒体的积极性，发挥公众及舆论的监督力量，同时也形成一种倒逼机制，来硬化企业和政府的责任，改善目前单纯依靠行政手段的管理模式，有效推动污染减排工作。考虑到减排现有的工作基础，建议“十二五”后期我国从以下几个方面推进减排信息公开工作：①对主要大气污染物排放信息进行整合和管理，解决目前存在的多套排放数据并存、数据间一致性较差的问题，这是减排信息公开的基础性工作。②逐步规范减排信息公开的内容、方式，进一步扩大发布范围。国家公开各省、重点行业的总量控制目标的分解结果及企业排放指标的分配结果；重点企业自行公开减排任务完成情况，地方政府公开本地区减排完成情况和列入减排计划的企业完成情况，国家定期或不定期公布地方省份、重点集团（公司）总量目标完成情况、减排完成情况好和差的企业名单等。③率先公开电力企业排放数据。考虑到电力行业是污染物排放大户，是总量减排的重点，同样也是公众及媒体关注的焦点，同时电力行业相比其他行业具备较好的统计基础，易于推进总量减排信息公开，“十二五”后期实行以“政府为主，企业自主”的方式，实行电力行业污染物减排信息公开，内容包括污染物排放的控制目标与实际排放量、排放绩效、机组容量、发电量、污染物排放量、减排措施的建设及使用状况等。

5.7 夯实减排基础工作，为总量减排的持续开展创造条件

针对我国 NO_x“十二五”后期及中长期减排需求，我国需从以下四方面来夯实减排基础工作，保证 NO_x 减排工作能够科学、顺利、有效的开展。

（1）开展 NO_x 核查核算方法的修订工作。根据统计、监测等减排基础工作的推进，修

正现有不合理的排放量核算方法及减排量认定方法，包括火电机组 NO_x 排放量虚高、部分没有销号的已淘汰机动车减排量无法认定等问题，尽可能科学、准确地反映大气污染物排放情况，提高污染减排核定基础工作的科学性和准确性。

（2）建立主要污染物总量减排动态管理数据库。现有的总量减排核算体系包括经济、能源、重点行业活动水平、污染物排放量、治污设施运行参数等庞大数据及信息量，给现有的核算人员带来了繁重的工作量，同时也提高了核算的错误率，无法实现减排数据的高效管理，“十二五”后期应加快建立减排数据动态管理系统，实现减排历史数据的存储、减排填报数据逻辑关系判别、减排数据的核算、减排数据的归类与提取等功能，实现数据的科学、高效、规范管理。

（3）加快开发适合国情的 NO_x 削减技术。尽管我国已有机动车尾气和电厂烟气脱硝的控制技术，但柴油车 NO_x 控制技术方面国内尚无成熟的商业化后处理技术，火电厂烟气脱硝的一些关键技术仍受制于国外，工业锅炉/窑炉的低氮燃烧技术及烟气脱硝研究与应用也处于小规模试验阶段，因此我国应对 NO_x 控制技术研究及产业化给予更多的支持及优惠政策，鼓励自主知识产权技术产学研联合研发，尽快推动国内 NO_x 控制技术的规模示范应用及产业化，为我国 NO_x 的排放控制提供技术支持及管理依据。

（4）开展我国主要大气污染物中长期减排战略研究。针对我国环境质量改善的中长期需求，研究基于环境质量导向的中长期 NO_x 减排战略，包括 NO_x 阶段性的减排目标，与其他主要污染物的协同减排机制、控制模式、控制范围、控制路径与政策需求。

参考文献

[1] 国务院. 国民经济和社会发展第十二个五年规划纲要.

[2] 国务院. “十二五”节能减排综合性工作方案. 国发[2011]26 号.

[3] 宗边. “十二五”节能减排综合性工作方案. 政策解读，2011.

[4] 环境保护部. “十二五”主要污染物总量控制规划编制指南. 环办[2010]97 号.

[5] 蒋春来，陈潇君，等.“十二五”主要大气污染物总量控制方案. 2010.

[6] 蒋春来，许艳玲，薛文博. 科学建立减排体系，有效落实控制目标[J]. 环境保护，2012（14）.

[7] 蒋春来，杨金田，金玲.“十二五”水泥行业 NO_x 减排形势分析及对策探讨[J]. 环境与可持续发展，2012（6）.

[8] 王金南，严刚，蒋春来，等. 污染物排放总量控制预算管理制度创新研究[J]. 重要环境信息参考，2012（7）.

[9] 薛文博，雷宇，等. “十二五”SO_2 和 NO_x 减排对 $PM_{2.5}$ 降低效果研究[J]. 重要环境信息参考，2012（9）.

[10] 雷宇、汪艺梅，等. 大幅削减华北地区各种大气污染物排放量是防范灰霾重污染事件“常态化”的治本之策[J]. 重要环境决策参考，2013（4）.

[11] 杨金田，等. 电力行业 SO_2 排放信息校核与信息公开制度研究. 美国能源基金会. 2012.

[12] 王金南，田仁生，吴舜泽，等. 努力探索“十二五”污染物排放总量控制新模式[J]. 重要环境信息参考，2009（11）.

[13] 环境保护部总量控制司. 2012 年全国各省主要污染物核查核算报告.

关于建立中国最严格环境保护制度的思考

Study on the Establishment of China's Most Stringent Environmental Protection System

葛察忠　李晓亮　李婕旦　王青　杜艳春　高树婷　王金南

摘　要　中国共产党十八大报告提出了要“完善最严格的环境保护制度”。本文结合我国环境保护总体形势，以及环境管理制度体系的建设现状、存在问题和完善趋势，界定了“最严格的环境保护制度”的概念和特征，梳理了国内外严格环境保护及相关管理制度的实践经验，研究提出了我国“最严格的环境保护制度”的框架体系与政策建议。

关键词　最严格环境保护制度

Abstract　"Improve the most stringent environmental protection system" was proposed in the report of the 18th National Congress of the Communist Party of China. In this paper, based on the overall situation of China's environmental protection, and the status quo, existing problems and improving trend of China’s environmental management system, the concept and features of " most stringent environmental protection system" was defined, the abroad and domestic experience of stringent environmental and related management systems was summarized, the framework and policy recommendations of China’s most stringent environmental protection system were proposed.

Key words　most stringent environmental protection system

为了更好地解决我国的环境污染问题、改善环境质量、保障公众健康，中国共产党十八大报告提出了要“完善最严格的环境保护制度”，但是建立完善“最严格的环境保护制度”的背景、概念、特征、内容、目标和路径以及国内外可供借鉴经验等相关内容，尚待深入分析与系统提出。本文针对上述问题，同时结合我国环境保护总体形势，以及环境管理制度体系的建设现状、存在问题和完善趋势，界定了“最严格的环境保护制度”的概念和特征，梳理了国内外严格环境保护及相关管理制度的实践经验，研究提出了我国“最严格的环境保护制度”的框架体系与政策建议。

1　最严格环境保护制度的需求与概念分析

“最严格的环境保护制度”不是一个严格意义上的学术概念，是在我国环境压力较大、环境矛盾较突出的阶段，针对我国环境管理制度体系存在问题、转型方向与目标导向等具体问题提出的环境执政理念，有其深刻的历史性、现实性和阶段性。因而，明确“最严格环境保护制度”的背景与需求、准确界定其内涵与特征，是研究建立最严格环境保护制度的逻辑起点。本章分析了我国现有环境管理制度体系的建设进展与存在问题，重点识别了各项环境管理基本制度在设计和执行中存在的不够严格之处以及环境管理制度整体在顶层设计中存在的疏漏与矛盾之处，同时，基于我国污染防控的现状与趋势，分析总结了现有形势下实施最严格环境保护制度的目标、定位和需求，进而提出了我国最严格环境保护制度的内涵与特征。

1.1　现行环境保护制度严格性分析

环境保护制度一般是指现实历史条件下形成的要求环境行为人全体共同遵守的环境保护层面的规章制度和行为准则，包括环境法律法规体系、环境管理制度、环境经济激励制度、信息公开制度、公众参与制度等。目前我国已经形成了以法律法规为框架、以行政管理以及技术标准为核心、以经济激励制度和自愿性手段为补充的环境保护制度体系（表 1）。

表 1　中国环境保护制度分类

<table>
<tr><th>序号</th><th colspan="2">环境保护制度类型</th><th>具体制度</th></tr>
<tr><td>1</td><td colspan="2">环境法律法规体系</td><td>宪法关于保护环境资源的规定、环境保护基本法及单行法、其他部门法中关于保护环境资源的规定国际公约、环境标准、环境保护行政规章及地方环保规章等</td></tr>
<tr><td>2</td><td rowspan="2">环境管理制度</td><td>老 8 项制度</td><td>环境影响评价制度、三同时制度、排污收费制度、排污许可证制度、排污集中控制制度、环境保护目标责任制、城市环境综合整治定量考核制度、污染限期治理制度</td></tr>
<tr><td>3</td><td>新 8 项制度</td><td>环境规划、功能分区、总量控制、环境监测、环境监察、落后工艺设备限期淘汰、环境污染与破坏事故报告、环境标志制度</td></tr>
<tr><td>4</td><td colspan="2">环境保护经济激励制度</td><td>绿色税收制度、排污交易制度、环境财政和绿色信贷制度、绿色保险制度、押金退款制度等</td></tr>
<tr><td>5</td><td colspan="2">信息公开与公众参与制度</td><td>信息公开制度、公众参与制度</td></tr>
</table>

中国的环境管理实践与环境保护制度构建始于 1973 年，后随着经济社会快速发展以及环境问题的凸显加重，中国环境保护制度体系进行了不断的探索、完善与创新，其严格性得到了全方位提高。应该说，由于我国环境问题在改革开放后短短 30 余年集中出现，我国的环境管理制度体系在应对结构型、压缩型和复合型的环境问题和污染形势上，发挥了重大作用。但是，也应该看到，我国现行环境保护基本制度的设计、制定和形成于 20 世纪 80 年代，制度本身、执行机制与配套措施皆存在很多不严格之处，同时制度整体的经济社会发展适应性，环境管理的全面性、针对性、可操作性和可实施性等方面，仍存在较为明显的欠缺。本节主要从下述 3 个方面对现有环保制度严格性进行了梳理。

（1）我国部分环境保护制度规定仍不够严格，可操作性较差。首先，我国部分环保制度本身规定不够严格。如排污收费制度，采取“零起点”收费方式，收费标准较低，达不到约束企业减排的目的；现行部分环境标准制度，一方面时效性不足，如污染物监测方法标准和监测技术规范等部分标准颁布于 20 世纪 80 年代，较为落后，不够严格；另一方面，缺少应对新的环境问题的相关标准，如随着环境污染对人体健康的影响和危害问题日益严重，我国现有的环境质量标准和污染物排放（控制）标准中并没有设置专门针对公众健康设定的指标；环境规划制度方面，虽然目前以大气环境功能区划、水环境功能区划、声环境功能区划、生态功能区划等以环境要素或专项为主的环境功能区划在我国环境管理中已广泛应用，并提出了环境红线，但尚未制定综合承载能力和容量的环境功能区划，也没有从整体空间的观点出发，对不同功能的环境区域实行红线管制制度。其次，部分制度规定过于笼统，可操作性较差。例如，《环境噪声污染防治法》第 2 条规定：“本法所称环境噪声污染，是指所产生的环境噪声超过国家规定的环境噪声排放标准，并干扰他人正常生活、工作和学习的现象。”《中华人民共和国城市区域环境噪声标准》和《中华人民共和国工业企业厂界噪声标准》中规定了在各区域范围内各个时间段噪声污染的标准。这些规定都存在缺陷：①没有规定城市边沿区域和城镇区域的噪声污染标准；②将“超过国家规定的环境噪声排放标准”和“干扰他人正常生活、工作和学习”作为认定噪声污染的要求不合理。没有规定没有超出环境噪声排放标准，但又确实给他人的正常生活带来不利影响的声音是否属于噪声。

（2）部分制度实施过程存在问题，影响制度的效果。首先，地方政府严格执行的意识较低。目前政府部门普遍存在制度执行不严的现象，出于政绩考虑优先发展经济，违背产业政策要求，支持受限制项目建设，保护应予淘汰的落后产能，使得环境标准、准入与淘汰政策未得到有效执行。例如，根据《标准化法》第 14 条规定，强制性标准必须执行。然而，由于我国环保法律长期“容许”企业超标排污，因此，企业超标排污现象非常普遍，甚至将此作为节约生产成本的手段。实践中很多企业超标排污，却很少有企业因此而被关、停或承担相关法律责任。更有甚者，部分地方环保部分还将征收排污费作为“创收”的重要来源。其次，政策间不协调，影响执行。与各项制度相关的环境政策间存在不协调情况。如环保部门内部的用于各种政策目的的一些目录缺乏协调，《环境保护部直接审批环境影响评价文件的建设项目目录》和《环境保护部委托省级环境保护部门审批环境影响评价文件的建设项目目录》《上市公司环境保护核查行业分类管理名录》《重点企业强制性清洁生产审核行业目录》、已发布水或大气污染物排放标准的行业、《中国严格限制进出口的有毒化学品目录》、“高污染、高环境风险”产品名录、《国家鼓励发展的环境保护技术目录》《国家先进污染防治示范技术目录》等涉及工业行业与产品差别性环境管理的目录间缺乏明确分工与协调，降低了环境管理的针对性和有效性。

（3）部分制度配套执行保障机制不完善，影响制度的严格性。首先，问责机制不完善。例如，我国环保法律对政府部门执法行为的问责机制规定相当薄弱，现行的环境保护基本法和水、气、声等污染防治领域单行法中，几乎都只有一条原则性的规定“环境保护监督管理人员滥用职权、玩忽职守、徇私舞弊的，由其所在单位或者上级主管机关给予行政处分；构成犯罪的，依法追究刑事责任”。此类规定过于笼统，缺乏可操作性，并且在各法的实施细则中对执行标准到目前为止也没有体现。其次，处罚力度较小，威慑性低。如限期治理制度中，目前完不成限期治理任务的法律责任有加收超标准排污费、罚款或停业、关闭 3 种，其中只有加收超标准排污费是必须处罚的，后两种均属可选择性的处罚范围。这种选择性规定导致的后果是：“在执法实践中，限期治理常常变成了环境违法企业手中的‘豁免牌’；在一些地方，治理期限不明确、治理期间监管不严、治理验收马虎等情况较为普遍，使限期治理成了‘免罚’的代名词”。即便是必须处罚的加收超标准排污费，由于其额度与企业所获高额利润相比较过低，也难以起到较好的惩罚作用。

1.2 制定实施最严格环境保护制度的需求分析

快速工业化与城镇化进程在促进我国经济大发展的同时，也衍生了越来越多的环境问题。根据中国工程院和环保部联合开展的中国环境宏观战略结果显示，目前我国环境形势虽然局部有所改善，但整体尚未遏制、形势依然严峻、压力持续增大，加之现行环保制度在总量控制、质量改善、空间布局等方面存在诸多问题以及公众对良好环境质量的需求日益增加，现行环境保护压力不断增大，对实施最严格的环境保护制度产生强烈的需求。

（1）不断增加的污染物排放压力，需要最严格的环境保护制度予以控制。首先，我国所面临的现实的环境压力远大于预计。全国第一次污染源普查结果显示，2007 年全国废水、COD、氨氮、石油类、总磷和总氮排放总量分别为 2 092.82 亿 t、3 028.96 万 t、172.91 万 t、78.21 万 t、42.32 万 t 和 472.89 万 t，大大超过环境统计和总量控制制度对 COD（1 381.8 万 t）和氨氮（132.3 万 t）等典型污染物总量的统计和预计，各种主要水体污染物的排放总量均大大超过环境承载力，同时常规污染物的治理尚不到位，2008 年全国工业废水平均排放 COD 浓度为 189.3 mg/L，超标严重；其次，新污染现象与环境问题不断涌现。目前我国总量控制污染物为 COD、氨氮、SO_2、NO_x，但随着污染形势的不断恶化，复合型污染特征突出，$PM_{2.5}$ 的环境和健康危害加剧，灰霾污染事件大规模发生，新型和有毒有害污染物如 POPs、EDs 等不断涌现且影响日益显著。基于上述两方面，将来需要从目标值设置、指标选取等方面对总量控制制度予以加严，以应对不断加大的污染物防控压力。

（2）不断退化的生态环境质量，需要最严格环境保护制度予以改善。首先，我国城市环境质量不断恶化，已危及人类健康和生存。伴随我国快速的城市化进程和城市群发展，我国大部分城市呈现出空气污染加剧、水污染及噪声污染严重、固体废弃物堆存量增加等现象，城市环境质量不断恶化。根据世界银行的统计，世界 20 个污染最严重的城市中，中国有 16 个。同时，今年以来，我国中东部地区发生了持续大规模灰霾污染事件，污染范围覆盖近 270 万 km^2，波及 17 个省市自治区的 40 余个重点城市，影响人口近 6 亿，北京 $PM_{2.5}$ 小时质量浓度最高值超过 680 $\mu g/m^3$，严重影响了公众健康和社会秩序。其次，在人类活动持续干扰下，我国生态退化现象严重。例如，天然草地的面积逐年减少，草地退化面积比例从 20 世纪 70 年代的 10%扩大到 80 年代的 30%再到 90 年代中期的 50%，其中重度和中度退化占退化草地面积的一半，并仍以每年 200 万 hm^2 的速度发展；土地退化问题日益加重，自 90 年代以来，每年新增水土流失面积 1.5 万多 km^2，新增水土流失量超过 3 亿 t，每年因水土流失新增荒漠化面积 2 100 km^2，损失的耕地面积达 7 万多 hm^2；湿地面积严重萎缩，近 40 年来，全国仅围垦一项就使天然湖泊湿地消失近 1 000 个，面积达 130 万 hm^2 以上。

（3）当前我国环境布局隐患较多，需要“最严格的环境保护制度”予以规范。首先，快速城镇化过程存在环境风险隐患。随着城镇化快速推进，众多老化工企业逐渐被城镇包围，安全防护距离不足等问题凸显，部分处于城镇人口稠密区、江河湖泊上游、重要水源地、主要湿地和生态保护区的危险化学品生产企业已成为重大安全环保隐患。其次，工业园区发展迅速存在环境隐患。根据工业和信息化部统计资料，截至 2010 年年底，经国家公示的省级以上开发区 1 568 家，而众多工业园区紧邻重点流域和饮用水源，或位于居民人口集中区环境敏感区内，环境风险隐患突出。最后，重污染产业转移带来环境风险隐患。西部地区利用良好的资源优势承接了大量东、中部地区的转移产业，但部分企业是在东部地区已经不具备发展潜力或污染严重的行业，粗放型生产导致能源浪费、环境承载量不断降低和生态环境日趋恶化。

（4）公众日益增加的环境质量要求与全面实现小康社会的发展要求需要建立“最严格的环境保护制度”予以满足。首先，严峻的环境形势与公众环境要求产生较大矛盾。随着经济社会发展，人们生活水平不断提高，对周围生活环境质量的要求与关注也在不断增加。例如，$PM_{2.5}$、饮用水安全、血铅事件、化学品污染问题及 2007 年厦门、2011 年大连和 2012 年 10 月宁波连续发生的 3 起涉及 PX 项目的群体事件就是这种要求的最好诠释。但我国正处于社会转型和环境敏感、环境风险高发与环境意识升级共存叠加的时期，长期积累的环境矛盾正集中显现。因此，为满足公众的环境质量要求，需要实施“最严格的环境保护制度”。其次，严峻的环境形势与小康社会的发展要求不相协调。我国政府提出了到 2020 年全面实现小康的目标，其中一个子目标为可持续发展能力不断增强，生态环境得到改善，资源利用效率显著提高。鉴于我国仍处于工业化发展阶段，伴随经济的持续增长，未来我国环境压力还会增加。按照现有的环境保护制度模式，可持续发展指标不达标的可能性较大。因此，为保障全面实现小康社会的发展要求，需要建立“最严格的环境保护制度”。

从总体来讲，现阶段我国环境保护制度的经济社会发展适应性，环境管理的全面性、针对性、可操作性和可实施性等方面仍存在明显欠缺，在总量控制、质量改善、空间布局优化、完善全过程防范机制及各种制度的实施保障机制 5 个方面欠缺较为明显。①总量控制制度已成为我国环境保护工作中的一项重要制度，但由于目前主要在全国层面针对 COD、氨氮、SO_2、NO_x 等进行，目标较低，指标较少且缺少针对性，制度效果不明显，未来应围绕典型企业、行业、城市、区域等提高总量控制目标、指标，建立最严格的总量控制制度；②目前总量控制与质量改善存在脱钩现象，仅靠总量控制手段已无法遏制现行环境质量不断恶化的趋势，因此应围绕提高现行环境质量标准、增加环境健康指标等建立最严格的环境质量导向制度；③我国现行环境空间布局风险隐患较多，对公众安全和生态安全均造成较大威胁，因此应当建立最严格的环境红线管理制度，进行更加严格的空间布局优化，为改善重污染区域环境质量、降低环境风险、保护环境敏感区域奠定空间基础；④从制度保障层面来看，现行我国监管、淘汰、责任追究等机制存在较大疏漏，大大影响了环境保护的效率和质量，为保障最严格制度的实施效果，应建立配套的最严格全过程防范机制和考核机制等。

1.3 最严格环境保护制度内涵与特征

从理论成因分析看，环境问题本质上是发展方式、经济结构和消费模式问题；从理论解决方法与途径分析看，环境问题的有效预防与解决，需要把生态文明建设和环境保护制度融入经济建设、政治建设、文化建设、社会建设各方面和全过程，从而形成节约资源和保护环境的空间格局、产业结构、生产方式、生活方式，这样才能从源头上扭转生态环境恶化趋势，为人民创造良好生产生活环境，为全球生态安全作出贡献。

基于前述现行环境保护制度实践层面存在的问题及其理论解决方法与途径分析，我们认为，“最严格环境保护制度”是我国政府在经济社会发展新阶段、在环境污染和生态保护日益严峻的形势下，针对现行环境保护制度的现存问题、转型方向与目标导向所提出的一种具有中国特色的发展概念和治国理念。其目标是建立一种最严格的环境保护规定和执行机制，提高现有环境保护工作的质量和效率，不断满足公众日益增加的环境质量需要，减少环境冲突事件的发生，促进经济社会环境的可持续发展。核心要求在于提升环境保护制度与经济社会发展适应性，提升环境管理的全面性、针对性、可操作性和可实施性。核心内容是从“全过程防控—空间优化—质量导向—数量控制—实施保障”五大方面对环境保护制度进行补充和加严。加严方式主要是对现有准入制度、环境标准制度、总量控制制度、环境规划制度等主要环境保护行政管制制度的制定与执行进行完善和提升，并对重大缺项制度进行补充，从而起到对整个环境保护制度体系进行系统全面加严的效果。

通过对“最严格环境保护制度”范畴的分析，能够看出最严格环境保护制度的制定和实施具有显著的特征。①“最严格环境保护制度”的实施随其严格程度的增加，所付出的成本和代价也在增加，因此应在充分考虑现有国情的基础上制定，即具有经济社会可接受性。②随着经济社会的发展及污染防治技术的革新，经济社会可接受性增强，其严格性也会不断增强。因此，从时间序列来看，最严格环境保护制度是一个随情势变化不断严格的过程，具有时效性和动态性。③从空间布局来看，与一般、普适性制度相比，部分最严格环境保护制度并不是完全针对整个国家统一实施，而应针对重点污染企业、污染区域、风险源、敏感区域等予以实施，因此具有相对严格性、空间差异性和更强的针对性。

2 最严格管理制度的国内经验

2.1 水和耕地等资源领域实施的最严格制度具有参考价值

根据管理需要，我国已经在耕地、海洋和水资源等多个领域探索实施了最严格的管理制度。其中，最严格的耕地保护制度实施较早、实践较长，已经形成了完整的体系并取得了较好的成效；最严格水资源管理和最严格海洋管理，虽然实施时间不长，但是也初步明确和形成了核心的政策体系，取得阶段性实践成效。本节对以上 3 种最严格管理制度的实施背景、政策体系、配套措施、落实保障、制度成效等内容进行梳理和分析，为建立我国“最严格环境的环境保护制度”提供思路方向和制度构建等方面的参考。

2.1.1 最严格的耕地保护制度

我国“最严格的耕地保护制度”是在原有耕地保护制度不能很好遏制土地数量减少与质量降低的背景下产生的。在提出“最严格耕地保护制度”之前，我国围绕《土地管理法》已经建立了较系统耕地保护体系，包括耕地经营权制度、土地用途管制、耕地占补平衡、基本农田保护、土地开发整理。虽然取得一定进展，由于我国正处于高城镇化水平时期，同时西部大开发战略和振兴东北等老工业基地战略的提出和耕地制度存在执法不严等问题，耕地保护没有达到预期的效果，我国耕地又进入了一个快速流失期。为了进一步保护耕地，遏制耕地进一步减少的趋势，我国于 2003 年提出了最严格的耕地保护制度。2003 年 10 月 14 日，胡锦涛总书记在中共中央十六届三中全会上讲话时明确指出，要实行最严格的耕地保护制度，保证国家粮食安全。随后在 2004 年的中央 1 号文件《中央关于促进农民增加收入若干政策的意见》明确指出要“各级政府要切实落实最严格的耕地保护制度”。根据这个制度，我国确定了 18 万亿亩耕地红线，对属于最严格保护区中的耕地进行保护，不允许挤占、挪用等。

我国“最严格的耕地保护制度”在数量和质量上提出了最严格的新要求。数量上，通过规划划定“18 亿亩”红线，将指标层层分解到地方；质量上，提出了加强耕地质量的新要求。为保证指标的实施，依托原有的耕地保护制度，并针对原有政策体系中存在的问题进行严格深化，以编制规划，加强执法，严格审批、经济手段，目标考核制度为主要手段，从严格控制耕地流失，加大补充耕地力度，加强基本农田保护，强化耕地质量建设 4 个方面，建立了“最严格的耕地保护制度”。

（1）强调规划的重要地位，重新编制规划，划定总量红线，将红线指标分解到地方。

☞ 强调规划的作用，严格保证规划中的用途不得更改：由于我国之前的用途管制政策存在随意突破规划，擅自修改土地用途等行为，使得耕地保护目标无法很好实现。2004 年 10 月，国务院《关于深化改革严格土地管理的决定》中就强调在土地利用总体规划和城市总体规划确定的建设用地范围外，不得设立各类开发区

（园区）和城市新区（小区）。十七届三中全会审议通过的《决定》中也明确指出落实“两个最严格制度”，关键是实施土地用途管制。

☞ 划定红线、量化目标并逐级分解，切实落实目标：通过对调研我国土地利用情况，综合考虑我国的粮食安全的需要，我国重新编制了《全国土地利用总体规划纲要（2006—2020 年）》（2008），划定了“18 亿亩”的红线的量化指标，即全国耕地保有量到 2010 年和 2020 年分别保持在 12 120 万 hm^2（18.18 亿亩）和 12 033.33 万 hm^2（18.05 亿亩），确保 10 400 万 hm^2（15.6 亿亩）基本农田数量不减少。针对各地不同的耕地利用情况，将 18 亿亩耕地保有量和 15.6 亿亩基本农田指标分解到全国各省市、自治区。同时地方也将编制相应的规划，切实落实耕地保护目标责任。

（2）最严格耕地保护制度的制定中体现了更严格执法要求，严格执法，加强监管。经过 30 多年的发展，随着《土地管理法》几次修订，《基本农田保护条例》《刑法》中关于土地犯罪条款的设置及相关配套法规的制定，我国已经形成相对完整的耕地保护法律体系。但是土地管理中普遍存在的执法不严的问题，使得土地管理制度无法更好执行。针对这种情况，最严格耕地保护制度的制定中体现了更严格执法要求。国务院《关于深化改革严格土地管理的决定》要求，要求严格依照法定权限审批土地。严禁规避法定审批权限，将单个建设项目用地拆分审批。对于违反规定出让土地造成国有土地资产流失的，要依法追究责任；情节严重的，以非法低价出让国有土地使用权罪追究刑事责任。2005 年，国土资源部发布《关于进一步加强国土资源执法监察工作的通知》中进一步提出了完善执法制度、职能和队伍建设、加大违法案件查处力度等方面加强国土资源执法监察工作。《查处土地违法行为立案标准》要求各地对于非法转让土地、非法占地、破坏耕地、非法批地等土地违法行为，依法应当给予行政处罚或行政处分的，应立即予以立案。

（3）用严格的税费手段，提高耕地转让的交易成本，以经济手段来减少耕地的流失。在加强行政审批和执法监管能力的同时，“最严格的耕地保护制度”增加了经济手段来达到减少耕地流失的目的。严格收缴土地出让金，2006 年中共中央 1 号文件《关于推进社会主义新农村建设的若干意见》，依法严格收缴土地出让金和新增建设用地有偿使用费。修改耕地占用税制度，2006 年 1 号文件中提出提高耕地占用税税率，2007 年 12 月颁布的《中华人民共和国耕地占用税暂行条例》（以下简称《条例》）提高了税额标准，将现行条例规定的税额标准的上、下限都提高 4 倍左右，各地具体适用税额由省、自治区、直辖市人民政府依照《条例》的规定根据本地区情况核定。对占用基本农田的，适用税额还应当在上述适用税额的基础上再提高 50%。从严规定了减免税项目，取消了对铁路线路、飞机场跑道、停机坪、炸药库占地免税的规定。加强了征收管理，明确了耕地占用税的征收管理适用《中华人民共和国税收征收管理法》。

（4）“最严格的耕地保护制度”明确责任主体，实行了目标考核制度。耕地保护中存在的责任不明，权责不清是滥批乱占土地难以根治的重要因素，针对这个情况，最严格耕地保护制度采取明确责任主体，实行目标考核制度使得责任明确，责任有迹可循。《关于深化改革严格土地管理的决定》明确指出，调控新增建设用地总量的权力和责任在中央，盘活存量建设用地的权力和利益在地方，保护和合理利用土地的责任在地方各级人民政府，省、自治区、直辖市人民政府应负主要责任。地方各级人民政府要对土地利用总体规划确定的本行政区域内的耕地保有量和基本农田保护面积负责，政府主要领导是第一责任人。在《关于深化改革严格土地管理的决定》基础上，于 2006 年 10 月 18 日颁布了《省级政府耕地保护责任目标考核办法》，实施省长负责制。《耕地占补平衡考核办法》，按区域考核转向按建设用地项目考核，占用耕地的建设用地项目与补充耕地的土地开发整理项目挂钩制度。

（5）最严格耕地保护制度创新性地提出了质量目标要求，使得数量和质量并重。最严格耕地保护制度在注重耕地总量的同时，提出了质量的要求。2004 年、2005 年、2007 年的中央 1 号文件中，都强调了提高耕地质量的要求，使得加强耕地质量成为最严格耕地保护制度的重要目标之一。质量问题一直是耕地占补平衡工作中的薄弱环节，在 2005 年颁布《关于开展补充耕地数量质量实行按等级折算基础工作的通知》中，补充耕地数量质量实行按等级折算，解决“占优补劣”的现象，有效地保证耕地占补过程中质量的保证。但是从政策实施中，关于耕地质量保护目标的政策偏少，需要在今后的工作中加以补充和完善。

由于坚持实施“最严格的耕地保护制度”，我国耕地保护工作取得了明显成效。2003 年以来，耕地减少过快的势头得到有效遏制，2004—2007 年我国耕地减少量从 2004 年的 94.8 万 hm^2 分别降到了 2005 年和 2006 年的 36.11 万 hm^2 和 30.68 万 hm^2，至 2007 年降到只有 4.07 万 hm^2。基本农田保护面积稳定在 1.04 亿 hm^2 以上，“最严格耕地保护制度”的实施为保障国家粮食安全、经济发展和社会稳定发挥了重要作用。尽管如此，从我国城镇化进程看，城镇周围大量高质量的耕地已被占用，成为城镇建设用地。这些数据是否体现在统计体系中值得商榷，也从一个方面反映现行的“最严格的耕地保护制度”具有改进空间。

2.1.2 最严格的水资源管理制度

我国现阶段实行最严格水资源管理制度主要在我国特殊的国情、水情，以及当前严峻水资源形势和水资源管理改革转型的现实需求的背景下产生的。水资源总量、水质、功能等方面的约束日趋突出，用水效率低、水污染严重、水生生态环境恶化及以往的水资源管理手段和效果不佳是“最严格水资源管理制度”形成的主要和直接原因。

2011 年中央 1 号文件和中央水利工作会议明确要求实行最严格水资源管理制度，把严格水资源管理作为加快转变经济发展方式的重要举措。2012 年 1 月国务院专门发布了《关于实行最严格水资源管理制度的意见》（以下简称《意见》），对实行最严格水资源管理制度进行了总体部署和具体安排。党的十八大将实行最严格水资源管理制度作为生态文明建设的重要内容。2013 年 1 月，国务院办公厅发布了《实行最严格水资源管理制度考核办法》。

最严格水资源管理制度是针对我国水资源短缺、用水效率低、水污染严重、水生态环境恶化等复杂水问题，通过确定“三条红线”、建立“四项制度”，规范、约束和引导用水行为，守住水资源管理“底线”，实现水资源合理开发、高效利用和有效保护。

“三条红线”：①确立水资源开发利用控制红线，到 2030 年全国用水总量控制在 7 000 亿 m^3 以内；②确立用水效率控制红线，到 2030 年用水效率达到或接近世界先进水平，万元工业增加值用水量降低到 40 m^3 以下，农田灌溉水有效利用系数提高到 0.6 以上；

③确立水功能区限制纳污红线，到 2030 年主要污染物入河湖总量控制在水功能区纳污能力范围之内，水功能区水质达标率提高到 95%以上。为实现上述红线目标，进一步明确了 2015 年和 2020 年水资源管理的阶段性目标。

“四项制度”：①用水总量控制。加强水资源开发利用控制红线管理，严格实行用水总量控制，包括严格规划管理和水资源论证（建设项目水资源论证管理办法，2002），严格控制流域和区域取用水总量，严格实施取水许可，严格水资源有偿使用，严格地下水管理和保护，强化水资源统一调度。②用水效率控制制度。加强用水效率控制红线管理，全面推进节水型社会建设，包括全面加强节约用水管理，把节约用水贯穿于经济社会发展和群众生活生产全过程，强化用水定额管理，加快推进节水技术改造。③水功能区限制纳污制度。加强水功能区限制纳污红线管理，严格控制入河湖排污总量，包括严格水功能区监督管理，加强饮用水水源地保护，推进水生态系统保护与修复。④水资源管理责任和考核制度。将水资源开发利用、节约和保护的主要指标纳入地方经济社会发展综合评价体系，县级以上人民政府主要负责人对本行政区域水资源管理和保护工作负总责。

最严格水资源管理制度是对原有水资源管理制度优化、整合和加强，保留和发扬了原有政策中值得借鉴的部分，并创新发展了新措施。抓住水资源管理 3 个关键环节，即取水、用水、水环境质量全过程，互为支撑、紧密相连，从源头、利用过程、末端对其进行全过程管理；对于 3 个环节，划定相关的红线，提出对总量、对标准、对质量的量化要求，严格要求，不能超标；为保证 3 条红线的达标，采取更为严格法律法规、经济手段、行政手段等配套措施来实现；建立一套考核机制，使得责任主体更加明确，以保障最严格水资源管理制度的实现。

总量上，划定水资源开发利用红线，并对红线指标进行分解确认。在原有水量分配制度、水资源规划制度的基础上，综合考虑水资源条件、重大水利工程及用水量等因素，确定了水资源开发利用红线，为保证红线的实施，对指标进行分解。该项工作已经取得重要进展，绝大部分省区完成指标分解确认。包括长江、黄河、淮河在内的首批 25 条跨省江河流域水量分配方案完成了技术审查。以后，各省市要按划定水量分配方案指标严格取水，不得超标。这个制度的实施，从源头上控制了水资源开发利用的数量。

标准上，划定用水效率控制红线、并提出了分阶段目标。在原有用水定额基础、计划用水制度基础上，综合我国节水现状、要求的基础上，提出了严格的农业用水、工业用水效率控制红线，为确保红线的实现，国务院提出了分阶段目标。为实现这个最严格目标，开展了节水宣传工作，制定相关洁具标准，调整水价标准和水价结构，并开展了相关税收优惠引导研究，以保证最严格的用水效率指标的实现。

质量上，划定水功能限制纳污红线，要求分两个阶段达标。在原有水功能区划、饮用水源地管理的基础上，于 2011 年国务院批复《全国重要江河湖泊水功能区划》，按照河湖水域功能，设置了水质目标，提出了水功能区限制纳污红线，对重要江河湖泊水功能区水质指标提出了最严格的要求，并分为两个阶段实施。

考核机制上，实行最严格水资源管理考核制度。水资源管理领域，之前就存在考核制度，如“十一五”期间，各地政府将万元工业增加值用水量纳入行政首长考核制度。在最严格水资源管理制度提出后，为确保主要目标和各项措施落到实处，国务院于 2013 年颁布了《实行最严格水资源管理制度考核办法》，明确了责任主体与考核对象，各省区市水资源管理控制目标、考核内容、奖惩措施等。主要考核对各省区市用水总量、用水效率、重要江河湖泊水功能区水质达标率和各省区市最严格水资源管理制度建设和措施落实情况，考核结果与领导干部考评紧密挂钩。实行最严格水资源管理制度重在落实，建立责任与考核制度，确保主要目标和各项任务措施落到实处。

2.1.3 最严格海洋环境保护管理政策

现阶段我国最严格海洋环境保护制度只针对渤海海域。渤海是我国唯一的半封闭型内海，在我国海洋生态系统中具有重要作用和独特的功能。但渤海环境承载能力较弱、环渤海地区及渤海广阔流域的发展，导致渤海海洋环境质量较差，2006 年以来，渤海河口、海湾等重点海域生态系统均处于亚健康或不健康状态。为有效地解决渤海的环境污染问题，我国对渤海实行最严格的海洋环境保护政策。

渤海最严格的海洋环境保护政策通过划定生态红线，进行分类管控，通过生态修复与整治、严格污染排放、加强红线监测和执法 3 个方面对红线内区域进行管理；提出了渤海总体自然岸线保有率、海洋生态红线区面积占比、污染排放达标率、海水水质 4 个量化的指标，以保证红线制度取得实际成效。

通过划定生态红线，分区分类管控。2012 年 10 月，国家海洋局印发《关于建立渤海海洋生态红线制度的若干意见》，要将渤海海洋保护区、重要滨海湿地、重要河口等区域划定为海洋生态红线区，依据生态特点和管理需求，分区分类制定红线管控措施。并通过有效推进红线区生态保护与整治修复、严格监管红线区污染排放、大力推进红线区监视监测和监督执法能力建设 3 个方面进行管理。

提出量化的目标，以确保取得成效。为保证渤海海洋生态红线制度取得实际成效，《意见》提出了 4 项目标：①渤海总体自然岸线保有率不低于 30%，辽宁省、河北省、天津市、山东省自然岸线保有率分别不低于 30%、20%、5%、40%；②海洋生态红线区面积占渤海近岸海域面积的比例不低于 1/3，辽宁省、河北省、天津市、山东省海洋生态红线区面积占其管辖海域面积的比例分别不低于 40%、25%、10%、40%；③到 2020 年，海洋生态红线区陆源入海直排口污染物排放达标率达到 100%，陆源污染物入海总量减少 10%～15%；④到 2020 年，海洋生态红线区内海水水质达标率不低于 80%。

2.1.4 小结

我国耕地、水资源、海洋环境等领域的最严格制度都是在各自领域面临较为严峻的形势、现有制度体系与政策措施不能有效应对与解决新出现的问题、必须采取更为严格的政策措施来解决的背景下产生的，如耕地是在耕地大量流失的情况无法遏制，甚至到了威胁生态安全的背景下，最严格水资源管理体制是在用水安全、饮水安全按照现有水平发展无法保证的情景下产生的。通过对国内上述相关领域已经实施的最严格制度进行对比分析，发现上述制度虽然是针对各自领域中不同的整体形势、管理需求以及具体问题而研究设定的，各项制度分别的管理对象、目标、内容、体系和配套等存在较为明显的个性与差异性，但是从其在“最严格”制度体系的构建方面也存在一些共性，具体体现在：

（1）精准针对欠缺，选择管理对象、设定加严内容，形成最严格制度。各领域的最严格保护制度归根结底是一个逐步解决管理现实中所遇到问题、尤其是核心重大问题的实践层面的概念与命题，基本是一个问题导向型的管理制度完善过程。以最严格水资源管理制度为例，其精准针对水资源总量消耗大、用水效率低、水污染严重和水生生态环境恶化 3 个层面的现实问题，设计实施了“四项制度”以及水资源开发利用、水效率控制以及水功能限制纳污 3 条红线；而最严格耕地保护制度是旨在遏制耕地数量减少与质量降低两大问题，进而从数量和质量两大方面，设置红线、提出要求。

（2）划定红线，明确目标。3 个最严格制度都在各自最需要保护的领域划定相应的红线，最严格耕地制度划定了“18 亿亩”耕地总量不得减少的数量红线，最严格水资源管理制度划定了取水数量红线、用水效率红线、水质纳污红线，最严格海洋环保政策则划定了需严格保护的生态区域红线。划定红线后，即将红线作为最严格制度要达到的目标，严格政策，保证目标实现。

（3）建立严格刚性的制度执行保障体系。①将任务明确分解落实。顶层的红线目标确定后，根据地方、流域实际情况，将任务层层向下分解。最严格耕地保护制度就是通过编制地方规划，将红线指标分解到全国各省市、自治区、乡镇。最严格水资源管理制度是在原有水量分配制度、水资源规划制度的基础上，综合考虑各流域、省市水资源条件、重大水利工程及用水量等因素，划定了各省市的用水量指标。任务通过分解细化，落实到实处，以保证目标的实现。②明确责任主体，采取目标考核制度。通过制定相应的目标责任考核制度，建立了一套考核机制，明确了责任主体与考核对象，明确了控制目标、考核内容、奖惩措施等，使得责任主体更加明确，以保障最严格管理制度的实现。

（4）在刚性的制度框架下辅以柔性的激励与引导措施。以法律法规、行政手段为主，辅以经济政策。不管是最严格耕地保护制度还是最严格水资源管理制度，其主要政策实施主要是依靠法律法规体系、行政手段来实现。最严格耕地保护制度就依托其较为完善的法律法规体系，土地征用审批、严格执法监管来达到最严格目标的实现，同时也采取了土地出让金、税收手段使目标更好地达到。最严格水资源管理制度主要依靠以《中华人民共和国水法》为基础，取水许可证制度、用水定额管理、建设项目水资源论证管理来进行最严格水资源管理。

（5）主要通过拓展延伸原有政策体系构建最严格制度。通过对以上最严格制度的研究，该制度不是创造一个新的制度，而是在原来政策体系上的继承和发扬。充分继承原有政策体系中有用的，取得一定成效的部分，加以继续有效利用，研究原有政策体系不能很好取得效果的问题，加以改进，同时针对新的最严格的要求，创新发展新的政策以保证目标的达到。

2.2 最严格环境保护制度的探索与积累

在环保领域，我国的环境管理制度与政策体系一直在随着经济社会的发展以及环境问题的凸显爆发提升其严格性。虽然国家层面的“最严格环境保护制度”尚未有统一的界定与认识，但是，部分省市，如江苏、南京、海南等地，为获取更优良的环境质量、达到更好的环境效益，主动提出、研究、探索和实施了区域性的最严格的环境保护制度，针对某些特定区域开展了环境红线、区域限批、特别排放限值等方面最严格环境保护制度的探索，取得了实质性进展与经验，也为我国从国家层面建立最严格的环境保护制度提供了良好的理论与实践基础。

2.2.1 国家最严格的环境保护制度探索

尽管在环保领域目前还没有实施最严格的环境保护制度，但是在一些方面也已经推行了相似的制度。①划定生态红线。《国务院关于加强环境保护重点工作的意见》（以下简称《意见》）要求国家编制环境功能区划，在重要生态功能区、陆地和海洋生态环境敏感区、脆弱区等区域划定生态红线，对各类主体功能区分别制定相应的环境标准和环境政策。一些省市生态和环保规划中引入了生态红线，规定不允许进行开发和建设。②严格区域限批。一些省市实行了区域限批政策，对环保不达标、没有总量的地区实行区域限批。“区域限批”，是指如果一家企业或一个地区出现严重环保违规的事件，环保部门有权暂停这一企业或这一地区所有新建项目的审批，直至该企业或该地区完成整改。2010 年环保部对河北省唐山市、山西省吕梁市、贵州省六盘水市、山东省莱芜市，企业集团包括华能、华电、国电、大唐国际等几大电力集团提出了区域限批，其原因是由于这些地区和企业总投资 1 123 亿元的 82 个钢铁、电力、冶金等项目严重违反了环评和“三同时”制度。③加严排放限值。为进一步加强大气污染防治工作，根据国务院批复实施的《重点区域大气污染防治“十二五”规划》（以下简称《规划》）的相关规定，在重点控制区的火电、钢铁、石化、水泥、有色、化工六大行业以及燃煤锅炉项目执行大气污染物特别排放限值。执行大气污染物特别排放限值的地区为纳入《规划》的重点控制区，共涉及京津冀、长三角、珠三角等“三区十群”19 个省（区、市）47 个地级及以上城市。江苏省在太湖流域还实施了更高的环境标准，要求污水处理厂达到一级 A，而不是一级 B，化工等高污染行业的排放标准都进行了提高。

2.2.2 地方最严格的环保管理制度实践

我国也有一些省市已经开始实施了最严格的环境保护制度。将环境容量作为产业发展和生产力布局的重要依据，提高环境准入门槛和环保标准，进一步于 2013 年 1 月颁布了《关于加强环境保护推动生态文明建设的若干意见》，在三大方面重点提升环保制度严格性，①实行严格的目标责任制，把资源消耗、环境损害、生态效益纳入经济社会发展评价体系，进一步完善体现生态文明要求的目标体系、考核办法、奖惩机制；②严格落实资源环境总量控制制度，确定全省主要污染物排放总量、水资源开发利用总量、土地开发利用总量控制红线，并将总量控制指标层层分解到各市、县（市、区），落实责任，加强考核，倒逼经济发展方式转变；③加强生态空间管制，通过划定“生态红线”，切实把自然保护区、集中式饮用水水源保护区、清水通道保护区以及重要湿地、水体、山林等生态功能区严格保护起来，禁止与其主体功能不相符合的开发建设活动，进一步优化生产力布局和生态安全格局。山东省提出要实行最严格的资源环境管理制度，加强法律法规、经济政策、科学技术、行政监管和生态文化五大体系建设，努力建设经济繁荣、人民富裕、环境优美、社会和谐的生态山东。湖北省环保厅刚刚出台的《全省 2013 年环境保护工作要点》提出要执行最严格环境保护制度，加快湖北发展“竞进提质”。南京市政府制定了《关于进一步深化环境保护工作的决定》，提出了制定国内最严格的环境保护制度和国际最先进的环境准入制度，并把环境指标和环保成效作为检验各级领导干部和党委政府落实科学发展观，推动科学发展的一票否决的核心指标制，让南京碧水蓝天与绿树青山相辉映。这些省市从环境容量、准入和标准等方面提出了建立严格环境保护制度。

我国环保部门在最严格环境保护制度建立上作了一些尝试，取得了一定的效果。如区域限批制度、太湖流域污水处理的提标改造等。还有很多环保最严格政策还处于探索和起步阶段，如划定环境红线、编制《全国环境功能区划》、针对重点控制区和行业设定大气污染物特别排放限值、地方各项最严格环保制度的探索等。在建立我国最严格环境保护制度的过程中，应继续发挥实施效果好的最严格环保政策，并对最严格环保政策进行创新探索和尝试，以达到构建最严格环境保护体制的最终目的。

3 最严格环境管理制度的国际经验

几乎所有的发达国家，在其经济高速发展的过程中都经历了环境污染严重、环境矛盾高发的阶段，世界八大公害事件作为日趋恶化的环境污染问题的导火索，引起了发达国家人民的强烈不满，同时也引起了政府对环境问题的高度关注，意识到环境危机对社会和经济发展存在着极其严重的影响，为此，发达国家通过不断制定和完善环境法律法规、管理政策和技术标准等环境管理制度体系，不断提升环境管理的严格性、针对性和有效性，有效治理和预防了环境污染，保障了经济社会的平稳持续发展。我国作为最大的发展中国家，目前环境问题较为严重、已经成为制约经济社会平稳持续发展的重要瓶颈因素和不稳定因素，理应借鉴发达国家环境管理措施和经验教训，尤其是借鉴发达国家环境管理体系的系统性、完整性、严格性和有效性，制定符合我国国情，同时又与世界接轨的最为严格的环境保护制度，有效防控环境污染、提升环境质量、改善保障民生。

3.1 构建了全过程、全方位又可操作强的环境管理制度体系

美国、欧盟和日本等发达国家，逐步构建了严密、系统、针对性和可操作性均很强的环境管理制度体系，一方面，对产品生产、储运、消费、处理处置全过程产生的，对水体、大气和土壤等相关领域全要素的环境问题均纳入管理体系中来，进行严格管理，充分体现出环境管理的全面性和系统性；另一方面，各项法律法规或者管理制度，多配套制定体现法律定位、管理需求以及与环境管理重点工作相对应的产品和物质名录，用以精确确定各项政策管理控制的重点对象，充分体现出环境管理的针对性和可操作性。

以美国为例，它是世界上环境管理体系最为严格完备的国家之一。美国职业安全与健康管理局（Occupational Safety and Health Administration，OSHA）、食品和药品管理局（Food and Drug Administration，FDA）、消费产品安全委员会（Consumer Product Safety

Commission，CPSC）和环境保护署（U.S. Environmental Protection Agency，EPA）等联邦机构，正式颁布了几十项国家法律及有关行政法规，全面管理药品、食品、化妆品、农药、工业和日用化学品等产品生产、消费和处理处置过程中的环境行为，消除它们的潜在危害，保障空气、水、土壤、生态、生产场所与消费者的安全（图 1）。美国与产品环境管理相关的主要法律法规及其所配套的产品和物质名单（表 2）。

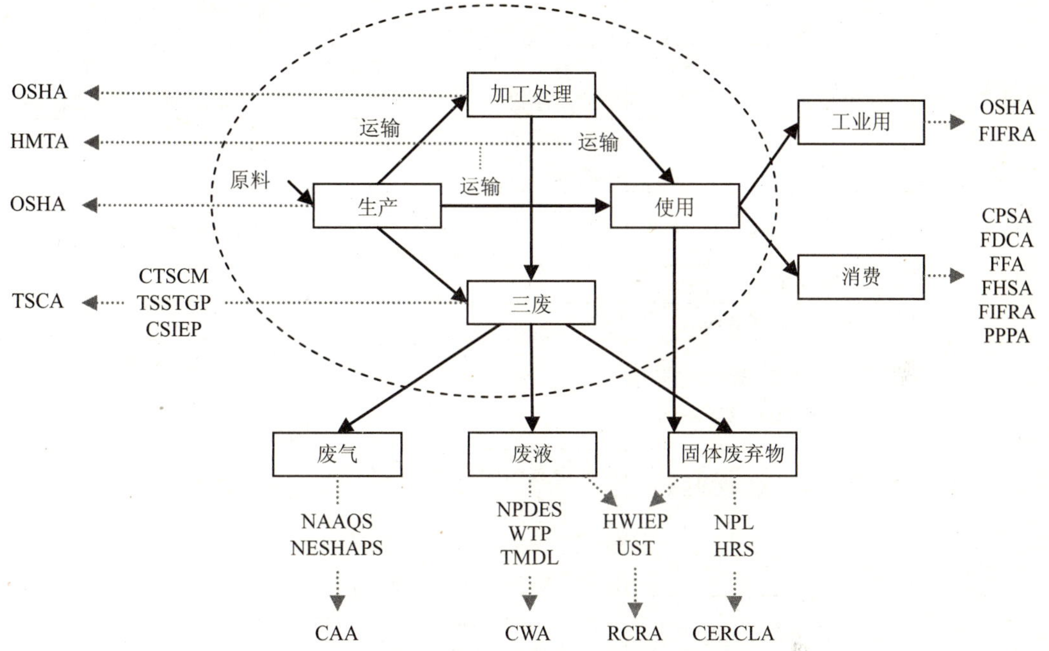

法律法规简称	法律法规名称	管理制度简称	管理制度名称
CAA	清洁空气法	NPDES	国家污染物排放消除系统
CWA	清洁水法	WTP	废水处理交易程序
TSCA	有毒物质控制法	NAAQS	国家环境空气质量标准
CERCLA	综合环境响应、赔偿与责任法（超级基金法）	NESHAPS	有害空气污染物的国家排放标准
RCRA	资源保护与回收法	NPL	国家优先项目清单
SDWA	安全饮用水法	HRS	危险评级系统
FQPA	食品质量保护法	CTSCM	核心有毒物质监控
FIFRA	联邦杀虫剂杀鼠剂杀菌剂法	TSSTGP	有毒物质国家授权程序
EPCRA	应急计划与公众知情权法	CSIEP	化学物质进出口程序
CPSA	消费品安全法案	HWIEP	危险废物进出口程序
HMTA	危险物品运输法	UST	地下储罐
OSHA	职业安全与卫生法		
FFDCA	联邦食品、药品和化妆品法		
FHSA	联邦危险物质法		
PPPA	预防中毒包装法		
PHSA	公共卫生服务法		

图 1　美国基于产品全生命周期的环境管理法律法规框架体系

表2　美国基于产品（物质）的环境管理法律法规框架及各自配套名录

管理部门	法律法规名称	适用范围	配套名录名称
美国国家环保局（EPA）	有毒物质控制法（TSCA）	工业化学品生产，进出口申报，测试评价，鉴别和危害控制	TSCA 现有化学物质名录（TSCA Inventory）
	资源保护与回收法（RCRA）	管理危险废物的处理处置	PBT 物质名单等
	联邦杀虫剂杀鼠剂杀菌剂法（FIFRA）	对美国销售的所有农药化学品进行登记，农药标签和安全使用	限制使用的农药目录
	应急计划与公众知情权法（EPCRA）	化学事故应急计划，有毒物质释放清单报告	有毒物质释放清单（TRI） 重大危险源物质名单及临界量
	清洁空气法（CAA）	控制有害的空气污染物、制定排放标准	重点控制大气污染物清单
	清洁水法（CWA）	控制地表水中有毒污染物，保护生态系统	重点控制水体污染物清单
	食品质量保护法（FQPA）		内分泌干扰物清单（EDCs）
	安全饮用水法（SDWA）		
	综合环境响应、赔偿与责任法（超级基金法，CERCLA）		国家优先名单（NPL）有毒物质释放与健康数据库（Haz Data）中污染物质
美国消费品安全委员会（CPSC）	消费品安全法案（CPSA）	管理消费品中的化学品安全，保护消费者	被禁止的危险产品清单
	联邦危险物质法（FHSA）	管理消费品中化学品的安全、标签和禁止的危险物质	
	预防中毒包装法（PPPA）	管理日用消费品中化学品的安全，危险产品的包装要求	
美国劳工部职业安全与卫生管理局（OSHA）	职业安全与卫生法（OSHA）	管理职业环境中的有毒化学品，保护工人健康与安全	
美国运输部（DOT）	危险物品运输法（HMTA）	管理危险货物的安全和保障环境无害化运输	
美国食品和药品管理局（FDA）	联邦食品、药品和化妆品法（FFDCA）	医药、食品和化妆品中农药、化学品的残留管理	内分泌干扰物清单（EDCs）
美国卫生和人类服务部（DHHS）	公共卫生服务法（PHSA）	管理有已知或潜在的致癌性的物质，引领排放标准制定	国家致癌物质报告（RoC），已知或可合理预计是人类致癌物质名单

就机构分工和管理职能来说，这些联邦机构的分工和管理侧重点具体如下：①化学品生产和加工作业场所危害控制的主要法规为 OSHA、PPA、FHSA、TSA、SFT HMTA，由职业安全卫生管理局（Occupational Safety and Health Administration）负责管理；②化学品对环境危害控制的法规有 CAA、FEPCA、SDWA、RCRA、FWPCA，由国家环保局（Environmental Protection Agency）负责管理；③危险化学品的运输安全管理法 HMTA，由运输部（Department of Transportation）负责；④民用化学消费品和农用化学品的安全管理

法有 FDCA、FIRRA、CPSA、FFA，由食品和药品管理局（Food and Drug Administration）和消费产品安全协会（Consumer Product Safety Commission）负责。

3.2 形成了系统严密的环境管理制度体系

西方发达国家普遍形成了系统严密的环境管理体系。它包括环境保护目标的设定以及为实现这一目标所制定的法律法规、执法体系、执法机构、政策体系、技术标准等，是“管理目标—法律法规—制度政策—技术标准—名录清单”这一系列自上而下的有机统一整体。

（1）设定管理目标。以美国为例，美国首先设定了环保管理体系的目标，即“保护人类健康，保护自然环境，如空气、水、土地这些生命赖以存在的东西”。基于这一目标，自 20 世纪 70 年代开始，美国相继出台了一系列环境法律，建立了完善的环境执法机构和有效的环境法执行机制，取得了良好的环保效果。

（2）颁布“环境保护领域的宪法”，确定整个环境管理体系的职责和框架。美国颁布了《国家环境政策法》（NEPA），是美国环境保护的“宪法”，明确了环境保护工作的职责、主体和基本原则。①明确了环保职责，环境保护主要是联邦政府的责任，但联邦政府应当与州和地方政府以及相关的公共和私人团体合作以共同承担环境保护的重任，即“人人都应当享有健康的环境，但人人都应当为保护和提升环境做出自己的贡献”。②形成了环境保护的组织结构体系，一方面，形成了由中央到地方的环保体系结构，自上而下依次为：美国联邦环保局、联邦环保分局、州环保局、州环境派出机构、县、市环保机构；另一方面，联邦政府其他部门也多承担部分环保责任、设置相应的环保机构，该法律要求各部门通过对他们所提议的行动或这些行动合理的替代方案对环境的影响的考虑把环境价值观融合到他们决策过程，因此，政府的各个部门都设有环保机构，都负有保护环境的法定职责，如司法部就设立了环境与资源局，其主要职责就是帮助政府打环境官司，雇员多达 700 多人，其中律师有 400 多人。其他的如国会研究部、国会审计局这些看来与环境无关的部门，也都有专人负责环境问题。③规定了民众的环保基本权利与义务，《国家环境政策法》（NEPA）规定，公众在环境方面有知情权，行政机关必须充分公开其对人类环境有重大影响的决策或计划的信息；同时，公众拥有对行政机关活动的环境影响进行评论的权利。《清洁空气法》甚至专门规定了“公民诉讼”“司法审查”等条款。这些为公民环境诉讼提供了法律依据。公民执行是指任何公民个人或公众团体不仅可以监督政府机关执行环境法的情况，也可以对公司企业的守法情况进行监督，它主要是通过公民诉讼来实现。诉讼有两种情况：公众或民间环保组织对政府环保机构未能严格执行环境法或不作为提起诉讼；公民对那些没有执行环境标准或执行不到位的企业提起诉讼。这样，不仅企业的行为要受到公众的制约，政府的行为同样要受到公众的监督。

（3）在《国家环境政策法》框架下分环境与资源两大领域分别完善立法。在《国家环境政策法》的指导下，美国环境法分为两个大的支系，一个是污染控制法，另一个是资源保护法。其中污染控制法包括《联邦水污染控制法》《联邦农药法》《清洁空气法》《噪声控制法》《安全饮用水法》《海洋倾倒法》《资源保护和回收法》《综合环境反应、赔偿和责任法》《有毒物质控制法》《职业安全和健康法》等等。这些污染控制法涵盖了所有被污染的对象，如空气、土壤和水，也涉及所有环境污染源，如农药、废弃物、噪声。即便如此，美国的防止污染的法律还在不断地细化。这些污染控制法规的出现，使美国法律体系在环境危机面前做出了及时的调整，把生产生活所带来的污染置于法律的管制之下。资源保护法包括《国家公园管理法规系列》《国家野生动物庇护体系管理法》《濒危物种法》《多重利用、持续产出法》《森林、牧场可更新资源规划法》《联邦土地政策和管理法》《合作林业援助法》《原始风景河流法》《荒野法》《露天煤矿控制和复原法》《海岸带管理法》，等等。这些资源保护法规与控制资源开采的经济法规和有关的这一方面的国际环境公约及其国内实施法相结合构成了美国完整的资源保护法律体系。与污染控制法规相类似，资源保护法扩大了美国行政部门的职责范围，建立了一个完整的而职责分明的联邦政府资源保护管理体系，大大加强了政府对资源开发和利用活动所造成的对环境的负面影响的控制。

（4）针对各种环境介质和各种污染源均制定了相关污染防控法律法规。美国环境保护立法的一个显著特征是以污染媒介为主线进行的立法，如水、大气、噪声、物种、自然资源和海洋保护等法律，这些成为了环境法体系的主干法律。当然也有针对污染物进行的立法，如固体废物、有毒物质、农药等。此外还有针对具体行为的环境立法，如《国家环境政策法》对能造成环境影响的政府行政行为做了规定。因此，对同一污染事件可能会同时适用于多部环境保护法。而《清洁空气法》（CAA）是一部专门针对空气污染的法律。其中污染控制法包括《联邦水污染控制法》《联邦农药法》《清洁空气法》《噪声控制法》《安全饮用水法》《海洋倾倒法》《资源保护和回收法》《综合环境反应、赔偿和责任法》《有毒物质控制法》《职业安全和健康法》等等。这些污染控制法涵盖了所有被污染的对象如空气、土壤和水，也涉及所有环境污染源，如农药、废弃物、噪声。即便如此，美国的防止污染的法律还在不断地细化。这些污染控制法规的出现，使美国法律体系在环境危机面前做出了及时的调整，把生产生活所带来的污染置于法律的管制之下。

（5）环境管理行政机构建制及其职能与法律相匹配。EPA 的设立以及内部机构设置都有明确的法律依据。EPA 下设 14 个部门，除综合性部门和保障部门外，EPA 污染防治机构的设置明显与环境法规相对应。对应《清洁空气法》《清洁水法》《固体废物处置法》，《杀虫剂、真菌剂和灭鼠剂法》《有毒物控制法》，都设置有相应的环境保护机构，如空气与辐射办公室、水办公室、固体废物与应急办公室、预防、杀虫剂与有毒物质办公室。这些机构的职责针对性比较强，成为 USEPA 实现环境保护目标的核心机构。美国环保行政机构的这一设置特点，既体现了以法治污、防污的理念，同时体现了通过细化污染防治工作保障环境目标实现的管理思路。图示的美国环境管理体系示意图能充分体现这一思路。

（6）以法律为依据实施了相关环境管理制度及配套技术标准体系。以美国清洁水法（CWA）为例，《清洁水法》是美国水环境保护的主要法律，《清洁水法》不但设立了目标和政策，还包含了十分详细的政策条款以及各种计划项目来保障这些目标和政策的实现；同时，《清洁水法》责成各州政府承担它们的责任和义务，包括制定相应的地方环保规划和水源标准，对所辖水体进行水质调查，对受损水体列清单并制定改善水质的计划，对点源实行控制，对面源实行管理，加强监督执法，对违法排污实施制裁等；《清洁水法》还指令美国国家环保局制定一系列的法规，政策，标准，指导文件，建立全国性的水资源保护计划和法规管理，协助各州的环保管理。

具体来讲，清洁水法分别针对点源和面源制定了一系列详尽可操作的制度与技术体系。针对于控制点源污染，清洁水法实施了“禁排令”“排污许可制”“国家污染物排放消除体制”（National Pollutant Discharge Elimination System）排污许可证（简称 NPDES 许可证）、WDR 排污规定、WRR 废水再用规定和工业废水预处理（National Pretreatment Program）等项具体的管理制度和管理项目，制定了详细的技术标准。以工业废水预处理项目为例，规定“间接排放”者在排入城市污水处理厂之前必须先对其废水进行处理，通过执行禁排标准，行业标准和地方标准这 3 种类型的排放标准来实现的，美国国家环保局对 51 种工业和 126 种有毒污染物制定了行业预处理标准。

3.3 对损害公众健康的环境重点问题制定最严格的环境标准

发达国家在制定和修订环境标准时，首先以保护人体健康为主要对象，包括敏感类人群健康状况的保护，其次以保护自然生态及公众福利为主要对象，包括防止能见度降低和对动植物、农作物等的损害。

（1）以保障公众健康为优先原则，制定严格的环境质量标准。美国国会要求联邦环境总署在制定国家空气质量标准时不仅仅着眼于空气质量的保护，而是要充分考虑敏感群体的利益，如饱受空气中污染物质侵害的哮喘、肺气肿等疾病的特殊人群。因此，联邦环境总署对“首要国家空气质量标准”的制定，实际上已经超出一般良好空气质量的要求，提高到污染物质完全不会对最敏感人群造成任何影响的程度。例如，2008 年 EPA 以铅会导致智力下降，肾损害及其他严重的健康问题为由，对铅标准进行了修订，要求空气中每立方米的铅含量为 0.1～0.3 μg，是旧标准的 1/15～1/5。严格的环境标准引起了企业界的不满，美国铅工业协会以国家环境保护局不考虑经济因素和技术因素制定了过于严格且完全没有必要的“首要国家空气质量标准”，严重影响了企业的生产活动为由向法院提起诉讼，最终法院以经济因素和科技因素不是《清洁空气法》第 109 条中制定空气质量保护标准考虑的重点因素之一为由驳回了铅工业协会的诉讼。这也进一步确定了经济的合理性和科学的实际性不能作为联邦环境保护总署制定“首要国家空气质量标准”的考虑因素。

（2）对公众关心的重点环境问题，制定严格的污染物排放标准。近 20 年来，发达国家将 $PM_{2.5}$ 作为大气污染防治的核心工作，其防治范围涵盖了一次颗粒物排放，以及二次颗粒物排放，其主要管理措施一是制定严格的污染排放标准；二是不断提高燃油质量标准。据世界卫生组织的报告显示，欧盟是 $PM_{2.5}$ 监控标准最严格的地区，但每年因 $PM_{2.5}$ 死亡的人数有 38 万多人，而且欧盟国家人均期望寿命也因此减少 8.6 个月。2008 年，欧盟发布了新的《环境空气质量指令》，要求成员国在 2010 年 $PM_{2.5}$ 的年平均质量浓度达到 25 μg/m^3，到 2020 年 $PM_{2.5}$ 含量须在 2010 年的基础上平均降低 20%，即年平均质量浓度达到 20 μg/m^3，仅达到 WHO《空气质量准则》过渡期目标 3（IT-3）。为了降低机动车对 $PM_{2.5}$ 的贡献率，欧盟发布了关于汽油和柴油质量的 93/12/EC 指令，经 4 次修订后，98/17/EC

要求自2005年起汽油和柴油中硫含量为50 mg/kg，芳香族化合物占35%，而2003/17/EC指令修订后，对2005年实施的硫含量提出了更严格的标准，即达到10 mg/kg。

3.4 对特殊区域实行最严格的控制标准和措施

按区域划分对生态敏感区、污染物浓度超标地区、重污染企业集中区等特殊区域实行最严格的技术标准、新排放源的审批程序和环境标准等一系列管理措施，达到环境污染治理的效果。以美国大气环境保护政策的经验来看：

（1）对生态保护区实行视觉可视性原则，提出最严格的综合大气治理要求。美国对国家一级环境保护区提出“视觉可视性原则”，①以视觉欣赏性为环境标准，对空气污染物的排放总量的削减提出了更严格的要求；②对区域内的大型污染企业实行最严格的技术标准，即“最佳改造技术”，促使企业达到污染排放限值。美国环境总署要求所有国家一级保护区在2046年之前实现整体可视性的彻底改善。为了确保达到“联邦可视性目标”，EPA依据《清洁空气法》第169条a款，要求辖区内含有国家一级保护地区的州政府，或者对附近国家一级保护地区的可视性具有严重影响的州政府，制订“州政府管理计划”，计划主要包括：①限制州内固定污染源的排放污染物质的管理计划；②建立州内可视性变化的监测体系；③制订本州内十到十五年的长期管理计划以保持管理的连续性；④制订对新建和改建的固定污染源追踪管理的计划。其中，州内固定污染源的排放污染物质的管理计划中要求所有可能对国家一级保护区域造成视觉可视性损害的大型排污企业都必须采用最佳改造技术（BART），达到技术要求的排放标准，或执行美国国家环境保护局制订的“排放总量逐步缩减计划”和“排放配合交易计划”。如果州政府无法在2046年之前达到可视性恢复的效果，该州必须出具一系列的研究数据，以证明在2046年之前完成转变的不可实现性，同时给出最终完成可视性改善目标的时间点，并将结果进行公示，接受公众的监督。

（2）对污染物未达标区实行最严格的排放源许可制度。美国对新建、扩建重大固定污染源实施许可证制度，对未达标区依托“总量控制”政策，实行最严格的新源排放建设许可制度（NSR），即区域总排放量不变，新源必须自己寻找污染源的“排放空间”。同时新建固定污染源必须实施排放最低的可得技术（Lowest Achievable Emission Rate，LAER），即在技术可得的情况下，不计任何经济代价，企业必须达到最低排放标准。如在规定期限内，还未达标的州，则依据《清洁空气法》缩紧新源排放许可证，禁止联邦政府批准重大公路建设项目及财政拨款，同时对该州实行更严格的排污抵消政策。

3.5 对重点行业实行最严格的环境准入门槛

发达国家通过实行严格的技术标准、总量控制、许可证制度等管理手段，不断提高环境质量标准、污染物排放标准，从而迫使企业通过改造落后工艺、提升清洁生产水平、推动产品的生态设计等措施，以满足严格的排放标准。

（1）实施强制检验许可证制度。美国对汽车制造商实行强制认证制度，即生产的汽车必须通过严格的检测认证确定该新车型能够满足汽车尾气排放标准，为此汽车制造商必须不断的研发尾气排放削减技术，并切实应用到终端销售当中，以确保检验许可制度的有效性。汽车强制认证制度从源头控制了汽车尾气的排放，从而最终实现汽车尾气减排的目的。

（2）实行生产者延伸制度。欧盟要求进入欧盟市场的电子产品生产商必须执行《报废电子电器设备指令》（WEEE 指令）和《关于限制在电子电器设备中使用某些有害成分的指令》（ROHS 指令），即生产商投入欧盟市场的电子电器设备不得含有铅、镉、汞、六价铬、多溴联苯、多溴二苯醚六类有害物质。同时，要求生产商对报废家用电器与电子设备承担全部责任，必须使用现有的最佳技术对有关设备进行回收处理，并承担回收及环保处理费用。ROHS 和 WEEE 指令提高了电子类企业进入欧盟市场的环境门槛，从而敦促企业在整个产品生命周期中都必须进行有害物质的管理，也迫使上游供应商研发清洁生产技术，生产绿色产品。

总之，通过对发达国家环境保护制度的研究，发现发达国家以保障公众健康为原则，多次修订环境法律法规，制定相对最严格的环境保护标准，以保护敏感人群的利益。对特殊区域实行差别化的管理措施，制订最严格的污染处理技术标准，提高企业的环境准入门槛，实现以美感为标准的高层次的环境质量保护目标。

这些都从侧面反映出发达国家以制订最严格的环境保护制度，来达到改善环境质量，保护公众健康的目的。

4　构建我国最严格环境保护制度的初步考虑

基于我国经济社会发展现状趋势和污染防控需求，以及现行主要环境管理制度建设的现状进展和完善趋势，特别是针对我国现行主要环境管理制度在顶层设计、制度体系、指标标准、协同配合、落实执行等方面存在的具体问题，参照借鉴西方发达国家环境治理历程和制度构建经验，围绕前文提出的最严格的环境保护制度概念和内涵，提出建立适于我国现阶段国情的最严格环境保护制度的目标任务、构建原则、框架模式、运行机制和保障措施，其中，框架模式具体包括最严格环境保护制度的思路理念、基本要素和制度构成。

4.1　最严格制度的构建原则与目标任务

建立最严格环境保护制度是在我国处于环境污染高发期、环境隐患暴露期、且未来环境压力仍将持续加大的一个特殊时期内提出的旨在有效防控环境污染、保障环境安全的一项强化环境管理的策略与要求，是有着深刻的现实需求与历史任务的，因而，制定构建最严格环境保护制度的原则和目标，必须紧密围绕最严格的环境保护制度的历史性、现实性、阶段性和长远性的特征与需求。构建我国最严格环境保护制度主要基于以下原则：

（1）环境优先，兼顾其他。具体是指，环境政策的制定和措施的出台，优先考虑环境和生态效益，以有效促进污染减排和环境质量改善为最重要的出发点和决策因素；同时，也兼顾经济、社会承受能力和技术发展的现状。即既要求在经济成本合理、社会成本可接受、清洁生产和污染治理技术较为成熟可行的情况下，制定和出台相关环境政策；同时，也要求当重大环境问题的防治紧迫性达到一定程度时，即使牺牲部分经济合理性、同时相关技术尚不成熟时，也可以制定和出台相关环境政策，规范和调节相关主体的环境行为，同时通过环境政策的需求，来催生和引导相关技术的创新与开发、倒逼经济成本减低。

具体来讲，环境优先主要体现在以下几方面：①国际接轨，环境质量标准逐步与发达国家接轨，同时充分引进、吸收和推广国际上先进的清洁生产技术、污染治理技术和装备；②适度超前，既针对现实的重大环境问题，又规避潜在的环境问题；③目前可获得的最佳水平，应强力推广和强制使用现有的清洁生产技术和污染防治最佳可行性技术；④疑罪从有，一方面，在对已确认的有毒有害污染物开展重点防控的基础上，对疑似的污染物、致癌物与激素物质也进行防控与治理；另一方面，对规模不经济、治理难度大、治理成本高、存在较大的潜在环境违法行为的产能与企业坚决予以重点监管或者淘汰。

（2）重点突出，全面防控。环境问题具有其特有的复杂性，来源复杂、产生机制复杂、传播途径复杂、表现形式复杂、政策工具多、管理对象多、管理节点环节多、涉及部门多等特点，同时环境管理的行政资源以及时间、资金和精力成本又是有限的，尤其是在我国目前污染形势复杂、环境问题交织的现状下，需要环保部门一方面摆清楚“一个指头与九个指头”的重要性和优先性，将有限的行政资源、人力、物力和财力精确用于优先解决已有的重点行业、重点区域、重点人群、重点污染物、环境管理重大制度缺项、危害人民群众健康、破坏生态平衡的突出问题，制定和出台完善和严格的环境管理政策；同时也需要环保部门具有科学、全面、统筹兼顾的视野，在优先解决现有重大环境问题、优先对重点人群和区域进行保护的基础上，充分发挥协同减排、技术示范、管理带动、以点带面等方面的管理效应，全面防控各种来源、区域和行业、由各种污染物所产生的各种环境问题，同时预警和预防未来潜在的环境问题，做到重点突出且全面无疏漏。

（3）拓展延伸，全面加严。主要指通过丰富、拓展和延伸环境管理的内容、深度和广度，明晰并激活环境管理主体及其积极性，来全方位提升环境管理的要求、提升管理严格性。具体体现在两方面：①全防全控，拓展丰富环境管理的内容，对产污节点、总量、空间、环境质量等环境管理的各主要方面均提出较为严格的要求，同时对各相关主体的各种能够产生和排放污染物的行为进行全面和有针对性的管控，对各主体均提出明确的防控要求；②多种形式加严，既通过提升相关环境管理制度的指标与标准来直接提升严格性，又通过增强环境管理制度的区分度、针对性、可操作性和全面性来间接提升严格性。

（4）全程监控，保障执行。覆盖产污节点、总量、空间、环境质量等环境管理全内容和政府、企业、社团、市场和个人等环境管理全主体的全放全控的最严格的政策框架，仍旧是静态的，仍需要针对制度设计并建立有效的保障措施和政策执行与运行机制，来保障政策有效运转并起效。具体来讲有：①调动和发挥各相关主体的积极性和能动性建立群防群控的政策实施监督机制，建立政府督查、企业互查、群众监督的群防群控政策及模式的实施机制，重点突破联合督查、交叉执法、飞行监测等强化政府督查的执法模式，以及企业督察员、第三方参与等填补企业互查的政策及模式；②建立坚实有效的制度来支撑保障措施，从法律法规、部门规章、公众参与、考核制度、经济激励、污染责任认定与损害鉴定评估技术等层面，建立最严格环境保护制度的法律保障、制度保障和技术保障。

（5）质量导向，绩效考核。主要是指环保工作的终极目标和考核指标，应该是环境质量的改善和环境健康的恢复，因而，在衡量和考核环保工作绩效时，需要逐步淡化过程性与工作性指标的考核，强化质量与健康的改善作为考核环境管理成效的最根本标准。具体来讲，应确定以环境质量为标准的可量化的考核制度，要以各要素环境质量的显著改善作为检验标准将大气与水体中主要污染物浓度及其下降值、环境质量达标率等作为考核指标，一方面，可提升地方环保工作的针对性和有效性，实行浓度考核可及时地监测数据灵敏、精准地反映主要环境质量指标的变化趋势；另一方面则有利于根据各地经济社会发展、自然条件、环境容量等现实差异，提出“共同但有差别”的考核目标，避免全国范围内“一刀切”和工作压力不均衡，利于各地制定切合实际的考核目标，在未来深入推进环境质量考核工作时具有更强的可操作性。

构建最严格环境保护制度的目标主要有 3 个方面：①在目前经济社会发展条件和污染形势下，通过精确调节政府、企业、公众等各相关主体的生产消费等与环境相关的行为，能够全面有效应对污染矛盾突出时期出现的来源于工业、生活、农业等各领域的各种环境问题，保证全国和重点区域水、大气、土壤、生态等方面环境质量不恶化，并能够逐步有所改善，保障多还旧账；②重在建立长效机制，以建立各主体环境友好行为长效机制为远期目标，实施最严格的环境保护制度，一方面在目前的污染爬升期要针对和解决目前所凸显和暴露出来的各种具体的环境问题，同时，更重要的是应着眼于为未来探索建立一套在人口众多、资源紧缺、容量有限、生态脆弱等我国现实国情约束下能够规范各社会主体行为的环境保护行动规范，保证不欠新账；③能够提出一整套最严格的环境管理制度的框架模式与备选政策工具集合，为各层级（国家与地方）环境保护部门建立最严格的环境管理制度、加强环境管理能力建设、提升环境管理成效提供技术支撑与改革完善路线图。

4.2 最严格环保制度的政策框架

关于最严格环境管理制度特征与需求的总结。①要增强全面性。第 7 次环保大会明确指出，“环境问题本质上是发展方式、经济结构和消费模式问题”，因而环境问题的有效解决必须依赖于环境管理政策手段充分嵌入并调节经济社会发展的各个方面和社会生产与再生产的全过程中（全程防范）；同时，环境管理调节的最终对象在于污染物的数量、毒性及其时空分布，所以，建立最严格的环境管理制度就必须要对污染物的数量和空间分布进行严格管理（数量控制、空间优化）；再者，环境的最终目标在于生态环境健康和人体健康的全面改善，所以，最严格环境管理制度的核心目标与管理指标，必须是围绕水体、大气、土壤、地下水、海洋等环境质量改善的（质量改善）；同时，最严格的核心不在于理论上的最严格、而在于目标制定最科学合理、贯彻执行最得力、实施效果最佳，所以，需要建立最严格制度的有效的保障措施。②增强制度针对性和可操作性。环境保护和污染防治，是全社会共同的事业，既不完全是政府的任务、也不完全是企业和市场的任务，所以，建立最严格的制度理应将各主体（政府—企业—团体—个人）、各对象（城市—区域—生态系统）的权利、责任和义务进行清晰的界定，才能够建立权责分明、运转高效的环境管理制度。③增强可实施性。基于五大方式构建最严格制度，目的在于将最严格制度的要求落到实处、并增加制度整体的协调性和协同性。既通过直接提升环境管理制度的指标标准以及相关要求（指标细化、指标提升），又通过增强协调性（指标拓展、指标配合、指标统一）形成政策合力，达到更严格的目标。

综合上述背景思考、制定原则和特征需求，主要围绕和针对我国亟待解决的重大污染问题、切实有效改善环境质量的需求以及环境管理制度的构建进展和完善趋势，以现有制度为主体框架，结合部分正在试点、马上推广的制度，除必要情况外尽量少设计推广纯新的管理制度，主要从“全程防控—空间优化—质量导向—数量控制—实施保障”五大方面、针对“政府—区域—生态系统—企业—公众”五大环境管理的对象与主体提出推进和完善我国最严格的环境保护制度框架的建议；并具体通过“指标拓展—指标细化—指标提高—指标耦合—指标统一”五种方式将最严格的环境保护制度及其各方面要求予以具体落实与实施。同时，通过定位环境管理体系与制度框架中政府、企业、群众、市场的角色，明确四方主体分工与职责，完善和创新群防群控政策模式和运行机制。并建立有力有效的政策保障措施体系（图2）。

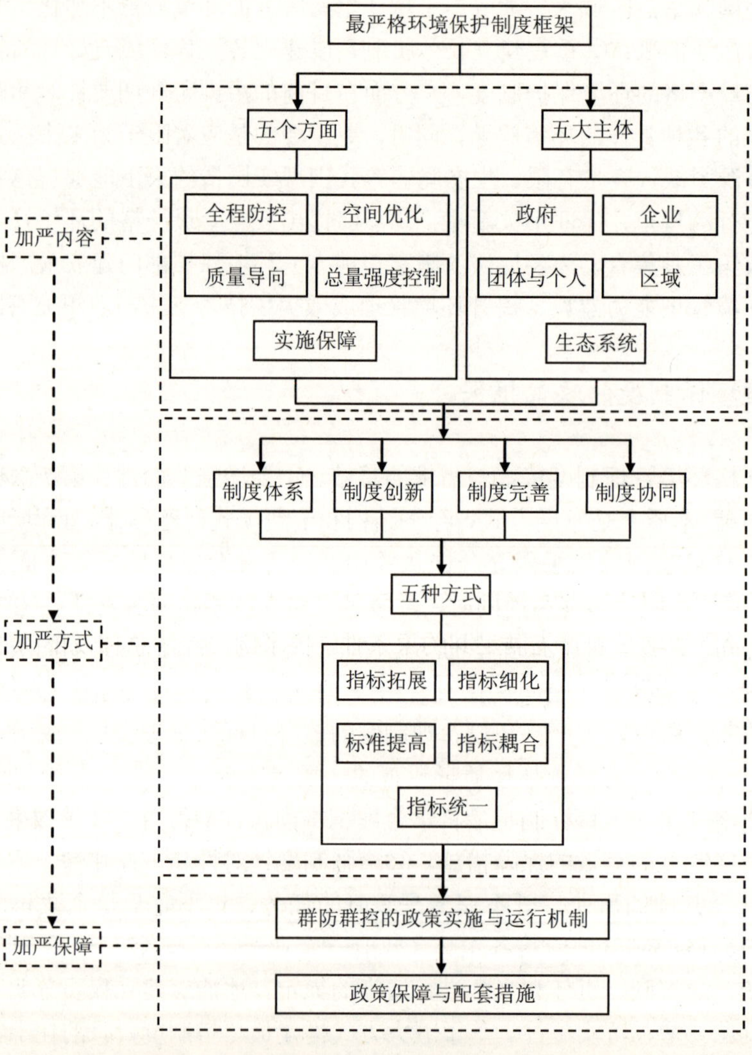

图2 我国最严格环境保护制度框架设计示意

4.3 建立最严格环境保护制度的建议

基于建立最严格制度的目标任务、构建原则、特征需求和政策框架，从提出加严内容、明确加严方式、制定加严保障三大方面，针对丰富管理内容、明晰主体权责、提升要求标准、增强可实施性、保障政策执行等具体角度，提出了关于建立最严格环境保护制度的具体建议。

4.3.1 最严格的全过程防控

（1）推广固化生态设计制度，细化政策要求与技术标准体系。研究表明，80%的资源消耗和环境影响取决于产品设计阶段。在产品设计开发阶段系统考虑原材料选用、生产、销售、使用、回收、处理等各个环节对资源环境造成的影响，力求产品在全生命周期中最大限度降低资源消耗、尽可能少用或不用含有有毒有害物质的原材料，减少污染物产生和排放。①建立生态设计的强制性管理要求及技术标准，在已发布《家用和类似用途电器生态设计 电冰箱的特殊要求》（GB/T 23109—2008），《生态设计产品标识（征求意见稿）》《关于开展工业产品生态设计的指导意见》（工信部联节[2013]58 号）[①] 的基础上，进一步完善生态设计的法律法规、技术标准和配套措施体系，强制要求选择对环境影响小的材料、避免使用有毒或者有害的材料，使用无危险的可回收材料、再生材料及再生部件，尽量减少材料的种类，以便减少产品废弃后的回收成本；同时，在设计时考虑产品的回收性和再利用，材料的回收率和利用价值，以及回收工艺和技术的设计方法。②选择汽车、电子电器等产品，制定相应生态设计评价实施细则，开展生态设计试点工作。③建立促进生态设计的激励措施，我国将建立优秀生态设计产品奖励机制，支持生态设计产品扩大社会影响、提高市场竞争力。研究制定支持企业开展产品生态设计的财税政策，优先考虑将有关产品列入政府采购名录，推动关键共性技术和产品的研发、应用与推广。优先支持对生态设计有重要促进作用的技术改造项目，加强与金融机构的信息沟通和对接，将相关项目列入绿色信贷支持计划。

（2）实施最严格的环境准入标准。①严格执行前置性环境准入条件，任何区域产业的引进及退出等经济活动必须首先满足其约束条件，要求国民经济总体及部门专项规划相衔接统一，避免在生态脆弱带和环境敏感区开发建设，符合和达到国家规定的总量控制目标；②逐步完善与提升控制性环境准入条件，在满足前置性准入标准之外，还必须从改善环境质量、控制环境污染、提高资源利用效率等方面提出最低的准入标准，作为控制性的环境准入门槛，应以循环经济理论，以行业、区域清洁生产工艺和先进的末端治理技术为依托，大幅度地削减污染物排放总量，降低资源消耗，使其资源、能源消耗指标明显低于同行业、地区平均水平，具体包括：排放总量标准、排放强度标准、资源消耗标准、能源消耗标准和投资强度等指标，要求新建、改扩建项目排放的主要污染物必须稳定达到国家或地方标准，同时，要求单位经济产出所排放的主要污染物数量及所消耗的水、土地等自然资源数量、电、气、油、煤等能源数量达到同类先进水平，设立最低投资准入条件，要求符合国

① 工业和信息化部、发展改革委、环境保护部，关于开展工业产品生态设计的指导意见（工信部联节[2013]58 号）。

家产业政策，达到市场准入的投资起点额；再次，针对“高污染、高环境风险”行业设置更为严格的准入条件，研究提出污染物排放总量大、强度高，治理技术难度大、治理成本高，产生和排放污染物种类多、毒性强，生产、储运和消费中环境风险较高的行业和产品清单，并基于国家、地方、区域、流域、生态敏感区和污染严重区等层面和角度的需求针对性地筛选应予以严格限制准入的行业和产品名单，并提出更加严格的准入条件和指标。

（3）实施最严格的过程监管。①加强环境监测预警体系建设，建立覆盖大气、河流、水源地、海域、噪声、辐射、土壤、固体废物、生物等领域的环境监测预警体系，提升监测能力和监测指标，实现对区域环境状况的全方位监测；强化应用水源地环境监管，严格执行各项水源保护制度，每月监测，掌握水质状况，开展水源地安全风险隐患排查。②强化环境风险源监管和污染事故隐患排查整治，对全部重点污染源安装在线监测设备，实行24小时全天候监控；实现放射源、危险废物和医疗废物等环境风险源的规范化管理，完善环境监管和安全处置体系。③固化拓展重点行业环保核查制度，定期对重点行业的企业进行全面系统的环境审查，采取多部门联动的鼓励和限制措施，加强环境信息公开和社会监督，落实企业治污主体责任，促使企业下大力气解决突出的环境问题，特别是涉及饮用水安全、重金属、危险化学品和危险废物污染防治的问题和存在环境风险隐患、易引发群体性事件的环境问题；对未通过环保核查的企业实行多部门联动的全方位的限制措施。④实行重要化学品用途精确限定制度，筛选产销量大、用途广、进出口量大、但对人体和生态健康有较大危害的化学物质，实行基于产业链的用途精确控制制度，对其在制备下游工业化学物质和清洁剂、油漆、服装、家具、电子电气产品等日常生活产品时等方面的具体用途，进行精确限定。

（4）最严格的末端淘汰政策。①实行严格的产品与行业淘汰制度，围绕但不局限于《蒙特利尔议定书》《鹿特丹公约》和《斯德哥尔摩公约》等国际公约强制禁止和淘汰的产品，对我国生产、流通、使用和贸易中的各产销量大、使用量大、进出口量大的大宗产品的污染状况和产业发展情况进行研究评估，对环境污染重、环境风险高、环境毒性大，且又有成熟替代产品的污染产品严格禁止其生产、流通、消费和贸易。②实行更为严格的落后产能淘汰制度，推动基于工艺和基于产能规模两种角度和指标的落后产能淘汰制度，一方面，强制推行清洁生产工艺替代重污染工艺；另一方面，拓展淘汰落后产能所涉及的行业范畴、提升淘汰落后产能的指标和标准，在现有淘汰落后产能政策主要涉及的炼铁、炼钢、焦炭、铁合金、电石、电解铝、铜冶炼、铅冶炼、锌冶炼、水泥、平板玻璃、造纸、酒精、味精、柠檬酸、制革、印染、化纤、铅蓄电池等行业的基础上，对其他重污染行业的环境污染与产能过剩情况进行评估，将更多的相关行业纳入落后产能淘汰所涉及的行业范畴；同时，针对于纳入落后产能淘汰范畴的相关行业，基于行业总量规模、企业规模分布，以及污染物排放强度等环境绩效与产能产量分布间的关联性等相关情况，研究逐步提高各行业落后产能淘汰的标准。

（5）实施最严格的污染产品定向回收与再生制度。参考借鉴欧盟实施的“综合性产品政策”（Integrated Product Policy，IPP），加强对包装物、废旧车辆、办公设备、轮胎、废旧电池和废旧电子电器产品的回收与再生制度，特别是环境影响较大、产量增长迅速、缺乏回收再生商业潜力的包装物、家用电器、废旧电脑、电池和废旧车辆废弃产品，实施污染产品回收与再生制度，有效防范与减轻产品使用与处理处置过程中所产生的污染。

4.3.2 最严格的空间管控措施

（1）探索实施基于环境功能区划的差异化环境管理制度。①探索实施环境红线制度，从环境要素上，划定水环境红线、大气环境红线、土壤环境红线、生态红线等；从污染源（建设项目/已有项目）控制对象上，划定污染源资源消耗红线、污染物排放目标总量红线、排放达标红线、环境风险红线等；从行业控制对象上，划定行业资源消耗红线、行业排放达标红线和行业目标总量红线；从区域（或流域）控制对象上，划定区域（流域）环境容量红线、区域目标总量红线、区域（流域）环境功能区达标红线、生态红线等。同时，研究探索环境红线制度与产业、贸易、经济、金融、税收、财政、土地、科技等其他部门管理制度与政策体系中涉及环境保护的相关措施手段的衔接与协同；建立环境红线制度的政策体系、奖惩机制、考核制度以及跟踪评价机制等。②实施基于环境功能区划的差别环境管理制度，在自然生态保留区、生态功能保育区、食物安全保障区、聚居环境维护区及资源环境开发引导区等划定生态红线，实施差别的污染物排放标准和总量控制指标、产业准入环境标准、环境影响评价政策、环境政绩考核评估等指导性政策。

（2）构建完善环境总体规划制度。建立起以质量和环境健康为导向，以环境空间规划为核心，以资源环境承载力和自然规律为基础的区域环境规划制度，以区域自然生态格局为基础，以环境健康安全为目标，制定区域环境总体规划，提高环境规划的地位，将环境保护的要求作为指导城市产业发展、城市布局、人口增长的重要依据和因素，真正发挥环境保护规划的基础性、先导性作用，建立与环境协调的城市和区域空间发展格局，实现城市布局与主体功能区划和资源环境承载力相协调。

（3）实施严格的产业布局与转移环境监管以及污染集中治理机制。①严格实施执行产业转移环境管理制度，修订完善《产业转移指导目录》，针对于重污染行业转移的环境约束设置专章予以详述，对禁止和限制转移区域和地域提出明确要求；对化学品项目布局进行梳理评估，推动石油、化工等项目科学规划和合理布局。对化学品生产经营企业进行环境隐患排查，对海洋、江河湖泊沿岸化工企业进行综合整治，强化安全保障措施。把环境风险评估作为危险化学品项目评估的重要内容，提高化学品生产的环境准入条件和建设标准，科学确定并落实化学品建设项目环境安全防护距离。推进安全风险高、环境风险大、安全防护距离不足的城镇危险化学品生产、储存企业搬迁进入化工园区，不能搬迁的，限期转产或关闭。②实施最严格的污染集中治理制度（工业企业统一进入工业园区），坚持高标准、有特色的原则，规范和完善现代化工园业区建设，全面提升我国化工园区整体水平；对于污染物产生和排放强度达到一定标准，以及污染物产生量大、治理技术难度大成本高、易偷排发生环境违法行为的企业，强制性要求进入工业园区，经本企业预处理后，三废统一治理；鼓励铅蓄电池制造业、有色金属冶炼业、皮革及其制品业、电镀等行业实施同类整合、园区化管理，强化园区的环境保护要求，健全重金属污染健康危害监测与诊疗体系。

4.3.3 最严格的环境质量管理

（1）加快建立以水、大气和土壤环境质量改善为目标的环境管理制度与环境标准体系。

加快完善以环境质量标准为核心，以污染物排放和控制标准、环境监测和环境管理技术规范为重要内容的环保标准体系，在排污收费、环境影响评价、污染集中控制、重点行业环保核查等环境管理基本制度与重要政策中，增加并融入基于区域环境质量的差异化管理内容，逐步与国际接轨。以保护生态环境和人体健康为目标，加快完善空气、水体、土壤等环境质量标准，客观反映环境质量状况及其变化趋势，不断完善环境质量评价方法，使环境质量评价结果与人民群众的感受相一致，妥善处理好综合性标准和行业类标准、国家标准和地方标准、质量标准和排放标准及配套标准的关系。

（2）严格防控有毒有害污染物，探索建立中国版污染物转移登记排放系统（PRTR 制度）。①拓展各项环境管理制度中针对的污染物范围，我国工业门类齐全、以石化化工行业为代表的重污染行业具有生产工艺复杂多样，产品、中间产物及原辅材料品种复杂、潜在的环境风险因素相对较多，“三废”成分复杂、处理难度大等特征，但是，现行环境管理体系对污染物种类关注范围不全面、主要围绕四项总量控制污染物和重金属等几种污染物研究制定，所以，应以环保部科技司发布的《水污染物名称代码（HJ 525—2009）》和《大气污染物名称代码（HJ 524—2009）》分别界定的 603 种和 878 种水体和大气环境污染物为范畴，结合美国有毒物质释放清单（TRI）、美国清洁水法管制污染物名单、美国清洁大气法管制物质名单、美国重大危险源物质名单、日本污染物排放转移登记制度中需登记的指定化学物质清单、欧盟 REACH 法案中列入附件 XIV 的高关注度物质等（表 3），筛选污染重、产生和排放量大的产品或污染物，纳入重点关注的环境污染物范畴，补充和完善相关环境管理制度体系。②健全化学品全过程环境管理制度，加强持久性有机污染物排放重点行业监督管理，完善相关行业准入标准、环境质量标准、排放标准和监测技术规范，推行排放、转移报告制度，开展强制清洁生产审核，推进危险化学品企业废弃危险化学品暂存库建设和处理处置能力建设，建立化学品环境污染责任终身追究制和全过程行政问责制。

表 3　我国主要环境管理制度所关注污染物的数量与种类

制度名称	污染物数量	制度名称	污染物数量
总量控制	4	美国有毒物质释放清单（TRI）	576
环境统计	26	美国清洁水法管制污染物名单	128
污染源普查	27	美国清洁大气法管制物质名单	189
排污收费	58+45+6+4	美国重大危险源物质名单	307
国家污染物健康风险名录	140	日本污染物排放转移登记制度中需登记的指定化学物质清单	436
污染物名称代码	603+878	欧盟 REACH 法案高关注度物质	161
污染物总数			

（3）针对生态敏感区、脆弱区，环境指标未达标区域以及重度污染区域实行更加严格的环境政策。对重点区域和流域，采取更加严格的环境质量标准。北京、上海、广州等重点城市可以针对突出的环境问题，制定高于国家的空气质量标准。对于工业企业，如果区域、流域质量不能达标，有健康影响，可以采取更高的排放标准。首先，严格实施区域限

批，对生态环境重点保护区、环境质量不达标、超出污染物排放总量的地区实行区域限批，暂停该地区所有新建项目的审批，直至该企业或该地区完成整改。其次，加严排放限值，实施更加严格的排放标准或环境质量标准，在大气污染防治方面，在京津冀、长三角、珠三角等“三区十群”19个省（区、市）47个地级及以上城市的火电、钢铁、石化、水泥、有色、化工六大行业以及燃煤锅炉项目执行大气污染物特别排放限值；在太湖流域、巢湖流域、淮河流域、东海、渤海等区域实施污水处理厂提标改造，要求该区域污水处理厂执行一级A排放标准，同时对化工等高污染行业的排放标准进行相应提高。

4.3.4 最严格的总量与强度控制

（1）继续实施严格的污染物总量控制制度。①拓展纳入总量控制的污染物种类，将如总磷、总氮、铅、汞、铬、镉和砷等污染范围广、污染危害较大的污染物，纳入总量控制污染物范畴，并制定相应的削减约束性指标以及削减政策方案。②实施行业污染物总量控制制度，对造纸、印染和化工行业实行COD和氨氮排放总量控制，对电力行业实行SO_2和NO_x排放总量控制，对钢铁行业实行SO_2排放总量控制。③实施区域性污染物总量控制制度，针对重点区域和流域的不同生态背景与环境问题，探索实行区域性污染物总量控制制度，在已富营养化的湖泊水库（太湖、巢湖、淮河等）和东海、渤海等易发生赤潮的沿海地区实施总氮或总磷排放总量控制；在重金属污染综合防治重点区域实施重点重金属污染物排放总量控制；在京津冀、长三角和珠三角等区域开展臭氧、细颗粒物等大气污染物排放总量控制；同时，考虑东、中、西部差异和重点区域、重点流域的污染治理要求，对不同区域省份的减排比例要求差异化，对环境质量不达标地区实施备量削减政策，实行1∶1.5或者1∶2的减排置换政策，努力提前达标期限。④适时推广总量预算管理、总量刷卡管理等量化管理方式，提高总量控制的精细化管理水平。

（2）重污染行业规模总量控制与高污染产品出口配额制度。①实行重污染行业规模总量控制，在重点行业建立污染物排放总量控制与行业产品产能联动机制，实施新建、扩建项目实施等量、减量置换制度；②实行高污染产品出口配额制度，对铝土矿、焦炭、金属硅、稀土等稀缺资源性产品，对部分钢铁、石化等“高污染、高环境风险”产品，或对重点区域出口的部分稀缺资源性产品和“双高”产品实施出口数量或金额总量控制制度，对规定的配额以外的出口商品，采用征收较高的关税、附加税和罚款等限制措施。

（3）实施能源与资源消费总量控制。①控制全国煤炭新增量，按照上大压小、产能置换的原则，合理控制煤炭新增规模。2015年煤炭产量39亿t，主要增加发电用煤，合理安排优质炼焦煤生产。煤炭生产以大中型煤矿为主，继续压减小煤矿产量。②在大气联防联控重点区域开展煤炭消费总量控制试点。在空气污染严重的长三角、珠三角和环渤海区域所在省（区、市），原则上煤炭消费总量控制在2010年水平，经济发展所需能源以清洁能源为主，率先调整和优化以煤炭为主的能源结构。禁止新（扩）建煤化工项目，不再建设向上述地区增加煤炭运输能力的项目；原则上不允许新建燃煤发电站或企业自备电站，扩建和改建燃煤机组实行煤炭等量或减量替代；推行一县一热源政策，建设和完善统一的热网工程，纯凝汽燃煤发电机组应加大技术改造力度最大限度地抽汽供应热网，逐步淘汰热网覆盖范围内的企业自备锅炉。

（4）探索建立基于污染物排放强度的环境管理制度。效仿能效管理制度，建立基于产排污强度的环境管理政策体系，基于产品产排污强度、产排污总量、毒性当量等项因素，设计和推行行业产污强度评价、准入、淘汰机制和方案，提出典型行业标杆与准入、治理等挂钩的机制；并且提出典型行业基于产品产排污强度、毒性当量等系数的行业准入与淘汰的系数标准。①建立产排污强度与环境技术政策联动机制，针对污染物产生和排放强度均比较大的行业与产品，参照美国将污染控制技术分为最佳适用环保技术（BAET/MAET）、合理适用环保技术（RAET）、最多排放水平的适用环保技术（LAET）等的管理经验与管理分级，在一般情况下，可要求企业采取 BAET 或 RAET，在重点污染地区、环境质量不达标地区必须强制性采用 LAET；②建立环境“领跑者”标准政策，研究确定电力、钢铁、化工、造纸等九大环保行业的污染排放先进水平，制定“领跑者”排污标准，明确实施时限，将“领跑者”排放标准与新上项目的环境影响评价、环保标志产品推广应用相结合，推动企业尽快技术进步，改善环境管理绩效，促进各重点行业、企业的排污水平快速提升；③探索实施基于强度排名的末位淘汰制度，基于“进管网污水浓度”“吨排污指标财政贡献率”等指标[①]，根据企业单位排放的综合经济效益排序，优化配置排污指标，对辖区内全部企业实行分档动态排序管理，并实行差别化管理，对排名在最后的企业，实行用电高峰时限电、更高用水价格、更大的排污削减责任等，倒逼企业淘汰或者转型升级。

4.3.5 最严格的制度执行保障机制

总体上看，最严格的环境保护制度需要一部最严格的《环境保护法》给予保障。而最严格的《环境保护法》主要体现在：

（1）完善和健全最严格的环境管理制度体系。参照美国《清洁水法》等相关法律法规制定与实施的方式，由环保部在《环境保护法》《水污染防治法》《大气污染防治法》等法律下编写具体翔实的、可操作的法律法规体系，建立包括管理制度（Plan，具体包括法律、法规、通知公告、规划、管理办法等）、支撑体系（Do，标准、规范、技术政策、推行方案等）、政策推动和监管（Check）、环境绩效评估（Action，区域环境质量改善、污染物减排）和措施完善等方面的管理制度系统体系（戴明环制度评估方法 PDCA）。

（2）实施最严格的环境目标责任考核制度。建立以生态文明为核心的党政领导考核评价机制，建立科学、合理、公正和透明的实施跟踪、考核和评估制度，强化实施监督、跟踪考核和评估。把国家确定下达的主要污染物总量控制指标纳入本地区经济社会发展“十二五”规划和年度计划，分解落实到基层和重点排污单位。对未完成目标任务考核的地方实施区域限批，暂停审批该地区除民生工程、节能减排、生态环境保护和基础设施建设以外的项目，并对主要领导进行约谈、通报等，追究其责任。以主体功能区为基础，在限制开发区、禁止开发区实施以生态环境保护为核心的党政领导考核机制，将党政领导的政绩主要与生态环境质量状况挂钩，督促限制开发区、禁止开发区的政府把生态环境保护放在全局工作的核心位置，列入核心议事日程，实行生态环境保护一票否决制。

（3）加强信息公开与公众参与，让污染企业受到最严格的公众监督。①完善环境信息公开制度，全面推进涉及民生、社会关注度高的环境保护信息公开。及时准确发布监测信

① 环保成为企业生死线（绿色家园），人民日报，2013 年 6 月 1 日。

息，在京津冀、长三角、珠三角等重点区域以及直辖市和省会城市开展监测。地表水水质自动监测数据实现每4小时一次的实时公开，重点城市空气质量数据以预报和日报方式定期公开，全国重点流域断面水质数据每周定期公开。发布重点排污企业和违法排污企业名单，以及全国投运城镇污水处理设施、燃煤机组脱硝设施等重点减排工程名单。对重金属污染、垃圾填埋设施环评等社会敏感信息，公开后及时跟踪，合理引导社会舆论。加强重大、特大突发环境事件信息公开，及时公布处理情况等信息。②完善公众参与机制。探索实行社区环境圆桌对话机制，建立政府、企业、公众定期沟通、平等对话、协商解决的机制和平台。扩大公众环境知情权和监督权，健全重大环境政策、立法、环评审批等听证制度，完善立法听证程序，促进环境决策民主化。研究并逐步完善环境公益诉讼制度。实行环境污染有奖举报，鼓励公众对违法企业的揭发检举。充分发挥环境非政府组织在普及环境知识和倡导公众参与方面的重要作用，引导环境非政府组织（NGO）支持我国环境保护工作。完善环境新闻宣传管理机制，积极发挥新闻媒体的舆论引导和监督作用。

（4）强化经济激励制度，实施最严格的企业环境外部成本内部化措施。①建立完善企业和地区减排财政补贴激励机制。继续实施汽车“以旧换新”政策，加速老旧车辆和黄标车淘汰工作。落实对农业源污染治理的补贴政策，加强财政支农补贴对生态农业发展的导向性和奖励补贴，对运行污水处理设施的规模化畜禽养殖场及养殖小区给予亏损补贴，在全国范围内推行对标准化养殖小区的改扩建补贴。②完善和实施最严格的排污收费政策，提高政策的针对性。提高氮氧化物、氨氮排污收费标准，研究重金属污染、机动车污染、畜禽养殖等污染、持久性污染物等污染的排污收费政策，调整机动车燃油税政策，在重点区域和城市开展机动车排污费、拥堵费试点。③加快构建排污权有偿使用和交易机制。推进主要污染物排污权有偿使用和交易工作，完善排污权有偿使用和交易的法律基础、技术指南、交易监管、制度建设，建立国家排污权交易中心。积极试点排污交易，扩大种类、提高份额、增加覆盖面。推行排污许可证制度，对部分区域、部分领域、部分行业新建项目污染物总量控制指标全部通过交易方式取得。④建立健全环境税收体系。鼓励重点区域和城市出台高污染机动车限行和低排放区域划定政策，制定低排放车辆的税收优惠政策。借鉴淘汰含铅汽油的做法，根据车用燃油硫含量水平制定不同的消费税征收税率，鼓励低硫车用燃油的生产和消费。落实国家支持节能减排的所得税、增值税等优惠政策，全面改革资源税，研究开征环境税，调整进出口税收政策。修订环境保护、节能节水、环境保护专用设备的企业所得税优惠目录，推动落实有利于环境保护的企业所得税优惠政策。

（5）建立健全污染责任认定与损害鉴定评估技术管理体系。研究论证环境污染损害责任承担主体、赔偿责任范围、责任承担方式等基本制度，及时总结各地实践经验，积极推进环境责任、环境污染损害赔偿和土壤污染防治等方面的立法进程。制定技术规范。研究制定环境污染损害范围认定与损害鉴定评估、污染修复与生态恢复、后评估与监测等方面的技术规范与标准，逐步形成覆盖水污染、大气污染、噪声污染、土壤污染、放射性污染、生态破坏等多个领域的污染损害鉴定评估方法。建立一套完整的环境污染损害鉴定评估与环境风险评估技术体系，同时加快环境损害修复技术的研究，为科学化、定量化评估环境污染损害奠定技术基础。近期以严重危害公众环境安全的水污染事故和重金属污染事故为突破口，开展重点领域技术规范的研究制定工作。

（6）建立部际联席会议制度等形式的最严格制度固定协调机制。最严格环境管理制度除由环保部门制定和实施外，还涉及产业、贸易、经济、金融、税收、财政、土地、科技等其他相关管理部门，涉及上述部门的众多相关制度与政策，涉及生产、流通、消费、回收、处理处置等社会再生产全过程，所以应建立最严格制度跨各部门协调机制，在相关政策制定的技术标准、关注重点以及制度衔接上，进行较为明确的分工与协调，减少缺失和重叠。

参考文献

[1] 汪劲. 环保法制三十年：我们成功了吗？[M]. 北京：北京大学出版社，2010.

[2] 许开鹏，黄一凡，等. 已有区划评析及对环境功能区划的启示[J]. 环境保护，2010（14）：17-20.

[3] 卢亚灵，蒋洪强，等. 环境功能区划与主体功能区划关系的思考[J]. 环境保护，2010（20）：29-31.

[4] 黄锡生，王江. 中国环境执法的障碍与破解[J]. 重庆大学学报，2009，15（1）：81-84.

[5] 何燕. 解析中国环境执法的现状与完善[J]. 中国人口·资源与环境，2010，20（5）：146-150.

[6] 魏列伟. 违法企业为何宁罚不治[N]. 中国环境报，2007-01-24.

[7] 中国工程院，环境保护部. 中国环境宏观战略研究：综合报告卷[M]. 北京：中国环境科学出版社，2011.

[8] 李克强. 在第七次全国环境保护大会上的讲话. 2012 年 12 月 20 日.

[9] 水利部水资源司. 最严格水资源管理制度[M]. 北京：中国水利水电出版社，2012.

[10] 国家海洋局网站. 2012 年中国海洋环境质量公报[EB/OL].（2013-04-01）http://www.coi.gov.cn/gongbao/nrhuanjing/nr2012/201304/t20130401_26420.html.

[11] 中国环境报. 李源潮在江苏省第十一次党代会上强调必须实行最严格的环保制度[EB/OL].（2006-11-21）. http://www.cenews.com.cn/historynews/06_07/2007 12/t20071229_33148.html.

[12] 生态山东建设要以人为本生态优先，实行最严格环境保护制度[EB/OL].（2013-04-01）http://www.bzcm.net/hhsjz/2011-11/25/content_598403.htm.

[13] 新华网. 湖北将执行最严格环境保护制度减排上下工夫[EB/OL].（2013-02-06）http://hb.people.com.cn/n/2013/0206/c337099-18136304.html.

[14] 李冀. 制定国内最严格的环境保护制度，让南京碧水蓝天与绿树青山相辉映[EB/OL].（2011-06-06）http://njrb.njnews.cn/html/2011-06/06/content_896880.htm.

[15] 李政禹. 国际化学品安全管理战略[M]. 北京：化学工业出版社，2006.

[16] USEPA. Missand what we do [EB/OL].（2010-01-28）[2013-08-01]. http://www.eta.gov/epahome/aboutepa. html.

[17] 沈文辉. 三位一体——美国环境管理体系的构建及启示[J]. 北京理工大学学报：社会科学版，2010，4：78-83.

[18] 工业和信息化部，发展改革委，环境保护部. 关于开展工业产品生态设计的指导意见（工信部联节[2013]58 号）.

[19] 环保成为企业生死线（绿色家园）[N]. 人民日报，2013 年 6 月 1 日.

环境政策与环境绩效

《大气污染防治行动计划》环境效果及其成本效益模拟分析

The Environmental Effect and Cost Effective Simulation Analysis of *The Action Plan for Prevention and Control of Atmospheric Pollution*

王金南　雷宇　薛文博　张伟　宁淼　马国霞　杨金田

摘　要　如果《大气污染防治行动计划》得到全面实施，预计 2017 年全国 SO_2、NO_x、颗粒物和 VOC_S 排放量分别下降 18.3%、26.6%、29.1%和 7.9%，全国城市年均 $PM_{2.5}$ 浓度下降 22%。总投入需要 1.7 万亿元，累计净拉动 GDP 增长 1.9 万亿元。$PM_{2.5}$ 浓度下降可以避免 8.9 万人过早死亡的风险，每年产生健康效益 867 亿元。

关键词　大气污染　行动计划　环境　成本效益

Abstract　If *The action plan for prevention and control of atmospheric pollution* fully implemented，in 2017 the national SO_2，NO_x，particulate matter and VOCs emissions is expected to reduce by 18.3%，26.6%，29.1% and 7.9% respectively，the average $PM_{2.5}$ concentrations of national cities would fall by 22%. Total cost needs 1.7 trillion yuan，the cumulative net pulling GDP growth would be 1.9 trillion yuan. $PM_{2.5}$ concentrations decrease can avoid the risk of premature death of 89000 people，health benefits would be 86.7 billion yuan each year.

Key words　atmospheric pollution，action plan，environmental，cost effective

随着我国经济快速发展和城市化的快速推进，特别是以重化工为特征的产业发展模式、煤炭为主的能源结构以及快速的机动车增长，我国主要污染物排放量都已升居世界第一，结果造成了严重的空气污染和公众健康威胁。中国大气污染呈现出多污染源多污染物叠加、城市与区域污染复合、污染与气候变化交叉等显著特征，其治理难度远大于发达国家，是一项长期艰巨的任务。尤其是 2013 年 1 月的灰霾污染，其持续时间之长、覆盖范围之广、污染程度之高、影响人群之多在全球均属罕见，引起了国内外的高度关注。为了改善空气质量和保护公众健康，新一届政府采取了历史上最严格的大气污染治理措施。

2012 年 10 月，中国政府公布了《重点区域大气污染防治“十二五”（2011—2015）规划》（以下简称《规划》），第一次对全国 13 个国家重点区域①的大气污染防治提出了严格的目标和措施要求。为了进一步改善城市空气质量，中国政府于 2013 年 9 月 12 日正式发布了第一个《国家大气污染防治行动计划（2013—2017）》（以下简称《计划》），要求到 2017 年，全国地级及以上城市 PM_{10} 浓度比 2012 年下降 10%以上，京津冀、长三角、珠三角等区域 2017 年 $PM_{2.5}$ 浓度分别比 2012 年下降 25%、20%、15%以上，其中北京市 $PM_{2.5}$ 年均质量浓度控制在 60 μg/m^3。本文结合《计划》制定过程和方法研究，模拟分析了《计划》实施的污染减排潜力、明确减排的空气质量改善可达性，《计划》实施的直接经济成本，《计划》实施对国民经济影响以及《计划》实施的公众健康效益等。

1 《计划》制定背景与主要任务

作为当前和今后一个时期全国大气污染防治的行动指南，《计划》的出台意义重大，它不仅是建设生态文明的重要抓手，而且是新一届政府一项重要的民生和民心工程，同时也是加快转变经济增长方式、调整经济结构的重要契机。

1.1 《计划》制定的背景

“十二五”时期，我国工业化和城市化仍将快速发展，资源能源消耗持续增长，大气环境将面临前所未有的压力。为实现 2020 年全面建设小康社会对大气环境质量的要求，“十二五”以来，我国通过采取节能减排、产业结构调整、城市综合整治等有力措施，大气污染防治工作取得了积极进展。①污染减排取得显著成效。2012 年，全国 SO_2 排放总量比 2010 年下降了 6.62%，NO_x 排放总量首次下降出现拐点。②颁布新的环境空气质量标准，实现了与世界卫生组织（WHO）第一阶段目标值接轨。京津冀、长三角、珠三角等重点区域以及直辖市、省会城市和计划单列市，共计 74 个城市已开展 $PM_{2.5}$ 监测并实时发布了监测信息。③国务院批复了《重点区域大气污染防治“十二五”规划》，将改善环境空气质量作为根本目标，提出要切实解决 $PM_{2.5}$ 等突出大气环境污染问题，从加快产业结构调整、优化能源结构、实施多种污染物协同控制等方面提出了有力的措施，创新了多项大气环境管理政策，包括实施特别排放限值、倍量替代、城市达标管理等，这是我国“十二五”大气污染防治的主要抓手。

然而，当前我国大气环境形势仍然十分严峻。2012 年全国 SO_2、NO_x、烟尘和 VOCs 排放量分别为 2 118 万 t、2 339 万 t、1 278 万 t 和 2 700 万 t，高出与我国大陆面积相近的美国一倍以上，远远超出环境承载力。由于主要污染物排放量巨大，各种污染物相互作用、相互耦合，传统煤烟污染尚未得到控制，以 $PM_{2.5}$ 为特征的区域性复合型大气污染问题日益突出，70%左右的城市达不到新的空气质量标准。特别是今年以来，受极端不利气象条

---

① 指长三角、珠三角、京津冀等 13 个重点区域，分别占全国面积、人口和 GDP 的 14%、48%和 70%，消费了全国 48%的煤炭，排放了全国 47%的二氧化硫、50%的氮氧化物、45%的烟粉尘和约 50%的挥发性有机物（VOCs）。

件影响，我国中东部地区出现长时间、大范围、重污染雾霾天气，覆盖范围近 270 万 km^2，影响人口约 6 亿。雾霾污染最严重时，北京市 $PM_{2.5}$ 小时质量浓度最大值为 680 μg/m^3，连续 46 小时大于 300 μg/m^3，石家庄市 $PM_{2.5}$ 小时质量浓度最大值接近 1 000 μg/m^3，严重影响人民群众正常生产生活，国内外反应强烈，不仅损害了我国的国际形象，制约经济持续健康发展，还影响到社会和谐稳定的大局。以 $PM_{2.5}$ 为特征污染物的大气污染问题，已成为我国当前最迫切、最突出的环境问题。针对 $PM_{2.5}$ 与灰霾污染严重的问题，中央和国务院领导同志作出了一系列重要批示，要求务必高度重视，下更大的决心，出台有力举措，以更大的作为，为实现“美丽中国”的发展目标作出应有贡献。在此背景下，为加快大气污染治理，环境保护部与相关部门共同组织编制了《计划》。

1.2 《计划》主要内容：大气国 10 条

《计划》立足推进科学发展、建设生态文明的战略高度，注重改革创新，坚持污染治旧与控新、能源减煤与增气、政策激励与约束并举，着眼于建立健全政府统领、企业施治、市场驱动、社会监督的环境保护新机制，提出了 10 条 35 项具体措施（以下简称“大气国 10 条”），包括减少污染物排放、推进产业结构优化升级、加快企业技术改造、调整能源结构、严格节能环保准入、发挥市场机制作用、健全环境法律法规体系、建立区域协作机制、妥善应对重污染天气、动员全社会力量参与大气保护行动等要求。具体内容如下：

第一条，加大综合治理力度，减少多污染物排放。考虑到一次颗粒物和二次颗粒物的气态前体物包括 SO_2、NO_x、VOCs 的大量、密集排放不仅是造成我国 $PM_{2.5}$ 浓度居高不下的主要根源，更给不利气象条件下污染物的快速反应和积累创造了条件，是加速区域灰霾重污染生成、提高其污染程度的主要原因。因此，《计划》将提高污染源控制管理水平、大幅削减各种污染物排放量作为首要任务，针对工业点源、面源、移动源，提出严格的控制措施。《计划》关于减少多污染物排放的主要措施包括：开展工业企业脱硫脱硝除尘改造和挥发性有机物治理，加强扬尘和餐饮油烟等面源综合整治。全国地级及以上城市建成区基本淘汰 10 t 以下燃煤锅炉，禁止新建 20 t 以下燃煤锅炉。强化机动车污染防治，加快提升燃油品质，特大型城市要严格限制机动车保有量，全国 1 500 万辆黄标车全部淘汰。

第二条，调整优化产业结构，推动产业转型升级。历史的实践经验昭示我们，治标必须先治本，控制大气污染应把优化产业结构作为突破口，在发展中保护，着力解决影响空气质量的深层次问题，加快形成有利于大气环境保护的产业结构与生产方式。针对产业结构调整，《计划》提出如下措施：①严格控制“两高”行业新增产能。钢铁、水泥、平板玻璃、电解铝等行业的新改扩建项目实行产能等量或减量置换；②加快淘汰落后产能。提前一年完成“十二五”落后产能淘汰任务，对未完成任务的地区暂停对重点行业建设项目办理核准、审批和备案手续；③压缩过剩产能。建立以节能环保标准促进“两高”行业过剩产能退出机制；④全面清理产能严重过剩行业违规项目。对未批先建、边批边建、越权核准的违规项目，尚未开工建设的，不准开工，正在建设的，要停止建设。

第三条，加快企业技术改造，提高科技创新能力。对企业进行技术改造，是既能降低其环境影响，又能促进企业转型升级、驱动经济健康持续发展的双赢之计。此外，$PM_{2.5}$来源多样、形成机理复杂、综合控制难度大，因此其污染防治需要科技创新的驱动；基础研究的推进，关键技术、共性技术的研发应用，节能环保装备的产业化示范，有利于保障污染治理、提高相关行业科技水平，同时也为抢占未来全球绿色经济发展的制高点提供支撑。基于上述考虑，《计划》提出如下举措：①强化科技研发和推广，加强高效除尘、挥发性有机物控制等先进适用技术的研发和转化应用；②全面推行清洁生产，对重点行业进行清洁生产审核和技术改造，钢铁、水泥、化工等行业排污强度下降30%以上；③大力发展循环经济，对各类园区实施循环化改造；④加快发展节能环保产业，推广节能环保装备和产品，使节能环保产业成为国民经济发展的支柱性新兴产业。

第四条，加快调整能源结构，增加清洁能源供应。煤炭大量消费和以煤为主的能源结构是导致大气污染物排放负荷巨大的主要根源，也是造成采暖季区域灰霾的重要原因。因此，控煤减煤、增加清洁能源供应、调整能源结构是改善我国空气质量的必要条件。围绕能源结构调整，《计划》出台了如下举措：①控制煤炭消费总量，制定国家煤炭消费总量中长期控制目标，煤炭占能源消费总量的比重降低到65%以下；京津冀、长三角、珠三角等区域及山东省实现煤炭消费负增长，禁止企业新建燃煤自备电站，耗煤建设项目实行煤炭减量替代，禁止审批新建燃煤发电项目（除热电联产外）。②加快清洁能源替代利用，天然气供应量达到 3 300 亿 m^3，运行核电机组 5 000 万 kW；加快煤制气产业化和规模化步伐。③推进煤炭清洁利用，强调从全生命周期控制煤炭污染，提高煤炭洗选比例，原煤入洗率达到 70%以上；禁止进口灰分高于 16%、硫分高于 1%的煤炭；扩大城市高污染燃料禁燃区范围。④提高能源使用效率，严格落实节能评估审查制度，大力发展绿色建筑，推进供热计量改革。

第五条，严格节能环保准入，优化产业空间布局。此项措施旨在通过提高新建项目环保准入门槛和制定差别化环境准入政策，避免“两高”行业项目布局在生态脆弱或环境敏感地区，疏散大气污染严重区域和人口密集地区“两高”行业产能，发挥环境容量资源比较优势，减少公众健康风险。具体来说，《计划》制定了以下措施：①调整产业布局，重大建设项目原则上布局在优化开发区和重点开发区，京津冀等区域实施差别化的产业政策，实行更高的节能环保要求；②强化节能环保指标约束，把主要大气污染物排放总量指标作为环评审批的前置条件，“三区十群”中的 47 个城市，新建工业项目以及燃煤锅炉执行大气污染物特别排放限值；③优化空间格局，开展城市环境总体规划试点工作，完成城区重污染企业搬迁。

第六条，发挥市场机制作用，完善环境经济政策。与传统行政手段的“外部约束”相比，环境经济政策是一种“内在约束”力量，具有促进环保技术创新、降低环境治理成本与行政监控成本等优点。为发挥市场机制对大气污染防治的激励、导向作用，《计划》制定了完备的环境经济政策体系。①发挥市场机制调节作用，对能效、排污强度达到“领跑者”标准的先进企业予以鼓励；将企业环境信息纳入征信体系，限制环境违法企业贷款和上市融资。②完善价格税收体系，包括完善脱硝电价，出台除尘电价，推进天然气价格改革，加大排污费征收力度、提高排污费征收标准，将部分“两高”产品纳入消费税征收范围等。③拓宽融资渠道，鼓励民间资本和社会资本进入大气污染防治领域；地方政府加大对涉及民生领域的大气污染防治工作政策支持力度；中央财政设立大气污染专项资金，对重点区域按治理成效实施“以奖代补”。

第七条，健全法律法规体系，严格依法监督管理。综观各国的环境管理体系，法制化是实现有效环境管理的重要基础，依法行政也是众多拥有成功环境管理经验国家的根本。基于上述考虑，《计划》制定了第七条措施。主要内容包括：①完善法律法规标准，加快修订大气法，健全总量控制、排污许可、法律责任等方面的制度规范；建立健全环境公益诉讼制度；加快制修订重点行业排放标准、油品标准等。②提高环境监管能力，加大环境监测、监察队伍建设力度，充实执法力量，增加执法投入，提高执法装备能力；建设重点污染源监控体系，建设国家、省、市三级机动车排污监管平台；实现地级及以上城市 $PM_{2.5}$ 监测和国家直管监测点全覆盖。③加大环保执法力度，推进联合执法、区域执法、交叉执法机制创新；深入开展环保专项行动，严厉打击环境违法行为。④实行环境信息公开，国家每季度公布各省（区、市）空气质量排名情况，每月公布空气质量最差和最好的城市名单。

第八条，建立区域协调机制，统筹区域环境治理。在经历了年初中东部地区区域性灰霾重污染灾害后，整个社会意识到，由于区域内的大气污染物相互传输、相互影响，要想改善城市空气质量，必须建立区域协调机制。从操作层面“建立区域协调机制、统筹区域环境治理”是《计划》取得的最重要突破之一。具体包括：①建立区域协调机制，国务院成立全国环境整治工作领导小组，研究出台重大政策举措，统一部署防控工作；建立和完善京津冀、长三角等区域大气污染联防联控机制，协调区域环评会商、联合执法、信息共享、预警应急等工作。②分解目标任务，国务院与各省（区、市）人民政府签订目标责任书；将 $PM_{2.5}$ 控制纳入经济社会发展的约束性指标，构建以环境质量改善为核心的环保目标责任考核体系，进行年度考核。③严格责任追究，考核结果作为各地领导班子和领导干部综合考评的重要依据，对未通过年度考核的省（区、市），环保部和监察机关依法依纪追究有关人员和单位的责任，并实施建设项目环评限批等处罚措施。

第九条，建立监测预警应急体系，妥善应对重污染天气。应对空气污染是一项长期而艰巨的工作，需要多部门协调配合，设立明确的目标及运行管理机制，并持续实施有效的治理措施，才能使得空气质量最终得到改善。然而，局部区域因地形特征、气象条件以及排污等因素，还可能发生因污染物短时间聚集而导致的重污染的紧急事件，并对人体健康造成严重的负面影响。这时，为了应对这样的紧急情况，降低人群的健康风险，须采取及时有效的短期应急措施以抑制污染物浓度的上升，从而有效的控制风险和损失。参考环境管理的国际经验，《计划》提出应对重污染天气的措施：①建立监测预警体系，及时发布监测预警信息；②制定和完善应急预案，落实责任，京津冀、长三角等区域应建立区域、省、市联动的应急响应体系，实施联防联控；③及时启动应急预案，将重污染天气应急响应纳入各级政府突发事件应急管理体系，实行政府主要负责人负责制，根据污染等级，采取重污染企业限产减排、建筑工地停止土方作业、机动车限行、学校停课等管控措施，以及可行的气象干预措施。

第十条，明确政府企业社会责任，动员全民参与环境保护。《计划》在治理思路上，提出了健全“政府统领、部门协调、企业施治、社会监督”的新机制，要求地方政府要加强领导，负起责任，统筹全局；国务院各部门要密切配合，协调力量、统一行动；企业是治污主体，要达标排放，负担治理成本；环境治理与保护人人有责，要动员广大民众积极参与。具体的措施包括：①明确地方政府统领责任，地方政府对本地区空气质量负总责，确保任务明确、项目清晰、资金保障；②加强部门协调联动，各部门将按照职责分工，加强协调配合，今年年底前出台配套的专项政策；③强化企业施治，企业要自觉履行社会责任，接受社会监督；④广泛动员社会参与，坚持全社会“同呼吸、共奋斗”的行为准则。

2 《计划》实施的环境效果与经济影响模拟方法

近 10 年，环境保护部环境规划院开发了全国、区域、城市不同尺度的大气污染减排与空气质量模拟、减排经济成本以及健康效益、减排对国民经济影响等模型和方法体系。本报告直接采用了这些模型和方法。

2.1 大气污染物减排与空气质量模拟方法

环境规划院基于 2010 年全国污染源普查数据，结合清华大学 MEIC 排放清单，建立了覆盖全国、涵盖 SO_2、NO_x、PM、VOCs 及 NH_3 等多种污染物高时空分辨率排放清单。在全国多污染物高时空分辨率排放清单基础之上，基于国际先进的 WRF-CMAQ 空气质量模型，建立了国家“大气污染减排”与“空气质量改善”响应模拟平台。该平台已在“十二五”大气污染物总量控制环境效果模拟、重点区域大气污染防治“十二五”规划目标可达性分析、“十一五”大气污染物总量控制环境效果回顾性评估等重大环境决策领域得以广泛应用，基本形成了“快速、准确、定量”的大气环境综合决策能力。

本研究以 2010 年气象模拟数据与排放清单为基础，利用第三代光化学空气质量模型 CMAQ 分别模拟了 2012 年、2017 年全国、各省及各城市的 $PM_{2.5}$ 污染状况，结合 2013 年全国 74 个城市的 $PM_{2.5}$ 初步监测数据，计算了《计划》实施后全国、重点区域及各省 $PM_{2.5}$ 年均浓度相比 2012 年的下降幅度。其中，2017 年全国各种污染物排放清单依据《计划》中提出的各项污染减排措施确定。

2.1.1 空气质量模型系统

2.1.1.1 空气质量模型

我国大气环境污染特征总体上已由单一的局地煤烟型污染过渡到区域复合型污染阶段，大气环境污染总体上已呈现出“多污染问题共存、多污染源叠加、多尺度关联、多过程演化、多介质影响”的复合型特征。因此，空气质量模型的选取应满足以下 3 个要求：①能充分考虑各污染物间的物理传输及化学转化过程，可模拟多污染物间的协同效应；②能够用于模拟局地、区域及全国等多种尺度的大气环境问题；③可一次性模拟 SO_2、NO_2、PM_{10}、$PM_{2.5}$、O_3、酸雨等多种大气污染过程，特别是模拟区域复合型大气污染过程。而 CMAQ 模型最典型的特点即采用了基于“一个大气”的设计理念，考虑了复杂的物理及化学过程，能够同时模拟各种尺度、各种复杂的大气环境问题，因此本研究选用 CMAQ 空气质量模型。

CMAQ 模型主要由边界条件模块（BCON）、初始条件模块（ICON）、光分解速率模块（JPROC）、气象-化学预处理模块（MCIP）和化学输送模块（CCTM）构成。化学输送模块（CCTM）是 CMAQ 的核心，污染物在大气中的扩散和输送过程、气象化学过程、气溶胶化学过程、液相化学过程、云化学过程以及动力学过程均由 CCTM 完成，其他模块的主要功能是为 CCTM 提供输入数据和相关参数。CCTM 模块可输出多种气态污染物和气溶胶组分的逐时浓度以及逐时的能见度和干湿沉降。CMAQ 模型所需气象数据由 WRF 中尺度气象学模型模拟，WRF 模式输出结果经气象-化学预处理模块（MCIP）处理后作为 CMAQ 模式的输入气象场。

2.1.1.2 模型模拟参数

（1）CMAQ 模型参数。

模拟时段：模拟时段为 2010 年 1 月和 2010 年 7 月两个典型月，结果输出时间间隔为 1 小时，用两个典型月模拟结果的平均值代表全年模拟结果。

- ☞ 模拟范围：CMAQ 模拟区域采用 Lambert 投影坐标系，中心经度 103°，中心纬度 37°，两条平行标准纬度为 25°和 40°。水平模拟范围为 *X* 方向（–2 682 ~ 2 682 km）、*Y* 方向（–2 142 ~ 2 142 km），网格间距 36 km，共将模拟区域划分为 150×120 个网格，研究范围为中国全部陆域范围，如图 1 所示。模拟区域垂直方向共设置 9 个气压层，层间距自下而上逐渐增大。
- ☞ 化学机制：模型采用 CMAQ 4.7.1 版本，化学机制为 CB05 气象化学反应机理和 ARAO5 气溶胶反应机理。

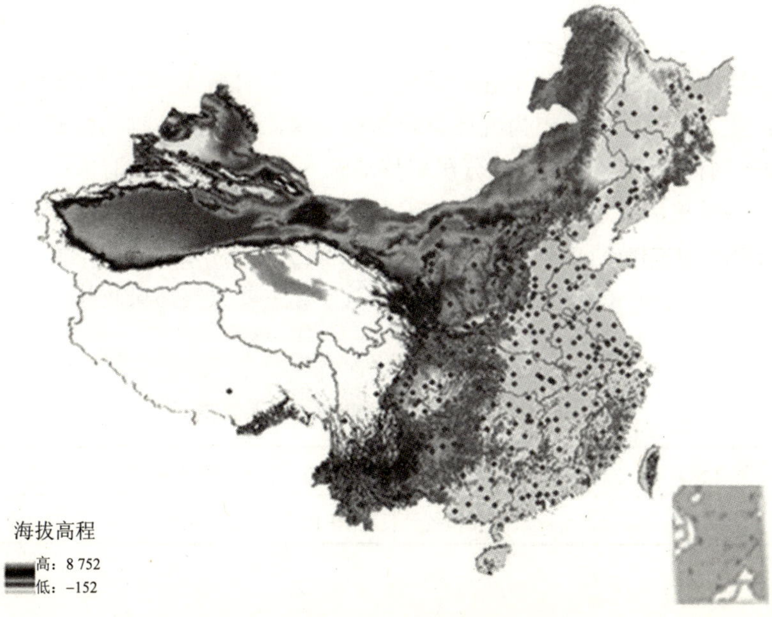

图 1　研究区域范围与地形地貌

（2）WRF 气象模型参数。

☞ 模拟时段：WRF 模拟时段与 CMAQ 模型相同，为 2010 年 1 月和 7 月两个典型月。

☞ 模拟范围：WRF 模型与 CMAQ 模型采用相同的空间投影坐标系，但模拟范围大于 CMAQ 模拟范围，其水平模拟范围为 X 方向（–3 582 ~ 3 582 km）、Y 方向（–2 502 ~ 2 502 km），网格间距 36 km，共将研究区域划分为 200×140 个网格。垂直方向共设置 28 个气压层，层间距自下而上逐渐增大。

☞ 气象数据：WRF 模型的初始输入数据采用美国国家环境预报中心（NCEP）提供的 6 小时一次、1°分辨率的 FNL 全球分析资料。

2.1.2 主要污染物排放清单的建立

CMAQ 模型所需排放清单的化学物种主要包括 SO_2、NO_x、颗粒物（PM_{10}、$PM_{2.5}$ 及其组分）、NH_3 和 VOCs（含多种化学组分）等多种污染物。其中 SO_2、NO_x 排放数据采用 2010 年污染源普查更新数据，人为源颗粒物（含 PM_{10}、$PM_{2.5}$、BC、OC 等）、VOCs（含主要组分）等排放数据采用 2010 年清华大学 MECI 排放清单，生物源 VOCs 排放数据源于全球排放清单 GEIA，NH_3 排放数据源于 REAS 排放清单。本研究通过整合区域排放清单（MEIC、REAS、GEIA）与中国本地化排放数据（污染源普查），采用“自上而下”与“自下而上”相结合的方法，经空间分配、时间分配、化学分解 3 个技术环节，建立了 CMAQ 模型所需的高空间分辨率、高时间分辨率、高化学分辨率排放清单。

对于国家已纳入总量减排计划的 SO_2、NO_x 两种污染物，依据 2010 年全国污染源普查数据污染源分类规则，将污染源划分为工业、民用、移动源 3 个部门，SO_2、NO_x 高时空分辨率排放清单的具体处理规则为：①对污染源普查数据中所有工业企业（含电力）的基本信息及排放资料进行了系统梳理，对部分重点污染源的空间坐标进行了逐一修订，基于 GIS 空间分析技术，采用“自下而上”的方法建立全国 1 km 分辨率工业源 SO_2、NO_x 网格化排放清单；②对于以区县或乡镇行政区为统计单元的生活源，以 1 km 分辨率人口密度为权重，将生活源排放量分解到 1 km 网格，建立全国 1 km 分辨率生活源 SO_2、NO_x 网格化排放清单；③对于以地级城市为统计单元的移动源，以路网数据为基础，将移动源排放量分解到 1 km 网格，建立全国 1 km 分辨率移动源 NO_x 网格化排放清单；④最后对工业源、生活源及移动源排放清单进行空间叠加，编制我国 2010 年 1 km 分辨率人为源 SO_2、NO_x 网格化排放清单。该排放清单是我国首个基于逐个污染源，采用“自下而上”方法建立的排放清单。2010 年我国 SO_2、NO_x、$PM_{2.5}$ 及 VOCs 等主要大气污染物排放数据汇总情况如表 1 所示。

表 1　大气污染物排放清单数据来源

污染物	SO_2	NO_x	VOCs	$PM_{2.5}$	NH_3	其他
来源	污染源普查和统计	污染源普查和统计	MEIC	MEIC	REAS	MEIC

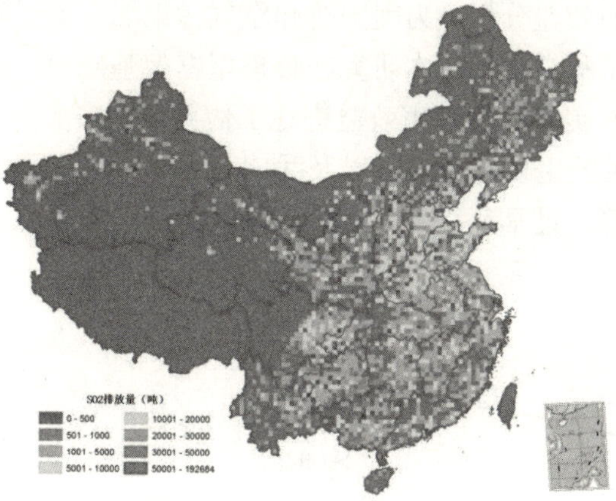

（a）SO_2

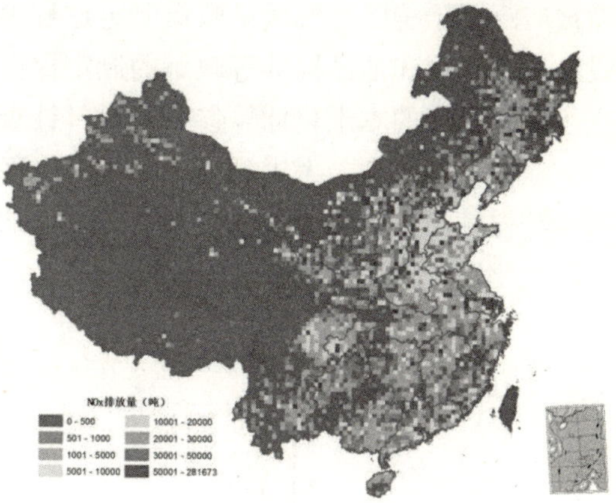

（b）NO_x

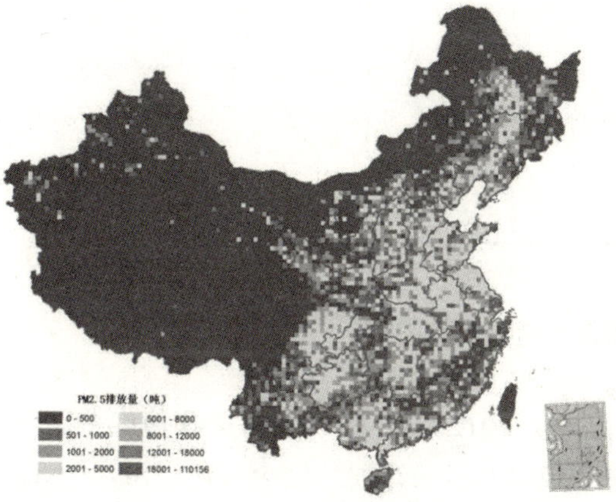

（c）$PM_{2.5}$

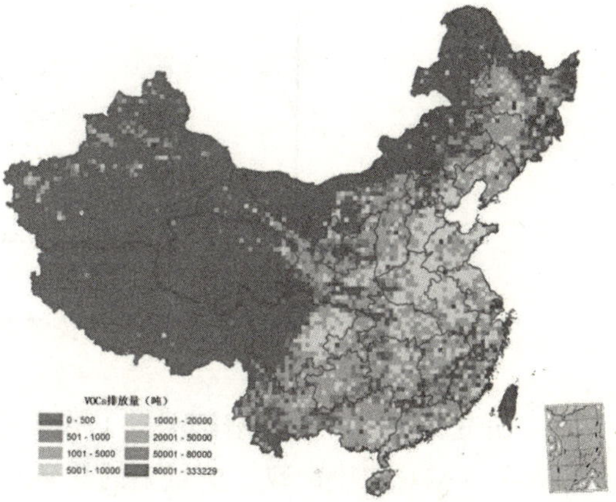

（d）VOCs

图 2　全国 36 km 分辨率主要大气污染物排放清单

2.2　空气质量改善的健康效益估算模型与方法

本报告主要对《计划》实施的主要环境健康效益进行评估。流行病学研究的结果显示，环境大气污染物浓度与人体健康间的暴露反应关系通常为线性或对数线性关系，一般采用泊松回归模型来描述和分析这种关系（图 3）。当污染物的浓度为 C，暴露人群中死亡或发病的人次为：

$$E = \exp\left[\beta\left(C - C_0\right)\right] E_0 \tag{1}$$

式中：C 和 C_0——某一特定情景和基础情景的污染物浓度；

E 和 E_0——相应浓度水平下的健康效应。

某一特定情景与基础情景相比的净健康效益等于 $E-E_0$。如果知道暴露反应关系系数（β）、人群暴露水平（C 和 C_0）和基础情景下的健康效应（E_0）时，就可以计算净健康效益。基于此计算方法，美国环保署开发了空气质量健康影响分析工具 BenMAP 模型。该模型被广泛用于美国空气质量政策制定过程中的效益分析，为美国跨州空气污染法、第三阶段机动车排放和油品标准等政策的制定提供了科学支持。本研究在该模型框架基础上，建立了适用我国的本土化计算参数，对《计划》实施后的健康效益进行了估算。

在估算过程中，考虑到与 $PM_{2.5}$ 污染有关的主要健康因素以及我国相关流行病学数据的可获得性，主要对四类健康效益进行了估算：过早死亡、呼吸系统住院治疗、循环系统住院治疗以及门诊/急诊。

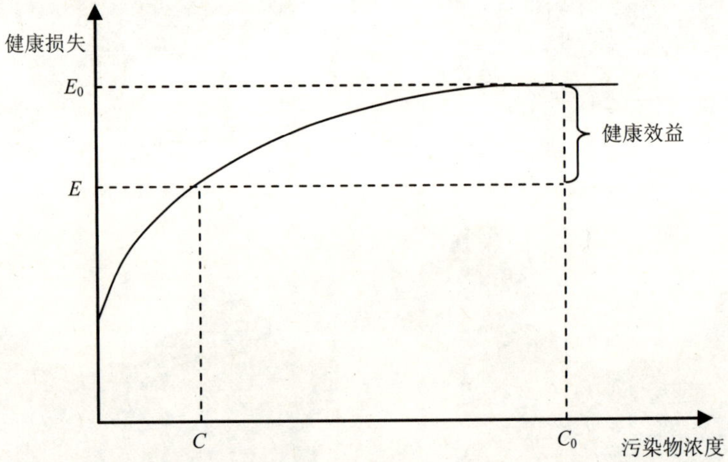

图 3　大气污染健康损失计算的概念型模型

本研究估算过程中，基础情景下的暴露水平取 2012 年各种大气污染物基准排放下的大气环境 $PM_{2.5}$ 浓度，政策情景下的暴露水平取 2017 年《计划》完全实施，SO_2、NO_x、一次颗粒物和 VOCs 四类污染物减排完全到位后的大气环境 $PM_{2.5}$ 浓度。两种情况下的大气环境 $PM_{2.5}$ 浓度均来自 2.1 中空气质量模拟的结果。基础情景下的健康效益数据主要来源于我国卫生部门的调查和统计数据。其中，死亡率的数据来源于我国卫生部于 2006 年组织的“全国第三次死因回顾抽样调查”的报告，扣除了各类事故死亡的因素；呼吸系统住院治疗、循环系统住院治疗以及门诊/急诊的发病率数据来源于《中国卫生统计年鉴》，其使用的参数见表 2。

暴露反应关系系数是健康效益估算中的核心参数，其物理意义为 $PM_{2.5}$ 质量浓度每升高一定值（如 10 $\mu g/m^3$），健康因子（如死亡率、发病率）所增加的百分比。本研究通过大量文献调研，总结了 $PM_{2.5}$ 暴露与四类健康因素之间的反应系数。对于 $PM_{2.5}$ 暴露导致的过早死亡，我国虽然有少量的时间序列研究，分析短期 $PM_{2.5}$ 高浓度暴露下的急性死亡，但是目前尚未有基于队列研究方法的 $PM_{2.5}$ 长期暴露反应系数。美国自 20 世纪 80 年代初开始开展了一系列的研究，在此基础上有大量 $PM_{2.5}$ 长期暴露于过早死亡的研究成果，这些结果显示，当 $PM_{2.5}$ 长期暴露的质量浓度升高 10 $\mu g/m^3$ 时，过早死亡的风险升高了 4%～10%不等。考虑到我国 $PM_{2.5}$ 浓度数倍于美国，本研究参考美国成果中的最低值（Pope et al，2002），并使用世行项目《中国环境污染损失模型》以及我院连续开展 7 年《中国环境经济核算研究报告》项目建立的大气污染与人体健康影响的暴露—反应关系（於方等，2007），评估 $PM_{2.5}$ 浓度降低在减少过早死亡方面的影响。对于 $PM_{2.5}$ 暴露所导致的呼吸系统疾病住院治疗、循环系统疾病住院治疗，以及急诊/门诊方面的暴露反应关系，本研究选用了我国研究得到的系数（Wong 等，1999；Xu 等，1995）。研究使用的参数见表 2。

在以上估算的分析上，本研究采用了世界上普遍采用的健康效益经济估算方法，估算了以上健康效益产生的货币化收益。其中，避免过早死亡对应的经济效益参数来自于“支付意愿法”的调查结果，避免住院治疗、门诊/急诊对应的经济效益参数来自于“疾病成本法”的估算结果，其使用的参数见表 2。

表 2　大气健康效益估算采用的主要参数

健康终端指标	基准死亡/发病率/[例/（万人·a）]	$PM_{2.5}$ 质量浓度增加 10μg/m³ 造成的风险升高/%	每减少一例死亡/发病的效益/万元
过早死亡	55	2.0～4.0	91.31
呼吸系统疾病住院治疗	42	2.7	0.97
循环系统疾病住院治疗	62	1.0	1.83
门诊/急诊	34 788	0.4	0.04

2.3　大气污染减排对经济影响模拟模型与方法

《计划》投资和就业效应测算依据了以 2010 年投入产出表为基础建立的包含产业内部关联波及效应和居民消费诱发效应的投入产出宏观闭模型。在此基础上测算《计划》投资对 GDP 增长的拉动作用，同时根据劳动报酬占 GDP 比重系数、行业平均劳动报酬向量等系数，进一步测算行动方案对国民经济不同行业就业的带动作用。本报告所采用模型是我院国家环境规划与政策模拟重点实验室所开发的环保投入贡献度测算模型。该模型不仅考虑了环保投资导致的最终产出增加在生产领域内对国民经济各部门直接贡献作用和间接贡献作用，而且考虑了消费领域中由环保投资引起的居民消费（收入）增加对生产领域国民经济各生产部门再次的促进作用和诱发贡献作用。同时，在测算诱发贡献效应时扣除居民消费的经济漏损[①]。以下对该模型核心推导公式进行简要介绍：

环保投入贡献度测算模型以投入产出表为基础，以 $a_{ij} = x_{ij}/x_j$ 表示投入产出表中的生产部门的直接消耗系数，则根据投入产出表行向量可得到：

$$\sum_{j=1}^{43} \overset{e}{a}_{ij}\cdot \overset{e}{x}_j + \sum_{j=1}^{3} \overset{e}{y}_{ij} = \overset{e}{x}_i;(i=1,2,\cdots,46) \tag{2}$$

可进一步写成矩阵式：

$$\overset{e}{A}\overset{e}{X}+\overset{e}{Y}=\overset{e}{X} \text{ 以及 } \overset{e}{X}=(I-\overset{e}{A})^{-1}\overset{e}{Y} \tag{3}$$

进一步，我们可以得到

$$\Delta\overset{e}{X}=(I-\overset{e}{A})^{-1}\Delta\overset{e}{Y} \tag{4}$$

① 现实中，一个地区的经济实际上是一个开放的经济系统，其每轮生产所增加的居民收入并不全部用来消费产品以及用在本地产品，我们称这里存在经济漏损。一般主要有三种漏损：储蓄、税收和进口。

式中：$\overset{e}{\Delta X}$——环保投资引起总产出增加量；

$\overset{e}{A}$——加入环境污染治理部门的直接消耗矩阵；

$\Delta\overset{e}{Y}$——环境保护投资增量。

式（4）表示环境保护投资 $\Delta\overset{e}{Y}$ 的增量变化所引起的国民经济总产出 $\overset{e}{\Delta X}$ 的增量变化情况。上述模型表明了环境保护投资对国民经济总产出的拉动作用。在理想的假设环境下，增加环境保护相关投资将引起的国民经济总量增长，从而可以定量化测算环境保护投资对国民经济发展（总产值增加）的贡献。

在式（4）的基础上，可以获得环保投资与各部门的劳动报酬关系。

$$\overset{e}{V} = C(1-t)\hat{V}\overset{e}{X} \tag{5}$$

式中：$\hat{V}$——劳动报酬系数的对角矩阵；

C——边际消费倾向；

t——边际税收倾向。

那么，$\overset{e}{V}$ 则表示剔除了储蓄和税收漏损后各行业部门可用于消费的劳动报酬向量。该行向量中的每个元素各自表示在存在闲置生产能力的条件下，假定劳动者报酬系数不变，环境投资增加经过生产部门内部的反馈，可能引起的该行业部门用于最终消费的居民收入增量。然后，引入最终产品国内满足率和居民直接消费系数，则得

$$\overset{e}{Y_c} = C(1-t)\hat{h}Fi'\hat{V}\overset{e}{X} \tag{6}$$

式中：$\hat{h}$——最终产品国内满足率对角矩阵，用于扣除进口漏损；

$i' = (1,1,\cdots,1)$——单位行向量；

F——居民直接消费系数列向量；

$\overset{e}{Y_c}$——环境投资引起的居民最终消费增量列向量，即居民收入增加后用于各部门的最终消费增量。

消费、投资和出口是拉动经济增长的三驾马车。居民消费的增加同样会对国民经济增长具有带动作用，其同样适用于式（6）。因此，可以进一步获得最终消费的增加对经济（总产出）的影响作用。

$$\overset{e}{X'} = (I-\overset{e}{A})^{-1}\overset{e}{Y_c} = C(1-t)(I-\overset{e}{A})^{-1}\hat{h}Fi'\hat{V}\overset{e}{X} \tag{7}$$

式中：$\overset{e}{X'}$——环保投资引起的第一轮国民总产出增加引起的居民收入增量转变为消费增量后，对国内生产体系形成反馈所带动的总产出的新增长，即居民消费部门的诱发作用下的第二轮总产出增加。第二轮总产出增加同样会带来第二轮劳动报酬的增加，通过居民消费部门的诱发作用引起总产出的第三轮增长，从而带动居民收入新的一轮增加，生产（供给）与消费（需求）就这样互为条件，互相促进，这种生产—消费—生产的循环将继续进行下去，直至经济系统重新达到平衡。可以继续用公式进行推导：

$$\overset{e}{\bar{X}} = \overset{e}{X} + \overset{e}{X'} + \overset{e}{X''} + \cdots + \overset{e}{X^n} \tag{8}$$

式中：$\overset{e}{\bar{X}}$——环保投资对总产出的总的贡献效应；

$\overset{e}{X}$、$\overset{e}{X}'$、$\overset{e}{X}''$ … $\overset{e}{X}^n$——分别为在消费诱发作用下环保投资对总产出的第 1、第 2、第 3 和第 n 轮贡献效应。

进一步可以得到

$$\bar{\overset{e}{X}} = (I - \overset{e}{A})^{-1}(\overset{e}{Y} + \overset{e}{Y}_c + \overset{e}{Y}'_c + \overset{e}{Y}''_c + \cdots + \overset{e}{Y}^n_c) \tag{9}$$

$$\bar{\overset{e}{X}} = (I - \overset{e}{A})^{-1}\{\overset{e}{Y} + C(1-t)\hat{h}Fi'\hat{V}(I - \overset{e}{A})^{-1}\overset{e}{Y} +$$

$$C(1-t)\hat{h}Fi'\hat{V}(I - \overset{e}{A})^{-1}C(1-t)\hat{h}Fi'\hat{V}(I - \overset{e}{A})^{-1}\overset{e}{Y} + \cdots\} \tag{10}$$

设定 $\bar{A} = (I - \overset{e}{A})^{-1}$，$\bar{B} = C(1-t)\hat{h}Fi'\hat{V}$，$\bar{K} = \bar{B}\bar{A}$，则式（10）可以写为

$$\bar{\overset{e}{X}} = \bar{A}(I + \bar{K} + \bar{K}^2 + \cdots + \bar{K}^n)\overset{e}{Y} \tag{11}$$

其中：$(I + \bar{K} + \bar{K}^2 + \cdots + \bar{K}^n) = (I - \bar{K})(I + \bar{K} + \bar{K}^2 + \cdots + \bar{K}^n)(I - \bar{K})^{-1}$

$$= (I - \bar{K})^{-1}(I - \bar{K}^{n+1})$$

由于 $\bar{K}$ 中的元素均大于 0 小于 1，则随着 n 趋向于无限大，$\bar{K}^{n+1}$ 将趋向于 0，那么将得到 $(I + \bar{K} + \bar{K}^2 + \cdots + \bar{K}^n) = (I - \bar{K})^{-1}$，那么由式（11）可以进一步推导出：

$$\bar{\overset{e}{X}} = \bar{A}(I - \bar{K})^{-1}\overset{e}{Y} \tag{12}$$

将 $\bar{A}$ 和 $\bar{K}$ 代入上式可得，

$$\bar{\overset{e}{X}} = (I - \overset{e}{A})^{-1}[I - C(1-t)\hat{h}Fi'\hat{V}(I - \overset{e}{A})^{-1}]^{-1}\overset{e}{Y} \tag{13}$$

式（13）中就是考虑了居民消费的诱发贡献效应以及扣除经济漏损情况下环保投资 $\overset{e}{Y}$ 与国民经济总产出 $\bar{\overset{e}{X}}$ 之间的相互作用关系的总产出贡献度扩展模型。这样可以测算出由于环保投资的增加（$\Delta\overset{e}{Y}$）而引起的国民经济总产出的增加（$\Delta\bar{\overset{e}{X}}$）量，也就是考虑消费诱发的环保投资对国民经济发展的贡献度。

进一步可以通过增加值系数、劳动者报酬系数与总产出计算求得增加值和就业贡献度。

$$\bar{\overset{e}{N}} = \hat{N}\bar{\overset{e}{X}} = \hat{N}\bar{A}(I - \bar{B}\bar{A})^{-1}\overset{e}{Y} \tag{14}$$

$$\bar{\overset{e}{L}} = \hat{L}\bar{\overset{e}{X}} = \hat{L}\bar{A}(I - \bar{B}\bar{A})^{-1}\overset{e}{Y} \tag{15}$$

其中：$\bar{A} = (I - \overset{e}{A})^{-1}$，$\bar{B} = C(1-t)\hat{h}Fi'\hat{V}$。式（14）、式（15）分别是考虑了居民消费的诱发贡献效应以及扣除经济漏损情况下环保投资 $\overset{e}{Y}$ 与增加值 $\bar{\overset{e}{N}}$、就业 $\bar{\overset{e}{L}}$ 之间的相互作用关系的模型。这样可以测算出由于环保投资的增加（$\Delta\overset{e}{Y}$）而引起的增加值（$\Delta\bar{\overset{e}{N}}$）、就业（$\Delta\bar{\overset{e}{L}}$）、

的增加量，即考虑消费诱发下环保投资对增加值、就业的贡献度。

数据与参数：本报告采用我国最新 2010 年 65 行业部门价值型投入产出表作为数据模型构建基础，模型中直接消耗系数、增加值系数、劳动报酬系数、国内商品满足率等参数均由投入产出表计算获得，边际消费倾向和边际税收倾向采用我国 2010 年国家统计局数据计算得到，各行业就业是由各行业劳动总报酬（由 GDP 乘以劳动报酬系数）除以各行业平均工资得到，考虑到《计划》将在未来五年内持续实施，本报告将根据“收入倍增计划”按照年均 8%推算出 2015 年各行业平均劳动报酬。

3 《计划》实施的环境效果与成本效益模拟结果

3.1 《计划》实施潜在的主要污染物削减量

根据《计划》的总体部署，结合全国大气污染源的总体情况，进一步细化了多污染源综合治理、落后产能淘汰和能源结构调整等主要措施，在此基础上对《计划》实施的减排效果进行了初步评估。

3.1.1 多污染物综合治理减排效果评估

《计划》拟从工业点源、移动源与面源 3 个方面强化 SO_2、NO_x、颗粒物与 VOCs 等多种污染物的综合治理。其中工业点源治理的重点行业包括电力、钢铁、水泥、石化、燃煤锅炉、涂装、油品储运销及其他 VOCs 排放行业，按照《计划》的部署与要求，2013—2017 年各重点行业的治理规模如表 3 所示；移动源多种污染物控制主要从发展新能源汽车、油品升级与淘汰黄标车及老旧车辆入手，各种细化措施如表 4 所示；面源治理通过降低建筑工地、堆场料场的降尘强度实现，但由于其尚未纳入环境统计，本文无法获取其治理规模。根据工业点源与移动源的治理规模，预计到 2017 年，工业企业综合治理将减排 SO_2 315 万 t、NO_x 437 万 t、颗粒物 247 万 t、VOCs 460 万 t；移动源污染治理将减排 NO_x 303 万 t、颗粒物 38 万 t、VOCs 167 万 t。多污染源综合治理措施累计减排 SO_2 315 万 t、NO_x 740 万 t、颗粒物 285 万 t、VOCs 627 万 t。

表 3 《计划》提出的全国重点工业行业大气污染物综合治理规模

重点工业行业	综合治理规模
电力	脱硫改造 3.7 亿 kW
	建设脱硝 4.2 亿 kW
	除尘改造 4 亿 kW
钢铁	烧结机建设、改造脱硫 3.5 万 m^2、5 万 m^2
	除尘改造 7 亿 t
水泥	建设脱硝 12 亿 t
	除尘改造 12 亿 t

重点工业行业	综合治理规模
石化	催化裂化脱硫 70 台
	挥发性有机物治理
燃煤锅炉	脱硫除尘 120 万 t
涂装	汽车、电子产品、家具等涂装线升级改造
其他工业	挥发性有机物治理
油气	8 万座加油站、1 400 座储油库、1.6 万辆油罐车油气回收治理

表 4 《计划》提出的全国移动源治理规模

移动源治理措施	治理规模
发展新能源汽车	发展 29 万辆
油品升级	供应国五车用燃油
淘汰黄标车及老旧车辆	淘汰 1 500 万辆黄标车、63 万辆老旧车

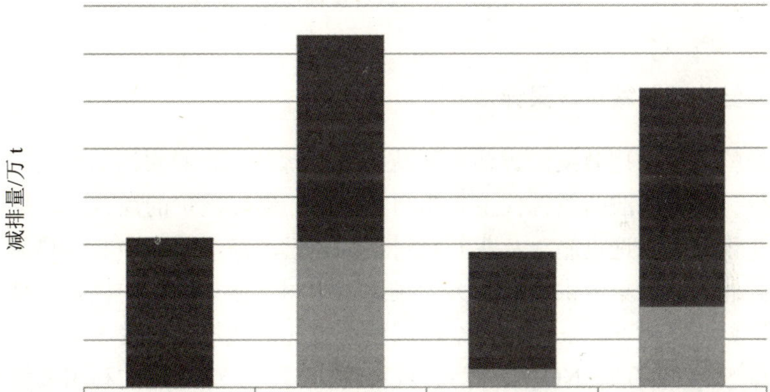

	二氧化硫	氮氧化物	颗粒物	挥发性有机物
■ 工业点源	315	437	247	460
■ 移动源		303	38	167

图 4 多污染源综合治理对多种污染物的减排效果

3.1.2 落后产能淘汰减排效果评估

按照《计划》的要求，预计到 2017 年，全国将淘汰电力行业落后产能 2 000 万 kW，钢铁落后产能 1.8 亿 t，水泥落后产能 3.7 亿 t，炼焦落后产能 1 亿 t，电解铝落后产能 90 万 t，累计将减排 SO_2 138 万 t，NO_x 71 万 t，颗粒物 127 万 t。

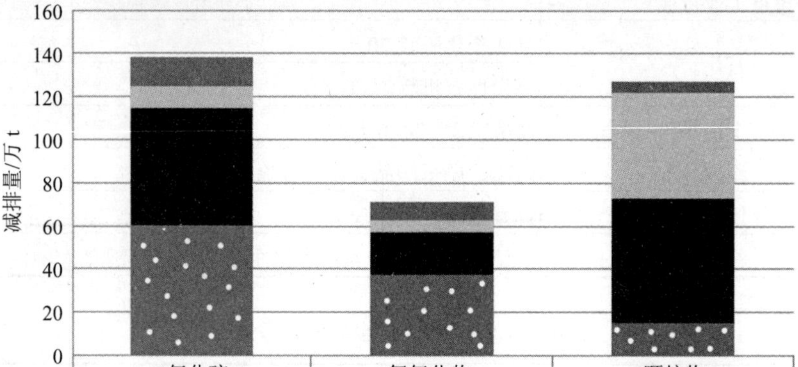

	二氧化硫	氮氧化物	颗粒物
其他	13	8	5
水泥	10	6	49
钢铁	55	20	58
电力	60	37	15

注：其他行业主要包括焦炭、电解铝等。

图 5　落后产能淘汰对多种污染物的减排效果

3.1.3　能源结构调整减排效果评估

能源结构调整减排效果的评估主要从清洁能源替代、煤炭清洁利用与发展集中供热 3 个方面入手。其中清洁能源替代主要指自备电厂、燃煤锅炉的煤改气；煤炭清洁利用包括煤矿加快建设煤炭洗选设施，及北方农村地区建设洁净煤配送中心等措施；发展集中供热主要从提高北方城市集中供热率和大力推进城中村、棚户区集中供热改造入手。经初步测算，在《计划》框架下，三大能源结构调整措施的治理规模如表 5 所示，其中清洁能源替代预计减排 SO_2 99 万 t、NO_x 43 万 t、颗粒物 35 万 t，煤炭清洁利用减排 SO_2 41 万 t、颗粒物 62 万 t，集中供热减排 SO_2 48 万 t、NO_x 15 万 t、颗粒物 38 万 t，能源结构调整措施累计将减排 SO_2 188 万 t、NO_x 58 万 t、颗粒物 135 万 t。

表 5　《计划》提出的全国能源结构调整措施及其治理规模

能源结构调整措施	具体项目	治理规模
清洁能源替代	自备电厂	3 400 万 kW 煤改气
	燃煤锅炉	30 万 t 煤改气
煤炭清洁利用	煤炭洗选	新增洗选 8.4 亿 t
	洁净煤供应	建设 150 个县级配煤中心
加强集中供热	城市集中供热	北方城市集中供热率从 65%提高到 85%
	城中村等供热改造	2.5 亿 m^2 城中村、棚户区进行供热改造

	二氧化硫	氮氧化物	颗粒物
加强集中供热	48	15	38
煤炭清洁利用	41		62
清洁能源替代	99	43	35

图 6　能源结构调整对多种污染物的减排效果

3.1.4 《计划》实施后主要污染物的净减排量

在《计划》框架下，多污染源综合治理、落后产能淘汰与能源结构调整等主要措施将累计产生 SO_2 减排量 641 万 t、NO_x 减排量 859 万 t、颗粒物减排量 547 万 t（不含扬尘污染控制）、VOCs 减排量 627 万 t。

新增量在 GDP 年均增长 7.5%、燃煤消耗总量增加 7 亿 t、汽车保有量增加 1 亿辆、煤电装机容量增加 2.5 亿 kW、原油加工能力增加 2 亿 t、水泥熟料增加 1 亿 t 的情景下进行测算。在此情景下，到 2017 年年底，全国将在 2012 年基础上新增 SO_2 排放量 253 万 t、NO_x 排放量 247 万 t、颗粒物排放量 175 万 t、VOCs 排放量 413 万 t。

综合上述结果，2012 年 SO_2 排放量 2 118 万 t，2012—2017 年减排 641 万 t，新增 253 万 t，2017 年预计排放量为 1 730 万 t，比 2012 年减排 18.3%；2012 年 NO_x 排放量 2 339 万 t，2012—2017 年减排 859 万 t，新增 247 万 t，2017 年预计排放量 1 727 万 t，比 2012 年减排 26.2%；2012 年烟粉尘排放量 1 278 万 t，2012—2017 年减排 547 万 t（不包括扬尘减排），新增 175 万 t，2017 年预计排放量 906 万 t，比 2012 年减排 29.1%；2012 年 VOCs 排放量 2 700 万 t，2012—2017 年减排 627 万 t，新增 413 万 t，2017 年预计排放量 2 486 万 t，比 2012 年减排 7.9%。

3.2 《计划》实施 $PM_{2.5}$ 目标的可达性

模型模拟结果表明《大气污染防治行动计划（2013—2017 年）》中拟订的各项污染减排措施落实后，全国、京津冀、长三角及珠三角区域 $PM_{2.5}$ 年均浓度将分别相比 2013 年下降 22.08%、33.99%、23.98%、24.04%，可以实现《行动计划》提出的 $PM_{2.5}$ 年均浓度下降目标。$PM_{2.5}$ 降幅最大的地区主要集中在北京、天津、石家庄等重污染城市周边，其次为整个京津冀地区；此外以“北京—三门峡—上海”为顶点构成的污染三角区及珠三角地区 $PM_{2.5}$ 降幅较大。$PM_{2.5}$ 浓度降幅较大的地区与 $PM_{2.5}$ 高污染地区在空间上高度重合，体现了空间差异化的控制要求。具体如图 7、图 8 和图 9 以及表 6、表 7 所示。

从各省 $PM_{2.5}$ 改善效果来看，北京、天津、河北 3 省降幅最大，$PM_{2.5}$ 年均浓度降幅超过 30%；山东、江苏、上海、广东、浙江、河南、湖北、安徽、湖南、广西及四川 $PM_{2.5}$ 年均浓度降幅均超过 20%；其他省份 $PM_{2.5}$ 年均浓度降幅均低于 20%，西藏 $PM_{2.5}$ 基本不发生变化。

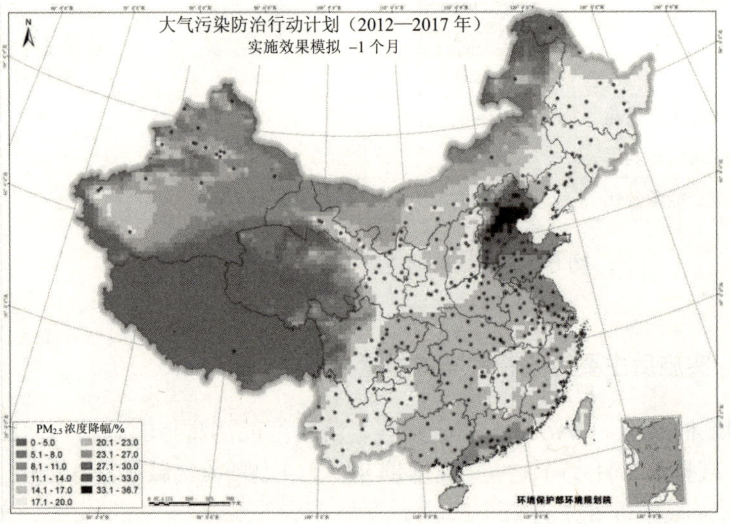

图 7 《计划》实施 1 个月 $PM_{2.5}$ 浓度降幅模拟结果

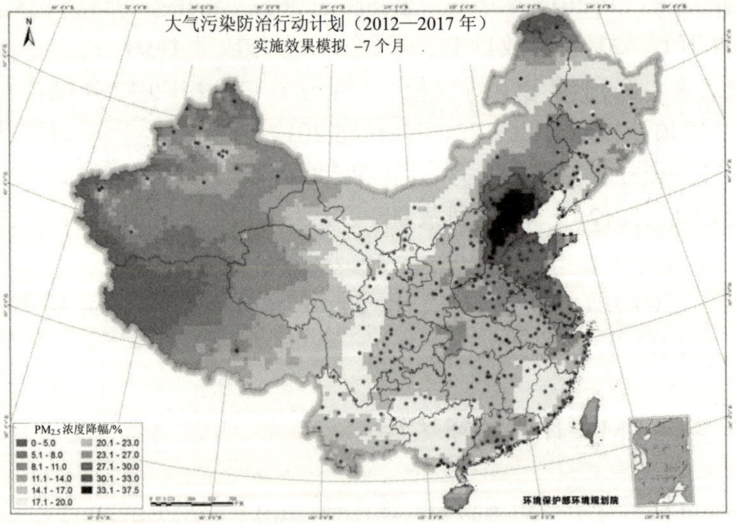

图 8 《计划》实施 7 个月 $PM_{2.5}$ 浓度降幅模拟结果

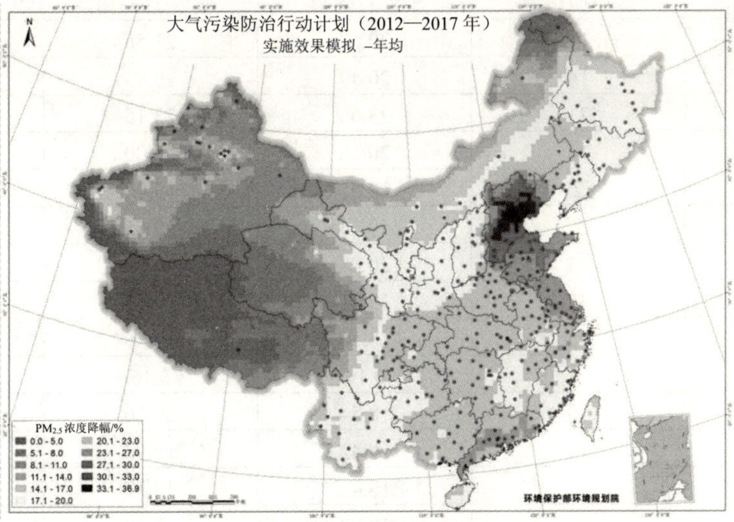

图 9 《计划》实施年均 $PM_{2.5}$ 浓度降幅模拟结果

表 6 重点区域 $PM_{2.5}$ 年均浓度降幅 单位：%

区域	统计城市数	1 个月降幅	7 个月降幅	年均降幅
长三角	25	23.09	26.20	23.98
珠三角	9	24.37	23.27	24.04
京津冀	13	33.66	35.02	33.99
全国	333	21.78	23.02	22.08

表 7 全国各省 $PM_{2.5}$ 年均浓度降幅 单位：%

省、市、区	统计城市数	1 个月降幅	7 个月降幅	年均降幅
北京	1	36.72	37.35	36.88
天津	1	36.01	35.86	35.98
河北	11	32.75	34.54	33.20
山西	11	18.35	21.18	19.30
内蒙古	12	17.47	19.98	18.23
辽宁	14	17.89	17.31	17.70
吉林	9	18.55	21.81	19.31
黑龙江	13	18.44	19.99	18.85
上海	1	23.86	24.73	24.12
江苏	13	23.90	26.84	24.77
浙江	11	21.50	25.03	22.42
安徽	17	20.51	22.21	20.84
福建	9	18.96	14.63	17.13
江西	11	19.63	20.15	19.74
山东	17	26.29	27.72	26.66
河南	18	20.98	23.48	21.54

省、市、区	统计城市数	1个月降幅	7个月降幅	年均降幅
湖北	13	20.67	21.56	20.85
湖南	14	20.49	20.93	20.56
广东	21	23.60	23.15	23.48
广西	14	20.78	18.00	20.27
海南	2	20.65	14.00	18.49
重庆	1	19.24	19.65	19.37
四川	24	20.08	20.89	20.23
贵州	9	19.84	19.61	19.80
云南	16	18.10	16.86	17.79
西藏	1	0.10	3.16	1.04
陕西	10	18.54	20.76	19.08
甘肃	14	18.42	19.90	18.80
青海	1	18.45	19.17	18.84
宁夏	5	18.03	19.78	18.68
新疆	19	16.72	16.57	16.67
全国	333	21.78	23.02	22.08

3.3 《计划》实施的成本与社会经济效应结果

3.3.1 《计划》实施项目投资

《计划》涉及清洁能源替代、机动车污染防治、工业企业污染治理、面源污染综合整治、煤炭清洁利用、加强集中供热、环境能力建设7项内容，5年的投资和运行费用共计投资17 474亿元。其中，工业企业污染治理投资最大，约6 408亿元，所占比重为36.7%。

表8　大气污染防治行动计划投资项目

项目	投资金额/亿元	所占比重/%
工业企业污染治理	6 408	36.7
清洁能源替代	4 930	28.2
机动车污染防治	2 100	12.0
加强集中供热	2 075	11.9
面源污染综合整治	605	3.5
环境能力建设	270	1.5
煤炭清洁利用	236	1.4
运行费用	850	4.9
合计	17 474	100

根据投资详细内容，对大气污染防治行动计划项目中所有投资子项目进行分解和合并，可以得到行动方案投资去向（表9）。其中以脱硫、脱硝、除尘为主的大气污染治理设

备建设是本次投资主要去向，为 3 333 亿元，占比为 20.3%；以新能源汽车和淘汰黄标车为主的汽车制造排在第二位，约为 2 800 亿元，占比 17%。对燃气、炼油化工、煤炭选洗等工业设备改造和扩建排在第三位，近 2 460 亿元，占比 15%。建设供热设备排在第四位，约 2 400 亿元，占比 14.5%。集中供热和煤改气所需管道管网建设排在第五位，约为 2 200 亿元，占比 13%。总体来看，上述五项建设内容是大气行动计划主要投资去向，约为 13 225 亿元，占《计划》投资总额 80%。

表 9 大气污染防治行动计划项目投资去向

投资类型	金额/亿元	比重/%
大气污染治理设备（脱硫、脱硝、除尘）	3 333	20.3
汽车制造（新能源汽车制造、淘汰黄标车补贴）	2 846	17.3
其他工业制造设备（燃气、煤炭选洗、炼油、化工）	2 459	14.9
集中供热设备	2 388	14.5
管道、管网设施（供热、供气）	2 199	13.4
建筑业（基建、管道建设）	1 738	10.6
其他设备（LDAR 检测、涂装、油气存储）	1 225	7.4
电子计算机	189	1.1
软件服务	81	0.5
运行费	850	4.9
淘汰落后产能（电力、钢铁、水泥、其他）	168	1.0
合计	17 474	100

3.3.2 经济贡献效应模拟分析

（1）按照治理类型分类的经济效应。模拟 2013—2017 年大气污染防治行动计划项目实施对我国 GDP 和就业的影响效应。初步结果表明，项目实施将拉动我国 GDP 增长 19 422 亿元（5 年合计，下同），增加非农就业岗位 246 万个（5 年期限，下同）。其中环保治理投资拉动 GDP 增长 20 570 亿元，投入产出比为 1.25 倍（即 1 元大气污染防治投资将拉动 GDP 增加 1.25 元），增加非农就业岗位 260 万个。淘汰落后产能将在一定程度上对经济增长产生负面影响，造成 GDP 减少 1 148 亿元，减少非农就业岗位 14 万个。

表 10 按照治理类型分类的经济效应模拟结果

类别	GDP/亿元	就业岗位/万个
投资拉动	20 570	260
淘汰落后产能	–1 148	–14
行动计划合计	19 422	246

（2）按照行业分类的 GDP 贡献效应模拟。从受益行业来看，大气污染防治行动计划投资项目受益行业主要包括：通用设备制造业、农林牧渔业、批发和零售业、汽车制造业、

专用设备制造业、金融业、交通运输及仓储业、电力热力的生产和供应业、石油和天然气开采业、综合技术服务业 10 个行业，上述行业对 GDP 的贡献合计约为 10 210 亿元，占所有 GDP 贡献的 50%。其中直接贡献是由于行动计划投资直接拉动的行业 GDP 增长，各行业总共为 3 746 亿元，其中十大行业为 2 613 亿元，占 70%左右，主要集中在通用设备制造业（对应供热设备、燃气锅炉、石化冶炼设备、洗煤设备）、汽车制造业（对应新能源汽车）、专用设备制造业（对应脱硫、脱硝、除尘、VOC 治理等环保设备制造）。间接贡献是指通过经济行业内部产业关联以及政府居民消费等对其他相关行业的波及作用，各行业总共为 16 824 亿元，其中十大行业为 7 597 亿元，占 45%左右，主要集中在金属冶炼业、农林牧渔业、批发和零售业、交通运输业、金融业、电力生产业、石油开采等国民经济基础性行业。

表 11　按照受益行业分类的 GDP 贡献效应模拟结果　　单位：亿元

行业名称	总 GDP 贡献	直接 GDP 贡献	间接 GDP 贡献
通用设备制造业	1 517	815	702
农林牧渔业	1 225	0	1 225
批发和零售业	1 184	0	1 184
汽车制造业	1 023	508	515
专用设备制造业	958	734	224
金融业	951	0	951
交通运输及仓储业	928	0	928
电力、热力的生产和供应业	823	0	823
石油和天然气开采业	811	0	811
综合技术服务业	792	556	236
十大行业合计	10 210	2 613	7 597
其他行业	10 360	1 133	9 226
所有行业合计	20 570	3 746	16 824
十大行业所占比重	49.6%	69.7%	45.2%

在仅考虑对其自身的影响情况下，淘汰落后产能将直接减少 GDP 1 148 亿元。其中炼钢行业影响最大，GDP 减少 812 亿元；水泥行业减少 167 亿元；焦炭行业较少 142 亿元。

表 12　淘汰落后产能对相应行业 GDP 的影响

淘汰类型	落后产能淘汰量		对 GDP 的影响/亿元
炼钢	2	亿 t	–811.8
焦炭	1	亿 t	–142.2
电解铝	90	万 t	–11.0
水泥	3.7	亿 t	–167.0
玻璃	9 000	万重量箱	–7.1
火电	3 000	万 kW	–9.0
合计	—	—	–1 148.1

（3）按照行业分类的就业贡献效应。大气污染防治行动计划投资项目就业受益行业主要包括：通用设备制造业、建筑业、金属制品业、专用设备制造业、运输设备制造业、批发零售业、住宿餐饮业、交通运输业、综合技术服务业 10 个行业，上述行业共新增就业岗位约 132.7 万个，占所有就业贡献的 51%；其中上述行业直接新增就业岗位约 60 万个，占所有直接就业的 98%，间接新增就业岗位约 72.7 万个，占所有间接就业贡献的 36.5%。

表 13　按照受益行业分类的就业贡献效应模拟结果　　单位：万个岗位

行业	总就业贡献	直接就业贡献	间接就业贡献
通用设备制造业	23.6	12.7	10.9
建筑业	17.0	16.1	0.9
金属制品业	14.2	8.1	6.0
专用设备制造业	14.0	10.7	3.3
交通运输及仓储业	11.9	0.0	11.9
汽车制造业	11.9	5.9	6.0
批发和零售业	11.8	0.0	11.8
住宿和餐饮业	10.6	0.0	10.6
综合技术服务业	9.2	6.5	2.7
煤炭开采和选洗业	8.5	0.0	8.5
十大行业合计	132.7	60.0	72.7
其他行业	127.5	1.2	126.3
所有行业合计	260.2	61.2	199.0
十大行业所占比重	51.0%	98.0%	36.5%

3.4 《计划》实施的公众健康效益结果

使用 2.2 中介绍的估算方法，得到《计划》实施后由于改善大气环境，降低 $PM_{2.5}$ 环境浓度，使得我国城市地区过早死亡和疾病减少而产生的健康效益共约 867 亿元/a（表 14）。

表 14　《计划》实施后的公众健康效益估算结果

健康终端指标	减少健康损失/（万例/a）	增加健康效益/（亿元/a）
过早死亡	8.9	816
呼吸系统疾病住院治疗	7.5	7
循环系统疾病住院治疗	4.2	8
门诊/急诊	940.6	36

《计划》的实施将使得我国城市人口的过早死亡每年减少 8.9 万例。根据世界卫生组织的全球疾病负担研究结果，我国每年由于环境大气 $PM_{2.5}$ 的暴露所导致的过早死亡为 123 万例，是我国第四大致死风险因素；根据环境规划院估算，我国城市地区由于大气颗粒物

暴露导致的过早死亡约为 35 万～50 万人（王金南等，2012）。因此，《计划》的实施将使我国城市地区由于环境大气 $PM_{2.5}$ 的暴露所导致的过早死亡减少 20%左右。

除了减少过早死亡外，《计划》的实施还将显著减少我国公众呼吸系统和循环系统疾病的发病，由于这类疾病产生的住院治疗将每年减少 12 万人次；由于各类疾病产生的门诊/急诊病例将每年减少 941 万人次，在改善公众身体健康的同时，很大程度上减轻卫生系统的负担。

《计划》实施后，由于减少过早死亡和疾病治疗，将在全社会产生每年约 867 亿元的健康效益。其中约 816 亿元的健康效益来源于减少过早死亡，约 51 亿元的健康效益来源于各类疾病的减少。

将《计划》与美国跨州空气污染法的预期实施效果进行比较，美国跨州空气污染法实施后，预期将每年减少 1.3 万～3.4 万例过早死亡，带来的健康效益将为 1 200 亿～2 800 亿美元。显然，《计划》减少的公众死亡远高于美国跨州空气污染法，但货币化的健康效益低于美国跨州空气污染法，主要的原因是计算货币化健康效益的参数主要来自于支付意愿法调查研究的结果，美国公众对于避免过早死亡的支付意愿远远高于中国公众。如果采用美国的参数，《计划》实施后的健康效益还将至少上升 1 个数量级以上。

4 结论与建议

4.1 主要结论

（1）《计划》通过多种措施的组合，有力推动了主要大气污染物的协同减排。据测算，根据《计划》的总体部署，基于我国大气污染源的结构现状，到 2017 年，工业企业综合治理将减排 SO_2 315 万 t、NO_x 437 万 t、颗粒物 247 万 t、VOCs 460 万 t，移动源污染治理将减排 NO_x 303 万 t、颗粒物 38 万 t、VOCs 167 万 t，多污染源综合治理措施累计减排 SO_2 315 万 t、NO_x 740 万 t、颗粒物 285 万 t、VOCs 627 万 t；落后产能淘汰方面，全国电力、钢铁、水泥、焦炭、电解铝等重点行业落后产能淘汰将累计减排 SO_2 138 万 t，NO_x 71 万 t，颗粒物 127 万 t；关于能源结构调整，清洁能源（天然气）替代预计减排 SO_2 99 万 t、NO_x 43 万 t、颗粒物 35 万 t，煤炭清洁利用减排 SO_2 41 万 t、颗粒物 62 万 t，集中供热减排 SO_2 48 万 t、NO_x 15 万 t、颗粒物 38 万 t，能源结构调整措施累计减排 SO_2 188 万 t、NO_x 58 万 t、颗粒物 135 万 t。综上所述，《计划》中污染源综合治理、落后产能淘汰与能源结构调整等主要措施将累计产生 SO_2 减排量 641 万 t、NO_x 减排量 859 万 t、颗粒物减排量 547 万 t（不含扬尘污染控制）、VOCs 减排量 627 万 t。另外，预计 2013—2015 年，全国 GDP 仍将保持 7.5%的年均增长速率，燃煤消耗总量将在 2012 年基础上增加 7 亿 t，汽车保有量增加 1 亿辆，煤电装机容量增加 2.5 亿 kW，原油加工能力增加 2 亿 t，水泥熟料增加 1 亿 t。在此情景下，到 2017 年年底，全国将新增 SO_2 排放量 253 万 t、NO_x 排放量 247 万 t、颗粒物排放量 175 万 t、VOCs 排放量 413 万 t。综合上述结果，2017 年 SO_2、

NO_x、烟粉尘和 VOCs 预计排放量分别为 1 730 万 t、1 278 万 t 和 2 486 万 t，分别比 2012 年下降 18.3%、26.6%、29.1%和 7.9%。

（2）模型模拟结果表明，如果《计划》中拟定的各项污染减排措施能够得到全面落实，全国、京津冀、长三角及珠三角区域 $PM_{2.5}$ 年均浓度将分别相比 2013 年下降 22.08%、33.99%、23.98%、24.04%，可以实现《计划》提出的 $PM_{2.5}$ 年均浓度下降目标。$PM_{2.5}$ 降幅最大的地区主要集中在北京、天津、石家庄等重污染城市周边，其次为整个京津冀地区；此外以“北京—三门峡—上海”为顶点构成的污染三角区及珠三角地区 $PM_{2.5}$ 降幅较大。$PM_{2.5}$ 浓度降幅较大的地区与 $PM_{2.5}$ 高污染地区在空间上高度重合，体现了空间差异化的控制要求。从各省 $PM_{2.5}$ 改善效果来看，北京、天津、河北 3 省降幅最大，$PM_{2.5}$ 年均浓度降幅超过 30%；山东、江苏、上海、广东、浙江、河南、湖北、安徽、湖南、广西及四川 $PM_{2.5}$ 年均浓度降幅均超过 20%；其他省份 $PM_{2.5}$ 年均浓度降幅均低于 20%，西藏 $PM_{2.5}$ 基本不发生变化。

（3）模拟 2013—2017 年《计划》项目实施对我国 GDP 和就业的影响效应。初步结果表明，项目实施将净拉动我国 GDP 增长 19 422 亿元（5 年合计，下同），增加非农就业岗位 246 万个（5 年期限，下同）。其中，环保治理投资拉动 GDP 增长 20 570 亿元，投入产出比为 1.25 倍（即 1 元大气污染防治投资将拉动 GDP 增加 1.25 元），增加非农就业岗位 260 万个。其中，淘汰落后产能将一定程度上对经济增长起到负面作用，造成 GDP 减少 1 148 亿元，减少非农就业岗位 14 万个。从行业来看，《计划》投资受益行业主要包括：通用设备制造业、农林牧渔业、批发和零售业、汽车制造业、专用设备制造业、金融业、交通运输及仓储业、电力热力的生产和供应业、石油和天然气开采业、综合技术服务业 10 个行业。分别占所有 GDP 贡献和就业贡献的一半左右。需要说明的是，本报告中所指就业是根据对各行业劳动总报酬贡献与各行业平均工资估计，从而模拟所能提供的就业岗位，与现实传统意义上的新增劳动就业统计数据具有内涵上的差异。

（4）《计划》的实施将显著改善大气环境，降低 $PM_{2.5}$ 环境浓度，获得显著的健康效益。如果全部实现 2017 年 $PM_{2.5}$ 改善目标，将减少 8.9 万例城市人口过早死亡，约占我国由于环境大气 $PM_{2.5}$ 的暴露所导致城市人口过早死亡的 20%。由于 $PM_{2.5}$ 浓度降低产生的健康效益共约 900 亿元/a。当然，这些健康效益分析都有不确定性。①暴露反应关系的不确定性相对较高，尤其是 $PM_{2.5}$ 长期暴露导致的过早死亡。由于我国缺乏相关研究基础，本研究的估算采取的是基于美国多个研究结果中的低值与我国一些城市研究的综合分析结果。②模型中使用的城市人口来源于人口统计中的城镇户籍人口，由于我国存在广大实际生活在城镇中的农村户籍人口，可能造成模型估算的结果偏低。③统计生命价值（SLV）这一参数的不确定性较高。根据已有针对我国的支付意愿法研究结果，公众为避免过早死亡愿意支付的经济成本与其收入呈一定的相关关系，在此基础上本研究中使用的统计生命价值为 91 万元。美国在进行健康效益的经济成本分析过程中，使用的统计生命价值均值为 550 万美元（2000 年价），和美国的同类分析相比，本研究使用的统计生命价值低约 2 个数量级，这可能在很大程度上造成模型估算结果偏低。

4.2 建议

（1）《计划》的关键是全面落实和实施。本报告所有的分析前提条件是《计划》能够得以全面的实施。如果《计划》任务和措施不能按时分解、落实和实施，那么无论是主要污染物减排量、还是 $PM_{2.5}$ 浓度预期的降低以及空气质量改善的健康效益，都将不能实现，甚至重新"归零"。

（2）在《计划》任务分解后，根据分解后的任务和目标，结合任务措施的实施，进一步对不同类别措施实现的 $PM_{2.5}$ 浓度降低、社会经济影响和人体健康影响进行估算，在此基础上对不同类别措施的社会费用效益进行评价，为将来的政策制定提供参考依据。

（3）欧美等发达国家在大气污染防治政策的设计、执行及评估过程均利用空气质量模型对政策实施后的环境效果进行了反复的评估与论证，建立了适用于环境规划、管理与决策的法规化空气质量模型及相应的技术支撑平台，但我国尚无法规化的空气质量模型可供使用。随着我国环境管理模式由总量控制模式向"总量—质量"并重模式的转型，建立"污染减排"与"空气质量改善"之间的定量响应关系显得越来越重要，因此建议尽快组织研发适用于我国环境管理要求的法规化空气质量模型及排放清单编制规范，为环境管理模式的转型及实时精细化、定量化的管理奠定技术基础。

（4）未来应进一步加强环保投入经济社会贡献度测算模型方法研究，进一步完善环保投入经济社会贡献度测算模型，针对投入产出模型线性变量、价格不变、不考虑机会成本和规模效益以及计算结果较为乐观等方面缺陷，可考虑在投入产出模型的基础上构建环境-经济可计量一般均衡模型（E-CGE）。同时，借鉴欧美等发达国家经验，加快建立环境政策和投资的宏观经济影响模拟系统。

（5）加强大气污染对人体健康影响方面的基础研究。尽快组织并持续开展大规模的队列研究，在此基础上构造我国本土化的暴露反应关系式，为进一步基于公众健康的大气污染防治决策研究提供基础数据。

参考文献

[1] 宁淼，孙亚梅. 国内外区域大气污染联防联控管理模式分析[J]. 环境与可持续发展，2012，5：11-15.

[2] 薛文博，宁淼，王金南，等. 重点区域大气污染联防联控"十二五"规划空气质量目标可达性模拟分析[J]. 重要环境信息参考，2011，7（22）.

[3] 薛文博，雷宇，王金南，等. 全国"十二五"SO_2 和 NO_x 减排对 $PM_{2.5}$ 降低效果研究[J]. 重要环境信息参考，2012，8（9）.

[4] Xue WB，Wang JN*，Niu H，Yang JT，Han BP，Lei Y，Chen HL，Jiang CL. Assessment of air quality improvement effect under the National Total Emission Control Program during the Twelfth National Five-Year Plan in China[J]. Atmospheric Environment，2013，68，74-81.

[5] 蒋洪强. 环保投资对经济作用的机理与贡献度模型[J]. 系统工程理论与实践，2004，（12）：8-12，18.

[6] 於方，过孝民，张衍燊，等. 中国 2004 年大气污染造成的健康经济损失评估[J]. 环境与健康杂志，

2007，24（12）：999-1003.

[7] Pope，C.A.，Burnett，R.T.，Thun，M.J.，et al. Lung cancer，cardiopulmonary mortality，and long-term exposure to fine particulate air pollution[J]. Journal of American Medical Association. 2002，287：1132-1141.

[8] Wong，T.W.，Lau T.S.，Yu T.S.，et al. Air pollution and hospital admissions for respiratory and cardiovascular diseases in Hong Kong[J]. Occupational and Environmental Medicine. 1999，56：679-683.

[9] Xu，X.P.，Li，B.L. and Huang，H.Y. Air pollution and unscheduled hospital outpatient and emergency room visits. Environmental Health Perspectives，1995，103（3）：286-289.

[10] 王金南，马国霞，於方，等. 实施空气质量 PM_{10} 新标准的人体健康效益分析[J]. 重要环境信息参考，2012，8（3）：1-19.

关于建立我国环境损害赔偿制度的思考与建议

Thoughts and Recommendations for Establishment of Chinese Environmental Damages Compensation Institutional Framework

王金南 曹东 於方 张红振 刘倩 田超 牛坤玉

摘 要 环境污染导致健康损害、公私财产损失和生态环境破坏已经成为当前政府、公众和全社会关注的焦点。发达国家的实践经验表明，环境损害评估制度必须依据各国面临的环境形势和主要环境问题，逐步构建符合国情的环境损害赔偿法律、技术和资金保障体系。针对我国环境损害管理面临的主要问题，基于当前已有的管理与技术体系，建立规范统一的环境损害赔偿制度，对于推进中国环境污染损害鉴定评估与赔偿恢复的实践工作，探索切实可行的环境损害定量管理具有重要意义。

关键词 环境污染 损害赔偿 鉴定机构 法律制度 技术规范 资金保障

Abstract Health injury, properties compensation and ecological and environmental destruction have become the focuses of government, public and the society at present in China. The experiences of developed countries have revealed that the institution of environmental damage assessment must be established through forming environmental damage assessment legislations, technologies and funding guarantee system suitable for the nation's condition based on the specific environmental situation and main issues. Aiming at the main issues in Chinese environmental damage management, a standard and unified institution for environmental damage assessment based on current managing and technological systems is important to improve the practical work in Chinese environmental pollution damage determination, assessment and compensation, and to further explore the feasible environmental damage quantitative management.

Key words environmental pollution, damage compensation, determination organization, legal institution, technical guideline, funding guarantee

我国当前仍处于快速工业化和城镇化的关键时期，频繁发生的环境污染事件引发的环境私益损害赔偿还远不到位，环境公益损害的评估与赔偿仍无人问津。因此，充分借鉴国外发达国家开展环境损害评估的实践经验，基于我国当前的环境形势和社会经济发展阶段特征，构建符合我国国情的环境损害评估制度，对于抑制恶性环境事件发生，确保环境污染损害的公私权益得到足额赔偿，大力推动生态文明和促进社会和谐，维护环境公平正义具有重要的现实意义。

1 环境损赔制度是生态文明建设的重要内容

1.1 环境损害赔偿制度是有效控制社会风险的重要手段

环境问题关乎民生，环境污染直接关系群众的生命与财产安全，处理不当还会引发械斗、集体过激上访等群体性事件，成为影响社会稳定的风险因子。建立环境损害赔偿制度，旨在填补因环境污染行为导致的人身财产损害与环境损害，既从环境污染民事赔偿诉讼也从环境污染民事赔偿的行政调解角度为人身、财产与环境权益受损的群众提供权利表达与维护的渠道，是切实化解损害赔偿纠纷、降低环境社会风险的重要手段。

日本在 20 世纪五六十年代经历了严重的四大公害事件，其中水俣病以影响人数多、引发大量的群体性事件最为人关注。经过 50 多年应对公害健康损害赔偿实践，日本建立了成熟健全的环境权益维护制度，形成了先进的环境管理制度和全民环境维权意识，同时，日本还建立了除强大的司法救济途径以外的、独特的公害健康损害行政救济立法体系，制定《公害健康受害补偿法》实施制度化的损害认定与赔偿，简单快速地救济公害健康受害者，缓解了当时巨大的民众恐慌。我国目前虽然由环境污染引发的健康财产受损事件不断，但尚未就环境损害赔偿专门立法，导致血铅事件的大量受害儿童不能得到足额赔偿，更引发 2006 年浙江东阳暴力反抗污染企业的恶性群体事件，民众因得不到政府部门及时有效并且合理的救济而采取了对抗式的自力救济行为，造成环境冲突的激化升级。

1.2 环境损害赔偿制度是改变环境安全状况的重要举措

我国目前的环境形势是局部好转，整体有待改善。其重要原因在于过分关注资源环境的经济价值而忽略其生态价值，表现在法律体系中即对污染或破坏环境资源的行为人缺少污染修复与生态恢复的责任追究，导致环境违法犯罪行为得不到有效惩处与遏制。建立环境损害赔偿制度，开展生态资源环境损害量化评估，要求责任企业支付污染清除费用，实施污染修复与生态恢复，将有效刺激企业自愿改善环境行为，是有效扭转环境形势的重要举措。

20 世纪 70 年代由于美国胡克公司在拉夫运河中长期弃置废物，而诱发美国拉夫运河环境事件，直接促使当局制定了《综合环境应对、赔偿与责任法》（即《超级基金法》）授权美国环保署对全国污染场地进行管理，成立超级基金为资金提供保障，从环境监测、风险评价到场地污染修复都建立了标准的管理体系。规定由环保署责令责任者对污染特别严重的场地进行修复，对无力或不愿支付修复费用或当时尚未找到责任者的地块，可由“超级基金”支付费用先保障修复实施。我国目前对污染企业责任未做出明确规定，企业不仅无须支付环境污染损害损失与修复费用，污染清除与应急费用也由政府承担，近年来发生的一系列重大环境污染事件，从 2004 年四川沱江污染事故、2005 年松花江重大水污染事件、2010 年大连新港中石油油库爆炸泄漏事故、2012 年广西龙江河镉污染事件，企业无一例外仅支付与巨额损害不成比例的行政罚款和渔业损失赔偿，或无力支付。

1.3 环境损害赔偿制度是促进经济发展方式转变的重要手段

环境污染造成的损害分为公益损害和私益损害两大类。目前我国对环境污染造成的私益损害的赔偿还远不能足额到位，对生态环境和自然资源破坏等公益损害的赔偿基本没有涉及。全面开展环境污染损害工作，将污染修复与生态恢复费用纳入环境损害赔偿范围，科学、合理确定损害赔偿数额，有助于真实体现企业生产的环境成本，强化企业环境责任，增强企业的环境风险意识，从而在根本上有利于解决“违法成本低，守法成本高”的突出问题，改变以牺牲环境为代价的经济增长方式。

从国际经验来看，环境损害赔偿制度的建立和实施，对于发达国家经济转型发挥了重要的作用。日本以京滨、阪神、中京和北九州为代表的四大工业基地在 20 世纪六七十年代，曾经是非特异性公害健康疾病暴发地区，经过大约 30 年的努力，成功实现了从重化工产业向信息产业、医疗机械、无害化工等绿色产业的蜕变，构建了循环型经济社会。转变经济发展方式是我国未来经济社会发展面临的一项十分紧迫和艰巨的任务，根本目的就是要改变目前资源环境代价高、效益低、排放高的发展模式，向可持续的新型工业化迈进，因此，环境损害的评价和赔偿工作将在其中发挥重要的作用。

1.4 环境损害赔偿制度是对现有环境管理制度的有效补充

经过几十年的经济高速增长，我国的环境管理在环境损害评估与赔偿方面已经远远滞后于社会经济发展。开展环境损害评估与赔偿恢复是欧美发达国家认识到仅仅依靠罚款或者其他惩罚性措施无法确保环境污染事件发生后受损资源环境的足额赔偿和完全恢复后提出的创新性环境管理强化手段。应对环境污染事件造成的损害是一项包括“事前预防、事中应对、事后处置”的系统工程，我国目前还缺乏健全的应对机制，往往事发后应对不够科学合理，事后恢复不到位，主要依靠开展环境突击检查、风险隐患排查等行政手段，缺少科学应对的长效机制。我国当前的环境管理面临“守法成本高、违法成本低”的顽疾，还处于环境污染造成的私益损害赔偿不到位，环境公益损害基本没有得到关注的阶段。

在相关立法方面，我国还处于私益损害评估与赔偿主张尚不到位的早期阶段；在制度构建方面，我国还处于评估机构和专业人员匮乏的机制尚不健全的阶段；在评估技术方面，我国尚未建立统一的环境污染导致健康和财产损害评估技术体系和鉴定流程；在资金保障方面，我国无论是鉴定评估费用还是损害赔偿和资源环境恢复资金来源都尚未形成通畅的资金保障渠道和社会化分担机制。因此，开展环境损害定量评估和赔偿工作是对我国现有环境管理手段的有效补充。

2 国外环境损害赔偿制度的发展与经验

2.1 美国资源环境损害赔偿制度

2.1.1 美国资源环境损害赔偿制度的产生

美国自然资源损害赔偿制度经历了由普通法调整向专门制定法调整的转变。在普通法调整时期，仅关注自然资源的经济价值，将自然资源的损害视为国家财产权，通过普通法下人身财产侵权行为责任对自然资源损害进行救济。由于美国普通法实际调整的是私人人身财产关系，将自然资源视为一种国家财产性利益实际是通过扩大解释普通法“财产权”的方式对传统普通法理论进行了修正。

随着环境运动的爆发，环保意识的提升与环境伦理的觉醒导致人们逐渐认识到自然资源除经济价值外还存在更为重要的生态价值。由于生态价值强烈的外部性与公益性特征，决定了自然资源如果遭受损害不仅会导致当代公民环境审美等利益遭受损害还会导致对后代公民环境遗传等利益的损害。因此，仅有保护自然资源经济价值的普通法模式已经不能适应自然资源生态价值保护的需求，以制定法模式保护自然资源生态价值的方式应运而生，典型的代表是《清洁空气法》《清洁水法》《综合环境反应、赔偿与责任法》以及《油污法案》等。

2.1.2 美国资源环境损害赔偿制度的主要内容

2.1.2.1 资源环境损害赔偿途径

美国法律制度体系中，自然资源损害赔偿主要通过环境公益诉讼制度获得救济。环境公益诉讼被称为公民诉讼，它规定于《清洁空气法》《清洁水法》等法律中，旨在突破普通法关于侵权诉讼“与案件结果有利害关系”的原告资格规定，通过赋予公民监督权利，对直接污染环境的企业、组织、公民行为或者对因环境管理决策不当而间接引发环境污染的政府机关行为进行干预。虽然环境公益诉讼拓宽了环境污染导致人身财产损害赔偿诉讼的原告主体范围，但其意义的重大更在于弥补了环境污染导致生态环境损害赔偿诉讼原告主体规定的缺漏。

美国环境公益诉讼原告主体起初定义为任何公民，但这种做法会导致诉讼权利的滥用与诉讼的无穷循环，所以有必要在任何公民与传统侵权诉讼原告的范围区间内选择一个合理的平衡点，使环境公益诉讼制度既能够发挥最大限度地维护公众或公共环境利益的功能，又不至于无限延伸。因此美国法律规定只有在原告认为自身利益遭受污染损害的情况下才能提起环境公益诉讼，而自身利益可能是法律尚未规定的权利，也可能仅仅是与人身财产无关的、因生态环境受损而体现出来的审美、娱乐等利益。

2.1.2.2 美国资源环境损害赔偿范围

美国自然资源损害赔偿责任范围是一个通过法律的制定与解释逐渐完善的过程。1970年美国国会制定的《联邦水污染防治法》通过判例首次将政府支付的环境污染清理费用作为污染者损害赔偿责任范围。1977年出台的《清洁水法》则直接以制定法的形式将自然资源的修复或恢复费用规定为损害赔偿的一部分。这两部法律的颁布与实行标志着美国从立法层面将环境污染导致的赔偿范围从人身财产损害扩展到清理费用及自然资源损害修复或恢复费用。后来出台的《综合环境反应、赔偿与责任法》与《油污法案》更是大大扩张了自然资源损害的赔偿范围，将自然资源的期间损失以及自然资源损害评估费用亦纳入损害的赔偿范围。由此，美国自然资源损害赔偿的范围包括修复或恢复费用、期间损失和损害评估费用三大部分。

2.1.2.3 美国资源环境损害赔偿主体

美国对自然资源损害赔偿的主体规定了较宽泛的范围，以期更全面地规制有关主体的行为。其中典型的代表是国会于1980年制定通过的《综合环境反应、赔偿与责任法》。该法旨在清除工业活动造成的土壤污染并对污染场地进行修复。该法规定承担损害赔偿责任的主体包括：危险物质过去和现在的所有者、经营者、生产者以及运输者；而场地所有者无论是否造成污染都要承担责任。也就是说，该法把所有与危险物质相关的主体都纳入责任范围，即使是现在与污染物质已经没有所有权属或经营权属关系的所有者、经营者、生产者甚至是运输者也不能逃脱法律责任的追究。

另外，该法规定在各责任主体间实行连带性、追溯性及严格性赔偿责任，意味着任何根据《综合环境反应、赔偿与责任法》规定而负有责任的人都可能被追究赔偿全部清理修复费用的责任，而不论其向场地实际排放了多少污染物，也不论排污行为是发生在该法生效后还是生效前，从而避免了某个或某几个赔偿主体没有能力实施赔偿而造成的赔偿落空现象。

2.1.2.4 美国资源环境损害赔偿的社会化

由于环境污染导致自然资源损害后果的严重性和复杂性等特征，使得污染者往往难以确定或者虽然能够确定但不能承受巨额赔偿，为了保障受损害的自然资源得到修复与恢复，美国通过基金、保险等制度设计，由责任人乃至社会上多数人共同承担、消化损害，建立了社会化赔偿制度。典型例证是美国《综合环境反应、赔偿与责任法》以及《油污法》中规定的超级基金制度与石油信托基金制度。这两种制度主要以政府拨款、相关行业的税收或企业的行政罚款、专门的环境税等为资金来源，由专门的管理机构对内负责运营基金、对外负责进行自然资源损害评估、污染清理、自然资源恢复等费用的支付。在受害人已经先向责任人请求损害赔偿，但责任人无法确定或者没有赔偿能力的情况下，基金赔偿才正式启动，基金赔偿后，享有对责任人的追偿权，只有在责任人无法确定的情况下才最终由基金承担费用。

2.2 日本的环境健康损害赔偿制度

2.2.1 法律体系

经过半个世纪的公害应对历程，日本克服了传统民事诉讼的不足，建立了较完备的公害健康损害行政救济立法体系，实现了公害健康被害行政救济的目的。特别是 20 世纪 60 年代后期到 70 年代初，日本的环境污染形势十分严峻，各地发生了不同程度的公害，国民反对公害的呼声高涨。为改善环境，日本在原有法律基础上相继出台了《水质污染防治法》《海洋污染防治法》《公害对策基本法》《公害健康被害补偿》等一系列保护环境、防治公害、救济被害者的法律，制定了基于公害健康损害赔偿为依据的排污收费制度。日本公害相关法规发展历程见图 1。日本的环境健康损害法律体系的构建和完善经历了 3 个发展阶段。

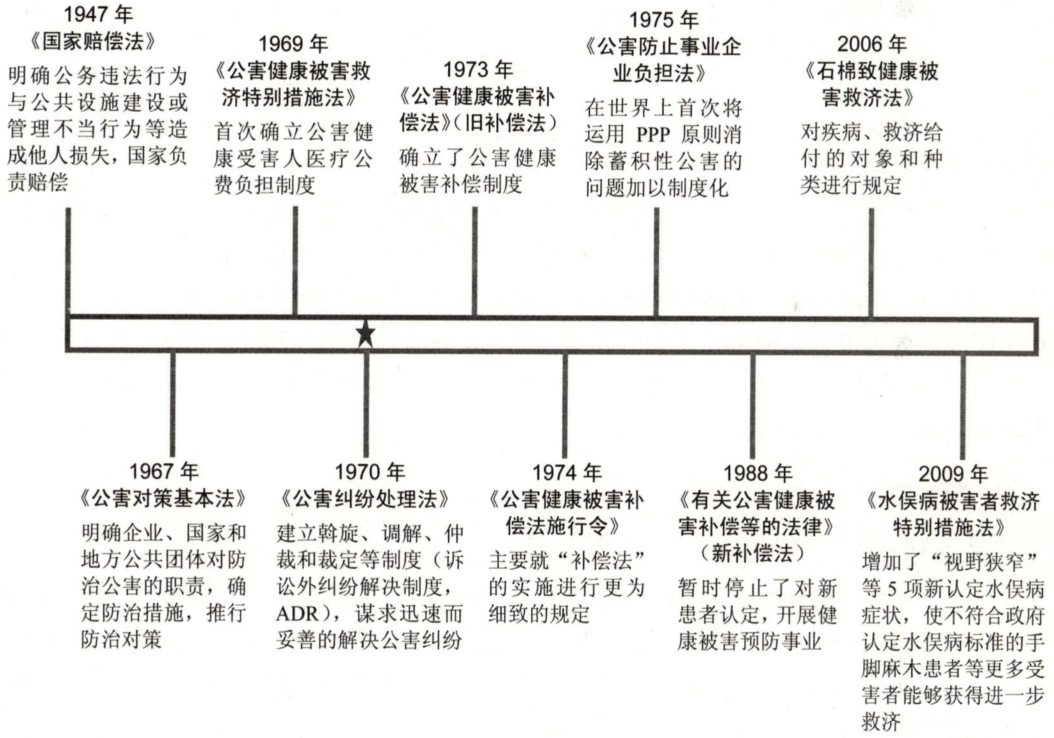

图 1 日本公害相关法规发展历程

（1）由“传统的民事诉讼”向“专门的公害健康损害行政救济”发展期。在日本，公害受害者可依据《民法》《大气污染防治法》等法律进行民事诉讼。但传统的民法理论面对众多的公害健康赔偿案件体现出极大的局限性。①环境污染侵权民事责任认定困难；②不具有迅速、及时救济受害人的功效；③民事诉讼难以保障加害人的财力。1967 年 8 月，日本政府公布并施行《公害对策基本法》，明确了“政府必须采取必要措施，确立顺利实施救济公害的制度”的指导方针，为日本构建公害健康行政救济法律体系指明了方向。

（2）“医疗救济制度”向“健康被害补偿制度”发展时期。1969 年的《公害健康被害救济特别措施法》确立的“医疗救济制度”，首次确立了公害健康受害人医疗公费负担制度。但因该法条件苛刻而失公平、所支付的医疗补助费与护理费数额有限、采取任意筹款方式等缺陷，导致该制度欠缺安定性。因此，1973 年颁布《公害健康被害补偿法》替代《公害健康被害救济特别措施法》确立公害健康被害补偿制度。该法规定公害健康被害人救济条件，明确公害健康被害行政救济程序、确定补偿给付的种类等七大类型。为保障公害健康被害受害人给付补偿所需资金，本法对该制度运行的费用支付、被害人救济费所需财源、污染负荷量赋课金、特别赋课金等进行了具体规定。1974 年的《公害健康被害补偿法施行令》就“补偿法”的实施进行了更为细致的规定。

（3）“事后救济”向“事前预防”发展时期。1988 年 3 月在新补偿法施行的同时，对旧补偿法所规定第 1 类区域的全面指定进行了全面解除，并采取有效措施加强公害保健福利事业与健康被害预防事业的建设，日本公害健康救济制度进入了由“事后救济”向“事前预防”发展时期。

2.2.2 管理体系

首先，中央层面环境省、经济产业省、厚生劳动省分工明确，对环境公害、矿业危害、职业病各司其职，管理有效；其次，中央与地方职责分明，中央主要负责环境标准、公害认定标准、监测计划与调查研究计划的制订，地方主要负责地方标准与细则的补充制订，具体管理辖区内的监控、申报、许可或认可事务、开展调查研究等；最后，公害认定与补偿金管理有明确的机构，大部分认定工作由地方公害认定审查委员会完成，石棉救济与申诉至国家的公害患者由中央公害调整委员会认定，独立行政法人环境再生保全机构、石油天然气/金属矿物资源机构分别负责大气类公害健康受害补偿征收金以及矿害防止公积金与矿害防止事业基金的核算与具体赔付。

2.2.3 赔偿体系

2.2.3.1 补偿对象

按照日本《公健法》的要求，只有满足指定地区、指定疾病和一定暴露期限的条件要求，才能够获得补偿。其中指定地区是指能够接受补偿的受害者必须住在政府指定的公害地区；指定疾病是指在特定地区发生的、并由政府指定其为公害病的疾病；暴露期限则是指在公害指定区域居住的期间或时间。日本公害补偿对象主要有两类：第一类为慢性支气管炎类的非特异的疾患患者。第二类为水俣病、痛痛病、慢性砷中毒等特异性疾患患者。对于具体的补偿条件和方式还有详细的规定。

2.2.3.2 补偿办法

根据《公健法》规定，患者受害情况不同，相应的补偿办法也不同。对于第一类地区和第二类地区的患者，责任认定、补偿项目、补偿金额均有具体规定。公害补偿的内容主要有 3 项：补偿费用（如医疗费等）、公害保健福利事业和公害健康受害预防事业。补偿费用包括医疗费（含疗养费）、残疾补偿费、遗属补偿费、遗属一次性补偿金、儿童补偿津贴、疗养补助及丧葬费。

2.2.3.3 补偿金来源

遵循污染者负担的原则（PPP 原则），日本公害补偿金通过向污染制造者征收赋课和税收的形式获得。公害健康受害补偿制度将污染者与受害人之间的损害赔偿通过制度快速地解决，能够迅速并有效地保护公害健康受损害者。在第一类地区，公害补偿金由全国的污染者共同承担，通过向企业征税的方式获得资金，再交由污染企业所在地的都、道、府、县知事按法律规定支付受害者。第二类地区由于污染物质与疾病的因果关系比较明确，由污染企业全额负担。

2.2.3.4 补偿认定不服的申诉途径

对地方政府作出的认定、有关补偿给付支付处分不服的，相关人可以向作出该处分的地方政府提出异议申诉。若相关人对地方政府作出的决定不服，或自异议申诉之日起两个月后地方政府未作决定，可以向公害健康受害补偿不服审查会提出审查请求。若对该审查会的裁决依然不服，可以向法院提起诉讼。对征收赋课金的处分不服的，可以向环境大臣请求复议审查。若对复议审查的裁决依然不服，可以向法院提起诉讼。

2.3 欧盟的环境损害赔偿制度

2.3.1 欧盟环境责任指令

欧盟的环境损害评估进程滞后于美国的实践并在后期完善的过程中充分借鉴了美国经验。在早期（20 世纪 90 年代以前）的环境损害评估中，主要侧重于人身健康和财产的损害评估。从 90 年代开始，欧盟成员国开始关注污染造成的生态环境损害，针对资源环境损害评估的立法仅涉及生态环境损害方面，而并不涉及传统损害的评估与赔偿，仍放在各国传统法中进行解决。图 2 显示了欧盟和意大利环境责任指令及相关法规、文件的颁布历程。2004 年，欧盟颁布了第一部具有严格环境责任和强制执行并基于环境污染损害预防和受损生态环境恢复为理念的环境责任指令（ELD，2004/35/CE），要求其成员国在 3 年内完成本国相关法律的转变[6,14]。环境责任指令（ELD，2004/35/CE）同时将资源环境损害的范围严格限定在野生鸟类保护指令（79/409/EEC）和自然生境和野生动植物保护指令（92/43/EEC）涉及的受保护物种及其栖息地、欧盟水框架指令（2000/60/EC）中涉及的水生态环境和对人体健康存在潜在风险的污染土地三大类并做了不同的责任层级规定[15]。欧盟分别于 2006 年和 2009 年对环境责任指令（ELD，2004/35/CE）进行修订，2006 年修订的环境责任指令（2006/21/EC）针对矿物采选工业固体废物处置环境责任进行了补充规定，2009 年修订的环境责任指令（2009/31/EC）增加了对存储场地运营工业活动的严格环境责任补充规定。2011 年欧盟针对近海岸石油和天然气开采、开发和冶炼活动安全规定提出了调整建议，也涉及对环境责任指令（ELD，2004/35/CE）部分章节的修订。

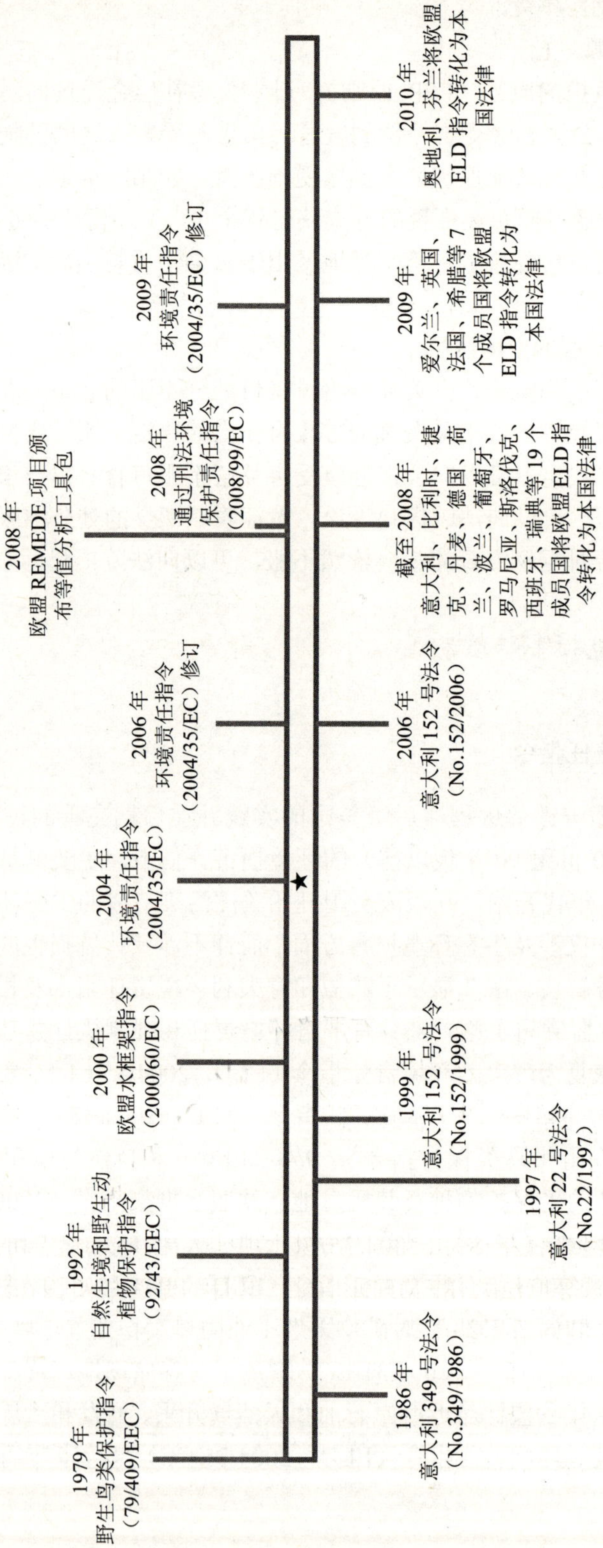

图 2 欧盟和意大利环境责任指令及相关法规、文件颁布历程

在2008—2010年，欧盟持续3年开展了ELD执行效果分析和资金安全问题研究，向企业界以及其他ELD参与方进行了广泛征求意见，并于2010年就ELD进展情况和面临的问题向欧洲议会提交了咨询报告。截至2010年，欧盟各成员国才全部基于环境责任指令（ELD，2004/35/CE）制定了本国环境责任法律，其中执行较快的成员国有意大利、波兰等国家。这里以意大利为例进行简要介绍欧盟成员国进展情况，意大利在欧洲相对较早的提出环境损害评估，在1986年意大利环境部成立当年即发布349号法令严格限定环境责任，要求责任方需要承担恢复费用并没收非法所得，并于1997年颁布了更为细化的法规（No.22/1997）要求责任方承担土壤、地下水等固体废物的处置和清理费用，1999年颁布的152号法规（No.152/1999）开始考虑污染土壤、地下水和其他自然资源的修复和恢复。2004 年欧盟环境责任指令（ELD，2004/35/CE）出台后，意大利在2006年即较早转化为本国法律（No.152/2006），并依据最新的评估原则与技术方法进行了评估实践。

欧盟环境损害赔偿制度借鉴并沿袭了美国环境损害赔偿的主要经验，其内容主要体现在《指令》中。但是《指令》是国际法性质的规范性法律文件，仅为各成员国针对环境本身损害的保护与救济提供依据，且“环境本身损害”仅限于物种及其赖以生存的栖息地、土地和水体三大类，对于人身财产损害等赔偿则完全由各成员国自行制定法律调整，这是《指令》不同于美国环境损害赔偿制度的第一方面。

《指令》不同于美国经验的第二方面在于其将环境损害的行为限定为职业活动，并针对环境损害规定了两种不同的责任体系：其一是对环境或人类健康具有危险或潜在危险的职业活动；其二是除第一种活动之外的其他职业活动，对于第一种职业活动造成的场地污染、水体污染、生物多样性及栖息地损害适用严格责任，对第二种职业活动造成的生物多样性及栖息地的损害适用过错责任。

《指令》不同于美国做法的第三方面在于：环境公益诉讼原告资格标准为“与案件无利害关系的符合一定标准的环境保护团体”，不同于美国采用的“事实上的损害”标准，即美国提起环境公益诉讼的主体虽不必受到实际的物质性损害但必须至少认为自身的审美等非经济性利益收到污染影响，欧盟的标准相对更加宽松。

2.3.2 REMEDE 工具包

REMEDE项目是欧洲委员会通过《第六框架计划》资助的一个项目，目的是制定、测试和推广《环境责任指令》（2004/35/EC）中规定的环境损害所需的补救措施规模的确定方法（即资源等值法）。REMEDE项目[①]的目的是为成员国在选择《环境责任指令》附录II中列举的最佳适用补救措施时提供一个工具包。该项目在方法制定和实践中借鉴了美国和欧盟成员国的经验。其目的是根据《环境责任指令》的要求开发和应用这些方法，以便能够为欧盟的所有相关损害案件提供一个标准工具包。该项目将美国和欧洲的生态学家、经济学家和法律专家汇集到一起，总结资源等值法应用方面的经验，为欧盟起草一份工具包文件，通过将其应用于不同成员国的50项案例研究，对该工具包进行测试。

① REMEDE 项目网址www.envliability.eu。

这个项目深入地剖析了欧盟环境损害评估的法律框架和背景，对于美国环境损害评估的经验进行了归纳和分析，并提出了一套适用于欧盟的分析工具。

REMEDE 工具是为授权在欧盟环境责任指令、栖息地和野生动物指令以及环境影响评价责任指令的框架下来评估环境损害的机构和运营商而提供。但对于其他利益相关方判断损害的级别和范围也非常有用。这个工具箱也旨在满足不同层级和类别的专家的需要。

REMEDE 工具包概括了可用于评估和重新调整这些指令所涵盖的不同类型环境损害和事故的分析总结。在这个项目报告中指出，资源等值分析法可以用在 3 种不同类型的损害评估分析中：①可以预见的将要发生的损害，适用的法律框架是栖息地野生动物指令以及环境影响评价责任指令；②迫在眉睫的重大的环境损害，适用的法律框架是欧盟环境责任指令；③重大的已经发生的环境损害，适用的法律框架也是欧盟的环境责任指令。

其中，价值-成本对等法是使得受损资源的期间损失与修复成本相同，当评估受损的资源或服务是可行的，但修复替代资源和服务的成本不能控制在合理范围之内时采用价值-成本法，这种方法通常用在对人类的服务影响较小的情况；价值-价值对等法则应用的情况较为广泛，通常在其他方法不适合时尝试使用该种方法，一般发生在 3 种情形：①计划的修复项目提供的自然资源、生境以及服务不同于损害提供的服务时；②利用其他方法不能精确地测量出损害部分或者是补偿部分的生物体的数量，栖息地面积，或重要的服务时；③损害造成的损失以及修复方案带来的收益之间的不同点超过了它们之间的相似点以至于两者之间不能够直接进行比较的时候。

损害评估有不同的级别，采取何种级别取决于以下的因素：①事件的严重性；②损害的程度、范围和持续的时间；③数据的可得性；④额外数据的收集的难易度以及成本；⑤对评估精确度的要求；⑥其他主管当局需要考虑的因素。

该工具包的目的是协助主管当局和利益相关方回答两个基本问题：①怎样评估和量化自然资源或服务的损失或损害？②为公众补偿这些损失或损害需要采取多少补充性和补偿性补救措施？

工具包并不包含普遍适用于这些问题的答案，也不提供适合于所有可能情况的最佳实践指南。由于能够导致“环境责任指令”中损害的环境资源和事故范围很大，并且提出的问题复杂，因此工具包不能提供普遍适用的方法。正确的方法将视具体情况而定。但是，工具包的确为主管当局和利益相关方提供了一套能够应用于很多事故和情形的方法。工具包描述和说明了最新的资源等值工具，建立了适合既定情况的工具选择标准。它详细描述了适用于任何资源等值方法的 5 个步骤，即初始评估、确定和量化损害（借项）、确定和量化补救措施的效益（贷项）、确定补充性和补偿性补救规模、监测和报告，见表 1。

然后用选中的案例研究对工具包描述的原则和方法进行测试，这些案例研究说明资源等值法的实际使用效果。

表 1 REMEDE 工具包五步法

第 1 步：初始评估
● 描述事故 ● 初步识别可用数据 ● 初步识别和描述受影响地点 ● 初步识别环境损害的潜在性质、程度及空间和时间范围 ● 初步识别潜在受影响的服务 ● 初步识别社会、经济和跨境问题 ● 初步制订补救计划 ● 启动和确定该评定的适合规模
第 2 步：确定和量化损害（借项）
● 识别受损害的资源、栖息地和服务 ● 确定损害原因 ● 量化损害 ● 计算期间损失和总损失
第 3 步：确定和量化补救的效益
● 识别和评估备选补救方案 ● 计算备选补救方案的服务增益（单位贷项） ● 处理等值分析的不确定性
第 4 步：确定补充性和补偿性补救的规模
● 计算单位增益（贷项） ● 确定补救规模 ● 估计备选补救方案的成本 ● 分析不相称成本
第 5 步：监测和报告
● 制订补救计划并实施 ● 监测是否补救成功 ● 报告

3 中国环境损害赔偿制度的初步实践

3.1 立法进展

近 20 年来中国制定了大量的环境资源保护法律、法规，初步形成了中国的环境资源法体系，但从其内容来看，基本上属于环境行政管理法，而少有环境民事规范。

《民法通则》（1987 年）、《环境保护法》（1989 年）、1997 年《刑法》修订、2008 年《水污染防治法》，2010 年颁布的《侵权责任法》以及 2012 年《民事诉讼法》修正案，都仅对环境污染损害的责任进行了较为原则性的规定，除了民诉修正案以外主要关注环境污染造成的私益损害。中国《民法通则》对环境污染民事责任的成立要件、承担方式及免责事由等做了最原则的规定。2009 年通过的《侵权责任法》列专章对环境污染侵权予以规定，在《民法通则》的基础上细化了环境污染侵权责任的法定成立要件、责任承担方式、免责情形，强调了无过错与合法排污不影响环境污染侵权责任的承担，明确了环境污染损害举证责任承担以及损害赔偿范围，并对环境污染中核事故等高度危险责任进行了规定。作为专门的环境保护领域的基本法，《环境保护法》专门对环境污染损害导致的赔偿责任承担、赔偿金额纠纷的行政处理及环境污染损害赔偿诉讼时效进行了规定，《大气污染防治法》《水污染防治法》《固体废物污染环境防治法》《噪声污染防治法》以及《海洋环境保护法》等环境保护的单行法也基本上作了与《环境保护法》相似的规定，其中，《大气污染防治法》与《水污染防治法》中规定了免责事由，而《固体废物污染环境防治法》与《噪声污染防治法》没有免责事由的相关规定。

2004 年《海洋环境保护法》对排污造成的海洋生态环境损害进行了明确规定，对破坏海洋生态环境造成国家损失的，由行使海洋环境监督管理权的部门代表国家除对责任者提出赔偿要求外，在现行民事诉讼制度中，没有对生态损害作出特别规定，实践中原则上归入公益诉讼的范畴。在民事、刑事与行政法律中做了比较模糊的规定。

随着实践中环境污染事件频发，传统单一的行政处罚手段显得单薄无力，直接经济损失赔偿乏善可陈，理论界开始全面审视环境污染损害赔偿责任制度。从环境立法的发展上，立法者开始转变观念，将间接经济损失也包含在赔偿范围内。在承认“环境权益”的基础上，根据民事诉讼法可以对环境公益提起诉讼，通过公益诉讼来保障公众的环境权益。环境污染损害从传统的直接经济损害范围扩展至间接经济损失，从行政管理延伸至民事权益保护，从环境私益扩展至环境公益。环境损害赔偿的对象是公共环境资源，法律关系的客体是环境利益，因而有别于传统民事损害赔偿。

目前，环境损害赔偿制度研究已经进入对环境损害赔偿专门立法阶段。目前，国内学者提出健全环境损害赔偿法律制度存在 3 种立法模式：①修改现有民事法律体系中环境污染损害的相关制度；②制定专门的程序法《环境纠纷处理法》，李艳芳认为该方案不会对当前法律体系产生大的冲击，比较切实可行；③实体程序统一立法方式。其中有代表性的是“采取实体和程序一体、行政处理与司法处理一体的立法模式”制定《环境损害赔偿法》，环境损害赔偿法分为实体和程序两大部分，实体内容为环境污染损害的定义、范围、责任构成条件、赔偿原则、赔偿主体、赔偿方式；程序规定包括建立公益诉讼，完善行政处理方式，规定鉴定评估机构的权利、义务、责任和鉴定评估基本程序，延长诉讼时效等内容。

3.2 实践进展

3.2.1 环境案件的司法实践进展

多年来，人民法院公正高效地审理大量的环境案件，为保障人民群众环境权益和我国生态文明建设发挥了重要作用。下表中统计了全国法院近十年的环境保护案件情况以及环境民事赔偿案件情况。

表 2　全国法院审理环境保护案件情况　　单位：件

年份	刑事一审：破坏环境资源保护罪结案	刑事一审：环境监管失职罪结案	民事一审：环境污染损害赔偿案件结案	行政一审：环保案件结案	合计	刑事一审：破坏环境资源保护罪与环境监管失职罪结案	刑事一审：重大环境污染事故罪结案
2002	5 605	—	1 473	1 075	8 153	5 605	4
2003	5 983	—	1 540	619	8 142	5 983	3
2004	5 331	1	4 453	698	10 483	5 332	6
2005	6 176	4	1 545	1 220	8 945	6 180	13
2006	7 885	3	2 146	1 183	11 217	7 888	7
2007	8 759	10	1 085	2 584	12 438	8 769	2
2008	10 075	13	1 509	1 601	13 198	10 088	11
2009	9 904	23	1 783	2 628	14 338	9 927	18
2010	9 985	15	2 033	1 894	13 927	10 000	19
2011	11 732	11	1 883	2 220	15 846	11 743	26

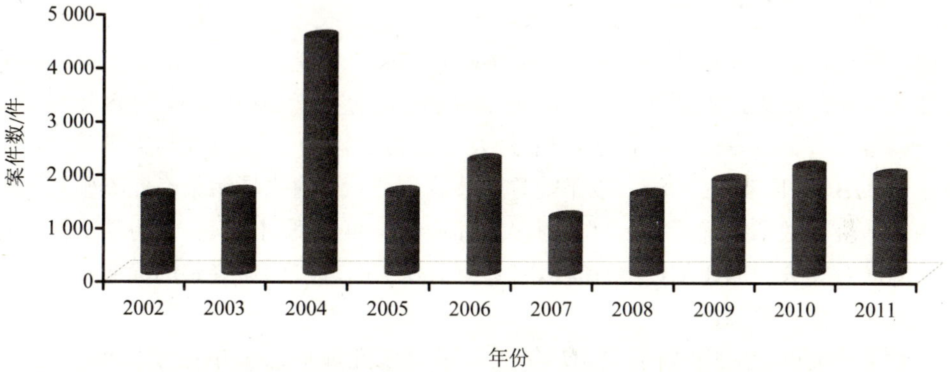

图 3　2002—2011 年人民法院审结一审环境污染损害赔偿民事案件情况

从图 3 中可以看出，从 2002—2011 年全国法院受理各类刑事、民事、行政环境一审案件约 11 万件且基本审结。其中环境案件主要集中在刑事案件，且刑事案件主要集中在破坏自然资源案件、危险物品肇事以及环境监管失职三大领域，环境案件中的民事案件则主要集中在水、固体废弃物以及大气等环境污染引起的环境侵权损害赔偿方面，环境行政案件主要集中在环保行政处罚和环保行政强制纠纷。总体来说，环境案件有着如下特点：

（1）环境案件数量较少，大量环境污染纠纷没有进入诉讼程序而通过非诉讼途径解决，未反映当前环境纠纷多发的现状。

（2）环境案件中刑事案件数量多，民事、行政案件较少，资源破坏类案件多，环境污染类案件少，且案件类型呈多样性、地区性分布（图 4）。

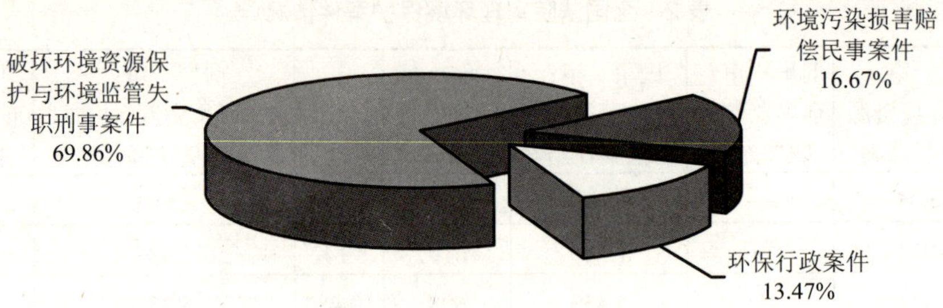

图 4　环境事件类型分布

（3）民事案件单一诉讼较多，以个体纠纷为主，共同诉讼逐渐增多，公益诉讼不断出现。

除了司法机关对环境保护案件的实践工作外，针对环境损害的现状和部门职责要求，环境保护部、国家海洋局、农业部、司法部等行政部门都关注到环境损害鉴定评估与赔偿的问题，他们分别从本部门的职能出发制定了相关技术导则或规定，规范环境污染损害评估与赔偿工作的开展。

3.2.2　农业部工作开展情况

中国农业部和下属渔业部门从 2000 年起开始针对环境污染造成的种植业和渔业损害评估陆续发布了相关技术文件，如针对渔业污染事故分别于 2000 年和 2008 年颁布了《渔业污染事故调查鉴定资格管理办法》（农渔发［2000］7 号）和《渔业污染事故经济损失计算方法》（GB/T 21678—2008）（以下简称《计算方法》），对水域污染渔业养殖和天然鱼类损害的评估技术做了明确规定。目前很多水环境污染事件都利用《计算方法》测算环境污染造成的渔业损失，但如 1.1.1 节所述，《计算方法》对环境污染导致的渔业资源损失过于简化，缺乏科学合理性。

针对农业环境污染事故于 2007 年颁布了《农业环境污染事故损失评价技术准则》（NY/T 1263—2007），对农业环境污染事故损害评估做出了原则性的规定，但对评估范围、评估主体和工作程序还缺乏配套规定，未提出对土壤资源损害进行鉴定评估。

3.2.3　国家海洋局工作开展情况

国家海洋局先后于 1997 年和 2007 年先后颁布《海面溢油鉴别系统规范》和《海洋溢油生态损害评估技术导则》（HY/T 095—2007），后者较前者更为具化，对海洋环境污染造成的生态环境损害量化评估方法进行了规定，但存在评价范围重复、评价方法依据不足、生物种群修复方案的确定过于原则等问题。作为国家行业标准，这两个规范为海洋溢油事件的处理提供了技术依据，如国家海洋局北海分局处理 2002 年“塔斯曼海”轮海洋生态污染损害索赔案时采用前者进行了评估，成为中国首例在海洋溢油生态索赔案中的关键性证据。在渤海溢油事件发生后，国家海洋局依据后者开展了生态环境损害评估，并发起海洋生态损害索赔。

此外，山东省还于 2009 年颁布了《山东省海洋生态损害赔偿和损失补偿评估方法》

（DB37/T 1448—2009）和《山东省海洋生态损害赔偿费和损失补偿费管理暂行办法》。

3.2.4 司法部工作开展情况

2005 年全国人大颁布并实施《关于司法鉴定管理问题的决定》，它明确地规定由国家统一管理的司法鉴定业务包括法医类鉴定、物证类鉴定及声像资料鉴定“三大类”，对三大类之外的鉴定业务未明确范围与管理方式。针对环境损害问题，司法行政部门许可了一些高等院校、科研院所、环境监测机构、科技团体以及其他社会性的优质环境检测资源开展环境司法鉴定，如山东海事司法鉴定中心、北京市劳保所室内环境司法鉴定中心、国家海洋环境监测中心司法鉴定所、福建力普环境司法鉴定所等，可以开展环境监测鉴定及微量物证鉴定业务。

其中，山东海事司法鉴定中心的专家对天津海域“塔斯曼”轮溢油污染程度和损害结果进行了鉴定，它运用海洋科学技术、采用科学方法对原油扩散路径、归宿进行了模拟分析，并结合油指纹比对及室内生物毒性试验，确定了此次溢油影响到的海域范围、沉积物及滩涂的面积，以及受损程度、所造成的损失，并出具了损害评估报告。

3.2.5 环境保护部工作开展情况

为了有效解决环境污染纠纷案件，环保部联合最高人民法院于 2004 年发布了《关于审理环境污染刑事案件具体应用法律若干问题的解释》，于 2006 年在中国环境科学学会成立了环境污染损害鉴定中心，但是，由于缺乏损害评估计算标准与污染损害责任主体确定原则，司法解释的实施效果并不理想，环境污染损害鉴定中心发挥的作用也十分有限。

为此，环境保护部于 2007 年就环境污染损害赔偿法律体系、鉴定评估管理体系、技术方法体系开展了综合性专项研究，取得了以下工作进展：

（1）学习欧美国际先进经验，就环境损害因果关系与范围界定、数额计算方法等提出技术规范，同时对鉴定评估机构与人员的资质，管理机制等进行研究和规范，提出完善中国的环境损害赔偿制度与法律的具体建议。

（2）在下属事业单位成立环境风险与损害鉴定评估研究中心和环境污染损害鉴定技术中心，协助环保部开展环境风险与损害鉴定评估与赔偿修复方面的监测、研究与评估工作。

（3）2011 年出台《关于开展环境污染损害鉴定评估工作的若干意见》（环发[2011]60 号）、《环境污染事故损失数额计算推荐方法》等管理性与技术性文件，对未来 10 年的环境污染损害鉴定评估工作做了总体部署。

（4）2011 年 10 月，正式启动环境污染损害鉴定评估试点工作，确定了河北、山东、湖南等五省二市环保厅（局）为试点单位。同时，印发《环境污染损害鉴定评估试点工作方案》（环办函[2011]1019 号），指导地方开展试点工作，开展了具体案例评估。

（5）目前正在与国家司法部共同谋划将环境污染损害鉴定评估纳入国家司法鉴定体系，建立环境污染损害司法鉴定的管理机构及管理制度。

3.3 存在问题

我国现行环境保护法律体系存在的缺失和不足是导致环境案件公私益损害赔偿缺乏根本保障的原因。我国现行环境保护的立法理念是传统的私权保护的思想，并且立法的价值取向是经济增长优于环境保护，导致一方面目前法律体系只注重保护资源环境的利用价值而忽视其生态价值，缺乏将环境损害视为公益损害的实体和程序法律规定以及环境损害评估技术规范；另一方面，虽然法律对人身、财产等传统私益损害的赔偿进行了原则性规定，但由于缺乏相关的因果关系鉴定及数额量化的程序和方法，导致法律对人身、财产损害救济不足。具体体现为：

3.3.1 立法体系存在的问题

（1）立法模式不能体现环境损害赔偿的特殊性。环境污染损害不同于一般的侵权损害，除造成人身、财产损害等传统侵权损害结果外，还对资源环境造成损害，其损害结果呈现出地域范围、受害者、受害权益的广泛性，具有社会性特征，因此，传统的民事侵权责任理论及相关立法已经不能满足其赔偿纠纷的解决需要。目前我国环境污染损害赔偿方面的立法体系是：《宪法》对禁止环境污染和生态破坏进行指导性规定，《民法通则》《侵权责任法》《民事诉讼法》等民事基本法对环境污染损害赔偿作一般的实体性和程序性原则规定，《环境保护法》对环境污染损害赔偿作了比较明确的基本规定，《水污染防治法》《大气污染防治法》《海洋环境保护法》《固体废物污染环境防治法》《放射性污染防治法》等环境单行法从不同具体领域对《环境保护法》关于污染损害赔偿及纠纷解决进行了细化。这种立法体系仍然囿于传统的民事法律体系的框架，将环境污染损害赔偿视为一般的民事侵权行为，是基于个人主义的私法立法取向，其实体和程序规定没有考虑到环境污染损害具备的社会性特征及环境污染损害立法的公法化趋势。

（2）立法体系内部存在矛盾冲突。我国《民法通则》与 1989 年颁布与实施的《环境保护法》是有关环境污染损害赔偿纠纷处理的基本法律。但这两项法律对环境污染损害赔偿是否以违法性为条件，以及归责原则的规定存在冲突。根据《民法通则》的规定，污染环境造成他人损害的，需要违反国家保护环境防止污染的规定才能承担民事责任，而《环境保护法》并未对污染行为的违法性提出要求，只要造成了损害，不论行为人是否违反法律都应当承担责任。法律规定的不一致，不仅导致了立法体系内部的不协调、不统一，而且导致实践中法律适用的混乱甚至无所适从，不利于对受害人的救济。

（3）《侵权责任法》不能从根本上弥补环境损害赔偿法律体系的缺陷。《侵权责任法》已经通过，该法设置专章对环境污染侵权责任进行了规定，虽然细化了环境污染赔偿责任的承担，但仍然非常原则，没有对损害赔偿的范围认定、赔偿标准、计算方法等作出规定，并且没有脱离将环境污染视为传统侵权的窠臼。

3.3.2 立法内容存在的问题

（1）实体性规定的问题。

☞ 赔偿归责原则规定存在冲突：如前所述，《民法通则》与《环境保护法》《侵权责任法》在关于环境损害能否成立的问题上存在冲突，前者以过错责任为归责原则，后两者以无过错责任为归责原则，实践中，在认定环境侵权责任构成上，一些法官、当事人仍有不同的认识，即有的认为应当依据《民法通则》的规定，有的认为应当运用《环境保护法》《侵权责任法》的规定，这不利于环境损害赔偿纠纷的解决。

☞ 赔偿范围和数额难以确定：如上文所述的环境保护法律体系中，并没有对环境污染损害的赔偿范围作出具体界定。对环境污染造成的人身、财产损害参照民事法律有关直接损失和间接损失的规定执行，但对于直接损失和间接损失如何确定却无法律规定，也没有全面权威的关于人身和财产损失的计算方法；对污染造成的环境资源损害则没有纳入赔偿范围，并且没有相关的量化计算标准和规范。

☞ 赔偿主体规定缺失：赔偿主体的认定关系到损害赔偿责任的承担和多主体责任的分配问题，我国目前的法律未规定环境污染损害潜在责任方的认定范围、标准，历史遗留污染的主体认定以及多主体污染责任的分担原则等问题，导致责任主体不明，赔偿难以落实。

☞ 赔偿方式规定不完善：现行法律没有关于环境损害责任保险和赔偿基金等社会化赔偿方式的规定，这既不利于保存企业的生产力，不利于受污染环境的修复，也不利于污染受害者的权利保障。

（2）程序性规定的问题。

☞ 环境公益诉讼制度不够细化：目前我国民事诉讼法已经将环境公益诉讼纳入其中，为环境破坏造成的公共利益损害提供了保护途径，但是还需要在举证规则、起诉主体资格、因果关系证明等方面都需要有明确和详细的立法和司法解释与之配套，保障公共利益得到法律维护。

☞ 环境损害评估鉴定机制亟待完善：我国目前的环保法律体系中不仅没有全面权威的人身、财产损害的评估规则，也没有环境资源损害评估方法、程序及鉴定评估标准和技术规范，实践中也缺少专门的经资质认证的环境污染损害鉴定评估机构，导致环境污染损害因果关系和损害数额认定困难，成为环境损害赔偿诉讼的最大难题。

☞ 行政处理方式未充分发挥其迅速解决环境污染健康损害纠纷的优势：我国相关法律只是规定环境损害赔偿纠纷当事人可以申请由当地环保部门调解解决，调解不成或反悔的，可以诉诸法院。对于行政处理方式相较于诉讼方式在耗时和事实认定上的便宜处理方法和程序没有具体的规定，影响了行政方式分流部分污染纠纷的作用。

☞ 现行立法对跨界污染损害赔偿缺少明确规定：对跨行政区的环境纠纷，现行的环保立法只规定了政府间的协商解决制度，对于协商的程序和赔偿责任的承担没有明确规定。另外，现行法律对于如何用诉讼方式解决跨界污染纠纷没有任何规定。

- ☞ 其他方面的程序问题：现行环境保护法没有对突发环境污染事件的处理进行明确规定，其有关 20 年最长诉讼时效的规定与一般民事案件相同，没有体现环境污染案件潜伏性长期性的特点；对环境污染案件的受害者没有关于诉讼费用减免的规定；支持诉讼制度和法律援助制度缺乏具体的程序规定等。上述程序性规定，均需要进一步完善。

由于现行环境保护法律体系在保障人身、财产及环境权益的规定上存在着形式与内容，程序与实体上的某些不足，因而加强环境损害评估等基础性研究工作，完善环境污染损害评估与赔偿法律体系将成为环保和有关立法部门在今后相当长一段时间内的重要任务。

4 构建中国环境损害赔偿制度框架的建议

4.1 立法建议

4.1.1 立法模式选择

如前所述，我国现行的环境污染损害赔偿立法体系存在诸多的缺陷和不足，需要进一步完善。主要有以下 3 种完善的思路或模式：

4.1.1.1 制定专门法律

环境损害赔偿的法律问题从法律规范调整对象角度看主要包括环境污染导致的人身财产损害赔偿问题以及环境本身的损害赔偿问题，从法律规范调整方式看主要包括整体范式的调整和个体范式的调整两种，一般来说人身财产问题运用个体范式调整，环境本身的问题用整体范式调整，但两者并非完全有这种对应关系，有时存在交叉重叠的情况。目前我国的立法现状是环境本身的损害赔偿基本未涉及由环境污染导致的人身财产损害赔偿不足。虽然一国环境立法与民事立法存在千丝万缕的联系，往往由民事法律规范对所有环境损害赔偿法律问题都进行统一地概括调整，但是两者在价值立场及调整对象和调整方式上的本质区别决定了要将以整体范式调整的环境损害赔偿法律关系脱离出民事立法体系，即对环境本身损害的赔偿问题制定专门的《环境损害赔偿法》进行调整，且这种立法在性质上属于社会法，隶属环境法律范畴而非民事法律体系。这种专门的环境立法体系内部进行完善的模式又分为两种思路：①实体法与程序法分别立法；②实体与程序各自立法。无论采取哪种途径，这种专门的立法模式虽从环境法律规范体系的统一性、完整性及严谨性上来讲是最值得称道的，但需要与传统民事法律规范所调整的环境问题进行区分，而这种区分不仅仅涉及环境法与民事法两种不同法律规范针对同一事项的作用范围和调整对象的区别，还涉及同一种法律规范针对不同事项作用范围和调整对象的区别，显然这种模式的立法不可能一蹴而就。

4.1.1.2 修订现行法律

制定专门的环境损害赔偿法律是以法律规范调整对象与调整方式的差别为基本立足点，但是这种方式工程浩大，难以在短时间内达到目的。因此可以退一步以修改完善现行法律为路径。这种修改完善的方式又可以分为以《环境保护法》为基础的修订和以《民法通则》《侵权责任法》为基础的修订两种途径。前者的完善思路基本类似于制定专门的《环境损害赔偿法》，仍以环境法律与民事法律的区别为立场。后者的完善思路以民事法律规范和环境法律规范调整对象的相近关系为基础，将环境本身损害的赔偿等以整体范式调整的法律关系归摄入民事法律体系。虽然这两种方式与制定专门的统一规范性文件相比从环境法律理论的自知自觉角度看并不理想，但却在实践的阻力性上却远远小于制定专门的法律。另外，这两种方式中完善现行《环境保护法》的方式显然要优于完善《民法通则》或《侵权责任法》的方式，应当以目前正在进行中的《环境保护法》的修订工作为契机推动环境本身损害赔偿以及群体性人身财产损害赔偿内容纳入此法的进程。如果不能取得预期效果，可以再退一步以完善民事法律体系为基本路径，在《民法通则》《侵权责任法》等法律中增加关于环境本身损害赔偿以及群体性人身财产损害赔偿的规定。

4.1.1.3 制定相关司法解释

无论是专门立法还是对现行法律进行修订的方式都可以系统地解决现实中存在的环境损害赔偿缺失和人身财产损害赔偿不到位的情况。如果这两大问题不能系统解决就只能以目前迫切需要解决的个别问题为出发点，以专题研究的形式对现行法律规范体系进行司法解释，从而补充或完善相关内容。具体来说，也可以分为对现行环境法律体系的司法解释和对现行民事法律体系的司法解释两种，其思路与现行法律体系的完善基本类似。虽然这种做法显得零散而不够系统，但遇到的阻碍相对是最小的，因此不失为一种稳妥的权宜之计。

4.1.2 立法内容完善

从理论的完备性角度本文拟以制定专门的《环境损害赔偿法》为例，说明环境本身损害赔偿所应包括的法律规范内容：

4.1.2.1 实体规定的完善

（1）关于环境污染损害的定义。立法应当明确环境损害的定义：由于人类的环境利用行为导致环境污染和生态破坏，进而造成人体健康、公私财产以及生态功能和自然资源等环境损害。通过立法将自然资源损害纳入损害赔偿范围。

（2）关于环境污染事故的范围。立法应当明确，环境污染事故包括大气污染、水污染、土地污染、海洋污染、噪声污染和放射性污染等污染事故。

（3）关于赔偿责任的构成要件。修改《民法通则》124 条的规定，按照《环境保护法》的规定，统一环境污染事故损害赔偿责任的构成要件，即污染行为、损害后果和因果关系。实行无过错责任原则，不以存在主观过错和超标排污为责任前提。

（4）关于赔偿原则。立法应当确定全面赔偿、有效赔偿、及时赔偿以及人身损害优先赔偿等赔偿原则。

（5）关于赔偿范围。立法应当明确，赔偿的损失范围应当包括人身损害、财产损害、环境事故造成的影响损失、事故应急评估费用、生态恢复费用、生态环境功能损害。但就目前我国社会、经济和制度环境看，要求企业承担影响损失和生态环境损害的条件尚未成熟，应当首先将人身损害、财产损害、应急评估费用以及污染修复费用四项内容纳入赔偿范围，在条件成熟时将影响损失与生态环境资源损害纳入赔偿范围，并尽快建立注入生态环境损害评估等辅助性措施。

（6）关于赔偿主体。除规定一般的赔偿主体外，法律还应明确特殊情形下的赔偿主体，具体是指：有意思联络的共同致害行为，各主体共同作为赔偿主体；没有意思联络的共同致害行为，应根据行为性质不同分别确定赔偿主体；承包经营造成污染事故的，发包方和承包方作为连带赔偿主体；合伙企业造成污染事故的，各合伙人作为连带赔偿主体。

（7）关于赔偿方式。我们认为，环境污染事故法律责任的承担方式应当以停止侵害、排除妨碍、消除危险等预防或事前处置的手段为主，兼以损害赔偿作为重要的承担方式。除了上述方式外，立法应当建立环境污染事故责任保险制度，明确责任保险的性质（强制性）、缴纳保险的主体、投保范围等事项。另外还应建立赔偿基金制度，规定赔偿基金的来源、管理、使用和监督。

4.1.2.2 程序规定的完善

（1）拓宽赔偿途径，完善环境公益诉讼制度。明确提起环境公益诉讼的主体包括：依法行使环境监督管理权的部门、检察机关、公益性社会团体和自然人。明确环境公益诉讼的被告包括：产生环境污染的个人、企业事业单位和监督管理失职的政府或其有关部门。

（2）完善污染事故纠纷的行政调解方式，提高纠纷解决的效率。建议细化行政处理的基本程序和规则，明确行政裁决的法律效力，具体应当规定行政处理程序为必经程序，并赋予环保部门的处理决定以强制执行力。这样可以省却受害人搜集证据的困难，又可以为法院处理纠纷打下基础，弥补法官对环保技术知识的欠缺。同时规定，对环保部门的处理决定不服的，可以向法院提起诉讼。

（3）完善跨行政区的环境污染事故损害赔偿纠纷处理，规定更具体的处理程序。建议增设“通过诉讼解决跨行政区环境污染事故损害赔偿纠纷”的规定。

（4）规定评估机构的职责和义务、评估的基本程序、评估意见的法律效力和对意见不服的救济途径等事项。其中应当明确规定评估机构必须接受委托和如实提供评估鉴定报告的义务，同时规定法院应当根据当事人的申请向有关机构调取证据的义务。

（5）细化举证责任倒置规则，明确原被告举证责任的范围。让被告对是否排污、能否造成污染、排污与损害之间是否有因果关系、能否依法免责（免责事由）提供证据，让原告对损害的事实和损失的大小负有初步的举证责任。同时，立法应当规定在环境污染损害赔偿案件审理中实行因果关系推定原则，即对于危害后果，只要污染者不能排除其污染行为造成污染的可能性，就应当推定其污染行为是危害后果的原因，并承担相应的责任。

（6）完善诉讼时效制度。我国虽然在环境保护法中规定环境侵权诉讼的短期消灭时效比一般侵权诉讼时效长 1 年，但长期消灭时效仍然沿用民法通则中 20 年的规定。从环境事故的特点考虑，参考国外的立法例，《环境损害赔偿法》对环境污染事故损害赔偿案件应当规定更长的消灭时效（如30年）。

（7）完善诉讼保障机制。在环境污染事故损害赔偿及其纠纷处理的立法中，应当进一步完善支持诉讼、法律援助、诉讼费用的减免等保障性措施，规定这些保障性措施的一般程序、具体内容、受害者获得保障性措施的条件等，从而方便受害人诉讼，降低受害人的诉讼成本，切实维护受害人的合法权益。

4.2 构建管理体系

环境损害鉴定评估是对环境破坏造成损害结果的量化，是处理环境问题以及司法解决涉及环境纠纷的技术依据或定案根据。目前我国环境损害鉴定评估工作尚未适用统一的评估鉴定技术方法、技术标准与程序等，而作为证据的评估结论在诉讼过程中又面临质证与认定问题，有时还要接受权威专家的质疑。如何保障环境损害鉴定评估司法鉴定的合法性和客观性直接影响环境损害赔偿能否得到法庭的采信。为解决这些问题，需要统一环境损害鉴定评估的鉴定资格，规范鉴定评估活动的程序，形成合法、客观的鉴定评估。并最终将环境损害鉴定评估工作纳入国家司法鉴定体系，实行统一的规范化、法制化管理，并建立专业性的司法鉴定管理机构。

由于目前环境损害鉴定评估的现状，一步进入国家司法鉴定体系还存在困难，而且在自身建设还不成熟的情况下贸然进入司法鉴定体系，会带来业务冲击和诉讼压力，不利于环境损害鉴定评估的成长，因此建议采取“两步走”的方式，将环境损害鉴定纳入司法鉴定体系。

4.2.1 构建行业鉴定评估管理体系

首先，现在环保系统内部建立起统一管理制度和技术规范的环境损害鉴定评估体系，保证鉴定意见的口径统一、科学权威。内部环境损害鉴定评估包括管理制度和技术规范两大部分，其中管理制度框架分为资格管理和行为管理两大内容，资格管理分为机构资格和人员资格管理两部分。行为管理是按照合法性和科学性要求对鉴定评估程序进行规范。鉴定评估程序规定分为程序规则和操作手册，程序规则包括：“总则、鉴定评估委托与受理、鉴定评估开展、鉴定评估意见的出具”；操作手册包括：“现场调查取证规范、现场鉴定操作规范、鉴定评估方法选择规范、检测样品接收与保存规范、记录填报规范、出具鉴定评估意见规范、各种表单统一样式”。

4.2.2 推进环境损害司法鉴定管理

在内部管理制度完善和实践工作成熟的基础上与司法鉴定行政管理部门共同协商将环境污染损害鉴定评估纳入司法鉴定管理的体系，建立起鉴定评估的“二元两级管理体系”，其具体含义为，由行业主管部门的环保部门对拟承担环境污染损害评估司法鉴定的机构与人员应首先进行初次资格准入，对于符合条件的，再推荐给司法行政部门对环境损害评估司法鉴定资质进行法律审核登记。由于我国的司法鉴定实行省级与国家级两级管理，相应地，地方环境污染损害司法鉴定由省级环保部门与司法行政部门分别审核，国家环境污染损害司法鉴定由中央环保与司法行政部门分别审核。

环保部门的职责主要包括制定污染损害评估司法鉴定工作流程、技术方法和标准。对于不存在国家技术标准的，首先应推动制定行业技术标准，并对取得执业资格的机构与人员是否按照统一的标准与方法开展鉴定工作进行监督。环保部门还应制定环境污染损害评估司法鉴定行业发展规划，开展污染损害评估司法鉴定行业的能力培训，形成并提升评估鉴定的业务能力与水平，并在此基础上对司法鉴定能力实行验证以及相应的资质考核。

司法行政部门的职责主要负责对环境污染损害评估司法鉴定机构与人员进行登记、名册的编制与公告，资格的变更、撤销以及对从事鉴定的机构与人员的违规违法行为进行处理。司法行政部门对拟定污染损害评估司法鉴定工作流程、技术方法和标准向社会公布，保证从事环境污染损害评估鉴定的司法鉴定机构和鉴定人一体遵行，并为诉讼活动审查与采纳环境污染损害评估司法鉴定意见提供依据。另外，还可以在环保部门的协助下对鉴定机构与鉴定人进行能力验证或诚信通报。

4.3 规范赔偿标准

4.3.1 研发技术方法

构建环境损害界定与量化的技术体系，提出兼具科学性同时切实可操作的环境损害评估方法体系。结合环境污染事件发生后事件应急阶段、污染修复阶段和生态恢复阶段发生损害的不同特征，建立适宜于实际评估工作开展的损害分类和量化方法体系。建议以爆发频次高，危害大，涉及环境健康和社会稳定的环境问题为突破口，围绕矿区典型陆地生态系统损害、突发性水污染事件、污染场地环境损害和铅污染事件环境损害等我国当前面临的主要环境损害类型，分类建立相关技术方法。根据我国环境管理的阶段性特征，分阶段建立并完善环境污染损害评估范围，积极探索适合中国社会经济发展阶段的环境损害问题解决途径，构建并逐渐完善我国环境损害评估制度。

4.3.2 编制技术规范

制订环境污染损害范围认定与损害鉴定评估、污染修复与生态恢复、后评估与监测、环境污染损害赔偿等方面的技术规范与标准。近期以严重危害公众环境安全的水污染事件和重金属污染事件为突破口，开展重突发环境污染事件快速评估技术规范和赔偿机制的研究制订工作。逐步形成覆盖水污染、大气污染、噪声污染、土壤污染、放射性污染、生态破坏等多个领域的污染损害鉴定评估规范。争取利用 10 年左右的时间，建立一套完整的环境污染损害鉴定评估与赔偿恢复技术标准体系，为科学化、定量化评估和赔偿恢复环境污染损害奠定技术基础。

4.3.3 界定损害赔偿范围

清晰界定环境污染损害的范围，提高环境损害赔偿的可操作性，实现环境污染私益的足额赔偿和生态环境公益损害的全面恢复。基于实际开展的环境损害评估和赔偿实践活动，可以将环境损害分为人身健康、社会经济和生态环境损害三大类（图 5），其中人身健康损害又可以划分为直接健康损害、潜在健康损害、未来预期健康损害和精神损害等；社会经济损害可划分为直接经济损失、间接经济损失和社会影响损失等；生态环境损害为资源环境价值损失，从基于恢复的角度可分为污染清理和修复费用、生态环境恢复和资源环境服务损失等部分。

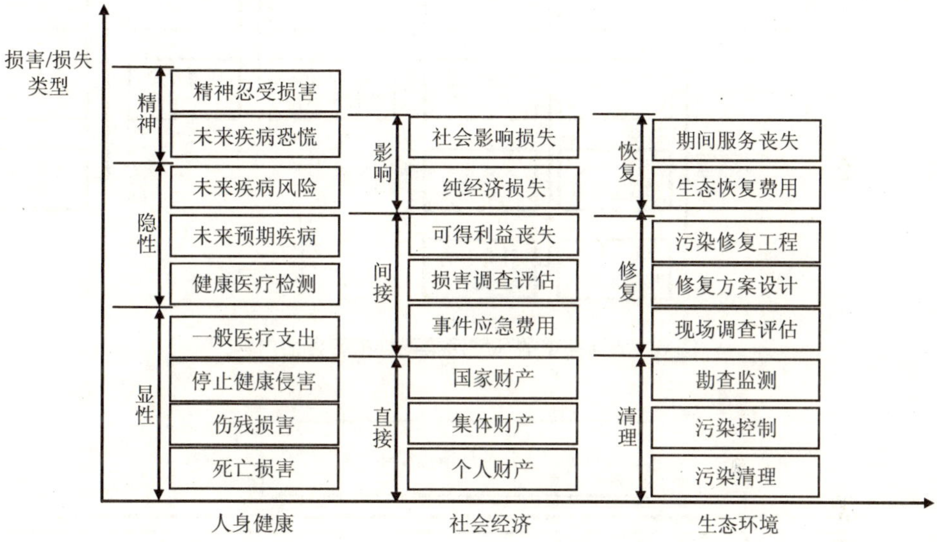

图 5 环境损害/损失的类型和构成

4.3.4 明确损害赔偿内容

明确提出环境污损害赔偿内容，提高环境损害评估的客观性和赔偿标准设计的科学性和针对性。基于国内外经验，结合我国的实际工作情况，本着坚持科学性、简明性、可操作性和循序渐进的原则，设计了全面完整和近期可操作的两套环境损害评估内容，前者主要从保证评估范围架构的完整性的角度出发，将环境污染事件可能造成的损害全部考虑在内，而后者则主要从近期可操作的角度出发，将评估方法相对成熟、可能纳入赔偿范围的损害考虑在内。全面完整的环境污染事件损害的评估内容包括：人身损害、财产损害、生态环境损害、应急处置费用、调查评估费用、污染修复费用、事件影响损害和其他应当纳入评估范围内的损害（图 6）；近期可操作的环境污染事件损害包括人身损害、财产损害、应急处置费用、调查评估费用污染修复费用（图 7）。

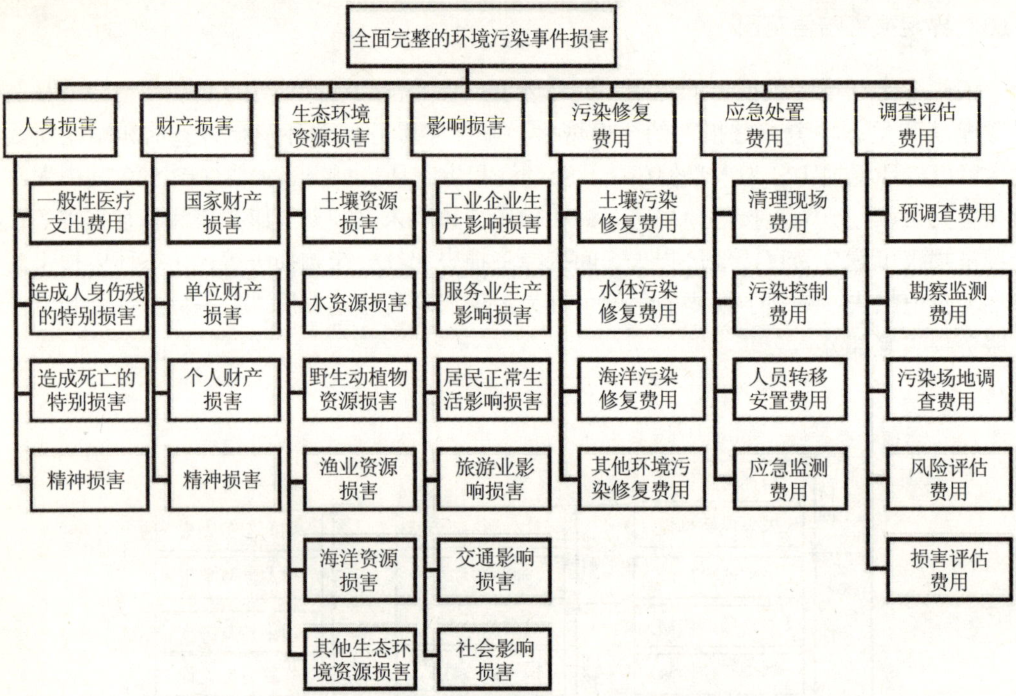

图 6　全面完整的环境污染事件损害评估内容

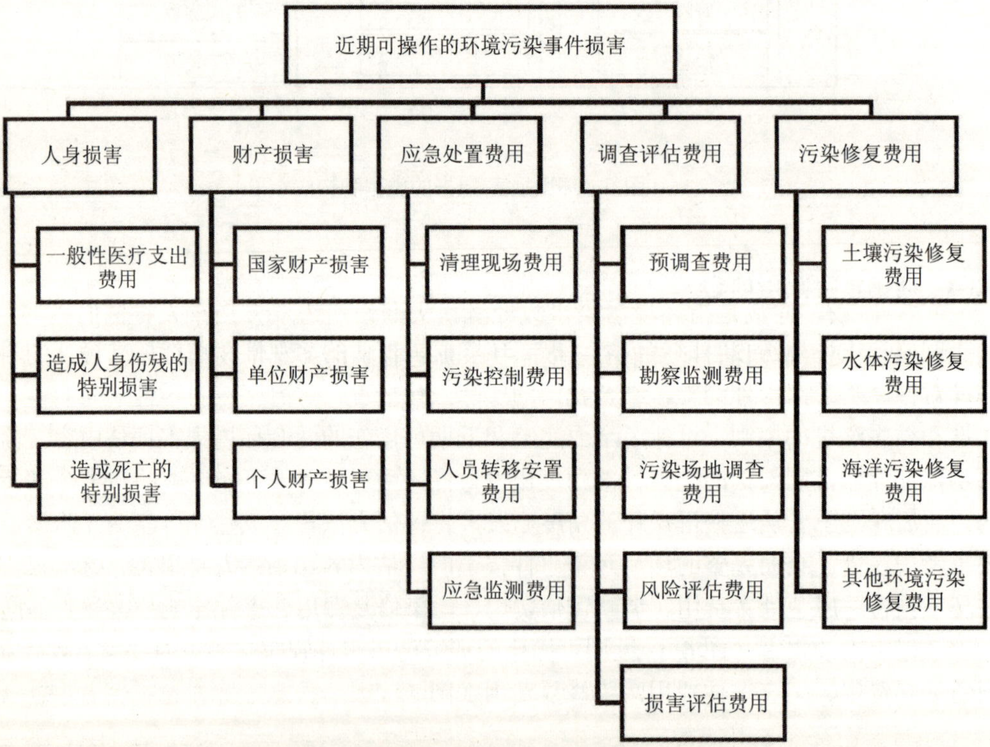

图 7　近期可操作的环境污染事件损害评估内容

4.4 完善赔偿程序

环境污染事故经济损失的赔偿程序的完善与否是保障赔偿能否实现的关键。损害赔偿包括非诉讼程序和诉讼程序两大类。在非诉讼中，主要包括协商、调解和仲裁。

4.4.1 非诉讼方式

（1）协商。协商是指双方当事人通过交涉、谈判，由环境污染事故的受害人自行获得相关赔偿的方式，其实质是一种交易活动，是双方当事人通过自由的讨价还价达成合意从而终结纠纷的过程。协商的整个过程由侵害人和受害人双方直接参与，目标明确、简便易行，无须借助中立第三方或专门机关的介入，是最便利、快捷、低成本的赔偿程序。

（2）调解。调解是指双方当事人由中立第三方对双方当事人进行引导说服，使双方能够妥协让步，并进而解决彼此的纠纷。调解同协商一样，也是当事人双方自愿选择的结果。调解人没有权力对侵害人和受害人任何一方施加外部的强制力，而是促使双方保持交流，转达双方意见，推动双方向达成一致意见迈进，以期解决赔偿纠纷。根据调解人的不同，可以将调解分成两种，即民间调解和行政调解。民间调解的调解人是不具有行政和司法地位或身份的单位或个人，包括人民群众自行调解、律师调解和人民调解委员会调解。行政调解，也就是说调解人是行政管理机关。在环境污染事故经济损失赔偿的行政调解中，调解人一般是环境保护主管部门。虽然由环保部门出面调解，而且环保部门也可以作出书面的调解书，但该调解书不具有法律上的强制效力。

因此，调解同协商一样，缺乏法律效力的支撑，无法得到强制力的保障。

此外，我国《民事诉讼法》还规定了司法调解，即审判过程中的调解，但该调解实际上属于民事诉讼程序的一部分，且法院根据《民事诉讼法》作出的调解书具有强制执行的效力，一方当事人拒不履行调解书的，另一方当事人可以申请人民法院强制执行。因此所谓的“司法调解”不是这里所说的调解，而属于民事诉讼的一部分。

（3）仲裁。仲裁是指环境污染事故经济损失赔偿纠纷双方当事人将他们之间发生的赔偿纠纷提交给非司法性质的第三者居中评断是非，由其对争议事项所涉权利义务作出裁决的赔偿途径。与调解和行政处理相比，仲裁的优势在于其结果具有一定的法律强制性，当一方不履行仲裁裁决时，另一方当事人可以向人民法院申请强制执行，从而使案件得到解决。

仲裁是最为类似诉讼的一种纠纷解决方式，但其仍属于非诉讼解决方式。主要原因在于仲裁者不是法官，而是法律专门设立的仲裁机构，是非司法性质的机构。另外，诉讼程序依一方当事人的起诉就可启动，无论另一方当事人是否同意诉讼；而仲裁则不同，法律要求仲裁程序的启动必须依据纠纷双方当事人达成的仲裁协议，即双方当事人都同意到特定的仲裁机构仲裁时，仲裁机构才有权受理该纠纷。而在环境污染事故经济损失赔偿纠纷中，由于双方当事人几乎不可能友好协商达成仲裁协议，因此，很难通过仲裁途径解决环境污染事故的经济损失赔偿纠纷。

以上三类解决方式（协商、调解、仲裁）都是赔偿双方当事人自主意思表示，具有完全的自由性和随意性。本文建议完善诉讼程序和赔偿方式，以保障环境损害赔偿的实现。

4.4.2 诉讼

诉讼方式（此处仅讨论民事诉讼，不涉及刑事附带民事诉讼的情况），是指由人民法院根据一方当事人的起诉对损害赔偿纠纷案件依法进行审理，并作出相应判决或裁定的活动。诉讼是解决环境污染事故经济损失赔偿纠纷的所有途径中，最为有效、法律效力最强，但也是程序最严格、证据要求最高、成本最大、时间耗费最长的纠纷解决途径。诉讼是解决环境污染事故经济损失赔偿纠纷的最为主要的途径，也是最终途径。人民法院对环境污染事故经济损失赔偿纠纷的审理依据的是《民法通则》《民事诉讼法》《环境保护法》等法律和相关司法解释。

本文根据诉讼赔偿对象分为私益诉讼和公益诉讼两大部分分别讨论。

4.4.3 私益诉讼

民事诉讼是解决环境污染事故经济损失赔偿纠纷的最终途径，但并不意味着诉讼措施的采取必须以前述各种赔偿途径的穷尽为前提。在环境污染事故发生后，受害人也可以直接向人民法院提起民事诉讼要求赔偿损失。只有人民法院通过审判而作出的判决或裁定才具有强制性效力。无论是协商、调解还是行政处理，当事人达成的协议或环保部门作出的行政处理决定都没有强制执行的效力，也就是说一方当事人可以在履行责任前反悔。在此情形下，双方只有诉诸法律的形式——民事诉讼才能最终解决纠纷。而只要人民法院通过审判而作出民事赔偿判决，则该判决规定的双方当事人的责任就具有强制执行的效力，如果一方当事人不履行判决，那么人民法院有权依职权或依另一方当事人的申请而采取强制执行措施。

由于环境损害鉴定评估的专业技术性强，在缺乏专业鉴定评估机构和规范标准的情况下，环境纠纷案件存在立案难、审理难、执行难的问题，导致环境损害私益诉讼存在赔偿不到位的情况，建议全面开展环境污染损害评估工作，培育环境污染损害鉴定评估专业机构，确立统一标准的鉴定评估原则与方法，为司法机关审理环境污染损害案件提供技术支撑，判别因果关系，明晰环境损害侵权责任方，合理确定环境损害范围和程度，保障民事赔偿的实现，推动环境司法深入开展。

4.4.4 公益诉讼

《民事诉讼法》（2012 年修正）第 55 条规定，对污染环境、侵害众多消费者合法权益等损害社会公共利益的行为，法律规定的机关和有关组织可以向人民法院提起诉讼。环境公益诉讼制度的正式确立，对社会的环境公共利益保障具有重要意义，但是该原则性的规定仍然需要立法解释和司法解释逐步明确其内涵，保障可操作性。本文建议从以下几个方面予以细化：

4.4.4.1 诉讼主体

（1）法律规定的机关以环境保护主管部门为主。根据上述主体问题的剖析，本文认为，环境公益诉讼的有关机关应该主要指环境保护主管部门和其他可能产生环境影响的资源管理部门，如水利部门、林业部门、农业部门、海洋管理部门等。

检察机关作为法律监督机关，可以作为监督和补充力量，而不主动介入诉讼，只有当环境公益诉讼出现违法的情况或没有原告的情况下，检察机关才作为国家利益和公共权益的捍卫者出现。

（2）起诉主体建议实行递补制。有关机关和社会团体对环境污染行为提起公益诉讼时，一般先有污染的主管机关作为原告提起诉讼，其他没有起诉的主体可以对提起诉讼的主体进行监督和补充。在原告撤诉、和解或所提请求赔偿额不足的情况下可以以自己名义提起新的诉讼。

4.4.4.2 诉讼监督制度

（1）主体之间的监督。建议允许没有提起诉讼的其他有关机关和社会团体可以就起诉请求赔偿额不足损失部分作为新的诉讼标的提起诉讼，新诉讼不违背一事不再理原则。如果其他有关机关和社会团体认为起诉原告撤诉、和解造成公益损害赔偿丧失或减损时也可以提起新的诉讼。

（2）检察院行使审判监督权，并且，在有关机关和社会团体都不提起诉讼时充当起诉原告。

4.4.4.3 赔偿金制度

（1）惩罚性赔偿款制度。法官在审理环境污染案件时，根据污染者的主观恶性，情节以及损害程度等综合因素确定惩罚性赔偿金额，惩罚性赔偿款超出损失额部分的作为环境修复基金收入和原告奖励来源。

（2）赔偿款专款专用制度。判决赔偿款应当作为环境修复基金专款专用，主要用于污染造成的损害修复。该项基金不得以任何名义挪作他用。

4.4.4.4 胜诉奖励制度

为激励保护环境公共利益的行为，按法院判决的惩罚性赔偿金数额提取一定比例给予胜诉原告奖励，补偿其在诉讼中为环境公益诉讼付出的精力和财力，表彰其为环境公共利益所做的贡献，以及鼓励其维护社会公共利益。

4.4.4.5 防止滥诉制度

不建议在环境公益诉讼中设置诉前审查程序，因为，环境污染损害的诉讼本身是一个内容复杂，技术性强，诉讼鉴定费用高昂的一种诉讼，技术、信息、经费等现实的问题就会成为防止滥诉的门槛。提起环境公益诉讼的原告应当承当适当的败诉风险，如果原告方败诉，应当承担律师费和鉴定费用，其他诉讼费用可以减免。这样既可以防止所谓的滥诉现象，也保护了公益诉讼提起方免受巨大败诉风险。

4.4.4.6 其他配套制度

环境公益诉讼作为一项新的制度需要正常运转，其他配套制度是不可或缺的。其中，诉讼管辖应当按照污染影响范围和程度，由相应层级的人民法院成立的环保法庭受理。

举证责任分配制度也应由原告对环境污染损害所造成的损害程度范围承担举证责任，而由污染侵权方就污染行为与损害结果之间不存在因果关系和其他免责事由承担举证责任。

加重污染企业责任机制，环境公益诉讼建设的出发点之一就是突出对环境污染事件的预防功能。公益诉讼被告方败诉后，由法院将污染企业及其投资人的信息通报工商管理部门，并由工商登记管理部门对其污染环境的劣迹记录在案，如该企业投资人重新设立涉污染企业注册的，将根据其以前的违法行为，限制或取缔其重新进入排污行业的资格。

4.4.4.7　**环境公益诉讼的流程**

环境公益诉讼的具体操作流程，各有关机关、社会团体之间的关系协调以及开展公益诉讼的流程，是本文研究的重点之一。相应流程见图 8。

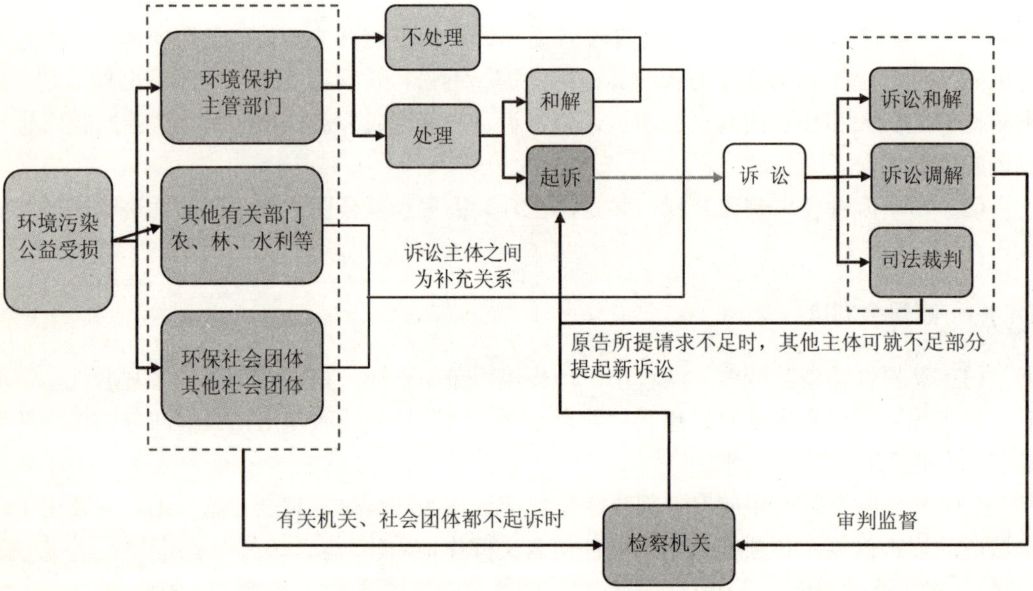

图 8　环境公益诉讼流程示意图

（1）出现环境污染造成公共利益损害时，有关机关和社会团体都可以作为原告提起公益诉讼。一般情况下，环境保护主管部门会履行环境管理职能，进行调查处理，做出行政处罚。随后，将对污染造成的环境生态等公共利益损失提出赔偿请求。此时，环境保护主管部门和污染者之间由之前的行政主体和行政相对人的不平等关系转化为平等的民事主体关系。环境保护主管部门会对污染造成的损失进行鉴定评估，确定损失数额。此时，如果环境保护主管部门和污染者之间就公益损害赔偿达成和解，将可能终止诉讼的进行，只有在其他有诉讼主体资格的有关机关和社会团体认为环境保护主管部门与污染者之间达成的赔偿数额不足的情况下才会就不足部分继续追偿或提起诉讼追偿。以上论述并未表明环境保护主管部门进行和解是必然的前置程序，其他有关机关和社会团体也可以与污染者进行沟通和解或直接提起诉讼，只是在一般情况下，环境保护主管部门掌握第一手资料，在和解谈判中占据优势地位，才能更便利地成为和解主体。

（2）如果和解不成，进入到诉讼阶段，则按照民事诉讼法的规定，有关机关或社会团体作为原告提起公益诉讼，一旦立案，即排除其他主体提起诉讼，同时提起诉讼的，由先立案的公益诉讼主体作为原告。未提起诉讼的其他主体，只有当原告所提损害请求不足时其他主体才能就不足部分作为新的诉讼另案提起诉讼，如原告提起公益损害赔偿只涉及资源损害的赔偿额，而为涉及环境本身的损害时，其他有关机关或社会团体可以作为原告就环境损害提起新的诉讼。

（3）进入诉讼程序后，当事人双方也可以选择诉讼和解，或法院主持调解，法院也可能根据案件的证据作出判决。对于司法程序由检察院行使审判监督权，监督其中的违法行为。

（4）检察机关作为法律监督者充当补充作用，平常不主动介入诉讼程序，只有在有关机关和社会团体因为技术或其他原因都不提起赔偿请求的时候可以作为维护公共利益的原告提起诉讼。

（5）通过和解、调解或判决等诉讼程序获得赔偿后，赔偿金额将通过民事诉讼执行程序划入环境污染治理的基金或专门账户，作为污染修复的专项资金。其中，会从赔偿额中支付一定比例的奖励给提起诉讼的原告方，表彰和鼓励其为公益作出的贡献。

5 结论与建议

环境损害赔偿制度是欧美发达国家认识到仅仅依靠罚款或者其他惩罚性措施无法确保环境污染事件发生后受损资源环境的足额赔偿和完全恢复后提出的创新性环境管理强化手段，虽然在实践的过程中依然面临一些问题，但无疑对于受损人身健康和财产损害的赔偿以及资源环境恢复起到了至关重要的作用。

（1）应对环境污染事件造成的损害是一项包括“事前预防、事中应对、事后处置”的系统工程，我国目前还缺乏健全的应对机制，往往事发后应对不够科学合理，事后恢复不到位，主要依靠开展环境突击检查、风险隐患排查等行政手段，缺少科学应对的长效机制。

（2）我国当前的环境管理面临“守法成本高、违法成本低”的顽疾，还处于环境污染造成的私益损害赔偿极不到位，环境公益损害基本没有得到关注的阶段。经过几十年的经济高速增长，我国的环境管理在环境损害评估与赔偿方面已经远远滞后于社会经济发展。

（3）在相关立法方面，我国还处于私益损害评估与赔偿主张尚不到位的早期阶段；在制度构建方面，我国还处于评估机构和专业人员匮乏的机制尚不健全的阶段；在评估技术方面，我国尚未建立统一的环境污染导致健康和财产损害评估技术体系和鉴定流程；在资金保障方面，我国无论是鉴定评估费用还是损害赔偿和资源环境恢复资金来源都尚未形成通畅的资金保障渠道和社会化分担机制。

因此，要避免欧美日等国家和地区环境损害评估的缺点和不足，探索适合我国环境保护道路的环境损害评估实践与学科发展途径。本文建议：

（1）健全环境损害预防（环境风险防控）、环境损害鉴定评估、恢复与赔偿相关法律规章，清晰界定政府、企业和公众各方权责范围。逐步过渡到环境保护优先，环境权益不容侵犯的立法理念，推动环境侵权责任、环境损害赔偿的可操作性强的专门实体性立法。进一步厘清环保、农业、国土、水利等相关部门在资源环境损害评估中的责任和协作机制，形成完备的环境损害评估机构、人员和监管体系；推动环境污染事件处置的信息公开、公众参与，确保环境损害发生及时披露，建立金融担保、环境责任险等环境损害赔偿社会保障体系。

（2）构建环境损害界定与量化的技术标准体系。提出兼具科学性同时切实可操作的环境损害评估方法体系。结合环境污染事件发生后事件应急阶段、污染修复阶段和生态恢复阶段发生损害的不同特征，建立适宜于实际评估工作开展的损害分类和量化方法体系。建议以爆发频次高，危害大，涉及环境健康和社会稳定的环境问题为突破口，围绕矿区典型陆地生态系统损害、突发性水污染事件、污染场地环境损害和铅污染事件环境损害等我国当前面临的主要环境损害类型，分类建立相关技术标准与规范。根据我国环境管理的阶段性特征，建立分批次的环境损害评估范围，构建当前阶段和未来全面完整的环境损害评估范围，积极探索适合中国社会经济发展阶段的环境损害问题解决途径，构建并逐渐完善我国环境损害评估制度。

（3）逐步完善环境损害赔偿资金保障机制。在环境损害评估费用保障方面，建立各级政府财政资金和专项资金为主要来源的评估经费资金保障途径，逐步过渡到独立基金保障评估工作顺利开展上来。在私益损害赔偿资金保障方面，针对典型的具有重大健康危害或造成财产损失的环境污染事件，构建政府主导的环境损害赔偿机制，逐步形成以标准化的行政救济为主，司法救济和纠纷调解为辅的损失赔偿制度。在环境公益损害赔偿资金保障方面，结合自然保护区、主体功能区划、环境功能分区等环境管理机制，构建不同类型的受损生态环境恢复专项资金保障机制，逐步形成生态环境恢复独立基金保障。最终形成包括专项独立运作基金、高环境风险企业互助金、环境责任保险等途径的综合资金保障体系。

参考文献

[1] 周生贤. 中国特色生态文明建设的理论创新和实践[J]. 求实杂志，2012（19）：16-19.

[2] 周生贤. 积极探索环保新道路，促进经济社会可持续发展[J]. 中国科学院院刊，2012，27(3)：301-306.

[3] Ando，A. W. and M. Khanna. Natural Resource Damage Assessment Methods：Lessons in Simplicity from State Trustees[J]. Contemporary Economic Policy，2004，22（4）：504-519.

[4] Ando，A. W. and W. Polasub. The political economy of state-level adoption of natural resource damage programs[J]. Journal of Regulatory Economics，2008，35（3）：312-330.

[5] Burger，J. Public perceptions of natural resource damages and the resources that require restoration[J]. J Toxicol Environ Health A，2010，73（19）：1325-1336.

[6] Deis，D. R. and D. P. French. The Use Of Methods For Injury Determination And Quantification From Natural Resource Damage Assessment In Ecological Risk Assessment[J]. Human and Ecological Risk Assessment：An International Journal，1998， 4（4）：887-903.

[7] Faass，J. Florida's Approach to Natural Resource Damage Assessment：A Short，Sweet Model for States Seeking Compensation[J]. Ecological Restoration，2010，28（1）：32-39.

[8] Shaw，W. D. Natural resource damage assessment：economics and settlements[J]. International Journal of Environmental Studies，1997，51（4）：285-299.

[9] Steinway，D. M. and J. B. Seitz. Natural Resource Damages in the European Union[J]. Environmental Claims Journal，2008，20（4）：317-321.

[10] 边归国. 环境污染事件调查报告格式与内容的研究[J]. 环境与可持续发展，2007（3）：60-63.

[11] 陈强，陈天兄. 渔业水域污染事故调处中存在的问题浅析及对策[J]. 渔业致富指南，2010（7）：9-10.

[12] 丁凤楚. 论国外的环境侵权因果关系理论——兼论我国相关理论的完善.[J]. 社会科学研究，2007（2）：96-100.

[13] 顾宏兵. 渔业污染事故调处中县级渔业与环保部门的职责探讨[J]. 河北渔业，2012（7）：58-59.

[14] 顾晓霞，等. 渔业污染事故调处存在的问题及对策[J]. 环境科学与管理，2012（2）：1-4+21.

[15] 桂静. 我国海洋环境损害民事赔偿责任与赔偿制度研究[D]. 青岛：中国海洋大学，2006.

[16] 郭锦富，等. 广西渔业产业发展的问题及对策[J]. 中国渔业经济，2009（4）：120-124.

[17] 韩立新. 船舶污染造成的海洋环境损害赔偿范围研究[J]. 中国海商法年刊，2005（00）：214-230.

[18] 何卫东. 跨界海洋环境损害国家责任资金机制探讨[J]. 政治与法律，2002（6）：67-70.

[19] 黄剑波. 渔业水域污染事故界定原则初探[J]. 浙江海洋学院学报：自然科学版，2003（2）：152-154.

[20] 黄卫. 环境司法鉴定机构建设初探[J]. 环境监测管理与技术，2010（1）：1-4.

[21] 黄云峰，等. 广州渔业水域污染事故调查处理的现状及建议[J]. 农业灾害研究，2011（2）：85-88.

[22] 蒋兰香. 日本疫学因果关系理论及其对我国环境刑事司法的借鉴[J]. 刑法论，2010（1）：255-273.

[23] 刘康，姜国建. 山东海洋环境问题与管理对策分析[J]. 海洋开发与管理，2005（6）：116-120.

[24] 刘颖，刘丹. 我国流域事故污染源搜索的困境与方法初探[J]. 水资源与水工程学报，2009（1）：72-77.

[25] 齐奇，唐议. 我国渔业水域环境保护与管理的法律制度评析[J]. 上海海洋大学学报，2011（6）：910-915.

[26] 邱丙辉，等. 我国司法鉴定立法现状及展望[J]. 中国司法鉴定，2011（6）：15-22.

[27] 沈敏，陈俊生. 《司法鉴定机构执业条件评估标准》旨要[J]. 中国司法鉴定，2010（4）：29-31.

[28] 孙飞. 论环境污染司法鉴定机构的设置[J]. 中国司法鉴定，2008（3）：85-87.

[29] 孙光. 船舶污染海洋环境损害司法鉴定研究[J]. 环境保护，2011（Z1）：55-57.

[30] 王伟. 论环境污染因果关系鉴定证据[J]. 环境保护，2008（10）：30-33.

[31] 项云成. 饮用水污染事故的调查和处理[J]. 环境与健康杂志，2005（4）：301-302.

[32] 杨素娟. 论环境侵权诉讼中的因果关系推定[J]. 法学评论，2003（4）：132-139.

[33] 张新宝. 人身损害鉴定制度的重构[J]. 中国法学，2011（4）：165-180.

[34] 张修峰，等. 渔业污染事故综合管理机制研究[J]. 中国水产，2009（1）：24-26.

[35] 赵星，安然. 试论我国环境污损司法鉴定机构的建构——以完善环境犯罪的惩治为视角[J]. 法学杂志，2010（7）：40-42.

[36] 周杰. 最高人民法院批准：江苏省环境科学学会为环境司法鉴定机构[J]. 污染防治技术，2004（4）：28.

[37] 周杰. 环境司法鉴定案例分析与思考[J]. 环境监测管理与技术，2010（3）：5-7.

[38] 邹雄. 论环境侵权中因果关系的认定[J]. 中国政法大学学报，2010（2）：75-84+159.

全国“十一五”二氧化硫减排环境效果和经济效益评估

The Environmental Effects and Economic Benefits Assessment of the National “11th Five-year Plan” SO_2 Emission Reduction

洪亚雄　王金南　吴舜泽　杨金田　薛文博　蒋春来　李红祥　汪艺梅　雷宇　葛察忠

摘　要　全国“十一五”二氧化硫减排模拟评估表明：如果不实施 SO_2 减排，2010 年全国 SO_2 排放量、全国硫沉降、地级城市 SO_2 年均浓度、地级城市 $PM_{2.5}$ 年均浓度、$PM_{2.5}$ 中硫酸盐年均浓度将分别比 2010 年实际上升 56%、48%、40%、6%和 19%。SO_2 减排五年累计实现效益 6 630 亿元，成本 2 285 亿元，效益与成本比为 3∶1，净效益 4 345 亿元。

关键词　SO_2　减排　评估

Abstract　The national “11th five-year plan” SO_2 emission reduction simulation assessment showed that if not implement SO_2 emission reduction，the national SO_2 emissions，the sulfur deposition，the annual concentration of SO_2，$PM_{2.5}$，sulfate in $PM_{2.5}$ of cities would increase by 56%，48%，40%，6% and 19% than real terms in 2010 respectively. SO_2 emission reduction benefits are 663 billion yuan over five years，cost is 228.5 billion yuan，the benefit and cost ratio is 3∶1，net benefit is 434.5 billion yuan.

Key words　SO_2，emission reduction，assessment

二氧化硫排放总量控制是《国家国民经济与社会发展第十一个五年规划》的约束性指标。规划要求，到 2010 年，全国 SO_2 污染物排放量要在 2005 年基础上降低 10%。截止到 2010 年，SO_2 排放量实际比 2005 年减少了 14.29%，超额完成减排 10%的规划指标。但是，目前对全国性的 SO_2 减排产生的环境质量改善效果和减排的经济净效益缺乏定量化评估，总体上无法把握减排的环境经济效益。本文将通过国家层面的总量减排与质量模拟以及费用—效益分析，计算出全国“十一五”SO_2 污染减排的环境经济效益。

1 “十一五”二氧化硫减排是经济快速增长下的减排

“十一五”SO_2排放总量 10%减排目标是一个静态指标。实际完成 14.29%的静态减排指标是在这五年经济快速发展特殊时期下的减排。因此，SO_2减排必须放在一个动态的、经济能源相关的背景下分析。

1.1 “十一五”超预期的 GDP 增长与煤炭消费

“十一五”期间我国 GDP 总量由 2005 年的 18.49 万亿元增加到 2010 年的 40.15 万亿元，以 2005 年不变价格计算增幅达到 70.11%。能源消费总量由 2005 年的 23.60 亿 t 标煤增加到 2010 年的 32.49 亿 t 标煤，其中煤炭消费总量增至 31.22 亿 t，增幅高达 34.67%。无论是 GDP 增长速度还是能源消耗都远远超过了国家“十一五”国民经济与社会发展规划的预期目标。火力发电、粗钢产量分别增加了 62.74%、80.40%。此外，有色、石化、水泥等产业规模在“十一五”期间均大幅扩张。经测算，“十一五”期间随着经济的快速发展、能源消费量的急剧攀升及产业规模的扩张，所带来的二氧化硫新增排放量高达 873 万 t，这给“十一五”二氧化硫总量减排工作带来巨大压力（表 1）。换句话说，“十一五”SO_2减排必须先在削减 873 万 t 新增量基础上，再削减存量 255 万 t。

表 1 全国“十一五”期间主要社会经济发展指标

指标	2005 年	2010 年	增幅/%
GDP 总量/万亿元	18.49	40.15	70.11
能源消费总量（以标煤计）/亿 t	23.60	32.49	37.69
煤炭消费总量/亿 t	23.19	31.22	34.67
火力发电量/（亿 kW·h）	20 473.36	33 319.28	62.74
粗钢产量/亿 t	3.53	6.37	80.40

注：GDP 增长幅度依据 2005 年不变价格计算。

1.2 “十一五”二氧化硫削减量和排放量分析

为实现“十一五”二氧化硫总量减排目标，“十一五”期间实施了一大批脱硫工程、结构调整、监管减排项目。工程治理五年规模超过“十一五”前全部存量。截至 2010 年年底火电行业脱硫机组总装机容量为 5.78 亿 kW，占总装机的比例由 2005 年的 12%跨越式提高到 2010 年的 82.6%，火电行业综合脱硫能力得以大幅提升（图 1）；建成钢铁烧结机脱硫设施 170 台，占烧结机台数的比例由“零”提高到 2010 年的 15.6%；淘汰小机组 7 682 万 kW、落后炼钢产能 6 969 万 t、炼铁产能 12 172 万 t、水泥产能 3.3 亿 t，共实现二氧化硫削减量 1 237.74 万 t，其中电力工程、电力监管、电力结构及非电行业削减量分别为 756 万 t、96 万 t、205 万 t、175 万 t。

通过上述减排工作，在抵销由经济发展、能源消费增加带来的 873 万 t 新增二氧化硫排放量的同时，将 2005 年 2 549 万 t 二氧化硫排放量降低到 2010 年的 2 185 万 t，实现了 14.29%的净削减（表 2）。

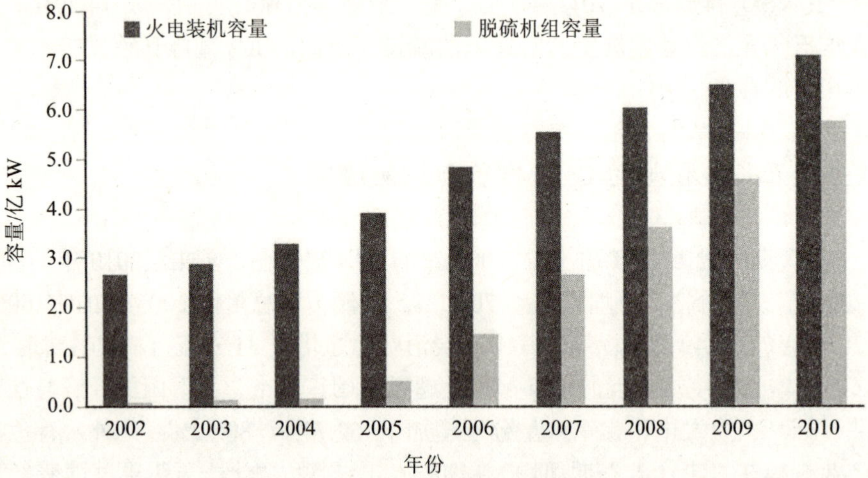

图 1 全国“十一五”燃煤脱硫机组装机容量增长情况

表 2 全国“十一五”二氧化硫新增量和削减量　　单位：万 t

省、市、区	2005 年排放量	新增量	现役源削减量					2010 年排放量
			电力工程	电力监管	电力结构	非电削减	合计	
北京	19.10	2.85	4.13	2.32	0.58	3.42	10.45	11.50
天津	26.50	22.37	23.54	1.00	0.55	0.28	25.37	23.50
河北	149.60	73.42	62.19	4.68	14.99	17.76	99.62	123.40
山西	151.60	61.12	64.54	10.92	2.82	9.54	87.82	124.90
内蒙古	145.60	59.18	45.21	1.22	8.24	10.71	65.38	139.40
辽宁	119.70	18.86	15.30	0.00	7.21	13.85	36.36	102.20
吉林	38.20	5.40	2.60	0.02	3.89	1.49	8.00	35.60
黑龙江	50.80	7.99	3.70	0.06	4.20	1.83	9.79	49.00
上海	51.30	5.49	16.25	0.00	4.17	0.57	20.99	35.80
江苏	137.30	58.63	54.05	16.08	14.25	6.55	90.93	105.00
浙江	86.00	21.65	33.79	2.86	2.12	1.08	39.85	67.80
安徽	57.10	18.38	13.71	0.00	3.41	5.16	22.28	53.20
福建	46.10	8.73	5.95	0.00	3.85	4.13	13.93	40.90
江西	61.30	15.19	11.47	0.00	5.25	4.07	20.79	55.70
山东	200.30	71.53	92.12	2.23	12.94	10.74	118.03	153.80
河南	162.50	42.26	35.27	4.32	25.52	5.75	70.86	133.90
湖北	71.70	34.50	33.25	0.13	3.55	5.97	42.90	63.30
湖南	91.90	24.85	18.40	0.00	6.40	11.85	36.65	80.10
广东	129.40	42.34	29.75	14.74	14.04	8.11	66.64	105.10
广西	102.30	24.81	10.27	5.69	12.29	8.46	36.71	90.40
海南	2.20	2.57	1.57	0.00	0.12	0.18	1.87	2.90
重庆	83.70	13.24	7.00	11.09	2.62	4.33	25.04	71.90

省、市、区	2005年排放量	新增量	现役源削减量					2010年排放量
			电力工程	电力监管	电力结构	非电削减	合计	
四川	129.90	35.10	16.80	10.56	16.36	8.18	51.90	113.10
贵州	135.80	68.97	70.11	6.83	9.85	3.08	89.87	114.90
云南	52.20	27.36	17.56	0.00	8.71	3.19	29.46	50.10
西藏	0.20	0.20	0.00	0.00	0.00	0.00	0.00	0.40
陕西	92.20	36.71	40.01	0.00	5.59	5.41	51.01	77.90
甘肃	56.30	25.02	8.76	0.00	5.97	11.39	26.12	55.20
青海	12.40	7.51	0.93	0.93	2.50	1.25	5.61	14.30
宁夏	34.30	19.88	19.90	0.05	2.63	0.50	23.08	31.10
新疆	51.90	17.33	3.56	0.00	0.94	5.93	10.43	58.80
全国	2 549.40	873.44	761.69	95.73	205.56	174.76	1 237.74	2 185.10

从全国31个省和新疆生产建设兵团情况看，天津、海南、贵州、浙江等15个省煤电脱硫工程削减量占削减总量的70%以上。新疆和甘肃两省非电行业治理工程削减量占比较高，分别为52.4%和46.2%，大部分省份均在10%以下。小火电关停削减量占削减总量的比例在20%以上的省份有四川、云南、河南和广西等11个省，其中四川和云南均超过40%。

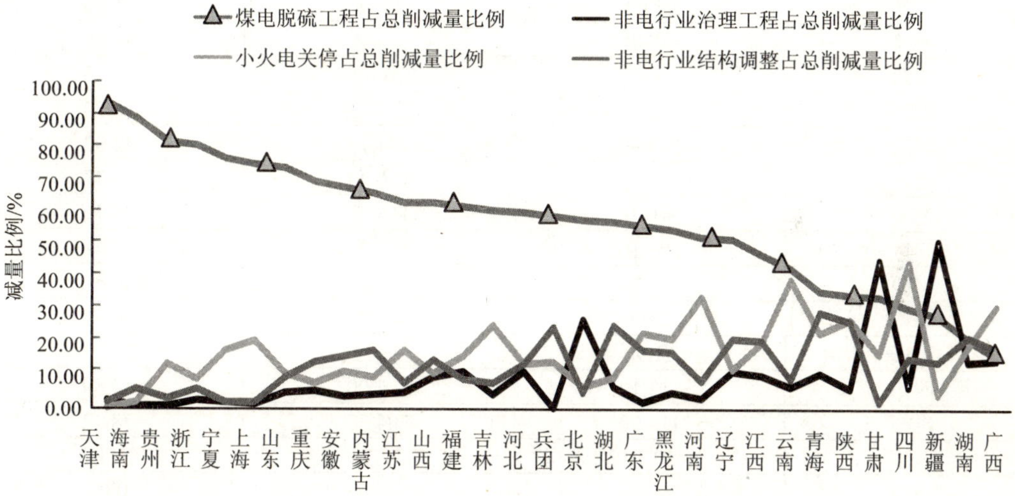

图2 各省、市、区2007—2010年二氧化硫减排措施减排结构

1.3 不减排情景下2010年二氧化硫排放状况

为了进一步分析二氧化硫减排的环境效果，我们对“十一五”二氧化硫减排情况进行了系统梳理分析，提出了“不减排”的假设情景。如果“十一五”期间实施“不减排”情景，也就是假设不将二氧化硫纳入约束性指标，不实施二氧化硫各项污染减排措施，那么预计2010年全国二氧化硫排放总量将高达3 422.84万t，相比2010年实际排放量增加56.64%，比2005年增加34.26%，增加的排放量主要集中在京津冀、山东、华东及西南等空气质量或酸雨污染较重的地区，重污染地区空气质量将“雪上加霜”（表3）。需要指出的是，这种“不减排”情景是一种理想化的情景，是一种减排效果最大化的情景。实际上，即使实施“不减排”情景，由于五年期间火电行业技术进步、新电厂污染物排放标准实施等因素，二氧化硫产生量和排放量也会下降。

表 3　全国分省不减排情景下 2010 年二氧化硫排放量　　单位：万 t

省、市、区	实际排放量	不减排情景排放量	增幅
北京	11.50	21.95	90.87
天津	23.50	48.87	107.96
河北	123.40	223.02	80.73
山西	124.90	212.72	70.31
内蒙古	139.40	204.78	46.90
辽宁	102.20	138.56	35.58
吉林	35.60	43.60	22.47
黑龙江	49.00	58.79	19.98
上海	35.80	56.79	58.63
江苏	105.00	195.93	86.60
浙江	67.80	107.65	58.78
安徽	53.20	75.48	41.88
福建	40.90	54.83	34.06
江西	55.70	76.49	37.32
山东	153.80	271.83	76.74
河南	133.90	204.76	52.92
湖北	63.30	106.20	67.77
湖南	80.10	116.75	45.76
广东	105.10	171.74	63.41
广西	90.40	127.11	40.61
海南	2.90	4.77	64.48
重庆	71.90	96.94	34.83
四川	113.10	165.00	45.89
贵州	114.90	204.77	78.22
云南	50.10	79.56	58.80
西藏	0.40	0.40	0.00
陕西	77.90	128.91	65.48
甘肃	55.20	81.32	47.32
青海	14.30	19.91	39.23
宁夏	31.10	54.18	74.21
新疆	58.80	69.23	17.74
全国	2 185.10	3 422.84	56.64

2　“十一五”二氧化硫总量减排的环境效果模拟

环境保护部环境规划院经过长期的研发与实践，基于国际先进、美国环保局法定的 WRF-CMAQ 模型，建立了国家层面“污染减排”与“空气质量”响应模拟平台。本模拟的技术路线为：①基于 2010 年全国污染源数据、“十一五”历年二氧化硫减排台账及有关科研数据，分析了 150 余万家工业企业的排放特征，建立了 2010 年全口径二氧化硫实际排放清单，作为模拟 2010 年实际排放情景空气质量状况的基础。②将全国 31 个省（区、市）5 年期间的二氧化硫电力工程减排项目（530 个）、电力监管减排项目（160 个）全部落实到具体污染源（经纬度、减排量等），合计约占全国 5 年总削减量的 69.13%。对于剩余 30.87%的电力结构、非电行业减排量按照 2010 年污染源布局特征分解到具体污染源。结合 2010 年实际排放清单建立 2010 年二氧化硫不减排情景下的排放清单，用于模拟不减排情景下空气质量状况。③利用 WRF 中尺度气象模型，将全国按 36 km 分辨率划分为 180×160 个等间距网格，模拟全国三维逐时气象场，用于驱动 CMAQ 空气质量模型。④基于 2010 年排放清单、全国气象场，利用第三代光化学空气质量模型 CMAQ 分别模拟了 2010 年二氧化硫实际排放情景、2010 年二氧化硫不减排情景对酸雨（硫沉降）、SO_2 年均浓度、$PM_{2.5}$ 年均浓度、$PM_{2.5}$ 中硫酸盐年均浓度的影响。同样需要指出的是，由于“不减排”情景是一种理想化的、实际中不存在的情景，因此，本模拟得出的结果是一种最大化的环境效果。也就是说，即使真正实施“不减排”情景，实际产生的环境效果也会低于本模拟得出的环境效果。

2.1 酸雨（硫沉降）

如果未实施“十一五”期间实际发生的各项减排工程措施（不减排情景），2010 年全国陆地硫沉降总量将由 676.32 万 t 增加到 1 003.24 万 t，增幅高达 48.34%，江苏、天津等省市增幅将达 60%左右，全国酸雨污染面积、酸雨发生频率将大幅增加（图 3、表 4）。

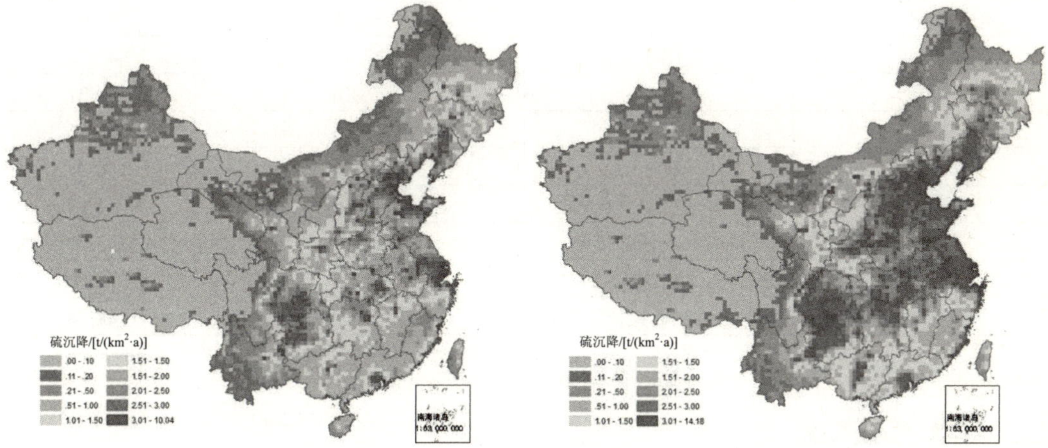

（a）实际减排情景　　（b）不减排情景

图 3　2010 年硫沉降强度分布对比

表 4　全国分省不减排情景下 2010 年硫沉降增幅

省、市、区	2010 年模拟沉降量/万 t	2010 年不减排情景沉降量/万 t	增幅/%
北京	3.81	5.87	53.86
天津	3.11	4.96	59.56
河北	38.98	60.92	56.29
山西	28.61	44.32	54.92
内蒙古	44.19	66.12	49.63
辽宁	33.13	47.36	42.95
吉林	24.99	35.30	41.24
黑龙江	33.33	46.18	38.56
上海	2.76	4.08	47.88
江苏	25.97	42.77	64.71
浙江	15.03	22.17	47.57
安徽	26.08	39.46	51.31
福建	9.49	13.13	38.42
江西	17.33	24.86	43.41
山东	35.96	53.91	49.91
河南	28.96	42.66	47.27
湖北	32.58	49.24	51.13
湖南	32.33	47.42	46.66
广东	18.82	29.40	56.18
广西	22.68	35.43	56.19
海南	2.05	2.83	38.06
重庆	19.20	28.27	47.23
四川	46.40	68.85	48.39
贵州	36.44	57.08	56.64
云南	18.95	27.05	42.78
西藏	4.45	5.30	19.21
陕西	24.29	37.55	54.56
甘肃	18.30	26.40	44.24
青海	6.90	9.08	31.53
宁夏	4.45	6.93	55.71
新疆	16.74	18.36	9.65
全国	676.32	1 003.24	48.34

2.2　二氧化硫浓度

如果未实施“十一五”期间实际发生的各项减排工程措施（不减排情景），2010 年全国 333 个地级及以上城市二氧化硫年均质量浓度将由 34.78 $\mu g/m^3$ 上升到 49.24 $\mu g/m^3$，二氧化硫年均质量浓度不达标城市将由 18 个增至 99 个，其中江苏、山东等省市二氧化硫浓度增幅将达 55%以上（图 4、表 5、表 6）。

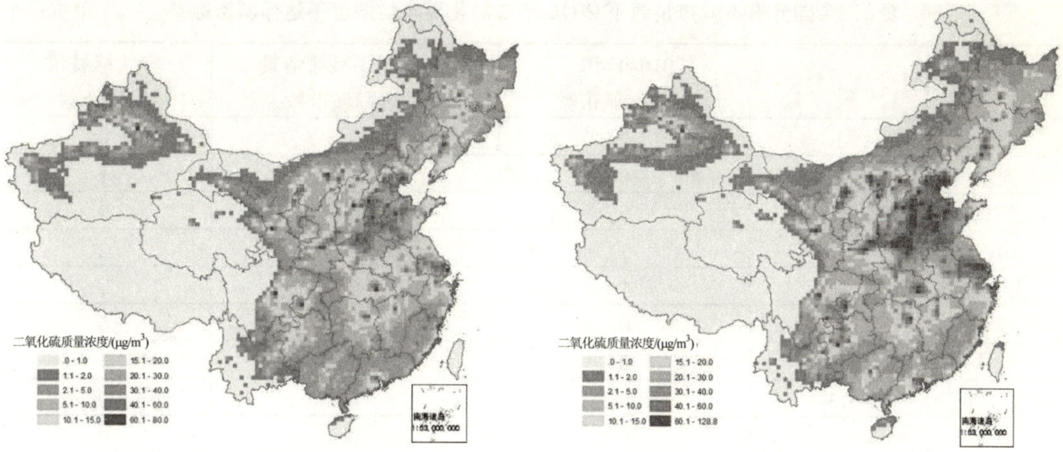

（a）实际减排情景　　（b）不减排情景

图 4　2010 年二氧化硫年均质量浓度分布对比

表 5　全国分省不减排情景下 2010 年二氧化硫年均浓度增幅

省、市、区	城市数	2010 年实际质量浓度/（$\mu g/m^3$）	2010 年不减排情景质量浓度/（$\mu g/m^3$）	增幅/%
北京	1	32.00	49.68	55.29
天津	1	54.42	75.51	38.75
河北	11	45.02	68.30	51.72
山西	11	40.18	59.01	46.87
内蒙古	12	32.85	44.72	36.13
辽宁	14	41.11	52.58	27.91
吉林	9	29.17	35.93	23.16
黑龙江	13	25.58	29.86	16.74
上海	1	29.26	40.58	38.71
江苏	13	35.50	58.36	64.40
浙江	11	30.03	42.90	42.87
安徽	17	27.50	39.99	45.39
福建	9	28.69	38.68	34.79
江西	11	34.15	45.53	33.32
山东	17	52.26	81.82	56.55
河南	18	45.79	67.37	47.12
湖北	13	31.40	46.31	47.45
湖南	14	42.36	60.06	41.77
广东	21	21.76	32.52	49.42
广西	14	31.15	48.42	55.47
海南	2	8.12	12.44	53.30
重庆	1	48.17	67.60	40.34
四川	24	39.18	58.42	49.09
贵州	9	47.68	64.82	35.95
云南	16	29.45	34.97	18.76
西藏	1	7.35	7.41	0.80
陕西	10	39.40	55.71	41.38
甘肃	14	32.80	44.11	34.48
青海	1	38.97	47.25	21.26
宁夏	5	45.45	64.05	40.93
新疆	19	22.68	25.88	14.11
全国	333	34.78	49.24	41.58

表 6　全国分省不减排情景下 2010 年二氧化硫年均浓度不达标城市数　　单位：个

省、市、区	城市数	2010 年实际不达标城市数	2010 年不减排情景不达标城市数	不达标城市增加个数
北京	1	0	0	0
天津	1	0	1	1
河北	11	0	9	9
山西	11	1	3	2
内蒙古	12	1	2	1
辽宁	14	0	5	5
吉林	9	0	1	1
黑龙江	13	0	0	0
上海	1	0	0	0
江苏	13	0	6	6
浙江	11	0	2	2
安徽	17	0	2	2
福建	9	0	2	2
江西	11	0	1	1
山东	17	2	14	12
河南	18	3	8	5
湖北	13	1	2	1
湖南	14	0	6	6
广东	21	0	1	1
广西	14	1	4	3
海南	2	0	0	0
重庆	1	0	1	1
四川	24	2	9	7
贵州	9	1	6	5
云南	16	1	3	2
西藏	1	0	0	0
陕西	10	1	4	3
甘肃	14	1	3	2
青海	1	0	0	0
宁夏	5	2	3	1
新疆	19	1	1	0
全国	333	18	99	81

2.3　$PM_{2.5}$中的硫酸盐浓度

如果未实施“十一五”期间实际发生的各项减排工程措施（不减排情景），2010 年全国 333 个地级及以上城市 $PM_{2.5}$ 中硫酸盐年均质量浓度将由 4.86 μg/m^3 上升到 5.79 μg/m^3，上升幅度为 19.13%，硫酸盐对 $PM_{2.5}$ 年均质量浓度的贡献将明显增加，进一步加剧 $PM_{2.5}$ 污染。

初步分析，由于 NH_3 排放量未同步变化，使二氧化硫向硫酸铵的转化受到限制，因此 $PM_{2.5}$ 中硫酸盐年均质量浓度增幅低于硫沉降、二氧化硫年均质量浓度的增幅（图 5、表 7）。

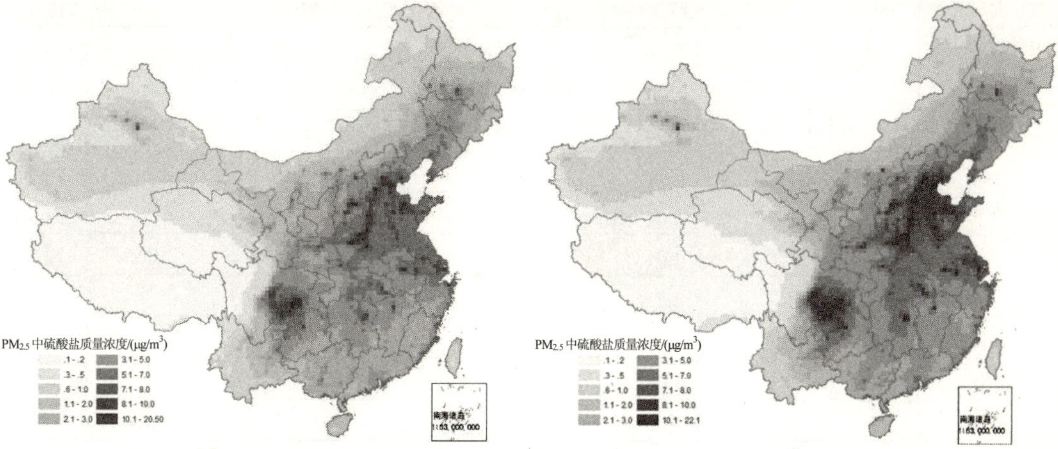

（a）实际减排情景　　（b）不减排情景

图 5　2010 年 $PM_{2.5}$ 中硫酸盐年均质量浓度分布

表 7　2010 年各省 $PM_{2.5}$ 中硫酸盐年均质量浓度变化

省、市、区	城市数	2010 年模拟浓度/（μg/m^3）	2010 年不减排情景浓度/（μg/m^3）	增幅/%
北京	1	14.09	15.67	11.18
天津	1	15.81	17.36	9.83
河北	11	7.96	9.41	18.22
山西	11	8.89	10.27	15.43
内蒙古	12	3.17	3.71	17.07
辽宁	14	5.70	6.68	17.09
吉林	9	3.41	4.18	22.42
黑龙江	13	2.73	3.12	14.10
上海	1	8.66	9.85	13.81
江苏	13	7.16	8.57	19.60
浙江	11	5.07	6.03	18.89
安徽	17	5.95	7.15	20.19
福建	9	3.58	4.33	21.15
江西	11	4.06	4.90	20.90
山东	17	7.61	8.98	17.99
河南	18	7.84	9.26	18.11
湖北	13	6.21	7.40	19.27
湖南	14	5.27	6.29	19.18
广东	21	3.06	3.75	22.34
广西	14	2.68	3.33	24.06

省、市、区	城市数	2010 年模拟浓度/（μg/m³）	2010 年不减排情景浓度/（μg/m³）	增幅/%
海南	2	1.44	1.84	28.05
重庆	1	17.34	19.45	12.17
四川	24	5.56	7.00	25.99
贵州	9	5.20	6.23	19.81
云南	16	1.34	1.58	17.76
西藏	1	0.16	0.19	16.71
陕西	10	5.01	6.18	23.35
甘肃	14	2.01	2.58	28.38
青海	1	2.25	2.64	17.23
宁夏	5	3.11	3.76	21.00
新疆	19	2.08	2.13	2.58
全国	333	4.86	5.79	19.13

2.4 $PM_{2.5}$质量浓度

如果未实施“十一五”期间实际发生的各项减排工程措施（不减排情景），考虑电厂湿法脱硫对烟粉尘的协同去除作用，2010 年全国 333 个地级及以上城市 $PM_{2.5}$ 年均质量浓度将由 47.40 μg/m³ 上升到 50.47 μg/m³，上升幅度为 6.47%，$PM_{2.5}$ 年均质量浓度不达标城市将由现在的 264 个增至 282 个，超标城市明显增加。一般而言，硫酸盐占 $PM_{2.5}$ 的比例为 15%～20%，本研究只考虑了减排工程措施对硫酸盐和烟粉尘的直接作用，未考虑产业结构、能源结构调整对 $PM_{2.5}$ 质量浓度降低的间接协同作用，因此如果不减排，$PM_{2.5}$ 恶化幅度将远高于 6.47%（图 6、表 8、表 9）。

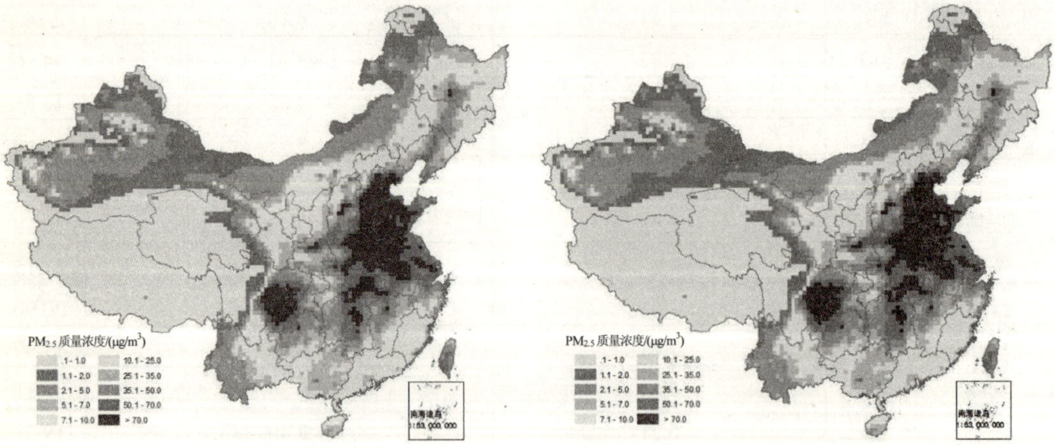

（a）实际减排情景　　（b）不减排情景

图 6　2010 年 $PM_{2.5}$ 年均质量浓度分布对比

表 8　全国分省不减排情景下 2010 年 $PM_{2.5}$ 年均质量浓度增幅

省、市、区	城市数	2010 年模拟质量浓度/（μg/m³）	2010 年不减排情景质量浓度/（μg/m³）	增幅/%
北京	1	72.87	76.62	5.14
天津	1	57.86	60.64	4.80
河北	11	46.73	49.71	6.38
山西	11	44.91	47.78	6.40
内蒙古	12	44.41	47.91	7.89
辽宁	14	47.91	50.98	6.41
吉林	9	42.97	45.89	6.79
黑龙江	13	41.78	44.23	5.87
上海	1	47.23	49.84	5.54
江苏	13	58.15	61.69	6.09
浙江	11	48.94	51.84	5.91
安徽	17	48.42	51.15	5.64
福建	9	42.15	45.33	7.53
江西	11	39.34	41.70	6.02
山东	17	57.82	61.27	5.98
河南	18	60.70	64.29	5.91
湖北	13	53.52	56.80	6.14
湖南	14	46.62	49.38	5.91
广东	21	32.26	34.65	7.41
广西	14	33.58	35.82	6.65
海南	2	18.58	20.54	10.56
重庆	1	61.30	64.91	5.89
四川	24	40.89	43.73	6.96
贵州	9	46.83	49.80	6.34
云南	16	33.78	36.49	8.00
西藏	1	28.51	30.07	5.45
陕西	10	55.63	59.65	7.22
甘肃	14	57.01	62.02	8.80
青海	1	74.19	79.12	6.64
宁夏	5	54.21	59.08	8.98
新疆	19	62.88	65.65	4.41
全国	333	47.40	50.47	6.47

注：2010 年各城市 $PM_{2.5}$ 模拟浓度为 2010 年实际排放情景下模型模拟的浓度值，并根据 PM_{10} 实际浓度进行同化校核。

表 9 2010 年城市 $PM_{2.5}$ 年均浓度达标状况

省、市、区	城市数	2010 年模拟不达标城市数	2010 年不减排情景不达标城市数	不达标城市增加个数
北京	1	1	1	0
天津	1	1	1	0
河北	11	10	10	0
山西	11	11	11	0
内蒙古	12	10	11	1
辽宁	14	13	14	1
吉林	9	9	9	0
黑龙江	13	8	9	1
上海	1	1	1	0
江苏	13	13	13	0
浙江	11	11	11	0
安徽	17	15	15	0
福建	9	8	9	1
江西	11	8	11	3
山东	17	17	17	0
河南	18	18	18	0
湖北	13	13	13	0
湖南	14	14	14	0
广东	21	7	10	3
广西	14	5	9	4
海南	2	0	0	0
重庆	1	1	1	0
四川	24	17	17	0
贵州	9	7	8	1
云南	16	5	6	1
西藏	1	0	0	0
陕西	10	8	9	1
甘肃	14	14	14	0
青海	1	1	1	0
宁夏	5	5	5	0
新疆	19	13	14	1
全国	333	264	282	18

3 “十一五”二氧化硫污染减排费用效益分析

由于数据可得性和健康损害评估的复杂性，国内很少有国家层面上的污染减排费用效益分析。本文采用宏观层面的减排费用效益分析，概要估算“十一五”二氧化硫减排的经济效益。

3.1 减排费用效益分析方法

（1）减排费用分析。污染减排费用主要包括工业污染源治理投入、环境基础设施建设投入、污染治理设施运行费用、污染源监管能力建设等污染减排管理方面的支出。由于环境管理方面的投入数据获取困难，所以本次污染减排费用分析只包括工业污染源治理投入、城市环境基础设施建设投入、污染治理设施运行费用三部分。

SO_2 的减排费用 C_{SO_2} 主要包括城市环境基础设施建设投资中的燃气投资 C_{gs}、集中供热投资 C_{ch}，工业污染源治理投资中的治理废气投资 C_{wg}，建设项目“三同时”环保投资中用于治理废气的投资 C_{tg}，脱硫设施运行费用 C_{eo}。

$$C_{SO_2} = C_{gs} + C_{ch} + C_{wg} + C_{tg} + C_{eo} \tag{1}$$

其中，

$$C_{gs} = \frac{C_{gs0} \times (1 - a_6)}{N_6} \tag{2}$$

式中：C_{gs0}——城市环境基础设施建设投资中的燃气投资，万元；

a_6——燃气投资设施的残值率，%；

N_6——燃气投资设施的使用年限，a。

$$C_{ch} = \frac{C_{ch0} \times (1 - a_7)}{N_7} \tag{3}$$

式中：C_{ch0}——城市环境基础设施建设投资中的集中供热投资，万元；

a_7——集中供热设施的残值率，%；

N_7——集中供热设施的使用年限，a。

$$C_{wg} = \frac{C_{wg0} \times (1 - a_8)}{N_8} \tag{4}$$

式中：C_{wg0}——工业污染源治理投资中的治理废气投资，万元；

a_8——工业废气治理设施的残值率，%；

N_8——工业废气治理设施的使用年限，a。

$$C_{tg} = \frac{C_{tg0} \times (1 - a_9)}{N_9} \tag{5}$$

式中：C_{tg0}——“三同时”中用于废气治理的投资，万元；

a_9——“三同时”工业废气处理设施的残值率，%；

N_9——“三同时”工业废气处理设施的使用年限，a。

计算中，残值率统一设为5%，折旧年限统一采用20年。由于现有“三同时”环保投资中没有区分废水治理投资、废气治理投资等，为了简便计算，我们简单认为“三同时”废气治理投资占总的“三同时”投资的40%。

（2）减排效益分析。污染减排效益的计算思路是：由于污染减排的直接效果体现为污染物排放量的减少，而污染排放量的减少将导致环境污染损失的减少，所以将由于实施污染减排政策减少污染排放而降低的“环境污染损失”来等同“污染减排效益”。环境污染损失的计算采用“环境污染损失成本法”来计算，用该方法计算的环境污染损失被称为环境退化成本。环境退化成本是指在目前的治理水平下，生产和消费过程中所排放的污染物对环境功能、人体健康、作物产量等造成的实际损害，这些损害需采用一定的定价技术，如人力资本法、直接市场价值法、替代费用法等环境价值评价方法来进行评估，计算得出相应的环境退化价值。与治理成本法相比，基于损害的污染损失估价方法更具合理性，是对污染损失成本更加科学和客观的评价。

目前，国内最具代表性的环境污染损失核算应该算是由原国家环境保护总局和国家统计局联合开展了绿色国民经济核算（绿色GDP）的研究（从2005年这项研究更名为“环境经济核算研究”）。环境经济核算基本遵循联合国发布的SEEA体系，但不包括自然资源耗减成本的核算。现在，以环境保护部环境规划院为代表的技术组已经完成了2004—2010年期间的全国环境经济核算研究报告。在该核算体系框架下，环境退化成本按污染介质来分，包括大气污染、水污染和固体废弃物污染造成的经济损失；按污染危害终端来分，包括人体健康经济损失、工农业（种植业、林牧渔业）生产经济损失、水资源经济损失、材料经济损失、土地丧失生产力引起的经济损失和对生活造成影响的经济损失。

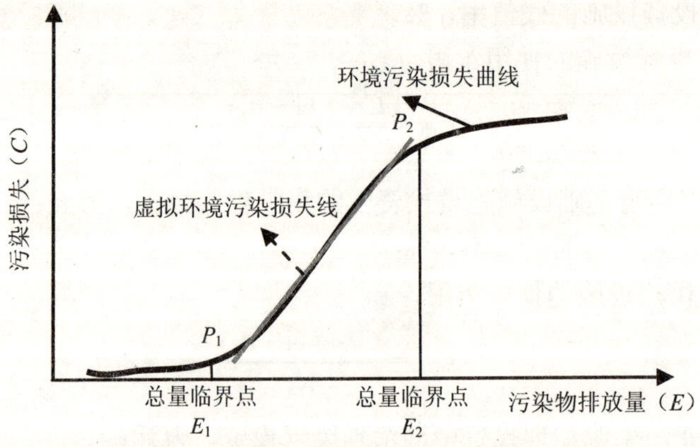

图7　污染物排放量—污染损失曲线

在SO_2污染损失计算过程中，我们采用“损失—排放量曲线”来进行描述。众所周知的是环境是具有一定承载力的和一定容量的。根据环境容量的概念，也可以推理出水污染损失曲线与水污染物排放总量基本呈“S”形曲线关系。在E_1点前，污染物排放总量处于环境容量内，污染对大气环境质量影响较小，环境污染损失变化较小；在 E_2 点后，污染物排放总量已经远超环境容量，大气环境质量已经基本丧失使用功能，环境污染损失也将趋于稳定，变化较小。从我国大气污染的情况来看，污染物排放总量应该处于 E_1–E_2 之间，环境污染损失曲线位于 P_1–P_2 之间的这段上。鉴于计算 SO_2 污染减排效益的复杂性，将 P_1–P_2 之间的这段曲线按照线性关系来处理。

首先计算 SO_2 的污染损失，然后用 SO_2 污染损失除以 SO_2 的排放量得到单位 SO_2 的污染损失（等于单位 SO_2 的减排效益），然后用单位 SO_2 的减排效益乘以 SO_2 的去除量就得到 SO_2 减排的总效益，具体计算公式参照式（6）。

$$B_{SO_2}=\frac{EC_2}{V_{SO_2}}\times R_{SO_2} \tag{6}$$

式中：B_{SO_2}——二氧化硫的减排效益，万元；

EC_2——二氧化硫污染的环境退化成本，万元；

V_{SO_2}——二氧化硫的排放量，万 t；

R_{SO_2}——二氧化硫的去除量，万 t。

SO_2 污染损失采用环境退化成本方法来核算。环境退化成本核算是指污染物排放对当地环境质量产生影响的货币价值。SO_2 的环境退化成本主要包括 SO_2 污染造成的健康经济损失 EC_a、SO_2 污染造成的农业减产损失 EC_{ac}，SO_2 造成的材料损失 EC_m 三部分。各部分损失的计算公式参照式（7）至式（10）。

$$EC_2=EC_a+EC_{ac}+EC_m \tag{7}$$

其中，

$$EC_a=EC_{ap}\times\delta_1\times\delta_2 \tag{8}$$

式中：EC_a——SO_2 污染造成的健康经济损失，万元；

EC_{ap}——PM_{10} 污染造成的健康经济损失，万元；

δ_1——$PM_{2.5}$ 在 PM_{10} 中的比例，%；

δ_2——硫酸盐 $PM_{2.5}$ 占总的 $PM_{2.5}$ 的比例，%。

$$EC_{ac}=\sum_{i=1}^{n}\varepsilon_i\times P_i\times S_i\times Q_{0i} \tag{9}$$

式中：EC_{ac}——SO_2 污染造成的农业减产损失，万元；

ε_i——二氧化硫污染引起的农作物 i 减产的百分数，%；

P_i——农作物 i 的市场价格，元/kg；

S_i——农作物 i 的种植面积，万 km^2；

Q_{0i}——对照清洁区农作物 i 的单位面积产量，kg/km^2。

$$EC_m=\sum_{i=1}^{n}\left(\frac{1}{污染条件下 i 种材料的寿命}-\frac{1}{对照清洁区 i 种材料的寿命}\right)\times 材料 i 一次维修或更换单价\times 材料 i 的存量 \tag{10}$$

式中：EC_m——SO_2 造成的材料损失，万元；

L_{pi}——污染条件下 i 种材料的寿命，a；

L_{0i}——对照清洁区 i 种材料的寿命，a；

ECm_{0i}——i 种材料一次维修或更换的费用，元/m^2；

S_i——材料 i 的存量，万 m^2。

SO_2 减排费用计算过程中的燃气投资、集中供热投资、工业污染源治理投资中的治理废气投资，建设项目“三同时”环保投资、脱硫设施运行费用等数据来源于 2007—2011 年《中国环境统计年鉴》。SO_2 环境退化成本计算中的 PM_{10} 造成的环境健康损失、EC_{ac}、EC_m 直接采用环境保护部环境规划院完成的 2006—2010 年《中国环境经济核算报告》的研究结果。另外，$PM_{2.5}$ 占 PM_{10} 的比例我们取值为 0.6，硫酸盐占 $PM_{2.5}$ 的比例我们取值为 0.2。

3.2 SO_2 减排的费用—效益分析结果

经过计算，“十一五”期间，我国用于 SO_2 减排的总费用为 2 285.37 亿元，SO_2 的总去除量为 11 867.92 万 t，单位 SO_2 的减排费用为 1 926.64 元/t，SO_2 减排的总效益为 6 630.30 亿元，单位 SO_2 的减排效益为 5 240.60 元/t，SO_2 减排的净效益为 2 284.75 亿元，效益费用比约为 3，如表 10 所示。

表 10 全国“十一五”SO_2 减排费用—效益计算结果

年份	减排费用/亿元	去除量/万 t	单位减排费用/（元/t）	排放量/万 t	环境退化成本/亿元	单位减排降低的退化成本/（元/t）	减排效益/亿元	减排净效益/亿元	效费比
2006	176.01	1 439.02	1 223.12	2 588.80	986.36	3 810.11	548.28	372.27	3.12
2007	295.93	1 942.65	1 523.33	2 468.10	1 138.84	4 614.25	896.39	600.45	3.03
2008	456.82	2 286.39	1 998.00	2 321.20	1 230.86	5 302.67	1 212.40	755.58	2.65
2009	597.35	2 889.86	2 067.05	2 214.40	1 376.11	6 214.36	1 795.86	1 198.52	3.01
2010	759.26	3 304.00	2 298.00	2 185.10	1 440.00	6 590.09	2 177.36	1 418.11	2.87
合计	2 285.37	11 861.92	1 926.64	11 777.60	6 172.17	5 240.60	6 630.30	4 344.93	2.90

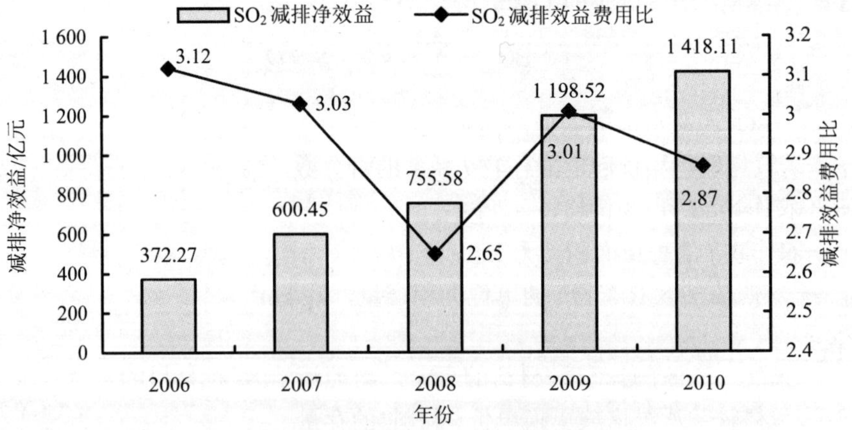

图 8 SO_2 污染减排净效益及效益费用比

对“十一五”污染减排政策实施的总体费用和效益进行分析在我国尚属首次，同时本次费用-效益分析是在大量假设前提下，借鉴别的研究课题的研究成果基础上完成的，所以难免有不完善之处。表现在：①在减排费用计算过程中，由于缺乏废气治理投资占“三同时”环保投资的比例数据，本文根据经验值将二者简单设定为 40%，可能存在偏差。“十一五”期间，在工业污染源治理投资中，工业污染源治理总投资为 2 415.3 亿元，废气治理投资为 1 195.1 亿元，占总投资的 49.5%，所以废气治理投资比例可能偏低；②关于 SO_2 的减排费用计算中，将城市环境基础设施建设投资中的燃气投资和集中供热投资都计算在内，严格来说这两者虽然对减排有直接的推动作用，但是否应该完全纳入减排费用中有值得商榷的地方；③在 SO_2 减排的健康效益计算过程中，由于《中国环境经济核算研究报告》里只计算了 PM_{10} 的健康经济损失，所以本文采用的计算方法是用 PM_{10} 的健康经济损失乘以硫酸盐占 PM_{10} 的比例来计算的，这样计算的结果相较于真实的 SO_2 的健康效益可能偏低。

4 主要结论

（1）“十一五”环境压力远远超过规划情景预期，在经济高速发展和能源消耗超增长的情景下实现了二氧化硫排放总量 14.29%的净削减。“十一五”期间，部分与环境相关的经济社会发展指标实际情况超过预期。GDP 总量由 2005 年的 18.49 万亿元增加到 2010 年的 40.15 万亿元，以 2005 年不变价格计算增幅达到 70.11%。能源消费总量由 2005 年的 23.60 亿 t 标煤增加到 2010 年的 32.49 亿 t 标煤，其中煤炭消费总量增至 31.22 亿 t，增幅高达 34.67%。火力发电、粗钢产量分别增加了 62.74%、80.40%。国内生产总值累计超出预期 13.7 万亿，城镇人口超出预期 1 100 万人，能源消耗超出预期 5.5 亿 t 标煤，节能降耗指标低于目标 0.9 个百分点，服务业增加值占 GDP 比重低于预期 0.5 个百分点。经测算，这些因素偏离了“十一五”规划 10%减排基准情景，相当于增加了 873 万 t SO_2 减排压力。这给“十一五”二氧化硫总量减排工作带来巨大压力。

为实现“十一五”二氧化硫总量减排目标，全国实施了一大批脱硫工程、结构调整、监管减排项目。截至 2010 年底，火电行业脱硫机组总装机容量为 5.78 亿 kW，占总装机的比例由 2005 年的 12%跨越式提高到 2010 年的 82.6%，火电行业综合脱硫能力得以大幅提升；建成钢铁烧结机脱硫设施 170 台，占烧结机台数的比例由“零”提高到 2010 年的 15.6%；淘汰小机组 7 682 万 kW，落后炼钢产能 6 969 万 t、炼铁产能 12 172 万 t，水泥产能 3.3 亿 t，共实现二氧化硫削减量 1 231.93 万 t，其中电力工程、电力监管、电力结构及非电行业削减量分别为 755.90 万 t、95.74 万 t、205.53 万 t、174.76 万 t。到 2010 年，SO_2 排放量比 2005 年减少了 14.29%，排放量下降到 2 185 万 t，与“十一五”规划提出 10%削减目标相比，多削减排放存量 109.4 万 t，“十一五”污染减排指标超额完成。同口径相比，2010 年全国 SO_2 排放量下降到 2003—2004 年的水平。

（2）如果“十一五”期间我国二氧化硫排放不采取总量削减政策，二氧化硫排放总量将会大幅度上升，大气环境质量将大幅恶化，区域灰霾污染将进一步加剧。模拟结果表明，如果“十一五”期间我国二氧化硫排放总量未得到有效控制，当前区域性的酸雨、$PM_{2.5}$及城市 SO_2 污染将远比现在严重，特别是 $PM_{2.5}$ 中影响大气能见度的主要成分硫酸盐浓度将大幅升高。模拟表明，如果不实施二氧化硫总量控制与减排，那么 2010 年：①全国二氧化硫排放总量将增至 3 423 万 t，比实际排放量 2 185 万 t 上升 56%；②全国陆地硫沉降总量将由 676.32 万 t 增加到 1 003.24 万 t，增幅高达 48.34%；③全国地级及以上城市二氧化硫年均质量浓度将由 34.78 $\mu g/m^3$ 上升到 49.24 $\mu g/m^3$，上升率 40%，二氧化硫年均质量浓度不达标城市将由 18 个增至 99 个；④全国地级及以上城市 $PM_{2.5}$ 中硫酸盐年均质量浓度将由 4.86 $\mu g/m^3$ 上升到 5.79 $\mu g/m^3$，上升幅度为 19.13%，硫酸盐对 $PM_{2.5}$ 年均质量浓度的贡献将明显增加；⑤全国 333 个地级及以上城市 $PM_{2.5}$ 年均质量浓度将由 47.40 $\mu g/m^3$ 上升到 50.47 $\mu g/m^3$，上升幅度为 6.47%，$PM_{2.5}$ 年均质量浓度不达标城市将由现在的 264 个增至 282 个。需要注意的是，由于模拟的是“减排”与“不减排”的情景方案对比，因此，本报告模拟的结果是一个最大化的、“理想化”的环境效果。

（3）社会各界对“十一五”期间二氧化硫减排的经济效益十分关注。总体上看，“十一五”二氧化硫减排成本为 2 285 亿元，减排效益为 6 630 亿元，减排效益成本比为 3∶1，净效益 4 345 亿元。根据环境费用效益分析方法和效益转移法，得到“十一五”二氧化硫减排的经济分析结果为：①全国“十一五”污染减排绩效良好，污染减排的效益远远超过污染减排费用，污染减排的效益费用比为 3。如果采用支付意愿法计算，同时扣除城市燃气和集中供热等广义的减排投资，二氧化硫减排的效益费用比将更高。②“十一五”期间，SO_2 的单位减排费用逐年增加，单位减排费用由 2006 年的 1 223.14 元/t 逐年升高到 2010 年的 2 298.00 元/t。随着污染减排潜力的逐渐变小，污染减排的边际成本会逐渐提高，所以迫切需要寻找更加经济的减排技术或手段。③“十一五”期间，SO_2 减排的总费用为 22 855 亿元，SO_2 的总去除量为 11 867 万 t，单位 SO_2 的减排费用为 1 926 元/t，SO_2 减排的总效益为 6 630 亿元，单位 SO_2 的减排效益为 5 240 元/t，SO_2 减排的净效益为 2 285 亿元。

参考文献

[1] Global Emissions Inventory Activity Global Inventories. http://www.geiacenter.org/.

[2] University of Iowa. Emission Data：2006 Asia Emissions for INTEX-B now available here. http://www.cgrer.uiowa.edu/EMISSION_DATA_new/index_16.html.

[3] University of Iowa. Emission Data. http://www.cgrer.uiowa.edu/EMISSION DATA/index_16.htm.

[4] US EPA. Community Multiscale Air Quality.http://www.epa.gov/amad/CMAQ/index.html.

[5] Q.Zhang，D.G.Streets，G.R.Carmichael，et al. Asian emissions in 2006 for the NASA INTEX-B mission. Atmos[J].Chem. Phys.，2009，9：5131-5153. doi：10.5194/acp-9-5131 -2009.

[6] NASA. New Map Offers a Global View of Health-Sapping Air Pollution. [EB/OL]2010-09-22. http://www.nasa.gov/topics/earth/features/health-sapping.html.

[7] Aaron van Donkelaar，Randall V. Martin，Michael Brauer，et al. Global Estimates of Ambient Fine Particulate Matter Concentrations from Satellite-Based Aerosol Optical Depth[J].Development and Application. Environmental Health Perspectives. 2010，118（6）：847-855，doi：10.1289/ehp.0901623.

[8] Pawan Gupta，Sundar A. Christopher，Jun Wang，Robert Gehrig，Yc Lee，Naresh Kumar. Satellite remote sensing of particulate matter and air quality assessment over global cities[J]. Atmospheric Environment.2006，40（30）：5880-5892，doi：10.1016/j.atmosenv.2006.3.16.

[9] Lin，J.T.，Nielsen，C.P.，Zhao，Y.，et al. Recent changes in particulate air pollution over China observed from space and the ground：effectiveness of emission control[J]. Environmental Science & Technology，2010，44（20）：7771-7776.

[10] Wang，J.，& Christopher，A. Intercomparison between satellite-derived aerosol optical thickness and $PM_{2.5}$ mass[J].Implications for air quality studies. Geophysics Research Letters，2003，30（21）：1-4，doi：10.1029/2003GL018174.

[11] D.G. Streets，Joshua S. Fu，Carey J. Jang et al. Air quality during the 2008 Beijing Olympic Games[J]. Atmospheric Environment. 2007（41）：480-492，doi：10.1016/j.atmosenv. 2006.08.046.

[12] Fu JS，Streets DG，Jang CJ，Hao J，et al. Modeling Regional/Urban Ozone and Particulate Matter in Beijing，China[J]. Journal of the Air & Waste Management Association. 2009，59：37-44，doi：10.3155/1047-3289.59.1.37.

[13] 马国霞，赵学涛，等. “十一五”期间贵州省大气污染减排绩效评估[J]. 长江流域资源与环境，2012，21（4）：506-511.

[14] 魏复盛，滕恩江，吴国平，等. 我国4个大城市空气 $PM_{2.5}$、PM_{10} 污染及其化学组成[J]. 中国环境监测，2001，17（特刊）：1-6.

[15] 吴舜泽，陈斌，逯元堂，等. 中国环境保护投资失真问题分析与建议[J]. 中国人口·资源与环境，2007，17（3）：66-68.

[16] 吴贵生，吴海燕，等. 我国实施汽油无铅化政策的成本—效益分析[J]. 中国软科学，2000，6：19-25.

[17] 薛文博，杨金田，等. “十一五”电力行业二氧化硫总量控制的环境效益评估[J]. 环境科学研究，2010，23（11）：1355-1360.

[18] 薛文博，雷宇，王金南，等. 全国“十二五” SO_2 和 NO_x 减排对 $PM_{2.5}$ 降低效果研究[R]. 北京：环境保护部环境规划院，2012.

[19] 杨复沫，贺克斌，马永亮，等. 北京 $PM_{2.5}$ 浓度的变化特征及其与 PM_{10}、TSP 的关系[J]. 中国环境科学，2002，22（6）：506-510.

[20] 於方，王金南，等. 中国环境经济核算技术指南[M]. 北京：中国环境科学出版社，2009：54-76.

典型地区环保投融资与项目管理调研分析报告

Research Report on Investment and Financing for Environmental Protection and Project Managementin Typical Areas

吴舜泽　逯元堂　孙宁　陈鹏　姜文锦

摘　要　回顾了“十一五”环保投融资与项目管理概况，梳理了地方环保投融资与项目管理经验与借鉴，总结了环保投融资和项目管理存在的问题，凝练了对环保投融资和项目管理的几点认识，提出了完善环保投融资和项目管理制度的建议。

关键词　典型地区　环保投融资　项目管理

Abstract　Overview of investment and financing for environmental protection and project managementin 11th Five-year period were reviewed，experience and reference of investment and financing for environmental protection and project management in typical areas were summarized，problem of investment and financing for environmental protection and project management were summed up，several understanding of investment and financing for environmental protection and project management were refined，proposal onimprovingsystem of investment and financing for environmental protection and project management were put forward.

Key words　typical areas，investment and financing for environmental protection，project management

国家环境保护“十二五”规划提出了主要污染物减排工程、环境改善民生保障工程、农村环保惠民工程、生态环境保护工程、重点领域环境风险防范工程、核与辐射安全保障工程、环境基础设施公共服务工程、环境监管能力基础保障人才建设工程等八项重大工程，并明确了投资需求。落实环境保护投资和加强项目管理，是推进规划实施的重大举措，是实施环保大工程带动环保系统大发展战略的重要抓手。为落实周生贤部长大工程带动大发展重要指示精神，在规划财务司安排协调下，环境保护部环境规划院于 2012 年先后分赴江苏、湖南、浙江、重庆、四川、福建等省开展了环保投融资政策和专项资金项目管理的调研工作，完成了本调研报告。

1 “十一五”环保投融资与项目管理状况

“十一五”期间，各地高度重视环保投融资和项目管理工作，增设了一批环保财政专项，探索创新了一批环保投融资政策，结合地方实际有效地加强了专项资金项目管理，环境保护投资力度明显增加，有力地支持了“十一五”污染减排和环境保护目标的实现。江苏省“十一五”政府投资 245 亿元，用于城市环境基础设施建设、重点行业节能减排工程、水环境综合整治、农村环境综合整治、生态环境建设等。浙江省“十一五”政府投资 183.04 亿元，用于支持生态环境保护和治理、城乡环保基础设施和环境监测监控设施建设、“千村示范、万村整治”、“万里清水河道建设”、“千万农民饮用水”、“碧海生态建设”、循环经济等。重庆市争取国家投入、市级资金筹措、区级资金筹措、各项政策性资金投入及企业自筹资金等多种资金筹措方式，筹措创模环保投资 236 亿元。

1.1 “十一五”环保财政投入与政策

1.1.1 环保投入约束性要求

各地通过出台相关文件，对环保投入总量或占比、增长幅度或速度、新增财力等提出了定量的要求，这些要求的落实，对地方政府环境保护投资起到了一定的约束作用：

（1）《江苏省人民政府关于推进环境保护工作的若干政策措施》要求，逐年加大对环保的投入，确保财政对环保支出的增幅高于经济增长速度。“十一五”期末，全省一般预算支出中环保类支出比 2005 年增长 1.5 倍。

（2）江苏省人民政府关于印发《江苏省太湖水污染治理工作方案》的通知（苏政发[2007]97 号）要求，从 2008 年起，太湖地区各市、县（市）要从新增财力中划出 10%～20%，专项资金用于水污染治理。到 2010 年，太湖地区全社会环保投入占 GDP 的比例提高到 3%以上。

（3）陕西省人民政府印发贯彻《国务院关于环境保护若干问题的决定》的实施意见的通知（陕政发[1996]65 号）要求：“九五”期间，全省环境保护投入占国内生产总值的比例不得低于 1%，其中西安市要达到 1.5%，宝鸡、咸阳、铜川、渭南、汉中市要到 1.2%以上；环境保护专项资金要列入各级财政预算；从 1997 年起，省财政每年新增可用财力的 10%列为省级环保专项治理资金，专款专用。河南省提出“十二五”期间环境污染治理投资占当年生产总值的比重不低于全国平均水平。

1.1.2 环保专项资金

（1）“十一五”期间，江苏省省级环保专项资金从“十一五”初的每年 3 000 万元提高到 2011 年的每年 8 亿元。从 2008 年起，省财政每年安排 20 亿元，专项用于太湖流域水污染防治工作。各市县普遍设立了环境保护和生态建设方面的专项资金，据不完全统计，专项资金总量已超过 15 亿元。

（2）浙江省省级环保专项资金累计安排 15.1 亿元，其中 2010 年安排 3 亿元，比 2006 年增长 5%。专项资金确保了生态环保重点工程和重点领域污染减排工作的顺利实施。

表 1 “十一五”江苏省省级环保专项资金设立及投入情况　　单位：亿元

专项资金名称	2006 年	2007 年	2008 年	2009 年	2010 年	“十一五”
省级环境保护引导资金	0.3	3	3	3	3	12.3
省级节能减排专项引导资金	0	5	5	5	8	23
太湖水环境治理专项资金			20	20	20	60
总计	0.3	8	28	28	31	95.3

表 2 “十一五”浙江省环保专项资金设立及投入情况　　单位：亿元

专项资金名称	2006 年	2007 年	2008 年	2009 年	2010 年	“十一五”
“811”生态文明建设推进行动（环保部分）专项资金	0.25	0.25	0.5	0.5	0.5	2
省级环境保护专项资金	2.2	2.2	2.2	2.2	1.9	10.7
生态环境保护专项资金	0.4	0.4	0.3	0.3	0.3	1.7
自然保护区专项资金			0.2	0.2	0.2	0.6
全省环境质量自动监测系统运行维护补助资金					0.1	0.1
总计	2.85	2.85	3.2	3.2	3	15.1

专栏 1　江苏省设立环境保护基础设施建设引导资金

江苏省环境保护基础设施建设引导资金于 2006 年设立，由省财政预算安排，用于支持纳入省“十一五”规划的区域供水、污水处理和生活垃圾处理三类环境保护基础设施中的非盈利性建设项目。引导资金由省财政厅、省建设厅共同管理，市、县（市）财政部门和建设部门参与管理。采用“以奖代补”的方式，即对经省政府确认的项目建设年度目标计划完成情况进行考核后，按规定标准给予资金补助。补助标准为区域供水类项目一、二、三、四类地区补助标准分别为投资总额的 12%、9%、7%、5%；生活垃圾填埋场项目一、二、三、四类地区分别按新增建设规模每吨/日补助 1.6 万元、1.3 万元、1 万元、0.65 万元的标准执行；压缩式垃圾中转站重点项目补助标准为 10 万～15 万元/个。考核补助的期限为 2006 年至 2010 年，实行分年度考核。

专栏 2　江苏省将各类环境保护专项资金整合为省级环境保护引导资金

2011 年，江苏省将使用方向相近的有关省级环境保护专项资金进行了整合使用，纳入整合使用范围的包括省级环境保护引导资金、省级节能减排（重点污染排放治理）专项引导资金等。中央返还江苏省的排污费资金也一并纳入。纳入整合使用范围的各项资金名称暂时不变，安排和来源渠道不变，即省级环境保护引导资金由省级财政预算安排，省级节能减排（重点污染排放治理）专项引导资金用省级排污费收入安排。纳入整合使用范围的各项环境保护资金统称“省级环境保护引导资金”。其使用管理围绕国家、省制订的“十二五”环境保护规划及相关专项规划确定的工程项目以及国家、省下达的重要环境保护目标任务，优先集中用于以政府投入为主体的公益性环境污染防治项目。

1.1.3 资金来源渠道

为保障资金落实到位，各地探索建立了硬性的资金来源渠道：

（1）《江苏省人民政府关于推进环境保护工作的若干政策措施》中要求，各地的土地出让收益、城市建设配套费等，要安排一定数量的资金，重点支持污水收集管网等环境基础设施建设。

（2）《江苏省人民政府关于推进环境保护工作的若干政策措施》要求，环保行政处罚的罚没款，按照“收支两条线”管理规定使用，主要用于补助环保执法成本。

（3）2005 年 8 月，浙江省提出全面实施主要污染物排放总量控制计划，切实加大超标排放处罚力度，处罚所得资金由各级财政充实环境污染整治专项资金。

（4）河南省环境保护“十二五”规划中提出，从土地出让收益中安排适当比例，用于污水、垃圾处理等环境基础设施建设。

1.1.4 生态环保转移支付

（1）2006 年，浙江省出台《钱塘江源头地区生态环境保护省级财政专项补助办法实施细则》，按照“谁保护，谁受益”“谁贡献大，谁多得益”和“突出重点，兼顾一般”的原则，确定省财政专项补助资金在生态建设、产业结构调整、环保基础设施和农业农村污染综合防治四大方面的分配测算比例分别为 25%、15%、30%和 25%，另 5%由省政府调剂分配。

（2）2008 年，浙江省出台《生态环保财力转移支付试行办法》，推进省政府对主要水系源头所在 45 个市、县（市）的生态环保财力转移支付。2012 年，浙江省进一步修订《浙江省生态环保财力转移支付试行办法》，实现了省对所有市、县（市）生态环保财力转移支付的全覆盖。该项资金从 2006 年的 2 亿元提高到 2011 年的 15 亿元，可由各地政府统筹安排，主要用于当地环境保护等方面的支出。截至 2011 年，省财政预算累计安排生态环保转移支付资金 53 亿元，带动各级政府进一步加大对重点流域、重点区域的生态建设和环境保护的支持力度。

（3）2009 年 7 月 29 日，按照《苏州市风景名胜区条例》，市、县级市（区）人民政府应当加大财政转移支付力度，设立生态补偿资金，用于因设立、保护风景名胜区而受到影响的单位和个人的相应补偿，促进风景名胜区所在地产业结构调整、生产生活方式转变、生态保护和修复、公共基础设施建设、环境综合整治。

专栏 3 浙江省环保厅专项性一般转移支付管理改革方案

浙江省环保厅专项性一般转移支付管理改革方案提出：2012 年省环保厅专项性一般专项转移支付方式安排资金比例需达到 55%，2015 年达到 70%以上。近年来，省环保厅逐步推进了环保专项资金转移支付制度改革，减少专项转移支付，扩大一般性转移支付规模，同时完善了转移支付项目资金管理办法、资金分配过程和结果公开制度。

1.1.5 生态补偿

生态补偿政策的实施激励了赔偿方加大环境保护投资力度，同时也为获赔方筹集环保投资提供了可能。2007 年 11 月，江苏省政府出台了《江苏省环境资源区域补偿办法》；2009 年 2 月，省环保厅、财政厅、水利厅又联合印发了《江苏省太湖流域环境资源区域补偿方案（试行）》。这两个文件均建立了跨行政区交接断面和入湖断面水质控制目标，若上游设区的市出境水质超过跨行政区交接断面控制目标的，由上游设区的市政府对下游设区的市予以资金补偿；上游设区的市入湖河流水质超过入湖断面控制目标的，按规定向省级财政缴纳补偿资金。各级地方人民政府要将补偿资金纳入环境保护引导资金或污染防治资金进行管理，专项用于水污染治理和生态修复，不得挪作他用。

1.2 企业环保投融资

1.2.1 企业污染治理保证金制度

2007 年，山西省出台《矿山环境恢复治理保证金提取使用管理办法（试行）》，按照每吨原煤产量 10 元标准按月提取，计入煤炭开采企业生产成本，在所得税前列支，由当地地税部门监督缴入同级财政部门专户储存。省属国有重点煤炭企业经省财政部门同意并报省人民政府批准可以自设账户储存。财政部门按企业分设二级明细，单独核算，专款专用。

1.2.2 信息公开制度

2012 年 8 月，江苏省常州市武进区制订了《武进区企业环境行为信息公开工作实施办法》和《武进区企业环境行为等级评定标准》，武进区环保局公布了 2012 年上半年全区 766 家企业环境行为信息评定结果。2011 年，重庆试行重点排污企业公开检查承诺制度，要求重点排污企业在经营活动中，由于环境意识不强、环保管理工作不到位引发环境违法行为致使公众环境权益受到损害的，除依法予以处罚外，企业法定代表人应在一定期限内，在市级主要新闻媒体（包括报纸、电视、网络）向社会公开作出检查和整改承诺。每季度末，由环境保护行政主管部门组织有关人员成立考核小组，对企业整改情况进行考核。考核结果向社会公开，并作为企业环境行为等级评定或上市公司环保核查的参考依据。这些信息公开制度的实施，有效地激励了企业加大投资力度、改善企业环境行为。

1.2.3 排污权有偿取得与排污权交易制度

江苏省 2008 年制订出台了《太湖流域主要水污染物排放指标有偿使用收费管理办法（试行）》《江苏省二氧化硫排放指标有偿使用收费管理办法（试行）》，以及配套的《太湖流域排放指标有偿使用收费标准》《电力行业二氧化硫排放指标有偿使用收费标准》。浙江省于 2009 年开展了污染物排放指标有偿使用和交易试点工作。截至 2012 年 6 月，11 个设区市的 45 个县（市、区）已累计开展排污权有偿使用 6 316 笔，缴纳有偿使用费 10.55 亿元；排污权交易 1 868 笔，交易额达到 3.54 亿元，两项合计突破 14 亿元。

1.3 金融机构环保投融资

1.3.1 绿色金融与绿色信贷政策

（1）对节能减排项目给予优先支持。福建省制定了《关于金融支持福建省节能减排的指导意见》，对于节能减排鼓励类项目，简化贷款手续，实行利率优惠，优先给予信贷支持。

《太湖水污染治理工作方案》（苏政发[2007]97 号）提出，金融机构要加大对环境基础设施建设项目的信贷支持力度，允许用污水、垃圾处理收费许可进行质押贷款，并给予贷款利率方面的优惠。

浙江省积极实施小微企业绿色节能贷款。台州银行积极加入由联合国环境规划署（UNEP）发起的气候融资创新贷款项目（CFIF），将原来只适用于大、中型企业的 CFIF 国际节能技术移植到小微企业，推出了“绿色节能贷款产品”，以优惠利率为小微企业提供了节能增效的融资途径，以鼓励、推动小微企业转变经济增长方式，促进节能降耗和产业结构升级。2012 年 1 至 6 月，浙江银行业金融机构（不含宁波）累计支持产能落后企业实施技术改造 100 户，为这些企业提供了 11.8 亿元贷款支持。累计支持节能减排项目 556 个，发放节能减排贷款 127.3 亿元。截至 6 月末，浙江银行业金融机构有余额的节能减排贷款项目 716 个，节能减排贷款余额 328.8 亿元。

（2）根据企业排污情况控制信贷发放。人民银行南京分行与江苏省环保厅于 2007 年建立了信息对接机制，把环保信用评级作为银行发放贷款的重要标准，把企业划分为绿、蓝、黄、红、黑 5 个等级。对环境信誉良好的绿色、蓝色企业，积极给予信贷支持；对于黄色企业，保持现有的信贷规模；对于黑色企业，则一律禁止发放新增贷款，逐渐收缩直至收回原有贷款。江苏省扬州市于 2011 年公布了市区 541 家企事业单位环境行为评级结果，评出 29 家绿色企业，472 家蓝色企业，34 家黄色企业和 6 家红色企业。对被评为绿色、蓝色等级的企业，简化贷款手续，积极给予贷款支持；对被评为黄色等级的企业，环保部门认定为中性，是否贷款由银行决定；对被评为红色等级的企业，严格控制贷款规模，禁止向该类企业发放除更新改造治污减排设施外的任何新增贷款。

2012 年 1 至 6 月，浙江银行业金融机构（不含宁波）累计退出造纸、印染、制革等落后产能关闭企业 215 户，累计退出贷款金额 12.4 亿元。

专栏 4　环保不达标，压缩信贷规模

2011 年 12 月，江苏鑫东方环保设备科技有限公司向江苏银行扬州分行申请 400 万元授信。信贷业务人员查询征信报告，发现由于企业在生产过程中部分污水排放原因，其 2007 年在江苏省宝应县企业环境行为等级评定为蓝色，2008 年在江苏省宝应县企业环境行为等级评定为黄色。该行最终只同意向该企业发放流动资金 200 万元贷款，并将在以后的工作中视其评级等级变化情况，决定是否继续给予授信。

2011 年，江苏省常州市武进黄新园化工有限公司和常州市海联金属制品有限公司在江南农村商业银行原合并授信 370 万元，企业 2011 年新申请授信 500 万元，江南银行审贷人员查询企业征信系统时发现企业 2011 年环评结果为黄色，不符合江南银行《授信业务操作规程》对企业环保要求的规定，未通过授信审批。

专栏5　加大投资整治力度，企业环境信用改善，重新通过信贷审查

南通市亚联针织染整有限公司2007年、2010年两度因废水不达标排放而遭遇环境信用危机。面对被银行限贷、追回贷款等窘境，该企业积极整改，两次共投资858万元改造污染防治设施。南通市环保局于2008年7月和2011年11月分别向人民银行南通市中心支行出具证明，为该公司修复环境信用，银行恢复了该公司的贷款。

2007年，江苏省南通永丰特种整理有限公司因废水不能稳定达标，被评为红色企业，原有的200万元贷款被要求提前还款。为修复企业环境信用，该公司投资650万元对污染防治设施进行改造，经环保部门监测保证稳定达标后，2008年7月南通市环保局向人民银行南通市中心支行出具证明，说明该企业近两年环保等级由红色升为黄色，又升为蓝色，企业环境信用得以顺利恢复。2011年，该企业授信额度达到2 000万元。

2011年9月，南车戚墅堰机车有限公司向交行常州分行申请授信，交行审贷人员在查询企业征信系统时发现企业2010年下半年环评等级为“黄色”，审贷人员对企业出具了风险提示，同时暂缓授信审批。企业意识到问题的严重性后，对相关问题进行了全面整改，常州市环境保护局在验收合格后于9月28日出具了环境信用修复证明，将企业的环境行为等级动态调整为“蓝色”。交行在企业征信系统内重新查询确认后，才重新开启了授信审批流程。

江苏省农用激素工程技术研究中心有限公司是农业银行常州分行2011年度的AA级优质客户，年度授信5 500万元。2012年1月，农行常州分行对企业进行贷后管理查询企业征信系统时发现“大事记”中有一条新的记录，即常州市环境保护局2011年12月将企业环境行为等级动态下调为黄色。农行审贷人员出具风险提示。企业领导得知此事后高度重视，积极组织整改，加大了环保投入并取得明显成效，企业于4月向环保部门提出重新认定申请。环保部门验收合格后动态修复该企业环境行为信用等级为蓝色后，农行重新开启了对企业的授信审批流程。

1.3.2　环保领域贷款模式创新

（1）江苏、浙江等省份在放低抵押担保条件方面开展了探索和尝试。浙江省将节能环保企业的专利权、商标权等知识产权纳入授信资产范围，先后推出订单质押、仓单质押、存货质押、应收账款质押、收费权质押、股权质押、排污权质押、清洁发展机制（CMD）等20余种新型抵质押模式，满足了不同企业个性化需求；另外，对信誉好的节能环保企业积极推行保证贷款和信用贷款。2011年，建德联社和建德市环保局联合制定《建德市农村信用合作联社排污权抵押贷款实施细则（试行）》，推行排污权抵押贷款。企业凭借排污权向银行申请贷款，若贷款到期无法偿还，由环保部门回购排污权，偿还银行贷款。

（2）银行在风险可控的前提下，采取适当提高抵押率的方式提高企业授信额度，进一步缓解了部分环保企业因授信资产少而无法获取足额授信支持的现状。

（3）苏州市建立中小企业信用再担保基金，再担保基金（财政出资部分）与各担保机构、银行共同分担业务风险。

（4）浙江省主动推进节能服务公司贷款模式。节能服务公司是为企业提供节能服务的专业机构，商业银行以节能服务公司与用户签订的能源管理合同为基础，向其提供融资支持。截至2012年6月末，浙江银行业金融机构有余额的合同能源管理贷款项目58个，贷款余额为7.4亿元。

1.3.3 绿色证券政策

（1）浙江省环保厅与省金融办、浙江证监局、宁波证监局联合印发《关于进一步规范上市企业和申请再融资上市企业环保核查要求和程序的通知》，对企业上市环保核查工作进行了细化和延伸，提出了 16 条环保要求。同时，通过飞行监测、监督性监测、专项执法检查、企业信用等级评价、检查情况通报等手段，构建全方位监管体系，加强对申请上市和已上市企业的长效管理，并进一步实行差别化管理。自 2008 年以来，浙江省环保厅已完成 152 家企业的上市环保核查，企业在环保核查过程中通过加强环保基础设施建设、优化环境管理、调整产品结构，大幅度削减了污染物排放总量。

（2）《江苏省新能源产业调整和振兴规划纲要政策措施》提出优先支持符合产业调整和振兴方向的企业在境内外上市，发行债券、短期融资券、中期票据以及上市公司再融资。

1.4 社会化环保投融资

1.4.1 完善污染处置收费政策

为弥补污染处置收费与污染处置成本的差距，江苏省逐步提高污染处置收费标准。如《太湖水污染治理工作方案》（苏政发[2007]97 号）提出，从 2007 年 7 月 1 日起，太湖地区污水处理费由 1.1～1.15 元/t 调整到 1.3～1.6 元/t。至 2008 年，太湖地区所有乡镇建成区开征污水处理费。江苏省于 2009 年 6 月出台了《城市施工工地扬尘排污费征收管理试行办法》（苏价费[2009]194 号、苏财综[2009]35 号），扬尘排污费按建筑（施工、拆迁）面积计算，征收标准为 0.24 元/（m^2·月），并从 2009 年 7 月 1 日起在南京市和徐州市试点。

1.4.2 吸引社会资本投资环境基础设施建设

全面开放环境基础设施建设市场，出台了财政补贴、减半征收行政事业性收费、优先保障用地等一系列优惠政策，鼓励、支持拥有专业资质的环保企业或实体作为第三方来承担环保设施的建设与运营，吸引更多的社会资本参与环境基础设施建设。《太湖水污染治理工作方案》（苏政发[2007]97 号）提出，对社会资本投资环境基础设施建设的，地方财政可以按照投资额的一定比例给予资金支持或贷款贴息，并在用地、用电、用水等方面给予优惠。采用“以奖代补”、财政贴息等形式加大支持力度，引导社会资本采用 BOT、BT、TOT 等形式参与经营性环境基础设施建设。

1.4.3 开展环境资本运作和模式创新吸引社会投资

（1）江苏省推广无锡五里湖、南京秦淮河开展环境资本运作，筹集环境整治资金的经验，鼓励各地通过做美做优环境带动土地增值，盘活环境资产存量，再用经营城市的收益反哺环境整治，形成城市建设与环境建设的良性循环。

（2）重庆市统筹国家发改委专项补助、地方债券、市财政资金，鼓励区县通过土地出让、整治后土地增值、引进外来资金等方式，累计投入资金 65 亿元进行次级河流整治。

（3）重庆市将污染场地修复作为土地招拍挂前置条件，纳入土地开发成本，2007—2010年共修复土地 6 万 m^2。

（4）为促进企业搬迁，重庆市政府出台土地兜底政策，加强资金运作，成立具有土地储备功能的三大公司，筹资 400 亿元，按照企业老厂现规划用地性质的市场价格，对搬迁企业用地进行储备，落实企业搬迁资金，解决了企业搬迁启动资金困难的问题。

1.5 项目管理规范性文件制定与实施

江苏和浙江两省高度重视项目管理规范性文件的制定，在资金使用管理文件、申报通知、过程管理、监督检查、绩效评价、组织纪律以及项目评估等方面制定了较为完善的管理文件。通过规范性管理文件的制定，使项目管理逐步走上了制度化、规范化发展道路，最大限度地避免人为干扰。

表 3 江苏和浙江专项资金项目管理和项目评估文件制定情况

序号	文件类别	江苏	浙江
1	资金管理办法类	《江苏省省级环境保护引导资金使用管理办法》（苏财规[2011]20 号）	浙江省“811”生态文明建设推进行动（环保部分）专项资金管理暂行办法；浙江省省级环境保护专项资金管理办法；浙江省省级自然保护区专项资金管理办法；浙江省省级生态环境保护专项资金管理办法；关于实施省级专项性一般转移支付管理改革的通知；浙江省生态环保财力转移支付试行办法；专项性一般转移支付管理改革方案
2	资金申报文件	每年度集中发一次申报通知，明确申报项目范围和材料要求，不符合要求的不予受理	每年度集中发一次申报通知，明确申报项目范围和材料要求，不符合要求的不予受理
3	过程管理类	《关于加强中央和省级环境保护专项资金补助项目监管工作的通知》（苏环办[2009]240 号）	省级环境保护专项资金内部管理暂行办法；内部审计工作规定；内部采购工作规定；浙江省各级环保专项资金使用管理防范措施及廉政规定
4	绩效管理类	江苏省财政专项资金绩效管理办法（苏财规[2010]36 号）；江苏省专项资金预算绩效目标管理暂行办法（苏财规[2011]]47 号）	浙江省环境保护厅预算绩效管理实施意见；浙江省环保厅财政资金绩效评价管理暂行办法；浙江省环境保护厅财政支出项目绩效评价实施办法（浙环发[2011]2 号）；浙江省环保厅关于开展省级以上环保专项资金绩效抽评工作的通知（浙环办[2012]299 号）
5	工程咨询评估类	江苏省环境工程咨询中心环保专项资金项目评估操作规程（2009 年修订）；江苏省环境工程咨询中心省级环保科研课题项目管理办法内部实施细则（试行）；环保专项资金和科研课题项目档案管理办法（2009 年修订）；环境保护专项资金和科研课题项目专家管理办法（2009 年修订）；环境保护专项资金和科研课题项目管理人员行为规范和廉政记录（2009 年修订）；《环保专项资金项目管理岗位职责暂行办法》《环境保护专项资金项目评审和管理内部工作程序》	

江苏省注重专项资金项目的日常检查和监督。建立项目跟踪档案制度，实行“一项一档”。建立项目重大变更审批制度，建立项目竣工验收制度，原则上由市、县（市）环保部门或项目立项原审批部门组织，并尽可能与其他验收统筹安排。一年两次集中开展进度上报和分析工作。

1.6 项目咨询评估与实践

江苏省严格按照程序化要求安排资金，即发布年度指南—培训—上报—形式审查—受理—技术评审—会审—资金安排—依申请公开的程序。受理过程中严格遵照申报指南的要求，把好准入关；技术评审中，实行项目负责人制度，确定不同评审人员的分工与职责，开展现场审查，充分听取专家和相关管理部门对技术、财务和环境绩效的审查；会审阶段，在专家意见基础上，结合现场考察情况，会同财政厅联合审查，集体研究拟定专项资金补助项目；资金安排时，省级财政、环保等资金和项目管理部门参与审核并确定资金补助方案。建立了依申请公开、项目举报等多项制度，确保资金安排公开、公正、公平。

江苏省环境工程咨询中心作为评估技术支撑单位，连续承担江苏省各个环保专项资金的技术评估工作，制定了评估工作规程、专家管理、工作人员行为规范和廉政纪律等管理办法，制定了专家评审用表，编制了评审管理工作文件汇编。江苏工程咨询中心在开展太湖流域专项资金评审和跟踪过程中，制定了《太湖流域水环境综合治理项目绩效评估工作规程》，规范了绩效评估的方法和指标。

1.7 绩效管理与实践

2010 年江苏省环保厅根据省财政厅发布的《江苏省财政专项资金绩效管理办法》（苏财规[2010]36 号）的要求，将绩效管理分为 3 个阶段，即绩效目标、绩效跟踪、绩效评价等，分阶段提出不同管理的要求，2012 年成为预算绩效目标试点单位，开展了 2013 年预算项目绩效目标申报工作，成为在全国环保预算支出上率先实现绩效目标管理的省份。浙江省环保厅逐步推进了环保专项资金预算绩效管理，2011 年和 2012 年先后制定了《浙江省环境保护厅财政支出项目绩效评价实施办法》（浙环发[2011]2 号）、《浙江省环境保护厅预算绩效管理实施意见》（浙环发[2012]70 号），加强绩效目标管理，完善绩效评价指标体系。

江苏省开展了较为丰富的绩效评价实践活动。2009 年 7 月，组织开展了 2008 年度省级环保专项资金项目绩效评价试点，对镇江、南京市 18 个专项资金申报项目开展绩效评价试点工作。2009 年 9 月，开展了太湖流域水污染治理专项资金一期二批重点行业提标改造 79 个项目绩效评价工作，涉及资金 8 200 万元。2010 年年初，对 2007—2009 年淮河流域中央财政专项资金三批次共 255 个项目的绩效评价工作，涉及财政补助资金 12.5 亿元。2010 年 5 月，组织开展了 2009 年度省级节能减排（重点污染排放治理）专项引导资金 154 个项目的绩效评价工作，涉及补助资金 1.946 亿元。浙江省环保专项资金绩效评价工作处于起步阶段，2012 年 9 月制定了开展省级以上环保专项资金绩效抽评工作的通知（浙环办函[2012]299 号），从设区市中各抽取两个 2011 年前支持的项目开展绩效评价，积累工作经验。

专栏 6　江苏、浙江两省突出个性环境绩效指标的绩效评价指标体系

江苏省环保厅对省级节能减排（重点污染排放治理）专项引导资金绩效评价采用目标比较法和成本效益法的评价方法，增设了个性指标（根据项目类型不同，分为必评指标和选评指标）。如工业园区污水处理设施建设类项目选择新增污水处理能力、COD 和氨氮削减量、万元投资 COD 和氨氮削减量 5 个指标为必评指标，工业废水削减量和新增中水回用量为选评指标；强制性清洁生产类项目，选择 COD 削减量和万元投资 COD 削减量两个指标为必评指标，工业废水削减量、新增中水回用量、特征污染物削减量、氨氮削减量、万元投资氨氮削减量 5 个指标为选评指标，如下表所示。

一级指标		二级指标	指标类别
资金安排和使用情况（25 分）		实际到位率（5 分）	共性指标
		资金使用率（5 分）	
		预算完成率（5 分）	
		财政资金投入乘数（5 分）	
		财政资金使用合理性（5 分）	
组织实施情况（20 分）	财务管理情况	制度健全性（2 分）	
		合法合规性（4 分）	
		会计信息质量（3 分）	
	业务管理情况	业务制度完善性（2 分）	
		支撑条件完备性（2 分）	
		工作措施有效性（3 分）	
		管理过程规范性（4 分）	
绩效完成情况（55 分）		预期目标实现程度（15 分）	
		按照项目类别的不同，设定不同必评指标和选评指标；各个不同绩效指标的完成情况（40 分）	个性指标

浙江省项目支出绩效评价指标分为业务指标和财务指标，其中在实施效益指标上设定若干个性指标（共性指标由省财政统一制定），如下表所示。

基本指标		具体指标	备注
一级指标	二级指标	三级指标	
业务指标	目标设定情况	依据的充分性	共性指标
		目标的明确度	共性指标
		目标的合理性	共性指标
		完成的可能性	共性指标
	目标完成程度	目标完成率	共性指标
		目标完成质量	共性指标
		完成的及时性	共性指标
		验收的有效性	共性指标
	组织管理水平	管理制度保障	共性指标
		支撑条件保障	共性指标
		质量管理水平	共性指标
	项目实施效益	经济效益	个性指标
		社会效益	个性指标
		生态环境效益	个性指标
		可持续性影响	个性指标
		公众满意度	共性指标
财务指标	资金落实情况	资金到位率	共性指标
		资金到位及时性	共性指标
		财政投入乘数	共性指标
	实际支出情况	资金使用率	共性指标
		支出的相符性	共性指标
		支出的合规性	共性指标
	财务管理状况	制度的健全性	共性指标
		管理的有效性	共性指标
		会计信息质量	共性指标
	资产配置与使用	制度的健全性	共性指标
		制度的有效性	共性指标
		固定资产利用率	共性指标

2 地方环保投融资与项目管理经验与借鉴

经分析讨论，我们总结认为，在环保投融资和项目管理等方面，各地存在如下 7 个方面的做法值得借鉴。

2.1 环保投入：政策制度化、要求约束化

部分地区在建立环境保护预算支出增长机制方面开展了大胆的创新和尝试，对环境保

护投入规模提出了制度化、约束化的要求，并取得了一定的成效。总结各地普遍的做法，主要包括两个方面：

（1）将环保投融资政策通过政府颁布的相关文件等予以提出，要求各级政府加以落实，并逐步将其制度化。如在《江苏省人民政府关于推进环境保护工作的若干政策措施》《江苏省太湖水污染治理工作方案》《陕西省人民政府印发贯彻〈国务院关于环境保护若干问题的决定〉的实施意见的通知》（陕政发[1996]65 号）、《河南省环境保护“十二五”规划》等文件中，均提出了加强环保投资的要求和具体措施，并使这些政策得以普遍接受和延续。

（2）在环保投资规模、增幅、新增财力用于环保等方面，提出了定量的约束化要求。在环保投资规模要求方面，如一般预算支出中环保类支出比重、环保投资占 GDP 的比重等定量约束。在环保投资增幅要求方面，如江苏省提出的确保财政对环保支出的增幅高于经济增长速度等。在新增财力用于环保方面，如江苏省提出的太湖地区各市、县（市）要从新增财力中划出 10%～20%专项资金用于水污染治理，陕西省提出的省财政每年新增可用财力的 10%列为省级环保专项治理资金等。

环保投资政策制度化是指将部分环保投资政策从特殊的、一事一议的方式向被普遍认可的固定化模式的转化；环保投资要求约束化是指将环保投资规模、增幅等要求指标化、具体化和定量化，并要求确保实现。环保投融资政策制度化、要求约束化是落实环保投资的前提。政策制度化、要求约束化不但有利于建立长期稳定的环境保护投资增长机制，有利于明确政府及社会环境保护投资的责任，而且更加有效地保障了环保投资政策的实施和资金的落实。

环保投融资政策机制化、要求约束化的实践做法，为国家制定和完善环保投融资政策提供了经验，可以在其他各地进行移植和推广，具有较强的借鉴意义。在教育领域，1993 年中共中央、国务院颁布的《中国教育改革和发展纲要》提出了“财政性教育经费占国民生产总值的比重，在 2000 年达到 4%”，这个数字也被作为唯一的数字性指标写入《中共中央关于构建社会主义和谐社会若干重大问题的决定》（以下简称《决定》），并要求保证财政性教育经费增长幅度明显高于财政经常性收入增长幅度。这一做法也为实现环保投融资政策制度化、要求约束化提供了参考。考虑到政府环境保护投入是环境保护投资的重要来源，且对企业、社会环境保护投资具有重要的引导作用，而企业、社会投资具有不确定性、缺乏约束性等特点，因此其最为重要的价值在于，建立政府环保投入的制度化和约束化要求并予以落实。由于各地情况差异较大，如若不将其纳入政府考核性要求并明确责任主体，该项政策在实施中将存在较大的难度。然而，十八届三中全会《决定》明确提出了清理规范重点支出同财政收支增幅或生产总值挂钩事项，一般不采取挂钩方式。取消挂钩机制后，环保投入稳定增长需要通过改革政绩考核体系等机制进行引导。

2.2 财政资金：使用专项化、来源渠道化

在环境保护受到各界广泛关注的同时，政府环境保护投资的力度也在逐年加大，并在资金使用和资金来源方面探索实施了更为有效的举措。在环保财政资金使用方面，各级政

府高度重视环境保护工作，并积极拓展新的环保财政专项资金，专款专用，确保资金发挥效益。如“十一五”期间国家和各地陆续建立的主要污染物减排专项资金、农村环境综合整治专项资金、重金属污染防治专项资金、环保产业发展专项资金等等。另外，为建立有效的资金来源渠道，部分地区探索将特定的收入用于环境保护，如江苏、河南等地方在土地出让收益、城市建设配套费、环保行政处罚的罚没款、超标排放处罚、水资源费等一定比例用于环境保护，确保了环境保护资金“有渠有水”。

环保财政资金使用专项化是指通过设立环保专项资金的形式，规定资金使用用途。来源渠道化是指为拓宽环保资金的来源渠道，将特定来源渠道的资金规定用于环境保护，如排污收费等。环境保护财政资金使用专项化、来源渠道化是实现环境保护投资制度化、约束化的关键环节。环境保护作为公益性行业，并非是地方政府投资所偏好的领域，如果压缩环保财政专项的比例，将使环境保护失去资金保障能力。因此在加大一般性转移支付力度，降低专项转移支付比例大背景下，应充分考虑环境保护行业的特殊性、环保投资领域欠账的严重性，制定针对环境保护领域的差异性政策，适当提高环保财政专项的力度，结合环境保护需要，将资金使用专项化。来源渠道化则有利于保障资金到位，避免出现一成不变、水涨船高、大起大落的局面以及投资的随意性，有利于保持环境保护资金的稳定性。

环保财政资金使用专项化、来源渠道化的实践和经验，可供国家和地方层面借鉴推广。在水利、教育、城建、交通等其他领域，有关部门和地区也制定了落实资金来源渠道的政策措施可供借鉴。财政部《关于从土地出让收益中计提农田水利建设资金有关事项的通知》（财综[2011]48 号）提出各地统一按照当年实际缴入地方国库的招标、拍卖、挂牌和协议出让国有土地使用权取得的土地出让收入，扣除当年从地方国库中实际支付的征地和拆迁补偿支出、土地开发支出等相关成本性支出项目后，按 10%计提农田水利建设资金。《中华人民共和国城市维护建设税暂行条例》（国发[1985]19 号）规定，城市维护建设税专款专用，用来保证城市的公共事业和公共设施的维护和建设。车辆购置税具有专门用途，由中央财政根据国家交通建设投资计划，统筹安排。国务院关于修改《征收教育费附加的暂行规定》的决定（国务院令[2005]448 号）要求，地方征收的教育费附加，按专项资金管理，由教育部门统筹安排。环保资金来源渠道化的建立理论上并非没有可能，关键问题是在目前既定的预算分配体制下，政策制定协调的难度较大，需要结合污染防治的实际形式，因势利导地将投入方向、规模等固化，扩大专项资金数量和规模。

2.3 投资融资：主体多元化、模式灵活化

各地在加大政府资金环保投入的同时，积极制定和完善鼓励企业、金融机构及社会化资金环境保护投入的引导政策，逐步形成多元化的投入格局。

（1）积极引导企业和金融机构环境保护投资，如山西省矿山环境恢复治理保证金制度等正向引导机制，以及重庆、江苏、浙江、福建等开展的信息公开、绿色信贷、绿色证券等反向倒逼机制。

（2）利用灵活的政策吸引社会资本的环境保护投入，如江苏省对治污投资按照略高于社会平均投资回报率核定价格和收费标准，利用优惠政策鼓励、支持拥有专业资质的环保

企业或实体作为第三方来承担环保设施的建设与运营，吸引更多的社会资本参与环境基础设施建设。

（3）通过环境资本运作和模式创新筹措环境保护资金，如江苏省鼓励各地通过做美做优环境带动土地增殖反哺环境整治，重庆市将污染场地修复作为土地招拍挂前置条件纳入土地开发成本。重庆市对搬迁企业储备的土地进行兜底时，重庆市政府先后借助渝富集团、城投公司、重庆地产集团等一批投融资平台筹资400亿元，按照企业老厂现规划用地性质的市场价格，进行土地储备，提前支付50%的搬迁资金为企业搬迁提供资金保障，采用了新厂开建同时老厂仍然保持生产3年的“假死”优惠模式，并出台了税费、土地、迁建、环保、电力、提前退休、社保、银行8项污染企业环保搬迁优惠政策。江苏、浙江等开展了融资担保基金、收费权质押、股权质押、排污权质押等融资担保模式创新，提高了企业融资能力。

投融资主体多元化是指落实政府、企业治污责任和资金投入，引导社会、金融机构等资金投入，使其共同成为环境保护的投资主体。模式灵活化是指通过更加灵活有效的资本运作、融资抵押等模式创新，解决企业环保融资难的问题。投融资主体多元化、模式灵活化是落实环保投资的重要保障。投资主体和产权主体的多元化是社会大生产和市场经济进一步发展的一种客观需要，也是弥补政府、企业环保资金不足的有效措施。加强模式创新，采用灵活化的融资模式，对提高投资主体的积极性和主动性，加强治污企业融资能力具有重要的作用。

目前部分地区已经实施的鼓励多元化环保投入的政策措施和模式创新，为完善企业、社会环保投融资政策，提高企业融资能力具有有益的借鉴。加大企业环保投资其关键是激励和约束并重，对银行等金融机构其关键是制定优惠的政策措施加以引导，对社会资本加大环保投资其关键是让其有利可图，从中受益。在吸引社会资金和模式创新方面，可参考合同能源管理的方式，通过开展合同环境服务模式，吸引第三方服务企业落实污染治理设施改造资金，也是环境保护资金筹措的一种选择。严格落实排污收费制度，提高排污收费标准，落实排污权有偿取得与排污交易制度等，将为实施合同环境服务创造更为有利的环境。

2.4 项目前期：谋划长期化、组织信息化

工程项目的谋划是工程项目管理的起始点，是项目前期阶段重要的基础性工作，也是各级环保系统项目管理最薄弱的环节。借鉴重庆、湖南经验，要善于将环保要求任务化、环保任务工程化，项目谋划重在平时、重在坚持，根据工作推进的需要，尽早谋划出一批具有前瞻性、全局性、战略性的项目，创造各种条件，争取各种机会，有计划地推进各项前期准备工作，逐渐积累，循序渐进，切忌临时、随机拼凑项目。要通过信息系统建设提高项目组织实施的能力，利用信息技术等手段，借用专家和中介的“外脑”，建设项目储备库、项目申报信息，项目全程管理系统、专家库、中介组织信息库等，开发财政专项资金项目管理信息系统。

江苏省环保专项资金项目加强储备工作，对备选项目的实施基础、开工条件、建设方

案、工艺流程、环境效益等进行充分论证和审查，符合条件的项目才能进入储备库中，并要求地方市、县（市）环保部门对所申报项目的真实性、可行性负责，提高了市县环保部门工作的积极性和工作态度。浙江省环保厅于 2012 年 7 月完成了省级环保项目库信息管理系统的开发，包括项目储备、申报审核、资金下达、统计分析、项目备案及绩效评价等功能。现该系统已进入试运行阶段，并在今年的省级环保资金项目申报时开始启用。

2.5 项目评审：过程规范化、成果标准化

工程项目咨询评估是项目管理的重要环节。评审过程规范化是评审质量的根本保证，是衡量评审工作成熟度的重要标志，规范化的实现应从综合性规章制度、专项管理制度、业务操作规范等不同层面和角度综合考虑，评审工作从受理开展，到最后评审结果的形成和上报，都应该在规范的管理文件指导下进行。应对咨询评估结果进行不断地挖掘、深入和总结，在不断的评估实践中总结出环保工程建设规律性、特征性、技术性的指导文件，使咨询评估产出不仅能为决策者服务，在更深层面上的咨询评估成果能够上升成为标准性的文件，更加深入和固化，使咨询评估工作更加科学、合理和高效。通过前期工程技术问题的研究，中期加强对项目承担单位的技术培训，后期不断总结技术成果，将咨询评估经验上升为工程建设经验，技术上的沉淀和积累更加深厚。

江苏省环境工程咨询中心是为江苏省环保厅提供环保专项资金申报项目咨询评估的主要技术单位。该中心以提高项目评审质量和效率为主要目的，制定了一系列包含申报受理、操作规程、岗位职责、专家管理、档案管理、质量控制、人员行为规范、廉政纪律要求等在内的管理文件，通过界定评估人员职责、明确工作流程、特别是质量控制主要环节的把控，使评估工作走向规范化。

2.6 绩效管理：目标先导化、结果反馈化

随着绩效评价的不断深入，绩效工作从末端的绩效评价向前延伸，江苏等省开始探索一套包含从预算绩效目标设定、执行绩效跟踪、到项目完成绩效评价及结果运用整个过程实施评价的绩效管理思想和机制。编制专项资金绩效目标是进行绩效管理的第一环节，实施前设定在项目计划期内预期达到的业绩目标、预期产出的效益和效果，并据此为依据考量实际完成的情况和效率，围绕预先设定的绩效目标，开展项目实施并进行过程中的跟踪评价与分析，以绩效目标为先导，根据绩效评价结果反馈到前期资金绩效目标设计、资金分配方向、资金分配金额等，绩效全程管理已经成为财政预算资金管理的必然发展方向和要求。

从各地实践来看，均已制订出环保专项资金绩效管理的实施意见（或管理办法），江苏省环保厅在 2013 年财政预算项目中全面执行预算绩效目标编制要求，在环保项目绩效目标的指标上积极尝试，浙江省抽取部分项目执行预算绩效目标编制要求。江苏省根据评价结果影响到减排专项资金的重点投入方向，绩效评价中发现资金补助工业园区或工业集中区污水处理设施及管网建设的环境综合效益较高，后续在安排该专项资金的实践中就重

点向这一领域倾斜，使财政资金在污染物减排、改善环境质量中发挥出重要的引导作用。湖南省从 2012 年开始，每年安排一定资金用于实施十大环保工程的奖励，对考核不合格单位视情况给予通报批评、停止安排专项资金、对主要领导给予诫勉谈话和区域限批等相应处罚。

2.7 项目实施：管理全程化、工作常态化

环保工程项目全程化管理是提高管理水平和提高资金使用成效的必然要求，是工程项目管理最基本和核心的管理方式。环保工程项目的建设是实现环境保护目标的重要载体，在环保工作中具有全局性、支撑性、根本性、带动性的特点，各级环保部门应该将环保工程项目的管理形成常态化的方式：①日常工作中常常抓，改变过去仅是资金下达前后这一有限时间段的工作；②相关管理部门人人抓，通过职责的分解和落实，评审、监督实施、考核过程、运行等过程都应有相关责任部门参与，改变过去仅是规划财务部门人员的责任；③与相关工作统筹抓，改变过去将资金使用与分配、项目申报评审与实施管理与环保部门环评、污染减排、总量控制、环保技术、竣工验收、运行维护等管理职责割裂开来的做法。

近年来江苏、浙江两省不断完善项目管理文件，建立起覆盖申报—评审—下达资金—过程管理—竣工验收—绩效评价等全过程的规范性管理文件。围绕项目管理的重点、难点问题，在职责分工、信息公开、档案管理、违规行为的查处、绩效评价、队伍培养等重点环节不断深入，不断完善管理文件。通过全程化制度的建设，大大提高了项目管理的系统性、规范性和合理性。通过周密制定申报指南并严格执行，将不合格的项目，包括“人情”项目通过制度门槛排除在外；充分保障评审时间并进行严格把关，项目从受理申报到提出评估意见，往往安排一个月的时间，充分进行专家论证、现场考察、修改补充，确保评估深度与质量。将开展资金项目的绩效目标编制、项目审核、资金安排、项目调度和监管等责任分解到厅内不同处室，“人人抓”项目的职责分工清晰，如总量处负责减排资金项目、科技处负责环保技术资金项目、污防处负责重金属污染防治项目、流域处负责重点流域水环境综合整治项目、生态处负责自然保护区、土壤修复和农村环境连片整治项目、监察局负责饮用水源保护项目，厅监察室对专项资金管理实施监督，实施分工负责，实现“人人抓”的同时可以最大限度地发挥相关处室的积极性和责任心，降低项目评估风险，有利于绩效目标的实现和与各项管理工作的“统筹抓”。

3 环保投融资与项目管理的几点认识

3.1 环保投融资和项目管理存在的问题

当前，环保投融资和工程项目管理上还存在一些突出问题：

3.1.1 对工程建设与项目管理认识不到位，自主推进动力不足

长期以来，环保部门习惯在排污口开展监督和执法检查，认为各级环保部门的工作阵地和工作对象就是管理好排污口，认为环保工程项目，除审批环评、开展环保设施验收以外，均不属于环保部门的工作范畴，对环保工程项目谋划、规章制度制定、监督实施、绩效评价比较排斥，定位主要以争取资金为主，管理相对粗放。各级环保部门中普遍存在着“资金不从我手里过，没有责任和义务对项目进行管理”或者“项目管理对我环保部门没有什么好处，何必要干”“多一事不如少一事”“项目管理是其他人的工作，与我无关”等错误思想。环保资金的投入与环保目标、任务之间往往形成“两张皮”，往往被动消极地应付项目的组织实施。

3.1.2 项目谋划运作能力严重滞后于形势和事业发展需要

调研发现，在“后污水处理厂”时代，即使高度重视项目谋划的江苏省，已经出现实际申报数量达不到当年申报控制数量的要求，资金已经出现等待项目的苗头。“十一五”以来，国家和各级财政环境保护资金大幅度增加，工程项目组织管理工作量迅速增加，但一些地方环保部门在项目管理人员配置、专业能力建设、管理手段建设、管理意识等方面都相对滞后，能力不足已经明显成为环保工程推进中最根本的制约瓶颈，与项目管理经验丰富的林业、水利等部门差距较大。不少地方项目策划组织、谋划项目的意识和能力较差，主要扮演“二传手”的作用，将企业申报的项目进行“转报”，缺乏把关，且坐待下达资金申请通知后才开始申报组织工作，不见资金到账不主动启动前期可研、环评工作，申报材料质量、项目基础等都较差。

3.1.3 项目全过程管理尤其是绩效评价工作迫切需要加强

目前，一些省市环保专项过程管理和绩效管理的推动缺乏制度规范，原则性规定较多，可操作性较差，具体执行程度和执行标准不一致，科学性规范性有待提高。管理过程中人为干扰、临时措施、应急推动、管理缺位等问题也较为普遍。部分政策制定中往往未将投资效益考虑在内，缺乏系统性的环保投资效益评估体系，难以定量开展环保投资效益评估，投资绩效评估工作也未得到足够的重视。调研发现，各地普遍对综合整治类项目既“爱”又“恨”，迫切需要规范，提高环境绩效。

3.1.4 部分政策执行难度较大，实施效果有待提高

（1）尽管各地加大了环保投资力度，并制定了加强环保投资的政策措施，但由于地方财力有限、资金短缺等原因，部分环境保护政策在实施中难度依然较大。从不同层级和不同发展阶段地区财政环保投入总量和专项资金规模差异对比就可以明显看出此点。

（2）直接的融资政策较少，部分政策实施效果不明显。排污权有偿取得与排污交易、绿色信贷、绿色证券等政策尽管对企业加大污染治理具有积极的推进作用，但对企业筹措环保资金作用间接，对融资贡献有限。

（3）环保投资口径不规范，一些综合整治类项目如何纳入环保投资统计等新问题也需

要进行深入研究。调研发现，江苏等地投资规模的统计与国家统计数据库就存在差异，地方以环保投资指数作为衡量落实科学发展观的表征指标也间接地推高了投资统计数据。此外，投资的重点与环保任务需求不匹配，也导致环保投资效益不高。

3.1.5 企业投融资渠道依然不畅，社会融资关键瓶颈仍未突破

（1）缺乏对企业环保投资的约束性渠道。1984 年城乡建设环境保护部、国家计委、科委、经委、财政部、中国人民银行、中国工商银行的“关于环境保护资金渠道的规定的通知”规定了 8 条投资渠道，但是由于国家财税体制改革等原因，很多政策已不起作用，尤其是在引导和约束企业环保投资方面。除基本建设项目“三同时”环保投资外，对企业环保投资已经没有硬性的要求与具体的政策。对企业环保投入只能通过环境监管以及部分经济政策的反向制约，以此来促进企业环保投资，而缺乏必要的资金来源渠道和正向的约束要求。

（2）缺乏对金融机构环保投资的引导机制，制约金融机构环保投资的瓶颈仍未解决。一方面，环境保护项目往往没有经济效益，银行等信贷机构缺乏对环境保护项目支持的积极性，供给方不愿贷；另一方面，存在环境保护项目信贷需求的企业，以中小型企业居多，缺乏必要的融资担保能力，很难获得银行的信贷支持，需求方贷不到。同时，由于环境保护融资平台（产品）缺乏，环境金融产品种类单一，导致现阶段金融和资本市场对环境治理的支持力度仍然较小。

（3）社会环保投资的回报机制尚未建立，难以实现社会闲置资本与环境保护需求的有效融合，社会资本对投入环境保护领域缺乏动力。

3.2 对环保投融资和项目管理的六点认识

基于开展的调研及研究积累，在环保投融资政策及项目管理方面，形成如下认识和体会：

（1）创新、完善环保投融资政策与项目管理是启动大工程带动大发展战略的必然要求。环保投融资政策和项目管理是落实项目建设资金、提高项目建设成效的必要保障。“十二五”期间，仍然是以主要污染物治理为主的大规模建设阶段，仍处于规模型投资为主的阶段，实施环保大工程是环境保护工作实现新突破的内在要求。目前工程项目建设任务量巨大，环境保护资金需求较大，要敢于抓、善于抓，突破环保投融资政策瓶颈、积极推动环保工程实施，确保实现“十二五”规划目标。

（2）加强环保系统项目运作能力是实施大工程带动大发展战略的重要基础。实践经验证明，能力建设是根本，各级环保系统对投融资的认识、政策设计和实施能力，以及相对固定、不断壮大的项目管理队伍，懂运作精管理的人员，是推动大工程实施的基础。当前环保投融资与工程项目管理能力弱成为制约大工程实施的突出瓶颈，能力建设得不到较大改善，直接影响到大工程的组织实施和成效发挥，直接影响到环境保护发展进程。要切实加强基础研究和技术支撑能力建设，做好环保投融资政策与产业发展政策研究，提高队伍和能力建设水平，在实施大工程战略过程中锻炼和发现人才、提升和强化队伍建设。

（3）建立约束性的政府环保投资制度、保证政府投入是落实大工程带动大发展战略的先导条件。政府资金投入，尤其是通过“有渠有水”的专项资金投入，既是落实政府环境保护目标责任、体现公共财政投入方向、实现环境基本公共服务均等化的重要方面，也能对全社会投入起到积极的引导和示范作用，这是当前最应该、也最有条件落实的，要以经济发达地区、省级以上财政、问题突出各方关注的领域为突破口，形成规模效应。

（4）更新项目管理理念、强化绩效评价是搞好大工程带动大发展战略作用的重要途径。从调研看，江苏、浙江等省绩效评估指标和方法与环保部印发的中央财政专项污染防治项目绩效评估指南（环办函[2011]1252 号）基本一致。近年来，财政专项资金从过去单纯重视资金申请已经开始向重视资金绩效的转变，绩效评价从引入、试点、制度体系的建设，再到不断的实践和深化，已经在各级政府、各部门、各单位广泛受用。绩效评价可以提高支出效益，优化支出结构，而且可促进项目单位管理和决策水平的提高，促进公共资源有效配置。

（5）在环境保护日常工作过程中常态化地实施项目管理是发挥大工程带动大发展效益的根本保障。要将全过程制度建设放在更加重要的位置，将项目管理工作充分融合到环境保护日常工作中，在环评、排放标准管理、技术政策、总量控制、竣工验收等管理环节中体现投融资和项目管理思想，统筹衔接好规划、标准、考评、行政审批、激励等手段，改变过去被动、应急、孤立的工作方法。各级环保部门要充分重视技术把关工作，在项目申报、初步设计、招标投标、组织实施、竣工验收等环节都应介入到项目管理中，提出技术要求，督促落实情况，从项目“软”管理到技术“硬”管理两个方面，切实保障资金成效。

（6）建立完善引导性环保投资政策、促进多元化环保投融资格局是确保大工程带动持续发展的关键。在银行信贷方面，其政策设计的关注点不应局限于制定一些对环境保护项目信贷的优惠条件，而是一方面要围绕供给方，利用优惠政策提高银行信贷积极性，引导金融机构环境保护信贷投入；另一方面要提高企业环境保护项目的融资能力，创新融资抵押方式，引导社会资金加大对环境保护项目融资担保支持力度，解决制约企业信贷瓶颈的融资担保问题。在民间资本环保投入方面，要围绕民间资本投资环保项目的经济收益问题，制定用地、用电、税收、价格等优惠政策，开展环境资本运作和模式创新，建立回报机制，让其有利可图，提高民间资本环境保护投入的积极性和主动性，推动更多社会资本进入环境基础设施建设和经营领域。

4 完善环保投融资和项目管理制度的建议

4.1 夯实基础，系统加强投融资与项目管理能力建设

（1）依托环境规划院长期积累的项目评审经验、多学科的专业优势、贴近环保部中心工作的服务理念，在环境规划院设立环境保护部环保投资评审中心，作为环保投融资政策研究、咨询评估、绩效评价、项目过程管理、治污工程规范标准制定等工作的技术

单位，强化人才培养和能力建设。各级环保部门尤其是省级环保部门也要结合实际，切实加强投融资政策研究和项目管理队伍建设，夯实大工程带动大发展战略实施的人力资源基础。

（2）积极借鉴林业、水利、城建等部门项目组织管理的经验，有计划地组织开展不同层级、不同角度的项目管理培训工作。

（3）充分调动各地学习项目管理的积极性，组织开展投融资和项目管理征文活动，总结交流各地环保部门在项目管理中的做法和经验，倡导学习、思考、实践的良好氛围。

4.2 出台技术规范，提高项目申报质量，加强项目储备

（1）针对地方困惑较多的水环境综合整治项目、重金属区域综合防治项目等新问题，组织研究制定项目申报、项目管理和投资评估等方面的规范（标准），明确合理内容、技术路线、技术参数、投资标准、验收要求、运行核查等方面的要求，形成项目申报文件编制技术要求，编制典型案例汇编，规范和指导项目申报和评审工作。环境规划院已经启动了相关的前期研究工作，将加强投入、全力推进。

（2）明确项目储备制度，倒逼储备开展。开展《关于加强环境保护有关专项资金项目储备库建设管理的通知》（环办[2012]76 号）的调度和调研工作，全面开展储备库和项目库建设情况的分析。建议今后专项资金申报严格按照环办[2012]76 号规定的储备上报要求执行，未经储备、未达到上报要求的，一律不予受理，倒逼各地尽早开展项目储备，切实提高项目申报质量。

（3）高度重视各专项资金项目库的开发建设。以监管业务用房项目库建设为重点，2013 年全面完成主要专项资金项目库的开发建设任务。完善项目库、专家库，大力提高信息化管理水平，全年常态化实施项目申报、项目审查、项目入库工作。

4.3 扎实推进绩效评价试点，全面推进环境绩效管理

（1）扎实推进污染防治类专项资金项目绩效试点工作，高质量完成山东、四川两省污染防治项目绩效评价试点工作，验证、总结、完善污染防治项目绩效评价方法体系。环境规划院将进一步跟踪、挖掘，提出全国推进建议。

（2）建章立制，组织编制污染防治工程项目绩效评价管理办法、项目绩效管理案例汇编，加强对污染防治类项目绩效管理的指导，组织召开经验交流，加强培训，推进全国范围内污染防治项目类绩效评估工作。同时，对与污染防治项目性质不同的经常性预算项目绩效评价工作，也要积极推进。

（3）与财政等其他绩效评价关注点不同，要在项目申报中强化对环境绩效目标（江苏、浙江所谓的“个性指标”）的审查，强化环境绩效评价结果的应用，形成绩效管理的良性循环，并以环境绩效管理推动项目和投资的全过程管理。

4.4 建立工程管理系统，全面推进八大重点工程实施

（1）加强宣传引导，在“大工程带动大发展”的内涵、意义、举措等方面统一思想认识，改变环保系统“坐、等、靠、要”的项目管理理念。

（2）借鉴湖南“环保十大工程”组织领导、机制、平台推进经验，加强“十二五”规划八大重点工程项目实施的组织领导，成立重大工程项目实施领导小组，设立领导小组办公室，成立专门工作班子，加强谋划、跟踪、调研、评估、总结，开展重大工程项目实施相关技术问题的研究，加大推进力度。

（3）加强国家八大重点工程与各专项规划、省级规划的衔接，建立重大工程项目任务分解机制，将八大重点工程项目在区域、部门、单位和年度分解落地，落实责任部门和牵头、协调司局，加强过程管理，建立年度计划编制和考核制度，将资金政策、项目管理、项目进度、实施成效等纳入规划调度内容和现行考核体系。

（4）在大力、自主推进能力建设等工程同时，建立部门协调机制，加强与城建、工信、交通运输、农业、金融等各有关部门在实施环保重大工程项目中的沟通协调，务求抓出成效。

4.5 继续加强系统分析研究，尽快出台政策文件

（1）继续加强政策实施情况调研，借鉴相关行业投融资政策相关经验，总结各地环境保护投融资政策制定与实施情况。

（2）加大部财政预算和环保科研专项对环保投融资政策、环保投资效益评价、工程管理前期研究的支持力度，加强政策创新研究，研究完善适应新时期环保要求的环保投资统计口径与制度，定期召开投融资与产业研讨会，广泛加强交流合作。重点研究和突破以下政策：①探索研究金融机构向环保企业和环保项目贷款损失准备金企业所得税税前扣除，鼓励政府、金融机构、担保公司等设立联合担保基金，对污染治理项目、环保企业发展提供融资担保服务，试点并推广排污权、收费权质押贷款，拓宽抵押、质押物范围等，“双向”解决企业贷款难题问题；②探索遵循保本微利的原则完善收费制度，开展污染场地修复作为土地招拍挂前置条件纳入土地开发成本等环境资本运作与模式创新，突破社会资本环境保护投资积极性不高等问题。

（3）在环保投融资政策研究的基础上，力争突破一些环保投融资和项目管理的制约瓶颈问题，在国家层面上研究制定《关于进一步加强环保投融资和项目管理、推进国家环境保护“十二五”规划实施的指导意见》。

参考文献

[1] 黄泉川，扈文丽. 我国环境保护投融资机制创新研究[J]. 财经理论与实践，2006（5）.
[2] 郭岚. 完善我国环保投融资机制研究[J]. 理论与改革，2006（5）.

[3] 胡元林，赵光洲. 我国环保投融资体制的创新思路[J]. 统计与决策，2008（14）.

[4] 王静江. 实施环保大工程适逢其时[N]. 中国环境报第 7 版，2012-10-08.

[5] 杨晓龙. 江苏省环境保护投融资体制改革研究[D]. 上海：上海交通大学，2008.

[6] 王晓南，张聪，等. 中央财政环保专项资金管理变化发展趋势及对项目管理的影响分析[C]. 2012 年中国环境科学学会学术年会论文集（第一卷），2012.

[7] 43 家南通企业治污有望重获贷款[OL]. 南通网，2011 年 11 月 23 日.

[8] 环保信用：11 家企业被定“黑色”[OL]. 中国江苏网，2013 年 6 月 23 日.

现行财税体制对环境保护的负向激励和结构性影响分析

Analysis on the Negative Motivationand Structural Effect of the Current Taxation Systemto the Environmental Protection

吴舜泽　朱建华　逯元堂　任雅娟

摘　要　1994年分税制改革对经济发展起了巨大推动作用，影响深远。但是现行财税体制强化了经济结构中不合理的方面和粗放的增长方式。本文重点分析分税制改革对环境保护产生的负向激励和机构性影响。财权上移、事权下移，地方财政收入增长机制不稳定，财力不足难以满足环境公共服务需求。财政分权后的地方政府施政行为目的演变为争夺税源税基、追逐税收与预算外收入以缓解财政约束，造成"工业增长偏好"、"固定资产投资偏好"行为。叠加在"土地财政"、经营城市链条上的招商引资使环境保护压力长期居高不下。流转税为主的税制结构鼓励发展第二产业，行业税收贡献引导地方政府投资偏好，总体上不利于结构优化调整。现行税制未能充分体现环保目标，绿色程度不高，引导作用不强，难以矫正财税体制结构性影响。

关键词　分税制改革　环境保护　负向激励　结构性影响

Abstract The reform of the tax system in 1994 has played a huge role in promoting to economic development，and profound great influence. The current taxation system enhances the unreasonable aspects of the economic structure and extensive growth mode. This article analyze that it has a negative motivation and structural effect to environmental protection. Property up，power down，local fiscal revenue growth mechanism is not stable，the lack of financial resources is difficult to meet the demand of public service of environment.The aim of local government administration behavior evolves to the fiscal decentralization for tax base，chasingthe tax revenue and extra-budgetary revenue to alleviate the financial constraints，resulting in "industrial growth preference" or "fixed assets investment preference" behavior. Investment attraction superimposed on the "land finance" and urban management chain，it makes a long-term high pressure on environmental protection. Turnover tax system structure encourages the development of the second industry. Industry tax contribution guides the local government investment preference.It is not conducive to the structure optimization and adjustment as a whole. The current tax system can't fully reflect the environmental objectives. And its green degree is not highand guidance role is not strong. So the current tax system is difficult to correct structural effect.

Key words reform of the tax system，environmental protection，negative motivation，structural effect

在不同的发展时期，财税政策对遏制破坏环境、增加环境保护投入、鼓励节约资源发挥着至关重要的作用。在充分肯定财税体制既往改革和各项正在进行的改革对中国发展产生巨大推动作用的前提之下，本文分析了现行财税制度对环境保护的负向激励和结构性影响，特别是对污染行业投资的驱动影响。因此，为了推进生态文明建设，必须加快建立环境友好型的财税制度。

1 分税制后地方税源和财力与公共服务需求不匹配、难保障

1.1 分析背景：财税体制演变历程

我国历次财税体制的改革具有鲜明的阶段性特征。①20 世纪 80 年代前，我国实施的是分灶吃饭的财政体制，主要实行统收统支的财政集中体制，实行“划分收支、分级包干”的预算管理制度。②1978—1993 年，中央政府逐步放权，实行分成和财政包干体制。1985 年，在两步利改税完成后，分灶吃饭在表述上调整为“划定税种、核定收支、分级包干”的预算管理体制。1988 年，为了配合普遍开展的国有企业承包经营责任制，开始实施多种形式的地方财政包干办法，包括“收入递增包干”、“总额分成”、“总额分成加增长分成”、“上解递增包干”、“定额上解”、“定额补助”等。财政包干体制改变了计划经济体制下财政统收统支的过度集中管理模式，有其积极的意义，但是也逐渐显现出一些问题，其中较为突出的表现就是事实上包死了上交中央的数额，导致中央财政在新增收入中的份额逐步下降，宏观调控能力弱化。③1993 年 12 月 15 日，国务院发布《关于实行分税制财政管理体制的决定》，我国财政体制开始进入分税制阶段。这次改革最直接的原因来源于两个比重的失衡：一是财政收入在国内生产总值中的比重由 1979 年的 46.8%下降为 1993 年的 31.6%，原有的制度安排难以保证财政收入随着经济的增长而增长；二是中央财政收入在财政总收入中的比重偏低，甚至在 80 年代两次通过设立“基金”（分别是“能源交通基金”和“预算调节基金”）向地方政府“借钱”。

1994 年分税制改革的核心可以概括为按事权划分支出、按税种划分收入，建立税收返还制度和转移支付制度。收入划分是 1994 年分税制改革改革的重点，改变过去的基数法，按税种划分中央固定收入、地方固定收入和中央地方共享收入，将税源最为广泛的增值税作为主要共享收入，地方分享 25%。方案规定，将维护国家权益、实施宏观调控所必需的税种划为中央税；将同经济发展直接相关的主要税种划为中央与地方共享税；将适合地方征管的税种划为地方税，并充实地方税税种，增加地方税收入，具体划分如下：中央固定收入包括：关税、海关代征消费税和增值税，中央企业所得税，非银行金融企业所得税，铁道、银行总行、保险总公司等部门集中交纳的收入（包括营业税、所得税、利润和城市维护建设税），中央企业上交利润等。外贸企业出口退税，除现在地方已经负担的 20%部

分外，以后发生的出口退税全部由中央财政负担。地方固定收入包括：营业税（不含银行总行、铁道、保险总公司的营业税），地方企业所得税，地方企业上交利润，个人所得税，城镇土地使用税，固定资产投资方向调节税，城市维护建设税（不含银行总行、铁道、保险总公司集中交纳的部分），房产税，车船使用税，印花税，屠宰税，农牧业税、耕地占用税，契税，遗产税和赠予税，房地产增值税，国有土地有偿使用收入等。中央财政与地方财政共享收入包括：增值税、资源税、证券交易税。增值税中央分享75%，地方分享25%。资源税按不同的资源品种划分陆地资源税作为地方收入，海洋石油资源税作为中央收入。证券交易税，中央和地方各分享50%。

此外，分税体制改革的主要内容还包括：①建立税收返还制度。为了保持地方既得利益格局，逐步达到改革的目标，中央财政对地方税收返还数额以1993年为基期核定。按照1993年地方实际收入以及税制改革和中央地方收入划分情况，核定1993年中央从地方净上划的收入数额（消费税+75%的增值税–中央下划收入）。1993年中央净上划收入，全额返还地方，保证现有地方既得财力，并以此作为以后中央对地方税收返还基数。1994年以后，税收返还额在1993年基数上逐年递增，递增率按本地区增值税和消费税增长率的1∶0.3系数确定，即本地区两税每增长1%，对地方的税收返还则增长0.3%。如果1994年以后上划中央收入达不到1993年基数，则相应扣减税收返还数额。②保留原体制的上解与补助办法，并在1995年建立了过渡期转移支付制度。

1994年以分税制改革为标志，启动了税收体系和各级政府收入分配体制改革，而后不同税种中央和地方分成比例经过多次调整与完善，逐步奠定了中央和地方之间的收入分配基本格局。1998年后，提出了公共财政改革方向，财政支出向公共服务支出转变，目前仍然处于探索过程中，主要目的是优化财政收入和支出结构，从税制来看，仍然是以财政分权分税为主的财税体制。分税制是市场经济国家普遍实行的财税制度，是处理中央政府与地方政府间分配关系的规范方法。

与以往历次财政体制改革不同，1994年的财政分税体制改革，是新中国成立以来利益格局调整最为明显、影响最为深远的一次，对我国经济高速发展产生了十分重要的作用。①确立了社会主义市场经济税制的基本框架，形成了以流转税和所得税为主辅之以若干辅助税种的较规范较完整的税制体系。②确立了具有中国特色的分税制，使政府间财政分配关系相对规范化。分税体制改变了原来的财政包干下多种体制形式并存的格局，使得中央和省级政府间的财政分配关系相对规范化。③对各级政府组织财政收入的激励作用较为明显。全国财政收入增长较快，特别是中央收入比重，以及中央在新增收入中所得份额都有明显提高。中央政府财政收入比重1993年仅为22%，1994年当年即上升为55.7%，中央财政掌握了更大的主动权和调控余地。另外，形成了普遍补助格局，初步建立了过渡期转移支付办法，为建立较为规范的横向财力均衡制度打下了基础。

从根本意义上，以分税制为核心的现行财税体制对我国经济社会各个方面都产生深刻影响，是包括环境保护在内的不少领域若干问题、现象的内在原因。在充分肯定财税体制既往改革和各项正在进行改革对中国发展巨大推动作用的同时，我们必须客观分析其对环境保护的各行为主体的影响，以期在环境保护和发展的制度政策方面予以矫正、弥补和完善。尤其是，现行财税体制强化了现有的经济结构尤其是经济结构中不合理的方面和粗放式的增长方式，对经济发展方式的转变和经济结构的调整形成了一定的障碍，甚至在一定程度上造成了环境保护制度的失灵。

1.2 地方税源不稳定、未成规模，地方缺乏稳定财政收入增长机制

目前，稳定的地方财政收入增长机制尚未建立。我国主体税种增值税和企业所得税中央和地方税收利益分享，且中央占较大比例，地方政府缺乏主体税种。部分小税种划归地方财政收入，但征收管理较难，难以保障地方财政收入稳定增长。此外，由于各种原因，列入 1994 年税制改革方案的地方税改革至今多数没有实施，涉及税种税率权限高度集中于中央一级。随着经济体制改革的深化和市场经济的快速发展，地方税种不能适应经济形势发展需要的问题越来越突出。2011 年，地方财政收入构成最大的第一税种是营业税，第二是企业所得税，第三是增值税。

相比而言，美国三级政府各有其主体税种，且与政府的层级、性质与作用挂钩。联邦个人所得税和公司所得税为主体税种，并可以有效避免由州征收所得税导致的州际人才、投资的竞争。州政府的主体税种为消费税，而地方政府财产税占全部税收的大头。而日本每一级政府都以两种税为主体税种（一般占本级税收的 65%以上），如都道府县税中两个主体税种是居民税和事业税，市町村税中主体税为市町村民税和固定资产税，这种税制结构保证了各级政府都有属于自己的稳定的收入来源。

1994 年开始的分税制改革，主要稳定了中央财政收入，那些税源稳定、税基广、易征收的税种大部分划归中央或中央和地方按比例共享。中央的转移支付大多集中在省、市这两级政府，省、市以下地方政府财政资金相对短缺。从表 3 和表 4 可以看出：1994—2011 年，中央财政收入稳定增长，且增幅较快于地方；中央财政支出明显低于地方财政支出，且地方财政支出增长趋势较快；中央财政明显收入大于支出，而地方恰恰相反；中央财政收支之间保持基本均衡状态，略有盈余，而地方财政收支呈现出不均衡状态，支出明显大于收入，存在较大财政缺口（地方政府收支差距在 20～30 个百分点，部分依靠转移支付）。

表 1 我国中央与地方财政收支对比（一） 单位：亿元

年份	中央财政收入	中央财政支出	收支比例	地方财政收入	地方财政支出	收支比例
1994	2 906.5	1 754.4	62∶38	2 311.6	4 038.2	36∶64
1995	3 256.6	1 995.4	62∶38	2 985.6	4 828.3	38∶62
1996	3 661.1	2 151.3	63∶37	3 746.9	5 786.3	39∶61
1997	4 226.9	2 532.5	63∶37	4 424.2	6 701.1	40∶60
1998	4 892	3 125.6	61∶39	4 984.0	7 672.6	39∶61
1999	5 849.2	4 152.3	58∶42	5 594.9	9 035.3	38∶62
2000	6 989.2	5 519.9	56∶44	6 406.1	10 366.7	38∶62
2001	8 582.7	5 768.0	60∶40	7 803.3	13 134.6	37∶63
2002	10 389	6 771.7	61∶39	8 515	15 281.5	36∶64

年份	中央财政收入	中央财政支出	收支比例	地方财政收入	地方财政支出	收支比例
2003	11 865.3	7 420.1	62∶38	9 850.0	17 229.9	36∶64
2004	14 503.1	7 894.1	65∶35	11 893.4	20 592.8	37∶63
2005	16 548.5	8 776.0	65∶35	15 100.8	25 154.3	38∶62
2006	20 456.6	9 991.4	67∶33	18 303.6	30 431.3	38∶62
2007	27 749.2	11 442.1	71∶29	23 572.6	38 339.3	38∶62
2008	32 680.6	13 344.2	71∶29	28 649.8	49 248.5	37∶63
2009	35 915.7	15 255.8	70∶30	32 602.6	61 044.1	35∶65
2010	42 488.8	15 989.7	73∶27	40 613.0	73 884.4	35∶65
2011	51 327.3	16 514.1	76∶24	52 547.1	92 733.7	36∶64

表 2　我国中央与地方财政收支对比（二）　单位：%

年份	财政收入比（中央∶地方）	财政支出比（中央∶地方）
1994	56∶44	30∶70
1995	52∶48	29∶71
1996	49∶51	27∶73
1997	49∶51	27∶73
1998	50∶50	29∶71
1999	51∶49	31∶69
2000	52∶48	35∶65
2001	52∶48	31∶69
2002	55∶45	31∶69
2003	55∶45	30∶70
2004	55∶45	28∶72
2005	52∶48	26∶74
2006	53∶47	25∶75
2007	54∶46	23∶77
2008	53∶47	21∶79
2009	52∶48	20∶80
2010	51∶49	18∶82
2011	49∶51	15∶85

数据来源：《中国财政年鉴》。

1.3　政府间事权与财权不匹配，支出偏好经济建设而环保投入难以保证

1994 年分税制改革在分税分财的同时没有分清事权，事权财权分配没有对应同步解决，中央和地方政府的事权和支出责任并没有进行大的调整，只是在保证地方预算自主权的基础上，泛泛地划分了中央与地方的支出责任：中央财政主要承担国家安全、外交和中

央国家机关运转所需经费，调整国民经济结构、协调地区发展、实施宏观调控所必需的支出以及由中央直接管理的事业发展支出。具体包括：国防费、武警经费、外交和援外支出、中央级行政管理费、中央统管的基本建设投资、中央直属企业的技术改造和新产品研制费、地质勘探费、由中央财政安排的支农支出、由中央负担的国内外债务的还本付息支出，以及中央本级负担的公检法支出和文化、教育、卫生、科学等各项事业费支出。地方财政主要承担本地区政权机关运转所需支出以及本地区经济、事业发展所需支出。包括地方行政管理费；公检法支出；部分武警经费；民兵事业费；地方统筹的基本建设投资；地方企业的技术改造和新产品研制经费；支农支出；城市维护和建设经费；地方文化、教育、卫生等各项事业费；价格补贴支出以及其他支出。

国务院《关于实行分税体制财政管理体制的决定》（国发[1993]第 85 号）未涉及地方各级政府事权范围与财权分配，加之《宪法》未对省级以下政府间具体职责予以具体规定，这就造成中央与地方事权交叉重叠、支出责任重点不明确，缺乏法律依据和操作规范，随意性大。

随着市场的逐步放开，以前作为县级财政主要支柱的县属国有企业多因体制僵化而出现经济效益直线下滑，进而国有经济在县域内迅速撤退，导致依赖地税的县级财政收入大幅度减少，尤其是民营经济发展不快的中西部县级财政几乎丧失了开拓财源的前进空间。

从表 1、表 2 数据变动趋势可以看出，分税制实施一定程度上形成了一定财权上移、事权下移，地方财力与巨大的各项政府需求支出相比相对不足，政府间事权财权不匹配。这势必影响基层地方政府支出行为，尤其是财政支出的经济建设偏好制约了有限的财政资金对公共服务领域的投入。

事权的混乱导致环境保护投入重复和缺位并存，政府不能很好履行其环保责任，资金难以落实和保障。近些年来，尽管我国已经围绕公共财政体制的建立进行了多年改革，但政府增加环保财政支出往往是“环境问题导向”的应急式投资，还没有建立起有利于环保的财政投资稳定增长的政策法规体系，难以保障稳定的环保投入，地方财政在环境保护领域的支出严重不足，环境保护资金投入有限。

总体来看，以传统的事权划分解决分税制后的财力划分具有明显的不对称性，政府缺位、错位和越位等现象层出不穷，体现在：一些应当完全由中央承担的支出责任，地方也承担了一部分；完全属于地方的支出责任，中央也承担了一部分；基层政府承担的事权过重。

从某种意义上讲，环境保护事权划分难度大，很难从事项本身直接划分，且与财权税收等密切关联，不同发展阶段也有其差异性，以提供基本环境公共服务作为划分标准可能是一个可操作的新视角。

1.4 转移支付未能弥补财力，支付方式尚未充分考虑环境因素

为了补充和完善分税制改革，1995 年制订了《过渡期转移支付办法》。该办法是一种充分考虑当前实际的过渡性转移支付制度。主要表现在两个方面：①体现 1994 年分税制改革中“存量不动，增量调节”原则，仍维持“税收返还”，只是从中央收入的增量中拿

出一部分用于转移支付，重点是缓解地方财政运行中的突出矛盾，体现对民族地区适度倾斜的政策精神，因而拨款金额以及调节的范围和力度都是有限的。②由于继续维持既得利益，在制度设计上不可能全面放弃“基数法”转入按影响因素计算的“标准收支法”，同时也存在统计数据不完整和计算方法不完善的问题，因而规范化程度也是有限的。

严格意义上讲，我国的财政转移支付制度是在 1994 年分税制财政管理体制的基础上建立起来的，成为中央平衡地方发展和补偿的重要途径。但 1995 年实行的《过渡期转移支付办法》实际上是一种有限的转移支付，它的主要意义不在于转移支付额度，而在于制度的转变，即开始由“基数法”向按客观影响因素计算的“标准收支法”的转变。

在启动分税制改革时，为了减少阻力，税收返还和原体制补助形式占的比重较大，基数越大、经济总量增速越快的地区，税收返还就越多，造成转移支付在地区之间是不平衡的，存在向发达地区倾斜的形象，但是越是落后的地区就越依赖中央的转移支付，同科学发展观是相悖的。而且经测算①，尽管转移支付在缩小区域间财力差距上效果较为显著，但是总体上变化趋势并不明显，即分税制以来不断调整增加的转移支付在调节区域差距从时间趋势上看效果并不明显。

转移支付的类型包括：一般转移支付和专项转移支付。转移支付的方式有四种：体制补助、专项补助、税收返还、公式化补助。一方面，我国的一般性转移支付规模较小，专项转移支付的比重较高。国际上来看，一般性转移支付作为中央对地方转移支付的主要形式，占全部转移支付的比例在 50%左右。2005 年，我国一般性转移支付占全部转移支付的比重按照宽口径计算只有 9.8%，按照窄口径计算占 15.3%②，比重偏低，不能充分发挥弥补地方财力的作用。而且经测算③，与人均本级财政收入相比，接受中央转移支付后，省际间财力差距缩小，但是各省接受转移支付后人均财政总收入（支出）④差距与省本级财政支出差距相近，转移支付对人均财政支出差异缩小并没有什么效应。另外，省以下政府间转移支付体系不完善，省以下纵向财力差距以及省内地区间横向财力差距不断扩大。在地方财力不足的情况下，投入环境保护的资金极为有限。

另一方面，转移支付考虑生态环境因素不足。近些年来，随着环保意识的增强，中央财政增加了用于限制开发区和禁止开发区生态保护的预算规模和转移支付力度及生态补偿科目。2005 年政府出台了《关于进一步完善生态补偿机制的若干意见》，通过政府的转移性支出，把生态修复和环保所面临的补偿问题统筹起来。尽管财政转移支付资金为生态补偿提供了一定的资金基础，但是转移支付方式尚未充分考虑环境因素，尤其是公式化补助是针对中央财政增量，尚未法律化、公式量化考虑中央财政增量向环境保护倾斜，没有成为财政转移支付的重点对象。

---

① 刘薇. 财政分权的经济与社会发展影响研究[M]. 北京：经济科学出版社，2009：144-148.

② 数据来源：倪红日. 对中国政府间财政关系现状的基本判断和发展趋势分析. http://www.yspworld.com/Support/Show_Article.asp？ArticleID=41701.

③ 刘薇. 财政分权的经济与社会发展影响研究[M]. 北京：经济科学出版社，2009：142-144.

④ 这里的人均财政总收入表明的是各省实际可支配的财力，从支出角度说就是各省用于实际财政支出的财力，因此也可以理解成各省人均财政总支出。

2 财税体制总体上激励地方政府投资/工业化导向的施政行为

2.1 地方政府逐步成为趋向地方财力最大化的“经济人”

分税制的实施，不但使中央和地方的关系发生了巨大的变化，也深刻影响了地方政府获得财源的方式。20 世纪 80 年代中期确立的财政包干体制使用的是基数包干法，超出基数越多，地方留成的也就越多，而税收是按照企业隶属关系划分，这样工商企业税收与地方政府的财政收入紧密联系，只要多办、大办“自己的”企业甚至属地内的企业，经济总量和财政收入就能双双迅速增长，因此很大程度上刺激了地方政府发展企业的积极性。1994 年分税制出台，地方政府和企业的关系发生了根本性的变化，中央和地方对企业税收的划分不再考虑企业的隶属关系，由于中央并不分担企业经营和破产的风险，所以地方政府兴办、经营企业的收益减小而风险加大；同时企业的主体税种，增值税、消费税和企业所得税都要纳入分税制的划分办法进行分配。在这种形势下，地方政府兴办企业的积极性大为降低，地方政府的财政收入增长方式也随之发生了明显的转变，即由过去依靠企业税收变成了依靠营业税，而营业税主要来源于房地产业和建筑业。所以，地方政府发展房地产业以及建筑业就成为必然的选择。

分税制改革对地方政府预算外收入也有极大的影响。20 世纪 90 年代中期地方政府纷纷推行国有企业股份制改造和乡镇企业转制后，地方政府失去了规模巨大的“企业上缴利润”收入，这使得地方政府的支出受到巨大的压力，并开始寻求预算外和非预算收入作为自己财政增长的重点。非税收入的主体是农业提留统筹、土地开发相关的土地转让收入，预算外资金的主体是行政事业单位的收费。分税制改革非但没有解决市场化改革之初产生的预算外收支问题，反而更进一步推动地方政府脱离正式的制度安排轨道，加倍努力在规范外寻求补充资源。而随后国家采取措施规范行政事业性收费和基金管理以及农业税费改革的实施，地方政府增加“费”的收入逐渐困难，在“费”中的自主空间越来越小。这些都使地方政府在 2003 年后将寻求补充财源的着力点更多地放在土地财政上，并产生了一系列经济社会环境后续影响。

总之，分税制激励了地方政府在现行税制导向下与中央调控不完全统一的“经济人”行为，地方政府由计划经济体制下单一的服从角色开始向双重角色转化。一方面，地方政府作为国家利益的代表，是国家利益、全局利益的服从者；另一方面，地方政府是地区经济活动的主体，是局部利益的支配者，负有发展本地区经济的责任。地方政府的特殊地位促成了地方特殊经济利益的形成，促进了地方政府在竞争中相对独立的竞争主体资格的形成，在某种意义上具有“以完全追求物质利益为目的而进行经济活动”的“经济”人主体特征。

在分税制框架下，地方政府行为目标主要表现为缓解财政约束、促进经济增长，地方政府财力的追逐是政府主导型增长模式下地方经济增长的主要动力[①]。这是解释地方政府

① 陈颖. 税制下地方政府和房地产深度契合的根源探析[J]. 中国房地产金融，2012（6）。

“经济人”行为的一个客观规律性认识。作为“经济人”的地方政府，这种动力首先表现在地方政府优先追求不受中央分税影响的预算外收入和规费增长，其次是增加不参与税收分享的地方税种（如营业税①），最后是做大税收增量、争取更多税收分成。

改革之前，我国的财政体制以统收统支为基本原则，政府间税收竞争的主要表现形式就是对上级政府集中性财政资源的争取，是一种较为隐蔽的税收竞争形式。在分税制框架下，行政性分权与经济利益的出现和强化，使隐蔽性的税收竞争显现化。财政收入增长机制与各地片面理解的“以经济建设为中心”的发展观相结合，延续原有的粗放型经济增长方式，形成了两者的非良性互动格局。我国处于发展中阶段的国情，实际上放大了财税体制下地方政府追求地方财力行为对环境保护的不利影响。

由于历史欠账、财政支出决策机制等多方面原因，我国地方政府财政支出呈现大政府、全覆盖、高离散的特征，地方政府具有较强烈的开拓税源税基、财源的驱动，以使地方政府收入规模能支撑扩展态势的事权需要。由此产生了比较明显的、与中央调控指导思想与环境保护方向不完全一致的地方行为模式，即政府利用各种税收政策和手段争夺经济资源和税收资源的自利行为，努力追求预算内财政收入与预算外资金收入的增加。

以增加地方财力为主要目的的经济发展方式影响是多方面的、深刻的。如以投资拉动税收的偏好容易造成盲目和重复投资，为防止税收流失而采取的地方保护往往也会影响产业结构优化调整和环境保护，区域之间竞争大于合作。从经验现象上看，地方政府在2002年以来对于土地开发、基础设施投资和扩大地方建设规模的热情空前高涨，其中谋求地方财政收入增长是一个重要的动力机制。此时以牺牲资源环境为代价的招商引资、间接纵容地方税源税基（如“十五”小企业发展）等行为模式就不难理解。

人们往往给予较多非议的是 GDP 考核，但我们研究认为，从某种意义上，上述地方政府机制性的趋利行为比 GDP 考核过强的指挥棒作用更隐蔽但也更强大、更持久。GDP 考核显性、表面的“指挥棒”作用，其本质、深层次因素实际为在现有财税体制下争夺税源税基、缓解财政约束的地方政府行为模式导向。即使假设不实行 GDP 考核，若不改变或矫正财税体制的负向激励，地方政府的行为方式仍然没有本质性变化。由于政绩的考核及其干部的任期制度，导致了政府行为的短期化与预期不足。现行税收体制下地方政府争夺税源税基的内在驱动，辅以 GDP 考核短期化行为导向，对环境保护造成的制度性负影响十分深刻。

2.2 我国财税体制具有鼓励固定资产投资的基本特征

由于税制结构不同，一般来讲，当西方国家面临经济萧条、试图刺激经济增长时，往往从减税刺激消费的角度去落实政策意图，而很少能够通过直接扩大投资来带动经济增长。而我国增值税生产性特征诱导地方投资冲动，财政分权赋予各地政府对支出的控制权，

---

① 2011年，经国务院批准，财政部、国家税务总局联合下发营业税改征增值税试点方案。从2012年1月1日起，在上海交通运输业和部分现代服务业开展营业税改征增值税试点。至此，货物劳务税收制度的改革拉开序幕。自2012年8月1日起至年底，国务院将扩大营改增试点至10省市。

地方政府也有充分的激励手段。

我国以流转税为主的税收结构、高流转税税率、高所得税税率与低资源补偿税率相搭配，使固定资产投资具有启动成本相对较低、政府收入回报较高的特征，地方收入管理制度多样化、财政投资性支出的多样化也客观上放大了地方政府对固定资产投资膨胀的助推作用，使得政府偏好以投资带动税收。

争抢税收增量的收入划分体制势必刺激固定资产投资膨胀。我国现行税收划分体制的主要特征之一就是让各级财政收入增长依赖税收增量。一是中央财政对地方财政的税收返还以 1∶0.3 的税收增长系数为依据。这实际上就是把各级财政收入增长捆在了增值税和消费税两税增长的战车上，尽管地方财政得小头，但两税规模占税收总额 60%的现实值得地方政府拼尽全力争取。而确保两税增长有效的途径就是通过固定资产投资扩大产能。二是现行税收划分表面上看是以税种为依据，实际上仍然保留了基数法，各级地方财政的既得利益上级要保护，2002 年的所得税分享改革也延续了这种分配原则。此外，现行预算制度促使地方政府通过增加固定资产投资获得税收的同时，还能够获得自主支配的非税收入（国有资本经营收益、社会保险金、大部分土地有偿使用收入等均属于此类）。从实证角度来看，投资也确实对我国税收贡献较大。

表 3　社会投资增长与 GDP 财政收入、税收收入增长情况表　　单位：亿元

年份	社会投资总额	增长量	财政收入总额	增长量	税收收入总额	增长量	投资拉动系数	对财政收入拉动系数	对税收收入拉动系数
2007	137 239	34 035.27	51 304	16 622.51	49 449	15 526.99	0.204 9	0.488 4	0.456 2
2008	172 291	43 934.21	61 317	11 956.80	57 862	9 836.54	0.157 1	0.272 2	0.223 9
2009	224 846	67 678.65	68 477	8 011.81	59 515	5 832.47	0.129 8	0.118 4	0.086 2
2010	278 140	66 197.32	83 080	17 696.04	73 202	16 836.46	0.147 4	0.267 3	0.254 3
2011	311 022	73 401.19	103 740	25 727.52	89 720	20 276.72	0.126 2	0.350 5	0.276 2

注：投资拉动系数=GDP 增量/固定资产投资总额；

对财政收入的拉动系数=财政收入增量/固定资产投资总额；

对税收收入的拉动系数=税收收入增量/固定资产投资总额。

2.3　地方政府偏好税收贡献较大的重化工业和两高一资产业

由于流转税的征税对象是流转额或营业额，与企业利润情况无关，因此在发展过程中，地方政府首先看重项目带来的税收收入和政治影响，倾向于选择“多、快、好、省”工业项目。从现实情况来看，对于资源性产业、重化工产业等产业具有投资总额大、见效快的特点，特别是短期内利高税大的高能耗、高污染的资源型重工业项目，尽管明知可能产生或肯定产生严重的环境问题，但在财政收入与环境保护之间选择，地方政府还会选择前者。这造成了地方政府往往对国家产业政策和环保政策的贯彻不到位，环保门槛降低，产能过剩和“两高一资”行业发展过快。

相对于消费需求，近年来投资需求对经济增长的贡献不断增强，这是与目前我国工业

化所处的阶段和城市化进程加快的现实相适应的。一般而言，由固定资产投资的性质决定，投资需求的增长将更多地拉动重工业的增长，而对轻工业增长的拉动作用则较弱，这往往会阻碍产业结构调整和经济发展方式的转变。

根据 2002 年全国投入产出表计算的固定资产投资对各行业的生产诱发系数和各行业对固定资产投资的依赖度系数可以看到，受固定资产投资需求的增长影响较大的行业主要是设备制造、采掘、金属冶炼及压延加工、非金属矿物制品和化工等重化工业部门，以及与重化工业具有很强关联性的建筑业和交通运输及仓储业等。投资需求的快速增长与重化工业加快发展两者互为驱动。

表 4　重点行业投资对税收收入的拉动情况　　单位：亿元

	2010 年			2009 年			2008 年		
	投资额	税收收入	税收收入/投资	投资额	税收收入	税收收入/投资	投资额	税收收入	税收收入/投资
农、林、牧、渔业	3 966	78.21	0.019 7	3 373	56.05	0.016 6	2 256	126.44	0.056
第二产业	101 048	40 615.36	0.401 9	82 277	33 415.5	0.406 1	65 036	30 643.7	0.471 2
采矿业	9 653	4 825.96	0.499 9	8 093	3 640.05	0.449 8	6 913	4 290.91	0.620 7
煤炭开采及洗选业	3 770	2 594.78	0.688 3	3 021	1 938.53	0.641 7	2 411	1 526.74	0.633 2
石油和天然气开采业	2 893	1 326.58	0.458 5	2 793	942.24	0.337 4	2 715	1 845.8	0.679 9
制造业	74 528	29 511.45	0.396	58 817	24 498.1	0.416 5	46 345	21 509.6	0.464 1
纺织业	2 230	598.02	0.268 2	1 768	559.68	0.316 6	1 534	528.44	0.344 5
石油加工、炼焦及核燃料加工业	2 076	3 864.25	1.861 4	1 835	3 067.58	1.671 7	1 832	1 088.73	0.594 3
化学原料及化学制品制造业	6 863	1 289.21	0.187 8	6 006	1 066.97	0.177 7	4 787	1 182.65	0.247 1
非金属矿物制品业	7 556	951.43	0.125 9	5 948	789.04	0.132 7	4 113	726.26	0.176 6
黑色金属冶炼及压延加工业	3 465	953.12	0.275 1	3 206	1 046.41	0.326 4	3 240	1 608.81	0.496 5
有色金属冶炼及压延加工业	2 924	450.8	0.154 2	2 202	347.37	0.157 8	1 854	618.8	0.333 8
通用设备制造业	5 459	1 459.62	0.267 4	4 465	1 183.75	0.265 1	3 224	1 043.88	0.323 8
电力、燃气及水的生产和供应业	14 535	2 476.61	0.170 4	13 482	2 355.35	0.174 7	10 484	2 493.9	0.237 9
建筑业	2 332	3 801.34	1.63	1 884	2 922.07	1.497 9	1 294	2 349.26	1.815 5
第三产业	136 401	36 700.87	0.269 1	108 489	29 632	0.273 1	80 875	27 091.6	0.335
交通运输、仓储和邮政业	27 820	1 763.33	0.063 3	23 278	1 442.45	0.062	15 552	1 514.39	0.097 4
金融业	476	6 221.3	13.07	349	6 133.13	17.573 4	247	5 767.22	23.349 1
批发和零售业	5 216	11 577.57	2.219 6	4 451	8 939.64	2.008 5	3 166	7 737.29	2.443 9
房地产业	57 557	6 855.49	0.119 1	43 065	4 826.86	0.112 1	35 215	3 924.38	0.111 4

3 基于土地财政的招商引资/城市经营模式具有长期环境压力

3.1 土地出让是分税制下地方政府财政突围的首选手段

理论上讲，分税制是一种集权化的财政改革，追求预算内税收收入的努力显然难以弥补其财政缺口，这使得地方政府开始寻求将非税收入和预算外资金作为财政增长的重点。增值税、消费税、企业所得税都要纳入分税制的划分办法进行分配，但土地出让金[①]等非税收入管理高度分权化，地方可控性强，产业关联度大，政绩显性度高，从而成为地方政府主要倚重的财政增长方式，并在此后逐渐成为地方政府的“第二财政”。

从表 5 可以看出，2011 年中央和地方财政收入规模大致均衡，其中税收收入中央略高于地方，非税收入地方明显高于中央，地方非税收入占总非税收入比重达到 80.9%，而中央仅为 19.1%，充分说明地方财政中非税收入是财政开源的重要突破口。

表 5 2011 年中央和地方财政收入比较

项 目	国家财政收入/亿元			比重/%	
		中央	地方	中央	地方
合计	103 874.4	51 327.3	52 547.1	49.4	50.6
税收收入	89 738.4	48 631.7	41 106.7	54.2	45.8
非税收入	14 136.0	2 695.7	11 440.4	19.1	80.9

为弥补地方财政收入和支出间的巨大缺口，获取“土地财政”成为政府的普遍“偏好”和现实可行的操作手段，地方政府土地出让收入对财政尤其是预算外收入的贡献较大，地方政府寻求财政出路最便捷的途径就是利用土地一级市场的垄断，依靠土地转让收入填补财政空缺。2007 年，全国土地出让总价款 9 130 亿元以上，而全国的财政收入为 3.2 万亿元，土地出让收入占财政收入的比重为 28.53%。2009 年，全国土地出让金收入达到 13 964 亿元，占地方非税收入的 48.4%，是地方政府预算外收入的主要来源。2010 年，我国土地出让金达到 2.9 万亿元，约为 2005 年的 5 倍。

除了直接土地转让收入之外，由于现行税收划分办法把与房地产相关的小税种（如契税、城镇土地使用税、土地增值税、房产税）全部划给了地方，地方政府更为关注的是与土地出让紧密关联产业（房地产、建筑业）的、地方独享的营业税（土地类税金）等收入。土地直接税收包括城镇土地使用税、耕地占用税、契税、土地增值税，土地间接税收主要包括房地产业和建筑业的营业税、企业所得税以及房地产税。目前地方财政收入第一位为

① 2007 年 1 月 1 日起施行的《土地出让金管理办法》主要内容包括：建立土地出让金收支专户、土地出让金全额进入地方预算、土地出让金分配方式等。此次土地出让金改革是建立土地出让金专用账户，取消预算外的收支专户，将土地出让总收益全部纳入地方财政预算，同时彻底将征收和支出两条线进行了分离。

营业税，地方政府独享的营业税主要来源于房地产和建筑业，地方政府发展房地产和建筑业往往成为必然的选择。地方政府通过改善基础设施、优化区位条件等方式拉动商业用地、居住用地价格上升，进行以房地产开发为主要形式的城市经营，扩大房地产业收入以及与此密切相关的税收收入（如建筑业）和土地出让收入成为地方政府的主要生财之道[①]。

我国房地产业只有二十多年发展历史，但发展却很迅速，我国房地产投资额从1997年的3 178亿元上升到2009年的36 241亿元（增长10.4倍），房地产经营收入从1997年的2 218亿元增长到2009年的34 606亿元（增长14.6倍）。研究显示，房地产行业对GDP的贡献一直稳定在15%以上[②]，同时房地产发展能够带动建筑、建材、冶金等50多个物质生产部门20多个大类近2 000种产品的发展，中国房地产对40个产业的总带动效应达到1.416[③]。调查显示，由建筑业和房地产业创造的税收占到地方税收37%以上，而土地出让金净收入占预算外收入的60%以上（个别地方甚至高达90%），以土地做担保的银行贷款占城市基础设施投资资金的70%以上（形成圈地-圈钱的循环）[④]。在2009年地方政府收入比2005年的增量中，44%来自于房地产业、建筑业税收及土地出让金。

虽然“土地财政”对地方经济发展的贡献是巨大的，但是不可持续。实质上，一是利用了国有土地与集体土地征用价格差，二是将未来较长时期（50年或者70年）内的土地租金等持续收入一次性变现[⑤]。此外，房地产业和建筑业等固定资产投资的扩张拉动了对钢铁、水泥等建材的需求，环境污染压力加大。

3.2 土地财政引发工业化冲动和招商引资，环境负影响大

尽管地方政府只能分享工业企业增值税的25%，但发展工业具有4个方面的好处：①可以保证财政收入总量的增加；②表达政府政绩；③可以带动第三产业的发展，带来的营业税可以有效减缓财政缺口带来的压力；④直接实施后续的工业化，才能使经营城市获得后续的财政税收资金来源，形成全链条“良性循环”。因此，工业化的发展与地方政府的土地出让行为有比较紧密的关联。

我国城市化和工业化互动促进模式，也有其财税体制背景。土地财政必须以后续项目落地和投资引入才能实现全链条循环，这引发了工业化冲动，一些地方政府将招商引资作为核心职责，形成了土地财政、工业化、招商引资的城市经营“模式”。

地方政府为了吸引竞争性资本的进入，纷纷设立各种开发区，通过压低工业用地价格甚至以“零地价”吸引流动性税基进入本区域，以短期内的土地出让损失换取长期的稳定税源，实现地区经济总量的增加、政府官员“政绩”工程的凸显。最终，廉价的土地及其肆意占用、对“商”和“资”的环保门槛随意放松就成了普遍现象。“区际竞争”又转化对农地的侵蚀及其租金享益的“竞赛”，进而导致了资源的浪费与环境的破坏。

---

① 陈颖. 税制下地方政府和房地产深度契合的根源探析[J]. 中国房地产金融，2012（6）.

② 丘兆祥，王涛. 论我国房地产对国民经济的拉动与带动作用[J]. 经济研究管理，2010（1）.

③ 刘永杏. 房地产关联带动效应分析[M]. 北京：中国人民大学出版社，2004.

④ 黄小虎. 中国土地管理研究（下卷）[M]. 北京：当代中国出版社，2006.

⑤ 所谓“土地财政”，实际是通过出让将未来50～70年的土地收益在一年中收上来，实际是透支未来几十年的财政资源。

由于“土地财政”对地方施政行为的“挟裹”效应，在优质项目资源稀缺的情况下，必然导致一些地方准入门槛的降低和产业的无序发展。为了招商引资，地方政府还经常开出不计成本的政策优惠，扭曲资源价格，漠视环境污染代价，损害资源配置的效率。尤其是盲目、偏快、水平不高的工业化，这给环境保护造成了巨大的压力。

4 不同产业税收贡献差异化使地方政府优先发展重工业

4.1 以流转税为主体的税收结构使地方倾向于发展生产型工业

流转税本身作为以纳税人商品生产、流通环节的流转额或者数量以及非商品交易的营业额为征税对象的一类税收，以商品生产、交换和提供商业性劳务为征税前提，主要包括增值税、消费税、营业税、关税等，以商品、劳务的销售额和营业收入为计税依据，不考虑企业成本和所得利润等，征收相对及时稳定可靠，具有间接税的性质，也具有一定的隐蔽性。

1994 年税制改革建立了以流转税为主的税收体系，这就决定了现行财税制度主要是在生产领域征税。2001—2010 年，我国流转税（包括增值税、营业税、消费税、关税）占税收收入总量的比例高达 55%以上，其中又以增值税所占比例最大，所得税年均占税收总收入的 22.5%。就税制总体而言，我国流转税比重偏大，所得税比重偏小。这与其他国家直接税和间接税“双主体”有一定差异。从发达国家的经验看，一般而言，所得税比重在 60%以上，流转税的比重不超过 20%。

表 6 2001—2010 年我国所得税和流转税比较 单位：亿元

年份	总税收	所得税		流转税				所得税比重/%	流转税比重/%
		企业所得税	个人所得税	增值税	营业税	消费税	关税		
2001	15 301.4	2 630.8	716.0	5 357.1	2 064.1	930.0	840.5	22	60
2002	17 636.5	3 082.8	1 211.8	6 178.4	2 450.3	1 046.3	704.3	24	59
2003	20 017.3	2 919.5	1 418.0	7 236.5	2 844.5	1 182.3	923.1	22	61
2004	24 165.7	3 957.3	1 737.1	9 017.9	3 582.0	1 501.9	1 043.8	24	63
2005	28 778.5	5 343.9	2 094.9	10 792.1	4 232.5	1 633.8	1 066.2	26	62
2006	34 809.7	7 039.6	2 453.7	12 784.8	5 128.7	1 885.7	1 141.8	27	60
2007	45 622.0	8 779.3	3 185.6	15 470.2	6 582.2	2 206.8	1 432.6	26	56
2008	54 223.8	11 175.6	3 722.3	17 996.9	7 626.4	2 568.3	1 770.0	27	55
2009	59 521.6	11 536.8	3 949.4	18 481.2	9 014.0	4 761.2	1 483.8	26	57
2010	73 210.8	12 843.5	4 837.3	21 093.5	11 157.9	6 071.6	2 027.8	24	55

以 2006 年为例，中国仍然是以流转税（包括增值税、消费税和营业税）和所得税（企业所得税、涉外企业所得税、个人所得税）为主体的国家，尤其是包括增值税、消费税、

营业税在内的流转税占总税收的比例为 65.90%，其中，国内增值税所占比例为 34.26%，所得税所占比例为 25.26%，流转税和所得税共占了总税收的 91.16%。与批发零售贸易业部门相比，工业部门的增加值非常显著地解释了国内增值税收入，有研究表明工业增加值解释了 83%的国内增值税收入变化。

以 1995—2005 年的十年平均数据分析来看，各税种对税收弹性的贡献从高到低依次为：国内增值税（32.33%），其他税收（24.65%），进口税（16.77%），营业税（16.40%），企业所得税(14.87%),个人所得税(9.36%),国内消费税(5.11%),涉外企业所得税(4.73%)。总的来说，从贡献度来看，对总税收弹性贡献较大的仍然是流转税。

增值税作为我国的主体税种，目前实行的是生产型增值税，生产型增值税的征收主要依赖于生产产值，相对来说也较注重原材料和产品大进大出、产值规模，这必然激励各级政府对 GDP 最大化的追求以及以 GDP 为标志的工业化。

同时，未进行改革前的增值税对外购固定资产的进项税金不予抵扣，而能扣税的直接材料成本所占比重小且呈下降趋势，从而造成企业投入越多、税负相对高的弊端。对自发开展技术创新的纳税人来讲，开展技术创新也意味着固定资产、无形资产的投入比重大。有机构成比较高的资本密集型产业和人力资源投资较大的知识密集型产业的实际税负相对较高。总体而言，这种过分倚重调节社会流通环节的税制结构总体上不利于税制的优化和经济的可持续发展。

流转税征税范围广泛，对象涉及第一、第二、第三产业。但就我国税制而言，由于取消了农业税等项税收，第一产业税收负担大幅减轻，其税收贡献率已远远低于第二、第三产业。税制特征是把课税重点放在第二和第三产业上，这种税制安排与地方收入范围相对应，各级政府更为重视发展第二、第三产业。由于发展第三产业受制于生产社会化程度和市场经济发展水平等众多限制，优先发展第二产业、筹集财政收入成了许多地方政府的首要选择。这直接导致各地向制造业、建筑业乃至一些快速产生 GDP 和财政收入的产业（如房地产业）倾斜，以至于地方产业结构可能过度工业化。

4.2 不同工业行业税收贡献差异化，引导地方政府产业偏好

财政收入是各级政府赖以生存和发挥调控职能的根本基础，各级财政收入的 90%以上来源于税收收入，因此各级政府高度依赖税收收入。我国税收对不同行业有差异化的激励作用，使得各地都争相投入那些回报较高的行业。根据数据可得性，本研究以不同行业国有及国有控股工业总产值占该行业工业总产值比重为指标，对 39 个行业进行筛选扣除了明显偏低的部分行业进行比较，分析了地方政府不同行业领域的投资偏好。初步研究发现：

（1）国有及国有控股工业总产值占比高，工业总产值、税金、利润均较高的行业有煤炭开采和洗选业、石油和天然气开采业、石油加工、炼焦及核燃料加工业、电力、热力的生产和供应业、交通运输设备制造业、黑色金属冶炼及压延加工业、有色金属冶炼及压延加工业、化学原料及化学制品制造业。国有及国有控股工业总产值占比较低，工业总产值、税金、利润均较低的行业有：黑色金属矿采选业、有色金属矿采选业、非金属矿采选业、通用设备制造业、电气机械及器材制造业、通信设备、计算机及其他电子设备制造业。

（2）从增值税角度来看，如煤炭开采和洗选业、石油加工、炼焦及核燃料加工业、化学原料及化学制品制造业、电力、热力的生产和供应业、黑色金属冶炼及压延加工业、通用设备制造业、交通运输设备制造业、电气机械及器材制造业，税收贡献较大，尤其是上缴中央部分，也可以给地方财政作出部分贡献，地方政府偏好这类行业投资存在必然性。

（3）从主营业务税金及附加角度来看，如石油和天然气开采业、烟草制品业、石油加工、炼焦及核燃料加工业、交通运输设备制造业，地方税收贡献大，对地方财政的影响大，基本结论与（1）接近。

（4）从单位产值税收角度来看：煤炭开采和洗选业、石油和天然气开采业、黑色金属矿采选业、电力、热力的生产和供应业、水的生产和供应业，基本结论与（1）接近。

综上所述，基于财政收入考虑，地方政府偏好投资石化、电力等行业，税收影响是重要因素。

此外，考虑其他因素也影响地方政府投资偏好，采用因子分析方法，选取 8 个指标（表 7）。其中，"主营业务税金及附加"属于损益类账户，用来核算企业日常主要经营活动应负担的税金及附加，包括营业税、消费税（中央税）、城市维护建设税、资源税（中央与地方共享税）、土地增值税和教育费附加。8 个指标可以提取 2 个公因子。公因子 1，即由利润总额、工业总产值、本年应交增值税、企业单位数构成，地方投资一般表现为国有或国有控股，利润也会部分上交中央，工业总产值与地方 GDP 贡献直接相关，本年应交增值税较大比例上缴中央，这些更多地表现为地方政府的政绩，对地方财政也有一定贡献；公因子 2，即由主营业务税金及附加体现，更多地体现对地方财政的贡献，并不一定表现为政绩，而是地方更实际的利益。研究地方政府投资偏好侧重因素，可以得出以下结论：

（1）不同行业在不同因子上表现的优势是不同的，地方政府投资偏好可能侧重不同的因素。如：煤炭开采和洗选业、化学原料及化学制品制造业、黑色金属冶炼及压延加工业、通用设备制造业、交通运输设备制造业、电气机械及器材制造业、通信设备、计算机及其他电子设备制造业、电力、热力的生产和供应业等行业主要优势表现为地方政府的政绩；石油和天然气开采业、石油加工、炼焦及核燃料加工业、烟草制品业等行业主要优势表现为对地方财政贡献较大，其中烟草制品业由于政府专营性质，地方政府投资比重高，但这不是投资偏好的影响因素，也应考虑其中。

（2）燃气生产和供应业、水的生产和供应业是两个比较特殊的行业，除国有及国有控股工业总产值占比指标较高外，其余 7 个指标值均偏低，主要是这两个行业具有公共服务性质，正外部性较强，收益率较低，收益期较长，政府承担更多的责任提供该类产品，并不体现为政府偏好投资该行业。

（3）黑色金属矿采选业、有色金属矿采选业、非金属矿采选业 3 个行业国有及国有控股工业总产值占比较低，企业单位数、工业总产值、税金、利润均较低，该类行业发展规模偏低，行业秩序较为不规范，少数国有企业垄断该类行业。行业为资源类初级采选，整体技术水平不均衡，附加值低，总体效益偏低，经济贡献较低，所以地方政府对该类行业投资并不积极。

表7　17个行业经济指标及因子分析结果　　单位：亿元

行业	企业单位数/个	工业总产值	国有及国有控股工业总产值	占比/%	主营业务税金及附加	本年应交增值税	单位产值税收	利润总额	第一因子得分	第二因子得分
煤炭开采和洗选业	9 016	22 109.27	12 483.9	56.5	212.2	1 848.02	0.083 6	3 446.52	1.241 6	0.664 5
石油和天然气开采业	310	9 917.84	9 392.01	94.7	793.8	830.13	0.083 7	3 026.76	0.194 0	1.339 2
黑色金属矿采选业	4 262	5 999.33	842.39	14.0	21.17	313.7	0.052 3	893.05	−0.638 1	−0.065 0
有色金属矿采选业	2 443	3 799.41	1 039.16	27.4	11.07	142.28	0.037 4	572.05	−0.891 5	−0.083 0
非金属矿采选业	4 633	3 093.54	345.12	11.2	12.36	122.69	0.039 7	276.16	−0.941 6	−0.179 4
烟草制品业	151	5 842.51	5 804.63	99.4	2 814.79	674.63	0.115 5	734	−0.465 3	3.849 8
石油加工、炼焦及核燃料加工业	2 324	29 238.79	20 737.49	70.9	2 536.29	1 115.13	0.038 1	1 221.11	0.350 3	3.580 0
化学原料及化学制品制造业	29 504	47 920.02	9 246.17	19.3	197.42	1 362.79	0.028 4	3 638.41	1.920 9	−0.349 2
黑色金属冶炼及压延加工业	7 881	51 833.58	20 193.08	39.0	108.52	1 311.24	0.025 3	2 149.03	1.119 4	0.310 9
有色金属冶炼及压延加工业	8 200	28 119.02	7 962.95	28.3	37.51	704.54	0.025 1	1 620.62	0.236 8	−0.035 1
通用设备制造业	39 699	35 132.74	4 634.8	13.2	40.71	1 047.53	0.029 8	2 710.67	1.502 3	−1.083 4
交通运输设备制造业	20 718	55 452.63	25 793.68	46.5	781.29	1 776.69	0.032 0	4 856.4	2.420 0	0.932 9
电气机械及器材制造业	27 537	43 344.41	3 858.92	8.9	28.05	1 125.41	0.026 0	3 116.2	1.529 5	−0.597 1
通信设备、计算机及其他电子设备制造业	14 838	54 970.67	4 338.88	7.9	27.53	900.91	0.016 4	2 873.03	1.277 2	−0.212 8
电力、热力的生产和供应业	6 558	40 550.83	37 416.75	92.3	163.89	1 635.15	0.040 3	1 968.48	1.026 2	0.567 0
燃气生产和供应业	970	2 393.42	1 056.64	44.1	4.99	64.96	0.027 1	253.97	−1.070 7	−0.071 5
水的生产和供应业	2 109	1 137.1	781.39	68.7	8.63	48.54	0.042 7	60.25	−1.125 8	−0.120 7

5 现行税制绿色程度不高，引导调控作用不强

5.1 以属地为主的企业所得税征管体制导致盲目投资

从表 8 可以看出，在两税合并之前，我国中央和地方之间企业所得税收入分成比例 6∶4，中央占较大一部分；从征收额比重来看，内资企业所得税国税局和地税局征收比重为 59∶41，这基本上与收入分成相匹配，涉外企业所得税基本上由国税局征收，总体来看，国税局负责征收的比重较大；从地方级收入比重来看，企业所得税和涉外企业所得税构成的地方收入占地方税收的比例较小，仅为 15%左右。

表 8 企业所得税权益划分比较

税种收入分析/%			实际征收额比重分析/%			地方级收入比重分析		
税种	中央	地方	税种	国税局	地税局	税种	绝对额/亿元	占地方级收入比重/%
企业所得税	60	40	企业所得税	58.9	41.1	企业所得税	1 287.9	11.6
涉外企业所得税	60	40	涉外企业所得税	93.7	6.3	涉外企业所得税	404.8	3.6

以属地为主的企业所得税征管体制影响市场机制对经济结构调整和经济增长方式转变的基础性作用的发挥。地方重复投资，各地竞相争上热门项目，加剧了各地方之间产业的趋同化，产业结构的扭曲状况得不到根本好转。这种盲目重复投资一般较为分散，难以形成规模效应，环境污染严重。

这种现象究其原因在于所上项目的税收利益部分归地方财政，促进地方 GDP 增长，经济指标顺利完成，从而彰显地方政府政绩，滋生了地方保护主义，加大了调整经济格局的难度。

5.2 “总部经济”税收征管制度影响企业跨区域兼并

属地为主的征收方式影响的一个案例就是“总部经济”。所谓“总部经济”①，是指某区域由于特有的资源优势吸引企业将总部在该区域，将生产制造基地布局在具有比较优势的其他地区，而使企业价值链与区域资源实现最优空间整合，以及由此对该区域经济发展产生重要影响的一种经济形态。据新《企业所得税法》规定，2008 年 1 月 1 日起，居民企

① 资料来源：中国总部经济.网址：http://www.taofang.com.cn/taofang/zhuanti/07zbjj.

业在中国境内设立不具有法人资格的营业机构的应当汇总缴纳企业所得税。那么，总部对于所在区域会产生一定的税收贡献。

总部经济现象带来了税收与税源背离的突出矛盾，削弱了企业生产所在地资源和环境保护方面的投入。因为调整产业布局、企业兼并重组、企业战略性迁移、公司注册地和生产地分离导致纳税地点变化，因为跨区域企业的分支机构不具有法人资格而必须异地缴纳企业所得税等原因，引起的税源转移，而税式补偿方式并未跟进建立。

这使地方政府为防止本地区税收流失而造成的财政收入减少、影响地区经济发展以及政府的政绩评估，政府就会干预企业集团跨区域兼并，保护本地区规模较小的企业。这类企业往往规模小、效益低、污染重、分布较分散，增加了污染防治工作的难度，成为主要治污难题之一。

5.3 资源税税目范围偏窄，征收方式不合理，资源节约激励不够

我国在1984年第二步利改税时开征资源税。1993年12月，国务院决定将原盐税并入资源税，并颁布了新的《资源税暂行条例》，自1994年4月1日起实施至今，其目的不仅是促进国家资源的合理开发与有效使用，而且是调节从事资源开发的企业因资源本身的优劣条件和地理位置差异而形成的级差收入。

1994年处于改革开放初期，我国经济处于起步阶段，资源需求矛盾尚不明显。随着经济的腾飞和经济体制改革不断深化，资源的稀缺和环境的超负荷等一系列的问题凸显，成为制约经济发展的瓶颈，阻碍资源节约型社会的建立。暂行条例已经与现在的发展情况不相适应，整体税额幅度偏低，不能合理协调生产和资源之间的矛盾。

（1）资源税税目设置范围窄。1994年开展的资源税仅包括7种应税矿产品和盐（包括原油、天然气、煤炭、其他非金属矿原矿、黑色金属矿原矿、有色金属矿原矿、固体盐和液体盐），范围仅限于采掘业，开采资源随之产生的伴生资源没有列入其中，此外大量具有生态价值和使用价值的资源，如湿地、水源、森林等也列于资源税保护之外，从而导致这些资源的过度消耗，利用率低，损害我国整体资源环境价值。

（2）资源税的计税依据不合理。目前我国资源税的计税依据是纳税人开采和生产应税产品销售的，以销售量为课税依据；纳税人开采和生产应税产品自用的，以自用数量为计税依据。这使企业对开采而未销售或未自用而积压的资源不需要付出任何税收代价，变相鼓励了企业对资源的过度开采，造成大量资源的积压和浪费。

（3）征收方式也不合理，目前采取从量计征，使价格机制无法发挥作用，市场信息传导不利。

2011年，国务院修改《中华人民共和国资源税暂行条例》，对纳税人、税目、税率及计征方法上都做了调整，重点调整了油气资源税的计征办法和税率，新条例中资源税的征收在从量计征基础上增加从价定率的计征办法。

5.4 消费税范围偏窄，环境保护的导向性作用不强

消费税是以消费品和消费行为的流转额为课税对象而征收的一种税。依据国务院 1993 年 12 月发布的《中华人民共和国消费税暂行条例》的规定，凡在中华人民共和国境内从事生产、委托加工和进口应税消费品的单位和个人，都是我国消费税的纳税人。

消费税的税目所涉产品大多环境状况直接相关，但是相关税率（税额）在最初确定时并未充分考虑到这些产品的消费所产生的环境外部成本。虽然在统一征收增值税的基础上对这些产品再征消费税，这的确起到了限制污染的作用，但其缺陷仍是明显的，例如：一些容易给环境带来污染的消费品没有列入征税范围，如电池、一次性产品（剃刀、餐饮容器、塑料袋等）以及煤炭等，这些都不利于减少产品的消耗，造成环境污染。此外，对于已经征收的消费品没有针对环保与否进行差别税率对待，如：汽油没有区分无铅汽油和含铅汽油税率；安装尾气处理等环保汽车与非环保汽车的税率也没有差别。这种非区别对待减少了生产企业对于环保型产品的开发和生产的积极性。

5.5 出口退税调整主要考虑经济因素，环境因素重视度相对不足

2004 年出口退税机制改革以来，为限制高污染、高能耗、资源型产品的出口，分期分批调低和取消了部分“两高一资”产品的出口退税率。取消部分资源型产品的出口退税政策，主要是涉及高耗能、高污染、资源型产品、濒危动植物及其制品、非金属矿产品、水泥、肥料、染料等化学制品、25 种农药及中间体、金属碳化物和活性碳产品、皮革、木材制品和一次性木制品、简单有色金属加工产品等。对上述产品中应征消费税的产品，相应取消出口退（免）消费税。2007 年，出口占国内生产总值的比重已达到 37.5%，这一政策对于控制污染发挥了一定的作用。

2008 年以来，特别是沿海地区的一些出口导向型企业受外需减弱影响较大，世界经济增速减缓，仍将对出口产生较大的影响。后续国家多次调整出口退税，对高耗能、高污染、资源型的产品大多数都继续实行取消出口退税政策。国家在保障出口和就业的同时，也应该考虑环境保护因素，权衡二者的关系。

6 结论

分税制改革并没有建立稳定的地方财政收入增长机制，地方财政收支呈现出不均衡状态，支出明显大于收入，存在较大财政缺口。转移支付难以达到弥补财力的目的，支付方式尚未充分考虑环境因素。财权上移、事权下移的状况造成地方财政支出压力大，难以保障环境公共服务需求。地方政府行为目标主要表现为缓解财政约束、促进经济增长。GDP 考核显性、表面的“指挥棒”作用，其本质、深层次因素实际为在现有财税体制下争夺税源税基、缓解财政约束的地方政府行为模式导向。“土地财政”成为地方政府寻求财政出

路最便捷的途径。“土地财政”对地方财政的贡献巨大，但基于“土地财政”的招商引资和城市经营模式具有长期环境压力。

现行财税制度主要是在生产领域征税，从贡献度来看，对总税收弹性贡献较大的仍然是流转税。以流转税为主的税制结构鼓励发展生产型工业，发展第二产业成为地方筹集财政收入的首要选择，总体上不利于税制的优化和经济的可持续发展。税收对不同行业有差异化的激励作用，经研究发现，地方政府偏好投资石化、电力等行业，税收影响是重要因素。政府偏好以固定资产投资带动税收，投资需求的快速增长自然带动重化工业发展，产能过剩和“两高一资”行业快速发展，对环境保护造成了制度性负影响十分深刻。

现行财税制度中，涉及环境保护方面的企业所得税、资源税、消费税、出口退税等大多为临时性、阶段性的政策措施，且形式比较单一，主要限于减税和免税，受益面比较窄，力度不够，缺乏系统性、针对性和灵活性，尚未将环境保护作为财税政策制定的重要因素予以考虑，弱化了财税的环境保护作用。

参考文献

[1] 吕志霞，燕洪国. 论财政分权的法律安排：问题、效应及改进[J]. 经济研究参考，2008（46）.

[2] 吴宇晖. 构建和谐财政分权管理体制的对策研究[J]. 经济纵横，2008（10）.

[3] 温英民. 美国联邦和州之间的环境管理权力配置及对我国的启示[J]. 环境保护，2008，2B.

[4] 李明晓. 我国政府间财力与事权相匹配的税收管理体制改革思考[J]. 交际研究参考，2008（63）.

[5] 高尚全. 中国改革开放 30 年：回顾与掌握[J]. 经济研究参考，2009（5）.

[6] 廖奎. 现行财政体制对后发展地区可用财力影响及对策——以钦州为例[J]. 经济研究参考，2009（5）.

[7] 夏超. 增值税转型对广西的经济影响及对策分析[J]. 经济研究参考，2009（5）.

[8] 安仲文. 以可持续发展理念完善和改革我国现行资源税[J]. 宏观经济研究，2008-04.

[9] 郭璞. 县级财政体制与环境保护[J]. 环境保护，2008，6B.

[10] 于长革. 中国式财政分权的主要特征[J]. 财经问题研究，2008（11）.

[11] “基于基层财政视角的地方政府间财政关系研究”课题组. 基于基层财政视角的地方政府间财政关系研究[J]. 经济研究参考，2008（64）.

[12] 韩永文. 经济增长要向依靠消费、投资、出口协调拉动转变[J]. 经济研究参考，2007（11）.

[13] 唐在富. 适应公共财政要求的中国土地财税体制建设研究[J]. 经济研究参考，2008（21）.

[14] “石油石化行业税收问题研究”课题组. 我国石油石化行业税收问题研究——以新疆为案例的分析[J]. 经济研究参考，2007（69）.

[15] 财税体制对地方政府固定资产投资膨胀的影响分析[J]. 经济研究参考，2007（72）.

[16] 贾康，赵全厚. 中国财政改革 30 年的路径与脉络[J]. 经济研究参考，2009（2）.

[17] 贾康，赵全厚. 政府间财政体制变革[J]. 经济研究参考，2009（2）.

[18] 宋立，等. 进一步深化我国财税体制改革的研究[J]. 经济研究参考，2009（6）.

[19] 白景明，孟翠莲，李成威，等. 现行财税体制对地方政府固定资产投资的影响[J]. 中国财政，2008（7）.

[20] 赵阳. 从“农民负担”走向“公共财政”[J]. 经济研究参考，2008.
[21] 陈颖. 税制下地方政府和房地产深度契合的根源探析[J]. 中国房地产金融，2012（6）.
[22] 布坎南. 自由、市场和国家[M]. 吴良健，译. 北京：北京经济学院出版社，1998.
[23] 道格拉斯·C. 诺思. 经济史中的结构与变迁[M]. 上海：上海三联书店，1991.
[24] 逯元堂，吴舜泽，葛察忠，等. 环境公共财政：实践与展望[M]. 北京：中国环境科学出版社，2010.
[25] 吴舜泽，李红祥，朱建华，等. 大力推进环境基本公共服务均等化进程重要[R]. 环境信息参考，2010，5（15）.
[26] 财政部财政科学研究所. 中国环境保护公共财政政策研究[R]. 2007-12.
[27] 邱兆祥，王涛. 论我国房地产业对国民经济的拉动与带动作用[J]. 经济与管理研究，2010（1）.
[28] 罗必良. 分税制、财政压力与政府“土地财政”偏好[J]. 学术研究，2010（10）.
[29] 辛向阳. 大国诸侯：中共中央与地方关系之结[M]. 北京：中国社会出版社，2008.
[30] 逯元堂，吴舜泽，苏明，等. 中国环境财税政策分析[J]. 环境保护，2008，8A.

环境税：政策制定者指南

Environmental Taxation: A Guide for Policy Makers

李晓琼　葛察忠　高树婷　龙凤　等译

摘　要　经济合作与发展组织（OECD）是研究环境税收政策的最权威国际组织。自 20 世纪 90 年代以来，OECD 出版了一批环境经济政策和环境税的出版物。2010 年，OECD 出版了《税收、创新和环境》，对 OECD 成员国环境税收政策研究和实践进行了更新和总结。2011 年 9 月，发布了《环境税：政策制定者指南》。为了借鉴 OECD 环境税政策制定经验，我院组织有关人员对《环境税：政策制定者指南》进行了翻译和总结。

关键词　OECD　环境税　政策制定者指南

Abstract　Organization for Economic Co-operation and Development（OECD） is the most authoritative organization studying environmental taxation in the world. Since 1990s，OECD has published a series of publication on environmental economic policies and environmental taxation. In 2010，OECD published *Taxation，Innovation and the Environment*，which updates and summarizes the studies and practices of OECD member countries on environmental taxation policies. And in September 2011，OECD published *Environmental Taxation: A Guide for Policy Makers*. CAEP has mobilized researchers to interpret and summarize it as references for the policy makers of the environmental taxation.

Key words　OECD，Environmental taxation，Guide for policy makers

经济合作与发展组织（OECD）是研究环境税收政策的最权威国际组织。自 20 世纪 90 年代以来，OECD 出版了一批环境经济政策和环境税的出版物。2010 年，OECD 出版了《税收、创新和环境》，对 OECD 成员国环境税收政策研究和实践进行了更新和总结。2011 年 9 月，发布了《环境税：政策制定者指南》。为了借鉴 OECD 环境税政策制定经验，我院组织有关人员对《环境税：政策制定者指南》进行了翻译和总结。

1 概述

环境挑战正在加大政府的压力，使政府在尽可能减少对经济影响的同时寻找途径降低环境损害。政府在政策实施中有一系列工具，包括法规、信息计划、创新政策、环境补贴和环境税。税收尤其是这些工具中的重要组成部分。

环境税有很多重要的优势，如环境有效性、经济效率、增加公共财政的能力和透明性。环境税已被成功的广泛应用于很多领域，包括废物处置，水污染和空气污染物排放。在设计及实施环境税过程中的政治经济考虑是其取得最后成功的关键因素。

本政策指南包含下述主要信息：

为什么使用环境税？

- ☞ 税收可以直接解决市场没有将环境影响成本化的问题。
- ☞ 由税收体现的环境成本可以使消费者和商业灵活的决定如何最好的降低其环境足迹。

  如此将带来成本最小化方法，为创新提供激励，并最小化政府“寻找优胜者”的需要。

如何设计环境税？

- ☞ 环境税税基应主要针对污染物或污染行为，尽量减少税免（如有的话）。
- ☞ 理想的环境税范围应和环境损害的范围相一致。
- ☞ 税率应以环境损害为计。
- ☞ 为促进环境改善，税收须据实可信，税率须遵循规则。
- ☞ 环境税税收能够巩固财政或有助于降低其他税负。
- ☞ 分散式影响可以（通常也应该）通过其他政策手段解决。
- ☞ 需要仔细评估竞争力；协调和过渡性缓解是有效的应对。
- ☞ 明确畅通的沟通是公众接受环境税的关键。
- ☞ 环境税可能需要与其他政策手段相结合来解决某些问题。

更多细节将在本篇下述部分进行讨论。

2 为什么使用环境税

如果没有政府干预，将没有市场激励企业和家庭考虑环境损害，因为影响涉及许多人，但污染者需要支付的成本却很少或根本没有直接的成本。因此，环境保护通常需要多种行动相结合的方式，一般由政府领导。

过去，环境政策由“命令-控制”性法规主导。这些方法通常较为规范且非常有针对性，如禁用或限用特定物品或规定某些工业应用特定的技术。近几十年，日益增长的兴趣集中在运用基于市场的工具如税收和可交易的排放权。有很多原因使得环境税的使用持续增加。

2.1 税收直接解决市场没有将环境成本价格化的问题

税收直接解决了市场忽视环境成本的问题。经过良好设计的环境税将增加物品或行为的成本，以反映出施加于污染者的环境损害成本。因此对他人有损害的成本（外部化）将在市场价格内部体现。这将确保消费者和企业在做决策时考虑到成本问题。

2.2 税收使消费者和企业在选择成本最小的方式降低环境损害时具有灵活性

大多数规章制度需要政府来识别如何减少排放或应该由谁来减排。相似地，对于环境友好型物品或行为的补贴和优惠需要政府来协调经济，选择某些有利于环境保护的解决方式。上述两种政策均需要政府的努力来选出“优胜者”—通过规范的方式进行市场导向。这需要搜集各种条件和技术等方面的大量信息，同时可能由于做了不适宜的选择而面临巨大风险。规章制度通常比税收带来更高的成本，因为规章制度对特定的减缓方式具有强制性，而其实本应有更经济的选择。

征收环境税给污染行为带来更高的成本，从而使这些行为对于消费者和企业不再那么具有吸引力。相对于规定或补贴，税收使消费者和企业在决定如何改变其行为和降低有害性活动时具有足够的灵活性。这允许通过市场力量选择成本最小的方式来降低环境损害。

例如，许多国家由于使用机动车燃料（如汽油和柴油）会导致气候变化和当地空气污染而对其大幅征税。由此增加的驾驶成本在短期和长期中均成为各种减排方式的推动力：

- ☞ 驾驶更小的或燃油效率更高的机动车。
- ☞ 驾驶应用低排放源动力的机动车，如混合电动车。
- ☞ 减少驾驶，可能更多使用低排放或无排放的方式如公共交通、自行车、步行、在距单位较近的地方居住，甚或改变生活方式减少出行需求。

相对于一个制度仅规定机动车的燃油等级或一项补贴只鼓励电动车的使用，这些只针对某些方式的政策，环境税所涉及的范围要宽广得多。当然，如果制度及其执行足够严格的话，也可以发挥很大的效用。但是，这些效果可能是以无谓的高成本来换取的。

环境税相关的灵活性也可带来其他益处：

（1）对减排的激励。一旦目标或技术标准确定，一个基于目标或技术的制度不会为减排带来任何激励。而环境税为各种程度的减排提供了持续的激励，甚至在主要减排任务已完成之后。

（2）提高低排放方式的竞争力。环境税增加了对于低排放方式的需求，如对机动车燃油征税增加了对公共交通和自行车的需求。如此带来的经济规模将使低排放的方式更加可行，无须直接的补贴。

（3）更加鼓励创新。税收增加了污染者产生污染物的成本，从而激励企业开发新工艺新技术。如上述例子，化石燃料税的征收，增长了对高效燃油和其他方式驱动汽车的需求，也极大地激励了汽车厂商对于新技术的研发和消费者对于低排放车辆的使用。而在基于制度的方法下，企业达到规定的标准后这些鼓励自然也就消失了。从长远考虑，创新降低了社会解决环境挑战的成本。（此问题将在 OECD 摘要《税收、创新和环境—政策摘要》中进一步讨论）

环境税也具有其他重要的特质：

（1）透明性。经过良好设计的环境税在其范围和成本上具有高度透明性。哪些将被征税、哪些排污者将被免税以及污染物多少单位成本需要污染者支付，这些通常都很明确。相比之下，规章制度对于不同企业的影响比较难以辨别，而对于特定工业和消费者的优惠政策更加难以识别。

（2）成本确定性和环境确定性。环境税相对直接的增加了特定产品和行为的成本，这样更容易判断对消费者和企业表层的财务影响。但同时也更难预测他们对于这样的价格变化将作出何种反应，因此更难对环境影响进行量化。相反，规章制度如技术规范、排放标准和可再生能源标准，对于排放的表层影响可能更容易确定，但财务影响就没有那么清晰了。但是从长期来看，更进一层地影响增加了这两种情况的复杂性，因此也减少了人们对二者的不同意见。

专栏 1　环境税收优惠

对环境“坏”行为征税的另一种方式是为好的环境行为减税。税收系统可以对环境友好型物品或行为优惠，可通过如增值税减免政策对节能设备实行优惠或对可再生能源或污染减排投资中的折旧率优惠。

和其他补贴一样，税收支出也有很多局限性：

（1）由于很难对所有环境友好型方式进行补贴，税收补贴不可避免的也要“选取优胜者”，可能不利于其他选择方式。例如，不像燃油税，低排放汽车的优惠并不会鼓励人们选择其他交通方式如公共交通或自行车。

（2）税收补贴可能通过降低成本间接的增加了污染物排放。例如不像机动车排放税或道路燃油税，混合电动车的优惠可能鼓励人们驾驶得更多。

（3）补贴需要很大的支出，且需由其他纳税人支付，这降低了纳税人的实际可支配收入。再者，很难限定那些申请补贴进行环保行动的人的收益，而且很大一部分成本都要支付给“免费乘客”—即那些即使没有补贴也会采取同样行动的人。

（4）税收补贴的财政支出不如直接支出透明，通常不经过与支出计划相应的同级审查。

3　如何设计有效的环境税

绿色税收的有效实施需要考虑一系列因素。没有经过良好设计的税种将会降低环境效应，增加经济成本。

3.1　定义税基

环境税税基应针对污染物或污染行为。

通常应尽可能地对污染物或环境损害行为直接征收环境税。利用环境税增加污染行为的市场成本可以激励潜在的减排方式：更清洁的生产过程；更先进的减排技术（如在排放物进入环境前的捕捉和中和措施）；采用产生更少污染物的既有产品；开发新型低污染产品；以及减少输出或消费。

如果没有对污染行为本身而是对其替代征税，那么可行的减排方式将会减少。例如如果降低硫排放的税种对某个中间品如煤（主要的硫排放源）征税，将不会为先进技术的应用，如洗涤塔或从煤的使用中降低硫排放的更清洁的生产过程带来任何鼓励。

然而另一种情况下，污染行为的类似替代也可以是很好的税基。例如考虑到测量个人机动车排放量的管理成本，很难对机动车排放物直接征税。由于释放到大气中的二氧化碳量与燃油的使用有很大关系，而且汽油和柴油燃烧时的二氧化碳密度是相对固定的（至少在没有进行碳捕捉和存储前），对机动车燃油征税是对二氧化碳排放征税有效的替代方式。这些税也可以从炼油厂或批发商一级征收。但是污染物如氮氧化物的排放，排放量根据燃烧过程的不同有很大差别，在更高一级的连锁供应过程中征税无法公平全面的解决问题。

另一个顾虑是如果对中间品征税，排放物的税率将不透明，可能造成税率的偏颇。比如对每升汽油或柴油固定征收的碳税，将不能反映一升柴油比一升汽油产生更多的二氧化碳。这种倾向于柴油的偏颇将削弱碳税的有效性。

未经良好设计的环境税无法直接对环境损害源征税，这将会造成额外的经济成本。税收的一项基本原则即税种应尽可能远的对终端生产、销售和收入征税。对中间产品征税由于曲解了生产方式将带来额外的经济成本。当然，环境税的目的是鼓励更新生产技术以减少污染。经过良好设计的环境税确保此目的，且不会给生产技术带来其他误解。

3.2 环境税的范围

理想的环境税范围应和环境损害的范围相一致。

合适的环境税范围应取决于环境损害的范围。这暗含了所征税种行政管辖区的级别。对于某些问题如土壤污染，影响通常只局限于相对较小的区域。因此一项有关固废处置或花园有害化学品的税收或收费可能在市或县一级征收更为有效。

另外，某个地区的温室气体排放推动大气层的改变，将会影响全球范围内的气候。因此，此类问题应通过一个全球范围的税收来解决。通常如大气和水污染问题，某个地区的污染可能会影响到另一个区域，将涉及一个或多个区域甚至一个或多个国家管辖。现实问题是多个管辖区内应用一致的税收在政策上不大可行，这将涉及区域竞争等一系列问题。

3.3 宽泛的税基，持续的优惠

环境税的应用应统一一致且减少税免（如有的话）。

环境税的一大优势是可以对每个单位的污染物提供相似的减排优惠。同质税收鼓励最小成本的减排，以确保在最小社会成本下实现环境目标。一个税种使用统一的税基也将纳税人和政府的管理成本减小到最低，且降低了逃税的可能。

然而政策制定者需要考虑类似的税收对低收入家庭或污染密集型和贸易出口型企业的影响。有时会对这些群体采取低税率或免税以减小对其的影响。但同时这样也减少了税收对他们的激励。因为不同污染者分担减排的比例不同，设立不同的优惠增加了实现环境目标的成本，也会造成不公正。

因此政府应该视图尽可能拓宽环境税的实施范围，并减少税免。为了保持税收的激励作用，通常倾向于考虑分布影响。这些观点将在下述章节中有关分布影响和竞争力影响的论述中进一步讨论。

3.4 设定税率

税率应反映出环境损害程度。

税率通常应反映出环境损害的社会价值、损害行为的其他负面影响以及增加公共收入的需要：

（1）反映环境损害。设定反映环境损害的税率，以确保生产者和消费者支付的价格能真实反映出其行为的环境成本，为生产者和消费者在做决定时带来经济刺激。某些环境损害相对容易测定–如酸雨给木材生产带来的损害。但如果对于没有明确市场价值的事物如清洁的空气或生物多样性带来的损害，其鉴定过程要困难得多。又如环境对于人体健康的影响，评估过程中则要考虑人的生命价值和生活质量成本，这些成本是难以估算的。当以特定的环境产出为目标时，税率可以在实现此目标时取得，尤其是当目标设定为降低一定的污染排放速率时，这时整个评估过程要相对容易许多。目标一旦确定，比如温室气体大气浓度界值，如 450×10^{-6} 的二氧化碳当量，将在不同的时间段中有各种方法来达到这一目标，短期至中期的情况将影响长期需要设定多高的税率。

（2）反映非环境的外部性。对行为征收的环境税通常与其他社会影响相关联。例如机动车燃油燃烧将导致气候变化，给当地带来空气环境，造成呼吸系统疾病；同时使用机动车也会造成交通拥堵，时间上的浪费带来负面的经济和社会影响；驾驶车辆容易发生交通事故，造成各种伤害。因此需要许多不同的政策手段加以控制，如公路收费。如果没有理想的政策手段，为适用的环境税设定合适的税率将更加困难，要么没有充分考虑外部关联性，要么将有曲解生产过程的风险。

（3）增加财政收入。仅仅为了增加财政收入以保证公共支出，政府也对环境税和其他与环境相关的税目征税。考虑到征税只在短期内对需求有不大的影响（如需求是相对非弹性的），许多与环境相关的税收（如对机动车燃油和机动车征税）是主要的征税税目。提高财政收入的目的致使环境相关税目的税率要高于社会外部性的估值。如此的税率增加了某些行为或物品的成本，并超出了结合外部性实际需要支付的成本。在终端消费的情况下，弹性（和相关的效率净损失）足够小的时候可以证明这个结论。而且对中间产品（如商务交通、批发和零售贸易等）征税可能产生不良效果。

其他的环境政策手段如消费者补贴，其成本要比实现相同减排目标的理想税目高得多。例如，在一份对欧洲国家的分析中，降低节能冰箱的增值税税率将在平均 15 年内降低 160 万 t 的二氧化碳排放。但这将花费 1.19 亿欧元，相当于每吨二氧化碳的价格为 73

欧元，绝对超过了欧盟排放交易系统预计的每吨二氧化碳 15～25 欧元的价格。

3.5 政策可靠性和合规性

为促进环境改善，税收须据实可靠，税率须遵循规则。

环境政策，尤其是税收，可以通过短期和结构应对来降低环境污染。在短期内，企业和消费者可以通过减少产量和采取低污染行为来应对包括税收变化等引起的价格变化。但如果变化很快平复，人们很容易恢复到以前的行为，不必有过多的花费或努力。

结构应对则在长期结果上有更多根本性的变化。如在决策上关于投资额、创新计划、购置房产和消费者消耗品的改变。这些改变取决于家庭、企业和投资者的长期观念和预测，尤其是与价格相关的。环境税引起了减排和创新上的结构性改变，相关政策必须据实可靠-必须使公众信服政府已经做足了功课并承诺征收环境税。规划、与利益相关方的对话以及明确的沟通是建立起信任的关键。

专栏 2　环境税税率实践

环境税的实际经验都有哪些？除了机动车和机动车燃油税，OECD 国家的环境相关税目的税率通常较低，大多数情况低于实际损害值。很少 OECD 国家存在取消过高环境相关税收的风险。不同国家之间的税率大相径庭，下图显示了氮氧化物排放税。

氮氧化物排放税（截至 2010 年 1 月 1 日）

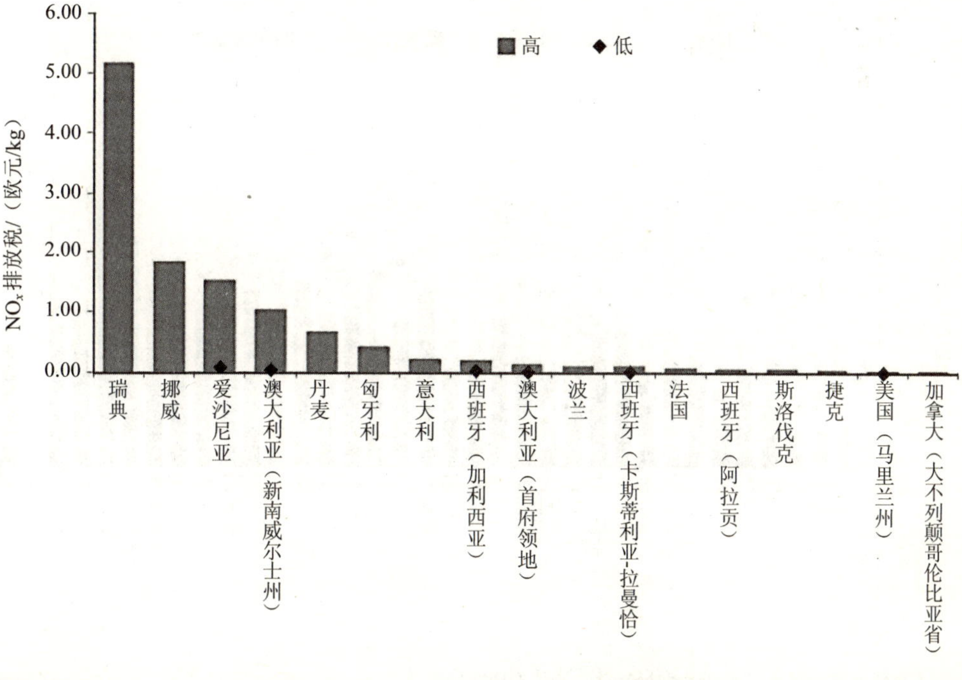

环境税的另一大优势是给市场参与者带来比其他政策工具更大的成本可预见性。因为设定税率的过程清晰明确。同时也有助于逐步征收环境税，可以按照事先预定的进度逐渐增加税率最后到达成熟。

一经设定，税率应反映出一系列因素，包括：通货膨胀和实际经济增长；市民对于环保的态度；以及创新对减少污染的效果。更新税率的过程应该是透明的，这样公众可以理解潜在的确定性因素和未来修改的时间。例如丹麦最近在其系统中引入了这样一个特质：环境相关的销售税将自动与每年的通货膨胀挂钩，在个别的情况下避免了临时调整的需要。

4 税收的使用

环境税税收能够巩固财政或有助于降低其他税负。

大多数环境相关税收没有为政府增加很多的财政收入。多数环境相关的财政收入仅涉及少数几个税费，包括二氧化碳（能源）税和驾驶（燃油、机动车和道路费）相关的税。如图 1 所示。OECD 国家的环境相关税收约占总税收收入的 5%。而且不像大多数税目试图增加税收，这些税目倾向于缩小税基。如果大气浓度的限值设定为 450 mg/kg 二氧化碳当量，则需要非常大的温室气体减排力度，相关税目尤其是化石能源的税率可能要比现在高出许多，因此未来的税收收入将比预期产生的多得多。

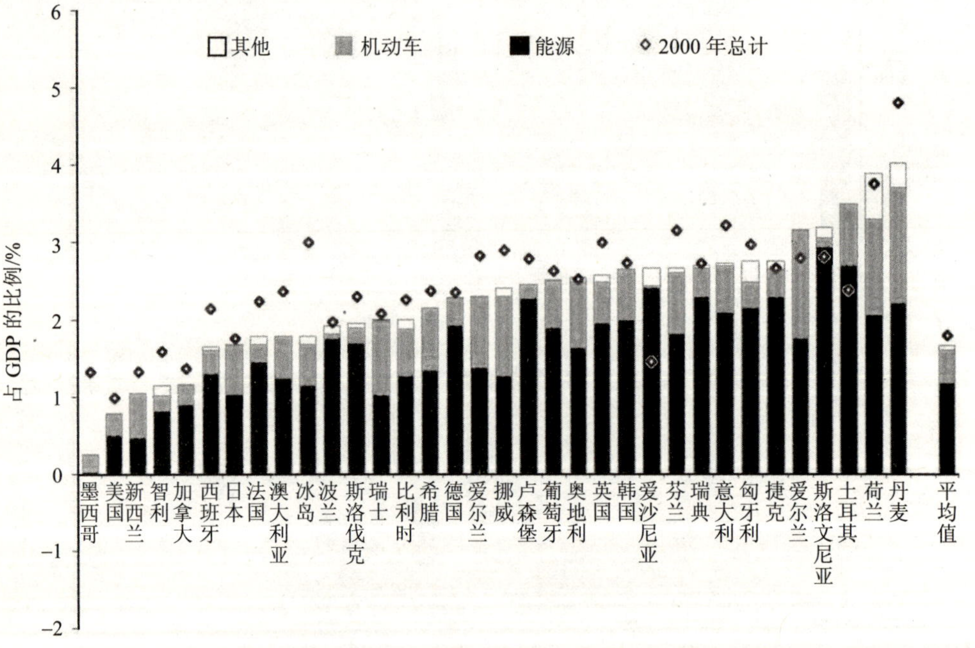

注：图中方块标注为 2000 年 OECD 国家环境总体税收占 GDP 的比例。

图 1 OECD 国家 2009 年环境相关税收占 GDP 的比例（按税基计算）

总体来讲，应该将环境税收入作为一般性政府财政收入，用于保障其他领域的支出，减少负债、降低税负。理论上讲某些财政收入可以用于补偿那些最易受环境损害影响的方面，但实际上这样并不可行：

（1）测量一系列污染物造成的环境损害对个人的影响是非常困难的。

（2）环境本身具有公共属性，环境损害带来的影响十分广泛，建议可以广泛地将税收收入用来替代医院增加的成本和处理环境损害产生的费用等。

（3）许多环境因素也具有重要的代际特征。

环境税的专项收入，如为环境创新或补贴方面的公共支出筹集资金，可以帮助增加税收在政策上的可接受性。但实际上，特定税目的税收等级不可能与特定地区财政支出的等级相一致，从而导致资金筹集不足或过度抑或不断地调整税率。因此制订财政计划分别管理财政收入来源和支出需求，对于政府来说是明智的举措。

环境税潜在的“双重效益”引起人们相当大的兴趣，即绿色税收有助于改善环境–这是第一重效益–财政收入可以用来减少税收系统的现存问题所带来的影响–这是第二重效益。暂不考虑环境税税基可能出现的问题或加重以前既有的问题，以及相应的对于经济活动的负面影响。例如，环境税的征收将增加生产成本。这意味着其他生产因素将得到比以前更低的回报（如更低的工资）或将成本转移给消费者。当创立一个对经济发展损害较小的新型税种时，可以利用一部分税收来抵消征收新税目如环境税所产生的不利影响，如降低个人和企业所得税税率。（环境规章将同样降低实际工资并抬高价格–而且可能规模更大–且没有税收那么透明亦没有额外的财政收入用来抵消不利影响）

在政治经济大背景下，降低其他税负也可以帮助环境税赢得政治支持。英国宣布对气候变化征税的同时也对企业的社会保障贡献率降低了 0.3 个百分点。在加拿大，英属哥伦比亚省的碳税以降低企业和个人所得税的方式进行“回收”。更直接的方式是绿色税种实施时向所有家庭派发支票。税收收入也可以用于抵消环境税更直接的影响，如分布式影响，如下述章节中所述。

5 迎接环境税实施挑战

环境税会在不同环节对分配（比如影响到工资和价格）和竞争力产生重要影响。

5.1 解决分配问题

应通过税收之外的政策解决分配问题。

环境税通常会引起人们对分配领域的关注。如用水和化石能源供热或交通方面税负的增加将对低收入群体有明显的影响。在这种情况下，通常使用如下政策来降低上面所提到的税负。例如：

（1）英国对某些家庭免征气候变化税；

（2）对经济不景气的地区降低税率，如对南意大利地区降低天然气的税率；

（3）采取一种累进型的税率结构，取决于消费量，即对一定量的必要性消费（如对于水或电）采用较低的税率，而一旦超过某个限额，将按照原价收费。

试图通过税收来解决环境问题和分配问题有可能会破坏税收本来的作用。如向低收入家庭免除供暖燃料税可能会减小经济性使用现有燃料或者寻找替代性能源的积极性。另外，这些措施大多被设计成比较典型的鼓励政策，因此对倾向于消耗更多能源的富人可能效果很有限。

深入的分析对于判断环境税的真实影响尤其重要，而其影响并不总是很明显。其中包括非常负面的影响，如对低收入群体，这些问题通常经过可再分配的政策得以应对，如降低个人所得税，实现在税收系统内或系统外对低收入群体的保障，甚至提供“绿色支票”。这些措施能够保留环境税产生的激励作用，减少其行政方面的复杂性，并且能充分利用现有的再分配平台。

5.2 保护竞争力

需要充分地考虑竞争力问题；协调性和传统性减缓是有效的应对方式。

为了减少环境污染行为，环境税本义上是为了改变生产决策以及对污染者施加影响。然而可能会造成的问题如：环境税的高税率会鼓励公司搬到低税率的地区，或使他们在国际竞争中处于“不公平”的地位，因为国外公司无须承担类似的税负。如果所涉及的污染仅仅是当地的、区域的或国家的影响，企业将要搬至的区域将比之前税收的区域受到更严重的污染。然而，对于温室气体的排放，这种将公司搬到一个较低的或者没有相关税负的地方，会造成国家税收的损失，并且不会带来整体上的环境收益。这种情况在气候变化领域中有时被称作“碳泄漏”。

需要仔细地评估竞争力的影响。这些影响需要考虑许多因素，其中包括商业位置和商业竞争力。如果预计的影响是客观实际的，开征环境税将促使一系列保护公司竞争力的政策得以实施：

（1）环境政策国际合作将减少企业搬迁所获得的收益。OCED 预测，如果截至 2050 年欧盟能单方面将二氧化碳排放量减少至 2005 年的一半，碳泄漏可能为 11.5%。如果《京都议定书》的附件 I 国家来实现这个目标，2050 年的碳泄漏将仅为 1.7%。对于更加本地化的污染物如 NO_x 和 SO_x，这种全球合作化的行动就显得意义不大，而且不同国家和地区的税率也有所不同。在这种情况下，就很难强调高税率地区的工业竞争力了（例如：因为当地已存在的污染程度）。

（2）提供过渡期允许受影响的企业实施减缓措施。一段引导期可以让企业改善工艺，且新投资不受过去决定的影响。在一个时间段内逐渐提高税负可以减轻环境税带来的初始压力，并使企业在实施减缓措施和技术研发上具有更大的财务灵活性。

（3）循环使用收入将环境税返还给受影响的企业（根据征收标准的不同）。通过这种方式，基本保持了边际减排激励，虽然不会过多的影响一般企业的财政状况。然而这种做法违反了污染者付费原则，因为生产成本在相关污染密集型产品和流程中得到了有效的补贴。

（4）对高耗能用户降低税率和免税这样做可能将某些减排负担转移给其他用户，或导致更低的环境效果，向环境污染行为提供了一份隐性补贴。

（5）边境调节税或关税将国内和进口商品置于同一竞争级别。这类政策也许和世界贸易组织（WTO）的贸易规则相一致，但是在实际实施过程中却有很大争议。把不同出口国家的政策与复杂的国内政策相比较，然后针对上千种进口代码设定补偿额度是很有挑战性的。这些政策也许会加剧关于自由贸易的国际性对话。随着国际合作的增加，这些措施应变得越来越不重要。

5.3 获得信任并建立计划

为获得公众对环境税的支持，深入的交流至关重要。

过去的环境税规划让公众怀疑这种税仅仅是一种增加税收的手段，而不是为了改善环境。利润受到严重影响的企业会努力游说反对此类税的征收，强调将失去潜在的客户以及经济竞争力。

20 世纪 90 年代中期，许多欧洲国家开展了大幅度的“生态税改革”，取得了不同程度的成功。总体来说，改革实施的道路并不平坦，存在许多明显的障碍。聚焦丹麦、德国、英国、法国和爱尔兰的生态税改革，后者生态税改革并未真正开始，可以发现如下显著的共同特点：

（1）缺少对整个机制的了解。

（2）市民对政府使用税收降低其他税负表示高度怀疑，认为生态税改革仅仅是增加税收的伪装。

（3）开征（或者增加）环境税和减少其他税负的联系被认为是不尽合理的。

（4）对纳税人的税收收入应当用来改善环境。

这些发现显示出，对于计划中每一项要素公开、透明的交流，包括税收的使用、分配及对竞争力的影响，以及政府准备如何处理这些问题，都是实现此项税收的关键因素。独立的绿色税收改革委员会可以帮助确保最初的政策得到信赖和认可，且不受任何政治因素的影响。

6 仅靠环境税收不能解决问题

环境税可能需要和其他政策工具相配合来解决某些问题。

尽管环境税有很多优势，税收本身不可能总能带来预期的环境效益。经济本身的扭曲也许会阻止最佳的行动。在这种情况下，需要额外的政策工具来组成最佳的工具组合。下面列出了 3 个需要其他政策措施相配合的例子。

（1）消费者可能没有意识到其消费对环境的影响。实际情况是对于相当多的产品，尤其是许多大型家用电器，消费者对于使用它们所消耗的能源量没有概念。因此对能源征税也许不能改变消费者的消费行为或消费习惯，因为他们无法估算税收如何影响电费账单。

然而这种信息的局限性可以被突破，如通过政府在不同的家用电器上都标明易懂的电器能源消耗标识或者对比性能源消耗信息。

（2）没有被充分实现的激励政策可能会限制改善环境行为的范围。需要支付电费激励了承租人尽量减少对能源的消耗；然而很多情况下出租人为了方便，将承担这笔费用：比如：隔热或者更换老化的窗户。如果房东不负责支付能源账单，那么房东改善房屋能源效率的积极性会更小。对于承租人，租房这种过渡性的特点，使得他们不太可能对房屋进行任何没有利润的投资。类似的情况，税收不会对房主所居住的房子产生重大的影响，因此改变建筑标准也许是实现环保更有效的方法。

（3）在低成本地推广环境改善的工作中，创新起着重要作用。与环境相关的税收可以鼓励与市场相关的技术发展和技术应用；然而从根本上改善环境的突破性技术不太可能仅仅随着税收机制而产生，而是需要含有对研发有特殊激励的机制。这些项目的长期性和基础性给投资者带来不确定性，失败的可能性很高。在这种情况下，环境税可能需要与有针对的研发性投资相结合。

因此，如果一系列政策可以相辅相成且对环境损害性行为有不同的遏制，广泛地使用这些政策工具可以起到重要的作用。

另外，如果通过多种环境政策工具来限制某一污染物的排放，可能效果并不明显，或扭曲了减排和创新的决策，从而降低整体战略的有效性。例如，正是由于上述原因，即将实施的欧盟碳排放交易系统（ETS）鼓励了丹麦政府废除碳排放税，因为此项税包含在 ETS 中。

7 结论

环境税在应对环境挑战中起着重要作用。如果税目和税率设计合理，并尽可能对污染物和行为征税，环境税收将非常行之有效。管理成本或阻碍可能需要由破坏环境的纳税人承担，但是应确保此做法不损害环境。这些收益可用来巩固财政或降低其他税的税率。环境税带来了分配和竞争方面的问题，但这些通常可以通过其他政策来解决。提供信息、透明度和确定性对于环境税得到公众认可和环境税的有效性都是非常重要的。最后，税收可能需要与其他政策工具相结合来达到最具效率和效果的环境政策组合，但也应该考虑到其相互重叠的影响。

参考文献

[1] OECD（2011），Environemntal Taxation：A Guide For Policy Makers.www.oecd.org/dataoecd/17/7/48164926.pdf.

[2] OECD（2010），Taxation，Innovation and the Environment [M]. OECD，Paris.

关于建立中国生态产品核算体系的初步思考

Pilot Study on Developing China's Ecological Products Accounting System

秦昌波　王金南　葛察忠　於方　程翠云　苏洁琼　刘倩倩

摘　要　党的十八大报告提出了大力推进生态文明建设的战略部署，要求“增强生态产品生产能力”。建立生态产品核算制度，正确衡量生态产品价值，可以更科学地反映生态文明建设成果。本文在总结国内外生态环境核算理论与实践基础上，构建了包含生态环境资产（生态财富）核算、生态产品生产总值（GEP）核算和生态环境保护活动（绿色投入）核算三大内容的中国生态产品核算框架体系，并给出了相关核算表式。建议从生态产品的分类、目标、内容、核算方法、主题核算、地方试点、管理制度、实施保障等方面加快建立我国生态产品核算制度。

关键词　中国　生态产品　生态产品生产总值　核算体系

Abstract　The 18th National Congress of the CPC put forward the strategy of promoting the construction of ecological civilization，which requires strengthening the supply capacity of ecological products. By establishing ecological products accounting system，we can correctly measure the ecological products' value，and learn about the achievement of ecological civilization construction scientifically. Based on the summary of domestic and foreign environment accounting theory and practice，we developed China's ecological products accounting framework. This framework contains 3 parts—of ecological environment assets（ecological wealth）accounting，gross ecological product（GEP）accounting，and ecological environment protection activities（green investment）accounting. We suggested speeding up the establishment of China's ecological products accounting system from the following aspects：classification of ecological products，accounting target，accounting content，accounting method，accounting of specific subjects，local pilot，accounting management system.

Key words　China，Ecological products，Gross Ecological Products（GEP），Accounting system

党的十八大报告提出了大力推进生态文明建设的战略部署，要求“增强生态产品生产能力”。十八届三中全会提出，探索编制自然资源资产负债表，对领导干部实行自然资源资产离任审计。“生态产品”是十八大报告提出的新概念，是生态文明建设的一个核心理念。随着经济发展与生态、资源等矛盾的日益尖锐，拥有优美的生态环境，享受良好的生态产品服务正成为越来越多人的共同诉求。正确分析和评价人与自然、环境与经济的关系，是实现国家或区域社会经济可持续发展所面临的重要基本问题。因此，评价和计量生态产品的生产能力，评估生态产品与服务的价值，将其融入社会经济系统，并与货币化指标体系一起来综合评价社会的可持续发展，是实现可持续发展和生态文明建设的社会目标亟待解决的问题。

1 生态产品概念及其特性

1.1 生态产品概念

生态产品及服务的理念最早来自于联合国的千年生态系统评估。这一报告由 1 000 多位国际科学家联合发布，采用社会比较容易理解的例子说明生态系统对人类的意义。在我国，生态产品首次出现于 2011 年《全国主体功能区划》中。区划指出，我国提供工业品的能力迅速增强，提供生态产品的能力却在减弱，随着人民生活水平的提高，人们对生态产品的需求在不断增强。必须把提供生态产品作为推进科学发展的重要内容，把增强生态产品生产能力作为国土空间开发的重要任务。

生态产品是一个新兴的概念，其涉及环境学、生态学、经济学等多门学科领域，因此目前对生态产品的理解存在着不同看法，关于生态产品的定义也就不同。目前“生态产品”还没有权威的定义，从狭义的角度可以理解为维系生态安全、保障生态调节功能、提供良好人居环境的生态要素，包括清新的空气、清洁的水源、宜人的气候、有利于人们身心健康发展的生态系统服务等。从广义的角度可以认为不仅包括这些满足人类生活和发展需要的生态要素或生态系统，也包括以这些生态要素或生态系统数量和质量为载体为人类生活和发展需要所提供的具有生态效益的产品和服务。

清新的空气、清洁的水源和宜人的气候等生态产品不仅能够维持大自然的生态循环，保持环境平衡，保障人和动物在自然环境中持续健康的生存，也能够为人类提供绿色农产品、林果产品和可再生资源等在内的经济生产价值，还能为人类提供包括文化培育、艺术创新、休闲活动等在内的文化功能服务（Costanza et al.，1997；欧阳志云等，1999 a；欧阳志云等，1999 b）。例如，木材、农产品、水和纤维等是生产界的基本原料；健康的森林可以固定二氧化碳、涵养水源和释放氧气，预防水土流失和疾病的蔓延；湿地可以常年涵养水源，为野生动物提供良好的生存环境，丰富生物多样性；优质的地表水源不仅是人类生存与发展的必需品，而且每时每刻都在净化污染物，为人类可持续的生存和发展提供更好的环境。

1.2 生态产品特性

生态产品同物质产品存在显著差异。在传统经济理论中，物质生产追求的是经济效益，在生产实践活动中往往伴随着负的生态效益。生态产品的生产过程就是形成和释放生态效益的过程，生态生产提供的生态产品具有公用性、整体性、外部性和可再生性等特性。

（1）公用性。不通过市场经济机构即市场交换用以满足公共需求的产品或服务就称为公共物品。公共物品的两大特点是：①非涉它性，即一个人消费该物品时不影响另一个人的消费；②非排它性，即没有理由排除一些人消费这些物品，如清鲜的空气、无污染的水源。生态系统在许多方面为公众提供了至关重要的生命支持系统服务，如涵养水源、保护土壤、提供游憩、防风固沙、净化大气和保护野生生物等。因此，生态产品是一种重要的公共物品。生态产品具有明显的公用性，不具有排他性。

（2）整体性。生态产品是由多因子组成的巨大复杂系统生产出来的，其产品具有复合整体性。如光合作用产出氧气产品，大树长成的躯干可以形成景观供人欣赏，还能组成屏障体系防护农田、牧场、江河、村庄等。

（3）外部性。生态产品具有很强的外溢性，它所带来的私人收益远小于社会收益，而成本却需要独自承担。比如，如果江河上游营造水土保持林和绿化美化风景林，江河下游地区的生活环境就可以得到增值改善与灾害防护，极大地降低下游区域生产和生活成本，产生“灯塔”效益。作为外部经济的生态产品服务功能关系到国家资源的最佳分配，因此有必要对生态产品的外部经济效果进行经济评价，实现外部经济内部化。

（4）可再生性。生态产品的消费只要不超过其承载的极限，产品就能源源不断地向人们提供服务，保持产品寿命的持续旺盛。在此过程中，往往还有产品的自我增值和积累能力，供后代享用。

1.3 生态产品如何生产

生态生产的目的就在于生产生态产品、增加生态资源、增殖生态价值，生态生产的过程就是形成和释放生态效益的过程，生态产品就是能够提供生态效益的产品和服务。生态产品主要依托自然生态系统来生产。自然生产系统拥有极其庞大的生态产品生产能力，在生态规律的调节下源源不断地提供有生态价值的产品和服务。

人类参与生态生产是在物质生产高度发展、人类活动对自然环境形成巨大冲击、生态平衡遭受严重威胁情况下产生和发展起来的。其目的一开始是为了解决工业文明所带来的环境问题、资源问题，因而实际上是为物质生产配套服务的。在社会实践中，将治污环保活动看做是美化生态环境、增值自然资源、创造宜居空间的有效手段。随着对资源环境问题认识的深化，人类开始从理性高度科学处理人与自然的关系，生态文明成为人类文明建设的更高追求，生态生产的目的也随之调整为恢复和维护生态平衡、促进和保持环境安全，从地球生态系统健康发展需要出发，动用人类的生产能力来履行人类在地球生态系统中承担的特殊义务。生态系统循环状况的改善、生态资源的增加，不仅为下一轮生态再生产提供生态基础、有利于生态生产效率提高，而且对更大范围生态系统的运行产生良好的推动作用，增强生态产品的生产能力，其积极影响会远远超出生态环境投入本身。

人类参与生态产品的生产存在两种基本形式，即专业生态生产和物质生产生态化（丁宪浩，2010）。专业生态生产是人类调动社会物质资源，协助、推动生态系统恢复和增强生态生产能力，增加生态产品产出，以促进生态恢复、增值生态资源、改善生态环境、维持生态平衡的专业性社会生产活动。物质生产生态化就是在物质产品生产过程中，自觉利用生态规律，遵循生态原则，尽量采用生态方法，降低物质生产对资源能源的消耗，降低物质生产对生态环境的负面冲击，维持甚至促进生态平衡。因此，生态建设、环境保护、节能减排、可再生资源开发及相关生态环境和资源能源管理等都可以认为是生产产品和生产活动的表现形式。这些生产活动一方面通过增加“正制品”的供给直接增加生态产品供给，森林、湿地、湖泊面积的扩大和园林绿化率的提高都是生态产品产出提高的表现形式；另一方面，这些生产活动尤其是物质生产生态化过程则通过物质生产原材料减量化和减少向环境排放污染物等“负制品”来减少对生态产品的破坏和提高生态产品质量，改善质量的水和空气都可以看出这些生产活动的生态产品产出。

2 开展生态产品核算的现实意义

2.1 生态产品核算是生态文明建设的必然要求

“生态产品”这一概念的提出，是对可持续发展理念的延伸，体现了党和国家对自然生态系统和环境保护的重视，同时也对各级政府加大环保投入、保障基本环境质量提出了更高要求。物质产品、文化产品和生态产品是支撑现代人类生存和发展的 3 类产品。改革开放以来，经过 30 多年的快速发展，我国物质产品和文化产品短缺的时代已经结束，生态产品短缺的问题成为制约我国经济社会发展的重大瓶颈（杨伟民，2012）。“生态产品”要求的清新空气、清洁水源、宜人气候、舒适环境不仅仅指生态文明建设，更将生态文明建设与经济建设、政治建设、文化建设、社会建设融为一体，整体推进，这符合社会发展规律要求。随着生活水平的提高，老百姓对优质生态产品、优良生态环境的需求越来越迫切。要提供更多优质“生态产品”，就必须大力推进生态建设，增加绿色投资，增加生态资产，促进生态建设与经济社会发展共同进步。

生态产品概念的提出，为生态文明建设提供了一项具体的衡量指标。生态产品同农产品、工业品和服务产品一样，都是人类生存发展所必需的。就像工农产品的生产能力能够反映经济发展一样，生态产品的生产能力就是一个衡量生态文明建设的基础指标。我们推进生态文明建设的目的，就是为了给人们提供更多、更优质的生态产品，而生态产品短缺问题已经成为制约我国经济社会发展的最大瓶颈。正如我们所亲身感受的那样，改革开放 30 多年以来，我们国家经历了经济上的快速发展，以及由此所带动的文化上的大发展和大繁荣，从而结束了工业产品和文化产品短缺的局面。但是，相对而言，目前，我国提供生态产品，特别是提供优质生态产品的能力实际上却提升得比较缓慢，甚至在某些地区，这种能力还在一定程度上有所减弱。因此，我们必须把提供生态产品作为推进科学发展的重要内容，同时也要把增强生态产品的生产能力作为推进生态文明建设的一项重要任务。

2.2 生态产品核算是增强环境公共服务供给的现实途径

经过三十多年的高速发展，中国成功实现从经济弱国到经济大国的跃进，成为世界第二大经济体，进入中等收入国家行列。但是，民众的幸福程度并没有与经济的高速增长同步提高，分配格局扭曲、城乡发展畸形、生态资源环境压力加大等问题的交织叠加严重削弱民众的幸福感。在辉煌的经济成就背后，中国付出了高昂的生态、资源及环境代价。根据环境保护部环境规划院的测算，中国的环境污染损失超过 1.55 万亿元，相当于 2010 年 GDP 的 3.5%，主要表现为污染排放、土壤退化和湿地资源减少（王金南等，2012）。如果还考虑其他形式的环境退化，代价甚至更高（王金南，2009）。进入 21 世纪以来，因生态产品供给不足或受到破坏而引发的群体性事件急剧增加，自 1996 年来以来，环境群体性事件一直保持年均 29%的增速，成为社会不稳定的重要隐患（杨朝飞，2012）。诸多生态性群体性事件表明，民众对于生态性公共产品的需求已经进入爆发期，那种以牺牲生态换取经济增长的做法已经不合时宜。

生活在良好的生态环境中是人民群众的基本需求，也是政府应当提供的基本公共服务。按照马斯洛的需求层次理论，任何人都是先满足较低层次的需求，之后再满足较高层次的需求，由此螺旋式递进。随着我国社会经济的快速发展，人们的生存温饱问题已基本得到满足，社会主要矛盾的主要方面发生了变化，民众的重点需求转向公共产品，尤其是与人们生活密切相关的基本型公共产品如清洁的空气、干净的饮水、良好的教育与医疗等。能否享受基本的生态产品，实现人口、经济与生态的协调发展已成为衡量一个城市或地区老百姓幸福与否的基本标准。生态产品的生产与消费已不再是简单的公共经济问题，而是上升为严肃的政治社会问题，成为中国能否实现永续发展的掣肘。

生态产品核算研究可以为生态资源的合理定价、有效补偿提供科学的理论依据。生态产品属于公共产品的范畴，政府责无旁贷地担负着修复生态、改善环境的责任。在工业文明社会中，人们更加看重经济效益，而忽视生态效益和社会效益。生态产品的生产活动需要投入人力和其他物质资源，但产出的是生态产品，不能用来更替生产使用的物质资源、补偿生产消耗的财富价值。同时，生态效益具有很强的外溢性，它所带来的私人收益远小于社会收益，而成本却需要独自承担，因而长期以来生态产品生产活动难以获取立足之地。因此，生态产品具有显著的公共产品性质，其价值很难通过市场交换来实现，只有借助政府“看得见的手”才能得到必要的补偿。在专业生态生产方面尤为明显，其产出主要是生态产品，物质产品作为副产品不足以补偿生产消耗，因此只能依靠政府的生态补偿机制。生态生产的目的是促进生态和谐，其对经济效益和社会效益具有外溢性和明显的公益性。从当前来看，政府应以社会规范和政府导向的形式，强制和引导社会资源、生态资源流向生态产品生产，确保各类资源的必要配置，鼓励企事业单位及其他社会组织支持和参与生态产品生产活动，扶持技术进步，逐步提高生态产品生产在整个社会生产中的比重。

2.3 生态产品核算是可持续发展战略的基础性工作

我国的社会资产增长快速，生态资产却持续下降。在目前重化工化的发展阶段，我们走的依然是一条高能耗、高污染的路子，生态资产下降触目惊心。如果按照当前趋势发展，今后我国的生态欠账将进一步扩大，据估算到2030年我国生态欠账将达到6.5万亿元，到2050年将达到9.1万亿元（高吉喜，2013）。如果不改变现有的发展模式，生态产品生产能力将进一步下降，可持续发展将面临更为严峻的考验。

我国缺乏一套生态产品核算评估体系，生态产品的家底不清。目前，在生态产品管理上，我们缺乏系统而完善的统计制度、估价制度和报告制度等相关管理制度，如对生态产品统计客体或统计对象、统计口径、统计时间、统计报告等缺少规范化与标准化，生态产品管理制度不健全。家底不清不利于对生态资产进行科学认识和有效管理，导致生态产品供给与经济发展不平衡，从而又制约经济增长。当前的决策过程常常忽略或者低估生态产品服务的价值。大多数的资源管理和投资决策考虑不同政策选择下的货币成本与效益，并受其强烈的影响。但是，对于生态资产的管理来讲，这将导致对社会不利的结果，因为生态产品的非市场价值可能超过其市场价值。因此，许多现有的资源管理政策往往是牺牲生态资产在提供生态产品和服务方面的价值（它们可能具有更大经济价值），而偏向于利用这些资源投入到诸如农业、林业、渔业和制造业等部门的生产。

生态资产提供的生态产品和服务是国民经济与社会可持续发展的重要基础，其价值的评估是我国实施可持续发展战略的一项重要基础性工作。由于环境与生态系统的生态价值和社会价值具有外部性，在缺乏有效的政府干预和宏观政策调控下，市场途径无法对其进行有效的管理，导致了对资源的掠夺性消费和对环境的无节制破坏。如果能够核算生态系统提供生态产品和服务的价值（Hannon，1998），并且实行对非经济成分的审议机制的话，那么可持续发展管理和投资决策将会进一步完善。另外，生态产品价值的正确评估，给国家、地区和部门的决策者提供了重要参考（Fisher et al.，2009），同时也使生态资产的保值增值和生态产品的供给能力纳入各级领导干部任期目标之一成为可能，这样就可全面提升我国的生态环境质量、生态文化建设和生态产业开拓。

2.4 生态产品核算是对绿色国民经济核算体系的重要推进

以国内生产总值（GDP）为主要指标的国民经济核算体系（SNA）没有充分体现自然资源价值。传统国民经济核算体系（SNA）是以市场交易价值作为其核算基础（United Nations，1993），对于那些没有被作为经济资产，也没有参与到市场交易中的水、大气、土壤、原始森林等非生产自然资源则均被排除在现有国民经济核算体系之外。传统的SNA体系因受传统价值决定理论的影响，没有很好地反映资源、环境、经济与社会发展之间的关系，忽视了为实现经济社会发展使资源和环境付出的巨大代价，不能有效地表现出经济发展与资源消耗之间的量化关系，也没有体现出自然资源对经济增长的贡献价值。

绿色 GDP 对传统国民经济核算体系进行了改革，用以衡量各国扣除自然资产损失后新创造的真实国民财富的总量。简单地讲，就是在现有 GDP 的基础上，减去资源消耗和环境退化的价值。绿色 GDP 核算建立在传统 GDP 核算体系的基础上（United Nations，2003），是在经济与环境大系统内，着重于核算资源与环境代价，它对于经济与环境协调发展更具有指导意义。但是，这个概念并没有涉及与生态产品和生态文明评价制度建设相关的理念。因为其简单地认为“经济产出总量增加的过程，必然是自然资源消耗增加的过程，也必然是环境污染和生态破坏的过程”。这就将绿色 GDP 从出发点上决定了是 GDP 的减量因素（做“减法”），它只是简单地在核算中扣除了消耗，表现的仅仅是经济的实际水平，仍没有通过核算把人为干预下实际存在的生态价值统计出来（做“加法”）。这在一定程度上忽视了自然界的主观能动性作用，进而制约了创造生态价值的积极性。

构建生态产品核算体系有利于完善现有的绿色国民经济核算体系。国际上尚没有一个非常成熟的、具有高度可操作性的制度范式。国际组织、各国官方和民间机构都在为此作出努力（EEA，2011；UNSD，EEA and World Bank，2011；Vardon et al.，2011）。联合国在综合环境经济核算核心框架体系（System of Environmental-Economic Accounting Central Framework）环境资产账户核算中包含了自然资源价值核算，但是有关自然资源的核算更多体现的是存量范畴（United Nations，2012）。生态环境再生产所带来的生态产品和服务属于流量范畴，如何实现流量与存量的紧密衔接，核算中没有体现出来。为了解决这一问题，联合国正在通过生态系统试验核算账户来推动生态系统产品和服务的核算，并准备在成熟后纳入综合环境经济核算体系。中国需要立足本国实际，借鉴国际研究成果，形成适应中国特点的生态产品核算体系，并为国际生态核算标准提供示范经验。构建适合中国国情的生态产品核算体系不仅是对现行绿色国民经济核算理论和方法体系的拓展和完善，也将为中国开展具体的生态产品核算实践活动提供相应的指导。

结合中国的国情而言，中国地域广袤，不同区域具有不同的资源禀赋和经济发展特点，不同的生态产品具有不同特点，与经济体系的联系方式也多种多样。比如，森林是可再生资源，水是循环性资源，矿物则是不可再生资源；森林不仅有林果等经济产出功能，更有生态功能；关于水，既有水资源问题，需要从数量方面计量，又有水环境问题，需要考虑废水排放对水质带来的影响，而且还有水产品功能，要考虑水在经济体系内部的流通。因此，要建立中国生态产品核算体系，特别需要在不同层面、着眼不同主题、在不同区域进行各种专题性核算的探索实践，这是一个逐步探索、创新、总结、完善的过程。面对这种情况，探索性研究应该从局部的主题核算开始，为保证各种局部主题核算能够统一于生态产品核算的整体要求，必须设计一个生态产品核算的整体框架，为各种主题核算提供方向指导。

3 生态产品核算总体框架构建

建立中国生态产品核算体系不是一件可以一蹴而就的任务，而是一项艰巨复杂的系统工程。要建立中国生态产品核算体系，特别需要在不同层面、着眼不同主题、在不同区域进行各种专题性核算的探索实践，这是一个逐步探索、创新、总结、完善的过程。面对这种情况，特别需要一个有关中国生态产品核算体系的整体框架，厘清核算的基本思路，规范核算的基本概念，给出相应的核算表，以便为各种局部核算提供方法依据，保证各专题核算能够符合生态产品核算的目标。

3.1 框架定位和原则

3.1.1 总体目标

结合国际经验和中国实践，给出中国生态产品核算的基本模式，建立中国生态产品核算体系的总体框架，阐明核算的基本思路与方法，确定基本核算内容、原则和目标，定义其中所涉及的基本概念、基本理论方法和基本核算关系，为进一步开展具体的生态产品主题核算提供总体框架指南。

3.1.2 具体目标

在总体目标基础上，可以分解为以下具体目标。

（1）生态资产实物量核算体系框架。按照生态产品核算体系框架的总体目标，确定提供生态产品的生态资产实物量核算的目的、方法和内容，设计生态资产实物量总体核算表，明确生态资产实物量核算的数据来源及相关要求。

（2）生态资产价值量核算体系框架。按照生态产品核算体系框架的总体目标，确定提供生态资产价值量核算的目的、评估方法和内容，设计生态资产价值量总体核算表，明确生态资产价值量核算的数据来源及相关要求。

（3）生态产品实物量核算体系框架。按照生态产品核算体系框架的总体目标，确定生态产品和服务实物量核算的目的、方法和内容，设计生态产品实物量总体核算表，明确生态产品实物量核算的数据来源及相关要求。

（4）生态产品价值量核算体系框架。按照生态产品核算体系框架的总体目标，确定提供生态产品和服务价值量核算的目的、评估方法和内容，设计生态产品和服务价值量总体核算表，明确生态产品和服务价值量核算的数据来源及相关要求。

（5）生态环境投入产出核算体系框架。确定生态建设与环境保护支出的主体、分类，设计在绿色国民经济核算总体框架内进行生态建设和环境保护支出核算的思路和核算表，主要是生态建设和环境保护活动投入产出表的设计，明确核算的数据来源及相关要求。

3.1.3 基本原则

生态产品核算是一个处于研究探索过程的国际性课题。根据生态产品核算的基本目标和中国的现实核算基础，构建中国生态产品核算体系，开展生态产品核算，需要坚持以下基本原则：

（1）以绿色国民经济核算为基础和起点。进行生态产品核算不是不要绿色国民经济核算，而是要在绿色国民经济核算中充分考虑生态效益因素，更全面地反映生态环境与社会经济的关系，在考虑生态环境因素前提下衡量发展的成就，为生态环境经济综合管理提供支持。

（2）借鉴国际经验与适应中国需要两者兼顾。一方面要广泛参照国际经验，保持与国际已经形成的核算模式的对接；另一方面要适应中国现实，依托中国绿色国民经济核算已经取得的实际经验，保持与中国现有统计和核算基础的衔接，实现生态产品核算的本土化。

（3）全面理解生态产品核算的功能，将其作为一个多层次应用的体系。生态环境与经济之间的关系是多重的、多层次的，生态产品核算的目的是为全面认识生态环境与经济之间的关系提供全面、详细的数据信息。

（4）支持选择特定主题进行具体核算探索。目前生态产品核算仍然处于探索过程之中，针对所有自然生态系统和人工生态系统进行全面生态产品核算尚难以达到，特别是一种生态系统往往可以以多种方式为人类提供各种有形的生态产品和无形的生态服务。根据不同的区域条件、不同的生态环境主题开展局部意义的核算研究，既具有较高的可行性，又具有较强的可应用性。中国地域广袤，自然条件差异大，区域发展不平衡特征明显，贯彻本原则具有特殊重要性。

3.2 框架的内容体系

内容构造是生态产品核算体系框架设计的主要部分。我们需要面对两个基本问题：第一是生态产品核算体系中应该包括哪些内容；第二是如何将这些内容系统地表述出来，设计什么样的核算表。

3.2.1 总体思路

将生态效益纳入社会经济评价体系，构造生态产品核算体系的基本思路，需要从以下方面予以考虑。

（1）从存量核算和流量核算两个方面考虑。一方面是对提供生态产品和服务的生态要素纳入核算范围，进行生态资产存量的核算；另一方面，要核算生态资产以产品和服务的形式提供的纳入到当期生态产品流量核算中。二者的联系点在于，生态资产账户是生态产品存量的表现形式，生态资产的数量及质量构成了提供生态产品和服务流的载体。当期经济活动对资源环境的消耗利用和自然灾害，是构成生态资产存量减少的主要因素。自然增值和人类生态环境保护活动对生态资产的建设和质量改善，是构成生态资产存量增加的主要因素。因此，对生态产品存量的核算，既要记录生态资产的静态储量，又要记录生态资产的动态变化；既要记录生态资产的数量，又要评估生态资产的质量。然后，在生态资产存量及变化核算的基础上，通过对当期生态资产的生态产品生产能力评估，核算生态资产提供生态产品和服务的当期流量。两者之间的关系在于，生态资产存量核算是生态产品流量核算的基础。

（2）从生态产品服务功能考虑，整个生态产品核算体系不仅有形生态产品的供给，也包括以生态服务功能形式提供的无形生态产品。具体而言生态产品具备生态供给功能、生态支持与调节功能、生态文化功能。这三方面是并列的，不同形态的生态产品和服务可能是由同一自然要素承担的，比如水，既是资源，又是废弃物的受纳体，还具有生态系统的功能和景观的价值。

（3）从核算手段考虑，生态产品核算可以区分为实物量核算和价值量核算两个层次。实物量核算是生态产品核算的第一步，可以充分利用生态环境统计数据，核算提供生态产品和服务的生态资产实物存量并记录其变化，然后根据生态资产存量计算当期提供的生态产品和服务实物量；价值量核算则是在实物核算基础上通过估价进行综合性核算，由于国民经济核算基本是一个价值量核算体系，在现实市场经济框架内，只有价值核算才能使生态产品核算体系和经济统计体系按照同一计量单位合为一体，获得相应的总量指标，对发展过程和结果作出综合性的评价，因此，生态产品的价值量核算是不可或缺的，代表了生态产品核算的最终目标。两者之间的关系在于，实物量核算是价值量核算的基础。

（4）要考虑现实发生的生态建设和环境保护活动。所谓生态建设活动主要是对受人为活动干扰和破坏的生态系统进行生态恢复和重建，是根据生态学原理进行的人工设计，充分利用现代科学技术，充分利用生态系统的自然规律，是自然和人工的结合，达到高效和谐，实现环境，经济、社会效益的统一；所谓环境保护活动，是为保护环境不受经济活动侵害、恢复已经受影响的环境而发生的活动。生态产品核算的主线是要显示出人类在经济活动中对生态环境的保护，伴随越来越多的生态建设和环境保护活动在现实经济体系中发生，已经构成对生态资产保护和增强生态产品生产能力的重要因素，因此就必须在生态产品核算体系之中包含对生态建设和环境保护活动的核算。这两方面核算的关系是：为生态建设和环境保护活动所花费的成本可以作为实际生态产品和环境服务的生产成本，构成经济活动之生态环境成本的重要组成部分。

（5）核算结果应该包括解析式和加总式两个类别的核算数据。解析式核算数据库主要是对所涉及的生态资产要素和生态产品供给进行详细分解，提供生态环境与经济之间的详细图景，这是管理和决策所不可缺少的；加总式核算主要是对核算结果进行高度综合，像国民经济核算中以 GDP 为中心的总量指标体系那样，形成以生态生产总值（GEP）为中心的一组关键总量指标，用于生态产品生产能力和绿色发展成果的评价。

3.2.2 总体框架

中国生态产品总体核算框架由 5 个核心账户组成：①生态资产实物量核算账户；②生态资产价值量核算账户；③生态产品实物量核算账户；④生态产品价值量账户；⑤生态环

境保护活动核算账户。在生态资产存量核算的基础上可以编制生态资产负债表，全面放映生态资产的变动情况。对生态产品的服务价值进行加总就得到了生态产品生产总值（GEP），GEP 和 GDP 共同组成了生态-环境-经济综合核算体系的“两本账”。总体核算框架组成如图 1 所示。

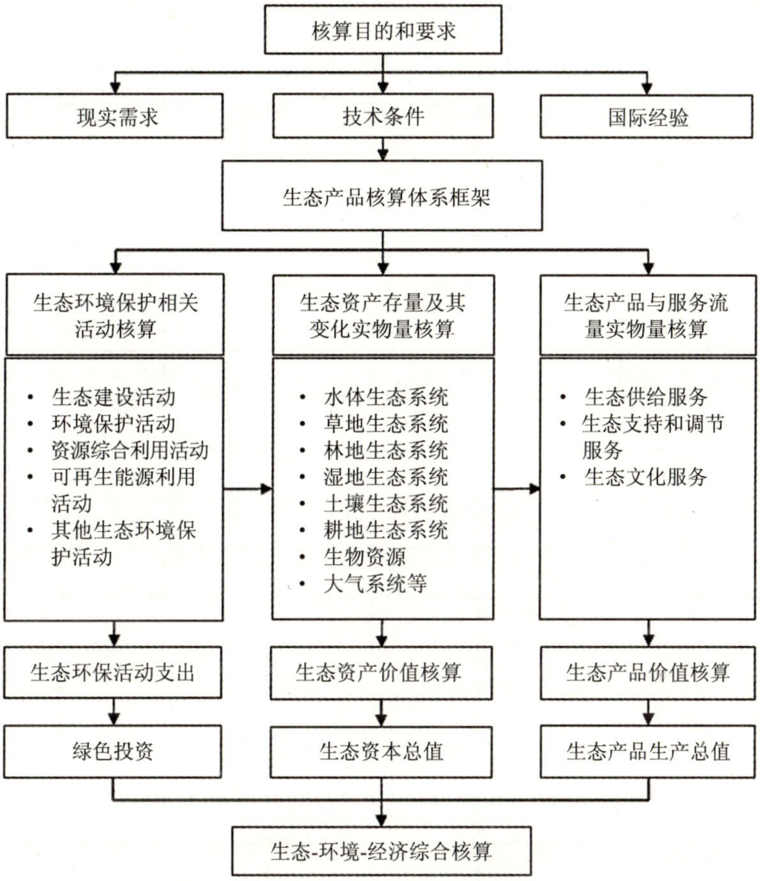

图 1 生态产品核算总体框架体系

3.3 核心账户构造

3.3.1 生态资产核算及生态资产负债表构造

（1）生态资产实物量核算账户。生态资产实物量核算账户主要是对提供生态产品和服务的生态环境要素的实物存量及其核算期内的变化进行记录。生态资产的实物量及其变化核算如表 1 所示。

表 1　生态资产实物量及其变化概念核算表（物理单位）

项目	水体	大气	草地	湿地	土壤	森林	耕地	生物
期初存量								
数量增加（+）								
自然增值								
人工生产								
其他因素								
数量减少（–）								
自然退化								
经济消耗								
其他因素								
期末存量								
期初质量								
质量改善								
自然因素								
经济因素								
其他因素								
质量恶化								
自然因素								
经济因素								
其他因素								
期末质量								

生态资产的实物量核算范围包括：水体（河流、湖泊、水库、海洋）生态系统、森林生态系统、草地生态系统、耕地生态系统、湿地生态系统、大气系统和动植物等生物资源。

生态资产实物量核算的具体内容主要是记录各种生态资产存量的数量和质量及其变化，具体包括：①期初数量和质量情况；②自然因素导致的生态增值和质量改善；③人类保护修复和建设带来的生态资产数量增加和质量提升；④自然环境引起的生态资产退化和质量恶化；⑤人类活动引起的生态资产消耗和质量下降；⑥分类变化、经济决策等其他因素引起的生态资产存量发生改变；⑦期末数量和质量情况。

（2）生态资产价值量核算。生态资产价值量核算账户主要是利用价值评估方法对生态资产的实物存量进行价值评估，进而核算为人类提供生态产品的生态资本总值。生态资产的价值量及其变化核算表如表 2 所示。

表 2 生态资产价值量及其变化概念核算表（货币单位）

项目	水体	大气	草地	湿地	土壤	森林	耕地	生物	总计
期初价值									
价值增加（+）									
数量增加									
质量改善									
其他因素									
价值减少（–）									
数量耗减									
质量恶化									
其他因素									
存量的重估价									
期末价值									

生态资产的价值量核算范围同其实物量核算范围保持一致，主要是对水体（河流、湖泊、水库、海洋）生态系统、森林生态系统、草地生态系统、耕地生态系统、湿地生态系统、大气系统和动植物等生物资源的存量价值进行评估。

生态资产价值量核算的具体内容主要是核算各种生态资产的价值量及其变化，具体包括：①生态资产期初价值；②因生态资产数量增加和质量改善带来的价值增值（包括自然原因和人为因素）；③因生态资产的数量退化和质量恶化带来的价值损失（包括自然原因和人为因素）；④因对生态资产存量进行重估价引起的价值损益；⑤生态资产期末价值。

（3）生态资产负债表。前面的生态资产实物量核算账户和价值量核算账户都考虑了生态资产存量的变化情况。《中共中央关于全面深化改革若干重大问题的决定》强调，要探索编制自然资源资产负债表，对领导干部实行自然资源资产离任审计。为了更详细地记录生态资产的变动情况，我们在此给出了一个更为详细的生态资产负债表（表 3）。这个概念核算表能够更详细地记录了生态资产变化情况，包括自然因素引起增加和减少情况，也包括人类活动引起的增加和减少情况，特别是包括了各经济主体（政府、居民、企业、国外）对生态资产的使用和消耗情况。通过这样一个详细设计的生态资产负债表，全面记录自然和各经济主体的对生态资产的占有、使用、消耗、恢复和增值活动，评估生态资产价值，为实行领导干部自然资源资产离任审计提供详细的科学依据。

表3 生态资产负债表

核算项目	实物量核算			价值量核算			
	数量	质量	重分类	基于数量估值	基于质量估值	重估价	生态资本总值
期初存量（起点量）							
（一）增加量（+）							
（1）自然因素							
新发现量							
自然增值量							
自然再生/更新量							
（2）经济因素							
人工建设和恢复量							
人工再生/更新量							
进口量							
（3）其他因素							
（二）减少量（–）							
（1）自然退化							
自然消亡							
自然灾害引起的退化							
（2）经济消耗							
使用量/消耗量 其中：家庭消费 工业生产 政府消费 出口量							
破坏量 其中：环境污染 生态破坏 事故							
（3）其他因素							
（三）生态资产总变动*							
（1）贮存量							
（2）净储量							
（3）生态资本形成							
期末量（终点量）							

注：*正值表示核算期内生态资产存量增加，负值表示核算期内生态资产存量减少。

3.3.2 生态产品生产总值核算

（1）生态产品实物量核算。生态产品实物量核算账户主要是对生态系统为人类提供的有形生态产品和无形生态服务进行核算，为生态产品生产能力评估提供基础。生态产品与服务的实物量核算表如表 4 所示。

表 4 生态产品与服务实物量概念核算表/物理单位

项目	水体	大气	草地	湿地	土壤	森林	动植物
（一）生态供给服务							
食品							
药品							
水资源供应							
加工原料							
可再生能源							
其他产品供应							
（二）生态支持与调节服务							
固定二氧化碳							
净化空气							
调节气候							
对干扰的缓冲							
水文水质调节							
废弃物处理							
水土保持							
土壤熟化							
生物控制							
提供生境							
营养元素循环							
遗传基因库							
其他调节服务							
（三）生态文化服务							
欣赏景观							
旅游娱乐场所							
科研教育							
美学与艺术							
其他文化服务							

生态产品的实物量核算范围包括：水体（河流、湖泊、水库、海洋）生态系统、森林生态系统、草地生态系统、耕地生态系统、湿地生态系统、大气系统和动植物等生态资产提供的有形生态产品和无形生态服务。

生态产品实物量核算的具体内容包括：①生态供给服务，如食品、药品、水资源、加工原料、可再生能源（水电、风电、生物质能、太阳能等）及其他生态产品；②生态支持与调节服务，如固碳、调节气候、净化空气、对干扰的缓冲、水文调节、净化水质、土壤熟化、水土保持、废弃物处理、提供生境、生物控制、营养元素循环、遗传基因库等；③生态文化服务，如景观娱乐、科研教育、美学艺术等。

（2）生态产品价值量核算。生态产品价值量核算账户主要是利用价值评估方法对生态产品的服务价值进行核算。生态产品与服务的价值量核算如表5所示。

表5　生态产品与服务价值量概念核算表/货币单位

项目	生产部门	政府部门	住户部门	国外账户	全球账户	生态部门	总价值
（一）生态供给价值							
食品价值							
药品价值							
水资源价值							
加工原料价值							
可再生能源价值							
其他产品价值							
（二）生态支持与调节价值							
固碳收益							
净化空气价值							
调节气候价值							
对干扰的缓冲价值							
水文水质调节价值							
废弃物处理价值							
水土保持价值							
土壤熟化价值							
生物控制价值							
提供生境价值							
营养元素循环价值							
遗传基因库价值							
其他调节价值							
（三）生态文化服务价值							
欣赏景观价值							
旅游娱乐场所价值							
科研教育价值							
美学与艺术价值							
其他文化价值							
生态生产总值（GEP）							

生态产品的价值量核算范围包括：水体（河流、湖泊、水库、海洋）生态系统、森林生态系统、草地生态系统、耕地生态系统、湿地生态系统、大气系统和动植物等生态资产提供的有形生态产品价值和无形生态服务价值。

生态资产价值量核算的具体内容包括：①生态供给服务价值，如食品价值、药品价值、水资源价值、加工原料价值、可再生能源价值（水电、风电、生物质能、太阳能等）及其他生态产品价值；②生态支持与调节服务价值，如固碳收益、调节气候价值、净化空气价值、对干扰的缓冲价值、水文调节价值、净化水质价值、土壤熟化价值、水土保持价值、废弃物处理收益、提供生境价值、生物控制价值、营养元素循环价值、遗传基因库价值等；③生态文化服务价值，如景观娱乐价值、科研教育价值、美学艺术价值等。

由于生态产品核算是对生态资产在核算期内提供的生态产品和服务流量的核算，因此在生态产品的实物量核算和价值核算中，不仅要对生态产品和服务的生产者进行记录，也要对生态产品和生态服务的消费者进行记录。表5对生态产品和服务的受益者进行了记录。生产部门、政府部门、住户和国外账户的设置同经济投入产出表类似，主要是记录生态效益流入生产部门多少，政府、和住户直接消费多少生态效益，又有多少生态效益被出口到了国外。核算表中还设置了全球和生态部门两个账户，全球账户主要是记录如固碳收益等有利于全球气候变化的生态服务效益消费者，生态部门账户主要是记录一些生态资产提供的生态产品和服务未被生产生活所直接消费，但是有利于生态系统的保护。

3.3.3 生态环境保护活动核算

生态环境保护活动核算账户主要是对人类在经济生产过程中参与生态产品生产的活动进行核算。从国际实践经验来看，生态环境保护活动核算能够更加清晰地反映人类参与生态产品生产的强度，并具有更强的可操作性，能够为绿色投资提供依据。

生态环境保护活动核算的内容范围主要包括：①生态建设活动；②环境保护活动；③资源综合利用活动；④可再生资源利用活动；⑤其他生态环境保护相关活动。具体细化科目设置如表6所示。

进行生态环境保护支出核算，要先编制生态环境保护活动的投入产出表，核算出为生态环境保护而实际发生的支出，然后围绕生态环境建设及保护活动而发生的转移支付纳入核算，就可以得到有关生态环境保护最终负担支出的核算结果。

表7是生态环境保护投入产出表的示意表式。生态环境保护投入产出表是通过在传统投入产出表中将与增强生态产品生产能力相关的生产活动从经济活动中分离出来，增加生态建设、环境保护、资源综合利用等行业分类。横行是生态环境保护活动产出及其使用去向：被生产过程所消耗、用于最终消费和积累，或者出口国外；纵列是生态环保产业的投入：消耗各种中间产品，同时创造经济增加值。

表8是关于生态环保活动支出的核算表。纵列分别表示专门生态环境生产者、其他生产者、住户消费、政府消费和出口国外，以记录各自为生态环境保护而承担的支出；横行标题体现各支出项目，其中，表中上半部分来自生态环境投入产出表的第一象限和第二象限，是关于生态环保服务使用的支出，下半部分则是有关生态环保的转移支出，体现为生态环保而筹集资金的支出，两者相加就是各部门为生态环境保护所最终承担的支出。

表6　生态环保相关活动细化科目设置

生态环保活动	细化科目	核算单位
生态建设	植树造林	亿元
	退耕还林还草	亿元
	园林绿化	亿元
	城市景观建设	亿元
	生物多样性保护工程	亿元
	防护林建设	亿元
	矿山生态修复	亿元
	研发	亿元
	其他生态相关活动	亿元
环境保护	大气污染防治	亿元
	工业废水处理	亿元
	废物循环利用与处置	亿元
	土壤、地下水、地表水保护与修复	亿元
	噪声和震动削减	亿元
	饮用水水源保护工程	亿元
	辐射防护	亿元
	城镇生活污水处理	亿元
	研发	亿元
	其他环保相关活动	亿元
资源节约与循环利用	余热利用	亿元
	森林资源的最小化索取	亿元
	废弃物回收利用	亿元
	稀贵资源回收技术	亿元
	清洁生产技术	亿元
	节能减排技术	亿元
	减少化石能源使用技术	亿元
	研发	亿元
	其他与资源节约相关活动	亿元
可再生能源利用	风电	亿元
	水电	亿元
	太阳能	亿元
	潮汐能	亿元
	生物质能	亿元
	其他与可再生资源利用相关活动	亿元
生态环境与资源管理	水资源管理	亿元
	森林资源管理	亿元
	自然保护区管理	亿元
	环境管理	亿元
	野生动植物群管理	亿元
	其他与生态环境与资源管理相关活动	亿元

表7　生态环保活动投入产出表（货币单位）

		中间需求					最终需求				总产出
		生产部门	生态建设	环境保护	资源管理	再生能源	家庭消费	政府消费	资本形成	净出口	
中间投入	生产部门										
	生态建设										
	环境保护										
	资源管理										
	可再生能源										
增加值	固定资本消耗										
	劳动报酬										
	生产税净额										
	营业盈余										
总投入											

表8　生态环保活动支出核算表（货币单位）

	专门生产者	其他生产者	住户	政府	国外	总计
（一）生态环保活动支出						
生态建设						
环境保护						
资源综合利用						
可再生能源						
（二）生态环保的资本形成支出						
（三）有关生态环保的转移收支						
经常转移						
资本转移						
（四）环保支出总计						
其中：国外支付						
（五）国民环保支出						

4　生态产品核算的组织实施

近年来，绿色国民经济核算热度不断升温，生产产品和服务核算也逐步从理论研究走向实践。联合国、世界银行等推动以试验账户核算的方式探索生态系统产品和服务核算的整体框架、核算范围和核算方法，并准备将其纳入环境经济综合核算框架体系内。积极开展及推动绿色国民经济核算本身是一件好事，它至少说明生态环境问题已渐渐深入人心，引起有关部门的高度重视。但我们也必须注意到，“热”不等于成熟，不等于具有可操作性，生态产品核算体系的建立不可能一蹴而就。稳固的支撑体系是顺利实施生态产品核算的基础。

（1）成立国家生态产品核算专家委员会。在国家层面率先建立生态产品核算技术专家委员会，负责研究制定及修正生态产品评估技术规范，建立人才培养和后续培训机制，完善评估机构，加强生态资产监管。国家管理部门应加大对生态资产管理力度，参考联合国和世界银行记账系统（SNA）和联合国环境与经济综合记账系统（SEEA），将生态资产和生态产品供给纳入经济社会记账系统。

（2）建立完善的绿色统计支撑体系。从国民经济核算方法来看，国民经济核算包括统计核算、会计核算和业务核算，但通常以统计核算为主，因此，有时国民经济核算体系等同于国民经济统计体系，可见，统计体系对国民经济核算体系的重要程度。绿色统计体系是绿色国民经济核算体系的基础。现行的国民经济统计体系不能适应绿色国民经济核算需求，必须在现有的国民经济统计基础上，对统计指标进行重新补充和完善。我们以现行的国民经济核算体系中自然资源统计为例加以说明。现在国民经济统计中专门设计了自然资源核算表，只包括了土地资源统计、森林资源统计、草地资源统计、矿产资源统计和水资源统计，而且指标很简略，如水资源统计中只包括了水域资源总量和水力资源统计。一些与生态产品核算特别是无形生态服务密切有关的指标基本上没有包括，必须设计一种新的指标体系，才能满足生态产品核算需要。

（3）建立完善的理论支撑体系。完善的理论支撑体系是国民经济核算的理论基础。实事求是地说，国民经济核算的理论体系是完善的，但绿色国民经济核算体系的理论因为“绿色”的介入，导致绿色国民经济核算体系理论发生变化，出现了理论上的纷争。如在基本理论上的争论在中国一直没有停止，是利用西方的效用价值论还是采用马克思的劳动价值论作为核算的基本理论一直在争论之中，现实的处理方法是采用更务实的态度处理这个棘手的问题。如生态产品核算中经常遇到的价值定量问题，我们以森林资源核算为例简要说明，目前在对森林生态产品价值进行核算的时候，通常采用的方法是对森林的功能进行分解，如分解为经济上的林木、林地等经济功能和森林涵养水源、纳碳吐氧、调节气候、水土保持、保育土壤、吸收污染物、维护生物多样性等等多个生态功能，对生态价值分别采用替代等诸多方法进行估算，最后将这些价值进行叠加求算出森林总的价值，这是没有办法的办法。但我们必须清楚的是，替代的价值和经济价值不是一种价值，功能价值不等于经济价值，价值的叠加可能扩大森林本身价值。完善绿色国民经济核算体系的理论，是我们开展生态产品核算不能回避的问题。

（4）总体框架设计与局部核算实践突破相结合。中国地域广袤，不同区域具有不同的资源禀赋和经济发展特点，各种生态资产以不同的方式提供多种多样的生态产品和服务，与经济体系的联系方式也多种多样，建立中国生态产品核算体系是一项艰巨复杂的系统工程。面对这种情况，一方面通过建立一个有关中国生态产品核算体系的整体框架，厘清核算的基本思路，界定生态产品的基本概念与内涵，确定核算的范围与内容体系。另一方面可以在不同层面、着眼不同主题、在不同区域进行各种专题性核算的探索实践，通过专题核算探索生态产品核算的方法，并逐步将统计基础好、可定量核算的生态资产和生态产品先行纳入国民经济记账系统。

参考文献

[1] 丁宪浩. 论生态生产的效益和组织及其生态产品的价值和交换[J]. 农业现代化研究，2010，31（6）.

[2] 高吉喜. 2030 年生态欠账将达 6.5 万亿元[N]. 21 世纪经济报道，2013-03-09.

[3] 王金南，蒋洪强，曹东，等. 绿色国民经济核算[M]. 北京：中国环境科学出版社，2009.

[4] 王金南，於方，马国霞，等. 中国环境经济核算研究报告 2010[J]. 重要环境信息参考，2012，8（19）.

[5] 杨朝飞. 我国环境法律制度和环境保护若干问题. 十一届全国人大常委会专题讲座第二十九讲讲座讲稿，2012.

[6] 杨伟民. 推进生态文明建设美丽中国[J]. 唯实·现代管理，2012（12）.

[7] 欧阳志云，王如松，赵景柱. 生态系统服务功能及其生态经济评价[J]. 应用生态学报，1999，10（5）：635-640.

[8] 欧阳志云，王效科，苗鸿. 中国陆地生态系统服务功能及其生态经济价值的初步研究[J]. 生态学报，1999，19（5）：607-613.

[9] United Nations，1993. System of National Accounts1993.http://unstats.un.org/unsd/nationalaccount/docs/1993sna.pdf.

[10] United Nations，2003. Integrated Environmental and Economic Accounting 2003.http://unstats.un.org/unsd/envaccounting/seea2003.pdf.

[11] United Nations，2012. System of Environmental-Economic AccountingCentral Framework.http://unstats.un.org/unsd/envaccounting/White_cover.pdf.

[12] Costanza，R.，d'Arge，R.，De Groot，R.，1997. The value of the world's ecosystem services and natural capital.nature 1997，387（6630）：253-260.

[13] Hannon，B.，1998. How might nature value man？ Ecological economics 1998，25（3）：265-279.

[14] Fisher，B.，Turner，R. K.，Morling，P.，2009. Defining and classifying ecosystem services for decision making. Ecological economics 2009，68（3）：643-653.

[15] European Environment Agency（EEA），2011. An experimental framework forecosystem capital accounting in Europe.EEA Technical report No 13/2011.

[16] UNSD，EEA and the World Bank，2011. SEEA Experimental Ecosystem Accounts：A Proposed Outline，Road Map and List of Issues. 17th Meeting of the London Group on Environmental Accounting12-15 Sept.，2011Stockholm，Sweden.

[17] Vardon，M.，Eigenraam，M.，McDonald，J.，Mount，R.，Andrew，C.，2011. Towards an integrated structure forSEEA ecosystem stock and flow accounts.ISSUE PAPER FOR THE MEETING ON SEEA EXPERIMENTAL ECOSYSTEM ACCOUNTS，LONDON，5-7 DECEMBER 2011.

环境污染防治与控制

- 美国地下水污染防治经验以及对我国的启示
- 关于我国挥发性有机物（VOCs）污染防治的思考
- 应对灰霾重污染的区域大气污染物减排分析
- 发达国家颗粒物污染防治经验及其对中国的启示
- 借鉴页岩气开发国际经验，建立页岩气环境监管制度

美国地下水污染防治经验以及对我国的启示

Progress and Enlightenment of Groundwater Pollution Prevention and Control in the USA

吴舜泽 王东 刘伟江 白辉 丁贞玉 文一 井柳新 郜志云 孙宏亮 张涛

摘 要 地下水是美国重要的饮用水资源，因此美国在地下水环境保护方面作出了巨大的努力和贡献。主要包括制定了相对完善地下水相关法律规范，成立了专门组织机构，定期开展地下水环境状况调查，实施了大量地下水污染控制与修复工程，建立了完善的地下水污染防治管理体系。本文分析总结了美国地下水污染防治法律规范、调查评估、污染防治等领域的诸多经验和教训，并充分考虑我国国情，提出科学合理的对策和建议。

关键词 美国 地下水 环境保护

Abstract As groundwater is important drinking-water resource in the United States，great efforts and contributions have been made by USA Government ingroundwater environment protection，mainly including makingrelatively perfect groundwater laws and regulations，setting up special organizations，carrying out groundwater environment survey regularly，implementing a large number of groundwater pollution control and remediation projects，and developing a perfect system for groundwater pollution prevention and control management. This article analyzes and summarizes the experiences and lessons drawn from the United States in enactment oflaws and regulations on groundwater pollution prevention and control，investigations and evaluations，and pollution prevention and control，and further puts forward scientific and rational countermeasures and suggestions under full consideration of China's national conditions.

Key words USA，groundwater，environmental protection

1 美国主要地下水环境保护法律法规

美国地下水相关法律完善，主要有《清洁水法》《安全饮用水法》及《地下水条例》，针对商用有毒物质的《有毒物质控制法》、针对有毒废物管理的《资源保护和回收法》、针对废弃场地修复与应急的《综合环境响应、赔偿和责任法》（又称“超级基金法”）等。《资源保护和回收法》，是美国控制固体废物与危险废物，保护地下水的重要法律。要求美国环境保护局（USEPA）对危险废料实行从“摇篮”到“坟墓”的全程监控，为非危险废物的管理提供了框架。

1.1 《安全饮用水法》

1974 年美国颁布了《安全饮用水法》[1]，其目的是为了保护公众从公共供水系统接受的饮用水水质。1986 年在《安全饮用水法》修订案中提出了地下水保护计划。

地下水源头保护计划是一种经济而有效的手段。美国国家环保局（USEPA）研究表明预防比治理更能节约成本，以源头保护的方式预防污染，可以节约 200 倍的费用。授权各州制订各种地下水饮用水源保护计划，这些计划关注在水井周围地区可能进行的各种活动，限制可能会给水井现场造成威胁的各项活动。

《安全饮用水法》要求联邦环境保护局制定关于州的地下灌注控制计划的条例。该条例规定了防止地下灌注活动污染饮用水源的最低要求，法律要求联邦环境保护局编制一份需要控制地下灌注活动的州名单。凡列入此名单的州必须制订地下灌注控制计划并报联邦环境保护局审批。如批准该州就获得实施该计划的权力。如州不呈报或联邦环境保护局不同意州呈报的地下灌注控制计划，则由联邦环境保护局为该州制订并实施地下灌注控制计划。其内容主要有：地下灌注许可证、现场检查、监测、保存资料和报告、法的执行（包括行政命令、行政罚款、民事罚款、强制令、刑事制裁）等。地下灌注许可证对地下灌注活动的控制依灌注井的类型而定。联邦环境保护局把地下灌注井分为六类：一类井是《固体废物处置法》规定的危险废物的井，该类井不得直接或间接地影响地下饮用水源。一类井许可证对一类井的选址、深度、密封、机械完好性、灌注速率、灌注压力和灌注井的废弃有详细的规定。二类井是灌注与石油和天然气的生产、贮存有关的液体的井。三类井是灌注与硫黄、盐的开采有关的液体的井。对二类、三类井的规定依有关工业准则和惯例而定。四类井是灌注放射性废物和对地下饮用水源或在其上灌注危险废物或不在一类井的灌注物质以内的其他危险废物的井。四类井必须在规定的限期内关闭或废弃。五类井是直接对地下水源灌注尚未被《固体废物处置法》定为危险物质的有害物质的井。对五类井无许可证的要求，只要求其报告。但如其引起违反初级饮用水质标准，联邦环境保护局或州政府可要求其申请许可证并采取矫正措施。六类井主要是封存二氧化碳。

1.2 《资源保护和回收法》

1976 年美国颁布实施的《资源保护和回收法》[2]，是美国控制固体废物与危险废物，保护地下水的重要法律。要求 USEPA 对危险废料实行从“摇篮”到“坟墓”的全程监控，为非危险废物的管理提供了框架。

对固体和危险废物的贮存、运输、处理和处置作了规定，以预防城市垃圾填埋场、地下储藏罐、地面污水贮存池和危险废物处置设施中的污染物泄漏污染地下水。

1.3 《超级基金法》

《综合环境响应、赔偿和责任法》[3]（又称“超级基金法”）设立了联邦“超级基金”，用以清理不受控制的或者无主的危险废物场地，以及因事故和泄漏等突发事件引起的环境污染；授权政府清理因化学品泄漏或者危险废物场地引起的可能或者已经对环境造成的污染；授权环境保护局负责找出泄漏事件的责任方，督促他们在清理工作中合作，并根据场地类型采取消除、修复和补救措施。

超级基金基于《综合环境响应、赔偿和责任法》设立，其主要经费来源于国内生产石油和进口石油产品税、化学品原料税及环境税。上述税收全部进入超级基金托管基金，然后按每年的实际需要进行拨款。1986 年制定的《超级基金法案的补充与再授权》只允许上述税种征收至 1991 年，但 1990 年的《综合预算调整法案》将征收期延长至 1995 年。超级基金经费的其他来源包括常规拨款、从污染责任者追讨的修复和管理费用、罚款、利息及其他投资收入等。目前超级基金主要资金来源于常规拨款。

当前，超级基金面临经费不足、修复进程缓慢、风险评估方法不完善、绩效指标体系不明确等问题；此外，也有利益相关方指责超级基金管理中存在环境保护局权力过大、行政管理及诉讼费用过高、效率过于低下等问题。

2002 年 1 月，美国通过的《小企业责任减免与“棕色地块”复兴法》，是对《环境应对、赔偿和责任综合法》的补充修订。2005 年 8 月 10 日，美国国会规定，棕地贷款可以给予合格的“预期诚信购买者”，并建立了“棕地贷款基金”，向治理棕地的公私团体提供贷款。自该基金实施以来，环境保护局已经向基金提供了 2 亿多美元的拨款。

2 美国地下水环境管理机构

美国地下水环境管理涉及多个部门，各部门按照职责分工，各司其职，实现信息共享，合力推进地下水环境管理工作。美国地下水环境管理，分为军用和民用两类。民用地下水环境管理主要由美国国家环境保护局、农业部、内政部、能源部等部门管理；军用设施及场地的地下水管理事务主要由美国国防部负责，涉及陆军部、海军部、空军部等部门。

美国环境保护局在有关法律授权的范围内，主要负责重要污染点源与饮用水源的地下水水质保护工作。农业部负责受农地、林场、农场等面源影响的地下水水质保护工作，具体由农业研究局、林业局、农场服务局等执行；内政部主要提供地下水基础地理情况调查，并负责土地复垦、设立国家公园过程中涉及地下水的领域，具体由美国地质调查局、垦务局、国家公园管理局来执行；能源部负责能源场地地下水保护及修复工作，由环境管理办公室下设的地下水和土壤修复办公室来执行。此外，美国通过国际开发署提供资金技术支持，对因战争等原因导致的国外（如越南）场地及地下水开展保护及修复业务。

美国环境保护局内地下水环境管理工作由水办公室总牵头，主要涉及固废和应急响应办公室、大气和辐射办公室、化学品安全和污染预防办公室、研究和开发办公室。①水办公室总牵头，负责《清洁水法》《安全饮用水法》《资源保护和恢复法》等法律法规和重大联邦项目的执行；水办下设地下水和饮用水办公室，包含标准和风险管理处、饮用水保护处、水安全处，分别负责地下注入控制项目、地下水条例执行、水源保护、私有饮用水井管理、地下水课堂活动 5 类项目。②固废和应急响应办公室下设 6 个分办公室，其中超级基金修复和技术创新、资源保护和回收、地下储藏罐、棕地和土地复垦 4 个分办公室，与土壤和地下水修复有关。③大气和辐射办公室负责《铀工厂废渣辐射控制法》和《原子能法》的执行。④化学品安全和污染预防办公室负责《有毒物质控制法》和《杀虫剂、杀菌剂和杀鼠剂法》的执行。⑤研究和开发办公室设地下水和生态系统恢复研究处，开展地下水保护相关研究工作。

3 美国地下水环境调查评价工作

3.1 区域地下水环境调查评价工作

3.1.1 区域地下水环境调查评价

区域地下水环境调查评价工作由美国地质调查局（USGS）负责组织实施。美国地质调查局成立于 1879 年，是内政部下辖的唯一纯科学研究部门，其基本职能是采集、管理、交换和保管地质相关自然科学数据、信息和知识。

美国于 1991 年启动了国家水质评价计划（NAWQA），大约每 10 年对水质趋势进行一次评价。第一个十年计划（1991—2001 年）期间，对 51 个区域含水层研究单元（全美可划分为 62 个主要的含水层）进行了多学科评价，建立了背景水质状况；第二个十年计划（2002—2012 年）期间，在对主要含水层进行整合的基础上，针对 42 个区域含水层单元水质状况和发展趋势进行了评价。

国家水质评价计划重点关注 3 个方面问题：

（1）国家河流和地下水的现状如何？

（2）水质随时间是如何变化的？

（3）自然因素和人类活动是如何影响河流和地下水水质的？

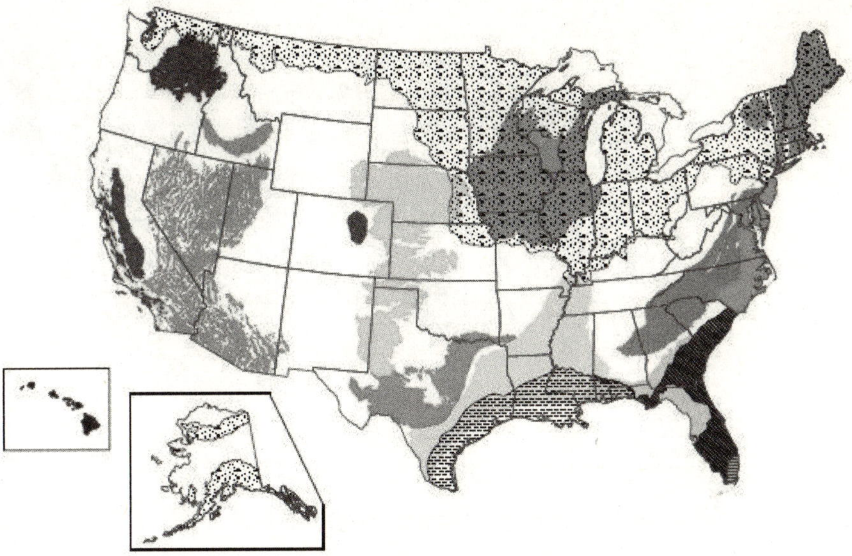

图 1　第二轮区域评价的 19 个研究单元

3.1.2　地下水监测系统建设

根据土地利用情况、含水层敏感性、地下水脆弱性、地下水污染风险等相关因素，在每个研究单元选择具有代表性的区域进行调查评价。一般根据地形和水文地质特征，将区域含水层单元划分为 3～5 个子单元，每个子单元按照随机布点的原则布设 20～30 口井（井群的分布密度大约是每 100 km^2 一眼井），含水层井网包括家庭供水井。美国含水层研究井网布设如图 2 所示。目前美国各类地下水水位和水质监测点约 42 000 个，每一个点都包括诸如该点的经纬度、井深、含水层结构等信息。在所有监测点中地下水水位监测点约 35 200 个，地下水水质监测点约 6 800 个，其中 2 700 个作连续长期观测，4 100 个为短期观测（以上监测站点根据需要及合同要求，每年有增有减）。按照美国国土面积 936.4 万 km^2 计算，地下水水位监测点的平均布设密度为 1 个/266 km^2，地下水水质监测点的平均布设密度为 1 个/1 377 km^2。

区域地下水环境调查评价主要调查农业和城市地区已经或正在使用的杀虫剂、营养物、挥发性有机物和金属物质。第一轮监测指标分为两类：

（1）现场测试参数（5 个），如溶解氧、pH、碱度、电导率、温度等。

（2）实验室分析参数，如主要离子（15 个）、营养成分（5 项）、杀虫剂（88 种）、挥发性有机物（85 种）、痕量元素（22 个）、放射性和稳定性同位素（4 个）等。第二轮监测指标在现有基础上适当扩充了一些新型污染物，如新杀虫剂、旧杀虫剂的替代品及一些疾病指示菌等。每个指标（包括 7 项监测井信息）对应一个编码。

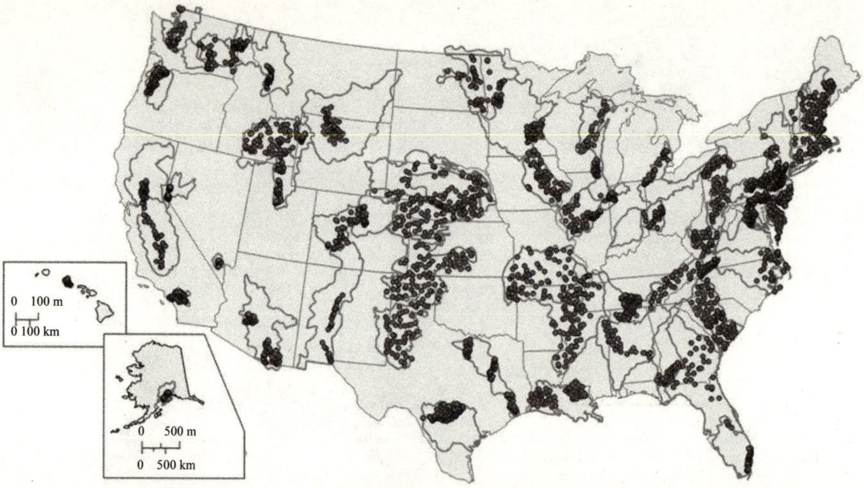

图 2 美国含水层研究井网布设

3.1.3 评价结果

（1）20%的水井至少有一种微量元素超标。根据美国 2011 年国家地下水水质调查评价报告，针对全国公用、个人和检测饮用水井的 5 000 份抽检水样、24 项微量元素监测结果表明，有 20%的水井中至少有一种微量元素超标，其中砷、铀、锰超标井分别占 7%、4%和 12%（锰的检测结果见图 3），对人体健康构成潜在威胁。

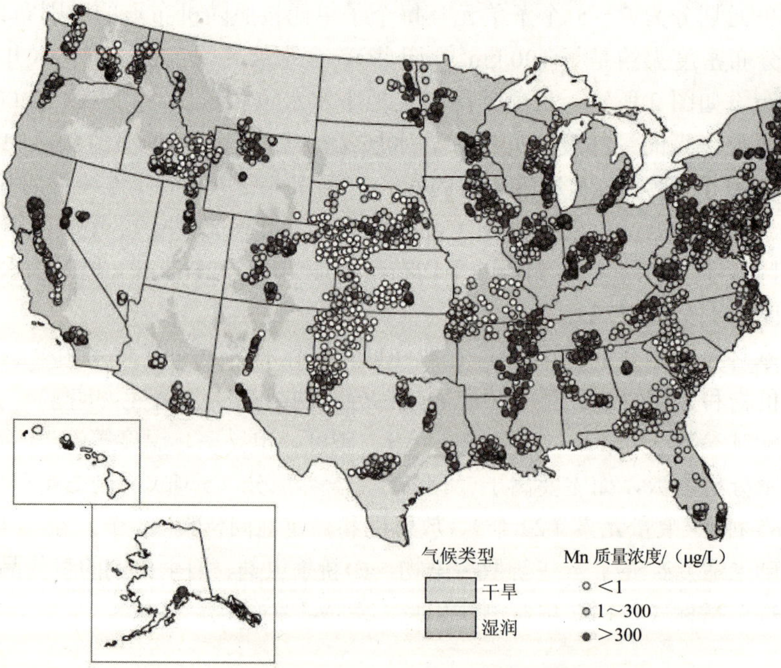

图 3 锰浓度检测结果

（2）除草剂和杀虫剂检出率高、超标率低。美国地质调查局于 1992—2001 年针对全美 5 047 口井进行了农药检测，主要分析 75 种农药及其降解产物，包括多种消耗量大的除草剂和杀虫剂。结果表明：约 1%的生活或者公共供水井农药超标，50%以上的农业和城镇用潜水井检出了莠去津、异丙甲草胺、氰草津及甲草胺等除草剂，地下水杀虫剂超标最多的项目是狄氏剂。农药超标监测井的分布情况见图 4。

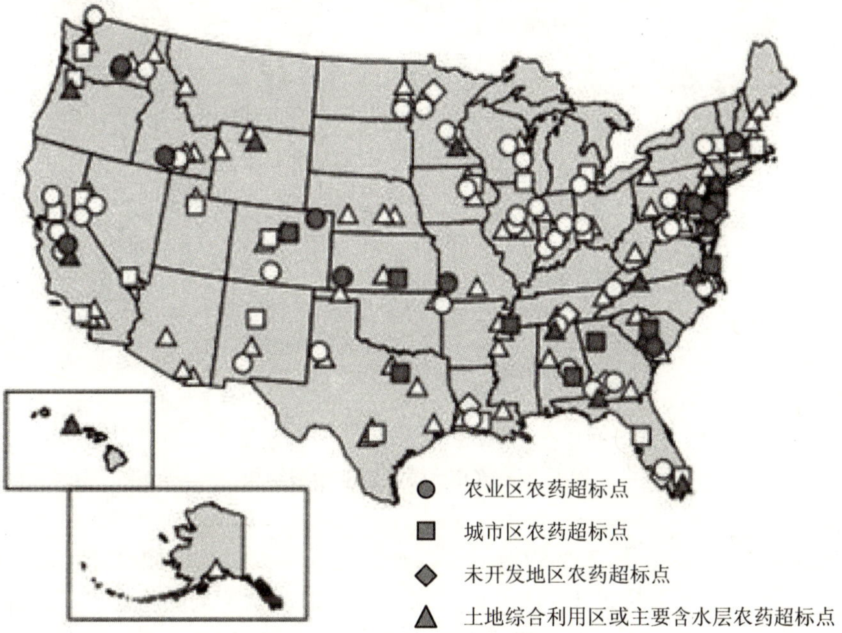

图 4　农药超标监测井分布

（3）农业区浅水井硝酸盐超标率最高，家庭饮用水井超标率居中，公共供水井超标率最低。美国于 1992—1999 年对近 2 000 口水井中的硝酸盐进行了监测，结果表明：20%的农业区浅水井硝酸盐浓度超过了饮用水标准，7%的家庭饮用水井硝酸盐浓度超过了饮用水标准；3%的公共供水井硝酸盐浓度超过了饮用水标准；承压水硝酸盐污染相对较轻。

（4）挥发性有机污染物（VOCs）在大多含水层都有检出，但浓度很低。根据 1985—2002 年 3 498 口井的取样分析结果，在全国大部分的含水层中至少有一口水井检测到了 55 种 VOCs 中的一种，但 90%的水样总 VOCs 质量浓度低于 1.0 μg/L（图 5）。评价工作中选择的 55 种 VOCs，有 13 种完全没有检测出，最常检出的 VOCs 是氯仿、四氯乙烯（PCE）、三氯乙烯（TCE）和汽油添加剂甲基叔丁基醚（MTBE）。对作为饮用水的未经处理的地下水样进行分析，结果表明在生活供水井（14%）和公共水井（26%）的水样中检测到了 VOCs，但是浓度都不足以对人体健康产生有害影响（不到 2%水样的浓度高于联邦饮用水标准）。

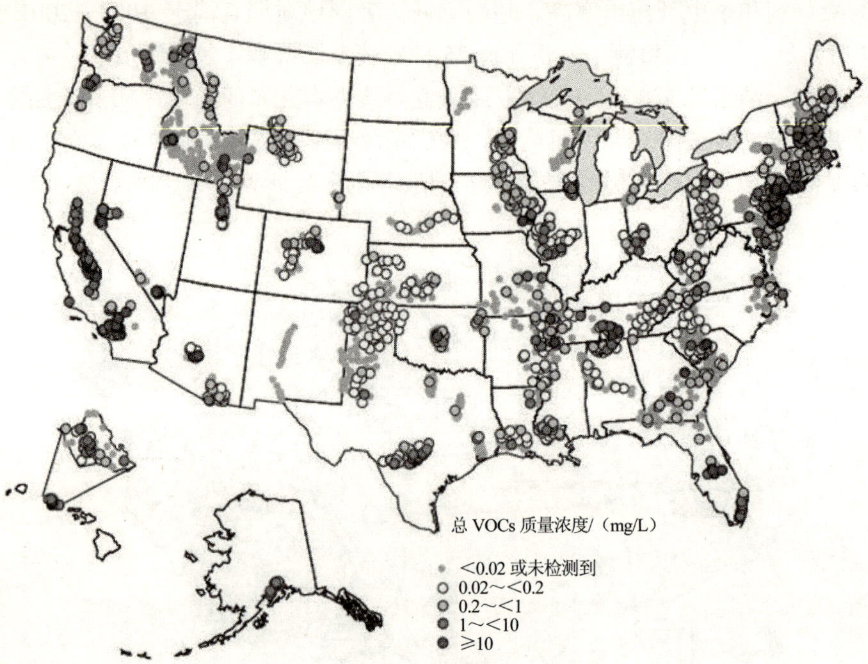

图 5　总 VOCs 质量浓度检测结果

（5）随机调查结果显示，22%的地下水源水质超标或威胁人体健康。全美有 14 万个地下水型公共供水系统，为超过 1/3 的人口供水。美国地质调查局随机调查了涉及 41 个州、涵盖一半主要含水层的 932 口公共供水井，分析监测了 pH 值等 6 种水质指标和 337 种有机污染指标[包括 58 种《美国饮用水水质标准》指标、135 种"基于健康的筛选值"（HBSLs）指标、144 种新型污染物指标]，结果表明：22%的公共供水井中有一种或多种化学污染物浓度超过了美国最大允许污染浓度（MCL）或"基于健康的筛选值"（HBSLs）；58%的公共供水井中有一种或多种污染物检出，但满足标准要求（图 6）。

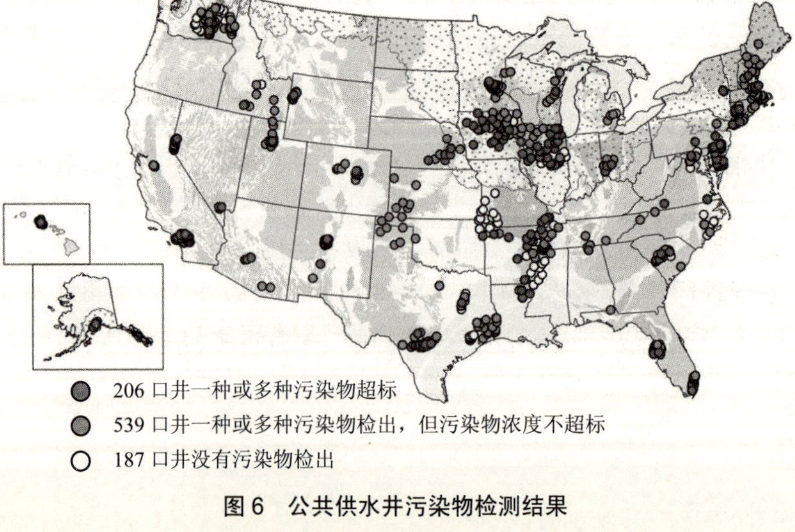

图 6　公共供水井污染物检测结果

3.1.4 区域评价主要特点

尽管第一轮与第二轮评价计划在具体实施上有所差异，但二者的目标及所要解决的问题是一致的，这主要是由于国家地下水环境质量调查评价计划有以下原则和特点：

（1）研究设计和方法全国一致，水质条件可以在区域和国家层次上得以比较。

（2）研究是长期的、周期性的，可以分析水质的变化趋势，以确定水质条件是变好还是变坏。

（3）研究把人类活动（污染源、土地和化学品使用）和自然因素（土壤、地质、水文、气候）与水质联系起来，将水质评价结果与人类健康状况相联系，有助于评价和保护水源地水质。

3.2 典型污染源地下水环境调查评价

1984 年，美国编制的《保护地下水免受污染》的报告中，列出了 30 种以上地下水潜在污染源，主要分成六大类（表 1）。美国法律要求各州向 USEPA 提交地下水污染的来源和类型的报告。在 1988 年的全美水质清单和国会提交的报告[4]中，列出了各种主要的污染源和污染物种类。美国对地下水水质威胁较大污染源依次是：地下储油罐、化粪池、农业源、城市垃圾填埋场、注水井、工业废物堆存场、污水坑、路面盐化、海水倒灌、来自于石油和天然气井的卤水坑等。

表 1 地下水的污染源分类

类别	Ⅰ类	Ⅱ类	Ⅲ类
污染源	设计排放物污染源	可以用来存储，处理和/或处置污染源，无规划排放	在运输过程或传输过程中停留的污染源
	地下渗流（如化粪池和污水池）注水井，土地利用	垃圾填埋场，露天垃圾场，地表蓄水，尾矿废料，矸石场，地面储罐，地下储油罐放射性处置场址	管线，物质运输和转移
类别	Ⅳ类	Ⅴ类	Ⅵ类
污染源	作为其他规划活动目的的排放源	通过改变流模式提供管道诱导排放源	由于人类活动导致和恶化的天然来源
	农业灌溉，杀虫剂的使用，肥料的使用，动物的饲养，除冰盐的使用，污染物，矿物开采与矿山排水	生产井，其他井（无污染），建筑土方工程	地下水面，水的相互作用，海水倒灌，微咸水，水上涌

注：技术评估办公室，1984 年。

3.2.1 地下储油罐

美国地下储油罐常用于汽车加油站、工业企业，政府机构及私人储油。燃料、油料、危险化学品和溶剂、化学废料大都储在地下储油罐。据估计，1984 年美国废弃和使用的地下储油罐数目约为 250 万个。美国每年接到的泄漏事件数量不断增加，1986 年启动了对地下储油罐泄漏状况的调查，到 2005 年，大约 45 万个地下储油罐确定发生了泄漏。据统计，95%的泄漏是在用的油罐而不是报废的油罐；大约 83%的被调查泄漏涉及油罐罐体本身；油罐的泄漏平均年限为 17 年，管线泄漏的平均年龄为 11 年。许多储油罐最先安装于 1950 年代和 1960 年代，其中一些至今仍在使用，一些已被弃用或遗忘。地下储油罐由于内部或外部金属的腐蚀可能出现泄漏。泄漏往往发生在储油罐的孔隙或相关的管道和阀门。钢制储油罐将逐渐被玻璃纤维储油罐取代，但是由于管道的不完善泄漏现象仍时有发生。美国制订的《地下储油罐和管线渗漏检测方法指南》中规定了可供选择七种渗漏检测方法。主要包括地下水监测、二次防护空间监测、自动计量系统、油气监测、物料平衡统计、储罐密封性检测及库存控制、人工计量等检测方法。美国各州结合各地的实际情况，制订了比较完备的埋地油罐系统油品泄漏检测方法。

3.2.2 垃圾填埋场

根据美国环境保护局的估算，美国大约有 2 395 个露天垃圾倾倒坑、2.4 万～3.6 万个废弃或关闭的垃圾填埋场、75 000 个工业垃圾填埋场。其中，12 000～18 000 个城市生活垃圾填埋场可能还有危险污染物。垃圾填埋场有生活垃圾、废弃物、污泥、焚化炉灰渣、铸造废物及有害物质等。美国老垃圾填埋场地下水环境问题突出，1950—1970 年新建的许多垃圾填埋场都没有设置尾水管或渗滤液收集系统，造成周边的地下水污染。垃圾填埋场位置的选择是基于方便，而不是出于水文地质，很多都设在环境敏感的沼泽地、废弃矿井、沙砾坑、洞坑。处置技术只涉及垃圾填埋场的废液和固体废弃物处理：一般是上面用推土机压实，再覆上一层土。由于雨水会渗透过垃圾填埋场表层，随着垃圾填埋坑内水位上升，在填埋场坑内出现条件土墩，从而使无机和有机污染物溢出并渗入地下水。因此，在许多场合，填埋场地就像一个装有危险的有机和无机蓄水池。美国许多旧的垃圾填埋场已成为著名的地下水科研基地，如纽约州的爱运河、新泽西州的独行松树垃圾填埋场等。2008 年，美国出台了《垃圾填埋场地下水调查及监测法案》。

下面主要以垃圾填埋场为例，详细介绍美国污染源调查与监测方法及流程。美国法规中首先要求重点污染源如填埋场旁要有足够数量的地下水监测井，而且监测井的位置必须准确选定以避免提供错误数据。另外，法规还明确规定了取样和分析方法、统计方法、记录的保存等细节。

（1）检验性监测，即对照该地区地下水的本底值的监测。在这类监测中，每口监测井必须每半年至少取样 4 次。目的是为了检验地下的最高蓄水层中是否有超过正常含量的被监测物质。当被监测物超过了正常含量时，说明填埋场有可能出现了渗漏。这时根据法规的要求，填埋场的业主必须在 7 天内向当地环境保护局报告。同时必须开始在所有的监测井分析超量物质。在 90 天内，填埋场的业主必须向环保部门呈交一份修改经营许可的申请。在180天内，再呈交一份关于清理地下水污染的可行性计划。当然，如果填埋场可以证明水样中的超量有害物并非来自该处，以往的检验性监测仍然可以继续进行。

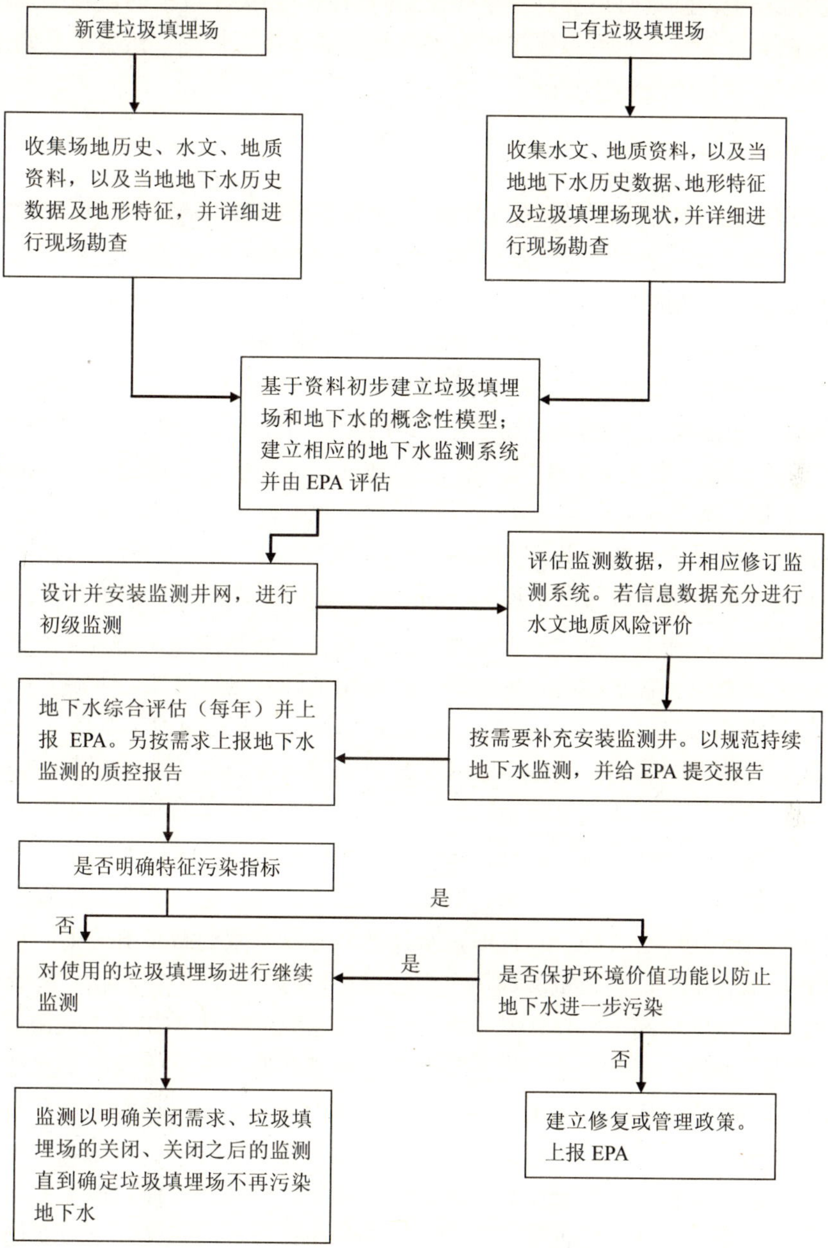

图7　垃圾填埋场调查与监测流程[5]

（2）执行性监测。当经过证实，地下水中污染物含量的升高的确是由填埋场的渗漏所造成的，下一步的监测就被称为执行性监测，意即执行特定标准的监测。这类监测的目的是要发现那些已经渗入地下水中的污染物含量是否会超过一个特定的标准。这个标准一般是来自美国国家环境保护局公布的饮用水的污染物最高允许含量。监测要根据地下水流出填埋场的方向选择垂直面来监测流经这一垂直面最高蓄水层中的污染物含量。如果污染物的含量维持在最高允许含量以下，这类监测要一直持续到该填埋场关闭为止或更长时间。在全部监测过程中，监测结果都要交由环保部门审阅。如果在以上的监测中发现污染物确实超过了最高允许含量，业主必须在 7 天内书面通知环境保护局。然后呈交修改经营许可的申请，并开始进行清理污染行动。

3.2.3 危险废物

根据 USEPA 的报告，在美国有 12 000～18 000 个城市生活垃圾填埋场可能还有危险污染物。美国每年每人至少产生危险废物大约 2 400 磅（湿重）。其中包括某些不属于《资源保护与回收法》控制的物质，如多氯联苯与工业洗涤污泥。但是，此值不包括每年产生废物在 1 t 以下的商业公司产生的废物与超级基金清理场所所产生的废物，也不包括核废物、农业与采矿废物。2007 年，美国危险废物产生有 14 549 个大源（大源是指危险废物产生量≥1 000 kg/月或急性危险废物产生量≥1 kg/月的设施）。2001 年，约有 20 万个小源（小源是指危险废物产生量在 100～1 000 kg/月或任何时间内危险废物累积 6 000 kg 以下的设施）。1997 年，全美有 40 万～70 万有条件豁免的小源（有条件豁免小源指危险废物产生量≤100 kg/月或急性危险废物产生量≤1 kg/月的设施）。危险废物如选择土地处置的方式，则要求在一年内实施对地下水检测。在处置设施寿命期及设施后期封闭阶段，必须实施地下水监测法规。地下水监测井设置至少为 4 口井，包括 1 个上游井、3 个下游井。上游井用来检测最高地下含水层的基地水平，以便同下降井进行对比，下游井即时探测最高含水层中任何有害废物在统计学上的显著浓度或成分。所有的地下水监测井必须装入套中，以保证监测井内腔洞的完整性。监测井定位完成后，拥有者或运行者就必须建立和实施地下水取样检测计划，计划包括确定如何取样、保存或者运送样本，如何分析样本及保管样本环节。这些井是必须进行抽样，按照 USEPA 临时饮用水标准附录Ⅲ来检测地下水质量参数，如氯化物、铁、二氧化锰、酚类、钠及硫酸盐。进一步要求检测地下水污染指示物，如 pH、比导电阻、TOC 和 TOH，必须建立这些参数的背景值。第一年要求较频繁的取样检测，以后每年检测质量参数，至少每半年检测一次污染指示物。每次从井中取样都必须确定地下水的标高；含有有害废物的地下贮存池是受到 RCRA 法规限制；要求对池子的完整性进行检测。如存在任何泄漏都要进行报告，并根据泄漏情况采取适当措施。从本质而言对地下贮存池应进行管理，类似于 SWMU 或现存处置场所的管理。必须确定污染物泄漏情况，必须对其土地与地下水危害范围进行评估，并补救问题。对于新建的地下贮存池要求选择无腐蚀池壳和泄漏收集系统，使地下贮存池的设计在很多方面与填埋场设计要求相似。美国规定选择土地处置方式来处理有害废物，要求在一年内实施对地下水的检测。在设施寿命期及这些处置设施后期封闭的阶段，必须实施地下水监测法规。

3.2.4 页岩气开发

美国水力压裂法开采天然气对地下水造成了一定污染。宾夕法尼亚州马塞勒斯页岩区，是目前美国进行页岩气开采的主要地区。宾夕法尼亚州在页岩气开发过程中环境污染频发，也促使其相关环境监管体系相对完善。宾夕法尼亚州在页岩气开采过程中共发生

2 988 起事故，其中 1 144 起环境事故，1 844 起行政管理事故。在环境事故中，地下水污染相关问题占 35%，地表水污染占 30.2%，水土流失占 24.6%，水泥套管问题占 8.7%，井喷沙涌问题占 0.9%，气体横向运移问题占 0.5%。根据联邦《安全饮用水法》对页岩气生产中的柴油使用进行监管；批准创建了“地下灌注控制项目”（UIC），对废水的地下灌注作出了规定，旨在通过制订安全废水灌注实践标准以及严禁某些类型的灌注来防止所灌注的液体废弃物进入地下饮用水源，任何未得到该项目授权的地下水灌注都被禁止进行。另外，水力压裂液泄漏也使地下水存在被污染的风险。页岩气藏一般埋藏较深，与储水层之间还会隔着很多地层，在压裂的过程中污染地下水的可能性较小。但是，工程或地质原因，例如劣质套管，自然裂隙、断层等，压裂液和其他污染物（如来自气井的甲烷、重金属、放射性物质）可能会通过多种潜在途径流出，从而造成地下水污染。压裂液还有多种化学物质，根据目前公开的压裂液成分，主要包括柴油燃料、煤油、苯、甲苯、二甲苯、甲醛等，这些物质如果污染水体，足以对人体造成危害，甚至致癌。宾夕法尼亚州要求企业将每口非常规气井所用的化学物质清单上传到联邦 fracfocus.org 网站上，要求在一定程度上公开披露水力压裂液体的化学成分。

4 美国地下水风险评估工作进展情况

4.1 美国健康风险评估技术规范

美国制订了一系列风险评估技术规范，为地下水健康风险管理奠定了基础。20 世纪 80 年代风险评价在美国得到很大的发展，评价体系基本形成。此期间进行的环境风险评价从风险类型来说为化学污染，风险受体为人体健康。最具代表性的评价体系是美国核管会 1975 年完成的《核电厂概率风险评价实施指南》，亦即著名的 WASH21 400 报告。健康风险评价以美国国家科学院和美国环保局的成果最为丰富。其中具有里程碑意义的文件是 1983 年美国国家科学院（NAS）出版的红皮书《联邦政府的风险评价：管理序》，提出风险评价“四步法”，即危害鉴别、剂量-效应关系评价、暴露评价和风险表征。至此风险评价的基本框架已经形成。随后，美国环境保护局制定和颁布了有关风险评价的一系列技术性文件、准则和指南。标志着风险评价方法已由定性分析转向定量评价；评价过程系统化，进一步明确了风险源和风险受体，特别是针对不同组织水平的评价方法的提出为生态风险评价奠定了基础。

美国的健康风险评价导则、框架及指南编制过程中针对不同的污染类型和污染物及受体，具有较强的可操作性。按污染类型来分，分别制定并发布了化学物质、微生物、放射性污染风险评价导则；按化学物质来分，发布了重金属、农药、化学混合物、致癌物等风险评价导则；对于不同健康效应终点，制定并发布了癌症风险评价导则、发育毒性风险评价导则、致突变风险评价导则等。此外，专门针对特殊群体——儿童制定了一系列相关的导则，如儿童的暴露参数选取、具体暴露途径的风险评估方法等。早在 1998 年，全美 50

个州中就有 39 个州采用基于健康风险的治理模式[6]。具体风险评估流程见图 8。

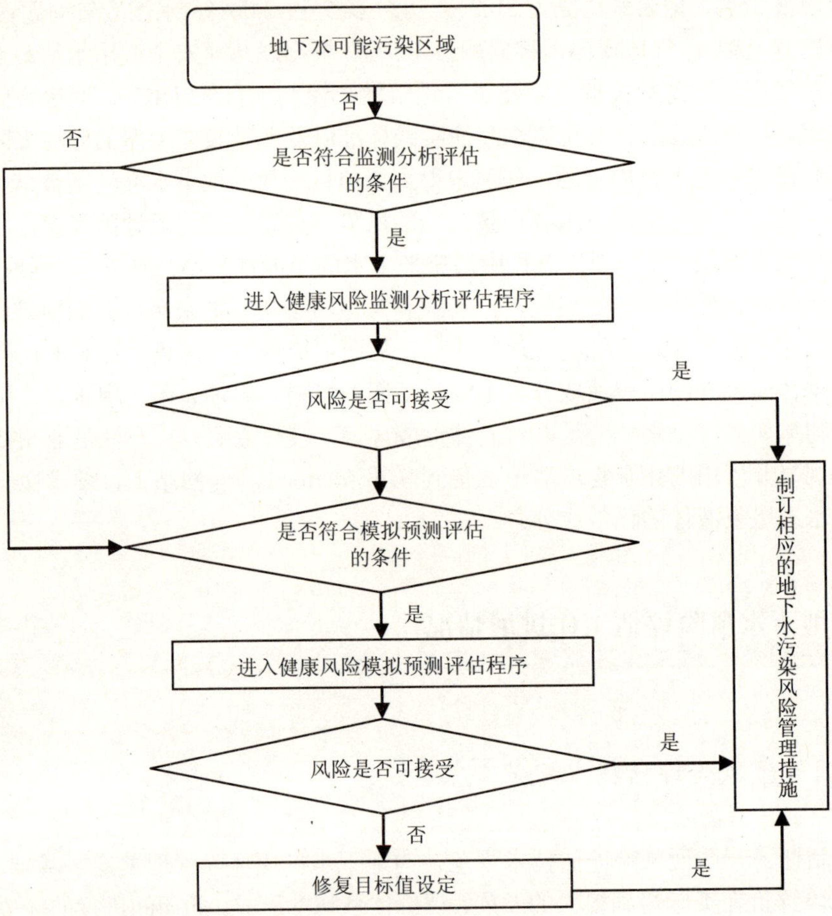

图 8　健康风险评估流程

地下水污染治理过程中引入健康风险分析评价始于美国的超级基金计划。美国环境保护局在这一领域进行了大量的研究，并且颁布了一系列的指导性文件。美国环境保护局于 1989 年颁布了《超级基金污染点风险评价导则》（Risk Assessment Guidance for Superfund，RAGS），随后予以不断地补充和完善，到目前为止该导则共分为 A、B、C、D、E 五个部分，具体说明见表 2[7]。

表 2　RAGS 的组成

名称	颁布时间	作用	备注
RAGS-Part A	1989 年	评估污染点对人体健康造成的风险	1999 年就“公众参与”进行了补充
RAGS-Part B	1991 年	确定基于风险评价的初始治理目标	该目标随工作的深入可能会调整
RAGS-Part C	1991 年	制订基于风险评价的治理方案	
RAGS-Part D	2001 年	标准化超级基金风险评价的工作流程	
RAGS-Part E	2004 年	对由皮肤接触引起的健康风险进行评价	补充修订 1992 年提出的《皮肤暴露评价的原理和应用》

美国材料与试验协会 ASTM（American Society for Testing and Materials）将健康风险分析评价与地下水污染治理相结合发展出 RBCA（Risk-Based Corrective Action）模式。RBCA 模式将土壤地下水污染治理的健康风险分析分为 3 个等级，每个等级都可以确定污染物的治理目标，只是随着分析等级的提高，要求对污染现场进行更深入地调查以取得分析所需的现场数据。为了达到同样的安全要求，等级低的分析在缺乏反映污染现场真实状况数据的条件下，对大量参数采用经验保守估计值，因此与低等级分析确定的治理目标相比高等级分析一般偏低而更加严格。实际工作中具体进行到哪一个等级，是由数据条件和相应等级治理目标的技术经济分析结果综合决定的，RBCA 模式的发展见表 3[8]。

表 3　RBCA 模式的发展

名称	标准号	颁布时间	备注
Standard Guide for Risk-Based Corrective Action Applied at Petroleum Release Sites	E1739-95	1995 年	2002 年进行了修订
Guide for Risk-Based Corrective Action	PS104-98	1998 年	2000 年被终止
Standard Guide for Risk-Based Corrective Action	E2081-00	2000 年	在 PS104-98 基础上发展出来
Standard Guide for Risk-Based Corrective Action for Protection of Ecological Resources	E2205-02	2002 年	对 E2081-00 中的生态风险评价进行补充

4.2　美国场地健康风险评估方法

由美国国家科学院（NAS）提出的“四步法”，是目前最为完善的健康风险评估模式，被各国广泛借鉴。美国科学院（NAS）的健康风险评价流程，主要用于评价化学品暴露下的致癌风险和其他健康风险，包括 4 个部分：危害识别、暴露评估、毒性评估和风险表征。

（1）危害识别。危害识别是健康风险评价的第一个步骤，主要收集评估区污染信息、土地利用方式和污染物检测资料，来确认评估区目标污染物的种类及浓度、可能迁移转化途径以及是否有受体能受到目标污染物的危害。在这一步，由于评估的需求，健康风险评估执行人员需以现有的概略资料建立初步的场址概念模式，包括污染源位置、场址周边水文地理的描述与判断可能被目标污染物危害的受体。

（2）暴露评估。暴露评估是在危害识别工作的基础上，确定人群对目标污染物的暴露情景；分析目标污染物从污染源到暴露点的可能途径以及人群暴露方式；选择并确定评估污染物迁移转化模型和人群暴露模型及模型所需参数；建立污染源—污染物迁移—暴露点—人群暴露方式的暴露途径模型，定量计算污染地下水被敏感人群摄入的暴露量。

（3）毒性评估。在危害识别工作的基础上，分析目标污染物对人体健康的危害效应，包括致癌效应和非致癌效应；确定与目标污染物相关的毒性参数，包括参考剂量、参考浓度、致癌斜率因子和单位致癌因子等。

（4）风险表征。在前述工作的基础上，采用风险评估模型计算污染物在暴露途径下的风险值；对评估模型进行不确定性分析，对目标污染物经不同暴露途径产生健康风险的贡献率和关键参数取值的敏感性分析；进行风险空间表征。

当美国地下水污染修复成本过高、修复周期长或技术不可行时，考虑健康风险的因素，将污染场地的修复目标设置为适合于特定土地利用方式的污染物的可接受风险水平。

对于按照标准修复要求成本、修复周期或技术实施上不可行时，可基于风险制定修复目标，即以不对人体健康造成威胁为原则，充分考虑不同类型污染物的物化特性及其对人体可能造成的危害，将污染场地的修复目标设置为适合于特定土地利用方式的污染物的可接受风险水平。

在超级基金的项目指出地下水修复目标制定必须是基于健康的修复水平，反映目前和未来的用途与暴露情况。对于非致癌污染物而言，必须保证人群的日暴露量对其终身都不会有不利影响，从致癌风险目标的选定来看，美国 ASTM RBCAE2 081 一致推荐使用 10^{-6} 为单一污染物风险目标，10^{-4} 为累积污染物风险目标。

5 美国地下水污染防治和修复

5.1 地下水污染防治项目构成

美国针对不同类型的地下水污染物和污染源，美国实施不同管理规范、管理部门和经费来源。目前在美国地下水修复防治管理项目主要有针对地下储油库污染清理项目（UST，1984）包含石油化工行业、矿山开采等污染场地的超级基金清理项目（Superfund）、针对废弃或闲置的污染场地的棕色土地清理项目（SLIC）以及地面储藏罐项目（AGT）、用于修复美国国防部军事污染修复的设施恢复项目（DOD）等。其中 UST、CERCLA 以及 SLIC 在美国地下水修复防治中起到了关键的作用。

表 4　美国地下水防治管理项目

项目名称	对应法律或规范	管理部门	对象数量/个	经费来源
Superfund	超级基金法（1980）	美国环境保护局、各州环境保护局	11 314 [a]	污染者或国家/地区
UST	资源保护利用法（1976）	美国环境保护局、各州环境保护局	587 000 [b]	国家和地区
SLIC	棕色土地清理法（1995）	美国环境保护局、各州环境保护局	450 000 [c]	污染者或国家/地区
IRP	综合环境响应、赔偿与责任法案（1980）	美国国防部	30 000 [d]	美国国防部

注：a 截至 2006 年，包含紧急或短期污染响应以及长期污染清理项目；

b 截至 2011 年；

c 截至 2006 年；

d 截至 2004 年。

（1）超级基金项目。《超级基金法》是美国污染场地管理框架中最为全面的规范污染场地修复的法律。它主要是针对“历史遗留”污染场地，特别是工业危废填埋场、露天化工废物倾倒场地和回收利用拆解场地。《超级基金法》明确确定“潜在责任方”，按照“污染者付费原则”承担污染场地修复的费用，减轻污染场地对公众健康和环境产生的威胁和危害。

超级基金的经费主要有 3 个来源，一是国内生产石油和进口石油产品税，二是化学品原料税，三是环境税。这些税收全部进入超级基金托管基金，然后按照每年的实际需要进行拨款。在污染责任不清的情况下，超级基金可以垫付场地治理费用，再由美国环境保护局向责任者追讨，这种污染治理优先的体系大大提高了系统运行效率。同时，CERCLA 赋予 USEPA 无限期的追溯权力，并且 USEPA 无须花费精力认定污染责任，可以向多个污染责任方的任何一方提起全额赔偿要求，然后由此责任方自行通过法律程序向其他潜在责任方追讨治理费用。

《超级基金法》授权美国国家环境保护局督促潜在责任方即时开展场地修复行动。具体依靠超级基金项目进行管理，州政府、地方政府以及公众一起参与管理，将污染项目分成两类进行管理，并提出了相应的污染防治措施。第一类，典型的短期反应污染行动，开展场地污染清除行动。典型的短期反应行动，指的是从环境中清除已经泄漏或即将泄漏的危险物质的应急行动。根据时间紧迫程度，清除行动可分为：①紧急性（emergency）；②紧迫性（time-critical）；③非紧迫性（non-timecritical）。清除行动通常是针对局部的环境风险展开，例如含有危险物质的贮罐和遗弃的桶罐，对人体健康或环境构成极大风险的表层污染土壤等。第二类为长期污染清理项目，需要进行场地修复行动。相对于污染清除行动，修复行动通常是指长期的反应行动。修复行动将永久性地并显著地减少因危险物质的释放或潜在的释放威胁构成的风险。尽管修复行动所涉及的环境风险往往比较严重，但并不像清除行动那样具有时间紧迫性。修复措施包括阻止污染物的迁移以及清除有毒物质等措施。

据统计，自 1983 年超级基金启动以来，到 2008 年共清理有害土壤、废物和沉积物 1 亿多 m^3，清理垃圾渗滤液、地下水、地表水约 12.9 亿 m^3，为数万人提供了洁净的饮用水源；截至 2012 年 7 月 26 日，美国共有 1 664 个污染场地列入国家优先名录（NPL），其中 360 个污染场地已清理完毕，1 304 个污染场地仍留在国家优先名录内。为推动地下水修复技术向前发展，美国环境保护局专门设立了“超级基金创新技术评价”（SITE）标志和场地清理技术交流平台（www.clu-in.org），鼓励企业与科研单位的技术创新。当前，超级基金面临经费不足、修复进程缓慢、风险评估方法不完善、绩效指标体系不明确等问题；此外，也有利益相关方指责超级基金管理中存在环境保护局权力过大、行政管理及诉讼费用过高、效率过于低下等问题。

（2）地下储油库污染清理项目。地下储油库是地下水重要的风险源。为了应对这一全国性的地下水污染源污染防治，美国国会从 1984 年开始通过设立联邦项目去管理地下储油库，防治油品泄漏、进行修复治理工作。美国环境保护局是国会授权予以管理该项目的政府机构，具体执行是有联邦、州共同执行，经费由联邦政府支付。截至 2011 年年末，涉及 212 000 个场地的近 590 000 个地下储油罐已由 USEPA 直接提供经费给各州去发展和补充在这些项目中的防治和清理。经过超过 25 年的工作，该项目在预防、监测以及清理来自地下储油罐的泄漏上取得了重要的进展。

（3）棕地清理项目。由于超级基金严格的法律规定，导致了大批污染场地的废弃或闲置，为了减轻小规模企业责任和促进棕地的使用，2002 年出台了《小规模企业责任减轻与棕地振兴法案》，针对该类污染场地，设立了棕地清理项目，项目对象为已经证实的或受到潜在的危险物质、污染物或致污物场地。项目的管理由各级政府参与管理，其中每一级政府都承担着不同的责任。一般来说，联邦和州政府负责设定场地修复的标准和制定责任认定的规则，并以此作为场地环境评价、风险评估和责任分摊的法规框架的基础。在多数情况下，政府不干预土地的再开发过程，除非开发商违反了相应的法律规定，但是，在近 10～20 年，政府特别是地方政府越来越多的参与进来，为个人责任方提供技术、经济和政策支持以及帮助其更快修复污染场地。该项目取得了较大的成功，获得了各地居民、土地开发商、土地所有者、投资者和地方政府等利益相关方的广泛支持。

尽管美国联邦政府实施了“棕地复兴计划”，但是仍然有大量受污染的土地被废弃。据美国环境保护局估计，全美有 50 万～100 万个棕地场地。

（4）军事设施恢复计划（IRP 和 DERP）。军事设施恢复计划于 DOD 在 1975 年建立，该计划用于调查和修复由 DOD 活动造成的污染场地，涉及大量工业、农业、训练和战争活动，DOD 也承担修复关闭的军事基地，使其能够交付给社会用于发展经济。1980 年通过的 CERCLA 和 RCRA 是两部管理 DOD 污染场地确认、调查和修复的基本联邦法律。国会于 1986 年批准设立了军事环境恢复计划（DERP）以及其融资机制。DERP 利用 CERCLA 规范管理框架用于 DOD 的修复。截至 2004 年，确认的场地有 30 000 个，其中 21 000 个已被修复或被确认风险可接受，不需要进行修复处理。为了实施修复计划，DOD 基于场地的环境风险，实施了优先项目程序。DOD 估计 2015 年完成已确认的场地修复。

5.2 地下水污染修复技术规范

美国已制订了一套完善的地下水污染修复指南及规范，用以指导地下水修复决策、修复目标制定、修复技术实施、监测及效果评价等行动。美国环保局和能源部、国防部等美国联邦部门共同开展了大量地下水修复的调查和研究工作，并制订了地下水修复相关的规范和指南，其中关键的指南为美国环保局制定了 *Guidance on Remedial Actions for Contaminated Ground Water at Superfund Water at Superfund Sites*（1988 年），美国能源部制定了 *Guide to Ground Water Remediation at CERCLA Response Action and RCRA Corrective Action Sites*（1995 年）[9]。前者明确了地下水治理范围以及清理水平，确定补救措施，详细分析和选择治理措施，对治理行动开展评价和进行措施调整。其技术要点为收集现场资料应包括水文地质信息和污染状况等，进而分析污染源的移动，评估潜在治理技术的设计参数，并分析技术的不确定性。在确立修复目标时，要考虑最大污染浓度、地下水标准、基于风险的致癌剂量、参考剂量、水质标准及其他的浓度限值等。建立备选修复技术清单时，要考虑修复行动的目标，包括修复时间和修复范围。一般可选的修复方法包括主动修复、污染源阻隔和梯度控制、采取有限的或不采取主动的 3 种级别措施。另外，还应考虑待修复的地下水是否为饮用水源。评估修复方法时应基于保护人体健康和环境，符合相关法律政策规定（ARARs），长期有效性，降低污染物移动性、毒性、体积，可操作性，费用，国家及公众许可等原则。后者对污染场地的地下水修复勘察、相关标准、修复方法的筛选和评估、修复决策的制定以及修复行动实施的过程做了详细的规定。

5.3 地下水污染修复工作程序

超级基金修复程序始于污染场地被发现或者环境保护局接到关于危险物质可能释放的通知。污染场地可能会被不同的人或组织发现，如市民、州政府部门和环境保护局地区办公室等。污染场地一经发现，该场地就将进入综合环境反应、赔偿与责任信息系统（CERCLIS），即环境保护局信息化管理的潜在危险物质释放场地名录。根据下图中超级基金修复程序，环境保护局将评估场地中危险化学物质释放的可能性。在这一系列的修复程序中，随时可能开展公众参与、强制执行和应急响应等行动。

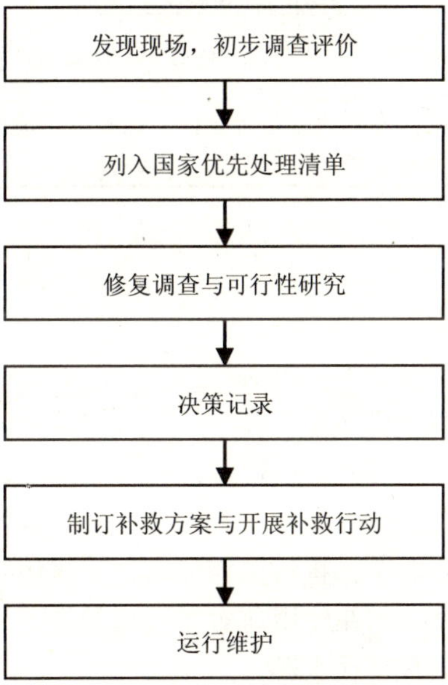

图 9 超级基金污染修复工作流程图

在吸取了《超级基金法》改革和相关超级基金计划的经验后，美国在 2002 年公布了棕地法案和棕地计划，其工作程序在超级基金的基础上进行了简化。开发商在开发土地之前，不论场地是否受到污染，都必须对场地实施第一阶段场地环境评价，履行尽职调查义务，以满足“所有适当调查”的法律要求，避免将来可能产生的责任风险。当发现场地存在污染时，必须对场地实施第二阶段场地环境评价，实施更为详细的调查，以确定污染种类、数量和范围，在此基础上，由开发商提出环境上可接受且经济上可行的备选方案。

表 5 超级基金修复程序

修复程序	内容
初步评价/场地调查	调查场地状况。当需要针对危险物质的释放采取立即或短期的响应行动时，应根据超级基金应急响应计划采取行动
列入国家优先控制场地名录	将可能需要进行长时间修复的污染最为严重的场地列入国家优先控制场地名录
修复调查/可行性研究	确定污染的性质和范围。评价场地污染的处理的可行性，评估处理技术的效果和成本
决策记录	记录何种修复方法将会用于国家优先控制场地名录上的场地。当修复成本高于 2 500 万美元时，需要通过国家修复评审委员会的评审
修复方案设计/修复行动	准备和执行场地修复方案。大量的修复行动通常在这一阶段实施。所有新的超级基金资助的项目都由国家优先控制场地专家组进行评审
工程完工	修复工程的建设完成，但并不一定意味着最终的修复目标已经达到
工程完工后	确保超级基金响应行动为人体健康和安全提供长期保护，包括长期响应行动、制度性控制、5 年期回顾和修复方案优化
从国家优先控制场地名单中删除	当所有响应行动结束且所有修复目标达到时，将场地从国家优先控制名单中删除
场地的再利用/再开发	与当地社区和其他参与者合作，以吸取当地的经验，并根据当地规范和发展需要，将修复后的场地再利用、再开发

5.4 地下水污染修复技术

在美国三四十年的地下水污染防治工作中，相关的理论研究和工程技术得到了长足的发展，研究人员开发出了许多试用或商用技术，有效地治理或缓解了一大批场地的地下水污染问题。在污染场地修复技术应用领域，美国目前居于世界领先地位。美国常见的地下水污染治理手段有如下几个方面：①将污染物隔离；②将污染物从含水层中移除；③将含水层中的污染物固定或无害化；④在使用前对受污染的地下水进行水质处理；⑤停止使用受污染含水层中的地下水，寻找替代水源。

2005—2008 年，美国“超级基金”项目地下水修复中应用最多的是异位抽提—处理技术，其次是原位生物修复、原位空气注射以及原位化学氧化技术。总体而言，原位和异位处理的场地数量较为接近，原位不断增多的趋势。地下水修复仍主要采用“抽提-处理”（P&T）技术。“抽提-处理”技术在地下水污染源控制和防止污染扩散（水力学控制）有不可取代的地位。大多的场地采用了以制度控制和长期监测为主的污染控制手段。出现这一状况的原因是：①地下水污染一旦产生，污染的修复并非一朝一夕便可完成的；②在地下水污染场地的修复过程中，污染物仍然在持续地扩散；③修复和控制相结合的治理方法可以在保证风险控制的基础上有效地控制成本。因此综合考虑风险的控制与经济可行性，通常会采用修复与控制相结合的手段处理地下水污染场地。美国地下水修复技术发展趋势如表 6 所示。

表 6　超级基金项目中地下水修复技术情况　　单位：个

修复技术	2005 年	2006 年	2007 年	2008 年	合计
抽提-处理	22	20	23	18	83
地下水原位处理	24	31	28	18	101
生物修复	13	20	17	12	62
化学处理	9	11	14	4	38
地下水曝气	5	2	1	2	10
渗透反应墙	3	3	1	1	8
植物修复	0	2	1	0	2
多相提取	1	0	0	0	1
监测自然衰减	34	35	30	17	116
地下水阻隔	4	4	6	1	15
其他方式	73	90	88	61	312
制度控制	63	79	77	52	271
监测	62	80	58	39	239
选择水供应	6	6	5	9	26
工程控制	0	1	3	0	4

2005—2008 年，美国超级基金项目中决策性文件（各场地的修复方案）共有 594 份，其中 336 份涉及地下水的污染，占总修复数量的 56.57%。图 10 显示了 2005—2008 年美国超级金项目中各场地地下水修复技术选择情况，这四年间在修复场地中主要运用抽出处理技术（P&T）、原位处理技术（In-Situ）和 MNA（监测自然衰减），相比于 1982—2004 年，2005—2008 年不同场地的选择修复技术，其修复选择的趋势如下：选择抽出处理技术的场地从 56%下降为 19%；利用原位处理的场地从 4%增加至 18%；利用监测自然衰减和原位修复的场地从 2%增加至 17%；仅仅利用 MNA 的场地从 11%增加至 21%。

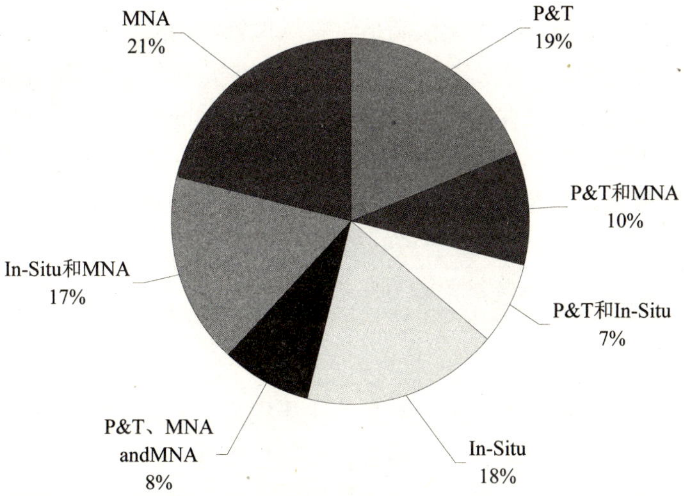

图 10　2005—2008 年美国超级基金项目各场地地下水修复技术比例

2006 年中，美国超级基金项目中污染场址的类型分别为商业垃圾填埋或废物处理（占 28%），私营垃圾填埋及废物处理（占 6%），回收利用行业（占 8%），制造加工行业（占 21%），木材保存行业（占 6%），采矿行业 3%，化学品制造行业 8%，其他占 21%。

5.5 美国地下水污染修复治理的融资机制

美国超级基金是迄今为止世界范围内最为著名的用于污染场地修复的专项基金。该基金由美国国会通过立法建立，超级基金主要源自以下几个渠道：政府拨款、针对石油和化学产品征收的专门税、针对一定规模的企业征收的环境税、向《超级基金法》违法者征收的罚款和惩罚性赔偿金、从污染责任方收回的场地修复成本以及基金的利息收益。

在 1980 年设立之初，超级基金主要来源于对石油和 42 种化工原料征收的专门税。1986 年出台的《超级基金修正及再授权法》除了将上述石油征税提高外，还增设了两项新的税收，其一是对 50 种化学衍生物征税，其二是对年收入在 200 万美元以上公司所征收的环境税，税率是超过 200 万美元应纳所得税额的 0.12%。这些税收来源支持超级基金直至 1995 年 12 月 31 日，之后此类税种的再授权一直未能获得通过。没有了税收的支持，美国国会通过一般财政拨款用于支撑基金的大部分支出。近年来，有国会议员提出了恢复税收的提案，但并未得到支持。

美国超级基金的设立是为美国环境保护局提供资金用于污染场地的治理和修复。超级基金主要用于两种情况：一类是用于《国家优先控制场地名录》上已受严重污染的场地的修复行动；另一类是用于需立即进行污染清除的场地的应急行动。据统计，《国家优先控制场地名录》上 30%的污染场地的修复是由超级基金资助的。就这些场地的情况而言，要么是美国环境保护局无法确认潜在责任方，要么是经确认的潜在责任方不具备相应的经济能力承担修复费用，这类场地一般称为“被遗弃的场地”。而《国家优先控制场地名录》上其余的 70%的污染场地，是由潜在责任方进行了治理和修复。上述数据表明，虽然美国超级基金的资金来源多种多样，但仍无法满足污染场地修复的实际需要。因此，美国污染场地修复计划若想取得成功，更需依赖于要求潜在责任方实施修复工程，并支付修复费用。

由于超级基金法案严厉的法律责任，产生了废弃或闲置的棕地，考虑到棕地给周边自然环境和公众健康带来的危害，以及棕地开发对城市发展的必要性，美国提供了政府赠款、税收激励和环境保险等资金来源途径，从而鼓励棕地的修复和再开发。

6 主要结论及对我国的启示

总体而言，美国制定了相对完善地下水相关法律规范，成立了专门组织机构，定期开展地下水环境状况调查，实施了大量地下水污染控制与修复工程，建立了完善的地下水污染防治管理体系。借鉴美国地下水污染防治法律规范、调查评估、污染防治等领域的诸多经验和教训，充分考虑中国国情情况，提出以下几点建议：

（1）进一步完善我国地下水“法律、规范和机构”。尽快启动地下水环境质量标准、修复标准等相关法律和标准制定工作。进一步修订《地下水环境监测技术规范》，编制地下水环境调查、地下水环境评估、地下水污染修复防控等技术指南。明确加油站、页岩气开发等有关企业地下水环境监测和治理责任。研究构建适合我国国情的地下水环境保护组织机构，协调国土、水利等部门，建立地下水信息共享的机制。

（2）定期开展地下水环境“调查、监测和评估”。借鉴美国地下水污染案例的教训，识别我国重点地下水污染源，建立优先重点调查对象清单。广泛收集美国地下水污染调查资料，总结影响地下水环境状况的风险源、污染途径及污染影响等，结合我国经济、社会发展情况，识别出相应的重点地下水污染源，如对加油站、垃圾填埋场、矿山开采区等重点污染源开展详细调查评价，统筹考虑土壤和地下水污染相关性，结合水文地质“补给、径流、排泄”特点，查清影响地下水污染的污染源，按照风险大小、地下水功能以及受体情况建立优先重点调查对象清单。

加快建立以环保部门为主导的重点污染源地下水监测体系。国土、水利等区域层面地下水环境监测网以宏观尺度为主，环保部门应建立重点污染源地下水环境监测网，每年定期开展地下水环境监测。监测井的建设以相关企业建设为主，环保部门以监督管理为主，由企业定期上报地下水环境质量状况。

重点针对造成地下水污染的典型污染源开展环境评估。在地下水环境调查、监测基础上，分析地下水污染成因，评估地下水污染变化趋势。具备水源功能地下水应满足地下水质量标准，同时有效控制地下水污染物通过其他途径对人体健康和环境造成风险，避免走美国“过于依赖质量标准”的弯路，积极探索适合我国国情的地下水“环境质量-健康风险”相互衔接的评估模式。

（3）分类推进地下水污染“预防、控制和修复”。美国地下水污染预防成本不足治理成本百分之一，地下水污染防治工作首先是源头预防，其次污染途径控制，最后是地下水污染修复。建议加快推进地下油罐防渗漏监测，预防渗漏风险；加快更换双层罐或进行防渗池建设，强化矿山开采区、非正规垃圾填埋场等防渗设施，重视页岩气水力压裂法环境准入等地下水污染预防工作，从源头预防地下水污染。对已造成地下水污染，且具有影响水源地等敏感点的趋势，应加强地下水污染过程控制，基于环境风险开展污染修复，建设修复治理工程。落实《全国地下水污染防治规划（2011—2020 年）》项目，选取地下水重金属和有机污染较重的地区和污染源，开展地下水污染修复示范。

（4）多方筹措地下水污染防治资金。中央和地方财政重点支持对公共地下水饮用水水源地、城市生活垃圾填埋场及危险废物集中处置等公益性项目以及无法确定责任主体的污染区域的治理。相关企业要积极筹集治理资金，地下水污染防治项目以自筹资金为主，中央财政和地方财政给予必要支持，鼓励社会资本参与地下水污染防治设施的建设和运行。

参考文献

[1] SDWA（Safe Drinking Water Act）. 40 C.F.R Parts 141-147，1974.

[2] RCRA（Resource Conservation and Recovery Act）40 C.F.R. Part 261，1976.

[3] CERCLA（Comprehensive Environmental Response，Compensation，and Liability Act or Superfound）Part 300，1980.

[4] U.S.EPA，the National Water Quality Inventory-1988 Report to Congress，1990.

[5] U.S. EPA，Draft guidelines for groundwater investigation and monitoring for landfills，U.S. Environmental Protection Agency，Office of Solid Waste and Emergency Response，Washington，DC，2008.

[6] 蔡五田.美国水质评价计划：NAWQA 项目情况介绍[J].水文地质工程地质技术方法动态，2006（2）.

[7] Lapham W W，Hamilton P A，Myers D N. National water-quality assessment program-cycle II：Regional assessments of aquifers[R]. U.S. Geological Survey Fact Sheet 2005-3013，2005（5）.

[8] Zogorski J S.，Carter J M，Ivahnenko T，et al. The Quality of Our Nation's Waters-Volatile Organic Compounds in the Nation's Ground Water and Drinking-Water Supply Wells[R]. U.S. Geological Survey Circular 1292，2006（4）.

[9] U.S.EPA. Guide to Ground Water Remediation at CERCLA Response Action and RCRA Corrective Action Sites.1995.

关于我国挥发性有机物（VOCs）污染防治的思考

Thinking of Volatile Organic Compounds（VOCs）Pollution Prevention and Treatment in China

杨金　田雷宇　宁淼　郑伟　孙亚梅　王宁　刘伟　王金南

摘　要　挥发性有机物（VOCs）是细颗粒物（$PM_{2.5}$）和臭氧（O_3）的重要前体物，它的大量排放是我国高浓度 $PM_{2.5}$ 和 O_3 形成的重要根源，对人体健康构成严重威胁。目前我国人为源 VOCs 排放量分别是美国和欧盟的 2 倍和 3 倍，有效控制 VOCs 排放是我国减少灰霾和光化学烟雾污染、改善城市与区域大气环境质量的关键。本文系统分析了我国 VOCs 排放与控制现状，梳理了国外 VOCs 污染控制经验，并在此基础上结合我国的经济、技术发展水平，提出了我国 VOCs 污染防治的对策与建议。

关键词　挥发性有机物　污染防治　中国

Abstract　Volatile organic compounds（VOCs）is an important precursor of fine particulate matters（$PM_{2.5}$）and ozone（O_3）. Thebig amount of VOCs emissions is an important root that forms high concentrations of $PM_{2.5}$ and O_3 in China，and has become great risk to human health. Total anthropogenic VOCs emissions of China are respectively 2 times and 3 times that of the United States and the European Union at present.Thekey way to control the dust-haze and photochemical smog pollution and improve urban and regional atmospheric environment quality in China is to decrease VOCs emission effectively.In this study，the current situation of VOCs pollution and control in China is discussed，and the experience of VOCs pollution control in foreign is reviewed. The countermeasures and suggestions for the control of VOCs pollution prevention and treatmentin China is proposed based on the above-mentioned research findings and by combining with Chinese economic and technical development levels.

Key words　VOCs，pollution prevention and treatment，China

挥发性有机物（VOCs）是形成细颗粒物（$PM_{2.5}$）、臭氧（O_3）等二次污染物的重要前体物，进而引发灰霾、光化学烟雾等大气环境问题。随着我国工业化和城市化的快速发展以及能源消费的持续增长，以 $PM_{2.5}$ 和 O_3 为特征的区域性复合型大气污染日益突出，区域内空气重污染现象大范围同时出现的频次日益增多，严重制约社会经济的可持续发展，威胁人民群众身体健康。为了根本解决 $PM_{2.5}$、O_3 等污染问题，切实改善大气环境质量，国家应积极推进其关键前体物 VOCs 的污染防治工作。但是，目前我国 VOCs 污染防治基础较为薄弱，存在排放基数不清、法规标准不健全、控制技术应用滞后、环境监管不到位等诸多问题。同时，由于 VOCs 排放来源复杂、排放形式多样、物质种类繁多，则建立 VOCs 污染防治体系难度较大。因此，如何切合我国的实际全面开展 VOCs 污染防治，是一项刻不容缓、艰巨复杂的任务。

1 开展 VOCs 污染防治的紧迫性和重要性分析

1.1 控制 VOCs 排放是减轻我国灰霾污染的重要手段

$PM_{2.5}$ 既有由多种污染源直接排放的一次颗粒物，也有由气态前体物通过均相和非均相反应转化而成的二次无机气溶胶（SNA）和二次有机气溶胶（SOA）。与一次颗粒物相比，二次颗粒物通过其气态前体物所造成的环境影响更为广泛。而 VOCs 则是 SOA 的关键前体物。一些活性较强的 VOCs 与大气中的·OH、NO_3^-、O_3 等氧化剂发生多途径反应，形成有机酸、多官能团羰基化合物、硝基化合物等半挥发性有机物，再通过吸附、吸收等过程进入颗粒相，生成 SOA。某一 VOCs 转化为 SOA 的能力取决于大气含量、反应活性、氧化剂的可获得性和产物的挥发性四个因素。

表 1　2013 年 1 月 29 日至 31 日全国灰霾和部分城市空气质量情况

时间	灰霾		城市空气质量	
	面积	分布范围	污染程度	$PM_{2.5}$ 平均质量浓度及标准限值倍数
29 日	130 万 km^2	北京、天津、河北、河南、山东、山西、江苏、合肥、武汉、成都等地区	北京、天津、石家庄、济南等城市空气质量为五级以上，属严重污染；郑州、武汉、西安、合肥、南京、沈阳、长春等城市空气质量为五级，属重度污染	北京市：354 μg/m^3，4.7 倍
30 日	143 万 km^2	北京、天津、河北、河南、山东、江苏、安徽、湖北、湖南等地区	北京、石家庄、济南、西安、天津、上海、郑州、南京、沈阳、哈尔滨等城市空气质量为五级以上	北京市：310 μg/m^3，4.1 倍
31 日	115 万 km^2	北京、天津、河北、河南、山东、江苏、安徽、陕西、四川等地区	济南、西安等城市空气质量为五级以上，属严重污染；北京、石家庄、天津、郑州、长沙、成都、沈阳、长春、哈尔滨等城市空气质量为五级，属重度污染	北京市：213 μg/m^3，2.8 倍

在我国，城市大气中 $PM_{2.5}$ 浓度处于较高水平，一些城市与区域灰霾频繁发生。2010 年 7 个城市 $PM_{2.5}$ 监测试点的年均值为 40～92 μg/m^3，超过新修订环境空气质量标准限值要求的 14%～163%。京津冀、长三角、珠三角等区域每年出现灰霾污染的天数达 100 天以上，个别城市甚至超过 200 天。特别是今年 1 月以来，我国部分地区多次出现持续大范围雾霾天气，多个城市空气质量达到重度污染或严重污染，引起了政府的高度重视和社会的密切关注（表 1）。究其原因，这与 VOCs 的大量排放密不可分。研究表明，SOA 约占 $PM_{2.5}$ 的 25%～35%，而有机碳（OC）是我国 $PM_{2.5}$ 中的重要化学物种，VOCs 在我国城市与区域灰霾污染形成过程中起着重要作用（图 1）。

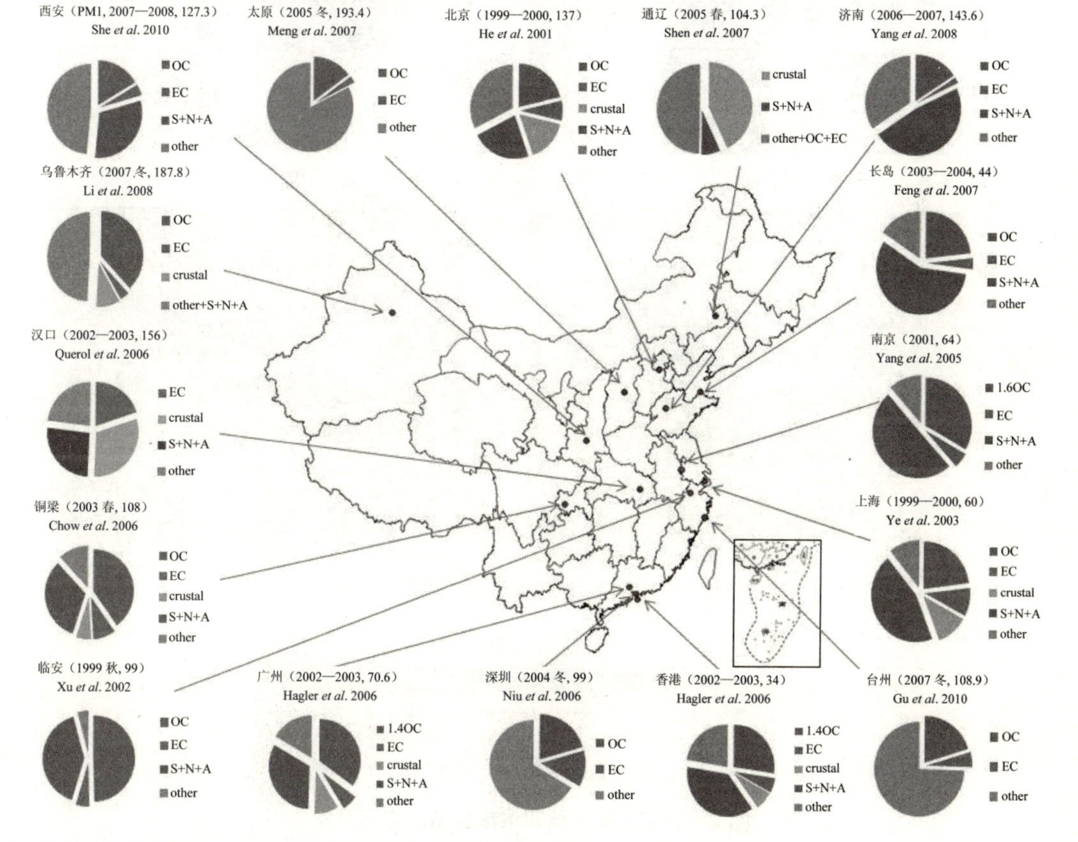

注：图中标明了观测时间、$PM_{2.5}$ 的平均质量浓度（μg/m^3）及数据来源。

图 1 我国典型城市 $PM_{2.5}$ 组分构成

1.2 控制 VOCs 排放是降低我国地面 O_3 质量浓度的主要途径

低空 O_3 是光化学烟雾污染的重要指示因子，它主要是人类活动排放的 VOCs 和 NO_x 通过光化学反应产生的二次污染物。随着我国城市化进程的加快和汽车保有量的急剧增加，O_3 污染呈加剧态势，光化学烟雾已成为一些城市与区域的特征大气污染。20 世纪 80 年代，兰州市和北京市先后出现了光化学烟雾污染的迹象；至 20 世纪末，在京津、珠江三角洲和长江三角洲地区出现了比较严重的区域性光化学烟雾。北京夏季和珠三角秋季是光化学污染的典型季节，O_3超标的频率在50%以上。而且，今年以来的京津冀等地强雾霾天污染物中也被检测出存在着大量含氮有机颗粒物。

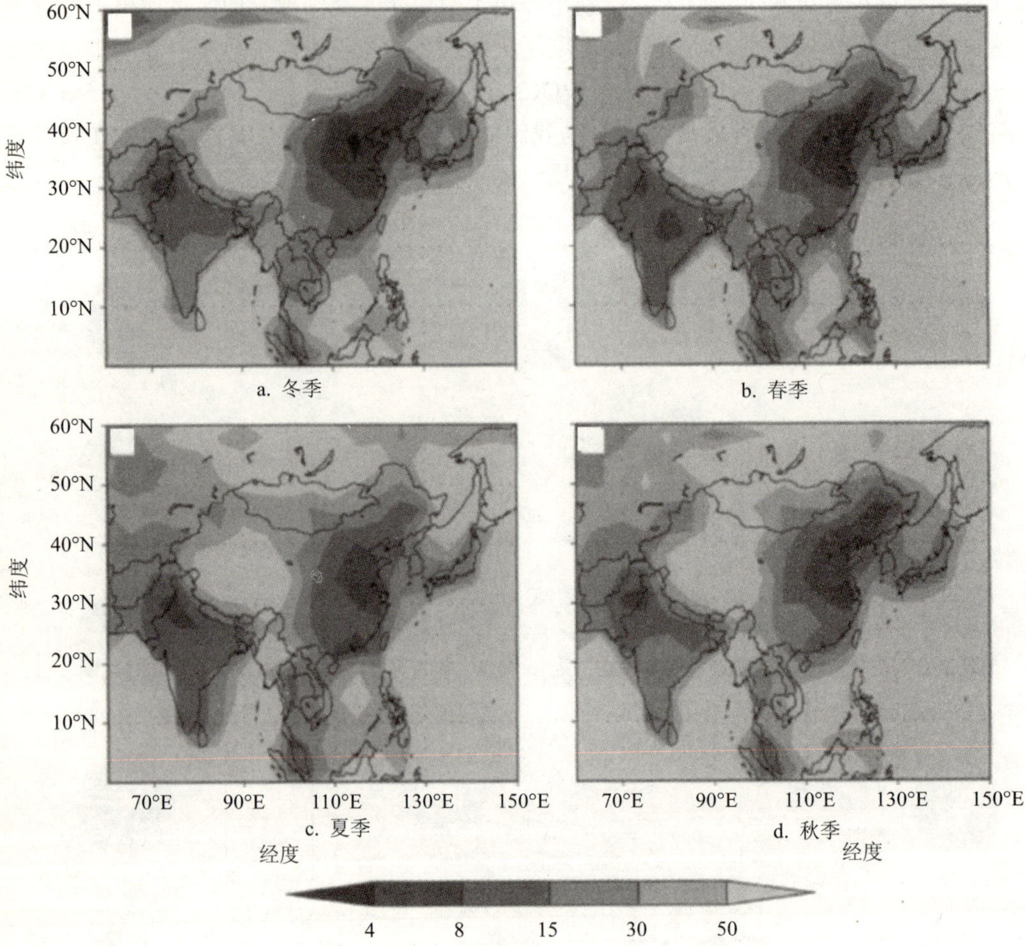

注：当 $VOCs/NO_x$ 比值偏大，O_3 生成处于 NO_x 控制区；当 $VOCs/NO_x$ 比值较小，O_3 生成处于 VOCs 控制区。

图 2　$VOCs/NO_x$ 体积浓度比值的空间分布

关于我国地区 O_3 前体物对地面 O_3 影响的研究表明，控制地面 O_3 质量浓度时，西部地区主要考虑 NO_x 的减排，东部 35°N 以北的地区主要考虑人为 VOCs（AVOCs）的减排，而 30°N—35°N 区域应同时考虑 AVOCs 和生物 VOCs（BVOCs）的减排，在 30°N 以南的地区，则需要全面考虑 NO_x 和 VOCs 的减排。由图 2 可知，我国东部主要经济发达地区，尤其是京津唐地区，均处于 VOCs 控制区，VOCs 是其光化学烟雾决定性前体物。

1.3　我国 VOCs 污染对人体健康构成严重威胁

VOCs 对人体健康的影响也是其备受人们关注的重要原因之一，可分为直接影响和间接影响。首先，VOCs 所表现出的毒性、致癌性和恶臭，危害人体健康。表 2 总结了典型 VOCs 物种对人体健康的影响情况。其次，VOCs 可导致光化学烟雾，光化学烟雾对眼睛的刺激作用特别强，且对鼻、咽喉、气管和肺等呼吸器官也有明显的刺激作用，并伴有头痛，使呼吸道疾病恶化。

表 2 VOCs 对人体健康的毒性

VOCs	刺激性、腐蚀性			器官毒性				致癌性
	皮肤	眼睛	呼吸道	神经系统	肝脏	肾脏	胃	
苯	△	△	△	△				★
甲苯	△	△	△	▲	▲			
间二甲苯	△	△	△		▲	▲	△	
氯苯	△	▲	△	▲	△	△		
丙酮	▲	△	▲	▲				
乙酸乙酯	▲			▲				
二氯甲烷	▲	▲	▲	▲	▲	▲		☆
三氯甲烷	▲	▲		▲	△	△	▲	☆
四氯乙烯	▲	▲	▲	▲	△	△		☆
四氯化碳		▲	▲	△	△	△		☆
1,2-二氯乙烯	△	△	△	△				
偏二氯乙烯	△	▲	▲					
1,3-丁二烯	△	△	△	△		△		
乙醛	△	△	△	▲	△	△	△	
乙醚				▲	▲	▲		
乙腈	▲		△	△	▲	▲	▲	
丙烯腈	△	△	△	△	△	△	△	☆

注：△表示低浓度健康损害；▲表示高浓度健康损害；★表示 IARC 确认的人类致癌物；☆表示 IARC 认为可能是人类致癌物。

北京城乡结合地空气中 VOCs 健康风险评价研究表明，苯的致癌指数（2.21×10^{-5}）超过了美国国家环保局（EPA）建议的致癌风险值（1×10^{-6}），空气中的苯对人体健康具有明显影响，长期暴露易对暴露人群健康造成危害，存在较大的致癌风险。而相关研究表明，2005 年我国 VOCs 排放量约为 1 940.6 万 t，在化学组分方面主要由烷烃（20%）、不饱和烃（21%）、苯系物（30%）构成，毒性 VOCs 的排放比重约占 30%，全国范围排放 VOCs 的平均光化学臭氧生成潜势（POCP）约为 53.7。因此，鉴于我国 VOCs 排放量大且具有较高的毒性和大气氧化活性，VOCs 污染对公众的身体健康和生命安全的影响不容忽视。

2 我国 VOCs 排放现状评估与分析

（1）全国自然和人为污染源排放水平接近，城市人为排放是主要来源。VOCs 排放源包括自然源和人为源。自然源主要为植被排放、森林火灾、野生动物排放和湿地厌氧过程等，是不可控排放源。人为排放主要源于人类活动的不完全燃烧行为、油品溶剂挥发散逸行为及工业过程行为。人为源可分为移动源和固定源，而固定源又包括生活源和工业源等。其中，工业源 VOCs 排放行业主要归类于以下四个环节：VOCs 生产过程，VOCs 产品的储存、运输和营销，以 VOCs 为原料的工艺过程以及含 VOCs 产品的使用过程。人为 VOCs 排放源分类见表 3。

表 3 人为 VOCs 排放源分类

类型		排放源	
移动源		汽车、轮船、飞机等各种交通运输工具	
固定源	生活源	建筑装饰、油烟排放、垃圾焚烧、秸秆焚烧、服装干洗等	
	工业源	VOCs 生产过程	炼油与石化、有机化工等溶剂提炼或有机物产生的行业
		VOCs 产品的储存、运输和营销	油品、燃气、有机溶剂的储存、转运、配送和销售过程
		以 VOCs 为原料的工艺过程	涂料、合成材料、食品饮料、胶粘剂生产、日用品、农用化学品和轮胎制造行业等
		含 VOCs 产品的使用过程	装备制造业涂装、半导体与电子设备制造、包装印刷、医药化工、塑料和橡胶制品生产、人造革生产、人造板生产、造纸行业、纺织行业、钢铁冶炼行业等

一些研究表明，我国大陆地区自然源和人为源的 VOCs 排放水平较为接近，排放量为 1 000 万～2 000 万 t/a；在小尺度的城市空间范围内，由于各种人类生产、生活活动的聚集，人为源成为 VOCs 排放的主要来源，例如北京市，2000 年陆地自然源 VOCs 排放量为 1.6 万～5.3 万 t，而 1990 年和 1995 年人为源 VOCs 排放量约为 20.4 万 t 和 29.4 万 t，人为源排放量是天然源的 6～18 倍。

（2）人为源 VOCs 排放量大且呈快速增加态势。由上文可知，人为 VOCs 排放源非常复杂，涉及众多行业和领域，排放源点多面广。而且，VOCs 排放形式也不同于颗粒物、SO_2、NO_x 等传统大气污染物，由于其具有挥发性，在储存、运送、混合、搅拌、清洗、涂装、干燥及其他处理工序，均可能造成排放。所以，鉴于具有独特的排放来源与排放形式，VOCs 在我国长期以来一直未列为常规污染控制因子，也未纳入环境统计或污染源普查等官方数据统计范畴。目前我国尚无人为源 VOCs 排放量的权威发布数据。

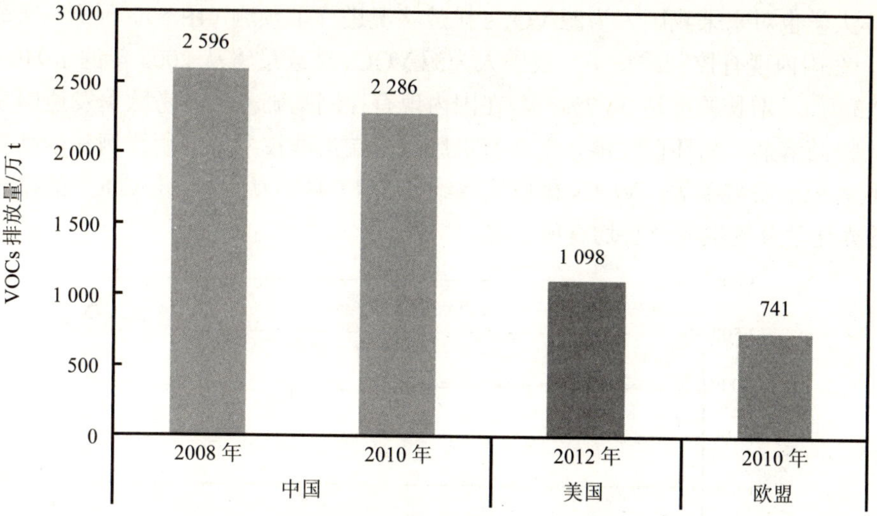

图 3　中国与美国、欧盟人为源 VOCs 排放量比较

学术界运用不同方法对我国人为源 VOCs 排放量进行了估算，图 3 中列举了清华大学和北京大学的估算结果。可见，近年来我国人为源 VOCs 排放量为 2 300 万～2 600 万 t，约为美国的两倍、欧盟的 3 倍，远超出同期烟粉尘的排放量，与 SO_2 和 NO_x 的排放量接近。而且，我国人为源 VOCs 排放量随时间变化呈现出快速增加态势。根据北京大学的估算，1978—2008 年这 30 年间我国人为源 VOCs 排放量增长 3.7 倍，由 705 万 t 增长到 2 597 万 t，年均增长率达 4.4%（图 4）。另外，华南理工大学估算了 1980—2010 年我国工业源 VOCs 排放量。结果显示，我国工业源 VOCs 排放经历了 1980—2000 年的稳定增长期和 2001—2010 年的快速增长期，排放量由 115.1 万 t 增至 1 335.6 万 t。

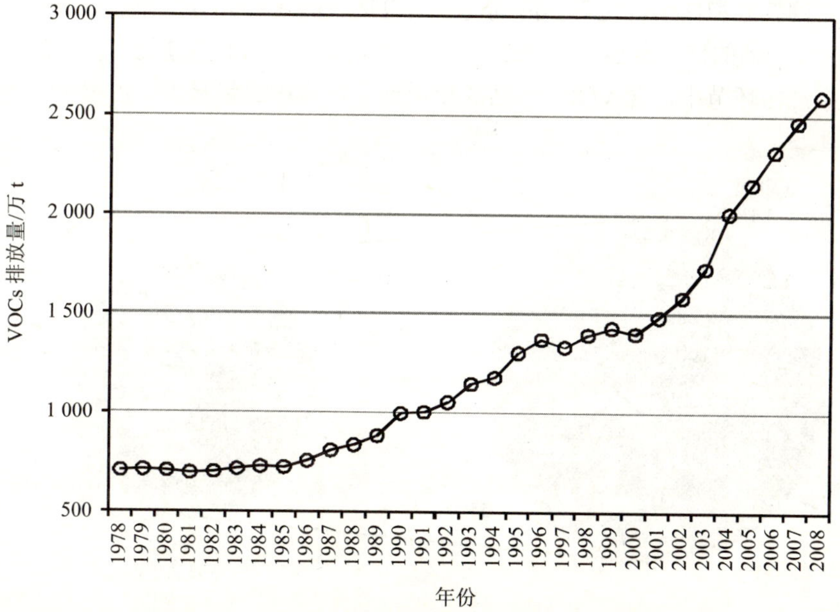

图 4　1978—2008 年我国人为源 VOCs 排放量变化

清华大学也对未来我国人为源 VOCs 排放状况进行了预测（图 5）。预测结果表明，至 2020 年，在国内现有控制政策下，我国人为源 VOCs 排放量将从 2005 年的 1 940.6 万 t 增至 2 652.3 万 t，增长幅度达 36.7%；若在国内现有控制基础上，参考欧美发达国家相应法规标准，提高溶剂产品环保性能、工业有机废气末端治理技术的应用比例和油品储运环节蒸汽回收系统的安装率等，VOCs 排放量将维持在 1 994.3 万 t，毒性 VOCs 的排放比重和 VOCs 的光化学臭氧生成潜势均有所下降。

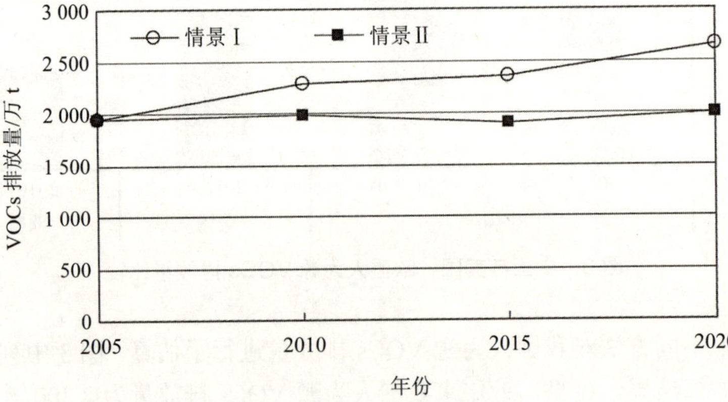

图 5　2005—2020 年我国人为源 VOCs 排放量变化

（3）工业源排放量占人为源的比重最大，而含 VOCs 产品的使用过程排放量最多。2009 年中科院生态中心、清华大学、同济大学、解放军防化研究院、地质大学、华南理工大学等高等院校和科研院所对我国人为 VOCs 排放源排放分布情况进行了估算（图 6）。结果显示，工业源是我国最主要的人为 VOCs 排放源，排放贡献率高达 55.5%，工业源中的重点行业包括石油炼制和储运、化工、溶剂使用（包括表面涂装）等；在工业源的 VOCs 生产过程、VOCs 产品的储存及运输和营销、以 VOCs 为原料的工艺过程、含 VOCs 产品的使用过程四个产污环节中，含 VOCs 产品的使用过程环节排放量最多，占整个工业源排放量的 60%以上。

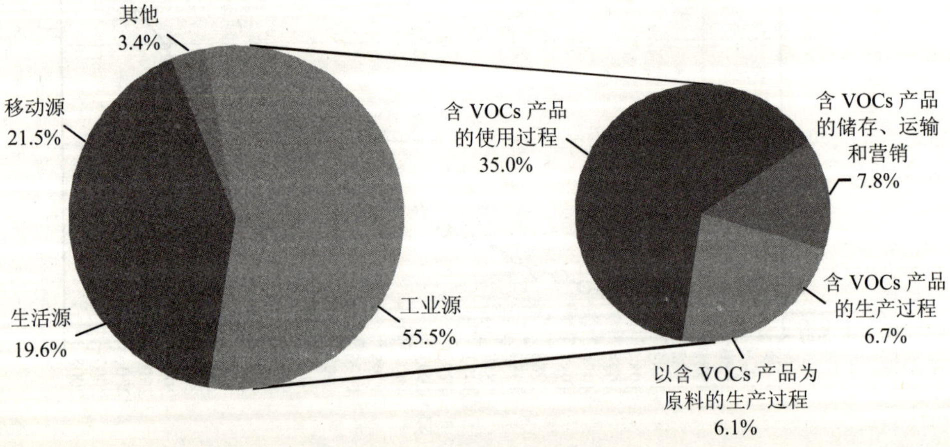

图 6　我国 VOCs 人为排放源构成

（4）人为源 VOCs 排放量地区间分布不平衡

清华大学和北京大学的估算结果都表明，我国各地区间人为源 VOCs 排放量差异显著（图 7）。山东、江苏和广东 3 个省份是排放大户，其排放量之和占全国总排放量的百分比超过 25%；西部诸省份排放量较低。

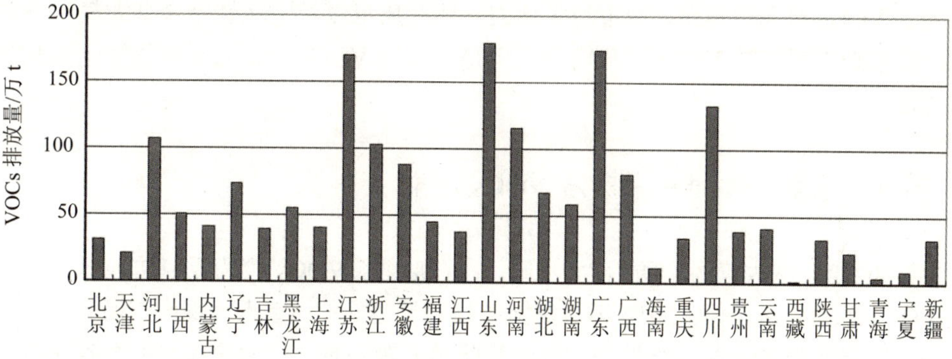

（a）2005 年排放情况（清华大学估算）

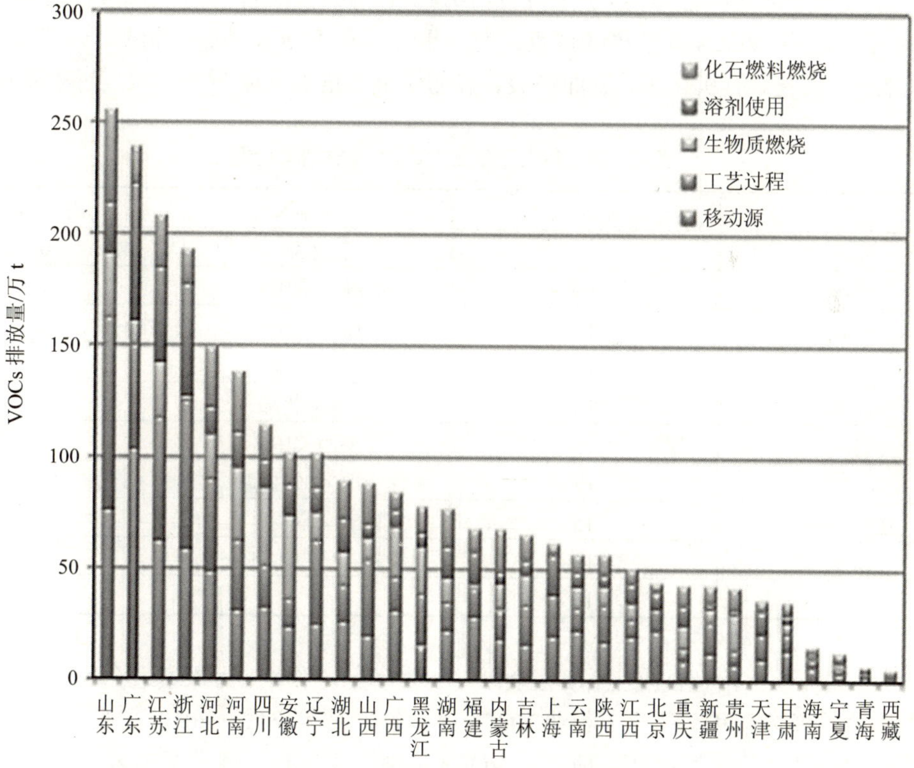

（b）2008 年排放情况（北京大学估算）

图 7　我国大陆各省（市、区）人为源 VOCs 排放量

3 我国 VOCs 污染控制现状及存在的问题

鉴于 VOCs 对人体健康、城市与区域大气环境质量以及区域性复合型大气污染的重要影响，国家越来越重视 VOCs 污染防治。但是，我国 VOCs 污染防治工作才刚刚起步，任重而道远。

3.1 国家已采取一些措施来防治 VOCs 污染

（1）《重点区域大气污染防治“十二五”规划》将 VOCs 列为重点防控污染物，深入推进 VOCs 污染防治工作。2012 年 9 月国务院批复实施的《重点区域大气污染防治“十二五”规划》是我国第一部综合性的大气污染防治专项规划，它对全国 19 个省（市、区）大气污染防治工作进行了全面安排与部署。该规划将 VOCs 和 SO_2、NO_x、工业烟粉尘一起列为三区十群的防控重点，并确定了 10%～18%的重点行业现役源 VOCs 减排目标（表 4）；提出开展 VOCs 排放摸底调查、完善重点行业 VOCs 排放控制要求和政策体系；选定加油站、石化、有机化工、表面涂装、溶剂使用等重点领域开展 VOCs 污染专项整治。

表 4 重点行业现役源 VOCs 排放削减比例

区域	比例/%	区域	比例/%
北京	15	长株潭	10
天津	18	成渝（重庆）	15
河北	15	成渝（四川）	10
上海	18	海峡西岸	10
江苏	18	山西中北部	10
浙江	18	陕西关中	10
珠三角	18	甘宁地区（甘肃）	10
辽宁中部	15	甘宁（宁夏）	10
山东	15	新疆（乌鲁木齐）	10
武汉及其周边	10		

（2）开展 VOCs 治理试点工作，在全国起到表率示范作用。为探索适合我国工业 VOCs 控制的环境管理体系和医药化工行业 VOCs 排放控制技术路线，2010 年 11 月环境保护部同意将台州市浙江化学原料药基地作为 VOCs 治理工作试点。通过两年多来的工作，已在园区 VOCs 排放核算、重点污染源 VOCs 治理、VOCs 排放源监督管理等方面积累了一定经验。这不仅为全国全面开展 VOCs 污染综合防治试点工作作出了表率，还在相应行业中起到了带头作用并可以示范所得的 VOCs 控制、管理经验。

（3）部分法规标准已出台，可为 VOCs 污染控制提供依据。《国务院办公厅转发环境保护部等部门关于推进大气污染联防联控工作改善区域空气质量指导意见的通知》（国办发[2010]33 号）首次正式地从国家层面提出开展 VOCs 污染防治工作，并将 VOCs 列为大气污染联防联控的重点污染物，要求加强喷漆、石化、制鞋、印刷、电子、服装干洗、加油站、储油库、油罐车、城市餐饮服务业等重点领域 VOCs 污染防治工作。

表 5 给出我国涉及 VOCs 的国家环境保护标准名录。在大气污染物排放标准方面，《大气污染物综合排放标准》（GB 16297—1996）将苯、甲苯、二甲苯、酚类、甲醛和乙醛等列入 33 种需要控制的大气污染物名单；行业排放标准涉及炼焦化学、轧钢、橡胶制品、合成革与人造革、储油库、汽油运输、加油站、饮食业和炼焦炉 9 个领域，包括苯、甲苯、二甲苯、酚类等具体控制指标和油烟 VOCs、油气 VOCs、合成革与人造革工业 VOCs 等综合指标；《恶臭污染物排放标准》（GB 14554—1993）规定了甲硫醇、甲硫醚、三甲胺等散发恶臭气味的 VOCs 排放限值。在监测方法标准方面，《环境空气挥发性有机物的测定 吸附管采样-热脱附/气相色谱-质谱法》（HJ 644—2013）适用于环境空气中 35 种 VOCs 的测定。在清洁生产标准方面，涉及的行业包括化纤（涤纶和氨纶）、人造板（中密度纤维板）、汽车制造（涂装）、基本化学原料制造（环氧乙烷/乙二醇）、炼焦和石油炼制等，标准中规定了 VOCs 及具体控制指标的产生量。涉及降低 VOCs 排放，提出环境保护标志产品技术要求的有印刷行业-平版印刷、胶印油墨、凹印油墨和油印油墨、人造板及其制品、水性涂料、防水涂料、皮革和合成革、胶粘剂等，其中明确提出产品中不得添加的物质和产品中 VOCs 含量限值。

表 5 我国涉及 VOCs 的国家环境保护标准名录

标准类型	标准名称	标准编号	发布时间	实施时间
大气污染物排放标准	大气污染物综合排放标准	GB 16297—1996	1996-04-12	1997-01-01
	恶臭污染物排放标准	GB 14554—1993	1993-08-06	1994-01-15
	炼焦化学工业污染物排放标准	GB 16171—2012	2012-06-27	2012-10-01
	轧钢工业大气污染物排放标准	GB 28665—2012	2012-06-27	2012-10-01
	橡胶制品工业污染物排放标准	GB 27632—2011	2011-10-27	2012-01-01
	合成革与人造革工业污染物排放标准	GB 21902—2008	2008-06-25	2008-08-01
	储油库大气污染物排放标准	GB 20950—2007	2007-06-22	2007-08-01
	汽油运输大气污染物排放标准	GB 20951—2007	2007-06-22	2007-08-01
	加油站大气污染物排放标准	GB 20952—2007	2007-06-22	2007-08-01
	饮食业油烟排放标准（试行）	GB 18483—2001	2001-11-12	2002-01-01
监测方法标准	环境空气挥发性有机物的测定 吸附管采样-热脱附/气相色谱-质谱法	HJ 644—2013	2013-02-17	2013-07-01
清洁生产标准	清洁生产标准 化纤行业（涤纶）	HJ/T 429—2008	2008-04-08	2008-08-01
	清洁生产标准 石油炼制业（沥青）	HJ 443—2008	2008-09-27	2008-11-01
	清洁生产标准 化纤行业（氨纶）	HJ/T 359—2007	2007-08-01	2007-10-01
	清洁生产标准 基本化学原料制造业（环氧乙烷/乙二醇）	HJ/T 190—2006	2006-07-03	2006-10-01
	清洁生产标准 汽车制造业（涂装）	HJ/T 293—2006	2006-08-15	2006-12-01
	清洁生产标准 人造板行业（中密度纤维板）	HJ/T 315—2006	2006-11-22	2007-02-01
	清洁生产标准 石油炼制业	HJ/T 125—2003	2003-04-18	2003-06-01
	清洁生产标准 炼焦行业	HJ/T 126—2003	2003-04-18	2003-06-01

标准类型	标准名称	标准编号	发布时间	实施时间
环境标志产品技术要求	环境标志产品技术要求　印刷第一部分：平版印刷	HJ 2503—2011	2011-03-02	2011-03-02
	环境标志产品技术要求　人造板及其制品	HJ 571—2010	2010-05-04	2010-07-01
	环境标志产品技术要求　皮革和合成革	HJ 507—2009	2009-10-30	2010-01-01
	环境标志产品技术要求　防水涂料	HJ 457—2009	2009-02-04	2009-05-01
	环境标志产品技术要求　胶印油墨	HJ/T 370—2007	2007-11-02	2008-02-01
	环境标志产品技术要求　凹印油墨和柔印油墨	HJ/T 371—2007	2007-11-02	2008-02-01
	环境标志产品技术要求　胶粘剂	HJ/T 220—2005	2005-11-28	2006-01-01
	环境标志产品技术要求　水性涂料	HJ/T 201—2005①	2005-11-22	2006-01-01

注：①该标准已于 2014 年 5 月废止，新标准号为 HJ 2537—2014，标准名称不变。

（4）存在多种 VOCs 控制技术，VOCs 治理市场已初具规模。我国现有的 VOCs 主流控制技术包括吸附回收、催化燃烧、吸附浓缩/催化燃烧联用技术、蓄热燃烧、生物净化等。由于 VOCs 排放源众多，且 VOCs 的种类繁多、性质各异，而不同生产过程所排放的工艺废气工况条件也各不相同，这就决定了单一的控制技术不可能满足所有排放废气的治理要求。表 6 总结了上述控制技术的应用范围。而且，近年来，VOCs 治理新技术和工艺的研究开发得到了不断的发展，表现为：①对主流控制技术进行改进提高，主要体现在新材料的开发与应用；②过程优化和集成技术的研究开发，如吸附浓缩-催化（蓄热催化）氧化集成技术、吸附浓缩-冷凝回收集成技术、吸附浓缩-吸收集成技术等；③新技术的开发应用，如等离子体-催化净化技术等。

目前，我国 VOCs 治理市场已经初具规模，共有 100 多家工业 VOCs 的治理厂家，主要涉及综合性 VOCs 治理企业、小型企业、大型综合性环保企业和国外独资或合资企业。总体来讲，目前我国 VOCs 的治理对象主要集中在国有大型企业、外资和合资企业，中小型污染企业大部分没有治理，已治理的企业所占的比例不到 10%。

表 6　VOCs 主流控制技术应用范围

控制技术	应用范围
吸附回收	浓度较高、组分简单并且具有回收价值的 VOCs 治理，如涉及有机溶剂生产和使用的相关行业以及加油站油气回收
催化燃烧	风量较小、浓度适中、排放稳定的 VOCs 治理，如漆包线、汽车、家电、设备制造的喷涂与烘烤漆工艺
吸附浓缩-催化燃烧	大风量、低浓度或 VOCs 排放浓度波动大的 VOCs 治理，如喷涂或印刷等行业
蓄热燃烧	高浓度、排放稳定、成分复杂或组分可使催化剂中毒的 VOCs 治理，如橡胶生产行业
生物净化	小风量、低浓度或有异味的 VOCs 治理，如污水、堆肥等处理

3.2 部分地方 VOCs 污染防治工作已起步

针对 VOCs 污染问题，北京市、广东省、上海市等地区已率先采取行动，正在积极推进其污染防治工作。北京市：2007 年发布了涉及 VOCs 的地方标准《大气污染物综合排放标准》（DB 11/501—2007）、《炼油与石油化学工业大气污染物排放标准》（DB 11/447—2007），对 VOCs 提出了较为严格的控制要求；2012 年制定了《北京市工业污染源挥发性有机物（VOCs）总量减排核算细则》（试行），开展 VOCs 总量减排核查核算。广东省：2010 年相继出台了《家具制造行业挥发性有机化合物排放标准》（DB 44/814—2010）、《印刷行业挥发性有机化合物排放标准》（DB 44/815—2010）、《表面涂装（汽车制造业）挥发性有机化合物排放标准》（DB 44/816—2010）和《制鞋行业挥发性有机化合物排放标准》（DB 44/817—2010）4 个地方 VOCs 排放标准；2012 年印发了《关于珠江三角洲地区严格控制工业企业挥发性有机物（VOCs）排放的意见》，明确了珠三角地区 VOCs 污染控制分步实施的目标，并提出严格 VOCs 排放类企业环境准入、加快 VOCs 重点污染源整治、加强 VOCs 工业源环境监管等具体举措。上海市：2006 年发布了《半导体行业污染物排放标准》（DB 31/374—2006）；以加油站、石化企业和造船行业为突破口启动 VOCs 减排工作，目前已完成全部油罐车、储油库以及 95%的加油站油气治理工作，在上海石化、高桥石化、上海赛科、华谊集团 4 家企业开展 LDAR（泄漏检测与修复）试点示范工程，采取源头控制与末端治理相结合的方式来加强上海长兴岛船舶制造基地 VOCs 污染控制。地方 VOCs 污染防治工作的开展，为国家层面管理政策和控制措施的制定提供了有益的参考与经验借鉴。

3.3 VOCs 污染防治工作基础薄弱、问题突出

针对 VOCs 污染防治，我国虽然已采取了一些相应的治理措施，但是鉴于我国长期以来一直未把 VOCs 列为常规污染控制因子，VOCs 污染不处于受控状态，我国人为源 VOCs 污染控制形势与压力和环境管理不相适应。

（1）排放基数不清，导致 VOCs 污染控制管理工作缺乏科学依据。如本文第 2.2 节所述，目前我国尚未将 VOCs 纳入环境统计或污染源普查等官方数据统计范畴，故我国缺乏关于 VOCs 排放特征和排放量的权威发布数据。而学术界采用不同方法对我国 VOCs 排放量进行估算，研究结论也呈现出较大的差异性，导致其对 VOCs 污染控制和管理的参考价值极大降低。VOCs 排放基数、行业分布特征及其发展趋势等信息是科学制定 VOCs 排放控制目标、行业控制对策的重要基础和依据。为此，迫切需要强化不同类型排放源 VOCs 排放环节、排放特征的调查与排放量的核算，为制定有针对性的 VOCs 污染控制对策提供依据。

（2）法规标准不健全，阻碍 VOCs 管理执法工作的有效落实。由于 VOCs 污染控制工作才刚刚起步，我国涉及 VOCs 污染防治的政策、法规与标准严重缺失。首先，VOCs 法律制度颁布滞后。《中华人民共和国大气污染防治法》（2000 年，中华人民共和国主席

令 32 号）是大气环境管理的根本依据，但未明确 VOCs 的污染防治要求，仅有诸如有机烃类尾气、恶臭气体、有毒有害气体、油烟等类似概念。其次，VOCs 控制标准严重缺位，而且现有标准也存在较多欠缺。目前我国涉及 VOCs 的排放控制标准仅有 11 项，还有相当一部分标准正在制订中。北京市、广东省、上海市等地区制订了一系列 VOCs 排放标准，但其体系还非常不完善。现有标准存在的主要问题表现为系统性不强、行业针对性差、控制不够全面，有些标准的排放控制不能适应当前的环境管理需要，排放限值水平需要提高。另外，典型行业 VOCs 污染防治技术政策和最佳可行技术指南等规范性技术指导文件严重缺失，使得环保部门和企业缺少开展控制工作的技术依据。鉴于建立完善相关环保政策、法规、标准体系是深化 VOCs 污染防治、强化 VOCs 管理和执法的前提，为此迫切需要健全我国 VOCs 排放标准体系、创新 VOCs 排放控制管理政策、提高 VOCs 排放控制效率、统一 VOCs 监测方法，建立适合我国国情的简便高效的 VOCs 污染防治法规政策与标准体系。

（3）控制技术良莠不齐且缺乏综合评估支持，影响 VOCs 污染治理进程和效果。由于目前我国 VOCs 治理技术市场较为混乱，污染企业缺乏相关的治理技术信息，在技术选择和治理方案确定上面处于被动地位，则企业所拥有的治理技术良莠不齐。VOCs 治理技术在实际应用中存在着工艺水平较低而难以实现达标排放和废气净化装置运行率低等问题。而且，我国 VOCs 控制技术缺乏包括技术、经济和可行性等因素在内的综合评估，还不能够对 VOCs 治理工作提供有效的技术支持和推荐各行业最优控制技术。我国 VOCs 实用控制技术前期积累匮乏，这可能直接影响到治理工作的进程和效果。

（4）环境监测能力薄弱，导致 VOCs 环境监管受到制约。目前我国现有的监测能力不能满足 VOCs 监控工作的基本需要，无论是有组织或无组织排放源监测，还是环境质量常规监测，都严重滞后，VOCs 环境监测体系建设差距较大。环境监测能力跟不上，就无法准确掌握我国 VOCs 污染状况，使监测执法苍白无力。

4 国外 VOCs 污染控制经验

4.1 美国 VOCs 污染控制

EPA 在 1990 年的《清洁空气修正法》（CAAA）中明确了 VOCs 的定义，是指除一氧化碳、二氧化碳、碳酸、金属碳化物、碳酸盐、碳酸铵以外，任何可以参加光化学反应的含碳化合物的总称。从这个定义就可以看出，美国控制 VOCs 排放的主要目的是减少大气活性，降低 O_3 浓度，进而减少光化学烟雾污染、增加大气能见度。

4.1.1 排放因子库与清单编制

EPA 每三年编制并发布一次国家排放清单（NEI）。清单编制采用“自下而上”的方式，由美国各州的大气污染控制机构向 EPA 提交数据，最终由 EPA 进行统一分析计算。

EPA 通过 NEI 公开主要污染物的排放数据，建立空气污染物评估模型，形成排放清单系统（EIS）。

（1）NEI 关于 VOCs 的排放源分类体系。对于大气污染物的复杂性，EPA 建立了污染源分级系统（SCC），由 8 位阿拉伯数字代表细分的污染源。污染源细分成 4 个级别，一级分类对应代码第 1 位数字，表示污染源类型；二级分类对应代码的前 3 位数字，表示具体的行业类型；三级分类对应代码的前 6 位数字，表示具体的排放源类型；四级分类对应整个 8 位数字，表示具体的排放环节、污染物。例如，1-01-003-06 中的 1 代表锅炉、01 代表发电、003 代表褐煤、06 代表抛煤机炉排。截至 2012 年更新的 SCC 包括约 12 000 个污染源分级代码。

以 VOCs 排放较重的溶剂使用行业为例，一级分类的溶剂使用包括 9 大溶剂使用行业，其中的二级分类中的表面涂装包括 13 个细分行业，三级的建筑涂料细分为 19 种溶剂（表 7）。

表 7　溶剂使用行业部分 SCC 分类

一级分类	溶剂使用																		
二级分类	表面涂装	除漆剂	去油脱脂	干洗	印刷	橡胶塑料	民用溶剂	商用溶剂	其他										
	细分																		
三级分类	建筑涂料	汽车装修	交通标线	纺织	板材加工	家具制造	塑料产品	金属罐	金属线圈	通用设备制造	交通设备制造	工业涂装	其他涂装						
	细分																		
四级分类	平光涂料	低光涂料	高光涂料	底漆	密封材料	快干漆	罐头涂料	丙酮	乙酸丁酯	丁醇	正丁醇	异丁醇	二甘醇—丁醚	乙二醇单甲醚	二甘醇—乙醚	异丙醇	甲乙酮	甲基异丁酮	石脑油

（2）AP-42 关于各个行业 VOCs 的排放因子。1968 年，美国公共卫生局（PHS）发布了最早的《大气污染物排放因子》（AP-42）。1995 年，EPA 在此基础上更新至 AP-42 第五版，并在之后对第五版进行持续更新。AP-42 是美国空气质量管理的重要工具，AP-42 排放系数建立了排放污染物对大气环境影响的数量关系。排放系数是一些典型的、共性的可靠数据的平均值，并提供相关的可信度（可信度 A 为合适级、可信度 B 为可行级、可信

度 C 为试行级、可信度 D 为粗略级）。排放量的估算公式为：

$$E = A \times \mathrm{EF} \times (1 - \mathrm{ER} / 100)$$

式中：E——排放量；

A——活动水平；

EF——排放系数；

ER——减排效率。

以大型纸质印刷行业为例，VOCs 排放量的计算方法如下：

$$E = \frac{ISd}{100} \times \frac{(100 - P)}{100} \times (1 - \mathrm{ER} / 100)$$

式中：E——排放量；

I——颜料使用量（体积）；

d——溶剂密度；

S——溶剂百分比；

P——产品附着及分解量（表 8）；

ER——减排效率（表 9）。

表 8　大型印刷行业排放因子

印刷工艺	溶剂体积百分比（S）/%	产品附着及分解量（P）/%	排放因子可信度
卷筒纸平版印刷报纸	40	40～60	B
	5	100	B
卷筒纸凸版印刷	40	40	B
凹版印刷	75	2～7	C
苯胺印刷	75	2～7	C

表 9　大型印刷行业减排措施及减排效率

治理措施	生产工艺	VOCs 减排效率/%
活性炭吸附	凹版印刷	75
焚烧	卷筒纸平版印刷	95
	卷筒纸凸版印刷	95
	凹版印刷	65
	苯胺印刷	60
水性颜料	凹版印刷	65～75
	苯胺印刷	60

（3）历年 VOCs 的排放量及其排放源构成。在 SCC 代码的基础上，EPA 从污染源的角度汇总出 14 个排放部门，其中与人为源 VOCs 排放紧密的一共有 12 个部门。图 9 为 1970—2012 年美国人为源 VOCs 排放量变化趋势。可见，通过 40 多年的 VOCs 治理，美国 VOCs 排放量由 1970 年的 3 370 万 t 下降到 2012 年的 1 280 万 t，下降幅度达到 62%。

从排放源构成的角度来看，美国主要的人为 VOCs 排放源为机动车、溶剂使用、石油化工、储运过程。在尚未全面开展 VOCs 治理的 1970 年，机动车占 50%、溶剂使用占 21%、石油化工占 4%、油品储运占 6%；到 2012 年，机动车、溶剂使用和储运过程的 VOCs 排放量下降幅度分别达 88%、54%和 39%，但石油化工的 VOCs 排放量上升 46%。

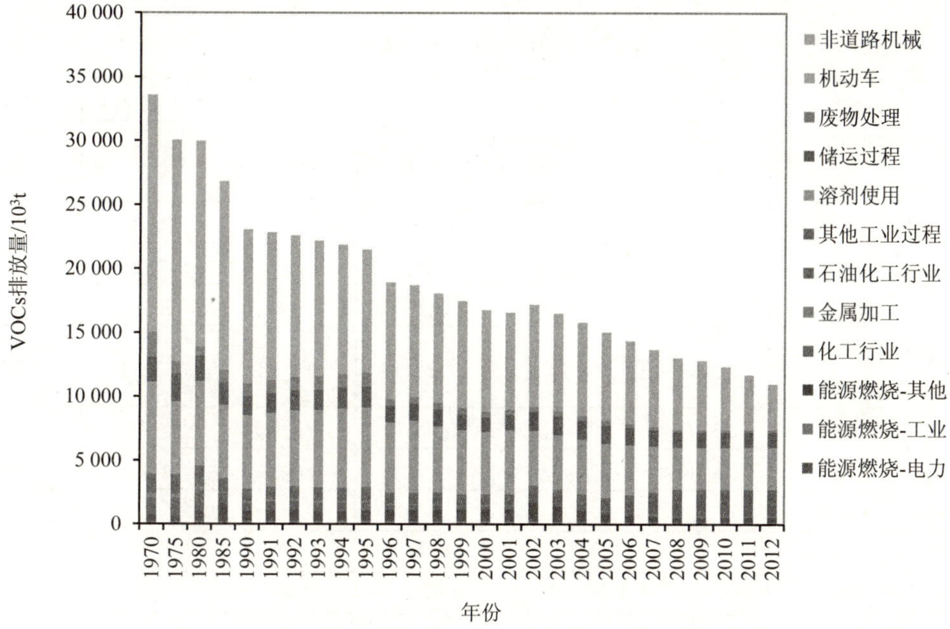

图 8　1970—2012 年美国人为源 VOCs 排放量变化趋势

4.1.2　管理政策框架

（1）总体框架——设定环境空气质量标准，制订分级的州实施计划。1970 年，美国国会制定的《清洁空气法》（CAA）是美国大气污染防治的基准，之后 EPA 对该法律进行了两次重要的修正：1977 年的 CAAA 主要针对区域性空气污染问题；1990 年的 CAAA 主要在于完善 CAA 的核心内容，即“国家环境空气质量标准”（NAAQS）。NAAQS 基于人体健康，设定了六项常规污染物（O_3、一氧化碳、颗粒物、SO_2、二氧化氮、铅）的浓度标准。

EPA 在联邦层面设定 NAAQS 同时，在地方层面也要求环境空气质量未达标的州必须每 3 年制订一份州实施计划（SIP），以促使地方的空气质量在限定的时间内达标。需要说明的是，考虑到区域性污染及传输，EPA 规定美国东北部的各州为 O_3 输出区域，位于该区域的州空气质量即使达标，仍需要制定 SIP。SIP 主要内容包括：排放清单、监测网络、排放限值、执行机制、技术指南以及其他促使地方的环境空气质量达标的措施。EPA 审批通过各州制定的 SIP 之后，将各州的 SIP 汇总到“批准和颁布实施计划”并公布，作为 EPA 与社会监督的依据。

1990 年，美国约有 50%的人口生活在 O_3 超标区，O_3 也成为 6 个环境空气质量标准中的重点与难点。在此严峻的形势下，国会要求在 O_3 超标区根据超标程度实施分级治理和分期限达标。EPA 依据 O_3 1 小时平均浓度，把超标地区分为 6 个等级：轻度超标、中度超标、重度超标、严重-15 超标、严重-17 超标和极度超标，并根据超标等级给出限定的达标年限（表 10）。VOCs 是 O_3 的重要前体物，因此在美国各州的 SIP 当中对 VOCs 的治理技术、排放标准、排放总量、基础科研等都提出相应的要求。

表 10 美国 O_3 超标分级管理情况

O_3 超标分级	轻度超标	中度超标	重度超标	严重-15 超标	严重-17 超标	极度超标
浓度范围（一小时 ppm）	0.121～0.138	0.138～0.160	0.160～0.180	0.180～0.190	0.190～0.280	＜0.28
达标期限	3 年	6 年	9 年	15 年	17 年	20 年
固定污染源定义*	100 t	100 t	50 t	25 t	25 t	10 t
VOCs 削减量		15%（6 年）	3%/年			
新源审查（倍量替代）	1.1∶1	1.15∶1	1.2∶1	1.3∶1	1.3∶1	1.5∶1
机动车 I/M	基础级	基础级	加强级	加强级	加强级	加强级
治理技术 RACT	基础级	加强级	加强级	加强级	加强级	加强级
加油站油气回收		✓	✓	✓	✓	✓
光化学污染监测站			✓	✓	✓	✓
清洁机动车			✓	✓	✓	✓
清洁锅炉燃料				✓	✓	✓
减少用车计划				✓	✓	✓
排污收费				✓	✓	✓

注：根据 O_3 超标等级，各州的主要固定源的范围随着超标等级的提升而扩大，如轻度超标地区把 VOCs 和 NO_x 排放量大于 100 t/a 的企业纳入主要固定污染源，而在极度超标地区则对应大于 10 t/a 的企业。

（2）分门别类地制定排放标准。美国按照行业、源类的划分制定排放标准来控制 VOCs。行业排放标准涉及炼油、石化、精细化工（杀虫剂、涂料、染料、颜料等杂项有机化学品）、油品储运、制药、表面涂装、出版印刷、铸造、服装干洗等领域。在行业排放标准中又根据排放源类型的差异，分工艺排气、设备泄漏、废水挥发、储罐和装载操作 5 类源，分别规定了排放限值或工艺设备、运行维护要求。其中，后 4 类源均为逸散源。

（3）注重源头控制。

☞ 系统规定各类产品中 VOCs 含量限值标准。CAA 要求 EPA 系统地设定了含有 VOCs 产品中 VOCs 含量限值标准，并规定对于没有达标的 VOCs 产品不可以生产与销售。随后制定了一份包括 VOCs 的产品目录（共占产品 VOCs 排放量的 80%），截止到 2012 年，EPA 尚未完成产品目录中的全部产品。表 11 为已完成的《国家 VOCs 产品排放标准》，从相对于溶剂使用环节更容易控制的溶剂生产环节入手，有效地从源头减少了 VOCs 的排放。

表 11　O_3 未达标的地区实施的国家 VOCs 产品排放标准

消费品与商品 VOCs 排放标准	主要内容
汽车装修喷涂	对 7 个工艺过程中使用的 VOCs 含量进行了限制（600～840 g/L）
消费品 VOCs 排放标准	对 21 大类消费品中的 VOCs 含量进行了限定（3%～90%，质量数）
建筑涂料 VOCs 排放标准	对 20 种类型的建筑涂料的 VOCs 含量进行了限定（120～870 g/L）
气溶胶涂料	从溶剂光化学反应性的角度限定溶剂的活性成分
便携式储油器	规定了便携式储油器的生产、销售、使用与报废规范

☞ 加油站油气回收：EPA 规定在 O_3 中度以上超标地区，月销售量超过 10 000 加仑（约为 37 854 L）的加油站必须安装油气回收系统，确保油品在装卸过程的全封闭。另外，在油罐车上必须安装车载油气回收系统（ORVR）。

（4）严格控制 VOCs 新增排放量。

☞ 出台新源性能标准：CAAA 中要求 EPA 建立一个针对新源或者有重大改造的现役源的新源性能标准，目前逐步增加的新源性能标准共涉及 82 个行业。新源标准不仅包括排放标准，而且对生产装备、生产工艺、治理措施都有详细的规定。例如：新建加油站 VOCs 排放标准对新建加油站的要求包括：在油品装卸过程中必须有蒸汽回收系统；工作人员确保装卸过程中回收系统运行良好；装卸过程中蒸汽压不得超过 4 500 Pa；每个自然月对蒸汽回收系统进行检测；装卸过程中 VOCs 逸散不得超过 35 mg/L。

☞ 出台新源审查：新源审查是指在未达标地区新建和改建的主要固定污染源需要执行倍量替代与最低排放率。例如：在 O_3 未达标地区按超标程度分级实施倍量替代，轻度、中度、重度、严重、极端超标分别对应的新源倍量替代为 1.1∶1、1.15∶1、1.2∶1、1.3∶1、1.5∶1。

（5）燃烧源与移动源的控制要求。针对燃烧源与移动源的 VOCs 排放，美国采取的主要控制措施如下：①锅炉燃料控制。1998 年，EPA 规定在 O_3 极端超标的地区，工业与商用锅炉在 90%的工作时间内只能燃烧清洁能源，如天然气、酒精。②提升油品。1995 年，EPA 规定在 O_3 严重以上超标的地区，只能出售和使用挥发性弱、燃烧副产物少的汽油。③减少用车计划。EPA 要求在 O_3 严重以上超标的地区，员工超过 100 人的企业必须减少 25%的员工用车量。企业需建立更为灵活的工作时间、鼓励员工乘坐公共交通等可以减少员工用车的方法。④机动车检测与维修。1990 年，机动车在生产时已配备了减排设施，但在使用中没有后续的检查与维修，机动车排污没有得到有效的控制。因此，1990 年的 CAAA 对未达标地区的机动车检测方法和维修程序等都做了具体要求，并在各地区建立机动车检测站。

4.1.3　控制技术选择

1990 年 CAAA 在实施策略上不同于 CAA 的一个重要转变为“先技术，后评估”。EPA 通过控制技术指南（CTG）和有毒空气污染物排放标准（NESHAP）来指导 VOCs 控制技术的选择。

（1）出台 CTG。在 NAAQS 出台的同时，考虑到 VOCs 污染控制的难度较大，空气质量规划与标准办公室制定了 CTG，主要针对 $PM_{2.5}$ 和 O_3 以及两者的前体物 VOCs，旨在从控制技术的角度促进各州大气污染的削减和州实施计划的执行，以及各州可行控制措施的交流。CTG 只包括基础的治理措施，为各州后期制定各行业的最佳控制技术（BACT）与最大控制技术（MACT）奠定了基础。

根据不同的污染源制定不同类型的 CTG，如表面涂装和印刷行业，CTG 主要限定涂料和颜料中的 VOCs 含量，同时对 VOCs 的储运过程进行规范。1996 年，EPA 颁布了表面涂装以及船舶制造与修复、木质家具行业的 CTG，其中船舶制造与修复的 CTG 同时被纳入该行业的 MACT；1998 年，EPA 颁布了航空航天行业的 CTG；2006 年，EPA 颁布了平版印刷、凸版印刷、软包装印刷、平板木材涂装、工业清洗所使用溶剂的 CTG。

（2）出台 NESHAP。早在 1970 年 CAA 颁布的时候，美国国会就意识到有毒空气污染物对人体健康的直接危害，因此制定了 NESHAP。但是，直到 1990 年，由于研究有毒空气污染健康风险评估的复杂性和长周期性，EPA 仅仅确定了 8 种有毒空气污染物及其排放标准。在 1990 年的 CAAA 中重新制定了 NESHAP 的实施方案，确定了“优先制定排放标准和筛选控制技术，暂缓健康风险评估研究”的原则。随即确定了 188 种有毒空气污染物，其中 33 种属于 VOCs，随着有毒空气污染物排放标准的更新，VOCs 的治理也分成了两部分：光化学反应与有毒空气污染物。

考虑到有毒空气污染物对人体健康的危害，EPA 针对其主要固定源和面源都制定了相应的 MACT 排放标准，EPA 规定新源和现役源都必须履行 MACT 排放标准的要求。目前有毒空气污染物的治理主要对应氨基/酚醛树脂、引擎测试、盐酸工业、锅炉、钢铁制造、表面涂装、有机化工与涂料制造 7 大行业，并对每个行业的各个排放环节规定了末端治理措施以及排放限值。

4.2 欧盟 VOCs 污染控制

欧洲意识到 VOCs 可形成光化学烟雾污染，危害人体健康，而且 VOCs 在长距离输送过程中也会对邻近国家的空气质量产生影响，于 20 世纪 90 年代开始控制 VOCs 排放。

4.2.1 排放因子选取与清单编制

（1）排放因子的选取。按照欧盟《国家空气污染物排放限制指令》（UNCD）的要求，欧盟各国每年必须编制本国的污染物排放清单，欧盟环保署（EEA）对此提供了统一的参考指南，其中排放因子法是编制欧盟国家与城市清单采用的主要估算方法。欧盟采用的排放因子主要取自当地检测机构和行业协会的部门调查资料及技术标准或类似技术资料、出版社和环境报告的国家或区域排放因子数据、各大学和研究所的其他普查或调查测量数据、联合国大气污染物清单指南（IPCC）和美国 AP-42。表 12 给出欧盟主要非甲烷挥发性有机物（NMVOC）排放因子来源。

表 12 欧盟主要 NMVOC 排放因子来源（2009 年）

行业分类	排放源因子来源
能源燃烧（石油、煤炭、电力等）	AP-42
化工行业	IPCC、欧洲污染物排放数据库
煤矿开采	AP-42，《EMEP/corinair 空气污染物排放清单指南》（2006 年版）
钢铁冶炼	AP-42，空气及废物管理协会杂志（1992 年版）
化工产品	AP-42，国际应用系统分析研究所
溶剂生产行业	AP-42，国际应用系统分析研究所
涂装	国际应用系统分析研究所、欧洲经济委员会技术经济专家组
干洗行业	国际应用系统分析研究所、欧洲经济委员会技术经济专家组
餐饮行业	AP-42，《EMEP/corinair 空气污染物排放清单指南》（2006 年版）
露天燃烧以及农业废弃物	Jenkins et al.，1996
固体废物堆积	英国污染物排放清单（2004 年版）
废水处理	Atasoy et al.，2004

（2）排放清单的编制。欧盟的排放清单指导手册已有 6 个版本，最新的是 2009 年版。每一次更新时都根据实际情况对排放源分类方式、计算方法、排放因子和其他相关内容进行调整。欧盟在排放清单编制过程中，首先是确定重点排放源，一般是把污染源的排放量从大到小排列，当累积量达到总量的 80%的时候可考虑纳为重点排放源；其次是收集数据，包括对现有数据的收集，如何产生新的数据，采用哪些数据用于清单的编制、排放因子和测量数据以及活动水平的获取；再次是确保时间序列的一致性，保障的主要途径包括对计算方法的改良、增加新的排放类别和跟踪由于技术和其他因素所引起的排放增加或减少；最后是分析不确定性，针对测量、资料调研、专家结论三类数据制订不同分析方法，并给出不同来源的活动水平数据及其默认误差范围。

下面以产品使用中的涂料使用为例，对欧盟 VOCs 排放清单的编制形式加以介绍。先将涂料使用分为机动车制造、汽车修补、建筑装饰等 9 个细分行业，并从装饰涂料使用、工业涂料使用和其他涂料使用 3 个方面简介这些细分行业的特点；接着介绍以上过程中排放 VOCs 的形式、涂料类型与排放之间的关系和有效的控制技术以及相关的法律法规；然后介绍计算排放量可选用的方法，方法按照清单数据的用途分为默认方法和技术对应法，其所获得的最终排放量的准确性和计算的复杂程度是依次递增的；为了保障数据的准确性，还会对各行业给出对应的数据审核方法。

（3）历年 VOCs 的排放量及其排放源构成。图 9 给出 1990—2010 年欧盟 NMVOC 排放量变化情况。可见，通过通用指令和行业指令以及对单项 VOCs 的单独控制，欧盟在近 20 年有效地削减了 VOCs 的排放量，NMVOC 排放量由 1990 年的 1 674.0 万 t 减至 2010 年的 741.2 万 t，下降了 55.7%。从排放源构成的角度来看，溶剂和产品使用与商业、机构和家庭以及公路运输是欧盟主要的人为 VOCs 排放源。在 1990 年，以上 3 类排放源排放贡献率分别为 40.1%、16.2%和 20.0%，1990—2010 年其排放量分别下降 33%、23%和 79%（图 10）。但是，这 3 类排放源仍是 2010 年欧盟 VOCs 排放的主要人为来源，且排放贡献率之和依然保持在 76%左右，只是商业、机构和家庭排放贡献率低于公路运输。

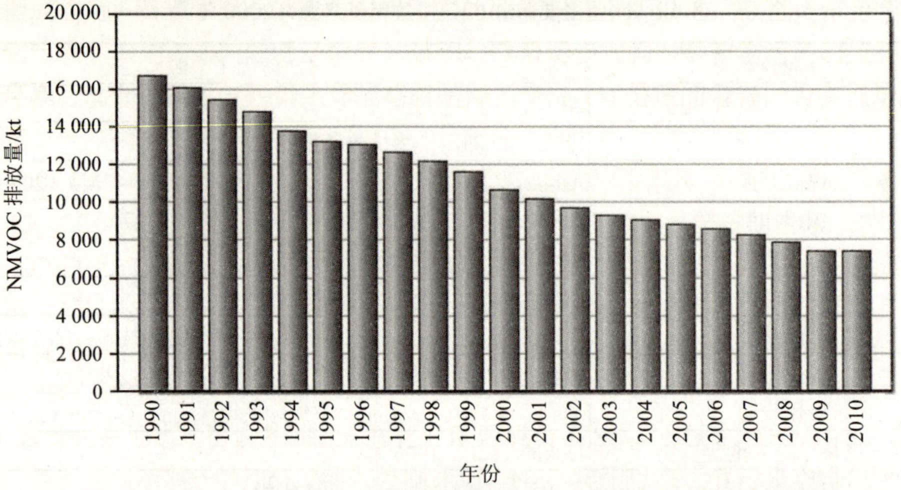

图 9　1990—2010 年欧盟 NMVOC 排放量变化情况

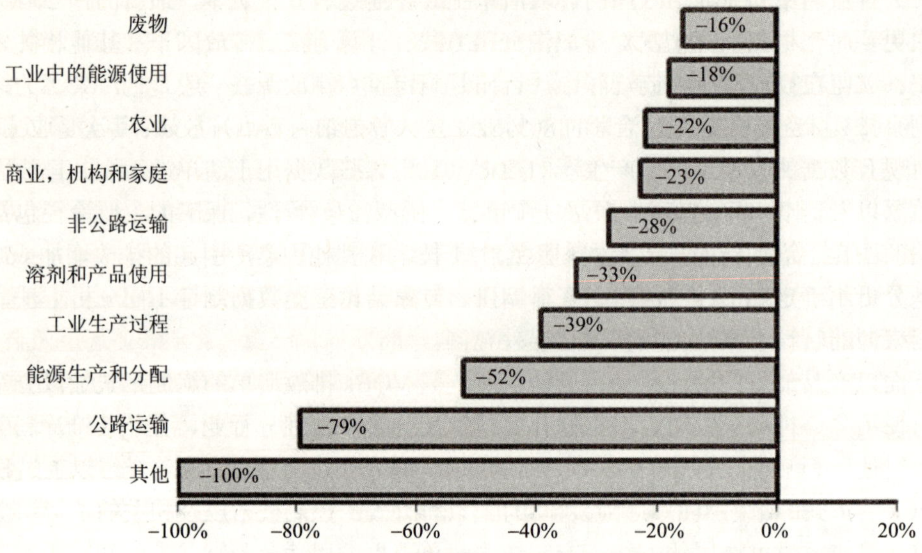

图 10　1990—2010 年欧盟各排放源 NMVOC 排放量变化趋势

4.2.2　管理政策框架

欧盟在 20 世纪 90 年代出台的《欧洲清洁空气计划》对 VOCs 的排放标准和排放源进行限制，通常以控制指令的形式发布，并逐渐改进，日趋严格。欧盟 VOCs 控制指令主要包括通用指令（如有机溶剂使用指令 1999/13/EC、涂料指令 2004/42/CE）和行业指令（如油品储运指令 1994/63/EC 及综合污染预防与控制指令 1996/61/EC、2008/1/EC）两类（表 13）。此外，鉴于 VOCs 来源复杂，种类繁多，不可能针对每个行业都制订专项排放标准，排放标准也不可能涵盖所有物种，欧洲一些成员国还建立了 VOCs 分级控制标准，即按健康毒性的大小，将 VOCs 分为高毒害、中等毒害和低毒害 3 类，排放标准分别控制在 5 mg/m^3、20 mg/m^3 和 100 mg/m^3。例如，英国基于健康风险（致癌性、吸入或摄入毒性）、光化学臭氧生成潜势、平流层臭氧耗损潜势以及全球变暖潜势对 500 多种 VOCs 物质进行了分级控制，其 VOCs 分类原则见图 11。

表 13 欧盟主要 VOCs 控制指令

控制指令		主要内容
通用指令	1999/13/EC	规定了 20 种有机溶剂使用装置和活动的 VOCs 排放限值，包括有组织排放限值（废气中 VOCs 的浓度）和无组织排放限值（使用溶剂量的百分比）。并根据 VOCs 环境归宿的不同，建立了一套基于物质平衡的 VOCs 排放总量控制方法，并据此提出了逸散率（%）和单位产品排放量（g/kg，VOCs 排放量与溶剂使用量的比值；或者 g/m^3，VOCs 排放量与涂装面积的比值）指标
	2004/42/CE	从产品源头规定了建筑涂料、汽车涂料中的 VOCs 含量（g/L）。对于工业生产活动，实施有组织排放和无组织排放管控；对于建筑与市政工程、消费类产品（发胶、空气清新剂等）等，要求保证产品本身是清洁的、环境友好的；对于汽车涂料等工业涂料，规定 VOCs 含量限值，要求工业企业采用清洁的原材料
行业指令	1994/63/EC	为了防止油品贮存和配送过程的 VOCs 污染，要求储油库采取措施减少蒸发损失，配送过程（油品装入罐车，运至加油站）要进行油气回收。对于储油库储罐，要求采用一级密封或二级密封的内浮顶罐、外浮顶罐，减少蒸发损失 90%或 95%以上；对于储油库固顶罐，要求连接到油气回收装置，任何 1 小时平均的油气排放浓度不超过 35 g/m^3；对于储油库的发油过程，要求收集从罐车内置换出的蒸气，通过密闭管线输送至油气回收装置；对于油罐车加油站卸油，要求收集从储罐置换出的油气并存留于罐车内直至下次装油
	1996/61/EC、2008/1/EC	通过颁发许可证，对能源工业、金属工业、无机材料工业、化学工业、废物管理以及其他活动 6 大类共 33 个行业，涉及 VOCs 排放的主要行业包括石油精炼、大宗有机化学品、有机精细化工、储存设施、涂装、皮革加工等，进行控制。许可证中规定有污染排放限值（废水、废气、噪声、固废等），以及一些等效的技术参数或工艺措施。这些排放限值、等效参数或技术措施必须在不妨碍环境质量达标的前提下，基于最佳可行技术（BAT）

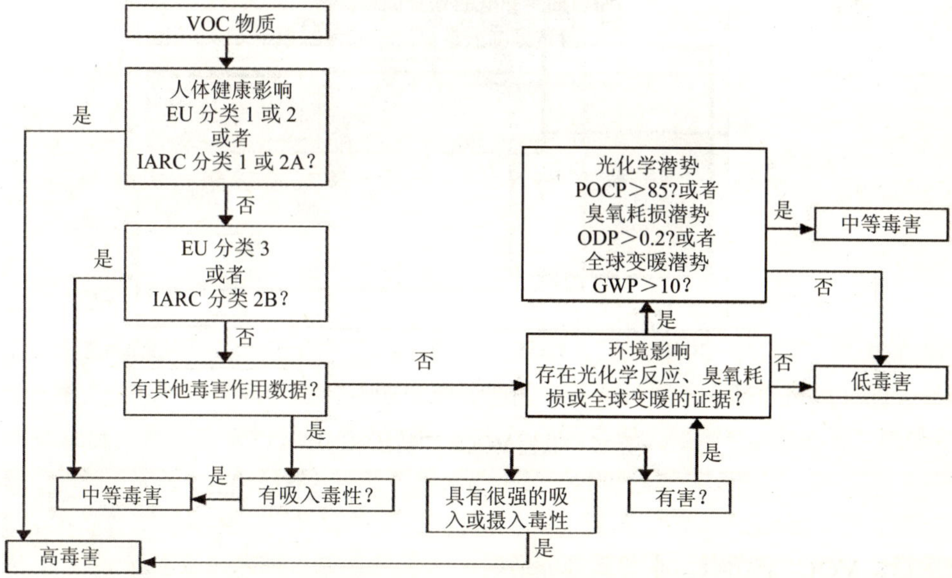

图 11 英国 VOCs 分类路线图

EU-欧盟；IARC-国际癌症研究机构

4.2.3 控制技术选择

欧盟颁布的《综合污染预防与控制（IPPC）指令》提出，预防或减少污染物排放的技术措施应基于 BAT。欧盟 BAT 体系覆盖范围广，欧盟委员会根据各成员国和工业部门信息交流的成果已出版了 33 份行业 BAT 参考文件（BREF）。在涉及 VOCs 控制的 BREF 中，建议根据废气流量和 VOCs 浓度来选择控制技术以及达到的控制水平（效率）。图 12 为欧盟 VOCs 控制技术选择示意图，对于燃烧法，VOCs 去除率一般范围在大于 98%～99%，VOCs 排放浓度可控制在 20 mg/m^3 以下；对于吸附法、吸收法、冷冻法，VOCs 去除率大于 95%，排放浓度可控制在 100 mg/m^3 以下；冷凝法一般只适用于高浓度的有机废气。

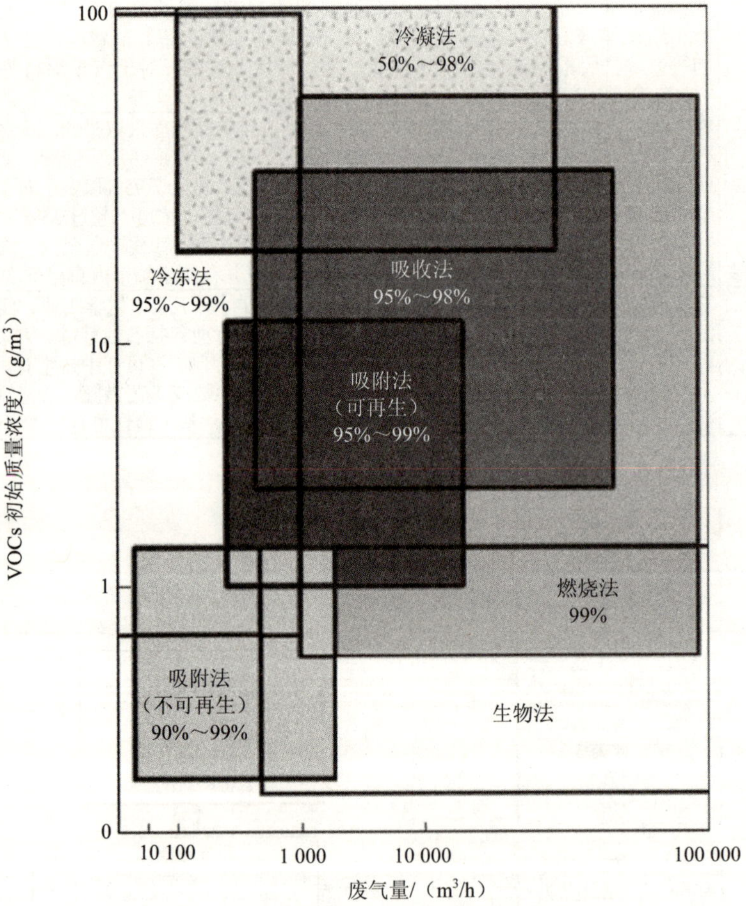

图 12 欧盟 VOCs 控制技术选择

4.3 日本 VOCs 污染控制

由于浮游粒子状物质（SPM）对人体健康的影响，光化学污染投诉事件的增多，而考虑到 VOCs 是 SPM 和光化学污染的主要成因物质，日本政府于 2004 年紧急采取控制 VOCs 排放这项措施来应对 SPM 和光化学污染。

4.3.1 排放系数选取与清单编制

（1）排放系数的选取。如表 14 所示，针对不同的排放源，日本 VOCs 排放量计算方法分为排放系数型、自主行动计划型、PRTR（污染物排放与转移登记制度）引用型和其他类型。由于不同的生产工艺过程适合的计算方法不同，部分行业同时采用多种方法计算 VOCs 排放量。其中，排放系数型计算方法其排放系数的选择遵循排放系数准确性的等级分类原则，大部分采用本国内调查报告、统计年报、研究报告以及工业协会提供的数据，只有少部分是直接借鉴美国和欧盟的。表 15 给出日本 VOCs 排放系数来源。

（2）排放清单的编制。日本环境省每隔 5 年会更新一份 VOCs 排放量手册，而且为提高排放量计算结果的准确度，大气环境课每年还会根据实际情况对排放源类别进行调整。按照行业的细分情况和排放量计算方法的不同，日本 VOCs 排放清单有 5 种，即排放源清单、行业排放清单、法令分配排放清单、都道府县排放清单和物质类别排放清单。图 13 为各种排放清单的计算流程。

表 14 日本不同排放源 VOCs 排放量计算方法归类

计算方法	排放源分类编码	排放源	排放源分类编码	排放源
排放系数型	102	食品（发酵）	333	除漆剂
	201	燃料（蒸发气体）	335	表面处理剂
	311	涂料	341	试剂
	312	印刷	342	其他
	313	黏合剂	411	原油（蒸发气体）
	326	沥青	421	塑料发泡剂
	331	工业用洗净剂	422	灭菌、杀菌、消毒剂
	332	干洗溶剂	423	熏蒸剂
自主行动计划型	101	化学品	321	反应溶剂，抽出溶剂等
	104	天然气	322	橡胶溶剂
	201	燃料（蒸发气体）	323	转换溶剂
	202	化学品（蒸发气体）含在 101 内	324	涂层溶剂
	203	原油（蒸发气体）	327	光泽加工剂
	314	胶黏剂脱模剂	328	标识剂
	315	层压用黏合剂	412	化学品原料
PRTR 引用型	103	焦炭	317	渔网防污剂
	316	农药，杀虫剂	321	反应溶剂，抽出溶剂等
其他类型	334	制造及其类洗净用稀释剂	—	

表 15 日本不同排放源 VOCs 排放系数来源

分类编码	排放源	排放系数来源
102	食品（发酵）	手工制造酒产品增长率报表、美国麦加工食品生产动态统计调查结果、欧盟排放系数
201	燃料（蒸发气体）	石油协会调查报告、PRTR 数据、涂料协会
311	涂料	化工工业统计年报、涂料协会
312	印刷	化工工业统计年报、碳氢化合物排放量研究报告、日本印刷产业联合会自愿行动计划、油墨印刷制造商协会调查报告
313	黏合剂	黏合剂工业协会
326	沥青	能源生产、供应和需求统计年鉴以及行业内部表、欧盟排放系数
331	工业用洗净剂	含氯卫生协会行业调查、塑料工业联合会
333	除漆剂	含氯健康协会
335	表面处理剂	溶剂调查结果、东京报告条例（表面处理剂排放因子）独立计算数据
341	试剂	含氯健康协会、东京条例中拟定用途试剂报告数据、国际化学物质规章制度对策推进
411	原油（蒸发气体）	石油通讯社、大气污染物排放量网络数据维护业务报告书、计量计划研究所
421	塑料发泡剂	含氯卫生协会行业调查、塑料工业联合会
422	灭菌、杀菌、消毒剂	华金纳气体介质、国际化学物质规章制度对策推进等
423	熏蒸剂	农业、林业、渔业部对策调查

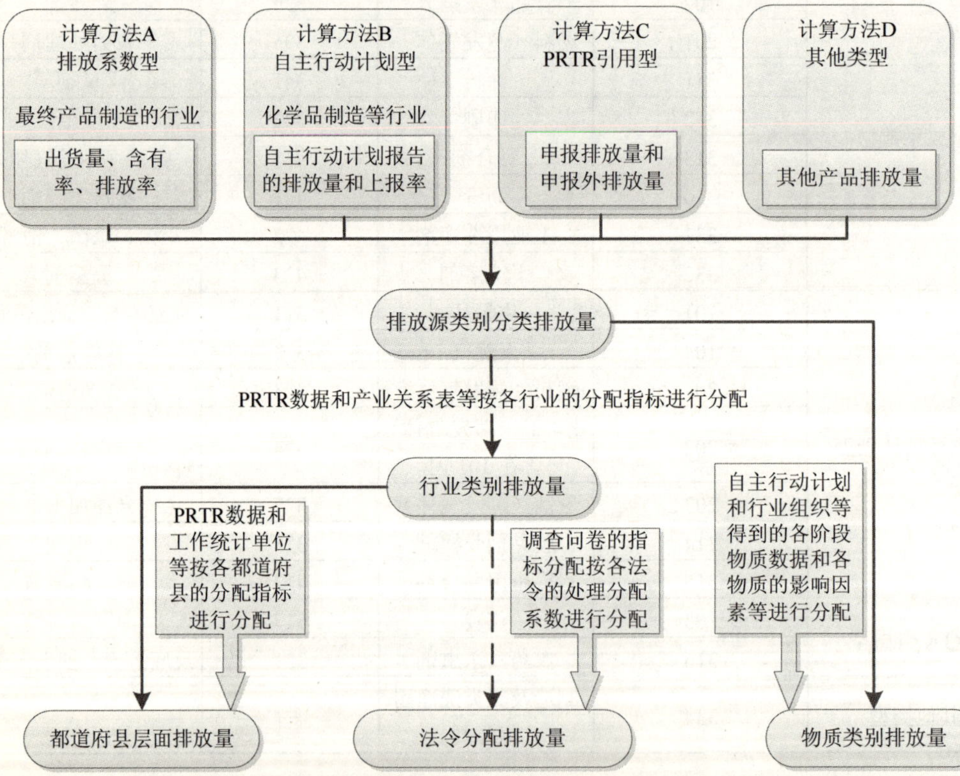

图 13 日本 VOCs 排放清单计算流程

（3）历年 VOCs 的排放量及其排放源构成。图 15 给出 2004—2010 年日本 VOCs 排放量变化情况。可见，这 6 年间日本 VOCs 排放量得到了大幅度削减，由 2004 年的 142.7 万 t 下降到 2010 年的 79.0 万 t，减幅 44.2%，超额完成了日本政府制定的以 2000 年为基准年到 2010 年为止排放量下降 30%的目标。从排放源构成的角度来看，2004 年，日本主要的人为 VOCs 排放源为涂料、燃料（蒸发气体）和油墨这 3 类，排放贡献率分别为 37.7%、12.0%和 9.2%；2010 年，涂料和燃料（蒸发气体）仍为日本 VOCs 排放的两大最主要人为来源，排放贡献率为 37.3%和 18.9%，而油墨排放量所占比重降至 5.3%。

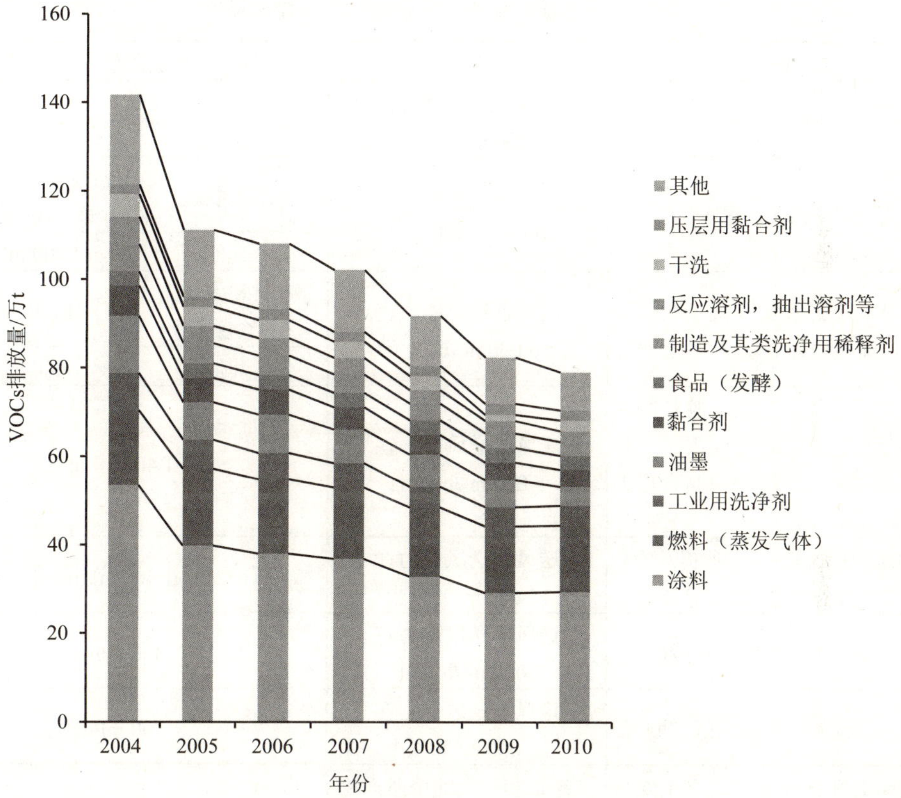

图 14　2004—2010 年日本 VOCs 排放量变化情况

4.3.2　管理框架

日本利用法律约束和行业自主相结合的管理手段来控制 VOCs 排放。日本 2004 年修定的《大气污染防止法》新增了一章《VOCs 排放规制》，2005 年发布了施行令（政令）、施行规则（省令）和 VOCs 测定方法（环境省公告），要求自 2006 年 4 月 1 日起对化学品制造、涂装、工业清洗、黏接、印刷、VOCs 物质贮存 6 类重点源的 9 种排污设施实施 VOCs 排放控制，且明确提出 2010 年 VOCs 排放量要比 2000 年减少 30%。以上这 6 类重点源是在归纳 VOCs 排放行业的工艺特点基础之上确定的，能够涵盖大部分 VOCs 排放源，其 VOCs 排放限值（体积分数）为 400～60 000×10^{-6}（以 C 计）（表 16）。同时，日本还积极推进各个行业协会进行自主的减排规划，由企业自主地进行检讨、计划和立案。首先企业要将排放情况的实际报告上交到相关的协会，由协会整理好后上交到国家经济产业部。上交的报告中不仅仅有削减量的数据，还包括控制技术、运营成本等附加说明。国家经济产业部再通过产业构造审查会，对各行业提出减排意见和整顿措施。目前，日本 VOCs 自主减排行业协会已有 50 多个，包括日本燃气协会、日本涂装协会、日本染色协会、日本纸业协会、日本钢铁协会、日本汽车零部件工业协会、日本化学工业协会等。

表 16　日本被规制的排污设施 VOCs 排放限值

排污设施	规模条件	VOCs 排放限值（以 C 计）	
化学品制造的干燥设施	排风器排风能力在 3 000 m^3/h 以上	600 ml/m^3	
涂装设施（限于吹干涂装）	排风器排风能力在 100 000 m^3/h 以上	汽车制造	现役源：700 ml/m^3；新源：400 ml/m^3
		其他	700 ml/m^3
用于涂装的干燥设施（除了吹干涂装以及电涂装以外）	送风器送风能力在 10 000 m^3/h 以上	木材和木制品（包含家具）	1 000 ml/m^3
		其他	600 ml/m^3
印刷电路所用的层压板、胶带胶纸或剥离纸、包装材料（仅限于压合合成材料）的制造过程中黏合用的干燥设施	送风器送风能力在 5 000 m^3/h 以上	1 400 ml/m^3	
黏接用的干燥设施（前项所提及的和包含家具在内的木材木制品除外）	送风器送风能力在 15 000 m^3/h 以上	1 400 ml/m^3	
印刷的干燥设施（仅限轮转胶印）	送风器送风能力在 7 000 m^3/h 以上	400 ml/m^3	
印刷的干燥设施（仅限凹版印刷）	送风器送风能力在 27 000 m^3/h 以上	700 ml/m^3	
工业制品的洗净设施（包含干燥设施）	洗净剂和空气的接触面积在 5 m^2 以上	400 ml/m^3	
汽油、原油、轻油和其他温度在 37.8 ℃且蒸汽压超过 20 kPa 的 VOCs 储藏罐（密闭式以及浮顶式（包含内部浮顶式）除外）	1 000 kL 以上	60 000 ml/m^3	

4.3.3　控制技术选择

日本 VOCs 排放控制技术路线包括推广低含量 VOCs 溶剂的使用、改善生产工艺和设置末端处理设施。针对涂装、干洗等重点行业，环境省也出台了相关的 VOCs 削减手册，来指导企业进行减排。例如：涂装行业选用低含量 VOCs 替代涂料的时候，为了不影响产品的质量，按照以下步骤进行操作：①制订 VOCs 削减量和削减率的目标；②对于新涂装的膜品质进行确认，验证是否能达到以前的效果（比如光泽度、漆膜硬度、抗腐蚀性等）；③对低 VOCs 涂料和稀释剂的 VOCs 排放量进行种类间的比较；④从操作性和外观品质来进行比较；⑤验证 VOCs 削减量；⑥进行设备的变更和改善；⑦正式实施，然后进行综合评价，通过对喷涂设备涂装效率的比较，筛选出最佳的涂装设备。

5 关于我国 VOCs 污染防治的对策和建议

基于上述我国 VOCs 排放与控制现状分析，结合我国的经济、技术发展水平，借鉴国外及中国台湾地区 VOCs 污染控制经验，提出如下的我国人为源 VOCs 污染防治对策建议。

5.1 建立人为源 VOCs 排放清单

（1）开展全国性人为源 VOCs 排放摸底调查。基于环境统计或污染源普查等现有的统计系统，调查相关污染源 VOCs 有组织和无组织排放的数量及种类、与 VOCs 排放有关的活动强度资料、VOCs 排放治理设施建设及正常运行条件下的去除效率等情况，完成比较完整的排放源清单。

（2）建立动态的人为源 VOCs 排放清单。参考美国、欧盟和日本等发达国家 VOCs 排放清单编制技术方法，结合国内排放调查数据和学术界的相关研究成果，确定我国人为源 VOCs 的排放源分类分级方法、排放量计算方法以及排放因子与活动水平获取方法，并规范数据的汇总、审核和质量保证方法以及排放清单不确定性分析方法，形成我国人为源 VOCs 排放清单编制方法。并且，制定排放源动态变化信息的收集和上报机制。在上述工作基础上，建立动态的我国人为源 VOCs 排放清单。

（3）摸清人为源 VOCs 排放分布特征。通过评估排放清单，识别我国 VOCs 控制的重点区域和行业，建立分地区、分行业 VOCs 重点监管企业名录，掌握 VOCs 的大气氧化活性和毒性特征。

5.2 走“行业 VOCs 控制”之路

鉴于我国 VOCs 排放来源复杂、排放形式多样、物质种类繁多，与 SO_2、NO_x 相比，其治理难度较大。因此，在我国开展 VOCs 控制之初，应以切实改善空气质量为目标，以重点行业为突破口，将实施行业 VOCs 排放控制作为管理的总体框架，走出一条适合我国国情的“以点带面”治理之路。针对石化、有机化工、表面涂装、包装印刷、化学药品原料药制造、合成材料、塑料制品生产、汽油储运销（加油站、油罐车、储油库）等重点行业，从政策、技术和管理 3 个层面着手开展 VOCs 污染防治工作，在政策上有要求、有引导，在技术上有支撑、有保障，在管理上有突破、有提高。

5.3 健全法规、政策和标准体系

为了使我国 VOCs 污染防治工作有章可循，保障治理措施得到有效的落实，应尽早建立健全我国涉及 VOCs 污染防治的法规、政策与标准。

①完善法律制度。适时修订《中华人民共和国大气污染防治法》，增加专门针对 VOCs 污染防治的相关规定，明确我国 VOCs 的定义及涵盖范围。②健全排放标准体系。遵循重点源优先削减的原则，逐步建立“行业+通用”的排放标准体系，制定重点行业和行业通用 VOCs 排放源（如储罐、设备泄漏、废水挥发等）的 VOCs 排放标准。在控制指标方面，根据行业污染特点，选择可有效控制排放同时又便于监督执法的指标或指标组合，指标包括排放浓度指标、排放总量控制指标（基于物料衡算的方法，反映 VOCs 挥发特性）、削减效率指标（反映控制技术的减排效能）和厂界监控浓度指标等。在污染物项目方面，对于高毒性 VOCs 物种（如苯、氯乙烯等），制订单项污染物排放限值，一般 VOCs 物种，则通过综合性指标加以控制。③加快制订固定污染源 VOCs 测定方法标准、监测技术规范以及监测仪器标准。④制定涂料、油墨、建筑板材、家具等含有机溶剂产品的环境标志产品认证标准，明确规定产品中不得添加的物质和 VOCs 含量限值。⑤建立含有机溶剂产品销售使用准入和有机溶剂使用申报制度。⑥尽快制定 VOCs 排污收费政策。明确 VOCs 排污费征收对象、收费项目、收费依据、征收标准和费额计算方法，并对 VOCs 排放申报登记与核定、排污费的征收与使用加以规范。

5.4 筛选重点行业 VOCs 污染防治最佳可行技术

针对重点行业 VOCs 污染防治技术，包括源头、过程和末端控制技术，开展国内外应用情况调查。借鉴国外 VOCs 污染防治技术的应用、比较和评估方法，综合考虑技术措施的 VOCs 去除效率、运行成本、适用范围、运行可靠程度等因素，建立重点行业 VOCs 污染防治技术的筛选方法。并且，结合我国最佳可行技术等鉴定方法，确定主要技术的评估程序。最后，基于上述工作，筛选并推荐重点行业 VOCs 污染防治最佳可行技术，在国家层面颁布相应的技术规范。

5.5 加强 VOCs 环境监测能力建设

目前我国 VOCs 环境监测能力严重滞后。鉴于 VOCs 的监测过程复杂，仪器设备昂贵，对人员素质要求高，目前我国省（市）级环保部门具备基本的监测能力，而地（市）级环保部门对大部分有机化合物都无法开展监测。因此，为做到科学地治理 VOCs 污染，实现 VOCs 环境管理规范化和法制化，应加强 VOCs 污染源在线监测、污染源监督性监测以及监控体系能力建设，构建 VOCs 监测、监控体系。

5.6 在城市、行业、工业园区和工业企业四个层面开展 VOCs 污染综合防治试点

从全国筛选开展 VOCs 治理工作基础较好或者 VOCs 治理已经列入城市环境综合整治重要内容的城市，VOCs 排放量较大、对地区污染贡献显现或突出的行业、VOCs 排放类企业集中、VOCs 排放量大、严重影响该区域环境空气质量的工业园区，含有机物原辅材料使用量较大、VOCs 污染问题突出的工业企业，开展 VOCs 污染综合防治试点工作，为我国全面实施 VOCs 污染防治工作积累经验。对于试点城市，工作内容主要侧重于探索以制度与标准建设为切入点，严格控制城市 VOCs 新增排放量；试行强制性清洁生产审核制度，加快城市重点污染源整治；开展城市 VOCs 排放与控制情况摸底调查；探索建立城市 VOCs 排放长效管理机制。对于试点行业，工作内容主要侧重于行业 VOCs 污染控制最佳可行技术的筛选，加强控制技术的推广应用；对该地区该行业进行摸底调查，企业试行 VOCs 排放申报登记制度，摸清行业内 VOCs 排放基本情况；探索研究制定行业法规标准的建立，包括监测技术、监测标准、监测制度、排放标准、监管机制与制度等。对于试点工业园区，工作内容主要侧重于开展工业园区 VOCs 排放基本情况调查；制订工业园区 VOCs 治理工作方案；加强工业园区 VOCs 监测能力建设，建立工业园区与企业 VOCs 监测应急和预警系统；探索工业园区 VOCs 环境监督与管理机制、制度的建设。对于试点企业，工作内容主要侧重于开展企业 VOCs 排放基本情况调查；制订企业 VOCs 治理工作方案，在试点企业提升装备水平，改进工艺，推广使用清洁生产先进技术，加强企业生产管理与 VOCs 末端治理；加强企业 VOCs 监测能力建设，建立企业 VOCs 监测应急和预警系统；健全企业 VOCs 环境监管制度的建设。

5.7 加大科学研究力度

鉴于我国 VOCs 污染防治工作才刚刚起步，面临着不少突出问题和巨大挑战，国家需组成产学研用联合攻关、一体化的研究队伍，加大 VOCs 污染防治科学研究力度，为全面开展治理工作奠定科学基础。建议的重点科研方向如下：①开展 VOCs 污染防治体系研究，涉及动态排放清单的建立、污染防治政策框架的构建、环境监测体系与危险易挥发有机化学物质管理体系的建设等。其中，鉴于摸清排放基数是科学制定 VOCs 排放控制目标、控制技术路线、控制对策的基础，考虑到我国目前 VOCs 排放计量的技术支撑还较为薄弱，所以应尽早以行业为单位强化 VOCs 排放计量方法的研究。基于联合国《IPCC 清单指南》、美国《大气污染物排放因子》（AP-42）、欧盟 EMEP 排放清单等信息，结合我国排放调查数据、行业协会资料数据和研究机构测试数据，制定细分至各生产环节的排放因子表，编制各行业 VOCs 排放核算指南。②加快重点行业 VOCs 控制技术的研发与示范，发展 VOCs 控制的新材料和新设备并进行技术集成与工程推广，加强 VOCs 回收利用技术的研究与应用。③研究开发我国本土化的准确、便携、可快速响应的固定源 VOCs 排放监测方法及检测仪器。

参考文献

[1] Cocker D R，Mader B T，Kalberer M，et al. The effect of wateron gas-particle partitioning of secondary organic aerosol：Ⅱ mxyleneand 1,3,5-trimethy lbenzene photooxidation systems[J]. Atmospheric Environment，35（35）：6073-6085. 2001.

[2] David R. Wooley and Elizabeth M. Morss. CLEAN AIR ACT HANDBOOK [M]. USA：Thomson/West，2007.

[3] EEA. Air pollutant emissions data viewer [DB/OL].[2013-03-05]. http://www.eea.europa.eu/data-and-maps/data/data-viewers/air-emissions-viewer-lrtap.

[4] EPA. AP-42，Chapter 4 Evaporation Loss Sources-General Graphical Printing[S]，1995.

[5] EPA. Clean Air Act Amendments [EB/OL]. [2013-03-20]. http://www.epa.gov/air/caa.html.

[6] EPA. National Emissions Inventory [DB/OL]. [2013-02-12]. http://www.epa.gov/ttn/chief/net/2008inventory.html.

[7] EPA. National Emissions Inventory Air Pollutant Emissions Trends Data [DB/OL]. [2013-02-05]. http://www.epa.gov/ttn/chief/trends/index.html.

[8] EPA. NATIONAL VOLATILE ORGANIC COMPOUND EMISSION STANDARDS FOR CONSUMER AND COMMERCIAL PRODUCTS [S/OL]. [2013-02-05]. http://www.ecfr.gov/cgi-bin/text-idx？c=ecfr&SID=97f78af1a8848279a663fb55209f01e4&rgn=div5&view=text&node=40：6.0.1.1.7&idno=40.

[9] EPA. Volatile Organic Compounds Emissions[EB/OL]. [2013-02-04]. http://cfpub.epa.gov/eroe/index.cfm?fuseaction=detail.viewPDF&ch=46&lShowInd=0&subtop=341&lv=list.listByChapter&r=219697.

[10] SMOKE. Source Classification Code [EB/OL]. [2013-02-05]. http://www.smoke-model.org/version3.1/html/ch02s03s05.html.

[11] 贺克斌. 大气复合污染与空气质量管理[C]. 重点区域大气污染防治“十二五”规划培训班，2012.

[12] 华南理工大学. 建立我国 VOCs 排放因子体系与排放清单方法研究[R]. 环境保护部大气污染综合防治项目材料，2013.

[13] 挥发性有机物（VOCs）污染防治技术政策编制组. 挥发性有机物（VOCs）污染防治技术政策（征求意见稿）编制说明. 2012.

[14] 漏嗣佳，等. 中国地区臭氧前体物对地面臭氧的影响[J]. 大气科学学报，33（4）：451-459. 2010.

[15] 日本国立环境所. VOCs 排放变化趋势 [EB/OL]. [2013-03-13]. http://tenbou.nies.go.jp/gis/.

[16] 日本经济产业省. 能源与环境政策（VOC 对策）[EB/OL]. [2013-01-20]. http://www.meti.go.jp/policy/energy_environment/kankyokeiei/index.html.

[17] 王海林，等. 我国工业 VOCs 减排控制与管理对策研究[J]. 环境科学，2011，32（12）：3462-3468.

[18] 王海林，等. 我国挥发性有机物控制技术评估[J].“区域大气污染综合防治”对外委托课题终期报告，2012.

[19] 魏巍. 中国人为源挥发性有机化合物的排放现状及未来趋势[D]. 北京：清华大学，2009.

[20] 谢绍东. 典型人为源 VOCs 排放特征及控制对策研究[C]. 挥发性有机物污染防治试点工作交流会议，2012.

[21] 叶代启，等. 建立我国 VOCs 排放因子体系与排放清单方法研究[R].“区域大气污染综合防治”对外委托课题终期报告，2012.

[22] 周裕敏，等. 北京城乡结合地空气中挥发性有机物健康风险评价[J]. 环境科学，2011，32（12）.

应对灰霾重污染的区域大气污染物减排分析

Analysis on Reducing Regional Air Pollutants Emissions from the Perspective of Avoiding Heavy Haze Pollution

雷宇　汪艺梅　汪旭颖　杨金田　薛文博　王金南

摘　要　我国中东部地区在2013年1月10日—17日出现了持续的大规模灰霾，其持续时间之长、覆盖范围之广、污染程度之高都属罕见。本研究分析了此次灰霾重污染事件的特征以及我国重点区域总体空气质量现状，比较了我国与美国典型区域的大气污染物排放量及环境空气质量情况，发现我国华北地区单位面积大气污染物排放强度是美国典型地区的3~30倍，与$PM_{2.5}$浓度的比值相当。提出从改善空气质量和防范重污染事件的要求出发，我国华北地区二次颗粒物的气态前体物和一次颗粒物的排放量需要大幅削减；需要在大力强化现有减排措施的基础上，进一步转变经济发展方式，控制区域煤炭消费总量，并加强预警和应急机制的建设。

关键词　$PM_{2.5}$　重污染大气污染物减排

Abstract　Continuous heavy haze pollution took place in middle and eastern part of China during January 10 to 17 of year 2013. The pollution episode attracted considerable attention due to its unusual long duration，wide range and high level. This study analyses the characteristics of this pollution episode as well as the air quality status in the key regions of China. The results indicate that the intensity of air pollutants emissions in North China is 3 to 30 times high as which in typical areas in the United States，and this ratio is comparable to the ratio of ambient $PM_{2.5}$ concentration. It is suggested that a much greater reduction on emissions of primary PM as well as the precursors of secondary PM is necessaryto improve air quality and avoid heavy air pollution episodes. In addition to the current policy and measures，more attention should be paid to adjust the economic structure and control coal consumption. Early warning and emergency response mechanism should also be very much strengthened.

Key words　$PM_{2.5}$，heavy pollution episodeair pollutantsemission reduction

我国针对“十二五”期间的环境保护目标，提出了“削减总量、改善质量、防范风险”的总体工作思路。具体到大气污染防治方面，除了进一步深化主要大气污染物总量减排外，于2012年年初修订了《环境空气质量标准》，年底发布了《重点区域大气污染防治“十二五”规划》，全面推动了由环境空气质量目标引导的大气污染防治工作。

就在我国对重点区域的大气污染防治提出要求，准备实施各项措施之际，我国中东部地区在2013年1月10日－17日出现了持续的大规模灰霾。其中1月12日前后的污染过程发展为覆盖我国整个华北地区的重大污染事件，其持续时间之长、覆盖范围之广、污染程度之高都属罕见。此次以超高细颗粒物（$PM_{2.5}$）浓度为主要特征的灰霾污染导致了我国华北地区呼吸系统疾病发病率明显升高、能见度大幅下降，引起了政府的高度重视和社会的密切关注。大规模严重灰霾污染的发生更加凸显了我国针对重点区域，开展大气污染综合防治的重要性。本研究在分析我国重点区域总体空气质量现状及此次灰霾重污染事件特征的基础上，比较了我国与美国典型区域的大气污染物排放量及环境空气质量情况，从改善空气质量和防范重污染事件的区域大气污染防治总体要求出发，对我国改善华北地区大气环境质量，防范灰霾重污染事件的战略提出了建议。

1 灰霾重污染中的$PM_{2.5}$污染

1.1 近期华北区域灰霾重污染事件中的$PM_{2.5}$浓度的发展过程

2013年1月，华北区域发生了持续的区域灰霾重污染事件。与以前相比，这段时间的灰霾重污染事件存在几个特点。①空间上影响范围较大，南至中原地区（河南及湖北），北至京津和河北北部并波及辽宁地区，东至山东半岛，西至河北西部和山西东部；②时间上非常频繁且持续时间长，在石家庄等污染中心地区，污染程度为“重度污染”或“严重污染”的时间从1月5日开始一直持续了3周，其间多次出现$PM_{2.5}$日平均质量浓度超过300 μg/m³的污染高峰；③污染程度较高，局部地区$PM_{2.5}$小时质量浓度出现了“爆表”（超过1 000 μg/m³的监测量程），部分城市的$PM_{2.5}$日均质量浓度峰值超过了600 μg/m³，接近了我国《环境空气质量标准》（GB 3095—2012）二级标准限值的9倍，如表1所示。

表1 五城市的$PM_{2.5}$质量浓度峰值（2013年1月10日—17日）

指标	天津	保定	石家庄	济南	郑州
小时均值/（μg/m³）	435	770	730	605	549
日均值/（μg/m³）	397	628	656	449	418
日均值超标倍数	5.29	8.37	8.75	5.99	5.57

从几个城市$PM_{2.5}$质量浓度发展的趋势来看，在不同的阶段，北京、天津、石家庄和保定的$PM_{2.5}$质量浓度发展同步性不尽相同（图1和图2）。在1月12日的污染高峰前后，几个城市$PM_{2.5}$质量浓度表现出相似的发展趋势，突出反映了整个区域在区域静稳天气下的污染过程；1月20日—24日，虽然4个城市都先后出现了高$PM_{2.5}$质量浓度的现象，但是在1月22日前后，石家庄和保定出现了远远超过北京和天津的质量浓度高值。总体而

言，持续稳定的气象条件是这段时间区域 $PM_{2.5}$ 浓度不断积累的重要外因。

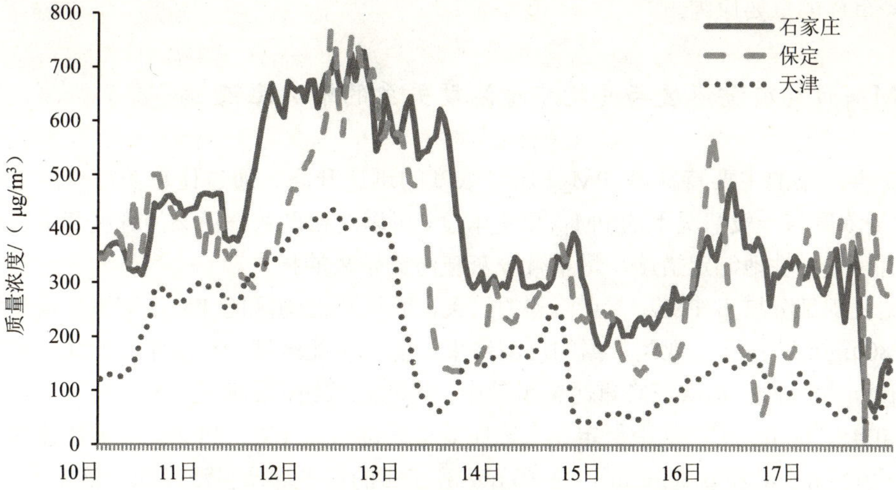

图 1　三城市的 $PM_{2.5}$ 质量浓度（2013 年 1 月 10 日—17 日）

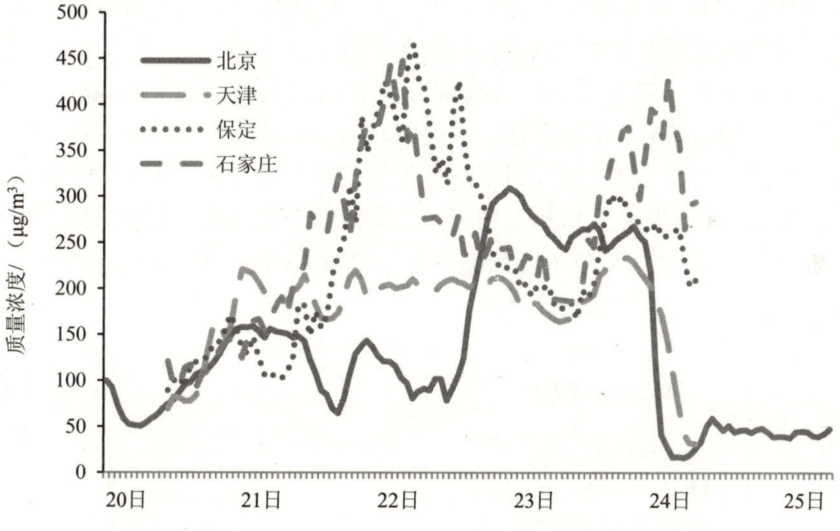

图 2　四城市的 $PM_{2.5}$ 质量浓度（2013 年 1 月 20 日—25 日）

清华大学通过 1999—2010 年对北京市不同浓度水平 $PM_{2.5}$ 的化学组成进行分析的结果表明，当 $PM_{2.5}$ 的质量浓度在 120 μg/m³ 以下时，二次颗粒物组分——包括由大气中的 SO_2、NO_2 和氨（NH_3）等反应生成的二次无机气溶胶，以及由挥发性有机物 VOCs 等转化生成的二次有机气溶胶——在 $PM_{2.5}$ 中所占的比例随 $PM_{2.5}$ 质量浓度的升高而增加；当 $PM_{2.5}$ 的质量浓度超过 120 μg/m³ 时，二次颗粒物在 $PM_{2.5}$ 中所占的比例一般维持在 60%以上[1]。多家科研单位对于 1 月 12 日前后的重污染过程观测结果均表明，$PM_{2.5}$ 浓度迅速升高的过程伴随着其中二次颗粒物组分浓度的迅速增加，其中硫酸盐和有机颗粒物组分的质量浓度增长最为显著。这说明了在静稳气象条件下，硫酸盐等二次气溶胶的生成及其与高湿度等气象条件的正反馈作用促进了二次 $PM_{2.5}$ 的迅速积累，是造成我国华北地区冬季灰霾重污染事件的重要原因。

1.2 $PM_{2.5}$ 日均质量浓度与年均质量浓度关系的中美比较

灰霾重污染的主要特征是 $PM_{2.5}$ 质量浓度的迅速升高。通过比较灰霾重污染期间的 $PM_{2.5}$ 质量浓度与一般情况下的 $PM_{2.5}$ 质量浓度，可以对帮助灰霾污染的程度和成因进行分析，进而有针对性地制定措施，尽量减少灰霾污染带来的损失。

根据我国部分城市 $PM_{2.5}$ 试点监测的结果，我国华北地区的 $PM_{2.5}$ 年平均质量浓度约为 50～80 μg/m^3[1]；卫星观测数据的反演结果表明，华北区域 $PM_{2.5}$ 年平均质量浓度约为 70～90 μg/m^3[2]。而在这次灰霾重污染事件中，华北区域城市的最高 $PM_{2.5}$ 日平均质量浓度分布在 400～700 μg/m^3，其中保定、石家庄等地区的最高 $PM_{2.5}$ 日平均质量浓度最高值分别达到了 628 μg/m^3 和 656 μg/m^3，是 80 μg/m^3 左右的年平均质量浓度的 8 倍左右。

把极端气候条件下 $PM_{2.5}$ 日平均质量浓度与当地 $PM_{2.5}$ 年平均质量浓度进行比较，其比值可以在一定程度上作为衡量污染事件严重程度的水平。本研究调研了美国 1 600 多个空气质量监测点的 $PM_{2.5}$ 质量浓度监测数据[3,4]，并将其 $PM_{2.5}$ 日平均质量浓度高值与 $PM_{2.5}$ 年平均质量浓度的比值与华北地区的比值进行了比较。

2007—2009 年，美国 $PM_{2.5}$ 的年平均质量浓度范围为 3.1～23.2 μg/m^3，全美平均 $PM_{2.5}$ 年均质量浓度为 10.5 μg/m^3。本研究选择了美国东部的费城、巴尔的摩、亚特兰大和美国西部的洛杉矶区域，比较了其 $PM_{2.5}$ 日平均质量浓度高值与 $PM_{2.5}$ 年平均质量浓度的比值（图 3）。所选择的地区都具有人口相对稠密、人类活动较为密集、自然源排放相对贡献较低的特征，其 $PM_{2.5}$ 的年平均质量浓度范围为 6.1～22.6 μg/m^3，平均 $PM_{2.5}$ 年均质量浓度为 14.0 μg/m^3。

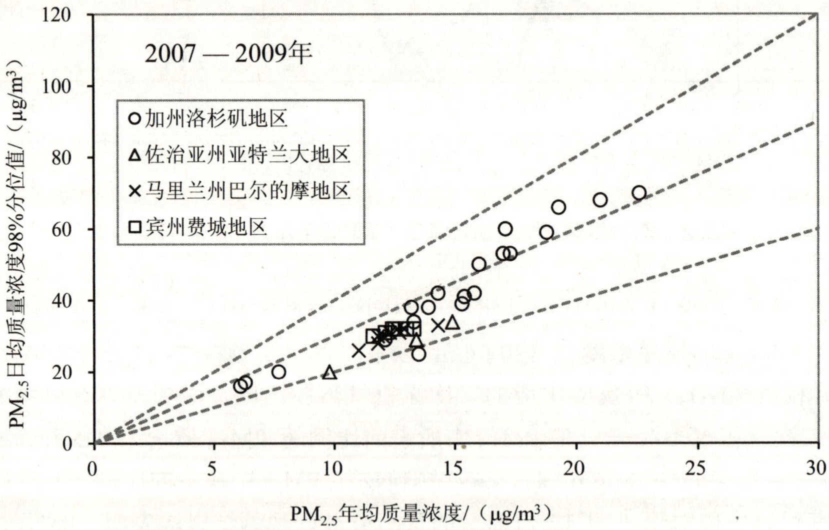

注：图中从上至下的 3 条虚线分别代表比值为 4、3 和 2 的位置。

图 3 美国典型区域 $PM_{2.5}$ 日均质量浓度与年均质量浓度比值

由图 3 可见，美国典型区域 $PM_{2.5}$ 日均质量浓度 98 百分位值（即一年中日均质量浓度值小于或等于该值的频率为 98%）与 $PM_{2.5}$ 年均质量浓度的比值在 2～4 的区间内，大部分比值在 3 左右。此外，在 $PM_{2.5}$ 年均质量浓度低于 15 μg/m^3 的站点，此比值约为 2.5；而在 $PM_{2.5}$ 年均质量浓度高于 15 μg/m^3 的站点，此比值明显升高。

本研究进一步比较了洛杉矶地区 $PM_{2.5}$ 日均质量浓度的 98 百分位值及最高值和年均质量浓度的关系（图 4），可见其 $PM_{2.5}$ 日均质量浓度的最高值与年均质量浓度的比值约为 3.68，远远高出 $PM_{2.5}$ 日均质量浓度 98 百分位值与年均质量浓度的比值（2.65）。此外，随着 $PM_{2.5}$ 年均质量浓度的增高，其日均质量浓度的最高值与年均质量浓度的比值也呈现出升高趋势。

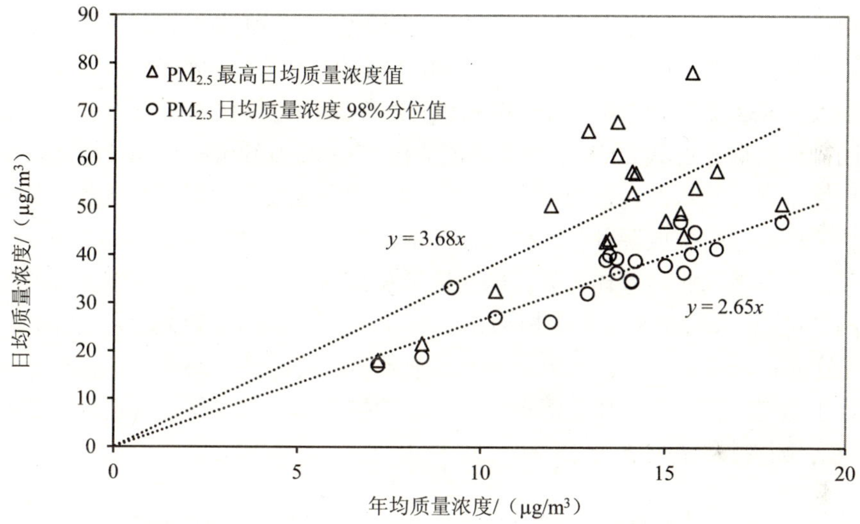

图 4　美国洛杉矶区域 $PM_{2.5}$ 日均质量浓度与年均质量浓度比值

如前所述，此次华北区域的灰霾重污染过程中，$PM_{2.5}$ 日均质量浓度达到了该区域年均质量浓度的 8 倍，远高于美国典型区域的比值。根据已有研究对灰霾重污染过程的初步分析，多种大气污染物在静稳气象场和一定湿度的条件下，在大气中快速反应，产生大量二次颗粒物，这个过程进一步影响了光照和近地面大气的能量吸收，巩固了气象场的静稳状态，从而进一步创造了利于二次颗粒物生成的条件，最终造成了灰霾重污染过程的高 $PM_{2.5}$ 质量浓度。这种二次颗粒物前体物高排放情况下静稳气象条件和二次颗粒物形成的正反馈机制可能能够解释灰霾重污染过程中 $PM_{2.5}$ 日均质量浓度和年均质量浓度间的高比值，也与美国典型地区此比值与年均质量浓度水平同步升高的趋势一致。

2　中美大气污染物排放特征的比较

一次颗粒物和二次颗粒物前体物（SO_2、NO_x、VOCs、NH_3）的大量排放无疑是造成

我国华北地区 $PM_{2.5}$ 质量浓度水平总体较高、灰霾重污染频繁发生的主要原因。中国和美国同为能源消费大国，但是大气污染物排放量相差很大，这也是造成两国空气质量巨大差异的主要原因。虽然区域空气质量和大气污染物排放量的关系在很大程度上受当地气象条件的影响，但是通过中美两国典型区域大气污染物排放强度的比较，有利于认识我国要实现区域空气质量改善，对大气污染物排放量应有的控制需求。

2.1 大气污染物排放数据的处理

主要大气污染物排放强度的分析主要是基于中美两国的大气污染物排放清单。其中，中国的大气污染物排放清单覆盖了电力、工业、民用、移动源 4 个最主要的部门，不包括农业、生物质开放燃烧、地面扬尘以及天然源的排放。SO_2 和 NO_x 的排放量主要依据“十二五”节能减排综合性工作方案中公布的 2010 年排放基数[5]，一次 $PM_{2.5}$ 和 VOCs 的排放量引自清华大学 863 课题“区域大气污染源识别与动态源清单技术及应用”的研究成果[6]。

美国的排放数据源自其 2008 年国家排放清单（National Emission Inventory，NEI），是美国国家环保局官方发布的、最新的、覆盖全国范围和主要大气污染物的排放清单[7]。美国国家排放清单覆盖的排放源种类比中国的排放清单多，不仅包括电力、工业、民用、移动源等部门，还包括农业、森林火灾、地面扬尘及其他天然源，而且这些部分的污染物排放量贡献相当可观，如 2008 年美国植物和土壤等天然源排放的 VOCs 为 2 280 t，占全年 VOCs 总排放量的 65%。为了保证中美两套排放数据的可比性，对美国国家排放清单根据源分类进行了筛选，将在中国排放清单中未考虑的排放源全部剔除。筛选后保留的排放源的主要大气污染物排放量列于表 2。

表 2　2008 年美国国家排放清单中的主要大气污染物排放量

指标	SO_2	NO_x	$PM_{2.5}$	VOCs
总排放量/万 t	941	1 672	508	3 511
筛选后排放量/万 t	911	1 448	132	762
筛选后排放量占总排放量的比例/%	96.9	86.6	25.9	21.7

2.2 全国污染物排放量及部门分布

根据中美两国的排放清单，从全国总排放量来看，中国的 SO_2、NO_x、VOCs 和一次 $PM_{2.5}$ 排放量分别是美国的 2.5 倍、1.6 倍、3.0 倍和 12.5 倍。除了排放总量存在较大差距外，污染物排放量在各部门中的分布也显示出很大的差异（表 3、表 4）。总体而言，美国的 SO_2、NO_x 和 VOCs 排放存在较为集中的部门，其中电力部门的 SO_2 排放量超过总排放量的 75%，移动源的 NO_x 排放超过总排放量的 60%，VOCs 排放超过总排放量的 54%。

表 3　美国分部门大气污染物排放量

部门	单位	SO_2	NO_x	$PM_{2.5}$	VOCs
电力	排放量/万 t	705	394	25	3
	比例/%	77	27	19	0
工业	排放量/万 t	178	117	31	319
	比例/%	20	8	23	42
移动源	排放量/万 t	15	904	42	412
	比例/%	2	62	32	54
生活	排放量/万 t	13	33	35	28
	比例/%	1	2	26	4
合计	排放量/万 t	911	1 448	132	762

表 4　中国分部门大气污染物排放量

部门	单位	SO_2	NO_x	$PM_{2.5}$	VOCs
电力	排放量/万 t	956	1 055	139	25
	比例/%	42	46	8	1
工业	排放量/万 t	1 117	582	937	1 412
	比例/%	49	26	57	62
移动源	排放量/万 t	0	599	51	235
	比例/%	0	26	3	10
生活	排放量/万 t	195	38	523	619
	比例/%	9	2	32	27
合计	排放量/万 t	2 268	2 274	1 650	2 292

与美国主要大气污染物的排放量部门分布相比，中国最显著的特点在于工业部门排放的所有污染物占总排放量的比例都大大高于美国，其中 SO_2 的排放量超过电力，贡献率接近 50%，$PM_{2.5}$ 和 VOCs 的贡献率更是分别达到了 57%和 62%。中国工业部门大气污染物的绝对排放量远远超过美国，SO_2、NO_x、VOCs 和一次 $PM_{2.5}$ 排放量分别是美国排放量的 6.3 倍、5.0 倍、4.4 倍和 30.4 倍，其主要原因有两点：①中国以二次产业为主的经济结构，尤其是重化工业的比重远高于美国；②中国工业行业的大气污染物控制技术和管理水平远远落后于美国。

2.3 典型区域的大气污染物排放强度

为了有针对性地对这次灰霾重污染事件发生的华北区域大气污染物排放情况进行分析，本研究选取了中美两国的典型区域，对比了主要大气污染物的排放强度。针对中国，选取了这次灰霾重污染事件发生的华北区域，主要包括北京、天津、河北大部、山东中西部、山西东部以及内蒙古的部分地区，面积 19 万 km^2。考虑到人类活动集中程度等影响排放的因素，以及纬度、扩散条件等气象影响因素，在美国东、西部各选择了一个面积相似的区域进行比较，这些区域覆盖了图 5 和图 6 中的所有监测点位。其中东部区域覆盖了特拉华州、马里兰州、新泽西州、宾夕法尼亚州、弗吉尼亚州、西弗吉尼亚州等 6 个州，面积 20 万 km^2，西部区域包括 California 州的 Fresno,、Inyo、Kern、Kings、Los Angeles 等城市，面积 18 万 km^2。3 个典型区域所包括的城市如表 5 所示。

表 5 典型区域覆盖的城市

区域	城市
华北区域	秦皇岛市，唐山市，承德市，张家口市，大同市，忻州地区，阳泉市，晋中市，长治市，廊坊市，保定市，沧州市，衡水市，石家庄市，邢台市，东营市，潍坊市，德州市，聊城市，莱芜市，济南市，滨州地区（滨州市），泰安市，邯郸市，淄博市，天津市，北京市，乌兰察布盟
美国西部区域	夫勒斯诺、因约、克恩、国王、洛杉矶、马德拉、马里波萨、默塞德、莫诺、蒙特利、橘郡、里弗塞德、圣贝尼托、圣贝纳迪诺、圣路易斯奥比斯波、圣巴巴拉、圣克拉拉、圣克鲁兹、斯坦尼斯洛斯、土莱尔、图罗姆尼、凡吐拉、埃斯梅拉达、民纳拉、奈县
美国东部区域	肯特、纽卡斯尔、塞萨克斯、华盛顿、阿雷格尼、安妮阿伦德尔、巴尔的摩、卡尔维特、加罗林县、卡罗尔、塞西尔、查尔斯城、多切斯特、佛雷德里克、盖瑞特、哈特福德、霍华德县、肯特、蒙哥马利、乔治王子城、昆安妮、圣玛丽、萨默赛特、泰尔波特、威克米克、伍斯特、大西洋县、柏林顿、卡姆登、开普梅、坎伯兰、格罗斯特、亨特敦县、莫瑟尔县、莫里斯、塞姆勒、萨默赛特、苏塞克斯、沃伦、阿利根尼县、卡特罗格斯、学托扩县、沙利文县、亚当斯、阿勒格尼、阿姆斯特朗县、贝德福特、伯克郡、布莱尔县、布拉福德、巴克斯县、巴特勒县、坎布里亚县、卡梅伦、卡本县、切斯特、克拉里恩县、科利尔菲尔、克林顿、哥伦比亚、克劳福德、道芬县、特拉华县、埃尔克、伊利、菲也特、福雷斯县、富兰克林县、富尔顿县、格林县、亨廷顿、印第安纳、杰斐逊县、朱尼亚塔县、拉克万纳、兰开斯特、黎巴嫩县、利哈伊、鲁泽尼县、来可明县、麦克肯恩县、密夫林县、门罗县、蒙哥马利、盟图尔、北安普顿、诺森伯兰县、佩里县、费城、派克县、波特县、斯古吉尔河、斯奈德、萨默赛特、沙利文县、萨斯奎哈纳县、泰奥加、犹尼昂县、韦南戈县、沃伦、韦恩县、威斯特摩兰县、怀俄明州、约克郡、阿可麦克县、阿尔伯马尔县、阿勒格尼县、阿米利亚县、艾默斯特、阿波马托克斯、阿林顿、奥古斯塔、巴斯、贝德福德、波特多特、白金汉县、加罗林县、查尔斯城、切斯特菲尔德、克拉克县、克雷格、库尔佩珀县、、埃塞克斯、费尔法克斯郡、福基尔、弗卢万纳县、佛雷德里克、格罗斯特、坎伯兰郡古奇兰、格林县、汉诺威、亨利科县、高地、詹姆斯城、国王与皇后、乔治国王、威廉姆国王、兰开斯特、劳登郡、路易莎、麦迪逊、马修斯、米德尔塞克斯、纳尔逊县、新肯特、北安普顿、诺森伯兰郡、佩奇、波瓦坦、乔治王子城、威廉姆王后、拉帕汉诺克县、里士满、洛克布里奇、罗金厄姆、谢南多厄、斯波特瑟尔韦尼亚、斯塔福郡、威斯特摩兰县、亚历山大、比尤纳维斯特、夏洛茨维尔、克里夫顿、卡温顿县、费尔法克斯、弗雷德里克斯堡、哈里森堡、霍普韦尔、列克星敦、马纳萨斯、马纳萨斯帕克、亨利科、斯汤顿、韦恩斯伯勒、威廉斯堡、温彻斯特、巴伯县、伯克利、格兰特县、格林布赖尔、汉普郡、马里昂县、民纳拉、莫农加利亚、摩根、彭德尔顿县、波卡洪塔斯县、普莱斯顿、兰道夫县、泰勒、塔克县

2010 年，中国华北区域 SO_2、NO_x、VOCs 和一次 $PM_{2.5}$ 的排放强度分别为 11.8 t/km^2、13.6 t/km^2、13.3 t/km^2 和 6.7 t/km^2。与此相对，美国西部区域这 4 种污染物排放强度分别为 0.1 t/km^2、2.4 t/km^2、1.4 t/km^2 和 0.2 t/km^2，美国东部区域这 4 种污染物排放强度分别为 5.4 t/km^2、4.7 t/km^2、3.4 t/km^2 和 0.6 t/km^2（图 5）。和美国东部区域相比，中国华北地区的气态污染物排放强度分别高出 2～4 倍，一次 $PM_{2.5}$ 的排放强度高出 10 倍；和美国西部区域相比，中国华北地区的 NO_x 和 VOCs 排放强度分别高出 6～9 倍，一次 $PM_{2.5}$ 排放强度高出近 30 倍，由于美国西部基本不存在燃煤，其 SO_2 排放强度仅为我国华北地区的 1/200（表 6）。

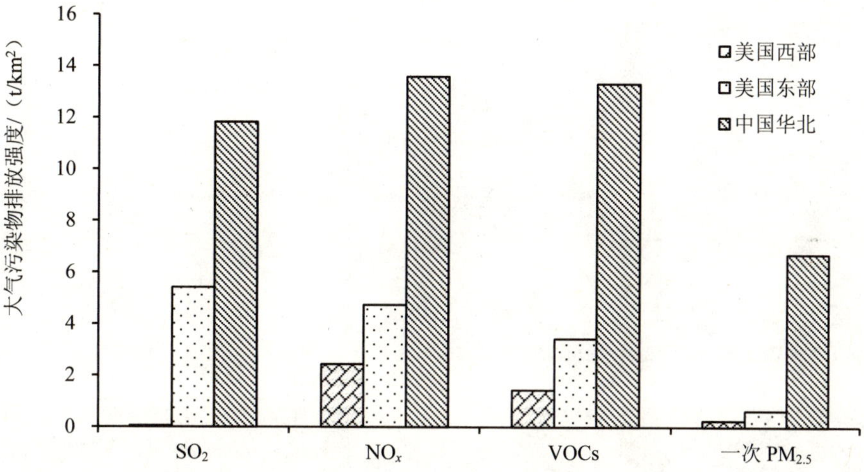

图 5　中国与美国分析区域大气污染物排放强度对比

表 6　中国华北地区污染物排放强度与美国典型区域的比值

	SO_2	NO_x	VOCs	一次 $PM_{2.5}$
与美国西部区域的比值	225.60	5.59	9.29	27.04
与美国东部区域的比值	2.19	2.87	3.89	10.57

从不同区域大气污染物排放强度的分布可以发现（图 6），和美国两个典型区域相比，我国华北地区的排放存在着更明显的区域性特征，即在整个区域内部，排放相对较高的网格面积大、分布广，充斥了整个区域的大部分范围。相比而言，在面积近似的区域内，美国东部和西部的强度量总体水平较高，而且其中污染物排放强度相对较大的部分以点状分布在区域内的几个部分，高排放强度的部分未呈现出整体连片的态势。我国华北地区连片的大气污染物高强度排放分布，为整个区域大气中的污染物在不利气象条件下快速积累和反应创造了重要的前提条件。

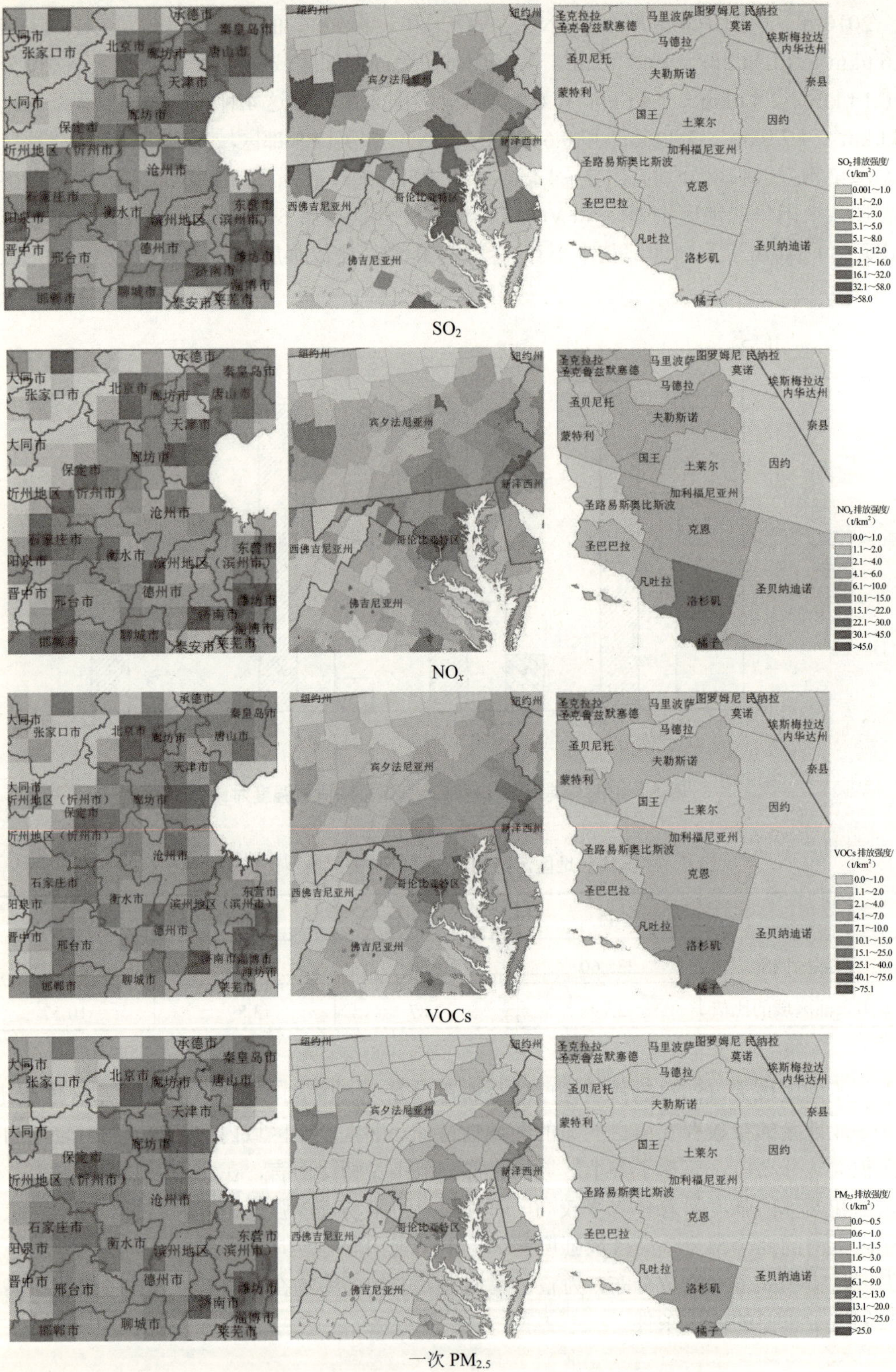

注：其中从左至右分别是中国华北、美国东部和美国西部区域，从上到下分别是 SO_2、NO_x、VOCs 和一次 $PM_{2.5}$

图 6 典型区域主要大气污染物排放强度的分布

3 我国区域大气污染防治的战略建议

3.1 大幅削减区域内各种大气污染物排放量

我国在大气污染防治方面面临着极大压力，既要快速推进空气质量改善，最终实现达标，又要防范区域重污染事件在短期内对人民身体健康和能见度的严重影响。如前所述，二次颗粒物的气态前体物和一次颗粒物的大量、密集排放不仅是造成城市空气质量恶化的主要原因，更给不利气象条件下污染物的快速反应和累积创造了条件，是加速区域灰霾重污染生成、推高其污染程度的主要原因。如果不大幅推进区域内二次颗粒物的气态前体物和一次颗粒物的排放量削减，无法使区域大气污染得到根本性的改善。

中国环境与发展国际合作委员会组织的研究提出，要满足我国80%以上城市空气质量达到《环境空气质量标准》（GB 3095—2012）二级标准的要求，至少要使我国二次颗粒物的气态前体物和一次颗粒物的排放量在2010年的基础上削减40%～50%[1]。对于污染排放量强度大、排放集中的我国华北地区，则需要实现更大力度的减排。我国“十二五”提出了 SO_2 和 NO_x 减排8%和10%的目标，如果保持这种减排速度，需要7～8个五年计划才能使 SO_2 和 NO_x 排放量降低50%，这显然无法满足我国人民对于空气质量改善的要求，也与建设生态文明、打造美丽中国的精神背道而驰。此外，虽然在《重点区域大气污染防治“十二五”规划》中对一次颗粒物和VOCs提出了减排需求，但是其力度也远远不能使空气质量快速得到改善。

与美国典型区域大气污染物排放强度的比较表明，在地理分布上，我国华北区域不仅污染物排放总量巨大，而且高排放的区域性特征明显；在部门分布上，工业部门的大气污染物排放量所占比例非常高。因此，在削减区域大气污染物排放量的过程中，需要尽力打破连片的污染物高排放带，同时需要在对电力、移动源深化减排的同时，对工业部门污染物的排放量采取更加有效的手段，切实降低排放。

3.2 实现经济发展方式转变，为污染物大幅削减创造条件

随着我国主要大气污染物减排工作的推进，进一步的污染物排放量削减正在或将要接近技术瓶颈，尤其是针对工艺复杂的各类工业部门，仅仅依靠技术手段，要在各类工业产品产量进一步高速增长的情况下实现各种大气污染物排放量削减过半的目标，几乎是不可能完成的目标。发达国家的经验表明，在不同的历史阶段，欧洲和美国的大气污染物排放量也曾超过了我国现在的水平，但是伴随着经济发展模式的转变，其最终实现了大气污染物排放量的大幅削减和空气质量的大幅改善。

虽然与1990年相比，我国多种大气污染物的单位GDP排放强度分别降低了40%～80%，但是由于在经济高速发展过程中，重化工业迅速增长，我国的 SO_2 和 NO_x 等大气污

染物排放量仍然增加了 1～3 倍[1]。尤其是 2000 年以来，我国粗钢产量增长了 4 倍，水泥产量增长了 2 倍；到 2010 年，华北区域内北京、天津、河北、山东 4 个省的粗钢和水泥产量分别达 2.26 亿 t 和 2.94 亿 t，分别是美国全国产量的 2.8 倍和 2.7 倍，并高于世界上除中国外所有国家的产量。如此密集布局的重工业给区域带来了异常沉重的大气污染物排放负荷，如果不能大幅降低区域内钢铁、建材、石化等污染排放集中的工业产品产量，仅依靠减排技术的使用，无法使区域内的大气污染物排放量得到有效削减。

因此，中央和华北区域的地方政府必须利用社会经济发展转型，积极推进产业结构调整，调整产业布局，逐步疏散区域内重化工业产能。在国家宏观经济结构层面，通过财税政策的引导，建立可持续的投资和消费模式，减少经济发展对重化工业的依赖。同时充分利用行业性的污染物排放总量或能源消费总量控制制度形成倒逼机制，力争使区域内钢铁、水泥等重化产业的产量在“十三五”达到峰值并开始下降。

在污染产业自身发展层面，提高技术水平，在提升行业产值的同时降低总体能耗和大气污染物排放量。一方面要停止区域内一切重化工业的新建产能；另一方面推进淘汰钢铁、建材等重污染行业的落后产能，提高这些行业的整体技术水平，从而促进其产业优化，减少大气污染的排放。在此过程中推动清洁生产技术和污染物排放控制的最佳可用技术在全行业中的普及和高效使用，同时延长产业链，通过增加精加工的高附加值产品比例。

3.3 控制区域煤炭消费总量，实现煤炭高效清洁可持续利用

煤炭是我国重要的基础能源。2000 年以后，我国煤炭消费量迅速增长，在 10 年间从 14 亿 t 增加到 31 亿 t；到 2010 年，中国的煤炭消费量已占全球煤炭消费总量的 48.2%。从 20 世纪 80 年代以来，煤炭占我国一次能源消费量的比重一直在 70%左右，远高于其他国家 20%左右的比例。以煤为主的能源结构是我国大气污染物大量排放的重要原因，华北地区是我国煤炭消费强度最高的地区（图 7），大量煤炭消费是造成采暖季区域灰霾的重要原因，大幅降低燃煤过程的大气污染物排放量，是改善我国，尤其是华北区域环境空气质量的必要条件。

虽然煤炭在未来相当长一段时间还将继续作为我国主要的一次能源，但是随着能源品种的多元化，有可能在大气污染严重的华北区域，开始实施煤炭消费总量控制，在近期有效降低区域煤炭消费量增长速度，并在“十三五”后期开始逐步减少区域内的煤炭消费量。

在控制区域煤炭消费总量的同时，需要大力改善区域煤炭消费结构。美国在近 50 年来，使工业、民用的燃煤消费比例从 60%降低至 7%，大大增强了煤炭消费过程的清洁化水平。在华北区域，需要促进煤炭消费向使用最佳可行技术的电力等大型燃煤设备转移，并通过热电联供等方式，减少煤炭在工业和民用部门的终端消费，特别是不加处理的直接燃烧和排放。力争在 2020 年和 2030 年，使电力部门的煤炭消费在全社会煤炭消费量的比重增长至 60%和 65%。此外，要强调煤炭生命周期全过程的污染控制，推进煤炭的洗选和输配。力争在 2030 年以前把我国的煤炭洗选比提高到 70%以上，与国际水平接轨。

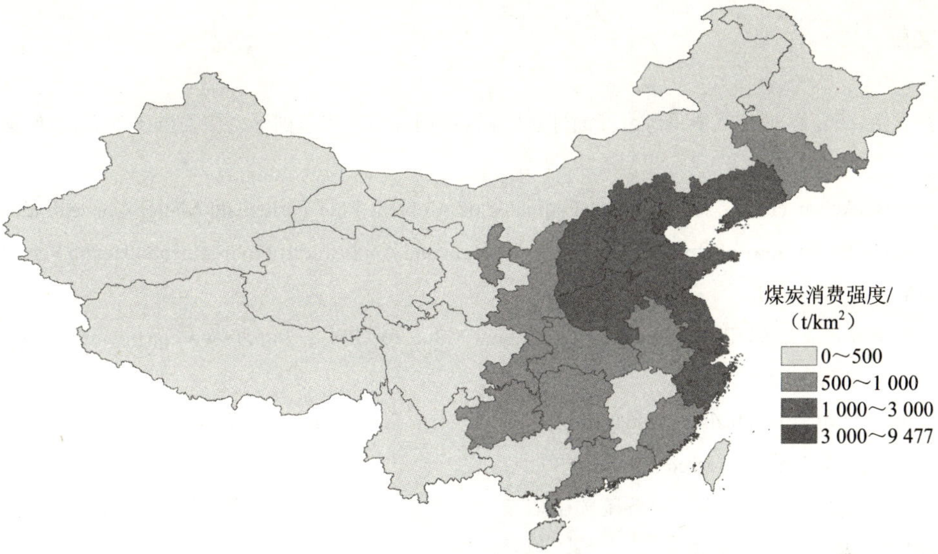

图 7　华北区域是我国煤炭消费强度最高的地区

除此之外，我国作为世界上煤炭消费量最大的国家，必须开发并使用全球最佳的燃煤污染控制技术，在煤炭使用的清洁化水平上逐渐达到全球领先。通过严格的排放标准和准入措施，推进高效脱硫、脱硝、除尘等大气污染控制最佳可行技术的研发和使用，并保证这些技术在燃煤污染源上高效稳定运行，减少污染物排放量。

3.4　加强建设预警和应急机制，正确应对重污染事件

在我国经济快速增长、能源消费量持续增加的现状下，即使加强各类污染控制措施，短期内各种大气污染物的排放量也不会有大幅度的降低。在各种大气污染物的排放量得到有效大幅的降低以前，我国的大气污染物环境浓度水平将保持高位，大气重污染过程必然还将在未来的一段时间内重复出现。必须要针对大气重污染过程建立有效的预警和应急机制，以减少重污染对人体健康和公共福利带来的不利影响。

（1）要加强极端不利气象条件下大气污染预警体系的建设，实现大气重污染事件的风险信息研判和预警。在此基础上，结合重点区域的联防联控机制建设，构建区域、省、市联动的应急响应体系。以保证在极端不利气象条件出现时，通过重点大气污染物排放源的限产和停产、建筑工地停止土方作业、机动车限行等紧急控制措施，临时减少各种大气污染物的排放量，以减少大气污染物在环境中累积并造成高浓度的影响。

（2）要加强宣传教育工作，帮助人民群众客观认识并正确应对大气重污染事件。在发生大气重污染事件时，通过减少户外活动等措施，减少重污染对人体健康的影响。

参考文献

[1] 郝吉明，等. 区域空气质量综合控制体系研究. 中国环境与发展国际合作委员会 2012 年专题政策研究报告.

[2] Van Donkelaar et al.，2010. Global Estimates of Ambient Fine Particulate Matter Concentrations from Satellite-Based Aerosol Optical Depth：Development and Application，Environmental Health Perspectives，118（6）：847-855.

[3] U.S. Environmental Protection Agency. Design value for $PM_{2.5}$. http://www.epa.gov/airtrends/pm.html（accessed 27Jan 2013）.

[4] South Coast Air Quality Management District.Historical Data by Year.http://www.aqmd.gov/smog/historicaldata.htm（accessed 27Jan 2013）.

[5] 中华人民共和国国务院. 国务院关于印发“十二五”节能减排综合性工作方案的通知——国发[2011]26 号. 2011 年 8 月.

[6] 清华大学. MEIC Model. http://http://www.meicmodel.org（accessed 27Jan 2013）.

[7] U.S. Environmental Protection Agency. 2008 National emissions inventory data. http://www.epa.gov/ttn/chief/net/2008inventory.html（accessed 27Jan 2013）.

发达国家颗粒物污染防治经验及其对中国的启示

Prevention and Control Experience of Particulate Matter Pollution in Developed Countries and Its Inspiration to China

燕丽　王金南　杨金田　贺晋瑜　刘乃瑞　汪旭颖　雷宇

摘　要　本文通过系统总结发达国家颗粒物污染防治历程、主要做法和成功经验，并基于我国当前环境管理工作，从管理模式、控制重点、控制途径以及管理机制等方面提出我国颗粒物污染防治思路。

关键词　发达国家　颗粒物污染防治　经验　启示

Abstract　Based on the current situation of environment protection management in China and a systematically summary of western developed countries'ased on the current situation of environment protection management in China and a systematically summary of western devst，put forward the particulate matter pollution prevention idea from management model，control main departments，control pathway and management mechanism.

Key words　developed country，particulate matter pollution prevention，experience，inspiration

随着国民经济的快速发展和城市化进程的加快，我国化石能源消耗量和机动车保有量呈现大幅度增长趋势，导致大气中二氧化硫、氮氧化物和颗粒物等污染物排放量均位居世界之首，大气环境污染形势日益严峻，大气污染特征呈现出以细颗粒物和臭氧为主的区域型、复合型、压缩性特征，严重影响大气能见度，区域灰霾现象频繁发生，不仅严重影响人体健康，而且对社会经济造成巨大损失。针对严峻的大气污染形势，国家提出了一系列控制政策和应急措施。为科学推动《大气污染防治行动计划》实施，需要系统分析发达国家颗粒物污染防治历程，借鉴发达国家颗粒物污染防治经验和教训。

1 欧盟及其成员国颗粒物污染与防治

1.1 欧洲颗粒物污染现状

近 20 年，欧洲通过政策行动和国际合作在大气污染控制方面取得显著成效，污染物排放量大幅下降。其中，二氧化硫（SO_2）的排放量下降幅度最大，2011 年的排放量较 1990 年下降了 82%；其次是非甲烷挥发性有机化合物（NMVOCs），下降 59%；氮氧化物（NO_x）和氨（NH_3），分别下降了 48%和 28%。2000 年以来，欧洲一次细颗粒物（$PM_{2.5}$）的排放量削减了 15%。污染物排放量的大幅削减，带来了颗粒物浓度的下降，近 10 年欧盟 90%以上的监测点位 PM_{10} 浓度年均下降 1%，城市的 PM_{10} 年均质量浓度由 2003 年 30 μg/m³ 下降至 2010 年的 24 μg/m³；由于 $PM_{2.5}$ 监测数据有限无法反映长期变化趋势，2005—2007 年欧洲 $PM_{2.5}$ 年均质量浓度出现了明显降低，下降了 18.6%；但 2008 年之后呈现上升趋势（图 1）。

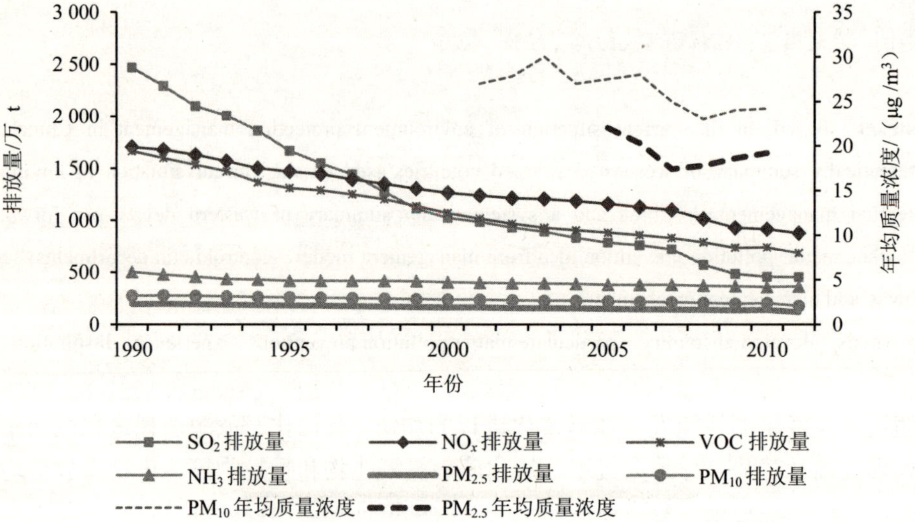

图 1 欧洲一次颗粒物及二次颗粒物前体物排放和质量浓度变化情况

欧洲一次颗粒物及二次颗粒物前体物排放量的下降与欧盟能源结构的转变和煤炭消费量的减少密不可分。20 世纪 90 年代后欧盟能源消费结构发生了明显改变，2012 年欧盟煤炭消费量较 1990 年减少了 35%；天然气和可再生能源等清洁能源的消费增加，天然气在欧盟一次能源消费中的比重由 1990 年的 17.9%增加到 2012 年的 22.6%；可再生能源的比重则由 4.4%提高至 14.9%。

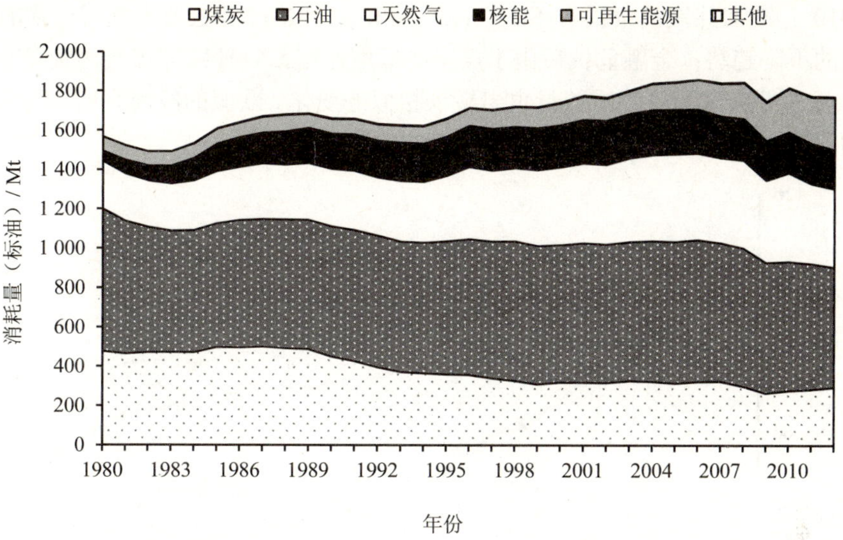

数据来源：BP，2011 年 BP 世界能源统计年鉴，2011。

图 2　1980—2012 年欧洲一次能源消费构成

早在 20 世纪 70 年代，以英国为首的一些欧洲国家已经通过采取燃料替代的方式，减少燃煤引起的煤烟型污染，1960—1980 年英国 PM_{10} 年均质量浓度由 200 μg/m^3 下降至 30 μg/m^3 左右，到 1980 年伦敦的雾天下降到 5 天，煤炭消费量的削减发挥了重要作用。90 年代哥德堡议定书签订之后，为实现大气污染物排放上限目标，欧洲各国纷纷将减少煤炭消费，增加天然气等清洁能源的使用作为重要措施，如在能源生产部门使用天然气发电替代燃煤发电，减少工业生产中煤炭的使用等。1990—2010 年欧盟燃烧源排放的一次颗粒物减排最为显著，能源生产、工业能源使用部门分别贡献了一次 PM_{10} 总减排量的 39%和 25%；一次 $PM_{2.5}$ 总减排量的 32%和 19%。

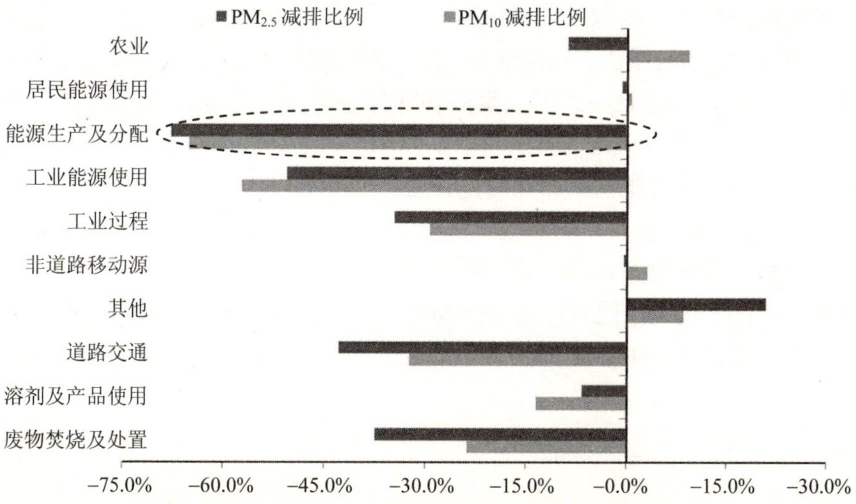

图 3　1990—2010 年欧盟主要部门一次颗粒物减排比例

减少煤炭使用是协同控制一次颗粒物和 SO_2、NO_x 等二次颗粒物前体物的重要途径，1990—2010 年欧盟煤炭消费量与 SO_2、NO_x、PM_{10}、$PM_{2.5}$ 等主要大气污染物的排放量呈现了一致的下降趋势；金融危机后由于煤炭的低廉价格，致使欧盟煤炭消费量有所增加，2011 年欧盟主要大气污染物排放量也出现了相似的变化。欧盟的经验表明，减少煤炭消费是防治颗粒物污染直接而有效的措施。

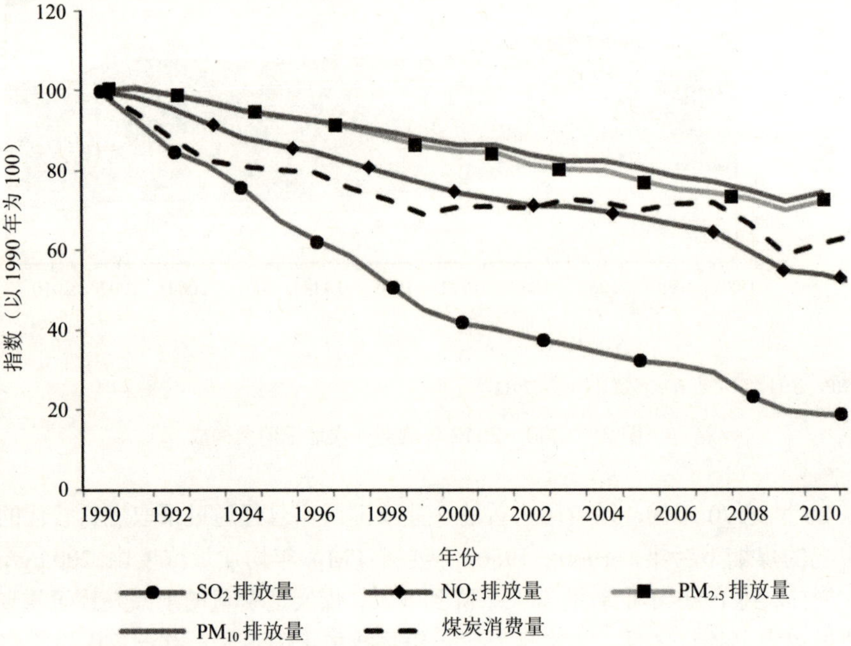

图 4　1990—2010 年欧盟主要大气污染物排放与煤炭消费变化趋势

尽管如此，欧洲颗粒物浓度超标的现象仍较为普遍，尤其是在城镇地区，颗粒物污染依然是对人体健康威胁最大的大气环境问题。2001—2010 年欧盟颗粒物浓度仅出现小幅下降，与一次颗粒物和 NH_3 排放量削减缓慢有关。

2010 年欧盟 21%的城镇人口生活在可吸入颗粒物（PM_{10}）日均浓度超标的地区，如果将范围扩大至欧洲经济区 32 国，生活在 PM_{10} 日均浓度超标的地区的人口比重将达到 41%。波兰、意大利、斯洛伐克、巴尔干地区和土耳其，PM_{10} 年均浓度超标现象严重（图 5）。除上述国家及地区外，立陶宛、拉脱维亚和瑞典及中欧和西欧的一些城市也存在 PM_{10} 日均浓度超标的现象，英国伦敦同样有此记录（图 5）。

2010 年 $PM_{2.5}$ 监测数据显示，保加利亚、捷克、意大利和斯洛伐克等国普遍存在 $PM_{2.5}$ 年均质量浓度超标的城市（图 6）。欧洲大陆的大多数城市 $PM_{2.5}$ 年均质量浓度都超过了更严格的世界卫生组织（WHO）准则值（10 μg/m³）（图 6），超标现象较少见于北欧国家。

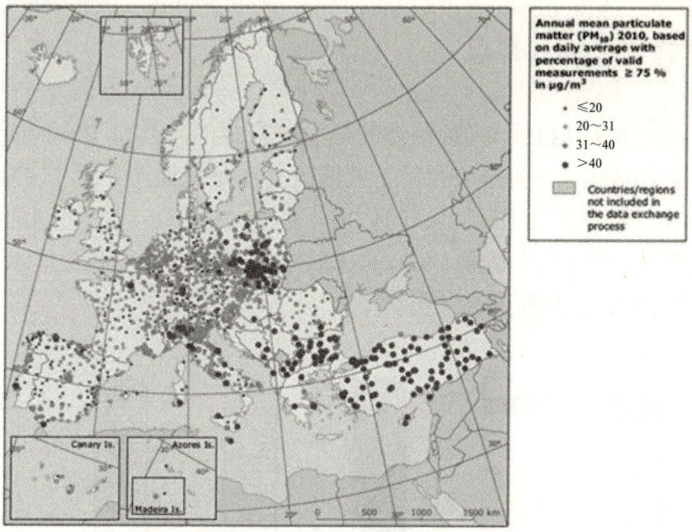

注：红色点表示质量浓度超过欧盟空气质量标准（EU，2008c）中 PM_{10} 年均质量浓度限值（40 μg/m³）；橙色点表示质量浓度大于 31μg/m³（这是日均质量浓度超标点位年均质量浓度的统计最低值）；浅绿色点表示质量浓度超过世界卫生组织（WHO）规定的 PM_{10} 年均质量浓度准则值（20μg//m³），但不超过欧盟空气质量标准（EU，2008c）中 PM_{10} 年均质量浓度限值（40μg/m³）；深绿色点表示质量浓度不仅低于欧盟空气质量标准（EU，2008c）中 PM_{10} 年均质量浓度限值（40 μg/m³），且低于世界卫生组织（WHO）规定的 PM_{10} 年均质量浓度准则值（20μg/m³）。

图 5　2010 年欧洲 PM_{10} 年均质量浓度分布

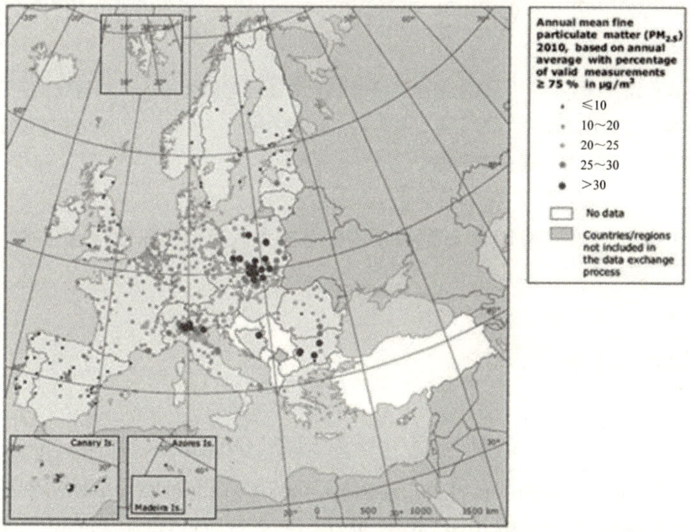

注：红色点表示质量浓度超过欧盟空气质量标准（EU，2008c）中 2010 年 $PM_{2.5}$ 年均质量浓度目标值（25μg/m³）20%以上；橙色点表示质量浓度超过欧盟空气质量标准（EU，2008c）中 2010 年 $PM_{2.5}$ 年均质量浓度目标值（25μg/m³），但小于 30μg/m³；黄色点表示质量浓度超过欧盟空气质量标准（EU，2008c）中 2020 年 $PM_{2.5}$ 年均质量浓度限值（20μg/m³），但小于 25μg/m³；浅绿色点表示质量浓度超过世界卫生组织（WHO）规定的 $PM_{2.5}$ 年均质量浓度准则值（10μg/m³），但不超过欧盟标准；深绿色点表示质量浓度不仅低于欧盟标准，且低于世界卫生组织（WHO）规定的 $PM_{2.5}$ 年均质量浓度准则值（20μg//m³）。

图 6　2010 年欧洲 $PM_{2.5}$ 年均质量浓度分布

1.2 欧洲颗粒物重点排放部门

在欧洲，燃料燃烧排放是一次颗粒物的最主要来源，并且自 2001 年以来，其排放量有所增加。一次 PM_{10} 的第二大排放源是工业源，其次是交通源；对于 $PM_{2.5}$，工业源和交通源在一次颗粒物排放方面发挥了相似的作用，但自 2009 年起交通源的排放量超过了工业源。机动车是最大的 NO_x 排放源，SO_x 的排放则主要来自于能源生产和工业部门。农业部门贡献了欧盟氨排放总量的 94%（图 7）。

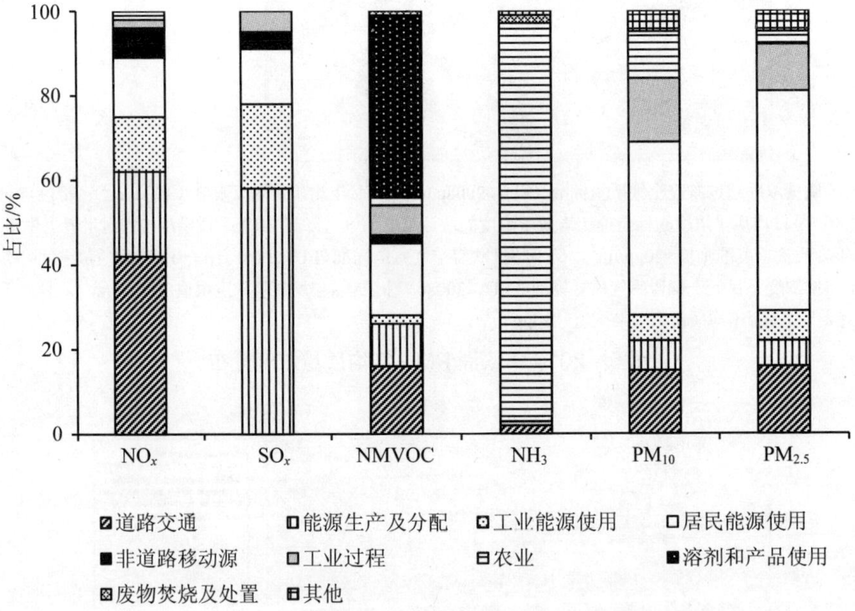

图 7 欧洲 2010 年与颗粒物浓度有关大气污染物排放行业分布

1.3 欧盟颗粒物浓度标准

欧盟在 1999 年首次颁布的环境空气质量指令（99/30/EC）中，提出 PM_{10} 的环境质量标准值，其中 PM_{10} 年均质量浓度限值为 40 μg/m^3，日均质量浓度限值为 50 μg/m^3。现行的环境空气质量指令（2008/50/EC）于 2008 年 5 月 21 日获得通过，并于 2010 年开始实施。除沿用 99/30/EC 中 PM_{10} 浓度限值，2008/50/EC 中还增加了 $PM_{2.5}$ 年均质量浓度标准（表 1），并且规定了成员国达到相关大气颗粒物浓度标准的时限。

成员国有两年的时间将新的空气质量标准转化为本国法律，但新指令的一些规定，如 $PM_{2.5}$ 的监测必须尽早开展。欧盟的大气环境标准指令只规定了所要达到大气环境目标，并未给出达到指令的要求所需采取的措施或手段。因此，成员国可以自由选择适合本国国情的各种环保措施。

表 1　欧盟空气质量标准中颗粒物质量浓度限值

因子	平均时间	标准值	备注
PM_{10}，限制值	24 h 平均	50 μg/m^3	一年中超过标准的天数必须小于 35 天；实施时间为 2005 年 1 月 1 日
PM_{10}，限制值	年平均	40 μg/m^3	实施时间为 2005 年 1 月 1 日
$PM_{2.5}$，目标值	年平均	25 μg/m^3	实施时间为 2010 年 1 月 1 日
$PM_{2.5}$，限制值	年平均	25 μg/m^3	实施时间为 2015 年 1 月 1 日
$PM_{2.5}$，限制值[(a)]	年平均	20 μg/m^3	实施时间为 2020 年 1 月 1 日

注：(a) 2013 年，欧盟委员会将依据最新的关于健康、环境影响和技术可行性的信息及各成员国的减排经验，对其进行重新评估。

与美国不同，欧盟的空气质量标准中只规定了 $PM_{2.5}$ 的年均质量浓度限值，没有规定日均值。而在 PM_{10} 方面，既规定了年均质量浓度标准也规定了日均质量浓度标准。目前，许多欧洲的城市和城镇地区仍然存在 PM_{10} 日均浓度超标现象。

与世界卫生组织的标准相比，欧盟大气颗粒物浓度标准略微宽松。由于目前还没有发现对人类健康完全没有影响的颗粒物浓度阈值，因此欧盟在制定颗粒物空气质量标准时，在尽可能减少不利健康影响的前提下，充分考虑了标准的可接受性和可实现性。但一些国家（如英国）为了维护公众的健康，正在考虑修改《清洁空气法案》，提高大气颗粒物的控制标准。

1.4　欧盟颗粒物污染控制历程

欧洲大气污染的控制开展较早，在欧盟成立之前，欧洲大气污染控制就在国家和区域层面广泛展开。20 世纪 50 年代初到 70 年代末，燃煤引起的煤烟型污染是欧洲各国大气污染治理的重点。1952 年英国发生了震惊世界的伦敦烟雾事件，造成 12 000 多人的死亡。以英国为首的欧洲国家普遍采取了提高烟囱高度，消除低矮源，实施燃料替代和大规模使用除尘、脱硫技术的控制策略，有效控制了煤炭燃烧带来的烟尘排放。在此期间，欧洲各国机动车保有量迅速增加，二次颗粒物的另一项重要前体物 NO_x 的排放量日趋增长。欧洲环境委员会敏锐地发现到了这一问题，于 1970 年颁布了首个机动车排放控制指令——协调成员国机动车内燃发动机空气污染控制指令（70/220/EEC），开始加强对移动源污染的控制。这一时期，欧洲大气污染控制政策主要是国家和地方层面的。

酸雨与大气污染物跨界传输问题的凸显，促使欧洲层面总量控制政策的实施。1979 年联合国欧洲经济委员会主持签署了《远距离跨界空气污染公约》（LRTAP），在该公约框架下共签订了 8 项协议，设定了欧洲经济委员各成员国主要大气污染物排放控制目标。1985 年的赫尔辛基公约首次提出对 SO_2 削减 50%的目标，此后 1988 年的索菲亚协议和 1991 年的日内瓦协议又分别增加了对 NO_x、VOCs 和 NH_3 的削减目标。通过科技合作和政策谈判，LRTAP 解决了欧洲地区一些主要的大气环境问题。1990—2011 年欧洲 27 国 SO_x 排放量下降了 82%，NO_x 排放量下降 48%，VOCs 和 NH_3 的排放量分别下降了 59%和 28%。虽然 LATAP 最初是为控制酸雨污染，但随着 SO_2、NO_x、VOCs 等二次颗粒物前体物排放量的大幅削减，颗粒物污染的控制也受益匪浅。

欧盟成立后，随着欧洲一体化的进程欧盟的环境职能不断强化。20 世纪末至今，随着对颗粒物污染尤其是细颗粒物污染危害的认识，欧盟逐步加强对颗粒物污染的控制。欧盟第六次环境行动计划的大气污染主体战略就是降低 $PM_{2.5}$ 对健康的危害，为实现这一目标欧盟制定了一系列行之有效的政策和指令。

在 1999 年颁布的空气质量标准中首次设置了 PM_{10} 的浓度限值，并在此后颁布的空气质量标准（2008/50/EC）中增加了 $PM_{2.5}$ 年均浓度标准，严格要求成员国按期达标，2001—2010 年欧洲 90%以上的监测点位 PM_{10} 年均浓度年均减少 1%。伴随环境空气质量标准的实施，欧盟理事会要求欧盟成员国广泛开展 PM_{10} 和 $PM_{2.5}$ 的监测，特别是对 $PM_{2.5}$ 监测点位的选取和数量提出严格要求，目前欧洲共有 3 000 多个 PM_{10} 监测点位，较 2001 年增加了一倍。

继续推行总量控制政策。2001 年欧洲议会和欧盟理事会制定并颁布了国家排放上限（NEC）指令，在哥德堡协议基础上，强化对欧盟成员国 SO_2、NO_x、VOCs 和 NH_3 四种污染物的控制，但没有将一次 $PM_{2.5}$ 纳入控制计划。NEC 实施以来大气污染物排放量稳步减少，尤其是来自于大型燃煤电厂、工业设备和机动车的排放大幅下降。

在固定污染源控制方面，欧盟的主要措施是制定排放标准和推行最佳可行技术。欧盟先后颁布和修订了一系列大气污染物排放控制指令，如设定加油站及溶剂使用过程中 VOCs 排放限值的 1994/63/EC 指令和 1999/13/EC 指令，大型燃烧设备大气污染物排放限值指令（2001/80/EC）等；并于 2008 年修订了综合污染预防与控制指令（IPPC，2008/1/EC），旨在通过最佳可行技术（BAT）加强对大型工业设施的综合污染预防与控制。2010 年欧盟通过了《工业污染物排放指令》（IED，2010/75/EU），统一了与工业排放控制相关的指令。

欧盟一直十分重视机动车污染的防治，发布了一系列严格的机动车排放控制指令（欧 1-欧 6）和燃料标准，并开发了大量机动车尾气治理技术，建立起了综合性的机动车污染控制管理体系。2010 年欧洲环境委员会成员国机动车 $PM_{2.5}$ 排放量比 1990 年减少了 42.9%，PM_{10} 排放量减少 32.4%。这一阶段欧洲颗粒物污染的控制体现出综合、协同的特点。

颗粒物尤其是细颗粒物污染防治仍将是未来欧洲环境污染治理防治的重点之一。哥德堡协议于 2012 年重新修订，将 $PM_{2.5}$ 纳入总量控制，并继续大幅度削减 SO_2、NO_x、VOCs 和 NH_3 的排放量。未来欧盟将适时修订 $PM_{2.5}$ 标准，简化现有污染控制指令，并不断扩展控制领域，如关注小型燃烧设备、航空运输、船运和农业领域的污染防治。

表 2 欧洲颗粒物污染控制历程

	欧盟成立之前政策	效果
1955—1985 年	采取提高烟囱高度，消除低矮源，实施燃料替代和大规模使用除尘、脱硫技术的控制策略控制煤烟污染	政策基于国家层面——煤烟污染得到有效控制
1970—1992 年	20 世纪 70 年代开始机动车污染控制，欧洲经济委员会 1972—1992 年颁布机动车大气污染物排放法规（R15/01-04）	成员国自愿参与——控制机动车 NO_x 和 VOC 排放
1979 年	欧盟经济委员会主持签订了《长距离跨界空气污染公约》（LRTAP）——在公约框架下签署了 8 个协议，1999 年的哥德堡协议为各成员国设定了 SO_2、NO_x、VOC 和 NH_3 的排放上限	欧洲层面的总量控制全面开展，酸雨问题基本解决；SO_2、NO_x 和 VOC 排放量大幅下降，分别较 1990 年下降了 82%、48%和 59%

	欧盟政策	效果
1992—2013 年	制定严格的机动车排放控制指令（欧 1-欧 6）和燃料质量标准（2003/17/EC），建立起了综合性的机动车污染控制管理体系	2010 年欧洲机动车 $PM_{2.5}$ 排放量比 1990 年减少了 42.9%，PM_{10} 排放量减少 32.4%
1994—2010 年	颁布并修订一系列污染源排放控制指令（如 LCPD 等）以及综合污染预防与控制指令（IPPC），实现对工业源污染的控制。2010 年欧盟通过了工业排放指令（IED），统一了与工业排放控制相关的指令	欧洲固定源大气污染物排放量显著下降。2011 年电力和热力生产部门 SO_2、PM_{10} 和 $PM_{2.5}$ 排放量均较 1990 年下降了 90%以上
1996—2008 年	发布空气质量指令，99/30/EC 中提出了 PM_{10} 浓度限值，2008/50/EC 中增加了 $PM_{2.5}$ 年均浓度标准，欧盟未来计划加严 $PM_{2.5}$ 浓度限值。除规定空气质量标准外，该指令还对成员国环境空气监测，数据报告和信息公开等提出严格要求	成员国为超标城市或地区制定行动计划，改善空气质量，近十年欧盟 90%以上的监测点位 PM_{10} 浓度年均下降 1%；PM_{10} 与 $PM_{2.5}$ 的监测得到加强，欧洲 PM_{10} 监测点位较 2001 年增加了一倍
2001—2010 年	颁布国家排放上限（NEC）指令，强化对欧盟成员国 SO_2、NO_x、VOC 和 NH_3 四种二次颗粒物前体物的控制，但没有将一次 $PM_{2.5}$ 纳入总量控制计划	NEC 实施以来欧盟大气污染物排放量稳步减少，尤其是来自于大型燃煤电厂、工业设备和机动车的排放大幅下降
2001—2005 年	在第六次环境行动计划框架下制订大气污染主体战略和清洁空气计划（CAFE），到 2020 年全面提升欧盟空气质量，颗粒物污染治理是该计划的重点之一。CAFE 计划还制定了欧盟未来的政策行动方向：建立长期的、战略性的、一体化的政策体系	CAFE 计划实施之后促进了空气质量指令的修订，使欧盟颗粒物污染的政策扩展至农业部门。CAFE 计划促使欧盟继续大幅削减一次颗粒物和二次颗粒物前体物，预计 2020 年欧盟 $PM_{2.5}$ 排放将较 2000 年下降 59%
2011—2013 年	欧盟对现有大气环境政策的有效性开展全面评估，并计划于 2013 年通过新的空气质量控制政策包	通过对现有政策的修订和制订新的行动计划，实现 2020 年的空气质量目标

1.5 欧盟颗粒物污染控制策略

1.5.1 制订环境行动计划

欧洲在第六次环境行动计划（EAP）的大气污染主题战略中，制定了一个雄心勃勃的目标——到 2020 年使暴露于颗粒物浓度超标地区（存在预期寿命降低风险）的人口减少 47%。为实现这一目标主要污染物在 2000—2020 年必须实现大幅削减，其中，SO_2 减排 82%，NO_x 减排 60%，VOC 减排 51%，NH_3 减排 27%，一次 $PM_{2.5}$ 减排 59%。

在第六次环境行动计划（EAP）的框架下，2001 年 5 月欧洲议会通过空气清洁计划（CAFE），目标是建立长期的、战略性的、一体化的政策体系，防治空气污染，避免健康损失和生态环境破坏。大气细颗粒物是欧洲空气清洁计划关注的重点之一。欧洲空气清洁计划强调科学研究与政策的联系，要求政策制定基于预防性原则，并依据费用效益分析，为政策制定者提供了科学和技术的有利支持。

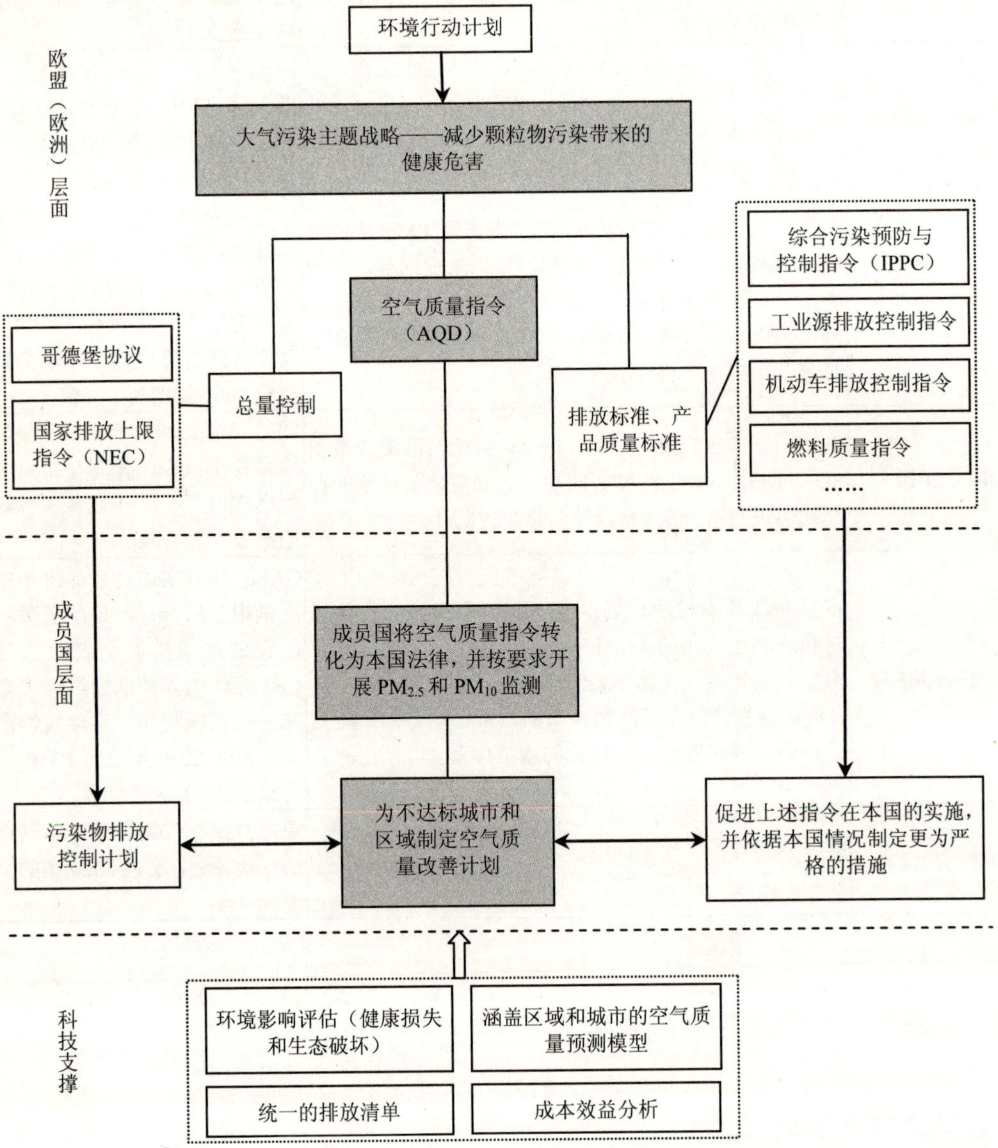

图 8　欧洲颗粒物污染防治的政策体系

1.5.2　建立完善的标准体系

作为区域性组织，欧盟的环境行动计划属于政策性文件，需要条例、指令等立法予以实施。欧盟颁布了大量有关大气环境的指令，这些指令的实施对保护和改善成员国空气环境质量、预防和控制颗粒物污染、实现共同的环境目标起到了至关重要的作用。与颗粒物污染防治相关的法令主要包括：

（1）环境空气质量标准指令。现行的环境质量标准法令是 2008/50/EC，规定了 PM_{10}、$PM_{2.5}$ 的空气质量标准，及实现标准的时限。

（2）国家污染物排放上限指令（NEC Directive）。2001 年颁布 NEC 指令规定了 2010 年各成员国 SO_2、NO_x、VOC 和 NH_3 的排放上限。欧盟还将出台新的 NEC 指令，继续对上述二次颗粒物前体物及一次 $PM_{2.5}$ 实施总量控制。

（3）固定源污染排放控制指令。欧盟实施过的重要的固定源排放指令包括：限制大型燃烧设备空气污染物排放限值的 2001/80/EC 指令，关于废物焚烧污染控制的 75/439/EEC，设定 VOCs 排放限值的 1994/63/EC 指令和 1999/13/EC 指令以及综合污染预防与控制指令（IPPC，96/61/EC）。2010 年欧盟通过的《工业污染物排放指令》（2010/75/EU），统一了上述指令。

（4）移动源大气污染物排放控制指令。道路车辆排放标准包括轿车和轻型车排放指令（Euro 1-6）及重型商用车排放指令，主要规定了各种道路车辆 PM 和 NO_x 等污染物的排放限值。此外，欧盟还实施了 2002/88/EC，控制非道路移动机械大气污染物排放。

（5）燃料质量管理指令。燃料质量管理指令（2003/17/EC），限定发动机燃料中硫、VOC 等的含量。

1.5.3 实施污染物排放总量控制

PM_{10}、$PM_{2.5}$ 浓度受一次颗粒物和二次颗粒物的共同影响，欧盟一直致力于通过协同减少一次颗粒物及二次颗粒物前体物的排放，以降低 PM_{10} 及 $PM_{2.5}$ 浓度。为控制前体物的排放，欧盟实施了国家污染物排放总量政策。欧洲总量控制的政策有两个，分别是在《长距离越界空气污染公约》（UNECE-CLRTAP）框架下签署的哥德堡协议和国家排放上限指令（NECD）。

（1）哥德堡协议。针对大气污染物的跨界输送问题，1979 年在联合国欧洲经济委员会支持下，欧洲各国签署了长距离越境空气污染公约（LRTAP）。在公约框架下欧洲各国签署了一系列跨国协议，规定了各国 SO_x、NO_x 等跨界传输污染物的排放上限（表 3）。1999 年签署的哥德堡协议针对 SO_2、NO_x、NH_3 和 NMVOC 制定了 2010 年的排放上限。

表 3 长距离越境空气污染公约框架下签署的协议及污染物控制目标

污染物/协议	基准年	目标年	减排率/%
《长距离越界空气污染公约》（UNECE-CLRTAP）			
SO_2（1994 Oslo Protocol）	1980	2000	62
SO_2（1999 Gothenburg Protocol）	1990	2010	75
NO_x（1988 Sofia Protocol）	1987	1994	保持稳定
NO_x（1999 Gothenburg Protocol）	1990	2010	50
NMVOCs（1991 Geneva Protocol）	1987	1999	30
NMVOCs（1999 Gothenburg Protocol）	1990	2010	58
NH_3（1999 Gothenburg Protocol）	1990	2010	12

欧盟成员国联合中欧和东欧国家在远距离越境空气污染公约框架下，签署了哥德堡协议，旨在实施多污染物协同控制。对于欧盟成员国来说，国家排放上限指令中设定的排放控制目标等于或小于哥德堡议定书中的目标。哥德堡公约实施后，欧洲污染物控制策略打破了以往仅针对单一污染物进行限制的格局，开始更加注重多种污染物之间的相互影响和协同控制。哥德堡协议于 2012 年 5 月修订，设定了 2020 年 SO_2、NO_x、NH_3、NMVOC 和 $PM_{2.5}$ 的排放控制的目标。

（2）国家排放上限指令。为强化欧盟成员国 SO_2、NO_x、VOC 和 NH_3 4 种污染物的排放控制，欧盟于 2001 年颁布了国家排放上限指令（2001/81/EC）为欧盟和各成员国设定了 2010 年 4 项大气污染物排放上限，以控制各成员国污染物排放总量。

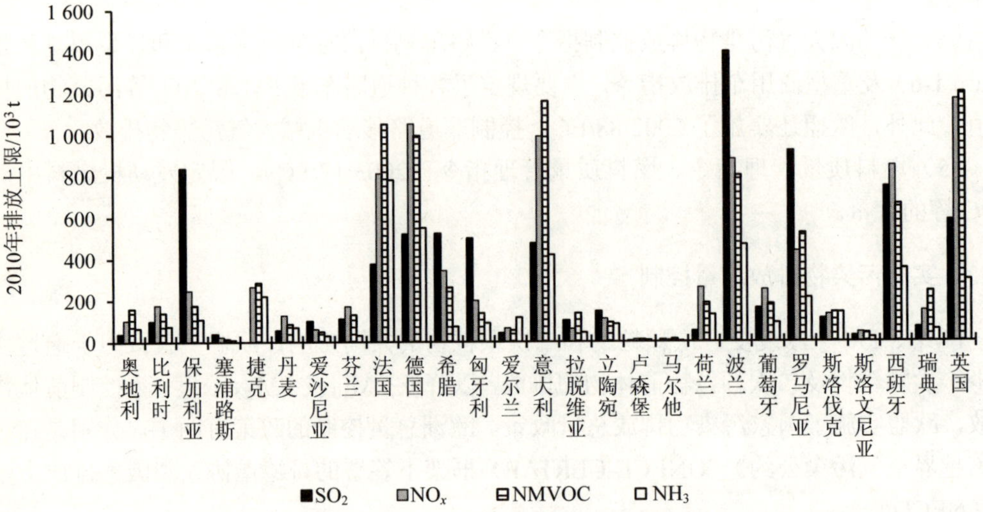

图 9　欧盟成员国 2010 年国家排放上限

欧盟国家排放总量控制的实施具有完善的配套保障措施，如国家规划、成员国报告制度、委员会报告制度和与第三国合作制度等。若成员国违反区域控制措施的规定，则应当承担法律责任。2010 年欧盟实现了 SO_2、VOC 和 NH_3 的总量控制目标，全部成员国均实现了 SO_2 总量控制目标，2010 年欧盟 SO_2 实际排放量低于排放上限 42%；但欧盟 27 国中有 15 个国家 2010 年 NO_x 排放量超过了国家排放上限，导致了欧盟没有实现 NO_x 总量控制目标（超过排放控制上限 8%）；仅西班牙和德国超过了 VOCs 的排放上限，而在 NH_3 排放方面，西班牙和芬兰超过了排放控制上限，2010 年欧盟 VOCs 和 NH_3 的实际排放量分别较排放上限低 2.4%和 17%。

随着哥德堡协议和 NEC 指令的实施，欧盟二次颗粒物前体物排放量的减排效果显著。但由于没有将一次 $PM_{2.5}$ 纳入总量控制，近十年来欧洲一次 $PM_{2.5}$ 减排相对缓慢。鉴于此 2012 年 5 月修订的哥德堡协议，除要求继续大幅削减 SO_2、NO_x、NH_3 和 VOCs 的排放外，还提出了 2020 年一次 $PM_{2.5}$ 的排放量比 2005 年下降 22%的控制目标；欧盟正在对 NEC 指令进行修订，也计划将 $PM_{2.5}$ 纳入总量控制计划。

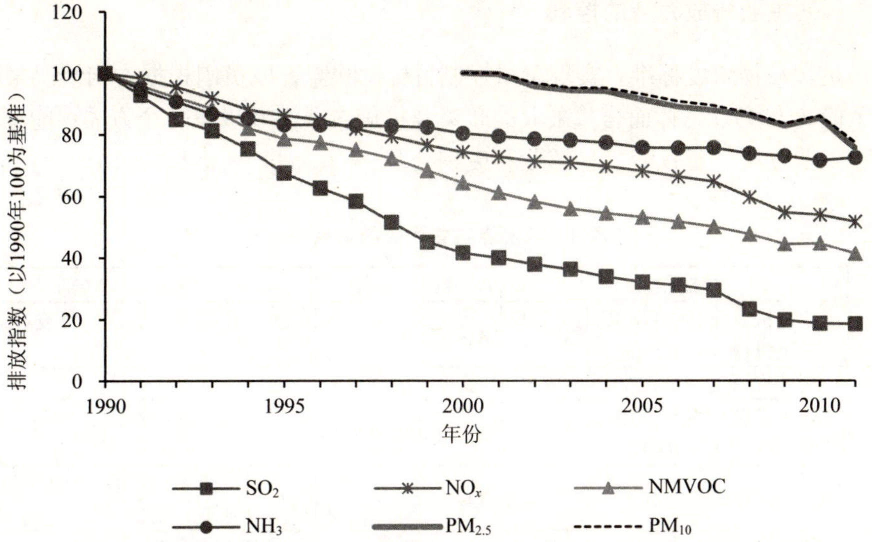

图 10　欧盟 1990—2010 年污染物排放变化

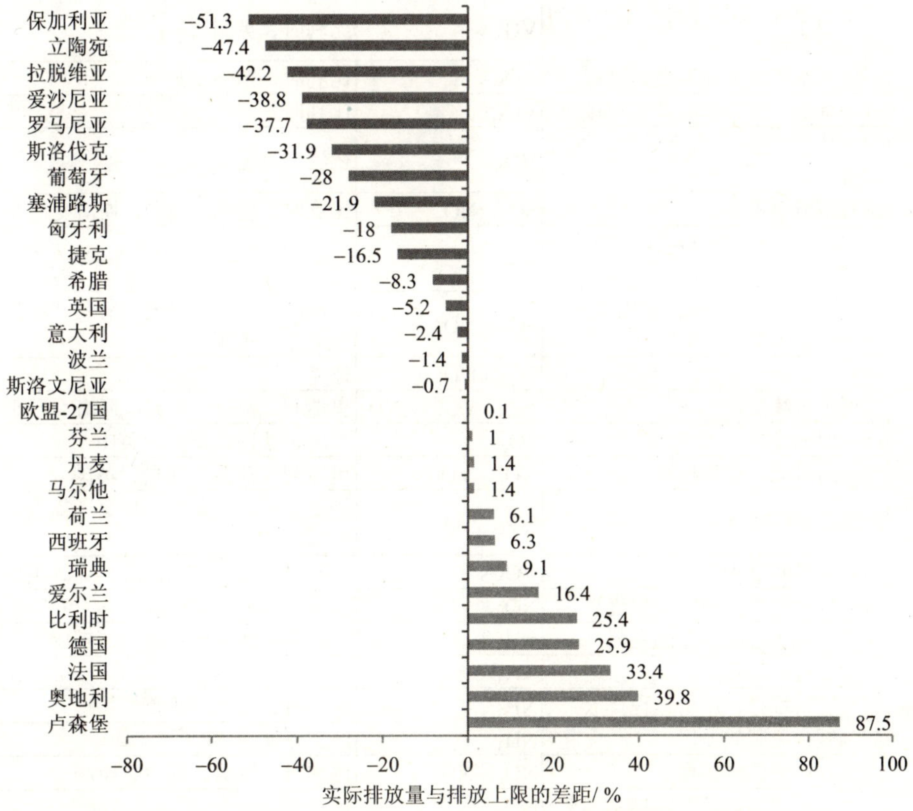

图 11　欧盟及成员国 2010 年 NO_x 排放量与排放上限的差距

1.5.4 加强对主要排放领域的控制

为满足颗粒物浓度标准，实现总量控制目标，欧盟各成员国根据本国情况采取了相应的控制手段（表 4）。总体而言，采取的政策及措施主要涉及以下几个方面：能源供应、交通运输、工业过程、畜牧业、种植业和废物处置。

表 4　欧洲颗粒物污染防治措施汇总

控制领域	控制措施	减排污染物	实施国家（部分）
工业领域	控制装机容量 50MW 以上大型电站燃烧排放	SO_2、NO_x	英国、比利时、德国、丹麦、荷兰、斯洛文尼亚
	控制非许可的小型燃烧设备排放	SO_2	德国
	实施污染整体防治（IPPC）、推行最佳可行技术（BAT）	SO_2、NO_x、VOCs	英国、比利时、德国、丹麦、荷兰、斯洛文尼亚
	降低燃料中的硫含量	SO_2	比利时、捷克、德国、丹麦，法国、荷兰、斯洛文尼亚、英国
	设置锅炉排放标准	SO_2、NO_x	奥地利、比利时、英国
	征收排污税	SO_2、NO_x	丹麦、瑞典
	开展 NO_x 排污交易	NO_x	荷兰
	强化溶剂使用的管理	VOCs	奥地利、比利时、荷兰、斯洛文尼亚、英国
	装潢油漆、汽车喷涂材料等产品的标准化管理	VOCs	比利时、英国
	采取措施控制工业及燃烧过程	VOCs	比利时、斯洛文尼亚
	减少炼油厂储存和处理过程排放	VOCs	比利时
	控制废物燃烧设施及废物处置过程排放	VOCs	德国、丹麦
能源供应部门	制定节能政策	SO_2、NO_x	比利时、捷克、瑞典、斯洛文尼亚、英国
	为每个电厂设定 SO_2 排放的年度配额	SO_2	丹麦
	加强煤炭清洁化利用、使用生物质等可再生资源	SO_2、NO_x	比利时、捷克、丹麦、荷兰、瑞典、斯洛文尼亚、英国
	燃料替代	SO_2、NO_x	捷克
交通运输	发展可持续交通	NO_x、VOCs、NH_3	奥地利、捷克、瑞典、斯洛文尼亚、英国
	减少船舶排放	SO_2	丹麦、法国、荷兰、英国
	实施路机动车排放标准	NO_x、VOCs	奥地利、荷兰、瑞典、英国
	限制非道路移动源排放	SO_2、NO_x	丹麦、法国、荷兰、瑞典、斯洛文尼亚、英国
	实施油气回收指令	VOCs	比利时、德国、斯洛文尼亚、英国
	对小排量汽车实施消费税优惠	NO_x、VOCs	德国、丹麦、英国
农业领域	促进环境友好型农业的发展	NH_3	奥地利、比利时、捷克、英国
	减少家庭养殖数量	NH_3	比利时
	减少肥料堆存、施用过程排放	NH_3	比利时、法国、瑞典
	鼓励减少氮肥的使用	NH_3	法国、瑞典
	加强农业源排放管理	NO_x、NH_3	比利时、瑞典、荷兰、英国
其他	加强集中供热锅炉 NO_x 排放监管	NO_x	荷兰
	提供技术指导	SO_2、NO_x、VOCs、NH_3	德国、丹麦、法国

（1）控制燃烧过程及工业排放。综合污染预防与控制指令（IPPC Directive）是欧盟关于工业排放控制的关键工具之一。该指令于 1996 年 9 月开始实施，先后修订四次，旨在实现对大型工业设施的综合污染预防与控制。该指令几乎涵盖了所有工业行业，包括能源生产、钢铁行业、矿业、化工业、废物处置等；控制的污染物包括 SO_2、NO_x、CO、VOCs、尘、石棉、Cl、F、As、氰化物及二噁英等。在 IPPC 的实施中，最佳可行技术（BAT）这一概念发挥了重要的作用。相关生产设备的经营者必须采用 BAT 防治和控制污染，政府则有义务对从事工业活动的设施颁发许可证，促使 BAT 在新建和现有工厂的实施。

燃料燃烧排放是欧洲一次颗粒物的最主要来源，为控制燃烧排放欧盟出台了大型燃烧设备指令（2001/80/EC）。通过设置严格的 SO_2、NO_x 和烟尘排放限值，控制装机容量 50MW 以上大型燃烧设备排放。指令实施以来大型燃烧设备的减排效果显著。

此外，欧盟采取多种措施减少工业过程中 VOCs 的排放，如通过热氧化、冷凝和膜技术减少排放；通过过程优化、末端治理减少逸散。此外，还颁布溶剂指令（1999/13/EC），减少有机溶剂使用过程中 VOCs 的排放。

目前，工业排放控制指令（IED，2010/75/EU）统一了上述与工业排放相关的指令。欧盟委员会计划加严某些工业部门特别是大型燃烧设备的最低排放限值，以促进大气污染物的进一步减排。

（2）交通污染控制。在欧洲交通源是仅次于燃料燃烧的第二大一次细颗粒物（$PM_{2.5}$）排放源，同时机动车还是最大的 NO_x 排放源。早在 20 世纪 70 年代欧洲经济委员会就开始控制机动车污染排放。交通污染的控制措施包括：

☞ 制定排放标准：欧洲机动车排放标准对几乎所有类型车辆排放的 NO_x、碳氢化合物（HC）、一氧化碳（CO）和 PM 都有限制。欧洲标准是由欧洲经济委员会（ECE）的排放法规和欧盟（EU）的排放指令共同加以实现的。排放法规由 ECE 参与国自愿实施，但排放指令是强制实施的。欧盟排放控制指令于 1992 年起正式开始实施（欧 1 标准），1996 年开始实施欧 2 标准，2000 年实施的欧 3 标准和 2005 年实施的欧 4 标准增加了对已投入使用车辆，实行 5 年跟踪检测，不合格车辆召回的规定。2008 年 10 月欧盟开始实行欧 5 标准，目标是柴油轿车 PM 排放量减少 80%，NO_x 排放量减少 20%；汽油轿车 NO_x 和 CH 排放量各减少 25%。2012 年 12 月 31 日起，欧盟已开始对部分新款公交车和重型卡车执行欧 6 排放标准，新标准执行后，相关汽车排放的 NO_x 和 PM 排放量将比执行欧 5 标准时分别降低 80%和 66%。

☞ 制定燃料质量指令：欧盟通过制定燃料质量指令，限定发动机燃料中 S、Pb 和 C_6H_6 等的含量。现行的燃料质量指令是 2003/17/EC，这项指令中规定的汽柴油中硫含量的限值为 10 mg/kg，还要求各成员国必须销售无铅汽油（铅含量限值 0.005 g/L）。

☞ 此外欧盟各成员国还通过建立可持续交通体系，控制机动车保有量的增长，大力发展公共交通等政策控制道路交通污染。经济手段在机动车污染控制中也发挥了积极作用，如征收拥堵税，对小排量汽车实施消费税优惠等。

（3）实施节能与燃料替代政策。提高能源效率，促进节能。更有效地利用能源有助于减少一次颗粒物、SO_2、NO_x 等污染物的排放。欧盟已采取了一系列措施遏制能源需求，包括能效标识，提高建筑节能性能，制定热电联产指令，关于能源使用产品生态设计要求的指令。预计到 2020 年，欧洲每年的一次能源消费将削减 20%。

实施燃料替代，提高生物质等可再生资源的使用比例。大型燃烧设备的天然气替代是欧盟成员国普遍采用的一项措施。通过努力，欧盟可再生能源在能源消费中的比重逐步上升（图 12）。

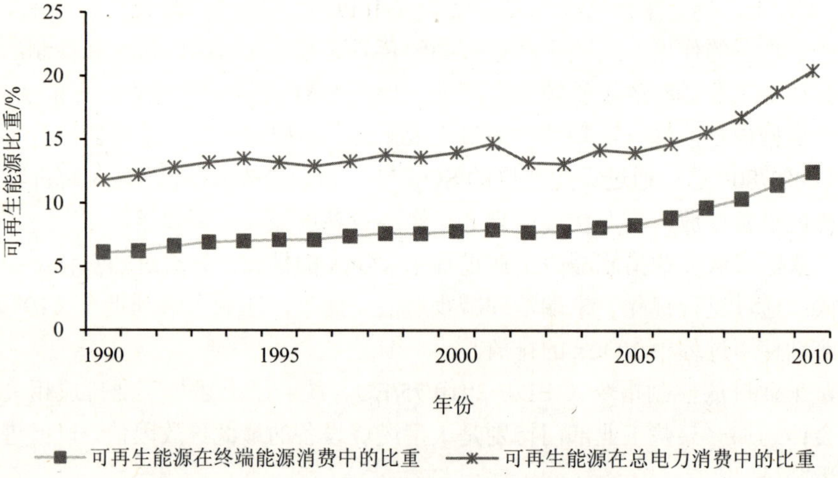

图 12　欧盟可再生能源在能源消费中比重的变化（1990—2010 年）

（4）加强农业综合管理。牛、猪和家禽养殖业和氮肥的使用占大气中 NH_3 排放量的绝大部分。欧盟在减少农业面源 NH_3 排放方面采取了一些必要的措施：①通过取消财政支持，减少家庭养殖数量；②鼓励减少氮肥的使用；③发展环境友好型农业；④实施硝酸盐指令，IPPC 指令等环保指令。虽然已经采取了一些措施，但 2000—2010 年 NH_3 排放量削减缓慢，制约了欧盟 $PM_{2.5}$ 浓度的降低。

1.5.5　对成员国提出整体要求

虽然欧盟在颗粒物污染防治政策选择方面给予了成员国极大的自由度，但仍对成员国提出了一些整体的、原则性的要求。

（1）制订空气质量改善计划。根据空气质量指令的要求，成员国应将其领土划分为若干区域和城市群，并应使用监测和模拟等技术对这些区域和城市群的空气污染水平进行评估。如果区域和城市群污染物浓度超过空气质量指令规定的浓度限值，成员国要为该区域或城市群制订空气质量改善计划和方案，以确保按期达标。为了确保不同的政策之间的连贯性，在可行的情况下，空气质量计划应与污染物排放量控制计划保持一致和协调。此外，空气质量计划可能包括旨在保护敏感人群，包括儿童的具体措施。

（2）加强监测、信息公开与应急。按照欧盟理事会决议（2001/752/CE）的规定，欧盟成员国各地区需按照人口数量、颗粒物浓度情况及其他污染物浓度情况等多种因素确定本地区最少空气质量监测站的数量。目前，大部分欧洲国家都是同时监测 PM_{10} 和 $PM_{2.5}$。按照欧盟指令的规定，空气质量信息应该向公众及时发布，同时需要制订应急预案和行动计划，即在一定情况下如果污染物浓度即将到达或超过了临界水平，政府将会采取怎样的措施在短期内做出响应。此外，成员国要保证相互之间数据、技术和信息的共享，并接受来自欧盟委员会的监督和检查。

1.6 欧盟颗粒物控制经验总结

（1）制定可接受、可实现的颗粒物污染标准。欧盟在制定颗粒物浓度标准时尤其注重对人体健康的保护，并在尽可能降低浓度与减少排放的前提下，考虑了标准的可接受性和可实现性，制定了分阶段的 $PM_{2.5}$ 浓度限值。并定期开展评估和更新，保持其连贯性与整体性，以实现长期的颗粒物控制目标。

（2）设置总量排放上限，开展多污染物协同控制。由于 PM_{10}、$PM_{2.5}$ 浓度受一次颗粒物和二次颗粒物的共同影响，欧盟一直致力于通过协同减少一次颗粒物及二次颗粒物前体物的排放，降低 PM_{10} 及 $PM_{2.5}$ 浓度。2001 年颁布的国家排放上限指令与 1999 年签署的哥德堡协议在二次颗粒物前体物的总量控制方面起到了积极作用，但由于没有提出一次颗粒物排放控制目标，导致过去十年欧洲一次 $PM_{2.5}$ 减排缓慢。鉴于此，2012 年修订的哥德堡协议增加了 $PM_{2.5}$ 的总量控制目标。

（3）成员国政策制定具有灵活性。欧盟的大气环境标准指令只规定了所要达到大气环境目标，并未限制达到指令的要求所需采取的措施或手段。因此，成员国可以在满足整体性、原则性要求的基础上，根据本国颗粒物污染的状况，灵活选择颗粒物控制措施。

（4）综合运用多种手段，有效实现污染物的减排。欧盟颗粒物污染防治手段多样：提倡节能和增加可再生能源的使用；通过最佳可行技术，对固定污染源实施全面、综合的预防与控制；制定严格的大气污染物排放标准，强化对机动车、大型燃烧设备等主要污染源的排放控制；运用经济手段，征收能源税、拥堵税等，促进生产和生活方式的转变。过去 20 年，欧洲大气污染物的大幅减排，正是归因于多种防治措施的综合运用。

（5）注重控制方案的科学性及可行性。科学评估是颗粒物控制政策制定与更新的必要条件。因此，欧盟一直致力于建立灵活和综合的信息收集机制，统一的排放清单，排放与空气质量预测模型，成本效益分析模型及综合评价模型等。

2 美国颗粒物污染与防治

2.1 美国颗粒物治理历程

20 世纪 40 年代初期发生在美国洛杉矶的光化学烟雾事件引起了美国当局对大气污染治理的高度重视。1963 年，美国国会通过首部《清洁空气法》（*Clean Air Act*），但此时尚未明确空气质量的颗粒物控制目标。1970 年，美国总统尼克松支持并签署《清洁空气法》修正案，确定执行环境空气质量标准分级制度。根据 1970 年清洁空气法修正案的规定，1971 年美国国家环保局（EPA）首次制定并颁布了涉及颗粒物浓度控制的《国家环境空气质量标准》（*National Ambient Air Quality Standards*，NAAQS），并分别于 1987 年、1997 年、2006 年和 2012 年对标准进行了修订和逐步加严。同时根据《清洁空气法》的规定，每颁发或修订一次国家空气质量标准，要求各州须制定并执行以区域空气质量达标为目的的“州实施计划”（SIP），以保障空气质量标准的顺利实施。

美国最初的颗粒物污染控制政策主要针对颗粒物整体控制，20 世纪 70—80 年代末主要以总悬浮颗粒物（TSP）为控制指标，主要对电厂燃煤机组和工业燃煤设施进行严格的环境管制。70 年代期间，由于未考虑效益成本问题，环境管制政策过于苛刻，治理成本过高，相关政策并未得到有效落实；自 80 年代开始，美国联邦政府要求在颁布相关法规前需进行效益成本分析，以保障法规的实施可取得有利的社会效益。90 年代期间，美国主要以可吸入颗粒物（PM_{10}）为控制指标，1997 年美国 EPA 重新修订国家环境空气质量，增加细颗粒物（$PM_{2.5}$）控制指标。自此，美国开始全面加强颗粒物污染防治力度，并将控制重点逐渐转向细颗粒物（$PM_{2.5}$），控制方式主要包括技术改造和总量控制。美国 EPA 先后出台了清洁空气能见度条例、清洁空气州际条例以及机动车和其他移动源的相关清洁空气法体系下游条例，对相关电厂机组、工业设施、面源以及移动源的颗粒物一次和二次排放进行了严格控制。同时，美国政府也对颗粒物公益项目如柴火炉改造计划等提供了大力支持。通过颁布一系列法规和实施严格的污染控制措施，美国颗粒物排放控制已取得了显著成效。

根据美国国家环保局发布的相关数据[1]，1990—2000 年，美国粗颗粒物（PM_{10}）年均浓度下降了 24%；2000—2012 年，美国粗颗粒物（PM_{10}）和细颗粒物（$PM_{2.5}$）的年均浓度分别下降了 27%和 33%。美国颗粒物浓度变化趋势见图 13。以加州洛杉矶为例，1955 年 9 月发生严重光化学烟雾事件，造成 400 多老人死亡。根据洛杉矶环保部门统计，洛杉矶一级污染警报（非常不健康）的天数从 1977 年的 121 天下降到 1989 年的 54 天，而到了 1999 年就消除了一级污染警报天，颗粒物治理前后经历了约 50 年的时间。

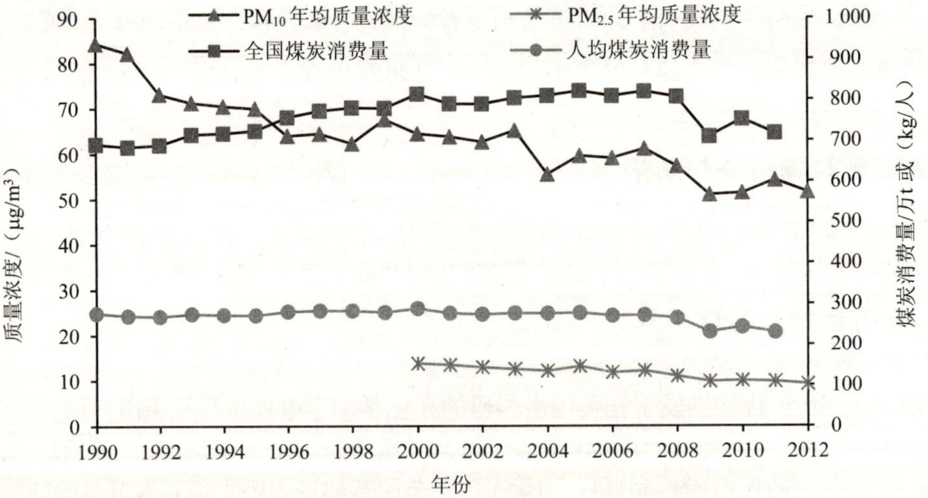

图 13 1990—2012 年美国 PM_{10}、$PM_{2.5}$ 年均质量浓度及煤炭消费变化趋势

2.2 美国颗粒物排放现状

2.2.1 颗粒物主要来源

在美国，颗粒物的排放来源主要包括道路与建筑扬尘、农业（农地扬尘、秸秆燃烧）、民用燃料燃烧、工业燃料燃烧（电力生产、工业锅炉）、工业工艺生产、道路机动车、非道路移动源（非道路燃油机、火车、飞机、船只）、废物处理、计划林火以及自然源排放（森林野火等）。

（1）可吸入颗粒物（PM_{10}）排放源。2011 年美国粗颗粒物（PM_{10}）的一次排放总量约为 2 091 万 t，各排放源的 PM_{10} 一次排放量及分布见图 14。不考虑计划林火，2011 年美国的人为一次 PM_{10} 排放量为 1 833 万 t，比 2008 年降低了 130 万 t，降低比例为 6.6%。

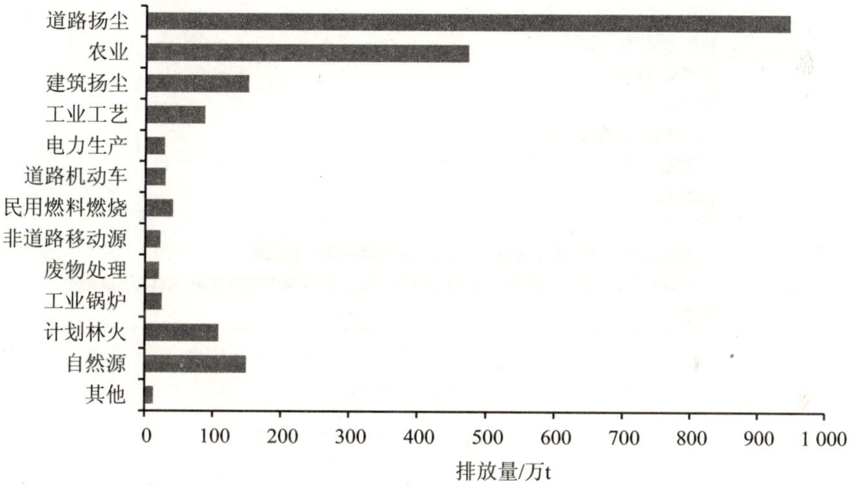

（a）PM_{10} 一次排放量对比

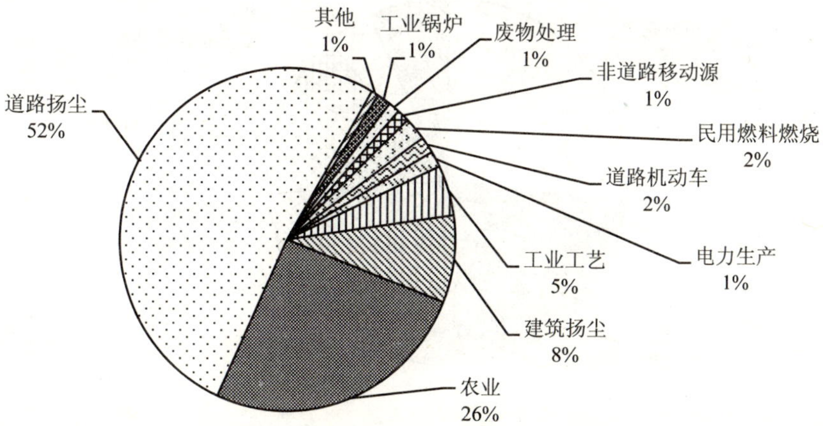

（b）各人为源 PM_{10} 一次排放比例分布

图 14 2011 年美国 PM_{10} 一次排放情况

目前，美国燃料燃烧引起的颗粒物排放已得到了有效控制，PM_{10}的最主要一次人为排放源为道路扬尘、农业、建筑扬尘和工业工艺，其PM_{10}一次排放量均超过 100 万 t，分别占人为PM_{10}一次排放总量（不考虑计划林火）的 51.6%、25.8%、8.2%和 4.7%。

（2）细颗粒物（$PM_{2.5}$）排放源。根据美国国家环保局公布的 2011 年国家排放清单[1]（National Emission Inventory，NEI），2011 年美国细颗粒物（$PM_{2.5}$）的一次排放总量约为 631 万 t，各排放源的一次$PM_{2.5}$排放量如图 15 所示。不考虑计划林火，2011 年美国的人为一次$PM_{2.5}$排放量为 412 万 t，比 2008 年降低了 25 万 t，降低比例为 5.7%。

目前，美国的人为$PM_{2.5}$一次排放的源分布较为分散，各个排放源均对排放总量产生一定贡献。其中，最大的人为源是道路扬尘和农业排放，分别占人为$PM_{2.5}$总排放量（不考虑计划林火）的 26.8%和 25.2%。

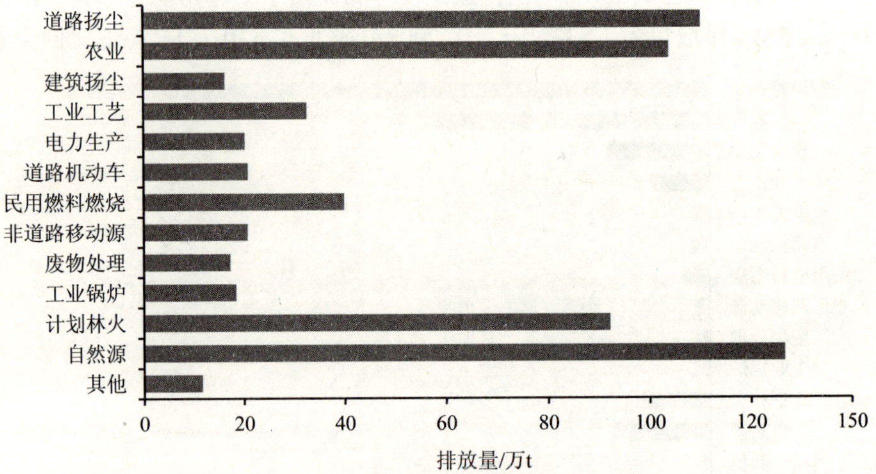

（a）$PM_{2.5}$一次排放量对比

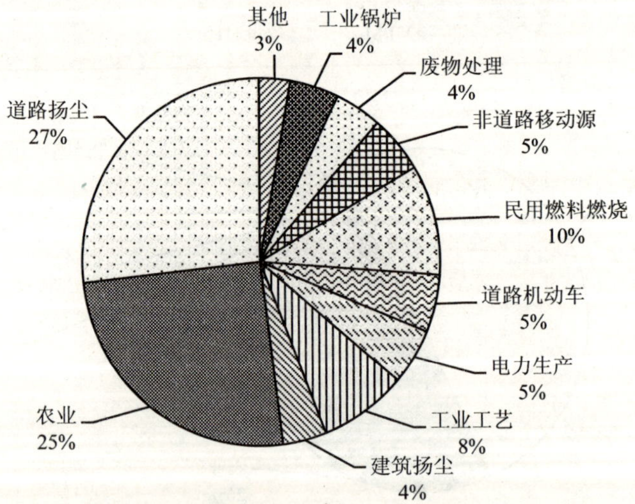

（b）各人为源$PM_{2.5}$一次排放比例分布

图 15　2011 年美国$PM_{2.5}$一次排放情况

2.2.2 颗粒物减排成效

通过对电站锅炉、工业设施、各种面源以及移动源的颗粒物及其前体物排放实施严格控制，美国的颗粒物及其前体物治理技术及应用水平得到了快速发展与改善，能源消费结构也进一步得到了调整，燃料燃烧引起的颗粒物污染得到有效遏制，颗粒物一次排放和二次排放均得到了有效控制。近 20 年来，美国颗粒物的排放量基本呈现逐年下降的趋势。

（1）能源结构逐步调整。1990—2011 年，美国的能源结构得到了逐步调整（图 16），煤炭和石油的使用占比均有所下降，煤炭在美国能源消费结构中的比重由 26.1%降低到了 23.6%，石油的比重由 41.7%下降到了 39.3%；天然气的使用比重则有所升高，由 27.3%增长至 30.3%。2000—2011 年，美国人均年煤炭消费量从 277 kg 标煤降低到了 230 kg 标煤；结合清洁空气州际条例和国际酸雨计划的环境管制，美国电厂燃料中煤炭的使用比例也呈现显著降低，从 20.7%减少到了 18.2%。煤炭消耗强度的降低，有效减少了燃煤引起的颗粒物排放（图 17）。

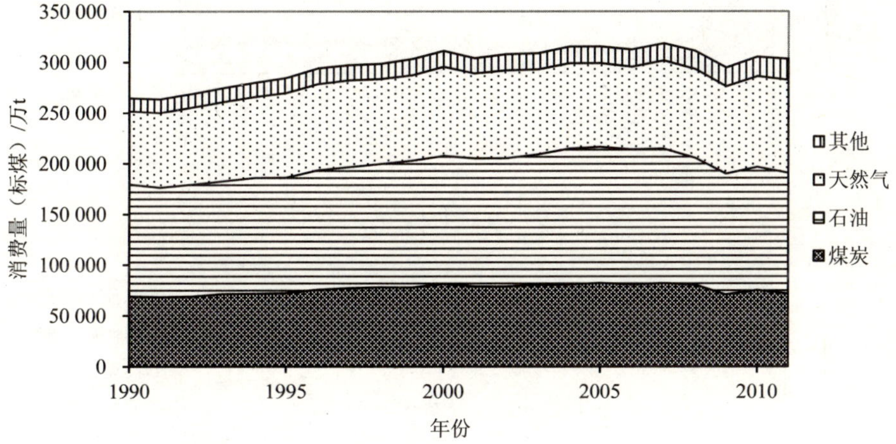

图 16　1990—2011 年美国能源消费结构变化情况

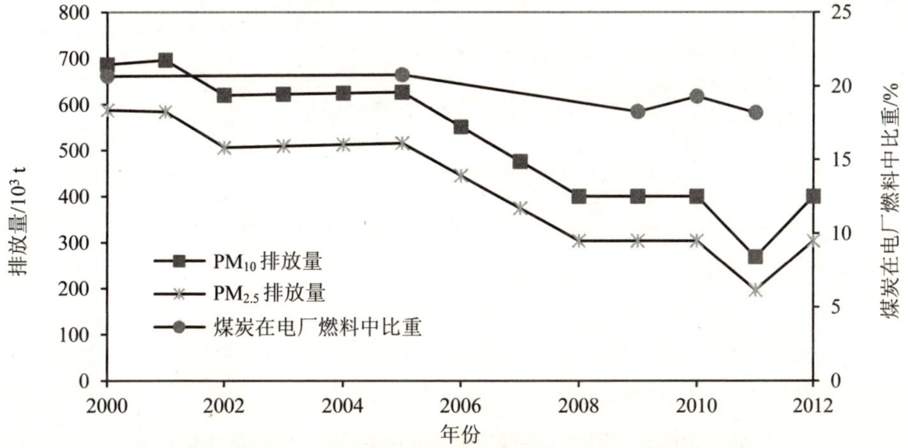

图 17　2000—2011 年美国电厂颗粒物排放及燃煤变化情况

（2）污染物排放量逐渐降低。根据美国 EPA 的排放清单模型计算结果显示，1990—2011 年，美国 PM_{10} 一次排放量下降了近 25%，$PM_{2.5}$ 一次排放量下降了近 17%；1990—2006 年，美国的 $PM_{2.5}$ 前体物 SO_2、NO_x 和 VOCs 的排放量分别下降了 11%、16%、20%和 8%。

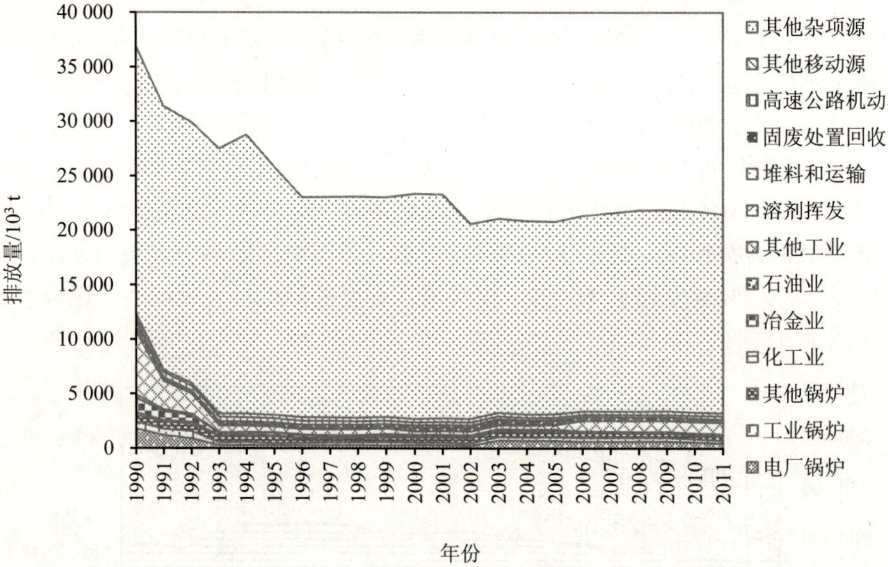

（a）PM_{10}

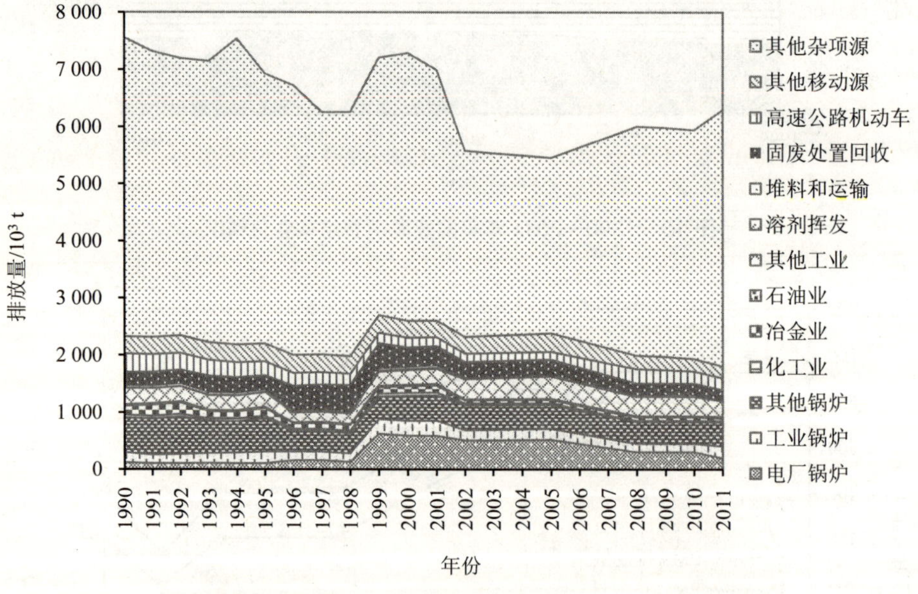

（b）$PM_{2.5}$

注：EPA 分别于 1996 年、2002 年、2005 年、2008 年、2011 年对 NEI 计算方法进行了调整；图中显示 2005 年至今的 $PM_{2.5}$ 排放量增长主要是由计算方法变更所导致的。

图 18　1990—2011 年美国 PM_{10} 和 $PM_{2.5}$ 一次排放量变化趋势

此外，美国对燃料燃烧、工业工艺、交通运输等重要的人为排放源开展重点专项治理，颗粒物减排效果十分显著。如下图所示，2000 年以来，美国 PM_{10}、$PM_{2.5}$ 以及 $PM_{2.5}$ 主要前体物的工业工艺排放量基本保持零增长；燃料燃烧和交通运输的减排成效更为显著，其排放的 PM_{10}、$PM_{2.5}$ 以及 $PM_{2.5}$ 主要前体物均有明显降低。

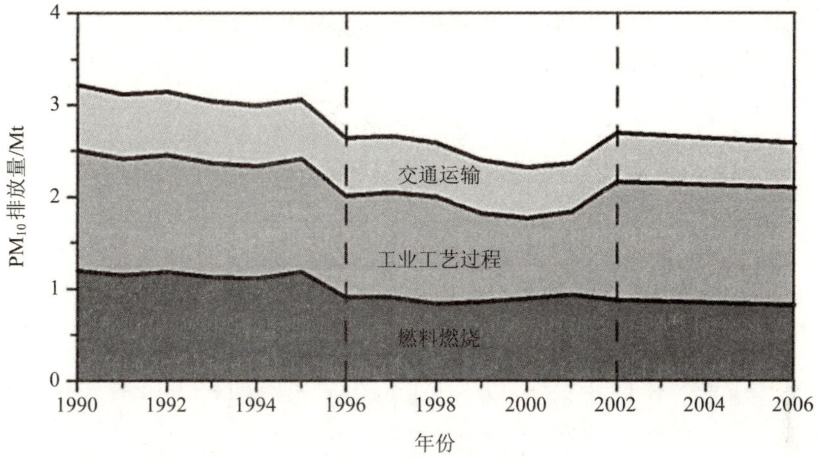

（a）PM_{10} 排放量的变化

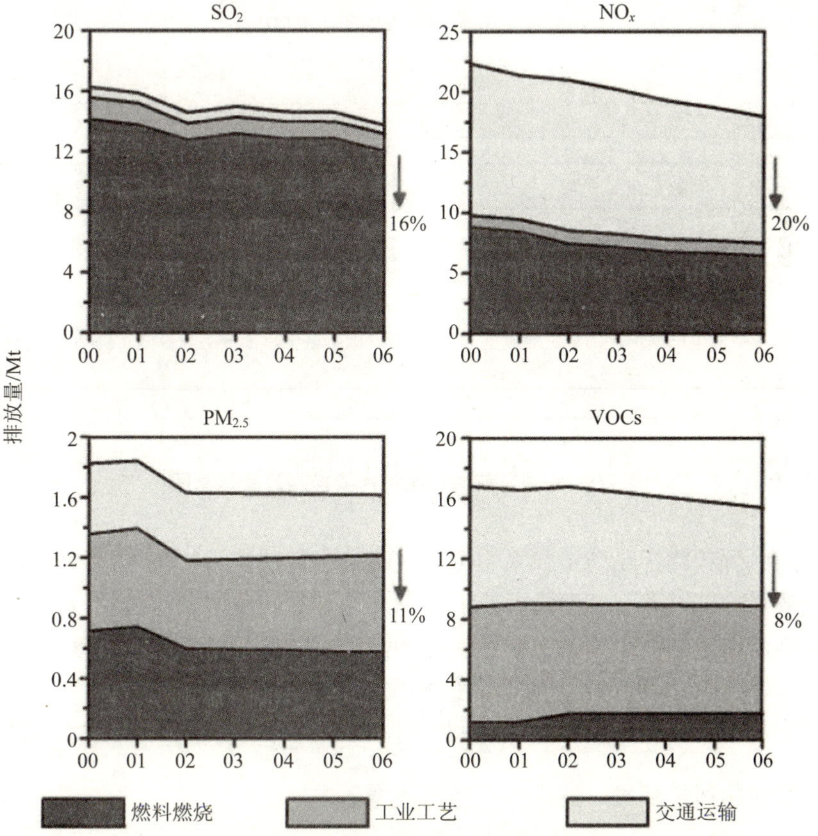

（b）$PM_{2.5}$ 及其前体物排放量变化（2000—2006 年）

图 19　美国重点人为源颗粒物排放变化

2.3 美国颗粒物污染防治措施

为了治理环境空气中的颗粒物污染，保障人民健康、改善空气能见度，美国国家环保局和地方各级政府机构在标准制定、区域治理以及民间合作等方面都开展了一系列工作，表现出了极大的决心和力度。

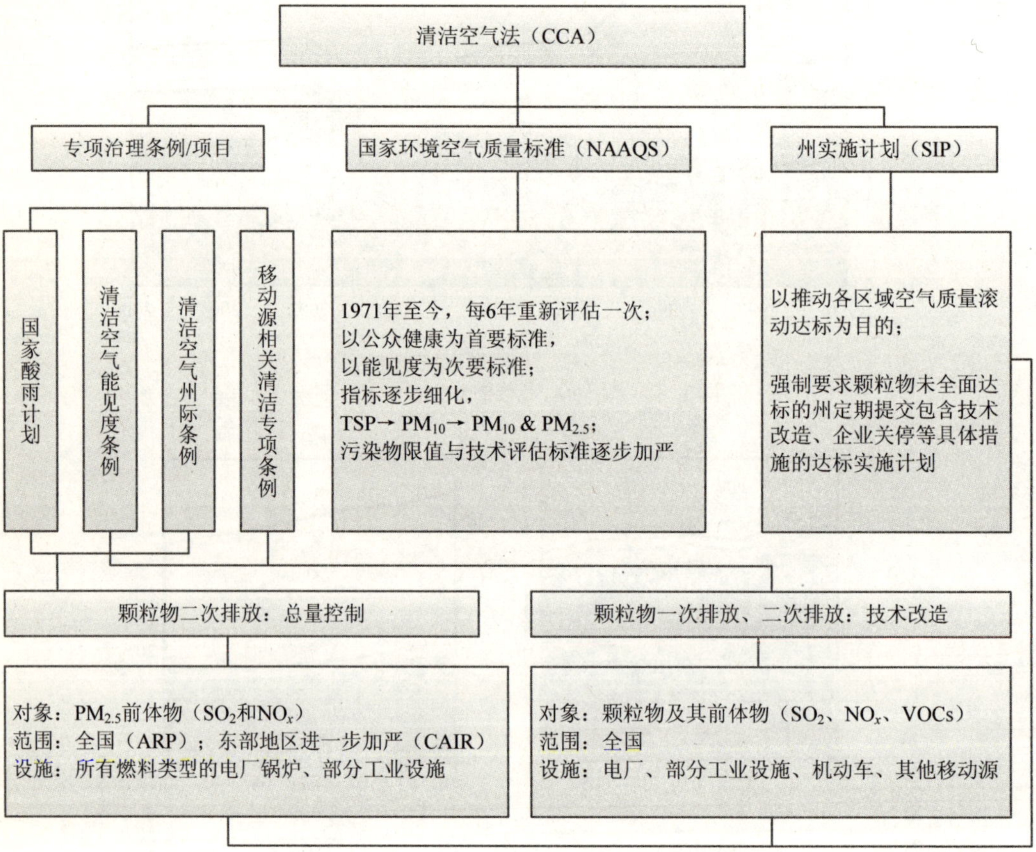

图 20 美国当前的颗粒物污染控制政策示意图

美国政府的颗粒物污染防治体系主要以《清洁空气法》为基本依据；制定并不断加严颗粒物空气质量标准，并强制要求各州实行州实施计划（SIP），配合空气质量达标改善；同时建立多项清洁空气法律体系下游条例（如清洁空气能见度条例 CAVR、清洁空气州际条例 CAIR 以及机动车和非道路移动源的相关清洁空气法体系下游条例），通过技术改造和排放总量控制，有针对性地对不同来源和不同粒径的颗粒物进行控制，控制框架见图 20。

2.3.1 制定颗粒物质量标准，逐步加严空气质量基准

1963 年，美国通过了首部空气质量管理的国家法案《清洁空气法》（*Clean Air Act*），随后分别在 1970 年、1977 年、1990 年进行了修订。1970 年时任美国总统尼克松签署的《清

洁空气法》修正案对美国的环境空气质量标准分级制度作了明确的规定，环境空气质量标准共分为两级：一级标准目标在于保护公众健康。包括保护哮喘病人、儿童以及老人等“敏感人群”；二级标准目标在于提供公共福利保护，包括保障能见度及保护动物、农作物、植被和建筑物。按照《清洁空气法》规定，美国国家环保局（EPA）为包括颗粒物在内的6 种大气污染物制定《国家空气质量标准》（NAAQS），并定期对 NAAQS 展开评估，在必要时重新修订标准，以确保可以保护环境，为民众提供充足的健康保障。

美国国家环保局于 1971 年首次设立有关颗粒物的国家空气质量标准，并分别于 1987 年、1997 年、2006 年和 2012 年对标准进行了修订。

1971 美国国家环保局颁布《1971 国家空气质量标准》，首次设立颗粒物相关的空气质量标准，考核对象为“总悬浮颗粒物”（TSP）。

1987 年美国国家环保局对 1971 年的标准进行了修订，将颗粒物考核对象由总悬浮颗粒物（TSP）变更为粗颗粒物（PM_{10}），目的为防治环境中粗颗粒物（PM_{10}）对人体健康的影响。

在公众意愿和民间组织的推动下，1997 年，美国 EPA 发布新修订的颗粒物国家空气质量标准，新增细颗粒物（$PM_{2.5}$）的相关控制标准。其中，考虑到细颗粒物浓度与其潜在致病性的关系，$PM_{2.5}$ 年均浓度限值确定为 15 μg/m³，日均浓度限值则为 65 μg/m³。此外，1997 NAAQS 保留了 1987 年确定的 50 μg/m³ 的 PM_{10} 年均浓度限值，并调整了 PM_{10} 日平均浓度限值的计算方式。

2006 年，美国 EPA 再次修订有关颗粒物的国家空气质量标准。新标准加严了（$PM_{2.5}$）日均质量浓度标准，将限值从 65 μg/m³ 降低到 35 μg/m³，并保持细颗粒物年均质量浓度标准 15 μg/m³ 不变；同时保留现有的 PM_{10} 日均质量浓度标准；但因现有研究未显示 PM_{10} 长期暴露与公众健康存在显著联系，2006 NAAQS 取消了 PM_{10} 年均浓度标准。

表 5 美国颗粒物空气质量标准变化历程（1971—2012 年）

标准发布时间及编号	首要标准/次要标准	因子	平均时间	限值/（μg/m³）
1971.4.30 36 FR 8186	首要标准	TSP	24 h	260
			1 年	75
	次要标准	TSP	24 h	150
1987.7.1 52 FR 24634	首要标准和次要标准	PM_{10}	24 h	150
			1 年	50
1997.7.18 62 FR 38652	首要标准和次要标准	$PM_{2.5}$	24 h	65
			1 年	15.0
		PM_{10}	24 h	150
			1 年	50
2006.10.17 71 FR 61144	首要标准和次要标准	$PM_{2.5}$	24 h	35
			1 年	15.0
		PM_{10}	24 h	150
2012.12.14 78 FR 3086	首要标准	$PM_{2.5}$	1 年	12.0
	次要标准		1 年	15.0
	首要标准和次要标准		24 h	35
	首要标准和次要标准	PM_{10}	24 h	150

2012 年，美国 EPA 进一步加强关于细颗粒物（$PM_{2.5}$）的国家空气质量标准，保留可吸入颗粒物（PM_{10}）标准不变。为进一步保障公众健康，基于保护公民健康目的，$PM_{2.5}$ 年均质量浓度首要标准由 15 μg/m^3 加严至 12 μg/m^3；为保障城市空气能见度，遏制城市灰霾天气产生，$PM_{2.5}$ 年均质量浓度次要标准保持原限值 15 μg/m^3 不变。

美国对颗粒物污染的控制经历了从 TSP、PM_{10} 到 $PM_{2.5}$ 的历程，当前以 $PM_{2.5}$ 的控制为主。并且标准的要求有所加严，2006 年标准修订时 $PM_{2.5}$ 日均质量浓度限值由 1997 年的 65 μg/m^3 加严至 35 μg/m^3，2012 年标准修订时 $PM_{2.5}$ 的年均质量浓度首要标准限值由 1997 年的 15.0 μg/m^3 加严至 12.0 μg/m^3。

2.3.2 实施“州实施计划”，推动区域空气质量达标

为改善区域环境空气质量，推动空气质量达到国家规定的标准，美国《清洁空气法》（CAA）规定了各州需定期向 EPA 提交以大气污染治理为目标的“州实施计划”（State Implement Plans，SIP），申请得到批准后在州内贯彻执行 SIP、配合州空气质量全面达标改善。未按时提交 SIP 或 SIP 不合格的州则会受到相应制裁。同时，针对国家制定的空气质量标准，各州实行滚动式达标。即每当新标准颁布后，尚未达到旧标准的地区仍需执行旧标准 SIP 直至其区域空气质量达到旧标准；之后再实行新标准 SIP，配合新标准达标。

（1）制订“州实施计划”。为使空气质量达到《国家空气质量标准》的要求，《清洁空气法》规定，各州需定期向美国国家环保局（EPA）提交包括颗粒物治理在内的治理大气污染的州实施计划（SIP）。每当新的空气质量标准出台，美国国家环保局要求各州根据自身情况，必须提出各自的实施计划并制定出实施新标准的具体时间表。以 $PM_{2.5}$ 为例，当 2006 年新空气质量标准颁布后，要求各州要在 2008 年前主动申报实施新版标准的时间，各州开始执行新标准的时间可以不一致，全国开始执行新标准的最后期限是 2010 年 4 月。

一般情况下，州实施计划的提交时限为国家空气质量标准颁布日期开始的 3 年内。州实施计划一般包括以下内容：大气污染物的监测情况、空气质量的核算与模拟、污染物排放清单、污染物排放控制措施的研究成果、正在开展的减排措施以及大气治理效果的定期审核报告。

此外，当美国环保局颁布新的国家空气质量标准或修订原有标准时，根据《清洁空气法》规定，EPA 需依照此标准对全国范围包含颗粒物在内的 6 种污染物进行评估，划定“达标区”与“未达标区”（区域划定细化到城市）。针对颗粒物的达标计划，EPA 规定，管辖范围包含 PM_{10}“未达标区”的各州，需在评估生效期开始 18 个月内，提交治理 PM_{10} 污染的州实施计划（SIP），使当地空气质量在规定期限内达到 EPA 指定的标准；管辖范围包含 $PM_{2.5}$“未达标区”的各州，需在评估生效期开始 3 年内，提交治理 $PM_{2.5}$ 污染的州实施计划（SIP），使当地空气质量在规定期限内达到 EPA 指定的标准。达标时间是各州确定的执行新标准时间之后 5 年之内。达标有困难的州可以申请延期 5 年达标，也就是说法律上给出了最长 10 年的达标宽限期。

美国国家环保局（EPA）负责监督以及审核各州制订的州实施计划，具体流程如图 16 所示。

（2）对不符合规范的州进行制裁。如果在规定时限内，相关州未能提交完整的州实施计划（SIP），美国国家环保局（EPA）将对其强制执行联邦实施计划（Federal Implementation Plan，FIP）或开展制裁行动。联邦实施计划（FIP）由 EPA 针对相应地区的具体情况制定，以使当地空气质量达到国家空气质量标准为目的。EPA 采取的制裁措施包括排放补偿制裁和公路基金制裁。在排放补偿制裁情况下，被制裁州需完成两倍于新增固定源排放量的污染物排放削减量；在公路基金制裁情况下，自启动制裁之日起，被制裁州的交通项目将无法获得联邦公路总署的任何资金支持。

如果相关州在规定时限内提交了完整的州实施计划（SIP）但未通过审核，美国环保局（EPA）也将对其强制执行联邦实施计划（FIP）。

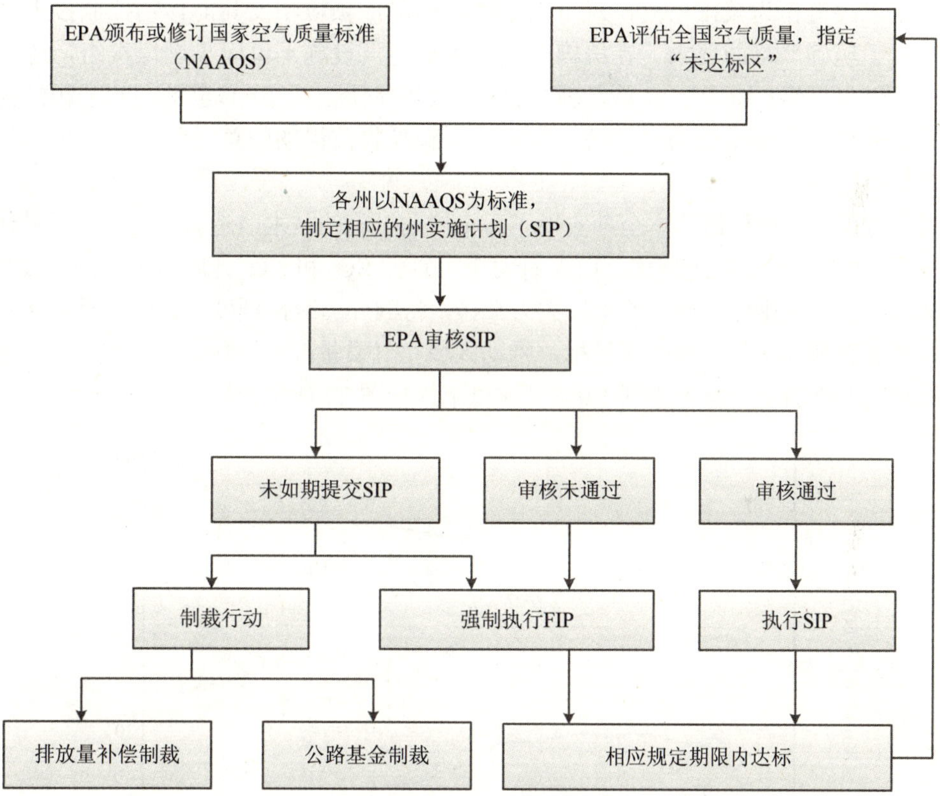

图 21　美国以大气治理为目标的州实施计划（SIP）的落实流程

2.3.3　开展重点行业减排，控制一次和二次排放

目前，美国环保局开展的颗粒物减排工作主要集中在电力、工业以及移动源三个方面，控制方式主要包括技术改造和总量控制。

针对不同行业和工业设施，EPA 公布了相应的最佳可用改造技术（BART），要求强制实施；同时，针对不同的区域，EPA 制定了相应的总量交易制度，要求各州在规定期限内达到污染物削减目标。其中，总量控制的污染物削减力度略强于实施最佳可用改造技术。

根据减排对象划分，EPA 采取的颗粒物减排方式可分为控制颗粒物一次排放和控制颗粒物前体物排放（即控制颗粒物二次排放）两种，其中，颗粒物前体物的控制工作主要集中在对 SO_2 和 NO_x 排放量的控制。

（1）电厂减排。电力和工业生产是美国大气颗粒物排放的重要来源，EPA 通过实施《清洁空气州际条例》《清洁空气能见度条例》、国家酸雨计划以及氮氧化物“州实施计划”召集令等法规和计划，对颗粒物及其前体物 SO_2 和 NO_x 在电力和工业生产中的排放量进行了严格控制。

电厂减排是美国大气污染物控制的工作重点。2002 年，美国 SO_2 排放量中的 67%来自于电力生产，NO_x 排放量中的 22%来自于电力生产[4]。为有效控制电厂的颗粒物排放，美国先后实施了大气酸雨计划、清洁空气能见度条例以及清洁空气州际条例，采用总量控制和技术改造作为减排手段，对全国范围内的电厂颗粒物及其前体物控制技术及排放标准提出了明确严格的要求。在美国，受约束的电厂设施不仅限于燃煤机组，还包括其他的化石燃料机组；此外，在总量削减目标的划定问题上，EPA 也考虑到了颗粒物污染的地域差异性，在污染更为严重的东部地区，颗粒物前提物的总量削减要求相比其他地区更为严格。

目前，美国的电厂已基本全部实现了污染控制设施的技术改造。因此，除了最佳可用改造技术（BART）的推进使用，EPA 针对电力行业 SO_2 和 NO_x 开展总量控制，鼓励进行排放交易，鼓励减排成本较低的电厂大力减排，将额外的减排额度出售给减排成本较高的电厂，从而有效地实现区域减排目标，推动区域空气质量改善。预计到 2020 年美国电厂 SO_2 和 NO_x 的排放量均会下降到 1 000 万 t 以下，如图 22 所示。

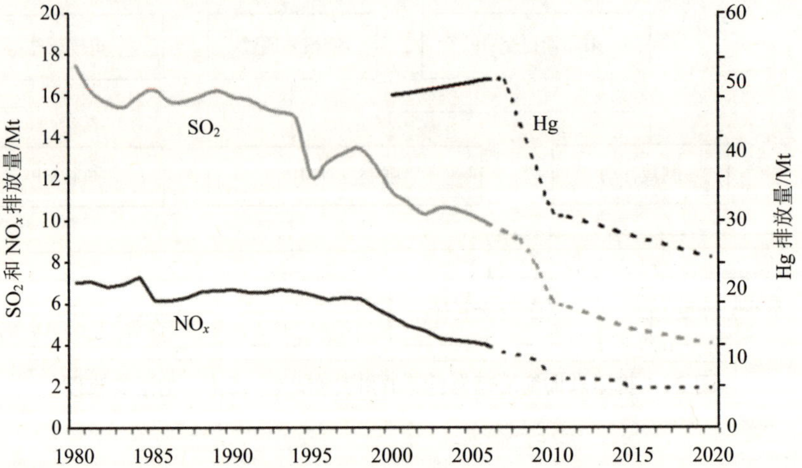

注：虚线为预测值。

图 22　1980—2020 年美国电厂颗粒物前体物排放变化

（2）机动车和非道路移动源减排。针对机动车和非道路移动源的颗粒物减排，美国 EPA 对设备制造商、燃油供应商以及使用者均建立了严格的标准要求。

针对设备制造商，EPA 要求采用最佳可用改造技术（BART）对汽油柴油发动机等设备进行替换更新，逐步严格控制设备的颗粒物及其前体物的排放标准。如 2004 年开始实施的《第二阶段汽车排放标准》，以控制颗粒物和臭氧污染为目的，对汽车尾气中颗粒物前体物（NO_x、NMOG、HC 和 VOCs）的浓度进行了严格的控制，并为各类车型作出了分阶段的排放规定。

针对燃油供应商，EPA 自 1993 年开始对柴油硫含量进行规定，并不断加严，目前 EPA 对汽油和柴油的硫含量均提出了严格的标准。2007 年出台的《清洁空气柴油卡车与柴油公交车条例》中，对柴油硫含量的要求从 500 μg/L 加严至 15 μg/L。

针对机动车使用者，EPA 要求对汽车尾气排放进行定期检测，使用者需对检测不达标的车辆进行检修直至排放达标。一些主要的颗粒物减排工作的汇总信息如表 6 所示。

表 6　美国 EPA 开展的重点行业颗粒物减排措施

减排种类	法规/项目名称以及最新修订时间	减排方式
电力及工业	清洁空气州际条例（CAIR 2005 年）	总量控制锅炉和工业设施的区域排放，削减美国东部 28 个州和华盛顿特区的 SO_2 和 NO_x 排放量的 70%，促进减少 $PM_{2.5}$ 二次排放
	清洁空气能见度条例（CAVR 2005 年）	要求实施最佳可用改造技术 BART，控制工业设施 $PM_{2.5}$ 和 $PM_{2.5}$ 前体物排放
	国家酸雨计划第二阶段（2000 年）	采用“总量控制和交易制度”实现电力行业的 SO_2 和 NO_x 减排，促进减少 $PM_{2.5}$ 二次排放
	氮氧化物州实施计划召集令（2005—2008 年）	在东部 20 个州和华盛顿特区开展 NO_x 总量减排，促进减少 $PM_{2.5}$ 二次排放
移动源	清洁空气非公路柴油设备条例（2004 年）	要求技术改造，控制建筑、农业以及工业设备的废气排放量；降低设备燃料的硫含量
	清洁空气柴油卡车与柴油公交车条例（2007 年）	要求技术改造，净化车辆柴油（硫含量由 500 μg/L 降低至 15 μg/L）；启用能够控制污染物排放的新型引擎技术
	汽车排放标准和汽油硫项目第二阶段（2004 年）	要求技术改造，建立汽车尾气排放标准；要求降低汽油硫含量
	公路摩托车以及部分非公路发动机排放标准（2005 年）	要求技术改造，控制尾气污染物排放
	机车发动机以及船舶柴油发动机排放标准（2010 年）	要求技术改造，控制尾气污染物排放

2.3.4　严格处罚措施，保证治理顺利进行

为了保障颗粒物治理工作的贯彻执行，防止违规乱纪行为的出现，美国 EPA 针对政府机构和企业单位均规定了多项严厉的处罚措施。例如，对政府机构不按时提交 SIP 的，在上文中提到，处以排放补偿制裁或公路基金制裁；对违规排放的企业处以超标罚款、特殊情况罚款不设上限等。表 7 列举了部分《清洁空气法》对企业的处罚规定：

表7　部分《清洁空气法》规定的企业处罚措施

违规内容	处罚措施
污染物排放不达标	电厂 SO_2、NO_x 或烟粉尘排放量每超标 1 t，将被罚款 2 000 美元
污染物排放不规范	对于违反《清洁空气法》污染排放规定的企业，EPA 可处以每天高达 2.75 万美元的罚款，通常情况上限不超过 20 万美元，特殊情况不设上限
数据造假	如果企业向美国 EPA 报告的数据不准确、不全面，一经查实，企业授权代表将被追究刑事责任

2.3.5　实施区域联防联控，改善区域灰霾污染

在灰霾问题的治理上，美国采取了重点保护区治理和区域治理综合进行的方法。根据空气质量状况，美国 EPA 在全国范围内指定了 156 个一级地区（国家公园和野生动植物保护区）作为灰霾问题的重点治理对象。同时根据地域和空气质量，全国范围内成立了五个民间区域治理联盟（WRAP、CENRAP、LADCO、MANE-VU、VISTAS），该五大联盟接受 EPA 的资金支持对各自区域内的颗粒物污染进行整治。考虑到颗粒物长距离传输的特性，这种区域联盟的做法冲破了州界范围的束缚，有利于开展颗粒物的多地区联合治理工作，推动区域环境空气质量的改善。下图所示为美国 EPA 指定的 156 个一级地区和五大民间联盟的在全国范围内的空间分布。

2.3.6　地方落实颗粒物防治具体工作

除了在国家层面制定颗粒物法规，美国各州的政府机构在地方层面上承担了大量的颗粒物污染控制具体工作，有针对性地根据各州的情况制订相应的防治措施。

针对所辖范围内的主要污染源以及污染严重的地区，美国各州的空气质量管理机构开展了相应的颗粒物治理工作，例如制订州颗粒物排放标准、为颗粒物法案制订落实措施以及进行控制策略研究和技术创新等。以美国颗粒物污染的典型地区加利福尼亚州和新泽西州为例，各州开展的颗粒物污染防治项目具体情况如下表所示。

表8　美国主要的州级颗粒物防治项目

区域名称	项目名称	治理重点
加利福尼亚州	加州大气资源局-《州参议院 656 法案》落实计划	木材燃烧；非农业露天焚烧；扬尘；燃烧源；堆肥
加利福尼亚州	加州大气资源局-“货物运输排放削减计划”	船舶；商业港口船；货物装卸设备；卡车、机车；工作效率；土地使用决策；港口减排
新泽西州	多机构合作“联合控制大气污染”计划	道路和非道路柴油设备；汽油轿车和卡车；非道路汽油发动机；居民生活和餐饮；固定燃烧源；VOCs 排放
加利福尼亚州旧金山湾区	旧金山空气质量管理局-餐饮业烧烤工具条例（制定中）	餐饮业烧烤工具
加利福尼亚州洛杉矶、河滨以及圣贝纳迪诺地区	南部海岸空气质量管理局的在执行项目	远期控制规划；技术创新

2.3.7 公益类项目推动空气质量改善

除了政府开展的颗粒物防治项目之外，美国政府对很多公益项目提供了大力支持，这些公益项目的开展在国家和区域层面上有效推动了颗粒物污染的空气治理工作。以一些典型的颗粒物公益项目为例，美国公益类项目对颗粒物污染的治理推动情况如下所示：

（1）柴火炉改造计划。为减少木材燃烧导致的颗粒物排放，美国国家环保局（EPA）在全国范围内的 $PM_{2.5}$“未达标区”发起了“柴火炉改造计划”（Wood Stove Changeout Campaign），采用财政激励措施倡导更换或改进燃烧木材的火炉。该计划倡导采用低排放的柴火炉或者水暖加热器替换原有的旧式柴火炉。

（2）密歇根湖区空气管理联盟（LADCO）。作为美国五大区域空气管理联盟之一，LADCO 是伊利诺伊州、印第安纳州、密歇根州、威斯康星州、俄亥俄州和明理苏达州六个州联合建立的非营利组织，在联盟州范围内就颗粒物在内的空气治理问题提供技术评估和支持，有效促进了区域空气质量改善、区域间合作以及技术能力的提升。LADCO 的资金主要由 EPA 和州政府提供支持，仅在 2010 年期间，LADCO 就获得 EPA 投入资金 110 万美元以及各州政府投入资金 75 万美元（http://www.ladco.org/about/general/fact_sheet.pdf）。

（3）臭氧传输委员会（OTC）。OTC 是基于《清洁空气法》建立的多州联合组织，针对美国东北部和大西洋中部的地面臭氧问题和运输问题，为 EPA 提供相应的控制策略支持。针对灰霾问题，OTC 成立了大西洋中部和东北部能见度管理联盟（MANE-VU），MANE-VU 也是五大空气管理联盟之一，以促进重点保护地区（如国家公园）空气能见度达到国家标准（CAVR）为目标，开展区域霾治理策略和技术研究，制订了一系列候选控制措施。

表 9 美国的典型颗粒物防治公益项目

项目发起者	开展范围	主要内容
美国国家环保局（EPA）	$PM_{2.5}$“未达标区”	改造旧式柴火炉
密歇根湖空气管理联合组织（LADCO）	伊利诺伊州、印第安纳州、密歇根州、威斯康星州、俄亥俄州、明理苏达州	技术评估及支持
臭氧传输委员会（OTC）	美国东北部和大西洋中部	控制策略研究

2.4 美国颗粒物污染防治经验总结

（1）逐步加严颗粒物浓度标准，实现分阶段治理。美国 EPA 自 1971 年将总悬浮颗粒物纳入国家空气质量标准（NAAQS）以来，定期对 NAAQS 进行评估，以公众健康为首要考虑标准，综合考虑公众健康、环境感官和经济发展的需求等多项因素，逐步加严颗粒物浓度标准限值，实现分阶段的颗粒物污染治理。

（2）实施“州实施计划”，落实达标任务。达标治理是美国空气质量控制中十分重要的环节，美国 EPA 通过“州实施计划”（SIP）将空气质量达标任务落实到地方政府，限定达标期限，同时对地方政府制定严厉的违规处罚规定，以此为基础开展包括颗粒物治理在内的大气治理工作。

（3）制定多个专项法规，控制重点行业排放。美国 EPA 制定了多项专项法规如 CAIR、CAVR，有针对性地对重点行业的颗粒物以及细颗粒物前体物的减排技术、排放标准以及减排目标等做出了明确严格的规定，通过技术改造和总量削减的方法对颗粒物一次排放和二次排放进行严格控制。目前美国针对颗粒物排放已实施严格控制措施的行业主要集中在电力、工业和移动源。

（4）严格处罚措施，加大执法力度。为保障大气治理条例的贯彻执行，美国政府制定了多项严厉的处罚措施，就颗粒物治理工作的规划和实行，对政府机构和企业均作出了相应规定，以防止违法乱纪行为的出现。

（5）加强民间合作，推动区域大气治理。除了国家和地方政府的大气治理工作，美国民间存在很多公益组织，受到了 EPA 的大力支持，对区域空气质量改善的策略和技术研究以及治理工作的推动作出了很大贡献。例如在全国范围内成立的五大区域空气治理联盟（WRAP、CENRAP、LADCO、MANE-VU、VISTAS），打破了州界的束缚，有利于颗粒物治理工作的开展，推动区域空气质量的改善。

3 日本颗粒物污染与防治

1960 年左右，日本国内石化工厂附近患哮喘类疾病的病人数量激增，大气污染问题由此开始得到日本政府的注意。1968 年，日本政府颁布了《大气污染控制法》（the Air Pollution Control Law），法案中规定通过控制工厂及机动车排放的尾气中颗粒物的含量来保护大气环境。

3.1 日本颗粒物污染现状

日本 1973 年制定的悬浮颗粒物（suspended particulate matter）标准为小时平均值不得超过 0.20 mg/m^3，并且小时平均值的日平均值不得超过 0.10 mg/m^3。日本 2009 年制定的 $PM_{2.5}$ 标准为年平均值不得超过 15.0 μg/m^3，并且在指定监测站的日平均浓度每年须有 98% 以上小于等于 35 μg/m^3，这相当于世界卫生组织《空气质量准则》第三阶段的水平。

经过多年的治理，日本空气质量有明显提升，表 10 与图 23 显示了日本空气中悬浮颗粒物浓度随年份的变化。图 23 中的纵轴为不同监测站（RAPMSs 与 APMSs）所测量的悬浮颗粒物浓度年平均值的达标比例。

表 10 日本大气中悬浮颗粒物的年平均质量浓度　　单位：mg/m^3

年份	1974	1980	1990	2000	2005	2006	2007	2008
RAPMSs	0.058	0.042	0.037	0.031	0.027	0.026	0.024	0.022
APMSs	0.162	0.053	0.05	0.04	0.031	0.03	0.027	0.026

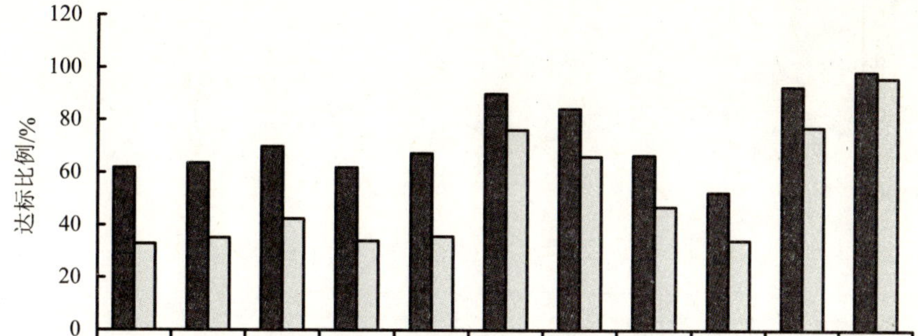

	1994	1995	1996	1997	1998	1999	2000	2001	2002	2003	2004
■APMS	61.8	63.5	69.8	61.9	67.3	90.1	84.4	66.6	52.5	92.8	98.5
□RPMSS	32.9	35.2	42.4	34	35.7	76.2	66.1	47	34.3	77.2	96.1

图 23　日本空气质量监测站测量的悬浮颗粒物质量浓度达标比例

近几年日本大气中 $PM_{2.5}$ 的浓度监测数据与源解析结果显示，日本未来在全国范围内，特别是在大城市的市中心地区，$PM_{2.5}$ 达标仍有一定难度。

图 24 展示了日本自 2001 年至 2010 年日本 $PM_{2.5}$ 年平均值的变化情况。图 24 中横坐标代表时间，纵坐标代表 $PM_{2.5}$ 的浓度（$\mu g/m^3$），三角代表道路监测站测得的数据，圆点代表在市区的一般监测站测得的数据，方块代表在非城市地区的一般监测站测得的数据。从图 24 可以看出，虽然 $PM_{2.5}$ 的年均浓度大致上呈逐年下降趋势，但在道路附近与城区，$PM_{2.5}$ 的年均浓度距离达标（15 $\mu g/m^3$）仍有一定距离。

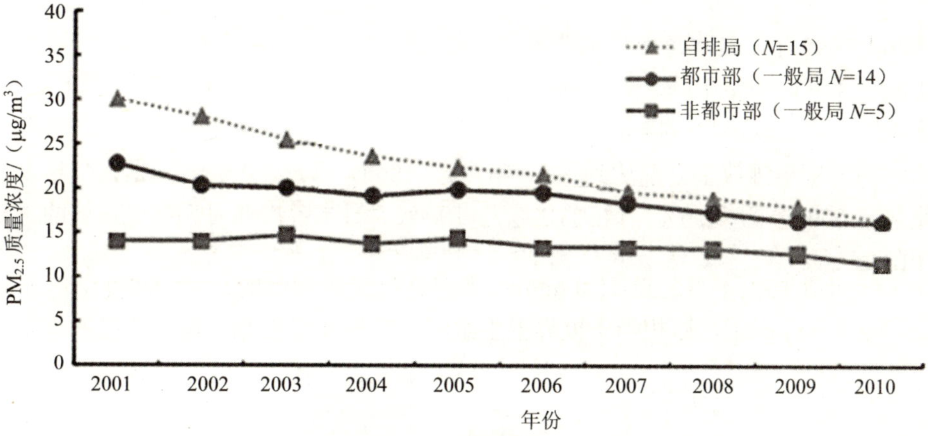

图 24　日本 $PM_{2.5}$ 年平均值的变化情况（2001—2010 年）

图 24 展示了东京都千代田区 2012 年 12 月至 2013 年 1 月 $PM_{2.5}$ 的日均质量浓度变化。图中横坐标代表时间，纵坐标代表 $PM_{2.5}$ 的质量浓度（$\mu g/m^3$），折线表示监测站测得的 $PM_{2.5}$ 日均质量浓度，横线表示质量浓度为 35 $\mu g/m^3$，是日均质量浓度的达标标准。由图 25 可见，在这两个月中，东京都千代田区 $PM_{2.5}$ 的日均质量浓度不仅有超标的情况，而且约有一半的时间其值高于年平均质量浓度的达标值（15 $\mu g/m^3$）。

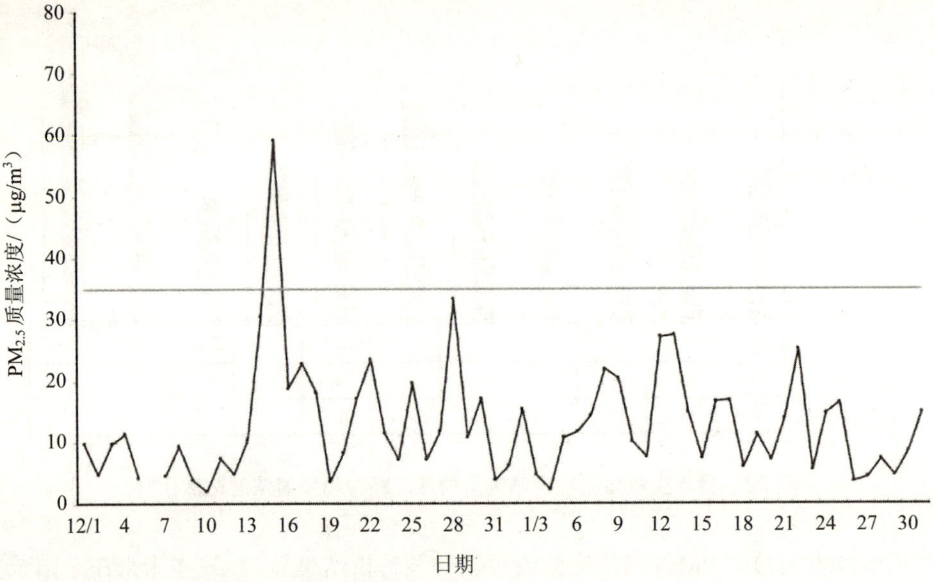

图 25　东京都千代田区 $PM_{2.5}$ 日均质量浓度变化（2012.12—2013.01）

3.2　日本颗粒物排放状况

3.2.1　本地源的构成

1986—1995 年，日本每年的烟粉尘排放量都维持在 10 万 t 左右。直到 1996 年，烟粉尘年排放量才开始稳步下降。到 2008 年，日本的烟粉尘年排放量已低于 5 万 t。

现阶段，对日本烟粉尘排放影响最大的三大行业为电力、钢铁与造纸。2008 年，这三大行业的烟粉尘年排放量分别达到了 10 767 t、7 106 t，以及 4 967 t，分别占当年烟粉尘总排放量（47 660 t）的 22.6%、14.9%，以及 10.4%。日本各产业对烟粉尘排放的贡献详细情况如图 26 所示。

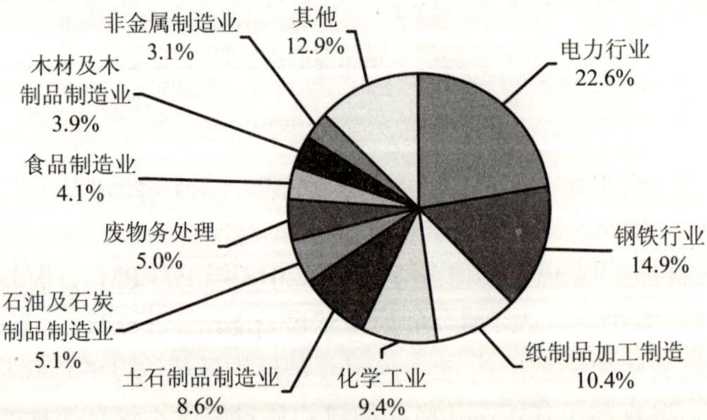

图 26　日本各产业的烟粉尘贡献比例（2008 年）

3.2.2 海外污染源的影响

东亚地区许多发展中国家在发展的过程中也排放了大量大气污染物，日本有研究显示这些来自其他国家的，特别是中国的大气污染物会飘洋过海对日本本土造成影响。例如，2007 年 5 月，日本九州地区的光化学烟雾浓度非常高，一项研究显示这一时期九州地区 40%的大气污染物源自中国。因此，海外源贡献的 $PM_{2.5}$ 对日本本土的影响不可小视。

3.3 日本颗粒物污染防治政策

3.3.1 强化环境监测

日本的空气质量监测主要由地方政府执行。监测站分为道路监测站（roadside air pollution monitoring stations，RAPMSs，日语为自動車排出ガス測定局）与一般监测站（ambient air pollutions monitoring stations，APMSs，日语为一般環境大気測定局）两种。截至 2009 年 3 月底，日本境内已有 438 个道路监测站与 1 549 个一般监测站。并且，监测数据会由日本环境省（Ministry of the Environment，日语为環境省）在网上统一公布。

日本环境省自 2010 年 3 月起要求地方政府将 $PM_{2.5}$ 列入不间断监测的污染物名单中，以便对 $PM_{2.5}$ 的组分进行分析及制订相应的防污措施，预计在 2013 年年底左右建成 $PM_{2.5}$ 的不间断监测体系。另外，日本政府确立了使用过滤法来作为测量 $PM_{2.5}$ 质量的标准测量方法以及不同测量方法之间的等价性。在 2011 年 7 月，日本环境省制订了 $PM_{2.5}$ 的成分分析方法来研究各种前体对大气中 $PM_{2.5}$ 的贡献比例。

3.3.2 工业污染防治

在日本，颗粒物污染的主要来源为工厂与机动车。工厂的国家排污标准由环境省制定，但各县有权在自己的辖区内制定更为严格的排污标准。县政府与大城市的市政府有责任保障排污标准的执行。任何人新建工厂都需要向当地政府上报拟使用的设备。若当地政府认为其所用设备不能达到排污标准，将会通知工厂所有人并要求其修改计划。所有正在运行的工厂都有义务根据环境省的技术要求测量并记录污染物的排放量。若当地政府发现其排污量经常超标，将会要求工厂负责人采取措施改进生产工艺。

3.3.3 机动车污染防治

针对机动车尾气造成的颗粒物污染，日本环境省于 2002 年将颗粒物浓度限值加入到了机动车与其他类型发动机（如建筑用机械）的尾气排放标准中，并联合其他相关省厅来保障这些标准得以顺利执行。另外，为削减机动车氮氧化物与颗粒物排放总量，同时也出于对国家削减颗粒物污染速度的不满，东京、埼玉等机动车密集区于 2003 年出台了更为严苛的法令来控制柴油卡车与客车尾气造成的颗粒物污染。不能满足尾气排放标准的机动车必须安装特殊的过滤器，否则禁止上路。

为减少机动车尾气造成的大气污染，除制定法律法规外，日本环境省还采取了一系列非强制性措施，如①积极促进新型低污染车辆的审核通过；②加速老型高污染车辆的淘汰与尽量减少这些车辆的使用；③向公众宣传并推广环保驾驶方法，如避免突然加速，匀速行驶，使用发动机制动，少使用空调，注意道路交通信息等；④向公众宣传车辆正确的维护保养方法，如注意尾气过滤器的清洗与更换，选择适当的发动机润滑油，保持适当的轮胎压力；⑤推广政府与企业、企业与企业之间的合作，以促进联合运输，减少运输车辆的使用及尽量避免空车返回；⑥向企业宣传推广高效运输模式，减少运输频次，尽量避免选择拥堵路段作为行驶路线，标准化产品包装以便于装卸；⑦促进运输模式多样化，如推广铁路运输与航路运输，以减少对环境的污染；⑧推广并鼓励低污染出行方式，如公共交通、自行车、步行；⑨鼓励政府与企业通过第三方物流公司来运输货物，以提高运输效率。

3.4 日本颗粒物控制环境收益

一个有关东京颗粒物控制规划的效益分析案例显示（A. Scott Voorhees，2007），日本政府 1975—1998 年通过采取措施控制颗粒物污染，仅在东京一地，由于空气质量的提升，平均每年在 30 岁以上人群中减少了 3 900 例过早死亡，且减少了数万例呼吸道疾病的出现与数十万例呼吸道疾病的发作。考虑到空气质量改善前成人与儿童在医疗上的花费，以及由于误工而造成的经济损失，颗粒物污染防治政策在东京地区的年平均收益高达 380 亿美元。相较之下，这段时期每年由于实施这些政策所增加的成本约为 19 亿美元，即成本收益比约为 1∶20。由此可见，先前的颗粒物污染控制政策在东京地区是十分具有经济效益的。

3.5 日本颗粒物控制未来重点

未来几年，针对 $PM_{2.5}$ 污染，日本政府所要采取的措施主要体现在三个方面：加强对 $PM_{2.5}$ 污染的成分分析与源解析工作，在不同地区的不同季节控制不同的重点源；发展并完善全国范围内的 $PM_{2.5}$ 不间断监测网络体系；加强对企业及普通民众的教育宣传工作。

4 加拿大颗粒物污染与防治

4.1 加拿大颗粒物污染现状

加拿大环境部（Environment Canada）始建于 1971 年，而加拿大对空气中颗粒物的浓度监测则始于 1969 年。1969 年，加拿大国家空气污染监督项目（National Air Pollution Surveillance Program，NAPS）正式启动。当时，只有安大略、魁北克、英属哥伦比亚等 8 个省加入了此计划。NAPS 于 1972 年发布了第一份年度总结，总结中公布了二氧化硫与颗粒物的测量值。现今，NAPS 已拥有 286 个站点，涵盖了加拿大的所有省。并且，一个典型的城市站点可以测量至少 340 种化学物质在空气中的浓度。图 27 展示了 NAPS 测量得出的加拿大从 1970—2008 年每年的年均 PM 质量浓度值。从图 27 可以看出，1970—2008 年，加拿大空气中的颗粒物质量浓度下降了 50%以上。

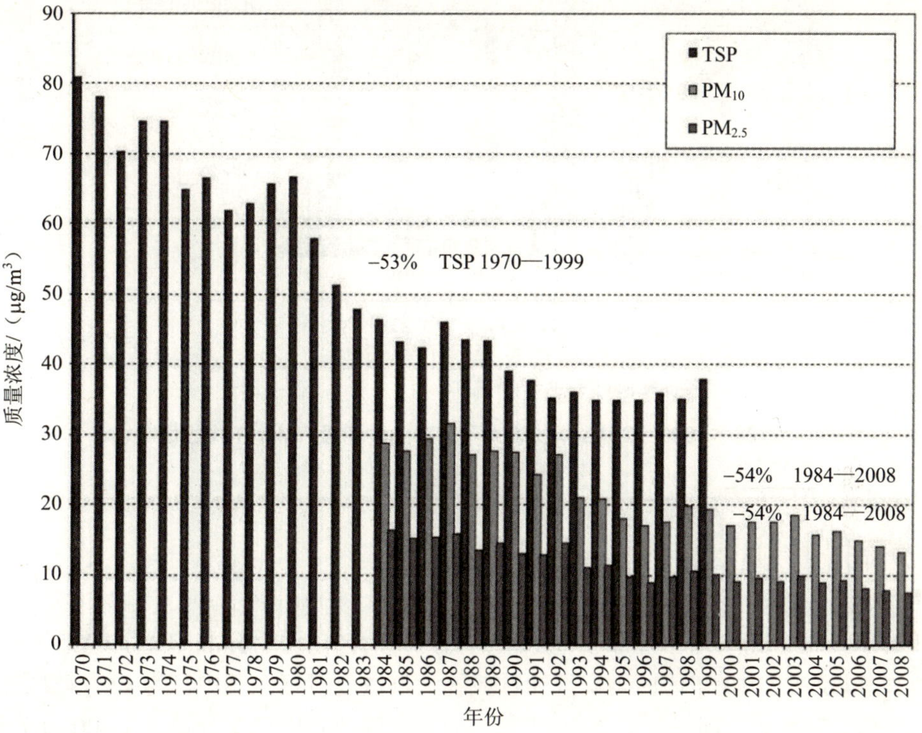

资料来源：摘自加拿大环境部网站。

图 27 加拿大年均颗粒物质量浓度值（1970—2008 年）

4.2 加拿大 $PM_{2.5}$ 排放状况

加拿大对 $PM_{2.5}$ 的污染防治工作起步相对较晚。1998 年，$PM_{2.5}$ 被列入化学物质优先研究名单。在对其进行了毒物学研究之后，2000 年，$PM_{2.5}$ 被列入有毒物质名单，这才为加拿大政府制定全国的 $PM_{2.5}$ 标准打下了基础。而一直到 20 世纪 90 年代末期，加拿大才开始在全国范围内对空气中 $PM_{2.5}$ 的含量进行监控。

在不考虑开放源的前提下，1990—2000 年，加拿大初级 $PM_{2.5}$ 的年排放量下降了 21%，由每年 45.5 万 t 下降到了每年 36.1 万 t。其中，工业部分一直是最大的污染来源，1990 年占总排放量的 44%，2000 年占总排放量的 39%；通过燃烧木柴为房屋取暖则是第二大污染源，1990 年占总排放量的 26%，2000 年占总排放量的 29%。预计由于木柴燃烧以及工业部分的排放增加，截至 2015 年，加拿大初级 $PM_{2.5}$ 的年排放量将比 2000 年上升 6%，达到每年 38.2 万 t。具体情况如图 28 所示。

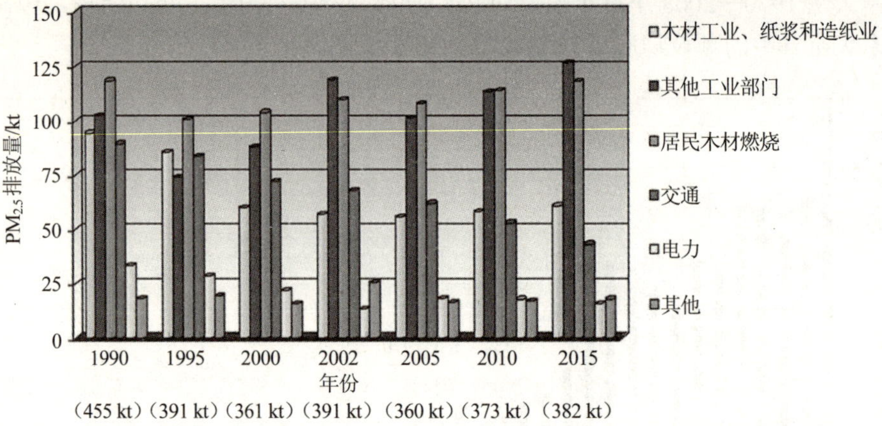

注：年份下面括号内的数值表示该年份内总的初级 $PM_{2.5}$ 排放量。

图 28　1990—2015 年加拿大不同产业的初级 $PM_{2.5}$ 年排放情况

4.3　加拿大空气质量监测

2000 年 6 月，加拿大环境部颁布了颗粒物污染的全国通用标准（简称 CWS）（魁北克省除外），以及在 2010 年前应当实现的颗粒物大气浓度目标，其中，为 $PM_{2.5}$ 设定的质量浓度目标为 30 μg/m^3。同时，自 2000 年起，加拿大联邦政府已累计投入 1 400 万美元进行现有空气质量监测站的设备升级与修建新的监测站。现在加拿大国家空气质量检测网络分布在全国 172 个区域、共含有 260 个监测站，其中 189 个位于城市区域，71 个位于乡村区域。从 2000 年颁布 CWS 以来，加拿大境内可以测量空气中 $PM_{2.5}$ 浓度的监测站数目已大约翻了 3 倍，截至 2005 年共有 145 个，这也意味着加拿大所有人口超过 10 万的区域均可监测并上报 $PM_{2.5}$ 的空气浓度。

通过选取每年前 98%的 $PM_{2.5}$ 测量数据进行年平均，在对 2001—2003 年的数据进行平均，可以发现加拿大大部分测量站点测得的 $PM_{2.5}$ 的 3 年平均值为 11～30 μg/m^3，只有 3 个站点的 3 年平均值处在较低的 7～10 μg/m^3。所测 3 年平均值超过 30 μg/m^3 的站点主要处于安大略省和魁北克省南部，其次在亚特兰大省也有分布，另外，在英属哥伦比亚省内也有一个站点测得的 $PM_{2.5}$ 的 3 年平均值超过了 30 μg/m^3。

对 $PM_{2.5}$ 化学组分分析的结果显示，2003 年 2 月至 2005 年 8 月，加拿大境内 $PM_{2.5}$ 的主要成分为无机碳与有机碳，其次是硫元素与氮元素（主要以铵盐形式），更为次要的成分包括土壤元素与盐。

4.4　加拿大颗粒物污染防治政策

对于颗粒物污染的防治，加拿大环保部门的政策主要体现在以下几个方面：

4.4.1 国家层面为应对颗粒物污染采取的政策

设定达标标准（目前 $PM_{2.5}$ 日平均值的达标标准为 30 μg/m^3，日平均值的测量是从第一天的午夜到第二天的午夜，选择 3 年的数据、每一年的前 98%做平均）。现阶段加拿大对 $PM_{2.5}$ 主要测量手段有 TEOM 与 BAM 两种，由于这两种测量手段会得出不同的 $PM_{2.5}$ 测量值，对于不同测量方法所得结果的换算关系也在研究制定中。由于加拿大政府认为 $PM_{2.5}$ 和 PM_{10} 对人类健康的影响多体现为非致命作用，故在现阶段暂不制定 $PM_{2.5}$ 和 PM_{10} 的达标标准，直至以后有新的科学研究表明有必要制定 $PM_{2.5}$ 和 PM_{10} 的达标标准。

（1）上报空气质量监测数据。规定各行政辖区上报空气质量监测数据（每一个超过 10 万人口的行政辖区均设有固定空气质量监测站，在部分大城市还设有移动空气质量监测站，这种移动型的监测站可以在城市的街道上边移动边进行污染物的测量，如图 29 所示）。

图 29　加拿大的移动型空气质量监测站

规定各行政辖区每年上报一次改善空气质量项目进展情况，其中，人口超过 10 万的行政辖区有义务上报，人口超过 50 万的行政辖区可将自身分割为多个子区（每个子区都须设有空气质量监测站），将每个子区的进展情况上报，人口不足 10 万的行政辖区自愿上报。

（2）提交环境报告。规定各行政辖区每 5 年提交一份总的环境报告，报告中需包含以下信息：①针对烟尘污染采取的治理措施及其效果。②为了确保空气质量可以连续提高与保护清洁地区（如国家公园等）不受污染所采取的措施。③在空气质量监测与科学研究方面展开的合作。④对于颗粒物污染的来源与未来发展趋势的分析。⑤对辖区内每一个社区颗粒物污染浓度与发展趋势进行评估，指出哪些社区污染已超标或即将超标（与标准相差不足 10%）。⑥若没有达标，但如果行政辖区能证明外来污染物为本地空气不达标主要原因，以及辖区政府已采取最大努力来减少辖区内的污染排放，则应视为达标。⑦规定中央政府有义务分析与美国边境处（500 km 以内）的颗粒物浓度以及变化趋势，对美方所采取的减少边境区域颗粒物排放政策的有效性以及加方为确保减排量所作出的努力进行评估。⑧政府每年要收集并向民众公布全国污染物排放清单，其中涉及 300 多种污染物，包括工业以及商业设施污染物排放情况。自 2001 年起，所有企业都必须上报其颗粒物排放情况。

⑨进行各种污染物排放总量的统计，精确到市一级，并对今后污染物排放总量的变化趋势作出预测。

4.4.2 针对运输业造成的大气污染所采取的措施

自 2001 年起，加拿大政府制定了一系列法律法规来治理由运输业造成的污染，其中包括：

（1）汽油含硫量控制：法令规定汽油含硫量年平均值不得超过 30 mg/kg，最高值不得超过 80 mg/kg（2005 年起生效）。

（2）通过将加油站的加油速率限制在不超过 38 L/min 来减少苯与 VOCs 蒸发的速率（2001 年起生效）。

（3）限制在公路、铁路、海路运输时所使用的柴油中硫的含量。

（4）2004 年 1 月 1 日起生效的法令为 2004 年及以后生产的机动车制定了更加严格的排放标准。

（5）为 2005 年及以后生产的 19 kW 以下的小型发动机（如剪草机、轻型伐木机等）制定排放标准。

（6）2006 年 1 月 1 日起生效的法令将制定更加严格的建筑、农业、采矿及林业器械的烃类、一氧化碳和颗粒物污染排放标准。

（7）与美国政府合作，寻求在北美的部分海岸线与内陆河流湖泊中的航道上建立特别区域，在这些区域中所用燃油的含硫量限制在 1.5%～4.5%。

（8）加拿大交通部投资支持对航空运输中噪声及气体污染减排的研究，并在 2005 年 5 月与加拿大航空协会达成减排温室气体的协定。

（9）在加拿大部分省（如英属哥伦比亚省与安大略省），要求机动车进行周期性的排放量检查并将其作为驾驶许可的一部分。

（10）老型机动车只占加拿大所有机动车的 10%～15%，但却对机动车颗粒物排放总量贡献 50%左右。因此，加拿大环境部在全国多个区域持续提供奖励机制来加速老旧机动车的报废。例如，如果有人拥有一辆 1994 年之前生产的机动车，他如果选择将其报废，便可获得在购买新车或自行车时能够使用的资金补助。

（11）对长期空气质量提升提出警告：由于全国机动车总里程数随加拿大总人口增加而上升，以上所列举的制度的效力是有限的。从长期来看，这些制度所发挥的效力将无法抵挡里程数的大幅攀升。预计在 2020 年前后，如果不采取进一步污染防治措施，由于里程数的大幅增加，运输业的年污染排放量将由逐年下降变为逐年上升。

4.4.3 工业与燃烧木柴造成的大气污染所采取的措施

针对工业与燃烧木柴造成的污染，采取如下措施：

（1）加拿大政府出台了地方法则规范，为愿意进行木柴燃烧设备管理的地方政府提供了制定法则的指导。

（2）对造纸、伐木、炼钢等重污染行业进行污染普查，并对每一行业进行污染排放量的调查与预测，同时提出污染减排的建议措施。

（3）设立加拿大酸雨项目，为加拿大东边的 7 个省设立了 230 万 t 的二氧化硫年排放总量。虽然这一标准在 1999 年到期失效，但这 7 个省的二氧化硫年排放总量在 2003 年的时候依然比这一标准低 29%。在 1998 年 10 月又颁布了新的法规，旨在为 2000 年之后的二氧化硫与氮氧化物减排设定目标。由于二氧化硫与氮氧化物可以产生二次颗粒物，这二者的减排对减轻颗粒物污染也有积极意义。然而，湖泊的酸度并没有出现明显的改善，鱼类及其他水生生物也并未如预期的出现数量上的恢复。要想彻底解决加拿大东部的酸沉降问题仍需更多的努力。

（4）基于对当时最有效的减排技术的调查研究，在 2003 年 4 月，加拿大政府颁布了法规，规定了所有于 2003 年 4 月 1 日之后投入商业运行的发电站的二氧化硫、氮氧化物与颗粒物的排放标准。

（5）在 2006 年 4 月，加拿大政府颁布了法规，对金属冶炼行业提出二氧化硫以及颗粒物的减排要求。

4.4.4 政府行政及其他方面采取的防治措施

（1）在 2005 年 4 月成立了政府绿色行政办公室，这一办公室的作用在于领导并推动政府各部门绿色行政，从而提高政府在环境方面的表现。另外，许多政府设施也加入到了温室气体减排的项目中。

（2）自 2002 年起，安大略省环保部门鼓励员工实行低碳或无碳的交通方式，特别是在颗粒物污染超标的时期。

（3）通过教育及财政支持让农民采用更环保的生产技术。同时，政府投资研究农业生产如何对空气质量产生影响以及如何尽可能的消除负面影响。

（4）投资于环保新技术的研究，如设立加拿大可持续发展技术基金会，来支持绿色生产技术的发展与演示，以及设立能源研究与发展项目，进行可再生能源的研究。

（5）加拿大环境部与卫生部联合进行环境质量与健康关系的研究，其主要研究成果包括对加美边境颗粒物传输的研究，以及对次级颗粒物形成的研究。

（6）通过多种方式加强普通民众环保意识，如设立清洁空气日，提升公民对空气污染的认识以及建议公民在只有一人出行的时候改用低碳交通方式，还有通过在对环境污染小的商品外包装上增加环保标示来帮助消费者进行选择，以及向公众提供加拿大全境 48 小时的空气质量预报。

5 发达国家颗粒物污染防治经验与启示

5.1 发达国家颗粒物防治经验

（1）严格的环境质量标准。20 世纪七八十年代开始，欧美国家开始发布量化指标限制空气中颗粒物的浓度。起初，欧美空气质量准则对颗粒物的限定比较笼统，没有对颗粒物的大小进行细分。自 20 世纪 80 年代以来，欧盟开始致力于监控空气颗粒物。2005 年，欧盟关于限制 PM_{10} 的法令生效；2010 年，对 $PM_{2.5}$ 的监控标准生效。目前，欧盟的空气质量标准包含对 PM_{10} 年均浓度与日均浓度、$PM_{2.5}$ 年均浓度的要求，是世界上对 PM_{10} 监控标准最严格的地区之一。欧盟 PM_{10} 日均浓度限值（50 μg/m^3）已达到世卫组织（WHO）所设定的准则值标准。1987 年，美国环保局首次制定了针对 PM_{10} 的限定标准。1997 年，美国在《国家环境空气质量标准》中增加了对 $PM_{2.5}$ 浓度上限的要求。2006 年，美国修订空气质量标准，对 $PM_{2.5}$ 浓度提出了更为严格的限定标准。日本 2009 年制定的 $PM_{2.5}$ 标准为年平均值不得超过 15.0 μg/m^3，并且在指定监测站的日平均浓度每年须有 98%以上小于等于 35 μg/m^3，这相当于世界卫生组织《空气质量准则》第三阶段的水平。

（2）制定空气质量限期达标计划。欧盟规定了各成员国空气质量达标要求，要求各成员国将其领土划分为若干区域和城市群，如果区域和城市群污染物浓度超过空气质量指令规定的浓度限值，成员国要为该区域或城市群制订空气质量改善计划和方案，以确保按期达标。美国为实现 PM_{10} 和 $PM_{2.5}$ 空气质量标准，首先确定颗粒物浓度未达标区域，要求各州根据当地颗粒物污染特征制订州实施计划（SIP），确定分阶段控制目标和具体控制措施，同时规定达标时间最长不能超过 2017 年。加拿大要求规定各行政辖区每年上报一次改善空气质量项目进展情况，每五年提交一次环境报告，其中包含颗粒物浓度变化趋势，是否达标等内容。

（3）建立国家排放上限和核查制度。为控制颗粒物排放量，2001 年欧盟颁布 NEC 指令规定了 2010 年各成员国 SO_2、NO_x、VOC 和 NH_3 的排放上限。欧盟还将出台新的 NEC 指令，继续对上述二次颗粒物前体物及一次 $PM_{2.5}$ 实施总量控制。此外，欧盟针对固定源和移动源分别制定相应的污染排放指令，包括《工业污染物排放指令》（2010/75/EU），统一了上述指令、轿车和轻型车排放指令（Euro 1–6）及重型商用车排放指令中规定了各种道路车辆 PM 和 NO_x 等污染物的排放限值，以及 2002/88/EC 指令用以控制非道路移动机械大气污染物排放。为确保国家排放上限按期完成，欧盟制订了完善的配套措施，如国家规划、成员国报告制度、委员会报告制度和与第三国合作制度等。美国在电力、工业和移动源等领域开展污染减排，旨在控制一次颗粒物和二次颗粒物的排放。

（4）开展多污染物协同控制。欧盟成员国联合中欧和东欧国家在远距离越境空气污染公约框架下，签署了哥德堡协议，旨在实施对多污染物的系统控制。对于欧盟成员国来说，国家排放上限指令中设定的排放控制目标等于或小于哥德堡议定书中的目标。哥德堡协议于 2012 年 5 月修订，设定了 2020 年 SO_2、NO_x、NH_3、NMVOC 和 $PM_{2.5}$ 的排放控制的目标，从此欧洲污染物控制策略打破了以往仅针对单一污染物进行限制的格局，开始更加注重多种污染物之间的相互影响和协同控制。美国的酸雨计划和排污交易计划旨在通过控制二氧化硫、氮氧化物排放量，减少二次细粒子排放，从而减轻区域大气污染。加拿大东部地区设立酸雨项目，通过控制二氧化硫、氮氧化物排放量减少二次颗粒物的产生。

（5）加强交通运输部门污染控制。交通源不仅是一次细颗粒物的主要来源，也是二次细颗粒物重要前体物——氮氧化物的重要来源。欧盟通过制定机动车排放标准，燃料质量指令，发展可持续交通体系、利用经济手段等减少颗粒物排放量。美国有全世界最强大最全面的机动车污染控制计划，该计划包括定期更新以健康为基础的空气质量标准，严格的技术强制要求，要求将汽油和柴油的硫含量降至最低，并要求燃料管理标准先于车辆管理标准实施，从而实现减排幅度的最大化。日本环境省针对机动车尾气造成的颗粒物污染，于 2002 年将颗粒物浓度限值加入到了机动车与其他类型发动机（如建筑用机械）的尾气排放标准中，并联合其他相关省厅来保障这些标准得以顺利执行。另外，为削减机动车氮氧化物与颗粒物排放总量，同时也出于对国家削减颗粒物污染速度的不满，东京、埼玉等机动车密集区于 2003 年出台了更为严苛的法令来控制柴油卡车与客车尾气造成的颗粒物污染。自 2001 年起，加拿大政府制定了一系列法律法规来治理由运输业造成的污染，其中包括：汽油含硫量控制；与美国政府合作，寻求在北美的部分海岸线与内陆河流湖泊中的航道上建立特别区域，在这些区域中所用燃油的含硫量限制在 1.5%～4.5%；定期检测机动车排放；提供奖励机制来加速老旧机动车的报废等。

（6）加强空气质量监测与信息发布，推行公众参与。按照欧盟指令的规定，空气质量信息应该向公众及时发布，同时需要制订应急预案和行动计划，即在一定情况下如果污染物浓度即将到达或超过了临界水平，政府将会采取怎样的措施在短期内作出响应。此外，成员国要保证相互之间数据、技术和信息的共享，并接受来自欧盟委员会的监督和检查。日本未来几年针对 $PM_{2.5}$ 污染，所要采取的措施将主要体现在 3 个方面：加强对 $PM_{2.5}$ 污染的成分分析与源解析工作，在不同地区的不同季节控制不同的重点源；发展并完善全国范围内的 $PM_{2.5}$ 不间断监测网络体系；加强对企业及普通民众的教育宣传工作。加拿大通过多种方式加强普通民众环保意识，如设立清洁空气日，提升公民对空气污染的认识以及建议公民在只有一人出行的时候改用低碳交通方式，还有通过在对环境污染小的商品外包装上增加环保标示来帮助消费者进行选择，以及向公众提供加拿大全境 48 小时的空气质量预报。

5.2 对中国颗粒物控制的启示

（1）大幅度削减各种大气污染物排放量。大气中 $PM_{2.5}$ 来源既包括燃料燃烧、工业过程等一次直接排放的烟粉尘、扬尘和土壤尘，又包括由二氧化硫、氮氧化物、挥发性有机物、氨等经过二次转化后生成的二次颗粒物。因此，仅控制一次颗粒物排放不能降低 $PM_{2.5}$ 排放量，需要同时控制二氧化硫、氮氧化物、挥发性有机物、氨等前体物的排放量。目前，我国已经开展了二氧化硫、氮氧化物总量控制，并且通过采取工程措施、结构调整和强化管理等综合措施，实现二氧化硫排放量大幅度下降，氮氧化物排放量增长趋势得到一定遏制，从而减少空气中 SO_4^{2-} 和 NO_3^- 的含量。但是挥发性有机物的排放控制处于起步阶段，尚未开展氨的排放控制，而且挥发性有机物和氨两种污染物的排放基数尚不清楚，环境统计相对滞后，缺乏空气质量标准和相关的排放标准，挥发性有机物和氨的环境管理基础处于空白状态。亟须加强环境统计、完善法规标准体系，研究制定与环境质量改善相对应的挥发性有机物和氨的总量控制框架。同时应加强工业行业烟粉尘排放控制，采取综合措施提升环境管理水平。

（2）调整能源消费结构。巨大的能源消费量和以煤为主的能源消费结构是我国长期以来空气污染的最主要来源。我国 SO_2 排放量的 90%、NO_x 排放量的 67%、烟尘排放量的 70%

和人为源大气汞排放量的 40%都来自于燃煤。此外，我国煤炭消费还存在着空间分布不平衡、消费结构不合理与清洁高效利用水平较低等突出问题，在一定程度上加剧了区域与城市的大气污染。我国中东部地区是灰霾污染最严重的地区，也是我国煤炭消费量最高的地区和高耗能高污染行业聚集的地区。因此，从根本上解决我国空气污染，改变能源消费结构是关键。建议全国严格实施煤炭消费总量控制，按照空气污染严重程度分别执行煤炭消费负增长、零增长和天花板的总量控制方案；大力发展新能源和可再生能源，提高化石能源的加工转化效率和清洁化利用水平，理顺天然气价格，积极推动煤层气、页岩气、致密气等非常规天然气的勘探开发和利用。

（3）全面整治燃煤小锅炉。在我国，除火电行业之外，燃煤锅炉是第二大煤炭用户，年消耗煤炭约 7 亿 t。但由于 10 蒸 t/h 及以下的中小燃煤锅炉所占比重大，热效率低、能耗高、污染治理水平差，导致大气污染物排放量大。据不完全估算，目前燃煤工业锅炉 SO_2 排放 500 万 t，NO_x 排放量 180 万 t，烟尘排放量 380 万 t，分别占全国排放量的 22%、10%和 40%，而且燃煤锅炉主要分布在城市周边，已经成为影响城市空气质量的主要污染源之一，亟须全面整治燃煤小锅炉，坚持源头为主、末端为辅的原则，综合采取能源替代、结构调整和工程治理的手段。实施清洁能源替代，天然气等优质能源除供应居民使用外，优先用于燃煤锅炉替代，全面淘汰 10 蒸 t/h 以下的燃煤工业锅炉；大力发展城市集中供热，全面推行一县（区）一热源，不断提高集中供热面积，完善集中供热管网，拆除热网覆盖范围内的分散燃煤锅炉；通过推进大型燃煤工业锅炉工程治理，提升污染治理水平，降低污染物排放浓度。

（4）强化移动源污染控制。综观发达国家颗粒物污染控制经验，均将移动源污染排放控制作为控制颗粒物污染的重点领域之一。在我国，机动车及船舶等移动源排放已经成为导致环境空气质量问题的一个突出因素，特别是城市群地区。相关研究表明，北京和上海等大城市以及东部人口密集区域，移动源对 $PM_{2.5}$ 污染的贡献可高达 20%～25%。移动源活动的持续快速增长，使得移动源污染控制成为对中国大气质量管理最大的挑战之一，其控制效果在很大程度上决定了我国区域空气质量是否能够得到有效改善。为有效控制移动源污染，需要从移动源管理、车用能源和城市规划等角度，对油—车—路系统制定综合政策。加速实现车用燃料的低硫化和无硫化，同时推进非道路移动源油品的低硫化；加快制定出台国家移动源污染防治管理条例，严格在用车管理，确保在用车的达标排放，加强制定和实施全方位的排放标准；建立全新的城市可持续交通体系，发展城市公共交通系统，优化交通管理，减少污染物排放量；针对非道路移动源污染加速排放标准、油品标准、管理制度的制定和实施。

（5）建立空气质量管理模式。参考欧美等国家的大气管理经验，应将空气质量达标作为管理工作的核心和目标。把 $PM_{2.5}$ 及其相关前体物的总量减排作为质量改善的重要手段，建立面向空气质量的管理模式。在我国，各地的经济水平、产业结构、自然地理等因素存在较大差异，$PM_{2.5}$ 污染特征和污染水平存在显著的区域差异，因此不同地区实现 $PM_{2.5}$ 年均浓度达标需要付出的社会经济代价和时限不同。东部地区经济水平比较发达 $PM_{2.5}$ 污染呈现一次和二次并存的特征，$PM_{2.5}$ 污染控制的难度相对较大；北方地经济水平比较落后，产业结构重化工特征明显，大部分地区 $PM_{2.5}$ 污染以一次污染为主，但由于经济发展任务相当繁重，实现经济发展和环境保护的双赢需要付出巨大的成本。为此，需要根据不同区域经济发展水平、$PM_{2.5}$污染特征、污染程度，制定分区分阶段$PM_{2.5}$浓度限期达标管理机制，加强人口密集地区和重点大城市$PM_{2.5}$治理，构建大气环境整治目标责任考核体系，将空气质量达标纳入领导干部政绩考核体系，建立相应的奖惩机制，实行党政领导行政问责制。

（6）完善区域联防联控管理机制。欧美的空气质量管理经验表明，区域空气质量的改善，必须依赖于强大的区域大气污染协调控制能力。当前，我国以属地管理为主的环境管理体制，不利于解决区域空气污染问题，需要在已经开始建立的区域联防联控机制基础上，通过强化区域督察中心职能，设立区域大气质量管理办公室，负责组织实施大气污染防治相关政策；建立区域大气环境联合执法监管机制、重大项目环境影响评价会商机制，协调处理跨界重大污染纠纷，强化区域内工业项目环境监管；建立区域环境信息共享机制，促进区域内环境信息交流；同时建立区域大气污染预警应急机制，加强极端不利气象条件下大气污染预警体系建设，从而逐步完善区域联防联空管理体制，促进区域空气质量有效改善。

参考文献

[1] http://www.eea.europa.eu/highlights/eleven-member-states-exceed-air/.

[2] European Environment Agency，2010. The European environment –State and outlook 2010. Synthesis pp. 96-100. Copenhagen. Via http://www.eea.europa.eu/soer.

[3] commission of the european communities，2005. communication from the commission to the council and the european parliament. http://eur-lex.europa.eu/LexUriServ/site/en/com/2005/com2005_0446en01.pdf.

[4] 刘洁，万玉秋，沈国成，等. 中美欧跨区域大气环境监管比较研究及启示[J].四川环境，2011，30（5）：128-132.

[5] 胡必斌，孟伟. 欧盟大气环境标准体系研究[J]. 2005，28（4）.

[6] 薛志钢，郝吉明，陈复，等. 国外大气污染控制经验[J]. 重庆环境科学，2003，25（11）：159-161，183.

[7] 云雅如，王淑兰，胡君，等. 中国与欧美大气污染控制特点比较分析［J］. 环境与可持续发展，2012（4）：32-36.

[8] EEA. NEC Directive status report 2011.

[9] http://ec.europa.eu/environment/air/pollutants/stationary/lcp.htm.

[10] 周扬胜. 欧盟的机动车环保法规[J].世界环境，2002（1）：25-28.

[11] http://eur-lex.europa.eu/LexUriServ/LexUriServ.do？uri=OJ：L：2003：076：0010：0019：EN：PDF.

[12] National Air Quality Trends through 2010，USEPA. http://www.epa.gov/airtrends/2011/report/particlepollution.pdf.

[13] National Air Quality Trends through 2006，USEPA. http://www.epa.gov/air/airtrends/2007/report/particlepollution.pdf.

[14] 美国2008年国家排放清单（2008 National Emission Inventory），USEPA. http://www.epa.gov/ttn/chief/net/2008inventory.html.

[15] 美国 2003 年国家排放清单（2003 National Emission Inventory），USEPA.

[16] 大都市地域における大気環境の保全に関する政策評価書，総務省，2006 年 3 月.

[17] 大気汚染物質排出量総合調査（平成 20 年度実績），応用技術株式会社，2011 年 3 月.

[18] 今後の自動車排出ガス総合対策の在り方について（中間報告），中央環境審議会大気環境部会，自動車排出ガス総合対策小委員会，2011 年 1 月.

[19] 日本环境省网站，http://www.env.go.jp/.

[20] Fine Particles and Ozone in Canada：A Canada-wide Standards Perspective 2003 National Summary，Environment Canada，October 2005.

[21] Government of Canada Five-year Progress Report：Canada-wide Standards for Particulate Matter and Ozone，Government of Canada，January 2007.

[22] Progress Report for the Federal Sustainable Development Strategy 2010-2013，Sustainable Development Office Environment Canada，June 2011.

[23] Canada-wide Standards for Particulate Matter（PM）and Ozone，Canadian Council of Ministers of the Environment，June 2000.

[24] Environment Canada website，http://www.ec.gc.ca/.

[25] Chip Jacobs. Smog town：The Lung-burning History of Pollution in Los Angeles. Overlook Press，2008.

借鉴页岩气开发国际经验，建立页岩气环境监管制度

Draw Experience from International Practices on Shale Gas Development to Establish the Environmental Supervision System of Shale Gas Development

周颖　曹东　刘兰翠　蔡博峰　丁贞玉　刘伟江　雷宇　董战峰　吴琼　刘乃瑞　王金南

摘　要　随着美国页岩气的商业化利用，页岩气革命将在美国乃至全球能源领域快速发展。我国近年来积极部署页岩气开发相关工作，国家相继出台政策予以支持，油气企业也积极开展页岩气勘探开发的试验、示范以及国际合作。但是目前我国页岩气开采的环境监管制度处于空白状态，建立适合我国国情的页岩气环境监管制度十分紧迫。本文结合国内外的调研，分析了不同页岩气开采情景下的环境影响和风险，提出了加快建立我国页岩气环境监管制度的建议。

关键词　中国　页岩气　环境监管体系　国际经验

Abstract　With the large-scale development and commercial use of shale gas in the United States, the shale gas revolution continue apace even in the global energy sector. China has issued a series of new policies support on shale gas development in recent years and the oil and gas enterprises are also actively carry out experiments and demonstrations of shale gas exploration, exploitation and international cooperation, but China lack of shale gas development environmental supervision system at present. This paper analyzes the environmental impact and environmental risks in different development scenarios, combing research both at home and abroad, put forward to establish Chinese shale gas development environmental supervision system.

Key words　China, shale gas，environmental supervision system，international experience

页岩气是一种非常规天然气，资源储量巨大，随着美国页岩气的商业化利用和产业的迅猛发展，全球能源领域掀起了一场关于页岩气开发的革命。我国为了落实国家减排责任，保障能源安全，提高国际竞争力，积极部署页岩气开发相关工作，国土资源部、财政部等部门相继出台政策予以支持，油气企业也积极开展页岩气勘探开发的试验、示范以及国际合作。但我国针对页岩气开采的环境监管制度仍然处于空白状态，尤其是截至 2012 年 4 月已有 30 多口气井获得工业气流的情况下，建立适合我国国情的页岩气环境监管制度十分紧迫。

1 页岩气及页岩气开发

（1）页岩气是一种清洁高效的化石能源资源，属于非常规天然气。页岩气是指贮存于富有机质泥页岩及其夹层中，以吸附或游离状态为主要存在方式的烃类气体，其主要成分是甲烷，其含量占90%或更多。但是由于气体储集层渗透率低，页岩气开采困难，很长时间内未受到太多的关注，水平钻井和水力压裂技术的突破，为页岩气的商业化开采奠定了基础。2011年我国主要是从矿权和鼓励开发的角度出发，批准页岩气成为独立矿种，但其产品、开采方式及其环境监管与常规天然气开采并没有本质区别。页岩气开采出来后，对于中游输送和下游分销、客户消费，与常规天然气没有区别，是一种清洁、高效的化石能源，而且页岩气和常规天然气的环境监管基本类似。

（2）页岩气将填补能源需求缺口，增强能源安全。从世界范围来看，页岩气资源储量和开发潜力巨大，美国能源信息署（EIA）评估了世界页岩气资源储量和技术可开发量，结果显示：世界页岩气资源总储量为810.92万亿 m^3，技术可开发量为187.9万亿 m^3，与常规天然气资源开发潜力相当，其中我国页岩气储量约100万亿 m^3，是我国常规天然气资源量的两倍，可开采资源量36万亿 m^3。国土资源部经初步勘探确认我国可开采量为26万亿 m^3，居世界第一位。页岩气的大规模开发将填补世界前两位能源消费大国美国和中国的能源需求缺口，尤其是缓解中国天然气供需矛盾，改变我国能源供应格局。

（3）美国核心技术领先，领跑世界页岩气革命。近10年来，美国在水平钻井、水力压裂等关键技术上取得重大突破，已经掌握了从气藏分析、数据收集和地层评价、钻井、压裂到完井和生产的系统集成技术，形成了一个技术创新特征明显的新兴产业，并已开始向全球进行技术和装备输出，掀起全球页岩气革命，成为全球唯一实现页岩气商业化开发和规模利用的国家。据美国能源信息署（EIA）统计，2007年美国页岩气年产量为366.2亿 m^3，2010年突破千亿立方米，2011年达到1 800亿 m^3，占同期天然气总产量的34%，成为美国天然气供应的重要组成部分，使美国乃至全球的天然气价格急剧下降，在很大程度上改变了世界能源格局和美国工业结构。

（4）欧洲大部分地区禁止页岩气开采，但近期政策出现松动。欧洲大部分地区考虑到页岩气开发过程中，尤其是由于水力压裂技术的环境风险不确定性，在欧洲，除波兰外，其他国家都持观望态度，法国甚至禁止利用水力压裂技术开采页岩气。但是欧洲自身能源资源储备量很少，如果在全球页岩气开采快速增长的情况下，欧洲将成为世界煤炭倾销地，严重影响其气候变化目标的完成，同时加快欧洲去工业化速度。在地缘政治、能源安全、气候变化、产业结构等方面因素驱动下，近期欧洲关于页岩气政策出现松动，英国批准进行页岩气开采，并制定了相关财政补贴政策。

（5）我国尚处起步阶段，关键技术是制约瓶颈。我国政府积极支持页岩气开发，2011年国务院批准页岩气成为我国第172个矿种；2012年3月16日发布《页岩气发展规划（2011—2015年）》，提出到2015年页岩气产量达到65亿 m^3，2020年力争达到600亿～1 000亿 m^3。2011年6月和2012年9月，国土资源部进行了两轮页岩气矿权招标，加快页岩气勘探开发。同时，油气企业也积极开展页岩气勘探开发的试验、示范以及国际合作。但是，我国目前仍处于起步阶段，而且我国页岩气开采条件较美国复杂，因此，如何结合我国实际情况实现关键技术突破并制定完备的监管体系是页岩气大规模开采的关键。

2 页岩气开发利用的环境影响与风险

2.1 环境风险矩阵

页岩气开发过程伴随着地质结构改变、地表环境破坏，大量耗水和排水，以及甲烷泄漏，这些环境影响和风险分布在页岩气开采的各个阶段，具体如下。

2.1.1 选址和钻井准备工作

在选定页岩气开采的地址后，必须要场地清空、整平并准备钻井。其中对环境产生影响的活动包括：①清理场地；②修路；③建设井场；④修建管道；⑤其他设施建设；⑥汽车运输。

2.1.2 钻井

在钻井过程中首先要将井轴垂直钻入预定位置，然后利用末端的斜井井筒在页岩层中钻水平井。其中对环境产生影响的活动包括：①钻井；②下套管和固井；③汽车运输；④使用地表水或地下水；⑤排放页岩气；⑥甲烷燃烧；⑦压裂液储存；⑧钻井液和钻屑处理。

2.1.3 压裂和完成阶段

在水平压裂过程中，水、沙并添加了化学剂的压裂液在高压下注入钻井孔压裂页岩。其中对环境产生影响的活动包括：①使用地表水或地下水；②射孔井的套管/固井；③水平压裂；④注入压裂砂；⑤冲洗井筒；⑥返排水；⑦排放页岩气；⑧甲烷燃烧；⑨压裂液储存；⑩汽车运输；⑪压裂设施运行。

2.1.4 生产阶段

在生产阶段，页岩气混合着其他气体和液体从井孔到达地面，并输送入管道。其中对环境产生影响的活动包括：①生产；②冷凝槽、脱水操作；③压缩机运行；④甲烷燃烧。

2.1.5 压裂液、返排水和生产废水的储存和处理

压裂一口气井大概需要好几百万升的水。如何储存、处理并处置如此大量的新鲜水、生产废水和排放水将是这个阶段的重点。其中对环境产生影响的活动包括：①现场渗坑储存；②现场储罐储存；③运输到场外；④现场处理及再利用；⑤在工业废水处理设施处理；⑥在市政废水处理设施处理；⑦污泥处理和其他固体废弃物填埋；⑧地下深井灌注；⑨道路除雪和抑制扬尘的废水应用。

2.1.6 其他活动

在气井生产阶段需要对气井进行维修、补救工程或移除气井。在气井生产最后，需要进行填堵和完整性测试。同时还考虑发展过程的上游活动和将气体销售到市场的下游活动。其中对环境产生影响的活动包括：①闭井；②堵塞和弃井；③维修；④下游活动（如管道）。

在以上页岩气开采过程中，造成大气和水污染的主要原因及其影响如图 1 所示。在页岩气开发过程中的环境影响与风险矩阵如表 1 所示。

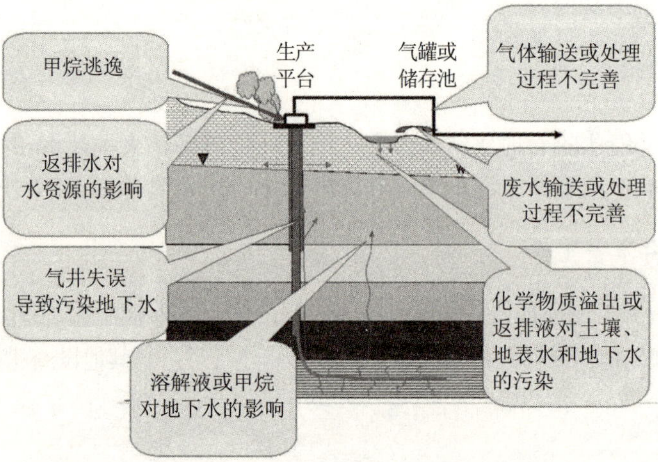

图 1 页岩气开采过程中可能对水和大气产生的影响

表 1 页岩气开采过程的环境影响和风险矩阵

过程	地下水	地表水	土壤	大气	栖息地破坏	社区扰动
选址和钻井准备工作		物种入侵，水土流失	水土流失	传统大气污染，CO_2	生境破碎 外来物种入侵	工业景观，光污染，噪声
钻井	钻井液/钻屑，甲烷，咸水入侵地下水，淡水消耗	钻井液/钻屑，淡水消耗，水土流失，外来物种入侵	钻井液/钻屑	传统大气污染，CO_2，甲烷，硫化氢，挥发性有机污染物	淡水消耗 外来物种入侵 钻井液/钻屑	工业景观 光污染 噪声
压裂和完成阶段	淡水消耗，压裂液，压裂用砂，甲烷，返排水/采出水，硫化氢	淡水消耗，外来物种入侵，压裂液，压裂用砂，返排水/采出水，水土流失	压裂液 返排水/采出水 硫化氢	二氧化硅，挥发性有机污染物，甲烷，硫化氢，传统大气污染，CO_2	淡水消耗 外来物种入侵 压裂液 压裂用砂 返排水/采出水	地震 工业景观 光污染 噪声
生产阶段	返排水/采出水，冷凝器和脱水添加剂	返排水/采出水，冷凝器和脱水添加剂	返排水/采出水，冷凝器和脱水添加剂	挥发性有机污染物，甲烷，硫化氢，传统大气污染，CO_2	返排水/采出水	工业景观 噪声
压裂液、返排水和生产废水的储存和处理	压裂液，返排水/采出水	压裂液 返排水/采出水 外来物种入侵	压裂液 返排水/采出水	挥发性有机污染物，传统大气污染，CO_2	压裂液 返排水/采出水 外来物种入侵	压裂液，返排水/采出水，噪声，地震
其他	钻井液/钻屑，压裂液，返排水/采出水，咸水入侵地下水	钻井液/钻屑，压裂液，返排水/采出水	钻井液/钻屑，压裂液，返排水/采出水	传统大气污染，CO_2，甲烷，硫化氢	生境破碎	

2.2 水资源和水污染

2.2.1 我国水气资源布局不匹配，加剧区域水资源供需矛盾

页岩气储层的孔隙度和渗透率非常低，除少数裂缝发育区域具有较高的自然产能外，一般页岩气藏均需水力压裂后才可获得工业气流。我国页岩气资源开发地区大部分处于水资源短缺区域，页岩气资源开发将进一步加剧水资源短缺的严峻形势。根据美国页岩气井的取水统计数据和我国实际开采经验，页岩气井的需水量是常规天然气井的近百倍，单井压裂约需用水 15 000 m^3。假定用 1 000 口钻井开采四川盆地中 15 亿 m^3 的页岩气，同时不考虑返排水的循环利用情况下，需用水 0.15 亿 m^3，水资源严重短缺成为我国开采页岩气的瓶颈之一。

将规划不同阶段的页岩气开采用水量与我国 2011 年传统开采行业进行比较，可以看出当 2015 年页岩气开采达到 65 亿 m^3 时，工业用水量约为 0.65 亿 t；当页岩气开采达到 600 亿 m^3 时，工业用水量约为 6 亿 t，是石油和天然气开采业所需水资源量的总和的 50%；当页岩气开采达到 1 000 亿 m^3 时，其天然气开采量已经基本等同于我国 2012 年常规天然气开采量，工业用水量约为 10 亿 t，接近我国石油和天然气开采业所需水资源量的总和（表 2）。

表 2　主要开采行业工业用水量比较

行业名称	工业用水量/亿 t
页岩气（65 亿 m^3）	0.65
页岩气（600 亿 m^3）	6
页岩气（1 000 亿 m^3）	10
煤炭开采和洗选业	22.801 46
石油和天然气开采业	12.846 71
黑色金属矿采选业	43.807 63
有色金属矿采选业	22.345 34
非金属矿采选业	3.309 95

预测表明，中国南方、北方、西北及青藏地区各自占页岩气可采资源总量的 46.8%、8.9%、43%和 1.3%，但我国水资源量分布南北差异显著。我国水资源总储量约 1.2 万亿 m^3，但分配不均匀，总体上南多北少。通过表 3 可以看出，我国西北地区页岩气储量高但水资源量紧缺，西北地区的年降雨量和地下水补给量都非常少，从水资源的角度不支持大规模开采页岩气；华北地区页岩气储量相对较低，水资源以地下水为主且严重缺乏，若大范围进行页岩气开采势必严重加剧该区域地下水资源量短缺的情况，造成难以逆转的水资源损失，不建议在近期开采；东北地区页岩气储量相对较低，地表水资源总量中等，如果能够保障返排水处理效果的情况下，可以利用地表水作为开采用水；南方地区页岩气储量高，水资源总量丰富，从水资源角度来看，在能够保障返排水处理效果的情况下，建议作为页

岩气开采的重点地区。

表 3　我国各地区水资源和页岩气储量对比　　单位：亿 m^3

水资源一级区	地表水资源量	地下水资源量	水资源总量	用水量	剩余水资源量	页岩气储量	水气比
全国	22 213.6	7 214.5	23 256.7	6 107.2	17 149.7	26	659.6
南方	18 191.2	4 705.3	18 338.8	3 340.7	14 998.1	12.168	1 232.6
北方	643.3	399	892.6	2 134.7	1 382.6	2.314	597.5
西北	1 303	861.4	1 400.6	631.6	769	11.18	68.8

2.2.2　压裂液和返排水含有危险化学物质，威胁水资源安全

页岩气开采中，在注入压裂液并且释放压力后，由于钻井所使用的水要注入比地下蓄水层深得多的页岩层，大量水主要被岩石吸收，不能再回收利用。10%～70%的压裂液及地下水会返回地表，俗称“返排水”。开采不同类型页岩气时所采取的压裂液的化学成分各不相同，如美国 2010 年 4 月一份研究报告中指出，美国 14 家油气公司过去五年的页岩气开采中使用的压裂添加剂中包括 750 种化学产品，以及有毒物质苯和铅等。图 2 为美国利用水力压裂法进行页岩气开发时，压裂液中平均成分。因此返排水中也含有用于水力压裂生产流程的各种潜在的危险化学物质，包括用于减小摩擦的有毒化学润滑剂，用于抗腐蚀和防细菌滋生的添加剂，以及自然生成的物质，如碳氢化合物、重金属、盐分以及自然生成的放射性物质。

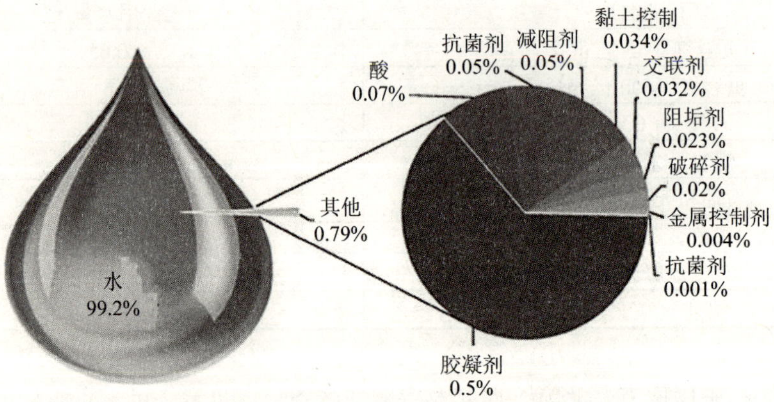

资料来源：fracfocus，http://fracfocus.org/water-protection/drilling-usage。

图 2　美国页岩气开发时水力压裂液中平均成分

返排水通常会有 4 种处理方式：循环利用、处理后排放到河流中、注入地下水以及储存在露天的蓄水池中。如果废水排放前的处理工作不到位，地表就会受到污染，化学物质会渗透到浅层土壤，然后进入含水层，压裂液和返排水在储存和往返于钻井现场的运输过程中会出现意外的地表溢漏。1 m^3 返排水可污染 1 000 亿 m^3 普通水体，压裂过程对地表水造成污染扩散及覆盖的范围难以估计。

根据美国 Damascus 民间组织在天普大学峰会上的报告指出，每 100 万 gal（约 380 万 L）压裂液中含约 20 t 化学物质（如苯、甲醇、杀菌剂等），即每立方米返排水污染物排放量约 0.005 t。按照国家发展改革委和能源局《页岩气发展规划（2011—2015 年）》，返排率按照 50%计，2015 年页岩气开采达到 65 亿 m^3 时，工业废水排放量约为 0.33 亿 t，污染物排放量为 16.5 万 t，是 2011 年石油和天然气开采业排水量的 40%左右；当页岩气开采达到 600 亿 m^3 时，工业废水排放量约为 3 亿 t，污染物排放量为 150 万 t，是石油和天然气开采业工业废水排放量的 3.7 倍；当页岩气开采达到 1 000 亿 m^3 时，污染物排放量为 5 亿 t，其天然气开采量已经基本等同于我国 2012 年常规天然气开采量，工业废水排放量约为 5 亿 t，工业废水排放量是石油和天然气开采业的 6 倍，严重威胁我国水环境质量（表 4）。

表 4 主要开采行业工业排放量比较

行业名称	工业废水排放量/亿 t
页岩气（65 亿 m^3）	0.33
页岩气（600 亿 m^3）	3
页岩气（1 000 亿 m^3）	5
煤炭开采和洗选业	14.35
石油和天然气开采业	0.82
黑色金属矿采选业	2.26
有色金属矿采选业	5.12
非金属矿采选业	0.62

2.2.3 我国对地下灌注的环境监管缺失，引发地下水环境风险

地下灌注技术是指通过井将液体污染物（灌注液）注入地下多孔的岩石或土壤中的污染物处置技术，是利用第四类环境介质——深层地质环境有效地处理污染物的一种方式，可以使污染物不进入生物圈的物质循环。页岩气废水地下灌注项目旨在将液体废弃物进行地下隔绝处理。理论上，地下灌注井一般采用废弃井，埋藏较深，与储水层之间还会隔着很多地层，因此在压裂的过程中污染地下水的可能性较小。目前我国地下灌注技术起步较慢，也仍未建立确保将废水灌注到地下井而不会威胁到地下水的监管框架。若地下灌注技术落后、处置井的选择及监管不当，有毒液体会通过自然断层、裂隙、透水岩层等向地下含水层内迁移，引发地下水环境风险。

与国外相比，国内利用深井处理污染物的实践十分有限，相应的环境监管更是处于空白状态。美国地下灌注技术至今有 50 多年的历程。此技术始于 1930 年美国，最初用于油田作业中，当时人们利用“衰竭的油层”处理石油开采作业产生的油田盐水和其他液体废料，但伴随着发展，此技术的应用范围越来越广，不再局限于油田，并开始涉及化工、农药、造纸、医药、汽车废水处理等其他方面。目前我国常规天然气开发执行国家、行业标准规范主要是《气田水回注方法》（SY/T 6596—2004）进行回注水质控制。主要利用现有的枯竭气井（或气田），并进行一定的地质论证，如封闭性、容量等，一般选择回注至地下 2 000～4 000 m。然而，页岩气压裂规模大，施工用液量多，废液排放量巨大，大量废

水选择地下水灌注处置方式处置。缺乏具体的规范及制度，无法开展有效的环境监管，环境风险较高。

同时在进行页岩气开采的过程中，由于工程或地质原因，如劣质套管，自然裂隙、断层等，压裂液和其他污染物（如来自气井的甲烷、重金属、放射性物质）可能会通过多种潜在途径流出，从而造成地下水污染。压裂液还有多种化学物质，这些物质如果污染水体，足以对人体造成危害，甚至致癌。同时天然水力路径使深层咸水和有害物质进入浅部含水层，直接影响当地居民的生活生产。

2.3 对大气环境的影响

2.3.1 页岩气开采过程会影响局地大气环境

页岩气开发需要注入大量的水，因此在工地现场需要很多巨型大功率柴油机提供动力，同时钻机、压缩机、卡车和其他机械设备的废气排放都会对大气中的 $PM_{2.5}$、PM_{10}、硫氧化物、氮氧化物和臭氧等均有较大影响。另外，在页岩气勘探开发过程中，还会有甲烷、丙烷、丁烷和苯等挥发性有机污染物释放。2010 年 7 月，在得克萨斯州的 Dish 区，从居住在 Barnett 页岩区附近的居民采集的血液和尿液样本中，有 65%的样本中含有甲苯，还有 53%含有二甲苯。

2.3.2 长期来看，页岩气将推动我国能源结构清洁化，有利于大气污染物减排

目前以煤为主的能源结构是造成我国严重大气污染的重要原因。由于页岩气中 90%以上都是甲烷，成分与常规天然气类似，如果用页岩气代替煤炭作为能源来源，将会推动我国能源结构清洁化，从而对大气环境质量带来积极影响。燃烧 1 m^3 页岩气产生的热量相当于燃烧约 1.86 kg 原煤，根据我国现阶段工业燃煤锅炉所采用的污染控制设施，通过估算，可将燃烧页岩气与燃煤的大气污染物排放量进行对比，从而得到每将 1 m^3 页岩气替代煤炭，能达到的大气污染物减排效果，如表 5 所示。

表 5 燃烧页岩气与燃煤的大气污染物排放量对比

大气污染物	页岩气（1 m^3）	煤（1.86 kg）	替代的减排量
SO_2	忽略不计	18.6 g	18.6 g
NO_x	1.66 g	5.06 g	3.4 g
烟尘	忽略不计	4.65 g	4.65 g
CO_2	1.97 kg	4.77 kg	2.80 kg

《页岩气发展规划（2011—2015 年）》发布，提出了到 2015 年页岩气产量达到 65 亿 m^3，2020 年力争达到 600 亿～1 000 亿 m^3。如果这些目标实现，并将开采出的页岩气全部用于替代工业燃煤锅炉（非发电锅炉）中的煤炭燃烧，将会对我国的大气污染物排放削减产生巨大的推动作用，具体情况如表 6 所示。

表 6 通过用页岩气替代煤炭所能带来的大气污染物减排量 单位：万 t

项目	65 亿 m^3	600 亿 m^3	1 000 亿 m^3
SO_2 减排量	12.9	111.6	186
NO_x 减排量	2.2	20.4	34.0
烟尘减排量	3.0	27.9	46.5
CO_2 减排量	1 820	16 800	28 000

我国 2010 年的 SO_2 排放总量为 2 268 万 t，到“十二五”规划末期，SO_2 排放量要降低到 2 086 万 t，净减排 181 万 t。若页岩气发展规划顺利实施，对我国的大气污染物排放削减能产生巨大的推动作用，在 2015 年实现年产量 65 亿 m^3 的目标，通过替代煤炭实现的 SO_2 减排量可占“十二五”期间净减排量的约 7%。

2.3.3 从全生命周期考虑，页岩气对减缓全球气候变化的贡献存在不确定性

甲烷比二氧化碳温室效应更强。从温室效应看，按照 100 年的时间来分摊计算甲烷的暖化作用，1 t 甲烷造成全球暖化的威力比二氧化碳高出 25 倍。

页岩气是一种非常规的天然气，其直接燃烧所产生的二氧化碳要低于煤炭和石油，因而，从终端利用的角度来看，相对于煤炭和石油，页岩气是一种低碳化石能源。但页岩气的生产过程比天然气复杂，技术难度大，全生命周期（开采—储备—运输—燃烧利用整个过程）所产生的温室气体高于天然气。但是否高于煤炭，当前国际社会对此仍存在争议。美国能源信息署（EIA）和 ICF 国际咨询公司等机构研究认为，采用压裂技术的页岩气全生命周期的温室气体排放比煤炭低 48%；但一些研究认为，如果美国页岩气全生命周期过程中的泄漏率超过 3.6%，则其温室气体排放水平将会超过煤炭，即页岩气将会成为高碳化石燃料；国际能源署（IEA）2012 年报告认为，如果采用有效控制途径和环境保障措施，广泛开发页岩气资源可能是实现迅速减少二氧化碳排放目标的最佳途径。由此可见，页岩气是否会对减缓全球气候变暖作出贡献，很大程度上依赖监管制度的完善。

2.4 在滚动开发过程中，对生态破坏难以进行有效监管

为实现规模化开采，页岩气区将布置密集钻井且要实施大体积水力压裂，同时施工道路、水槽及输气管道等都会占据大量土地，直接导致地表植被的破坏。美国宾夕法尼亚州林区的钻井活动就引发了土地破碎和生物多样性受影响等问题。开采可能导致水土流失、地表沉降和泥石流等问题的发生。宾夕法尼亚州立大学对该州阿巴拉契亚盆地的页岩气井进行研究，发现 50%～70%的页岩气井修建在斜坡上，可能导致水土流失和地表沉降。此外，生产过程中产生的废水、废气和废渣等如果得不到妥善处理，将可能对土壤和生态系统产生负面影响。

根据我国国土资源部的评价，截止到 2012 年 3 月，已获得工业气流或有页岩气发现的评价单元，面积为 88 万 km^2，地质资源为 93.01 万亿 m^3，可采资源为 15.95 万亿 m^3，是目前页岩气资源落实程度较高，较为现实的勘查开发地区。美国统计数据表明，由于气

井分散，在考虑了所有的道路建设、平台和管道占地之后，平均一口页岩气井可能使用近 40 英亩（约合 0.162 km^2）的土地。根据《页岩气发展规划（2011—2015 年）》中提出的到 2015 年页岩气产量达到 65 亿 m^3，2020 年力争达到 600 亿～1 000 亿 m^3。当 2015 年页岩气产量达到 65 亿 m^3 时，约占地 58 km^2，当 2015 年页岩气产量达到 1 000 亿 m^3 时，约占地 900 km^2。目前页岩气开发多集中在西南的卡斯特地貌区，该区域生态环境极为脆弱，在这些地区开采页岩气，将会由于公路建设、井区开采、管道建设等为该地区造成严重的水土流失，直接影响当地居民的生产生活甚至生命安全。

2.5 间接影响

美国“页岩气革命”在国际上不仅对国际能源市场带来巨大影响，同时也影响国际政治局势。在美国国内“页岩气革命”改善能源消费结构，降低美国石油对外依存度，同时加快了再工业化进程，推动经济与就业增长。目前美国开采页岩气的成本仅占俄罗斯天然气公司报给中石油价格的 1/3 强，可以预见如果我国页岩气开采能够获得突破，大规模开采页岩气，将对我国的地缘战略、能源供应格局、产业结构、应对气候变化等领域带来革命性影响。

3 美国页岩气开发环境监管经验借鉴

水平钻井和水力压裂两项技术的突破，使美国的页岩气开发在世界形成了一枝独秀的局面，经过 10 年的商业化开采，美国已经形成了一系列相对完善的环境监管体系。在未来几年中，中国计划继续探索与尝试页岩气储量开发领域的新技术，有可能会出现页岩气产量激增的情况。我国在页岩气投入商业化量产之前，应抓住时机吸取国际页岩气开采的经验和教训，加强中国页岩气行业的监督管理和行业规范，将有效减轻页岩气开发所带来的负面环境影响。

3.1 美国页岩气开发的环境监管体系特点

3.1.1 以州为主，联邦调控为辅的监管格局

美国天然气（包括页岩气）的开发监管政策和传统的石油监管政策相似，对跨州能源营业活动的监管权分属联邦和州两级，形成以州为主，联邦调控为辅的监管格局。两者相互冲突的情况下，以联邦法规优先；联邦标准低于州标准时，则同时实施两套规定。

美国的环境监管机构包括国家环保局，能源部，内政部土地管理局，以及州级的职能部门等。能源部作为联邦监管机构中的主管部门，在页岩气方面的主要工作是研究和制定能源战略与政策，组织、协调而后自主关键技术研发；内政部土地管理局主要负责管理联邦政府拥有的土地和油气矿权；环保署是联邦层面监管页岩气开发的主要机构，负责监管

与页岩气开发相关的环境问题。各州根据其机构设置体系的不同，主管环境监管的职能部门也各不相同，如得克萨斯州的铁路管理委员会，宾夕法尼亚州的州长页岩气咨询委员会等。

3.1.2 联邦层面主要依托现有法律体系全方位监管

美国对页岩气开采活动的环境监管包括联邦和州政府两个层次。在联邦层面，虽然没有设立针对页岩气开发的专项法律法规，但是对于页岩气开采活动的环境监管已穿插在各项联邦政府颁布的法律中，逐步建立了较为完备的环境监管法律体系，实现了从废气排放、废水排放、土壤污染、噪声污染及栖息地等多方面、覆盖开采前、开采中和开采后多环节的全方位监管，在一定程度上保障了美国在页岩气发展过程中的环境保护。

3.1.3 页岩气开发主要州建立了更严格的环境监管体系

美国联邦政府零散的条例不足以确保页岩气的安全开采，环境监管责任往往落到各州身上。就目前来看，各州在规范页岩气生产方面仍发挥主导作用。尤其水力压裂法几个核心环节从联邦法律中并没有具体体现，为填补这些空缺，一些州陆续开始完善与水力压裂有关的立法，并建立起更为严格完善的环境监管体系。但由于各州的页岩气开采技术基础、法律法规基础以及对利益驱动，各州对页岩气开发方面的监管差异非常大。

3.1.4 美国页岩气开发环境监管制度仍在逐步建立健全

美国页岩气环境监管制度有一项“定期审查油气环境法规”制度（State Review of Oil and Natural Gas Environmental Regulation，STRONGER）。在该制度下，一个由政府、行业和环境利益相关者组成的独立机构定期对环境法规和项目监管的有效性进行评估，不断改进环境法规内容，以适应行业发展。目前页岩气监管的趋势是：①重视页岩气开发环境影响的全程监督；②相关法规授予监管机构非常大的监管权力，有权力监管、审批，并有权力要求作业者提供任何信息或满足监管机构提出的条件；③多数州都规定，作业者要提交一定资金担保以保证遵守环保法规和有足够资金处置环境事故。

3.2 水环境管理

3.2.1 联邦层面的法律法规

《清洁水法》是美国保护地表水最基本的法律。《清洁水法》对油气废水的处理以及向地表水体的排放作出了规定，并通过国家污染物排放消除系统（the National Pollutant Discharge Elimination System）许可证制度（以下简称 NPDES）来落实。根据该法令，如果任何设施欲将油气废水或油气废水处理过程所产生的副产品，排放到任何地表水体，该设施必须事先获得许可证。联邦条例彻底禁止将来自天然气生产点源的废水污染物进行直接排放，许可证规定了废水中污染物的排放上限。因此，很多水力压裂作业方不再将废水直接排放到地表水体，而是运送到获得了排放授权的处理设施。处理设施（通常）都获得了美国环保署授权各州发放的“清洁水法排放许可证”，处理设施包括公共处理设施和废弃物集中处理设施。美国国家环保局的条例对进入公共处理设施的工业废水（美国国家环保局条例中称为“间接排放”）以及废弃物集中处理设施排出的工业废水都提出了预处理要求。

《安全饮用水法》旨在保障美国供水系统安全，预防向地下引用水源排放液态废弃物。《安全饮用水法》建立了地下注入控制（Underground Injection Control，UIC）项目，其内容包括许可程序，检查、监测和报告制度等。可以通过这些气井向石油或含气区注入水和其他液体以处理生产废水。该法仅对向地下饮用水源注入废弃物进行限制。美国国家环保局为各州 UIC 设定最低标准，注入的流体严禁威胁或可能威胁到当前以及将来的公共饮用水安全。UIC 对注水井的选址、建设、操作、维护、监控、测试乃至关闭都做了相应的要求。所有的注水井需要根据一般规则或特别规则获得授权。立法初衷是要让各州在落实 UIC 项目时扮演主导角色。

3.2.2 州政府的法律法规

美国联邦政府和各州零散的条例不足以确保页岩气的安全开采，监管责任往往落到各州身上。就目前来看，各州在规范页岩气生产方面仍发挥主导作用。尤其水力压裂法几个核心环节从联邦法律中并没有具体体现，为填补这些空缺，一些州陆续开始完善与水力压裂有关的立法。州政府应对水力压裂活动的立法主要包括以下内容。

（1）页岩气选址时期有全方位多项要求。①勘探阶段注重水文地质环境勘探。在勘探阶段，震源测井车通过拍打地面以收集复杂信号，继而评估地下构造的生产力。许多州要求对此测试进行事前许可。比如，马里兰州要求经营者提交“震源测试作业申请”，并对其所使用的方法进行说明。此外，还要说明地表资源，如河流、湖泊、湿地等是否会受到影响。②在正式开采前预钻井监测本底水质。图 3 为显示各州在页岩气开采前进行在附近预钻井进行水质监测，以确定当地的本底水质。大部分州没有提及该项要求，一些州规定在预定气井指定半径（平均半径是 1/2mile 合 0.8 km）内钻井。大部分州要求在指定半径内钻两口井。科罗拉多州和俄亥俄州提出在一定地区或在某种制定条件下进行监测，例如，科罗拉多州仅有瓦滕伯格地区需要对预钻井进行水质监测。③取水量需要获得许可或/和采取报告等级制度。水力压裂法会产生大量废水。图 4 为 RFF 调查的美国各州对页岩气开采过程中每日取水量的规定，在少数情况下，由州际流域委员会规定具体取水量，这些并没有体现在下图中。在调查的大部分州中都需要通过许可方式获取地表水和/或地下水。但一些州在取水量小于一定限值的情况下不用获得许可。宾夕法尼亚州需要制订在页岩气开采过程中水的全生命周期管理计划，其中包括取水的地点和数量、分析取水对取水水源的影响。6 个州在取水时需要等级和报告，3 个州需要许可同时进行等级报告。只有肯塔基州在取水量方面对油气行业予以豁免。

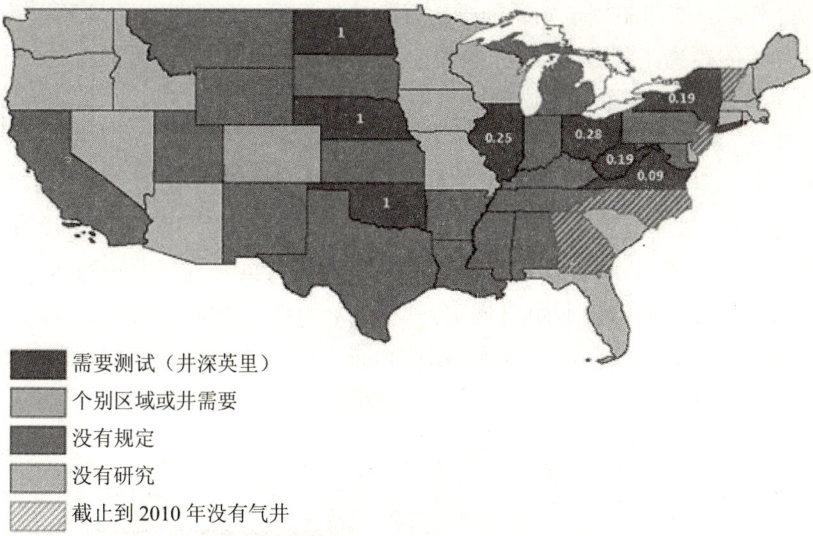

资料来源：http://www.rff.org/centers/energy_economics_and_policy/Pages/Shale_Gas.aspx。

图 3　美国各州对预钻孔水测试要求

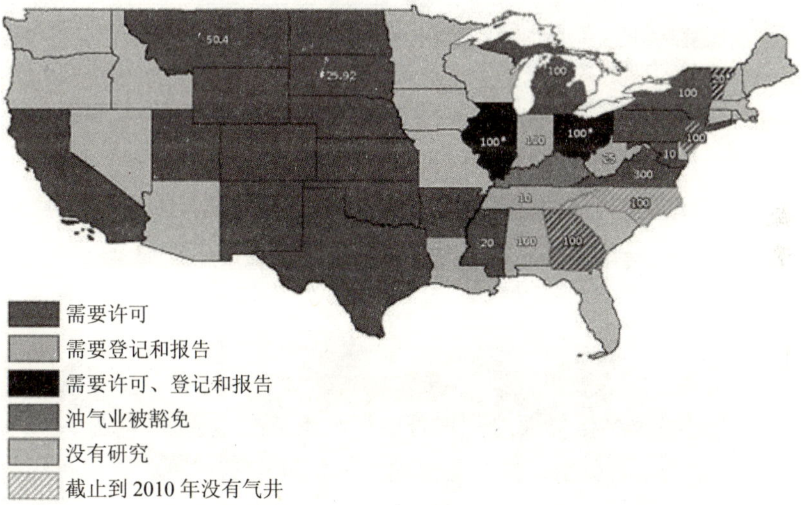

资料来源：http://www.rff.org/centers/energy_economics_and_policy/Pages/Shale_Gas.aspx。

注：1gal（美加仑）=3.785L。

图 4　美国各州对取水量的规定

（2）明确规定气井与周边建筑或水源地距离。①接近自然资源的压裂活动也很重要。如果运输或存储的设备发生泄漏，根据事故发生地的不同，所造成的影响也会有所不同。举个极端的例子，如果接近城市地表水供应源头的压裂液泄漏，这种情况就会对人体健康构成很大威胁。一旦发生事故，这些规定有助于防止对自然资源造成破坏。但是目前各州的规定差异很大。一些州的规定只适用于钻井作业的位置，而其他如纽约则专门规制处理坑的位置。此外，一些州的规定则适用于更多的自然资源，如水井、湿地和溪流。②距离居民区和其他建筑的距离。图 5 为 RFF 调查的美国各州对页岩气气井距居民区和其他建筑的距离规定，在调查中有 17 个州有这种距离限制政策，距离规定在 100～1 000ft（英尺）[①]之间，平均距离为 261 ft。在这些州中，有的限制政策应用于民居，而有些州只是应用于学习、医院和教堂。新墨西哥州在测定限制距离时只考虑储罐和渗坑，而没有考虑气井；加利福尼亚州限制距离是指气井与公共街道、道路、高速公路的距离，而没有考虑建筑。③距离取水口之间的距离。图 6 为 RFF 调查的美国各州对页岩气气井距取水口的距离规定，在调查中有 9 个州有类似的限制距离规定，其中 6 个州规定到城市供水的最短距离为 350～2 000 ft，平均距离为 885 ft。堪萨斯州、纽约、宾夕法尼亚州和俄亥俄州同是规定了到湖、河流和私人水井之间的距离。

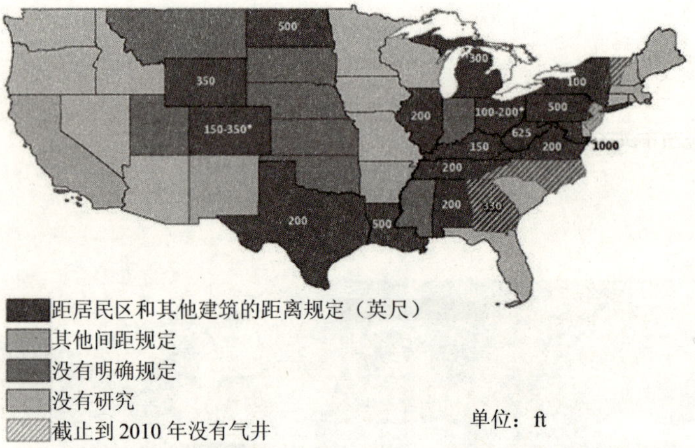

资料来源：http://www.rff.org/centers/energy_economics_and_policy/Pages/Shale_Gas.aspx。

图 5　美国各州对页岩气气井距居民区和其他建筑的距离规定

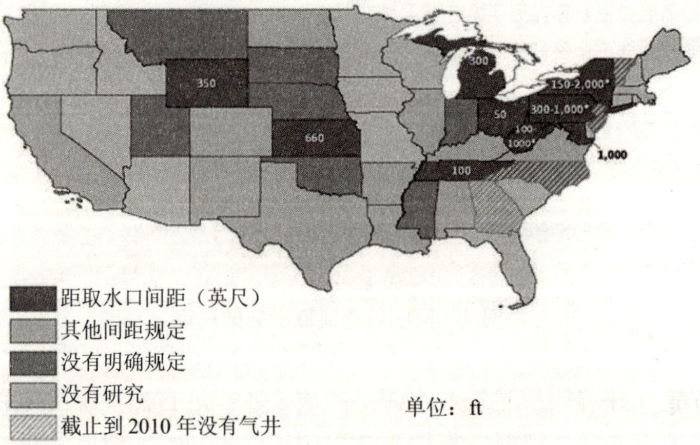

资料来源：http://www.rff.org/centers/energy_economics_and_policy/Pages/Shale_Gas.aspx。

图 6　美国各州对页岩气气井距取水口的距离规定

① 1ft = 0.304 8 m。

（3）废水处理相关规定。①返排水的收集和处理有明确要求。大多数的州法规都对因钻井而产生的废弃液体的存储和处理方法做了限制。有些州要求将回流水放置于某种类型的矿坑或罐子里。回流水存放时间的长短也很重要。存放的时间越长，造成污染的可能性也就越大。纽约州要求钻井活动结束后的四十五天内转移废液。②鼓励返排水循环利用。宾夕法尼亚州环保局发布声明，鼓励油气行业将循环回收的矿排水用于水力压裂作业。该声明的早期版本还包括要求在可以使用矿排水的地区抽取蓄水层淡水前，必须优先考虑利用酸性矿排水，或者资助当地开展蓄水层恢复行动。宾夕法尼亚州环保局正在制定进一步的指南，就矿排水的储存、使用的法律责任以及页岩气作业者与矿排水源配对等问题作出规定。③压裂液和废水存储规定。图 7 为 RFF 调查的美国各州对页岩气压裂前和压裂后的液体的储存规定，压裂液存储需要贯穿压裂液开发过程始终，从使用前的压裂液，到压裂液反排后的废水，包括压裂液和生产废水，这些在处理前必须要进行存储。压裂液和返排水一般储存在储罐或渗坑里，在调查的州中 9 个州只允许渗坑储存，同时有 19 个州允许采用储罐或渗坑方式。④关于利用地下灌注处理废水的规定。图 8 是 RFF 调查的美国各州对于返排水和生产废水关于地下灌注的相关规定。在调查中 30 个州都允许采用地下深井灌注作为废水处理的方式。阿肯色州、科罗拉多州、俄亥俄州、俄克拉荷马州和得克萨斯州最近证实其地下深井灌注区域附近的地震风险增加，因此许多地下灌注井被关闭以等待进一步研究。⑤废水记录保留相关规定。图 9 为美国各州有关废水记录保留相关规定，那些不能再利用、再循环以及在当地进行处理的废水将会转移出本地，返排水和生产废水只能交给得到许可或有要求详细的出货记录的转运商。保留记录中包括运营商和转运商的名称、废水装载的时间地点，处理场的地点或废水的发货地，返排水和生产废水转移的类型和数量等。许多州同时规定了这些记录保留的年限。在调查的州中 16 个州不需要保留相关记录，其余 15 个州需要许可并保留记录。⑥渗坑衬里厚度相关规定。图 10 为美国各州有关渗坑衬里的相关规定，以防止各种液体侵入地下并污染地下水。在调查的州中有 19 个州允许利用渗坑储存压裂液和生产废水，并需要渗坑衬里，其中 11 个州有渗坑衬里厚度的相关规定，而且一些州还有其他类似衬里材料的相关规定。⑦储罐边缘高于水面距离的相关规定。图 11 为美国各州有关储罐边缘高于水面距离的相关规定，这项规定尤其是在暴雨期间，对于防止液体溢流具有重要作用。在调查的州中有 28 个州允许采用储罐储存压裂液和生产废水，其中 16 个州有储罐边缘高于水面距离的相关规定，距离分别为 1～3 ft。

（4）防止污染地下水相关规定。①掘井及水泥套管深度相关规定。图 12 为美国各州关于掘井及水泥套管深度的相关规定，这项规定在各个州之间的差距比较大。在调查的州中，有 14 个州规定其深度必须在潜水面以下，距离在 30～500 英尺之间，其平均深度是在潜水面下 65 英尺。10 个州是根据具体情况确定具体深度。②气井套管水泥类型的相关规定。图 13 为美国各州关于建井过程中使用水泥类型的相关规定，在建井过程中根据具体气井和运营商确定不同水泥使用类型，最经常使用的是 A 类波特兰水泥，在调查的 11 个州中要求强制使用指定水泥。密歇根州等州要将多种水泥混合成特定成分和数量，并经过相关政府部门监督验证。

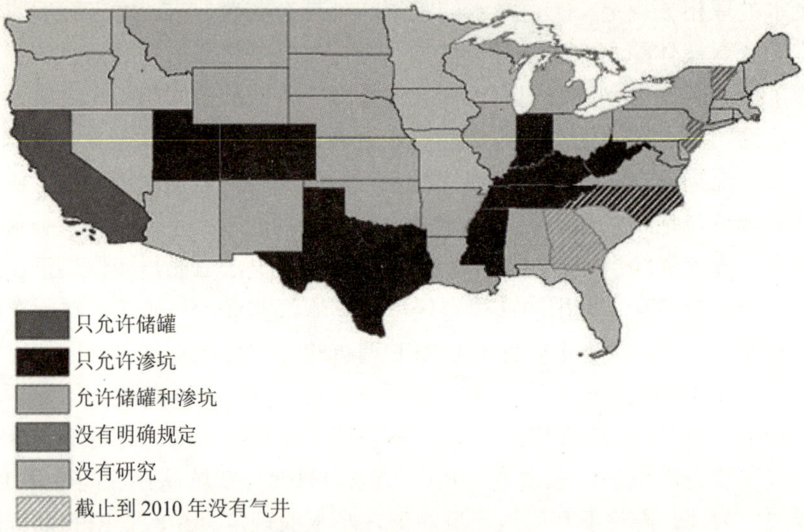

资料来源：http://www.rff.org/centers/energy_economics_and_policy/Pages/Shale_Gas.aspx。

图7　美国各州对页岩气返排水和生产废水储存方式规定

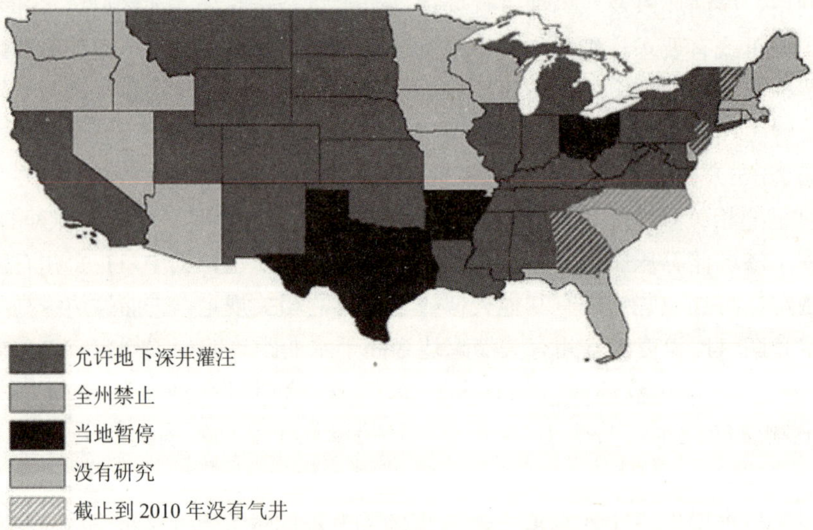

资料来源：http://www.rff.org/centers/energy_economics_and_policy/Pages/Shale_Gas.aspx。

图8　美国各州对地下灌注的规定

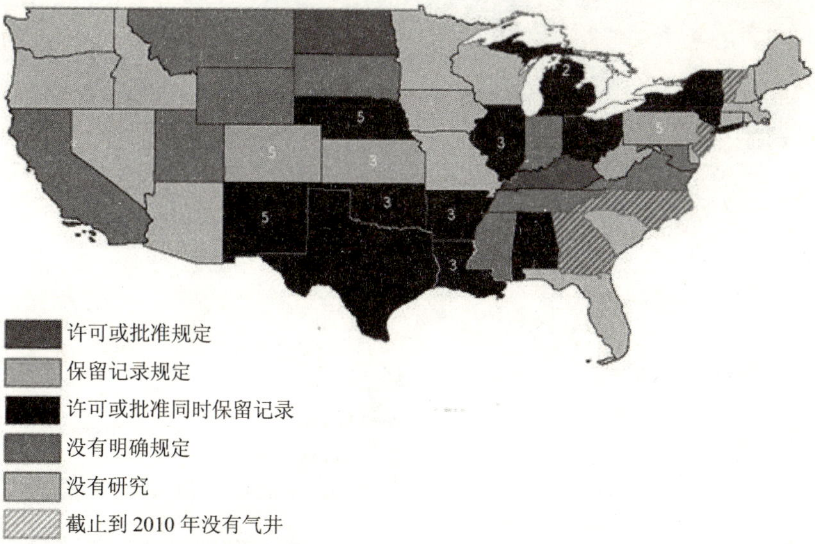

资料来源：http://www.rff.org/centers/energy_economics_and_policy/Pages/Shale_Gas.aspx。

图 9　美国各州对废水记录保留的相关规定

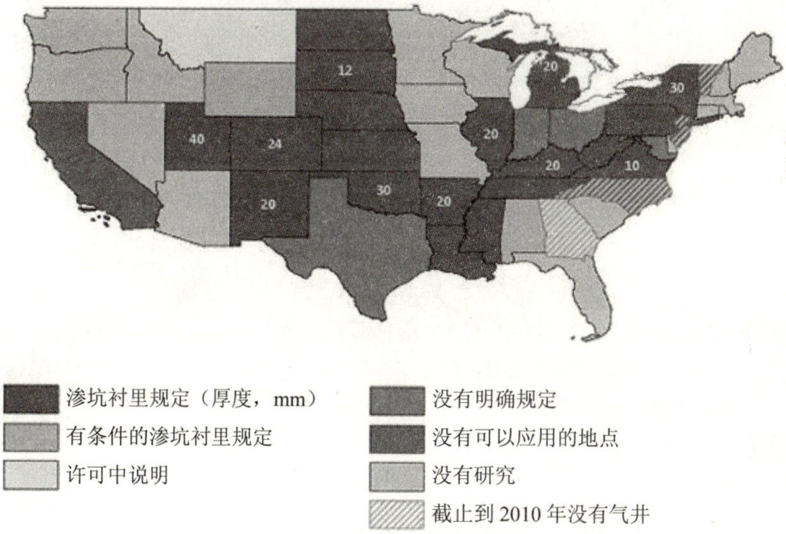

资料来源：http://www.rff.org/centers/energy_economics_and_policy/Pages/Shale_Gas.aspx。

图 10　美国各州对渗坑衬里的相关规定

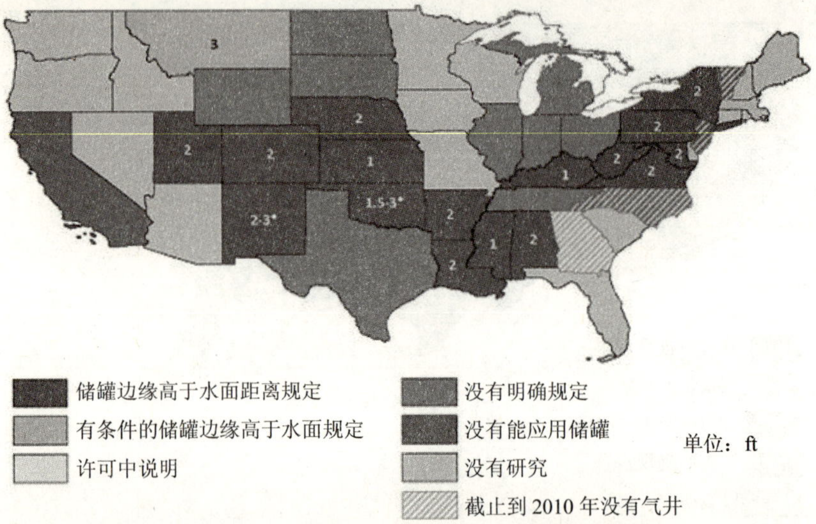

资料来源：http://www.rff.org/centers/energy_economics_and_policy/Pages/Shale_Gas.aspx。

图 11　美国各州对储罐边缘高于水面距离的相关规定

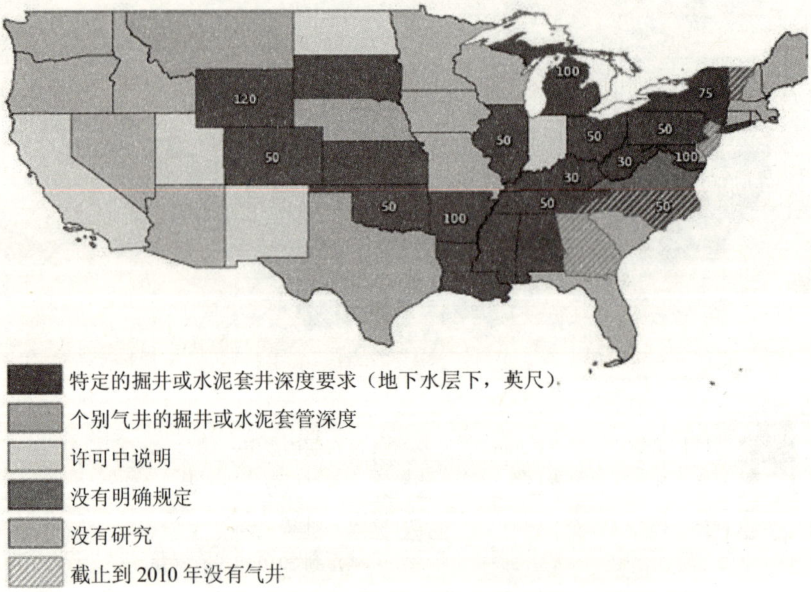

资料来源：http://www.rff.org/centers/energy_economics_and_policy/Pages/Shale_Gas.aspx。

图 12　美国各州对掘井或水泥套管深度相关规定

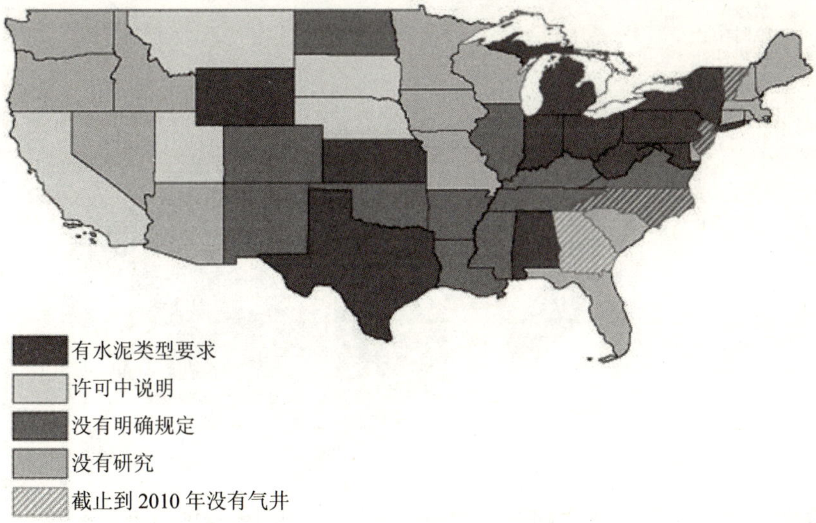

资料来源：http://www.rff.org/centers/energy_economics_and_policy/Pages/Shale_Gas.aspx。

图 13　美国各州对气井套管的水泥类型要求

（5）其他环境监管政策。①部分州有明确的信息公开规定。在美国，有 14 个州要求在一定程度上公开披露水力压裂液体的化学成分。有 7 个州要求报告具体的化学组成，其中只有两个州（蒙大拿州和怀俄明州）要求报告实际使用的化学品浓度。在钻井和生产之前，经营商需向有关机构申请许可证。马塞勒斯各州要求经营商在申请许可的时候明确说明如何处置钻井所产生的废弃物，或者至少提供计划处理的基本信息。②对页岩气开发进行监管的机构重叠。图 15 是美国各州对页岩气开发过程中进行监管的州级政府部门数量。页岩气需要多家政府机构共同进行监管，主要包括联邦政府、流域委员会和市政府，经常会导致行政重叠，管理制度复杂。一般来说资源管理部门或环境保护部门是主要监管部门，但通常也会包括其他一些机构。各州监管机构数量为 0～6 个，平均是两个。③页岩气事故报告制度。图 16 是美国各州在页岩气开发过程中如果出现必须要求上报的事故，其上报的最多小时数，在调查的各州中平均时长为 14 h。在调查的 26 个州中需要报告的事故包括井喷、泄漏和火灾。几个州根据井喷的严重性程度不同确定了不同的上报时限。例如路易斯安那州和弗吉尼亚州规定如果井喷事故不是“紧急”类型，上报时限为 24 h，在新泽西州如果影响到饮用水，上报时限为 2 h，如果影响到饮用水的地下水源，上报时限为 24 h。西弗吉尼亚州没有强制性的事故上报时限，但如果有事故发生，运营商必须通知该地区的检查员或主管。同时，运营商要在事后递交一份有关事故细节及其影响的详细报告。

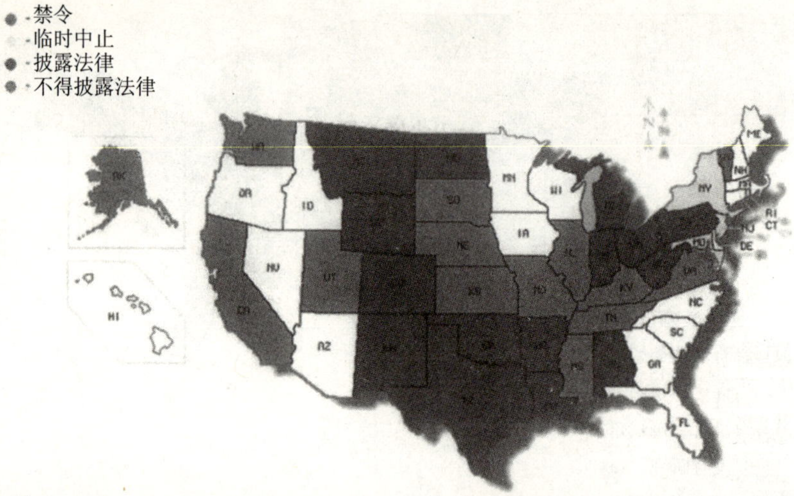

资料来源：国家能源局石油天然气司，页岩气开发及利用国际研讨会会议相关材料，2012-11-15。

注：图中白色的州没有实施披露法律，没有水力压裂活动，灰色的州没有实施披露法律，有部分水力压裂活动。

图 14　美国各州关于压裂液信息公开的相关规定

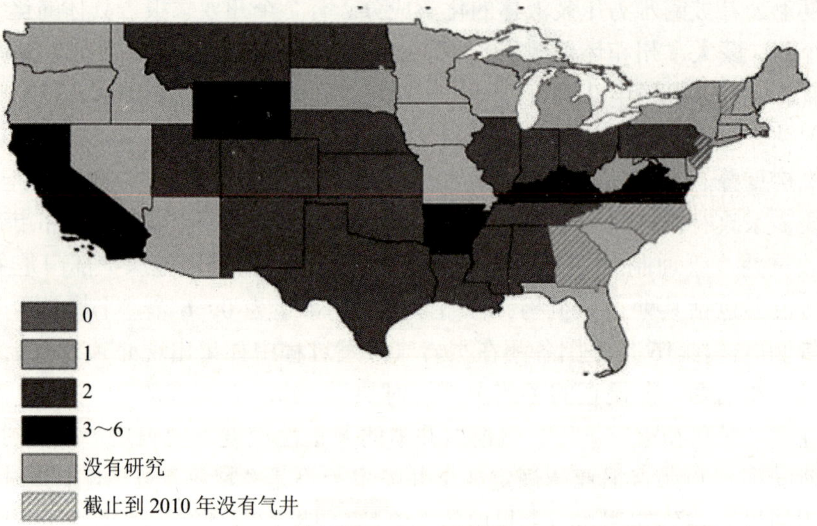

资料来源：http://www.rff.org/centers/energy_economics_and_policy/Pages/Shale_Gas.aspx。

图 15　美国各州对页岩气开发进行监管的机构数

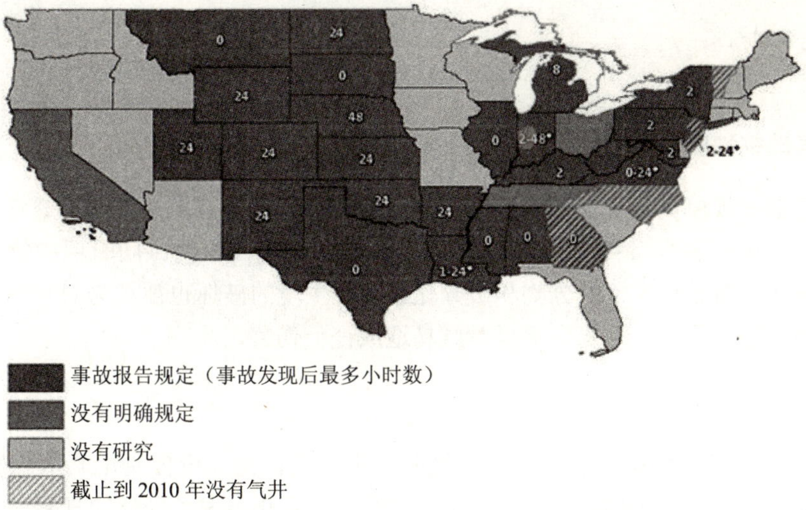

资料来源：http://www.rff.org/centers/energy_economics_and_policy/Pages/Shale_Gas.aspx。

图16　美国各州对页岩气事故报告的相关规定

3.3　大气污染

3.3.1　出台专门的有害大气污染物标准

2012年4月美国出台《石油和天然气部门：新排放源国家实施标准及有害大气污染物国家排放标准》，其中对页岩气开采中因使用水力压裂技术所造成的大气污染进行控制，这是美国为控制页岩气开采造成环境污染的首个法规。该法规要求到2015年1月，所有采用水力压裂法进行页岩气开采的气井都必须安装相关设备，以减少可挥发有机化合物以及其他有害大气污染物的排放，例如苯和正己烷等，同时还可以捕集具有较强温室效应的甲烷。该项法规将对目前美国约13 000口天然气井产生影响。

3.3.2　控制温室气体排放

2009年，美国国家环保局（EPA）制定并颁布了《温室气体强制性申报：最终条例》，要求从2012年起，天然气行业上报每年甲烷排放情况，所有重大甲烷排放环节都将被要求上报。

天然气之星项目是联邦EPA与油气行业建立的自愿伙伴关系计划，重点是鼓励使用具有成本效益的减少甲烷泄漏的技术和方法，目前合作伙伴企业占天然气行业约60%。2012年EPA公布的温室气体排放清单显示天然气之星计划减少了油气行业20%的甲烷排放，其中推荐的绿色完井技术等贡献了甲烷减排量的80%。

3.4 生态保护

3.4.1 明确的物种保护规定

美国要求大规模页岩气开发工程必须注意保护当地物种和生态，严格遵守《濒危物种法》和《候鸟协定法》，禁止伤害濒危或者受威胁的动物和植物，同时保护物种生境，防止场地开发和管道导致生境的分割和破碎化，物种生境的破坏也被视为对物种的伤害。根据《候鸟协定法》规定，开发商不得对候鸟造成任何伤害。

3.4.2 严格防范水土流失

马里兰和西弗吉尼亚州要求所有油气井的申请人提交一份控制地表沉积物和侵蚀的计划。对超过 5 000 ft^2（465 m^2）的活动，宾夕法尼亚州也做了同样的规定。宾夕法尼亚州还要求所有的经营商采用“最佳管理实践”（“BMPs”）以降低地表沉积和侵蚀的速度。在城市化地区，也就是人口超过 5 000 人的地区，俄亥俄州要求经营商使用一致的“最佳管理实践”。联邦法对该领域基本属于空白，但是很多州要求在土地清理和井场施工过程中采取控制雨水和防止侵蚀的措施。在城市化地区之外，压裂场所采纳“最佳管理实践”就是非强制性的。马里兰和宾州的“最佳管理实践”建议经营商兴建洞涵和地表排水管道。他们还希望当侵蚀发生后，会有一些诸如围栏和稻草包的屏障来防止水土流失。在纽约州，气井经营商在建设井场的时候，必须遵守与一般雨水径流一样的许可要求。纽约州建议，申请大规模的压裂作业许可证的运营商必须满足工业活动和雨水许可的工作条件。

3.5 其他

关于钻屑处理有明确要求。关于钻屑的处理要求，通常允许现场处理，但有些州的标准更为严格。俄亥俄州和西弗吉尼亚州没有在法律中直接规定可以接受的钻屑处理方法。马里兰州允许经营商在已经受到井场影响的地表处理钻屑，将钻屑运到“批准的处置设施”，或按照相关部门批准的其他方法处理。对于未受盐水和压裂液污染的钻屑，宾州允许在“控制”的土地上对其进行处理，但要事前申请。钻屑处理的地点要在水源供应地 200 ft 之外及河流、水体和湿地 100 ft 之外。

3.6 案例

宾夕法尼亚州位于马塞勒斯页岩区，是目前美国进行页岩气开采的主要地区。宾夕法尼亚州在页岩气开发过程中环境污染频发，也促使其相关环境监管体系相对完善。

宾夕法尼亚州在页岩气开采过程中共发生 2 988 起事故，其中 1 144 起环境事故，1 844 起行政管理事故。在环境事故中，场地恢复问题占 35%，地表水污染占 30.2%，水土流失占 24.6%，水泥套管问题占 8.7%，井喷沙涌问题占 0.9%，气体横向运移问题占 0.5%。

（1）地表水排放。根据《清洁水法》：对页岩气废水的处理以及向地表水体的排放作出了规定，彻底禁止将来自天然气生产点源的废水污染物进行直接排放，对进行公共处理设施的工业废水以及废弃物集中处理设施排出的工业废水提出了预处理要求。根据州《清洁水流法》，禁止企业在未获该州发放的许可证的情况下，擅自排放页岩气废水；只有废弃物集中处理设施才能获得此类排放的授权，公共处理设施如要获得新的或更大量页岩气废水的排放授权，必须先在废弃物集中处理地对废水进行处理。

（2）地下灌注。根据联邦《安全饮用水法》对页岩气生产中的柴油使用进行监管；批准创建了“地下灌注控制项目”（UIC），对废水的地下灌注作出了规定，旨在通过制定安全废水灌注实践标准以及严禁某些类型的灌注来防止所灌注的液体废弃物进入地下饮用水源，任何未得到该项目授权的地下水灌注都被禁止进行。

（3）鼓励矿排水循环使用。关于油气工业鼓励使用矿排水的相关条例中，鼓励油气行业将循环回收的矿排水用于水利压裂去作业。在该声明的早期版本中还包括要求在可以使用矿排水的地区抽取蓄水层淡水前，必须优先考虑利用酸性矿排水，或者资助当地开展蓄水层恢复行动。宾夕法尼亚州环保局正在制定进一步指南，就矿排水的储存、使用的法律责任以及页岩气作业者与矿排水源配对等问题作出规定。

（4）信息公开。环保署从 2012 年期天然气行业上报每年甲烷排放情况，所有重大甲烷排放环节都将被要求上报排放数据；美国能源部要求建立国家数据库以统一记录公共信息；宾夕法尼亚州要求企业将每口非常规气井所用的化学物质清单上传到联邦 fracfocus.org 网站上。

（5）建立责任问责制。油气企业缴纳聘请巡视员的费用。

（6）矿井开采准备。要求在开采前水质监测要求，深度不小于 0.19 km；要求与周边建筑的距离大于 500 m；与饮用水源的距离为 300～1 000 m。

（7）矿井施工阶段要求。要求钻井和水泥套管的深度至少深于地下潜水层 50 m；宾夕法尼亚州最多运行停工 12 个月；运行临时弃井 60 个月；并对天然气点燃有相关标准指南。

（8）事故报告制度。允许最长在事故发生后 2 个小时内报告事故。

（9）其他。用管道将城市用水从蒙特罗斯运送到迪默克，耗资 1 200 万美元，旨在解决当地由于页岩气导致的潜在饮用水安全问题。

4 中美页岩气开发差异比较

在页岩气开发的环境监管方面，目前世界上只有美国的管理体系相对成熟，但我国是否可以直接复制美国的环境监管体系，首先要分析我国和美国在页岩气开采基础和环境监管基础上的差异，这样才能有针对性地进行学习和借鉴。

4.1 开发条件

我国与美国在页岩气开业的开发基础、法律法规、相关政策、技术水平和环境监管体系上都有很大区别，下表中详细介绍了两国在页岩气开发与管理上的差异，为我国如何借鉴美国的成功经验提供基础。

表 7　我国与美国在页岩气开发与管理的差异

对比条件		美国	中国
开发基础	页岩气储藏条件	美国的地质结果是海相，矿藏埋深在 800～2 600 m，地质构造简单	我国地质结果包括海相、陆相、海陆交互相，矿藏埋深多在 2 000～3 000 m，地质构造破碎复杂
	开采条件	地势平坦，施工容易	我国页岩气丰富地区地势多山多丘陵，不利于机械操作
	水资源	相对丰富	大部分区域水资源缺乏，尤其是在页岩气丰富的地区水资源相对缺乏
	人口密度	开发地区人口稀少	页岩气丰富地区人口密度大
法律法规	法律法规	各项法律法规较为完善	页岩气被列为独立矿权，尚未出台有针对性法律法规，油气开发方面的法规比较欠缺
	矿产所有权	土地多为私人拥有，土地所有者拥有矿产权及特许使用权	土地与地下矿产资源属于国家，矿权交叠问题严重
相关政策	财税优惠政策	鼓励非常规天然气开发，有专门的优惠税收政策，但目前没有专门针对页岩气的优惠政策	对页岩气有专项资金补助，0.4 元/m^3
	天然气定价制度	市场决定	政府定价，积极推进天然气定价改革及试点工作
技术水平	开发技术	商业化开采，全球领先	掌握部分核心技术，技术人员缺乏
	管道设施	管网密度高，主管道约 40 多万 km，且无歧视准入	管网密度低，主管道仅 4 万 km，且被几家大型公司垄断
	油气服务公司	多元化，专业化服务水平较高	多为国有石油巨头下属子公司，专业化服务水平低
环境监管	监管体系	联邦政府引导，州或更低一级政府自治，监管体系严谨	中央政府统一管理，地方政府自治空间较小，监管体系不完善
	环境法律框架	较为完善	不完善
	相关技术规范和环境标准	已有部分出台，并在完善过程中	尚未出台
	环境影响评价制度	已开展，开采项目必须提供完整的项目环评	未开展
	监管机构和监管人员	基本到位，国家由美国环保局主管，州级由相关职能部门负责	无
	信息公开	目前有 13 个州要求企业公开披露压裂液化学成分，并有望逐步增加	压裂液成分作为商业机密，没有强制公开的相关规定

4.2 环境监管基础差异

我国和美国在管理体系、法律法规、管理制度和处理技术上的不同将直接影响我国和美国环境监管制度的差异。通过分析美国页岩气开发环境管理过程，以下几个方面使我国和美国的环境监管制度差异最显著、影响最大。

4.2.1 主管部门

我国地方政府在环境管理方面的自主能力相对较弱。美国对页岩气开采活动的环境监管包括联邦和州政府两个层次。虽然在联邦层面没有关于专门针对页岩气开发的专项法律法规，但在州政府层面，尤其是页岩气开发较多的州政府建立了一套更为严格的环境监管体系。我国主要是中央政府主导，地方政府在环境管理方面的自主能力相对较弱，这就对国家环境保护部门的环境管理体系提出更高的要求，一是在国家层次的环境管理体系中尽量多考虑区域差异性，进行精细化管理，二是鼓励各地出台更为严格、有针对性的环境监管措施。

4.2.2 水环境保护规划

我国的水资源规划制度没有对规划的目标进行详细规定，因此缺乏可操作性。美国有严格页岩气水环境保护规划，明确水环境保护目标、应对措施和污染处理设施。首先，制订水质和总量控制目标。对页岩气开发地区的水体用途进行分类、分区，规定水质控制指标、排入矿区的污染物允许数量、分配至每个集中排放口的容许排放负荷，以及重点治理设施及其所需要的费用，使页岩气开发地区流域内低于水质标准的水体达到规定目标，防止高质量水体水质下降。其次，对页岩气开发地区进行水环境系统规划。包括在规定期限内建设页岩气开发所需的水环境控制系统，对各类污染源提出控制措施，确定处理页岩气开发产生的废水与污染的途径与方法等，以及实现其规划的进度与费用。再次，对页岩气开发进行环境基础设施规划，在页岩气开发地区规划需建造的废水处理厂和相关设施以达到水质目标。我国《水污染防治法》规定，水污染防治应依法统一规划，按流域或区域进行，并对规划的批准机关和备案机关作出详细规定。但与美国不同的是，我国的水资源规划制度没有对规划的目标进行详细规定，因此缺乏可操作性。最后，我国的水资源规划制度中没有规定设施规划，而在页岩气开发过程中，水资源管理所需的相关设施在控制水污染和保护水资源方面具有重要的意义，只有对其进行详细规划，才能从源头保证水资源保护的相关制度和措施的执行。

4.2.3 排污收费制度

我国缺乏对页岩气开发排污收费的具体要求和措施。美国对页岩气开发者有明确的排污收费规定。美国实行排污收费制度，页岩气开发者向水体排放污染物，要根据其排放污染物的种类、数量、浓度、危害性等缴纳排污费，排污超标属于违法行为，应受到相应的处罚，对其进行加倍收费，并由环保机构给予罚款、吊销排污许可证等行政处罚。对于严重超标违法者，其处罚最高可达250万美元。我国《水污染防治法》规定了排污收费制度，单位及个体工商户向水体排放污染物，应当按照排放水污染物的种类、数量和排污费征收标准缴纳排污费。但暂时没有对页岩气开发排污收费的具体要求和措施。

4.2.4 深井灌注法处理废水

我国仍未建立确保将废水灌注到地下井而不会威胁到地下水的监管框架。美国《安全饮用水法》批准创建了“地下灌注控制项目”（UIC）。该项目旨在通过制订安全废水灌注实践标准以及严禁某些类型的灌注来防止所灌注的液体废弃物进入地下饮用水源。任何未得到该项目授权的地下灌注都被禁止进行。根据“地下灌注控制项目”的规定，美国环保署将地下灌注井分为五级，每个级别都适用不同的要求和标准。在马塞勒斯地区，马里兰州、俄亥俄州以及西弗吉尼亚州都承认联邦法律优先原则，并由州政府实施“地下灌注控制项目”。纽约州、弗吉尼亚州和宾夕法尼亚州尚未承认联邦法律优先原则，因此美国环保署在这些州直接实施“地下灌注控制项目”。

美国现有529座Ⅰ类井，每年会有342亿L的危险性废液经深井被灌注到地大约相当于地面处理总量的 60%，此类井主要用于处理危险性废物、工业和市政废液以及放射性废物；Ⅱ类井应用于石油天然气采掘业，大约有167 000口石油天然气灌注井，且大部分用来二次采油；Ⅲ类井和Ⅴ类井分别用于盐类的溶剂采掘、铀或其他金属的现场滤取和化粪池、渗水坑、地表流体的排泄等方面，而Ⅳ类井由于直接危害公众健康，已被禁止使用。

尽管中国从20世纪70年代就开始进行灌注井实验，但目前却仍未建立确保将废水灌注到地下井而不会威胁到地下水的监管框架。目前我国页岩气废水主要的排放方式为直接排放，如果废水在废弃物集中处理设施或公共处理设施未能充分处理的情况下排放，会污染处于排放点下游的地表水体，包括饮用水源，会严重危害生态系统和人体健康。

中国快速启动页岩气的相关工作在一定程度上与美国页岩气产业的成功有很大关系，但通过上表可以看出，我国无论是在开采方法、开采模式、配套服务、监管制度上都与美国存在根本性差异，因此我国不可能直接复制美国的成功经验，而应该仔细分析我国在环境监管基础上与美国的差异，探索一条符合我国国情的环境监管体系。

5 我国对页岩气开采进行环境监管的基础和困境

5.1 我国开展页岩气环境监管的基础

我国目前除了针对所有行业的环境法律法规体系外，还有一些标准、制度和生产规范可以在一定程度上对页岩气开采进行环境监管。

5.1.1 主体功能区划和环境功能区划

《国务院关于印发全国主体功能区规划的通知》（国发[2010]46号）中的主体功能区划

和环保部目前正在修订的全国环境功能区划是页岩气空间发展的基础。主体功能区划和环境功能区划综合评价区域环境承载能力、环境问题和区域经济社会发展的状态与趋势的基础上，强化环境管控、规范资源开发秩序，落实“点上开发、面上保护”的环境保护战略，引导资源开发规模和布局与区域资源环境承载力相协调的重要措施。

5.1.2 常规油气类环境监管法律法规

页岩气虽然被列为独立矿种，而且开采难度远高于常规天然气，但其开采原理及环境影响与天然气大体相似。因此我国常规油气生产过程的环境监管法规对页岩气环境监督的建立有很好的借鉴意义。

《石油天然气开采业污染防治技术政策》（2012 年第 18 号公告）作为指导性文件，供石油天然气开采单位在管理、设计、建设、生产、科研等工作中参照采用，并详细对清洁生产、生态保护、污染治理、新技术研发、运行管理与风险防范等方面内容进行提出指导建议。《陕西省煤炭石油天然气开发环境保护条例》（2007 年修订）针对煤炭、石油和天然气的勘探、开采、储存、运输和加工全过程，其中对煤炭石油天然气开发的环境监管制度、污染防治、生态环境保护及其法律责任给予明确规定。

油气类环评制度仍是页岩气环境监管的基础。我国在《环境影响评价技术导则　陆地石油天然气开发建设项目》（HJ/T 349—2007）和《建设项目竣工环境保护验收技术规范　石油天然气开采》（HJ 612—2011）中分析了页岩气开采施工期、运行期和闭井期 3 个时段对地表水、地下水、大气环境、生态环境和声环境的影响，对页岩气开采中地面工业基础设施建设、集输、道路修建、处理、修井过程的环境影响能够完全覆盖，虽然不能包括页岩气开采过程的特殊性，但对页岩气勘探和开采过程中的环境影响评价有很好的借鉴意义。

5.1.3 生产技术规范

油气类系列生产规范是减少环境风险的保障。《石油天然气工业健康、安全与环境管理体系》（SY/T 6276—2010）中规定了健康、安全与环境管理体系的基本要求和总体框架。《石油与天然气钻井、开发、储运防火防爆安全生产管理规程》（SY 5225—2012）、《常规修井作业规程　第 4 部分：找串漏、封串堵漏》（SY/T 5587.4—2004）等生产技术规范从安全生产的角度减少了页岩气和压裂液等泄漏的风险，进而减少了环境污染的风险。

5.2 我国目前对于页岩气开采环境监管的困境

5.2.1 缺乏相应法律规范，地下灌注进退两难

在页岩气开采过程中，对环境影响最严重的就是水污染问题，目前通过对页岩气开发企业调研情况来看，目前我国页岩气开发企业都是将返排水采用地下灌注的方式进行处理。我国油气行业制定了《气田水回注方法》（SY/T 6596—2004）行业标准，并长期以来遵照执行，但目前我国没有关于地下灌注相关的法律法规，因此油气行业的地下灌注行为

多年来处于符合行业标准但没有环境法可依的状态，当前在页岩气大规模开发的情况下更加突出。如果不尽早明确地下灌注的相关法律问题，企业将依据其行业标准进行处理，地下灌注处于环境监管真空；如果禁止地下灌注，页岩气开采的返排水地表处理将成为难题，如果允许进行地下灌注，我国目前对地下灌注的地质条件、环境影响、排放标准等的研究都处于空白状态，难以在短时间内制定出具有针对性的地下灌注技术法规体系。

5.2.2 滚动开发，项目前期环境影响评价难以反映全貌

页岩气为了勘探开发的便利，通常会将一个较大的井田划分为若干小区块，按地质勘探成果和开发难易程度分阶段开发。同时需要在井田服务年限内不断勘探、不断钻井，并根据实际情况不停调整压裂液成分，具有滚动开发的特点。因此页岩气在开采过程中，其井场位置和污染物成分都不能确定，虽然目前正在开发的页岩气项目在开发前都进行环境影响评价，但仅针对初期的勘探井或钻井，难以在事前有效预测整体井场可能的环境影响，并制订有效预防和控制方案。

5.2.3 基础资料严重缺乏，环境监管技术落后

目前全球仅有美国对页岩气进行商业化开采，其他各国对于页岩气开采及其环境监管都处于刚刚起步阶段。页岩气开采过程中会影响的环境要素包括大气、土壤、地下水、生态，甚至人类至今还很难监测的几千米以下的复杂地层，而且我国不同页岩气丰富区块的地质条件不同，所使用的技术方法、压裂液成分不同，其潜在的环境影响和风险都有较大差异。因此我国在页岩气环境监管方面存在以下问题：①从科学上对页岩气开采的影响认识较少，对页岩气开发区的地质的勘探基础较弱，对其污染预防及其后期控制方面几乎是空白；②虽然目前已经有多口气井获得工业气流，但页岩气开采过程中的技术参数、产污节点、风险源源强、污染物排放系数等没有可供环境监管部门参考的数据；③页岩气开采过程中压裂液成分复杂、地质条件复杂，我国环境监管部门相关监管技术及设备储备不足以支持有效监督。目前公众的认知和接受还需要一个过程，页岩气开发的全过程环境监管面临诸多严峻挑战。

6 加快建立我国页岩气环境监管体系的建议

我国页岩气储量丰富，有望成为缓解能源压力、促进节能减排的重要突破口。然而，页岩气的开采很可能会对环境和公众健康造成影响。同时，我国页岩气资源多分布在生态较为脆弱地区，如果不进行严格的环境监管，对于社会和环境的负面作用就很有可能会抵消开采页岩气所带来的益处。只有制定严格的环境标准，加强页岩气的开采、运输、处理、应用的各个环节的环境监管，才能有效避免环境破坏事故的发生，避免重走“先污染后治理”的老路，实现对页岩气资源的“环境友好型”开采。

我国提出到 2015 年页岩气产量达到 65 亿 m^3，2020 年力争达到 600 亿～1 000 亿 m^3，因此最近几年我国页岩气的勘探开发量应处于“井喷”状态。但是研发先进的环境监管技

术并建立一套完善的页岩气开采环境监管体系需要相对较长的时间。目前我国对页岩气开发的环境监管任务非常紧迫，如果按照按部就班的步骤进行研究，目前正在开发以及未来一段时间将要开发的页岩气项目都将处于监管空白期，所造成的环境影响不容忽视。在分析我国现有环境监管体系以及页岩气开采的特殊性基础上，确定哪些环境监管措施可以在近期内立即实施生效，哪些需要进行长期研究并论证其可行性。

6.1 尽快对现有页岩气开采项目进行规划环评和项目监管

目前，页岩气的探矿权招标已经进行两次，每次探矿权的出让时间都是3年，在3年的探矿权有效期内，为了防止中标企业在环境监管一直处于盲区，并为未来建立完善的页岩气开采环境监管体系奠定基础，环境保护部门应尽快对现有页岩气开采规划进行环境影响评估，对现有开发项目进行有效环境监管：①尽快对《页岩气发展规划（2011—2015年）》进行项目环评，通过对环境资源承载能力、资源环境效率以及环境风险水平的分析，对页岩气开发的空间布局、开发时序等提出战略安排建议，在一定程度上起到从开发建设源头预防环境问题的目的；②对目前已经进行开发的页岩气项目进行环境监管，调研已经采取的污染治理措施，确定污染物排放量，分析其已经造成的环境影响，确定下一步整改的具体措施，尽量减少现有开发项目对生态环境造成的影响。

6.2 制定页岩气开采暂行环境监管条例

建议在我国现有环境监管体系基础上，尽快出台一系列页岩气开采暂行环境监管条例，暂行条例主要是在目前我国已有的主体功能区划和环境功能区划、常规油气类环境监管法律法规以及相关技术规范基础上，结合当前能够实施的环境监管手段，建立起一系列具有可操作性的、能够在一定程度上进行有效监管的暂行页岩气开采环境监管条例，对我国即将开始的页岩气开采项目进行有效监管，确保其将环境影响降至最低。根据目前已有的环境监管基础，在页岩气开采暂行环境监管条例中可以包括环境影响评价和环境监测等相关内容。

6.3 建立完善的页岩气开采环境监管体系

6.3.1 加快建立健全相关环境法律法规

目前我国对于非常规天然气开发的相关环境法规还非常缺失，没有涉及页岩气开采环保标准的法律文件。应对现有的水、生态、空气、环境保护等法律法规以及油气开采技术政策等进行适应性研究，完善相关的政策法规，使得页岩气资源的开发利用有章可循、有法可依。加强页岩气开发环境信息公开制度，通过立法要求运营商公开披露所采用方法的压裂液化学成分及废弃物的最终目的地。

随着页岩气产业的发展，亟须制定具有针对性的地下灌注技术进行专门立法，或是在环境法基本法律原则和制度中，将地下灌注的内容具体化。①考虑地下灌注技术涉及的范围，地下灌注活动会涉及环境、地质矿产、土地、城市规划、安全生产等行政主管部门，因此相关法律法规中应明确部门权限和位置，或是组建有针对性的协调部门和管理机构；②明确地下灌注井的深度、灌注井的类型和选址等方面的内容；③明确灌注技术在应用中的法律责任，其中包含灌注井的投产期、服务期和服务期满 3 个阶段；④地下灌注技术不仅仅是一种处理技术，同时也是一种排污活动，因此要结合深井灌注技术的实际情况，提出地下灌注技术的规范和管理，明确灌注排污收费、达标排放等内容。

6.3.2 加快制定页岩气勘探开采的有关环境标准和技术规范

参考国际经验并结合我国实际情况，建立健全页岩气开采相关的环境标准与技术准则。页岩气开采过程中要长期开展环境监测和评估。加强对污染物的排放量以及浓度限值严格限制和监控，并对排入地表地下水体中允许存在的污染物限制作出更加严格的规定。明确页岩地表水和地下水，以及地下灌注的监测技术规范，明确监测点位、指标和频次，定期评估页岩气开采对地表水和地下水环境风险。

6.3.3 加强页岩气开发环境管理制度建设

从监管能力、环境影响评价和环境监测等方面加强对页岩气开发环境管理制度建设。针对页岩气开发，逐步建立环境监管体系，从页岩气项目前期到最终生产结束、复垦全程监管。授予国家和地方环保机构对于页岩气开发过程中从压裂作业，到生产，再到废弃物的处置、弃置井等的监管、审批权力，并有权力要求运营商提供任何信息或满足监管机构提出的条件。

对页岩气开采项目进行全面的环境影响评价分析，严把环境影响评价关。要求将页岩气资源的勘探评估与区域水资源规划和环境影响评估等结合在一起，综合评估开采的可行性。本着不影响当地和区域的居民饮用水、工农业用水、动植物生态需水等水资源平衡的原则，防止和减少页岩气资源开发中潜在的环境污染和生态破坏。

同时，我国需要建立具有综合的、具备专业知识和能力的高素质环境监管队伍，并经过统一培训持证上岗，逐步扩大监管队伍，实现对每一口井的有效环境监督。针对甲烷泄漏问题，明确要求运营商加强页岩气开发、储存、运输和利用各个环节的甲烷泄漏监测，提出各个环节最低泄漏水平标准。在开采现场，建议安装 IR 摄像机或者气体探测器，以及激光气体分析系统来定位和定量判断甲烷泄漏量。在输送环节，鼓励应用油气集输管线泄漏报警及定位系统。

6.3.4 开展页岩气开发的环境保护政策体系研究

美国的一些州针对页岩气开采有可能对环境产生的破坏，开展了征收环境影响保证金的制度。借鉴美国经验，中国也可以通过实施税收、补贴等政策来鼓励页岩气开发的环境保护工作，并逐步开展环境恢复保证金制度、生态补偿制度等页岩气开发的环境保护政策研究，早日构建页岩气开发的环境保护政策体系，为页岩气开发的环境保护工作提供基本保障。

6.3.5 鼓励加强页岩气开发中环境技术的研发

加强页岩气水污染控制技术研究。引进和自主研发这种水的关键处理技术，鼓励废水循环利用及处理处置技术创新。利用来自其他工业作业的循环回收水，例如酸性矿排水；开展地下水灌注技术研究，建立相关可行性规定，以确保将废水灌注到地下井时（包括水力压裂产生的有害废水注入）不会威胁到当地供水系统。四川、陕西和新疆等省对采矿排水的循环利用有助于将工业生态实践做法纳入水力压裂作业之中，并且推动建立能源生产的闭环体系。但如果采纳这种做法，就应该建立一套严格的监控系统，以确保返排废水能得到必要的处置。

参考文献

[1] Chesapeake，Water use fact sheet. May 2012. http://www.chk.com/media/educational-library/fact-sheets/corporate/water use fact sheet.pdf.

[2] Editorial. The shale revolution[J]. Nature，2009，460：551-552.

[3] EPA，http://www.epa.gov/gasstar/.

[4] fracfocus，http://fracfocus.org/water-protection/drilling-usage.

[5] RFF，http://www.rff.org/centers/energy_economics_and_policy/Pages/Shale_Gas.aspx.

[6] Office of Fossil Energy and National Energy Technology Laboratory，USDepartment of Energy. Modern shale gas development in the UnitedStates：A primer[R]. Oklahoma：Gound Water Protection Council，2009.

[7] Shale resources and society institute，Environment impacts：during Marcellus shale gas drilling：causes，impacts，and remedies，2012，5，report 2012-1.

[8] Tyndall center，shale gas：An updated assessment of environment and climate change impacts，2011，11.

[9] 大自然保护协会. 探索可持续的中国页岩气开发路径：中国的需求和美国的经验研讨会会议相关材料，2012-12-11.

[10] 冯连勇，邢彦娇，王建良，等. 美国页岩气开发中的环境与监管问题及其启示[J]. 天然气工业，2012，32（9）：102-105.

[11] 梁林佐，江敏，刘瑾. 美国对石油天然气勘探开发中废物的环境监管[J]. 油气田环境保护，2009，19（1）：37-41.

[12] 高冀，刘强. 天然气的开发与应用对环境的影响[J]. 环境与可持续发展，2009，3：37-38.

[13] 国家能源局石油天然气司. 页岩气开发及利用国际研讨会会议相关材料. 2012-11-15.

[14] 国土资源部. http://www.mlr.gov.cn/xwdt/jrxw/201203/t20120302_1069466.htm.

[15] 霍小鹏，朱全云，胡金燕，等. 川渝地区天然气钻井作业环境影响及防治措施[J]. 油气田环境保护，2012，22（4）：45-47.

[16] 水力压裂开采来势汹汹：需要制定新规定来保护我们的健康和环境免受废水污染的侵害，美国自然资源保护委员会专题通报，2012，5，IB：12-05-A.

[17] 夏玉强. Marcellus 页岩气开采的水资源挑战与环境影响[J]. 科技导报，2010，28（18）：103-110.